《通信与导航系列规划教材》编委会

主　编　尹玉富　吴耀光
副主编　管　桦　甘忠辉　高利平　魏　军
编　委　赵　罡　徐　有　吴德伟　黄国策　曹祥玉　达新宇
　　　　　张晓燕　杜思深　吕　娜　翁木云　段艳丽　刘　霞
　　　　　张景伟　李　强　魏　伟　王　辉　朱　蒙　罗　玺
　　　　　张　婧　郑光威　鲁　炜　李金良　李　凡　封同安
　　　　　黄　涛　刘振霞　王兴亮　陈树新　程　建　严　红

通信与导航系列规划教材
国家级精品资源共享课

通信原理教程

Communications Principles

达新宇　李　伟　付　晓　王　轶　编著

电子工业出版社
Publishing House of Electronics Industry
北京·BEIJING

内 容 简 介

本书全面介绍了通信与系统的基本概念、工作原理、主要技术及分析方法。具体内容包括：通信中的信号分析、模拟调制系统、数字基带传输系统、数字频带传输系统、模拟信号数字化传输、同步原理、差错控制编码、数字信号最佳接收、信息论基础。

本书可作为高等院校通信工程、信息工程、计算机等电子信息类专业"通信原理"、"现代通信理论"、"数字通信"等课程的教材，也可作为相关工程技术人员的参考书。

该书是国家精品课程、国家级精品资源共享课"通信原理"（负责人：达新宇）主用理论教材。配套有实验教材、习题解答与学习指导等书，以及教学动画、仿真、音视频、考题、习题、答案、教案、PPT 课件、网络课程等多种课程资源（http://www.icourses.edu.cn 或 http://www.hxedu.com.cn）。

未经许可，不得以任何方式复制或抄袭本书之部分或全部内容。
版权所有，侵权必究。

图书在版编目（CIP）数据

通信原理教程/达新宇等编著. —北京：电子工业出版社，2016.6
通信与导航系列规划教材
ISBN 978-7-121-28837-1

Ⅰ. ①通… Ⅱ. ①达… Ⅲ. ①通信理论-高等学校-教材 Ⅳ. ①TN911

中国版本图书馆 CIP 数据核字（2016）第 105646 号

策划编辑：竺南直
责任编辑：赵玉山
印　　刷：北京虎彩文化传播有限公司
装　　订：北京虎彩文化传播有限公司
出版发行：电子工业出版社
　　　　　北京市海淀区万寿路 173 信箱　邮编：100036
开　　本：787×1092　1/16　印张：24　字数：615 千字
版　　次：2016 年 6 月第 1 版
印　　次：2023 年 7 月第 8 次印刷
定　　价：49.80 元

凡所购买电子工业出版社图书有缺损问题，请向购买书店调换。若书店售缺，请与本社发行部联系，联系及邮购电话：(010)88254888，88258888。
质量投诉请发邮件至 zlts@phei.com.cn，盗版侵权举报请发邮件至 dbqq@phei.com.cn。
本书咨询联系方式：davidzhu@phei.com.cn。

《通信与导航系列规划教材》总序

互联网和全球卫星导航系统被称为是二十世纪人类的两个最伟大发明,这两大发明的交互作用与应用构成了这套丛书出版的时代背景。近年来,移动互联网、云计算、大数据、物联网、机器人不断丰富着这个时代背景,呈现出缤纷多彩的人类数字化生活。例如,基于位置的服务集成卫星定位、通信、地理信息、惯性导航、信息服务等技术,把恰当的信息在恰当的时刻、以恰当的粒度(信息详细程度)和恰当的媒体形态(文字、图形、语音、视频等)、送到恰当的地点、送给恰当的人。这样一来通信和导航就成为通用技术基础,更加凸显了这套丛书出版的意义。

由空军工程大学信息与导航学院组织编写的 14 部专业教材,涉及导航、密码学、通信、天线与电波传播、频谱管理、通信工程设计、数据链、增强现实原理与应用等,有些教材在教学中已经广泛采用,历经数次修订完善,更趋成熟;还有一些教材汇集了学院近年来的科研成果,有较强的针对性,内容新颖。这套丛书既适合各类专业技术人员进行专题学习,也可作为高校教材或参考用书。希望丛书的出版,有助于国内相关领域学科发展,为信息技术人才培养做出贡献。

中国工程院院士:

前　言

"通信原理"课程是电子信息类专业的一门重要专业理论课或基础课。它是一般专业基础课与专业课（设备装备课）之间的桥梁，承担着从一般基础理论到实践应用、从个体功能到整体系统的重要过渡，对培养学生通信理论分析与综合应用能力有着非常重要的作用。伴随着信息时代的到来与信息技术的快速发展，通信知识不仅是通信类专业学生应该掌握的内容，而且已经成为电类各专业学生应该学习的基本内容。本书系统地介绍了通信与通信系统的基本概念、工作原理、主要技术及分析方法。

全书共分10章。第1章概论，主要介绍通信的基本概念、通信系统的组成、工作方式、发展历史、衡量通信系统的性能指标及通信信道等内容；第2章通信中的信号分析，主要介绍通信与系统分析与计算时必须的确知信号、随机信号及噪声的相关知识；第3章模拟调制系统，主要介绍模拟通信中的调制解调方法、系统性能分析、FDM、加重技术等相关内容；第4章数字基带传输系统，主要介绍数字基带信号波形、传输码型、码间串扰、理想基带传输系统与性能、眼图、时域均衡等；第5章数字频带传输系统，主要介绍二进制、多进制数字移幅键控（ASK）、频移键控（FSK）、相移键控（PSK）的调制解调、系统抗噪声性能分析，以及QAM、MSK、OFDM等新的调制解调技术；第6章模拟信号的数字传输，主要介绍PCM、ΔM、DPCM等模拟信号数字化的方法与性能；第7章同步原理，主要介绍同步的基本概念、载波同步、位同步、帧同步的实现方法与系统性能指标；第8章差错控制编码，主要介绍差错控制编码的基本概念、线性分组码、循环码、卷积码以及RS码、Turbo码、TCM码等；第9章数字信号最佳接收，主要介绍数字信号最佳接收准则，二元确知信号与随相信号的最佳接收等；第10章信息论基础，主要介绍信源的熵、信道香农公式等。

为便于学习，各章后都有本章小结、思考与练习。书后附加了常用三角公式、希尔伯特变换、贝塞尔函数、Q函数和误差函数及通信中常见缩略语英汉对照表。

全书在选材上注重了传统通信理论的系统性、实用性与现代通信技术的先进性的有机结合；内容编排上体现了课程教学设计注重内容提炼，避免抽象的理论表述与复杂的公式推导；编写上力求简明扼要、深入浅出；强调基本概念、基本原理与基本技术的准确易懂。

本书第1、3、4、5章由达新宇编写，第2、9、10章由李伟编写，第6、7章由付晓编写，第8章由王轶编写。达新宇规划并统稿全书。

该书是国家精品课程、国家级精品资源共享课"通信原理"（负责人：达新宇）的主用理论教材，同时有配套的实验教材、学习指导书、习题解答及各种课件。教材配有丰富的网络教学基本资源与拓展资源，欢迎广大老师与学生使用（http://www.icourses.edu.cn 或登录http://www.hxedu.com.cn）。

由于编者水平有限，书中错误在所难免，敬请广大读者不吝赐教。
E-mail：kgddxy2008@163.com

编　者
2016年2月

本书使用的符号与说明

量或单位符号	名　称	量或单位符号	名　称
a	平均值	J	焦耳
a_i	预测系数	k	整数
A, A_o	振幅	K	整数,信息码位数
bit	比特	L	平均码字长度
bit/s	比特每秒	m	调幅度
B	带宽	M	量化电平数
B	字节,波特	$m(t)$	模拟调制信号
c	常数	m_f	调制指数
C	信道容量	n	整数,正整数,总码元数
$C(f)$	信道的传输函数	n_0	白噪声单边功率谱密度
$C(jn\omega)$	周期性功率信号的频率	N	正整数,噪声功率
$d(t)$	数字基带信号	N_o	输出噪声功率
d_o	最小码距	N_q	量化噪声功率
E	信号能量	P	功率,信号平均功率,概率
e_k	误差、预测误差	$P(f)$	信号功率谱密度
$\mathrm{erf}(x)$	误差函数	P_e	误码率
$\mathrm{erfc}(x)$	补误差函数	$P(X,Y)$	联合概率
F	标志字段,帧	$P(X/Y)$	条件概率
$f(t)$	调制信号	$P(y_i/x_i)$	转移概率
$f(x)$	概率密度函数	pix	像素
f_m	调制信号频率	q_k	量化电平
f_c	载波频率	Q	品质因数
f_s	抽样频率	r	信号噪声功率比,监督码元数
$F(\omega)$	频谱函数	R	电阻
$F_X(x)$	X 的概率分布函数	R_b	信息速率
$g(x)$	生成多项式	R_B	码元速率
G	调制制度增益,生成矩阵	$R(j)$	数字信号的自相关函数
$G(f)$	信号能量谱密度	$R(\tau)$	自相关函数
$G_T(f)$	发送滤波器的传输函数	$R_{12}(\tau)$	互相关函数
$G_R(f)$	接收滤波器的传输函数	s	秒
H	监督矩阵	S	信号功率
$H(\omega)$	传输函数	s_k	信号抽样值
Hz	赫兹	S_q	量化信号功率
I	信息帧	$S(f)$	能量信号谱密度
I	信息量	$S(\omega)$	$s(t)$ 的傅里叶变换

续表

量或单位符号	名　　称	量或单位符号	名　　称
$s(t)$	信号时间波形	$\delta(t)$	单位冲激函数
$\mathrm{Sa}(t)$	抽样函数	$\delta_T(t)$	周期性单位冲激函数
T	线性运算,码元持续时间	Δ	量化台阶
T_b	每比特持续时间	Δf	频带宽度,频率偏移
$u(t)$	单位阶跃函数	Δv	量化间隔
V	伏特	$\Delta \varphi_o$	稳态相差
V	电压	σ_n	标准偏离
W	瓦特	σ_n^2	噪声方差
x	随机变量的取值	σ_φ	相位抖动
X	随机变量,信源	$\phi(x)$	概率积分函数
$X(t)$	随机过程	φ_0	初始相位
$X_i(t)$	随机过程的一个实现	Ω	欧姆
$y(t)$	输出信号	η	效率,频带利用率

目 录

第1章 绪论 ········· 1
- 1.1 通信的基本概念 ········· 1
  - 1.1.1 通信的定义 ········· 1
  - 1.1.2 通信的分类 ········· 1
  - 1.1.3 通信方式 ········· 3
- 1.2 通信系统的组成 ········· 4
  - 1.2.1 一般组成 ········· 4
  - 1.2.2 模拟通信系统组成 ········· 5
  - 1.2.3 数字通信系统组成 ········· 5
  - 1.2.4 数字通信的优缺点 ········· 7
- 1.3 通信发展概况 ········· 8
- 1.4 通信系统的主要性能指标 ········· 9
  - 1.4.1 一般通信系统的性能指标 ········· 9
  - 1.4.2 信息及其量度 ········· 10
  - 1.4.3 数字通信系统有效性指标的具体表述 ········· 11
  - 1.4.4 数字通信系统可靠性指标的具体表述 ········· 12
- 1.5 信道 ········· 12
  - 1.5.1 信道的定义 ········· 12
  - 1.5.2 信道的分类 ········· 13
  - 1.5.3 信道的模型 ········· 13
  - 1.5.4 恒参信道及其对所传信号的影响 ········· 15
  - 1.5.5 变参信道及其对所传信号的影响 ········· 17
- 本章小结 ········· 21
- 思考与练习 ········· 21

第2章 通信中的信号分析 ········· 23
- 2.1 引言 ········· 23
- 2.2 信号与系统的频域分析 ········· 24
  - 2.2.1 周期信号的频谱分析 ········· 24
  - 2.2.2 非周期信号的频谱分析 ········· 25
  - 2.2.3 傅里叶变换的性质及应用 ········· 26
- 2.3 随机过程的概念与描述 ········· 29
  - 2.3.1 随机过程的基本概念 ········· 29
  - 2.3.2 随机过程的统计描述 ········· 30
  - 2.3.3 随机过程的数字特征 ········· 31

2.4 平稳随机过程及其特性分析 ·· 32
2.4.1 平稳随机过程 ·· 32
2.4.2 平稳随机过程的特性分析 ·· 33
2.5 通信系统中常见的噪声 ·· 35
2.5.1 白噪声 ·· 35
2.5.2 带限白噪声 ·· 36
2.5.3 高斯噪声 ·· 36
2.5.4 窄带高斯噪声 ·· 37
2.6 噪声对信号和系统的影响 ·· 39
2.6.1 正弦波加窄带高斯噪声 ·· 39
2.6.2 随机过程通过线性系统 ·· 41
本章小结 ·· 42
思考与练习 ·· 43

第3章 模拟调制系统 ·· 45
3.1 概述 ·· 45
3.1.1 调制的作用 ·· 46
3.1.2 调制的分类 ·· 46
3.1.3 本章研究的问题 ·· 47
3.2 线性调制 ·· 48
3.2.1 振幅调制 ·· 48
3.2.2 双边带调制 ·· 52
3.2.3 单边带调制 ·· 54
3.2.4 残留边带调制 ·· 61
3.3 线性调制系统性能分析 ·· 65
3.3.1 相干解调系统性能分析 ·· 66
3.3.2 非相干解调系统性能分析 ·· 71
3.4 非线性调制 ·· 74
3.4.1 角度调制的基本概念 ·· 74
3.4.2 调频信号的产生 ·· 82
3.4.3 调频信号的解调 ·· 84
3.5 调频系统的性能分析 ·· 88
3.5.1 分析模型 ·· 88
3.5.2 非相干解调系统性能分析 ·· 89
3.6 调频信号解调的门限效应 ·· 93
3.7 加重技术 ·· 95
3.8 频分复用技术 ·· 96
本章小结 ·· 98
思考与练习 ·· 99

第 4 章　数字基带传输系统 ············ 103
4.1　数字基带信号的常用码型 ············ 103
4.2　数字基带信号的功率谱密度 ············ 110
4.2.1　随机序列的功率谱密度 ············ 110
4.2.2　功率谱密度计算举例 ············ 113
4.3　数字基带传输系统 ············ 114
4.3.1　数字基带传输系统的基本组成 ············ 114
4.3.2　数字基带传输系统的数学分析 ············ 115
4.3.3　码间串扰的消除 ············ 116
4.4　数字基带传输中的码间串扰 ············ 117
4.4.1　无码间串扰的基带传输系统 ············ 117
4.4.2　理想基带传输系统 ············ 117
4.4.3　无码间串扰的等效特性 ············ 118
4.4.4　升余弦滚降传输特性 ············ 119
4.5　数字基带传输系统的性能分析 ············ 121
4.5.1　信号与噪声分析 ············ 122
4.5.2　误码率 P_e 的计算公式 ············ 122
4.6　眼图 ············ 124
4.7　时域均衡 ············ 125
4.8　部分响应系统 ············ 127
4.8.1　部分响应波形 ············ 127
4.8.2　差错扩散 ············ 128
4.8.3　相关编码和预编码 ············ 129
4.8.4　部分响应波形的一般表示式 ············ 130
本章小结 ············ 131
思考与练习 ············ 131

第 5 章　数字频带传输系统 ············ 134
5.1　二进制幅移键控(2ASK) ············ 134
5.1.1　基本原理 ············ 134
5.1.2　功率谱及带宽 ············ 136
5.1.3　抗噪声性能分析 ············ 137
5.2　二进制频移键控(2FSK) ············ 140
5.2.1　调制原理与实现方法 ············ 141
5.2.2　2FSK 信号的解调 ············ 142
5.2.3　功率谱及带宽 ············ 144
5.2.4　系统的抗噪声性能分析 ············ 145
5.3　二进制相移键控(2PSK) ············ 149
5.3.1　二进制绝对相移键控(2PSK) ············ 149
5.3.2　二进制差分相移键控(2DPSK) ············ 153

- 5.4 二进制数字调制系统的性能比较 ·· 159
- 5.5 多进制数字调制 ·· 161
  - 5.5.1 多进制幅移键控(MASK) ·· 162
  - 5.5.2 多进制频移键控(MFSK) ·· 165
  - 5.5.3 多进制绝对相移键控(MPSK) ·· 166
  - 5.5.4 多进制差分相移键控(MDPSK) ··· 169
- 5.6 现代数字调制技术介绍 ·· 172
  - 5.6.1 正交振幅调制(QAM) ·· 172
  - 5.6.2 最小频移键控(MSK) ··· 174
  - 5.6.3 正交频分复用(OFDM) ·· 179
- 本章小结 ·· 182
- 思考与习题 ·· 183

第6章 模拟信号的数字传输 187

- 6.1 引言 ·· 187
- 6.2 抽样定理 ·· 188
  - 6.2.1 低通信号的抽样 ·· 188
  - 6.2.2 带通信号的抽样 ·· 189
- 6.3 脉冲振幅调制 ·· 191
  - 6.3.1 自然抽样 ·· 192
  - 6.3.2 平顶抽样 ·· 193
- 6.4 模拟信号的量化 ·· 194
  - 6.4.1 量化的基本概念 ·· 195
  - 6.4.2 均匀量化和量化信噪功率比 ·· 196
  - 6.4.3 非均匀量化 ·· 197
- 6.5 脉冲编码调制原理 ·· 201
  - 6.5.1 常用的二进制编码码型 ·· 201
  - 6.5.2 13折线的码位安排 ·· 202
  - 6.5.3 逐次比较型编码原理 ·· 204
  - 6.5.4 译码原理 ·· 206
  - 6.5.5 PCM信号的码元速率和带宽 ··· 207
  - 6.5.6 PCM系统的抗噪性能 ··· 207
- 6.6 增量调制 ·· 209
  - 6.6.1 简单增量调制 ·· 209
  - 6.6.2 增量调制的过载特性与编码的动态范围 ·· 211
  - 6.6.3 增量调制的抗噪性能 ·· 213
- 6.7 改进型增量调制 ·· 215
  - 6.7.1 总和增量调制 ·· 215
  - 6.7.2 数字音节压扩自适应增量调制 ·· 217
  - 6.7.3 数字音节压扩总和增量调制 ·· 219

		6.7.4 脉码增量调制	220
	6.8	时分复用和多路数字电话系统	221
		6.8.1 PAM 时分复用原理	221
		6.8.2 时分复用的 PCM 系统	222
		6.8.3 32 路 PCM 的帧结构	223
		6.8.4 PCM 的高次群	224
	6.9	压缩编码技术	225
		6.9.1 压缩编码中的主要概念	225
		6.9.2 压缩编码的基本原理和方法	226
		6.9.3 音频信号的压缩方法与标准	227
	本章小结		229
	思考与练习		230

第7章 同步原理 ······ 232

7.1	同步的分类	232
	7.1.1 按同步的功能分类	232
	7.1.2 按同步的实现方式分类	234
7.2	载波同步	234
	7.2.1 直接法	234
	7.2.2 插入导频法	238
	7.2.3 载波同步的性能指标	243
	7.2.4 载波频率误差和相位误差对解调性能的影响	245
7.3	位同步	246
	7.3.1 位同步基本要求与分类	246
	7.3.2 插入导频法	247
	7.3.3 直接法	249
	7.3.4 位同步系统性能指标	251
7.4	帧同步	254
	7.4.1 帧同步的方法	254
	7.4.2 帧同步的性能	260
	7.4.3 帧同步的保护	262
本章小结		264
思考与练习		265

第8章 差错控制编码 ······ 267

8.1	差错控制编码基础	267
	8.1.1 差错控制编码的分类	267
	8.1.2 差错控制方式	268
	8.1.3 码重、码距及检错、纠错能力	270
8.2	常用的几种简单分组码	273

  8.2.1 奇偶监督码 273
  8.2.2 行列监督码 274
  8.2.3 恒比码 275
 8.3 线性分组码 275
  8.3.1 基本概念 275
  8.3.2 监督矩阵 H 和生成矩阵 G 277
  8.3.3 伴随式（校正子）S 279
  8.3.4 汉明码 279
 8.4 循环码 280
  8.4.1 基本概念 280
  8.4.2 生成矩阵 G 和监督矩阵 H 282
  8.4.3 循环码的编、译码方法 284
  8.4.4 CRC 码 287
  8.4.5 BCH 码 287
  8.4.6 R-S 码 289
 8.5 卷积码 289
  8.5.1 基本概念 290
  8.5.2 卷积码的图解表示 291
  8.5.3 卷积码的译码 292
  8.5.4 编码增益 294
 8.6 新型信道编码技术简介 294
  8.6.1 网格编码调制（TCM） 294
  8.6.2 Turbo 码 296
 本章小结 299
 思考与习题 300

第9章 数字信号最佳接收 303
 9.1 二元假设检验的判决准则 303
  9.1.1 二元假设检验的模型 303
  9.1.2 最大后验概率准则 304
  9.1.3 最小平均风险准则 305
  9.1.4 错误概率最小准则 306
 9.2 二元确知信号的最佳接收 307
  9.2.1 最佳接收机结构 307
  9.2.2 最佳接收机的性能分析 310
  9.2.3 实际接收机与最佳接收机的比较 314
 9.3 二元随相信号的最佳接收 315
  9.3.1 最佳接收机模型 315
  9.3.2 最佳接收机检测性能 318
 9.4 匹配滤波器及其应用 320

9.4.1　匹配滤波器的原理 ………………………………………………………… 320
　　　9.4.2　匹配滤波器的性质 ………………………………………………………… 321
　　　9.4.3　匹配滤波器组成的最佳接收机 …………………………………………… 324
　本章小结 …………………………………………………………………………………… 325
　思考与练习 ………………………………………………………………………………… 327

第10章　信息论基础 …………………………………………………………………… 329
　10.1　引言 ………………………………………………………………………………… 329
　10.2　信源及信源的熵 …………………………………………………………………… 330
　　　10.2.1　信源的描述及分类 ………………………………………………………… 330
　　　10.2.2　自信息量 …………………………………………………………………… 331
　　　10.2.3　离散信源的熵 ……………………………………………………………… 332
　10.3　无失真信源编码 …………………………………………………………………… 333
　　　10.3.1　编码的定义 ………………………………………………………………… 333
　　　10.3.2　定长编码定理 ……………………………………………………………… 335
　　　10.3.3　变长编码定理 ……………………………………………………………… 336
　　　10.3.4　哈夫曼编码方法 …………………………………………………………… 337
　10.4　信道模型及信道容量 ……………………………………………………………… 339
　　　10.4.1　信道模型 …………………………………………………………………… 339
　　　10.4.2　互信息量 …………………………………………………………………… 340
　　　10.4.3　DMC 信道的容量 ………………………………………………………… 342
　10.5　香农公式及其应用 ………………………………………………………………… 343
　　　10.5.1　香农公式 …………………………………………………………………… 343
　　　10.5.2　香农公式的应用 …………………………………………………………… 345
　本章小结 …………………………………………………………………………………… 346
　思考与练习 ………………………………………………………………………………… 346

附录A　常用三角公式 …………………………………………………………………… 348

附录B　希尔伯特变换 …………………………………………………………………… 349

附录C　Q 函数和误差函数 ……………………………………………………………… 352

附录D　信号空间方法 …………………………………………………………………… 354

附录E　通信常用缩略语英汉对照表 …………………………………………………… 358

参考文献 …………………………………………………………………………………… 365

第1章 绪　　论

通信已经成为推动人类社会文明、进步与发展的动力之一。在现代社会中,通信与每个人息息相关。本章主要介绍通信的基本概念,如通信的定义、分类和工作方式,通信系统的组成、衡量通信系统的主要质量指标及通信信道等。

【本章核心知识点与关键词】
通信　信息　传输速率　误码率　信道　频率弥散　分集接收　有效性　可靠性

1.1　通信的基本概念

从远古时代到现代文明社会,人类社会的各种活动都与通信密切相关,特别是当今世界已进入信息时代,通信已渗透到社会各个领域和阶层,通信产品随处可见。通信对人们日常生活和社会活动将起到越来越重要的作用。通信已成为人类社会现代文明的标志之一。

1.1.1　通信的定义

一般地说,通信(Communication)是指由一地向另一地(多地)进行消息的有效传递。满足此定义的例子很多,如打电话,它是利用电话(系统)来传递消息;两个人之间的对话,亦是利用声音来传递消息,不过只是通信距离非常短而已;古代"消息树"、"烽火台"和现代仍使用的"信号灯"等也是利用不同方式传递消息的,理应归属通信之列。

随着社会生产力的发展,人们对传递消息的要求越来越高。在各种各样的通信方式中,利用"电"来传递消息的通信方式称之为电信(Telecommunication)。这种通信具有迅速、准确、可靠、远距离等特点,而且几乎不受时间、地点、空间和距离的限制,因而得到了飞速发展和广泛应用。如今,在自然科学中,"通信"与"电信"几乎是同义词了。本书中所说的通信,均指电信。这里不妨对通信重新定义:即利用现代技术手段,借助电信号(含光信号)实现从一地向另一地(多地)进行消息的有效传递和交换的过程称为通信。

从本质上讲,通信是实现信息传递功能的一门科学技术,它要将大量有用的信息无失真、高效率地进行传输,同时还要在传输过程中将无用信息和有害信息抑制掉。当今的通信不仅要有效地传递信息,而且还有存储、处理、采集及显示等功能,通信已成为信息科学技术的一个重要组成部分。

1.1.2　通信的分类

通信的目的是传递消息。通信按照不同的分法,可分成许多类,因此将会引出诸多名词、术语,下面介绍几种较常用的分类方法。

1. 按传输媒介分

按消息由一地向另一地传递时传输媒介的不同,通信可分为两大类:一类称为有线通信,另一类称为无线通信。所谓有线通信,是指传输媒介为导线、电缆、光缆、波导等形式的通信,其特点是媒介能看得见、摸得着。所谓无线通信,是指传输消息的媒介为看不见、摸不着的媒介(如电磁波)的一种通信形式。

通常,有线通信亦可进一步再分类,如明线通信、电缆通信、光缆通信等。无线通信常见的形式有微波通信、短波通信、移动通信、卫星通信、散射通信等,其形式较多。

2. 按信道中所传信号的不同分

根据通信信道中传送的信号类型,通信可分为数字通信和模拟通信。数字通信就是指信道中传输的信号属于数字信号的通信。如果信道中传输的信号是模拟信号则称为模拟通信。

3. 按工作频段分

根据通信设备的工作频率不同,通信通常可分为长波通信、中波通信、短波通信、微波通信、光通信等。为了比较全面地对通信中所使用的频段有所了解,下面把通信使用的频段及说明列入表1.1.1中,仅作为参考。

表1.1.1 通信使用的频段及说明

频率范围	波长	符号	传输媒介	用途
3 Hz ~ 30 kHz	$10^8 \sim 10^4$ m	甚低频 VLF	有线线对、长波无线电	音频、电话、数据终端长距离导航、时标
30 ~ 300 kHz	$10^4 \sim 10^3$ m	低频 LF	有线线对、长波无线电	导航、信标、电力线通信
300 kHz ~ 3 MHz	$10^3 \sim 10^2$ m	中频 MF	同轴电缆、短波无线电	调幅广播、移动陆地通信、业余无线电
3 ~ 30 MHz	$10^2 \sim 10$ m	高频 HF	同轴电缆、短波无线电	移动无线电话、短波广播定点军用通信、业余无线电
30 ~ 300 MHz	10 ~ 1 m	甚高频 VHF	超短波、米波无线电	电视、调频广播、空中管制、车辆、通信、导航
300 MHz ~ 3 GHz	100 ~ 10 cm	特高频 UHF	波导、分米波无线电	电视、空间遥测、雷达导航、点对点通信、移动通信
3 ~ 30 GHz	10 ~ 1 cm	超高频 SHF	波导、厘米波无线电	微波接力、卫星和空间通信、雷达
30 ~ 300 GHz	10 ~ 1 mm	极高频 EHF	波导、毫米波无线电	卫星、雷达、微波接力、射电天文学
$10^5 \sim 10^7$ GHz	$3 \times 10^{-4} \sim 3 \times 10^{-6}$ cm	紫外光、红外光、可见光	光纤、激光空间传播	光通信

通信中,系统的工作频率和工作波长可互换,公式为

$$\lambda = \frac{c}{f} \qquad (1.1.1)$$

式(1.1.1)中,λ 为信号的工作波长;f 为工作频率;c 为电波在自由空间中的传播速度,通常认为 $c \approx 3 \times 10^8$ m/s。

4. 按调制方式分

根据消息在送到信道之前是否采用调制，通信可分为基带传输和频带传输。所谓基带传输是指信号没有经过调制（即频率搬移），直接送到信道中去传输的一种方式；而频带传输是指信号在发送端经过调制后再送到信道中传输，接收端有相应解调措施的通信系统。基带传输和频带传输的详细内容，将分别在第4章和第5章中论述。

5. 按业务的不同分

根据通信的具体业务，可分为电报、电话、传真、数据传输、可视电话、无线寻呼等。另外从广义的角度来看，广播、电视、雷达、导航、遥控、遥测等也应列入通信的范畴，因为它们都满足通信的定义。由于广播、电视、雷达、导航等的不断发展，目前它们已从通信中派生出来，形成了独立的学科。

6. 按收信者是否运动分

通信还可按通信者是否运动分为移动通信和固定通信。移动通信是指通信双方至少有一方在运动中进行信息交换。由于移动通信具有建网快、投资少、机动灵活等特点，使用户能随时随地快速、可靠地进行信息传递，因此，移动通信已成为现代通信中的三大新兴通信方式之一。

另外，通信还有其他一些分类方法，如按多地址方式可分为频分多址通信、时分多址通信、码分多址通信等；按用户类型可分为公用通信和专用通信等。

1.1.3 通信方式

通信方式是指从系统的角度出发而得到的通信系统的工作方式。

1. 按消息传送的方向与时间分

通常，如果通信仅在点对点或一点对多点之间进行，那么，按消息传送的方向与时间不同，通信的工作方式可分为单工通信、半双工通信及全双工通信。

所谓单工通信，是指消息只能单方向进行传输的一种通信工作方式，如图1.1.1(a)所示。单工通信的例子很多，如广播、传统电视、遥控、无线寻呼等。这里，信号（消息）只从广播发射台、电视发射中心、遥控器和无线寻呼中心分别传到收音机、电视机、遥控对象和寻呼机上。

所谓半双工通信，是指通信双方都能收发消息，但不能同时进行收和发的一种形式，如图1.1.1(b)所示。例如对讲机、收/发报机等都是这种通信方式。

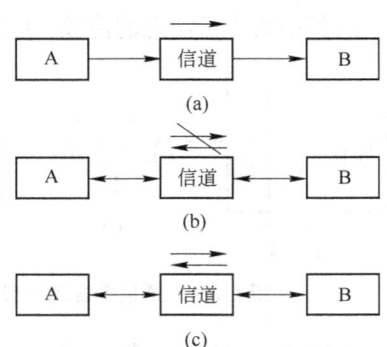

图1.1.1 按消息传送的方向和时间划分的通信方式

所谓全双工通信，是指通信双方可同时进行双向传输消息的工作方式。这种方式如图1.1.1(c)所示，双方可同时进行收发消息。很明显，全双工通信的信道必须是双向信道。生活中全双工通信的例子非常多，如普通电话、各种手机等。

2. 按数字信号排序分

在数字通信中，按照数字信号排列的顺序不同，可将通信方式分为串序传输和并序传输。

串序传输是将代表信息的数字信号序列按时间顺序一个接一个地在信道中传输的方式，如图1.1.2(a)所示。如果将代表信息的数字信号序列分成两路或两路以上的数字信号序列同时在信道上传输，则称为并序传输通信方式，如图1.1.2(b)所示。

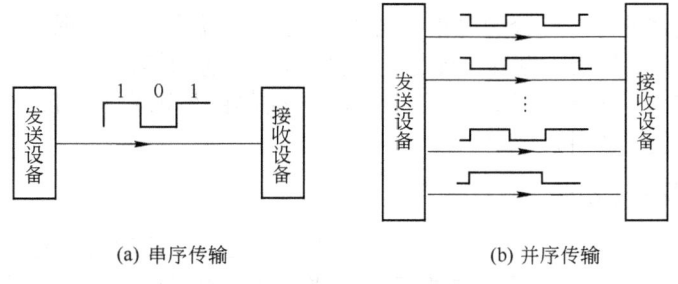

(a) 串序传输　　　　　　　　　　(b) 并序传输

图1.1.2　并序传输和串序传输

一般的数字通信方式大都采用串序传输，这种方式只需占用一条通路，缺点是占用时间相对较长。并序传输方式在通信中也时有用到，它需要占用多条通路，优点是传输时间较短、效率高。

1.2　通信系统的组成

1.2.1　一般组成

通信中要进行消息的传递，必须有发送者和接收者，发送者和接收者可以是人也可以是各种通信终端设备。换句话说，通信可以在人与人之间，也可以在人与机器或机器与机器之间进行。以点对点通信为例，通信系统必须有三大部分：一是发送端；二是接收端；三是收、发两端之间的信道。如图1.2.1所示。发送端由信息源和发送设备组成，接收端由接收设备和收信者组成。

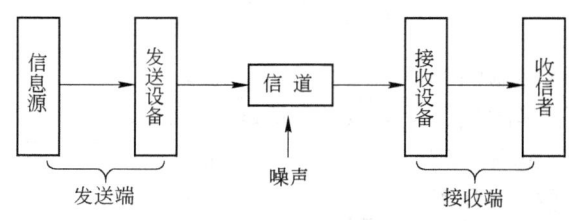

图1.2.1　通信系统的一般模型

在图中，信息源(简称信源)是信号的发源地。信源一般有模拟信源和离散信源之分。模拟信源输出的信号在时间和幅度上都是连续的，如语音、图像以及模拟传感器输出的信号等。离散信源的输出是离散的或可数的，如符号、文字以及脉冲序列等。离散信源又称为数字信源。模拟信源可以转换为数字信源，它是通过把模拟信号进行抽样、量化、编码而变为数字信号的。一般把信源输出的信号称为基带信号。

发送设备是发送端的重要部分，它的功能是将信息源和传输媒介连接起来，将信源输出的信号变为适合于信道传输的信号形式。变换的方式很多，采用什么样的变换方式则要根据信号类型、传输媒介和质量要求等决定。有时则可以将电信号直接送于媒介传送,有时要进行频谱搬移。在需要搬移时,调制则是最常用的一种频谱搬移方式。

接收设备的功能是将收到的信号变换成与发送端信源发出的消息完全一样的或基本一样的原始消息。显然接收设备应该是发送设备的反变换。

收信者(也称信宿)是信息的终点。一般情况下收信者需要的消息应和发信者发出的消息类型一样。对于收信者和发信者来说,不管中间经过什么样的变换和传输,都不应该将二者所传递的消息改变。收到和发出的消息的相同程度越高,则通信系统性能越好。

信道是介于发送设备和接收设备之间的信号通路。传输媒介有很多种,概括起来可分为无线和有线两大类。本章后面将简要介绍信道概念。

1.2.2 模拟通信系统组成

模拟通信系统是指信源是模拟信号,信道中传输的也是模拟信号的系统。模拟通信系统模型如图 1.2.2 所示。

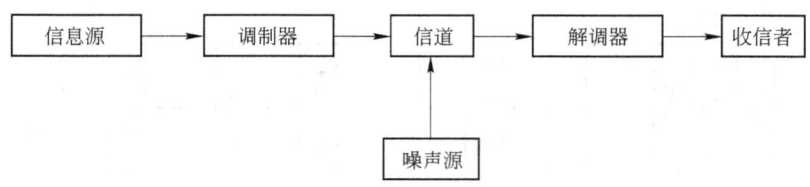

图 1.2.2 模拟通信系统模型

信源输出的原始电信号(基带信号)的频谱一般具有很低的频谱分量,大多集中在零频附近,这种信号一般不宜直接传输,需要把它变换成适合在信道中传输的频带信号,这一变换由调制器完成;在接收端同样需经相反的变换,由解调器完成。经过调制后的信号通常称为已调信号。已调信号有三个基本特性:一是携带有消息;二是适合在信道中传输;三是具有较高频率成分。

必须指出,消息从发送端到接收端的传递过程中,除有连续消息与原始电信号、原始电信号与已调信号之间的两种变换外,通常在通信系统里可能还有滤波、放大、天线辐射与接收、控制等过程。对信号传输而言,上面两种变换对信号起决定性作用,它是通信过程中的重要方面,而其他过程对信号来说,没有发生质的变化,只不过是对信号进行了放大和信号特性的改善,因此,这些过程认为都是理想的,而不去讨论它。

1.2.3 数字通信系统组成

信道中传输数字信号的系统,称为数字通信系统。数字通信系统可进一步细分为数字频带传输系统、数字基带传输系统、模拟信号数字化传输系统。下面分别加以说明。

1. 数字频带传输系统

数字通信的基本特征是,它的消息或信号具有"离散"或"数字"的特性,从而使数字通信具有许多特殊的问题。例如上面提到的第二种变换,在模拟通信中强调变换的线性特性,即强调已调参量与代表消息的模拟信号之间的比例特性;而在数字通信中,则强调已调参量与代表消息的数字信号之间的一一对应关系。

另外，数字通信中还存在以下突出问题：第一，数字信号传输时，信道噪声或干扰所造成的差错，原则上是可以控制的。这是通过所谓的差错控制编码来实现的，于是，就需要在发送端增加一个信道编码器，而在接收端相应需要一个信道译码器。第二，当需要实现保密通信时，可对数字基带信号进行"扰乱"（加密），此时在接收端就必须进行相应的解密。第三，由于数字通信传输是一个接一个按一定节拍传送的数字信号，因而接收端必须有一个与发送端相同的节拍，即系统的"同步"问题。

综上所述，点对点的数字通信系统模型一般如图 1.2.3 所示。图中，同步环节没有示意，这是因为它的位置往往不是固定的，在此主要强调信号流程所经过的部分。需要说明的是，图中调制器/解调器、加密器/解密器、编码器/译码器等环节，在通信系统中是否全部采用，要取决于具体设计条件和要求。但在一个系统中，如果发送端有调制/加密/编码，则接收端必须有解调/解密/译码。通常把有调制器/解调器的数字通信系统称为数字频带传输通信系统。

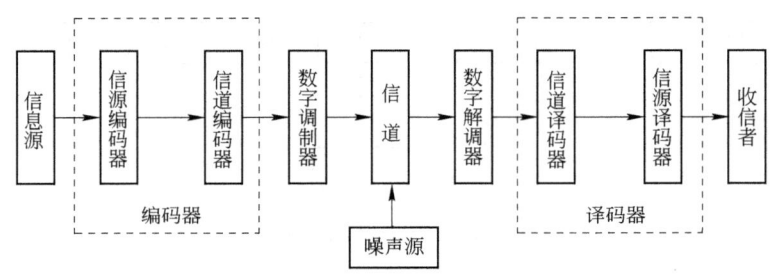

图 1.2.3　数字通信系统模型

数字通信系统中研究的技术问题主要有信源编码/译码、信道编码/译码、数字调制/解调、数字复接、同步以及加密等。

信源编码的作用主要有两个，其一是当信息源给出的是模拟语音信号时，信源编码器将其转换成数字信号，以实现模拟信号的数字化；其二是设法减少码元数目及降低码元速率，也就是数据压缩。码元速率决定信号传输所占的带宽，而传输带宽反映了通信的有效性。信源译码主要目的是为了提高通信系统的有效性。

信道编码是为了克服数字信号在信道传输时，由噪声、衰落等干扰引起的差错。信道编码器对传输的信息码元按一定的规则加入监督码元，接收端的信道译码器按相应的逆规则进行解码，从中发现错误或纠正错误。信道编码是为了提高通信系统的可靠性。

为了信息的保密，给被传输的数字序列加上密码，即扰乱，这个过程称为加密。在接收端利用相应的逆规则对收到的数字序列进行解密，恢复原来信息。

数字调制是把所传输的数字序列的频谱搬移到适合在信道中传输的频带上。基本的数字调制方式有幅移键控（ASK）、频移键控（FSK）和相移键控（PSK）等。

同步是保证数字通信系统有序、准确、可靠工作的基本条件。同步使收、发两端的信号在时间上保持步调一致。同步可分为载波同步、位同步、群同步和网同步等。

2. 数字基带传输系统

在数字频带传输系统中，如果把发送端的数字调制器和接收端的解调器取掉，就变成了数字基带传输系统。所以把发送端没有数字调制器，接收端没有解调器的通信系统称为数字基带传输通信系统，如图 1.2.4 所示。

在图 1.2.4 中波形变换也可能包括编码器、加密器等，接收滤波器亦可能包括译码器、解密器等。这些具体内容将在第 4 章详细讨论。

3. 模拟信号数字化传输系统

上面论述的数字通信系统中，信源输出的信号均为数字基带信号，实际上，在日常生活中大部分信号（如语音信号）为连续变化的模拟信号。那么要实现模拟信号在数字系统中的传输，则必须在发送端将模拟信号数字化，即 A/D 转换；在接收端需进行相反的转换，即 D/A 转换。实现模拟信号数字化传输的系统如图 1.2.5 所示。

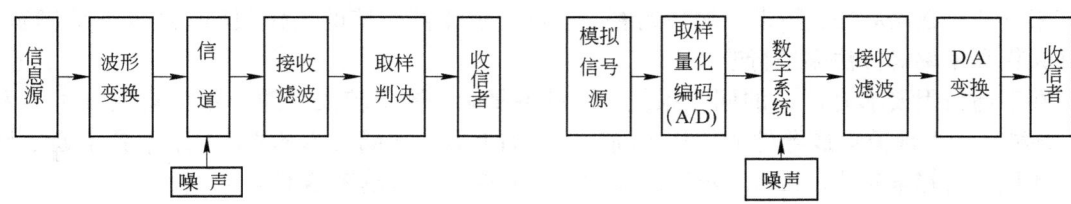

图 1.2.4　数字基带传输系统模型　　　　图 1.2.5　模拟信号数字化传输系统模型

1.2.4　数字通信的优缺点

上面介绍了几种具体的数字通信系统的组成，下面讨论数字通信的优、缺点。值得指出的是，数字通信的优、缺点都是相对于模拟通信而言的。

1. 数字通信的主要优点

（1）抗干扰能力强。因为在数字通信系统中，传输的信号是数字信号，以二进制为例，信号的取值只有两个，这样发送端传输的和接收端需要接收、判决的电平也只有两个值，若"1"码时取值为 A，"0"码时取值为 0，传输过程中由于信道噪声的影响，必然会使波形失真。在接收端恢复信号时，首先对叠加上噪声的混合信号进行抽样与判决，才能确定是"1"码还是"0"码。如果混合信号的抽样值大于判决门限电平，则判为"1"，反之判为"0"。可以看出，只要不影响判决的正确性，即使波形有失真也不会影响再生后的数字信号。而在模拟通信中，如果模拟信号叠加上噪声后，即使噪声很小，也很难消除它。

数字通信抗噪声性能好，还表现在微波中继（接力）通信时，它可以消除噪声积累。这是因为数字信号在每次再生后，只要不发生错码，它仍然像信源中发出的信号一样，没有噪声叠加在上面。因此中继站再多，数字通信仍具有良好的通信质量，而模拟通信中继时，只能增加信号能量（对信号放大），而不能消除噪声。

（2）差错可控。数字信号在传输过程中出现的错误（差错），可以通过纠错编码（信道编码）技术来控制。

（3）易加密。数字信号与模拟信号相比，容易加密和解密。因此，数字通信保密性好。

（4）易于与现代技术相结合。由于计算机技术，数字存储技术、数字交换技术以及数字处理技术等现代技术的飞速发展，许多设备、终端接口均是数字信号形式，因此极易与数字通信系统相连接。正因为如此，数字通信才得以高速发展。

2. 数字通信的缺点

数字通信相对于模拟通信来说，主要有2个缺点。

（1）频带利用率不高。数字通信中，数字信号占用的频带宽。以电话为例，一路数字电话一般要占据约 20～60 kHz 的带宽，而一路模拟电话仅占用约 4 kHz 带宽。如果系统传输带宽一定的话，模拟电话的频带利用率要高出数字电话好几倍。

（2）需要严格的同步系统。数字通信中，要准确地恢复信号，必须要求接收端和发送端保持严格同步，因此，数字通信系统及设备一般都比较复杂，体积较大。

3. 克服数字通信不足的办法

虽然单路数字信号占用的频带宽，而使系统的频带利用率低，但它可通过增大系统传输带宽来补偿。在高频段，频带资源较富裕，故可通过提高系统的工作频率，加大系统频宽，提高频带利用率等方法来进行改善。

数字通信因要求有严格的同步系统，故设备复杂、体积较大。随着数字集成技术的发展，各种中、大规模集成器件的体积不断减小，加上数字压缩技术的不断完善，数字通信设备的体积将会越来越小。因此，数字通信的两个缺点也显得越来越不重要了。

1.3 通信发展概况

通信的历史可追溯到 17 世纪初期。从 1600—1750 年开始研究电、磁的现象，到 19 世纪 40 年代为通信理论基础准备阶段，可以说，一直到 19 世纪 40 年代通信才进入实用阶段，近几十年来通信技术得到了飞速发展。下面展示了通信史中相关重大事件，从中可清楚地看到通信的发展过程。

1834 年，高斯与韦伯制造出电磁式电报机；

1837 年，库克与惠斯登制造成电报机；

1838 年，摩尔斯发明有线电报；

1842 年，实现莫尔斯电报通信；

1864 年，马克斯韦尔提出电磁辐射方程；

1876 年，贝尔发明电话；

1896 年，马可尼发明无线电报；

1906 年，发明真空管；

1918 年，调幅无线电广播、超外差接收机问世；

1925 年，开始采用三路明线载波电话、多路通信；

1936 年，调频无线电广播开播；

1937 年，发明脉冲编码调制原理；

1938 年，电视广播开播；

1940—1945 年，"二次大战"刺激了雷达和微波通信系统的发展；

1948 年，发明晶体管，香农提出了信息论；

1950 年，时分多路通信应用于电话；

1956 年，敷设越洋电缆；

1957 年，发射第一颗人造卫星；
1958 年，发射第一颗通信卫星；
1960 年，发明激光；
1961 年，发明集成电路；
1962 年，发射第一颗同步通信卫星，脉冲编码调制进入实用阶段；
1960—1970 年，彩色电视问世、阿波罗宇宙飞船登月、数字传输的理论和技术得到了迅速发展，高速数字电子计算机和计算机互联网相继出现；
1970—1980 年，大规模集成电路、商用卫星通信、程控数字交换机、光纤通信系统、微处理机等迅速发展；
1980 年以后，超大规模集成电路、长波长光纤通信系统广泛应用，互联网崛起；
1990 年以后，卫星通信、移动通信、光纤通信等进一步发展，DTV(清晰度电视)、HDTV(高清晰度电视)不断成熟，GPS(全球定位系统)广泛应用；
2000 年以来，移动通信、国际互联网络广泛应用与普及，多媒体通信迅猛发展。
2010 年以来，多载波传输系统、超宽带系统、量子通信日趋成熟开始实用。

1.4 通信系统的主要性能指标

衡量通信系统性能的好坏，必然要涉及通信系统的性能指标。通信系统的性能指标通常是从整个系统角度出发而提出的。

1.4.1 一般通信系统的性能指标

不论是模拟通信系统，还是数字通信系统，它们的性能指标归纳起来有以下几个方面。
(1) 有效性，指通信系统传输消息的"速度"问题，即快慢问题。
(2) 可靠性，指通信系统传输消息的"质量"问题，即好坏问题。
(3) 适应性，指通信系统使用时的环境条件。
(4) 经济性，指系统的成本问题。
(5) 标准性，指系统的各种接口、结构及协议等是否符合国际、国家标准。
(6) 维修性，指系统是否维修方便。
(7) 工艺性，指通信系统各种工艺要求。
(8) 保密性，指系统对所传信号的加密要求。这点对军事通信尤为重要。
系统的有效性和可靠性指标是通信系统中最重要的两个性能指标，也是本书讨论的核心问题。系统的有效性和可靠性指标始终是一对矛盾。一般情况下，系统要获得高的可靠性，必须通过牺牲系统的有效性来获得；反之亦然。实际中在一定可靠性指标下，尽量提高信号的传输速度；或在一定有效性条件下，使系统的可靠性尽可能提高。
对于模拟通信系统，系统的有效性用系统有效带宽衡量，系统的频带利用率，可用系统允许最大传输带宽(信道的带宽)与每路信号的带宽之比来表征，即

$$n = \frac{B_w}{B_i} \qquad (1.4.1)$$

式中，B_w 为系统有效频带宽度；B_i 为单路信号的频带宽度；n 为系统在其带宽内最多能容纳（传输）的话路数。n 值的大小说明系统利用率的高低。

模拟通信系统的可靠性指标通常用输出信噪比，或者均方误差来衡量。

对于数字通信系统，系统的有效性和可靠性指标通常用传输速率和误码率来衡量。在具体叙述传输速率概念之前，首先简要介绍信息及其量度的一些基本知识。

1.4.2 信息及其量度

"信息(Information)"一词在概念上与消息(Message)的意义相似，但它的含义却更具普遍性、抽象性。信息可被理解为消息中包含的有意义的内容，消息可以有各种各样的形式，但消息的内容可统一用信息来表述。传输信息的多少可直观地使用"信息量"进行衡量。

传递的消息都有其量值的概念。在一切有意义的通信中，虽然消息的传递意味着信息的传递，但对接收者而言，某些消息比另外一些消息的传递具有更多的信息。例如，甲方告诉乙方一件非常可能发生的事情，"明天中午12时正常开饭"，那么比起告诉乙方一件极不可能发生的事情，"明天12时有地震"来说，后一消息包含的信息量显然要大得多。可以看出，对接收者来说，事件越不可能发生，越会使人感到意外和惊奇，则信息量就愈大。

正如已经指出的，消息是多种多样的，因此，量度消息中所含的信息量值，必须能够用来估计任何消息的信息量，且与消息种类无关。另外，消息中所含信息的多少也应和消息的重要程度无关。由概率论可知，事件的不确定程度，可用事件出现的概率来描述，事件出现（发生）的可能性越小，则概率越小；反之，概率越大。基于此可以得到：消息中的信息量与消息发生的概率紧密相关。消息出现的概率越小，则消息中包含的信息量就越大。且概率为零（不可能发生事件）时信息量为无穷大；概率为1（必然事件）时信息量为0。

消息中包含的信息量 I 可以用下式计算：

$$I = \log_a \frac{1}{P(x)} = -\log_a P(x) \tag{1.4.2}$$

信息量的单位与对数的底有关，通常底数 a 取以下值：

$a = 2$ 时，单位为比特(bit，简写为 b)；

$a = e$ 时，单位为奈特(nat，简写为 n)；

$a = 10$ 时，单位为笛特(Det)，或称为十进制单位。

信息量最常使用的单位为 bit。对于多个消息符号组成的信息，通常用平均信息量 $\bar{I}$ 来衡量。设每个符号出现的概率为

$$\begin{pmatrix} x_1, & x_2, & \cdots, & x_n \\ P(x_1), & P(x_2), & \cdots, & P(x_n) \end{pmatrix} \tag{1.4.3}$$

则平均信息量 $\bar{I}$ 为

$$\bar{I} = -\sum_{i=1}^{n} P(x_i) \text{lb}^{①} P(x_i) \quad \text{bit/符号} \tag{1.4.4}$$

---

① $\text{lb} = \log_2$。

1.4.3 数字通信系统有效性指标的具体表述

数字通信系统的有效性具体可用传输速率来衡量,传输速率越高,则系统的有效性越好。通常可从以下三个不同的角度来定义传输速率。

1. 码元传输速率

码元传输速率(R_B)通常又可称为码元速率、数码率、传码率、码率、波特率、波形速率,用符号 R_B 表示。码元速率是指单位时间(每秒)内传输码元的数目,单位为波特(Baud),常用符号 B 或者 Bd 表示。例如,某系统在 2 s 内共传送 3 600 个码元,则系统的传码率为 1 800 B。

数字信号一般有二进制与多进制之分,但码元速率 R_B 与信号的进制数无关,只与码元宽度 T_B 有关。即

$$R_B = 1/T_B \tag{1.4.5}$$

一般在给出系统码元速率时,有必要说明码元的进制数。N 进制码元速率 R_{BN} 与二进制码元速率 R_{B2} 之间,在保证系统信息速率不变的情况下,相互可转换,转换关系式为

$$R_{B2} = R_{BN} \cdot \text{lb}\, N \tag{1.4.6}$$

2. 信息传输速率

信息传输速率简称信息速率,又可称为传信率、比特率等。信息传输速率用符号 R_b 表示。信息速率是指单位时间(通常为每秒)内传送的信息量多少。单位为比特/秒(bit/s)。这里必须注意信息速率与码元速率的单位问题,信息速率一定有"/s",而码元速率则不带"/s"。例如,某信源在 3 s 内共输出 3 600 个符号,且每一个符号的平均信息量为 1 bit,则该信源的 $R_b = 3\,600/3 = 1\,200$ bit/s。信息量与信号进制数 N 有关,因此,信息速率也与进制数 N 有关。

3. 消息传输速率

消息传输速率亦称消息速率,它被定义为单位时间(每秒)内传输的消息数,用 R_m 表示。因消息的衡量单位形式多样,故有各种不同的含义。例如,当消息的单位是汉字时,则 R_m 的单位为"字/秒"。消息速率在实际中应用不多。

数字通信系统的有效性除用传输速率衡量外,有时也用系统频带利用率来衡量,频带利用率定义为码元速率(或者信息速率)与系统频带宽度之比,即

$$\eta = \frac{R_B(\text{或者}\, R_b)}{B} \tag{1.4.7}$$

频带利用率的单位是波特/赫兹(Baud/Hz)或(比特/秒)·赫兹$^{-1}$[(bit/s)·Hz^{-1}]。

4. 信息速率与码元速率之间的互换

在二进制中,码元速率 R_{B2} 与信息速率 R_{b2} 的关系是数值相等,但单位不同。

在多进制中,码元速率 R_{BN} 与信息速率 R_{bN} 之间数值不同,单位亦不同。它们之间在数值上存在如下关系式:

$$R_{bN} = R_{BN} \cdot \text{lb}\, N \tag{1.4.8}$$

在信息速率保持不变的条件下，二进制码元速率 R_{B2} 与多进制码元速率 R_{BN} 之间的关系为

$$R_{B2} = R_{BN} \cdot \text{lb} N \tag{1.4.9}$$

1.4.4 数字通信系统可靠性指标的具体表述

数字通信系统的可靠性指标，通常可用信号在传输过程中出错的概率来表述，即用差错率来衡量。差错率越大，表明系统可靠性越差。差错率通常有两种表示方法。

1. 码元差错率

码元差错率，简称误码率，它是指通信系统收发过程中，系统出现的错误码元数在系统传送的总码元数中所占的比例，更确切地说，误码率就是码元在传输系统中被传错的概率。用表达式可表示成

$$P_e = \frac{\text{时间段内系统出现的错误码元数}}{\text{时间段内系统传输的总码元数(正确 + 错误数)}} \tag{1.4.10}$$

2. 信息差错率

信息差错率，简称误信率或误比特率，它是指系统传输过程中出现的错误信息量在传送信息总量中所占的比例，或者说，它是码元的信息量在传输系统中被丢失的概率。可表示成

$$P_b = \frac{\text{时间段内系统出现的错误 bit 数}}{\text{时间段内系统传输的总 bit 数(正确 + 错误数)}} \tag{1.4.11}$$

1.5 信　　道

信道是通信系统必不可少的组成部分，信道特性的好坏直接影响到系统的总特性。本节主要介绍信道的基本概念和常见信道的一般特性，以及不同信道对所传信号的影响和改善信道特性的办法。

1.5.1 信道的定义

信道，通俗地说，是指以传输媒介（质）为基础的信号通路；具体地说，信道是指由有线或无线电线路提供的信号通路；抽象地说，信道是指定的一段频带，它让信号通过，同时又给信号以限制和损害。信道的作用是传输信号。

通常，将仅指信号传输媒介的信道称为狭义信道。目前采用的传输媒介有架空明线、电缆、光导纤维（光缆）、中长波地表波传播、超短波及微波视距传播（含卫星中继）、短波电离层反射、超短波流星余迹散射、对流层散射、电离层散射、超短波超视距绕射、波导传播、光波视距传播等。

可以看出，狭义信道是指接在发送端设备和接收端设备中间的传输媒介（以上所列）。狭义信道定义直观，易理解。

在通信理论的分析中，从研究消息传输的观点看，人们所关心的常常只是通信系统中的基本问题，因而，信道的范围还可以扩大。它除包括传输媒介外，还可能包括有关的转换器，如馈线、天线、调制器、解调器等。通常将这种扩大了范围的信道称为广义信道。在讨论通

信的一般原理时，通常采用的是广义信道。很明显，广义信道的范围比狭义信道广泛，它不仅包含传输媒介(狭义信道)，而且包含有关转换器。

为了进一步理解信道的概念，下面对信道进行分类。

1.5.2 信道的分类

狭义信道通常按具体媒介的不同类型可分为有线信道和无线信道。所谓有线信道是指传输媒介为明线、对称电缆、同轴电缆、光缆及波导等一类能够看得见的媒介。有线信道是现代通信网中最常用的信道之一。如对称电缆(又称电话电缆)广泛应用于(市内)近程传输。无线信道的传输媒介比较多，它包括短波电离层、对流层散射等。可以这样认为，凡不属有线信道的媒介均为无线信道的媒介。无线信道的传输特性没有有线信道的传输特性稳定和可靠，但无线信道具有方便、灵活、通信者可以移动等优点。

广义信道通常也可分为两种，调制信道和编码信道。调制信道是从研究调制与解调的基本问题出发而构成的，它的范围是从调制器输出端到解调器输入端。因为，从调制和解调的角度来看，由调制器输出端到解调器输入端的所有转换器及传输媒介，不管其中间过程如何，它们不过是把已调信号进行了某种变换而已，我们只需关心变换的最终结果，而无须关心形成这个最终结果的详细过程。因此，研究调制与解调问题时，定义一个调制信道是方便和恰当的。调制信道常常用在模拟通信中。

在数字通信系统中，如果仅着眼于编码和译码问题，则可得到另一种广义信道——编码信道。这是因为，从编码和译码的角度看，编码器的输出仍是某一数字序列，而译码器输入同样也是数字序列，它们在理想情况下是相同的数字序列。因此，从编码器输出端到译码器输入端的所有转换器及传输媒介可用一个完成数字序列变换的方框加以概括，此方框称为编码信道。调制信道和编码信道的示意图如图 1.5.1 所示。另外，根据研究对象和关心问题的不同，也可以定义其他形式的广义信道。

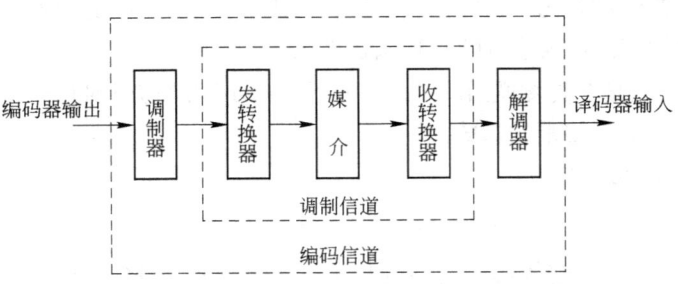

图 1.5.1 调制信道与编码信道

1.5.3 信道的模型

通常，为了方便地表述信道的一般特性，引入信道的模型：调制信道模型和编码信道模型。

1. 调制信道

在频带传输系统中，已调信号离开调制器便进入调制信道。对于调制和解调而言，通常可以不管调制信道究竟包括了什么样的转换器，也不管选用了什么样的传输媒介，以及发生了怎样的传输过程,我们仅关心已调信号通过调制信道后的最终结果。因此,把调制信道概括成一个模型是可能的。

通过对调制信道进行大量的考查之后,发现它有如下主要特性:
(1) 有一对(或多对)输入端,则必然有一对(或多对)输出端。
(2) 绝大部分信道是线性的,即满足叠加原理。
(3) 信号通过信道需要一定的延迟时间。
(4) 信道对信号有损耗(固定损耗或时变损耗)。
(5) 即使没有信号输入,在信道的输出端仍可能有一定的功率输出(噪声)。

由此看来,可用一个二对端(或多对端)的时变线性网络去替代调制信道。这个网络就称作调制信道模型,如图 1.5.2 所示。

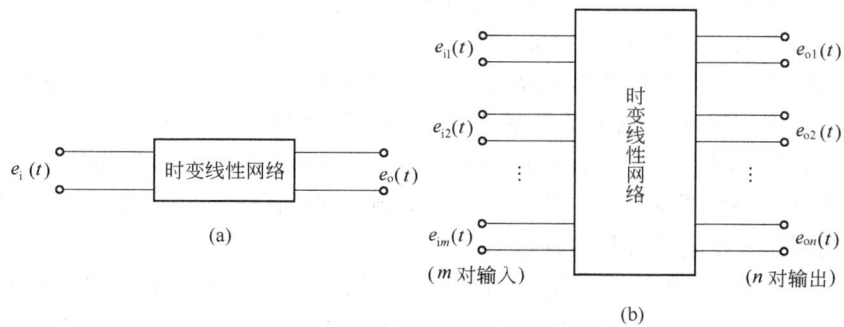

图 1.5.2 调制信道模型

对于二对端的信道模型来说,它的输入和输出之间的关系式可表示成

$$e_o(t) = f[e_i(t)] + n(t) \tag{1.5.1}$$

式中,$e_i(t)$ 为输入的已调信号;$e_o(t)$ 为信道输出波形;$n(t)$ 为信道噪声(或称信道干扰);$f[e_i(t)]$ 为信道对信号影响(变换)的某种函数关系。

由于 $f[e_i(t)]$ 形式是个高度概括的结果,为了进一步理解信道对信号的影响,把 $f[e_i(t)]$ 设想成为一个信号与干扰相乘的形式。

因此,式(1.5.1)可写成

$$e_o(t) = k(t) \cdot e_i(t) + n(t) \tag{1.5.2}$$

式中,$k(t)$ 称为乘性干扰,它依赖于网络的特性,对信号 $e_i(t)$ 影响较大;$n(t)$ 则称为加性干扰(噪声)。

这样,信道对信号的影响可归纳为两点:一是乘性干扰 $k(t)$ 的影响;二是加性干扰 $n(t)$ 的影响。如果了解了 $k(t)$ 和 $n(t)$ 的特性,则信道对信号的具体影响就能搞清楚,不同特性的信道,仅反映信道模型有不同的 $k(t)$ 及 $n(t)$ 而已。

我们期望的信道(理想信道)应是 $k(t) = $ 常数、$n(t) = 0$,即

$$e_o(t) = k \cdot e_i(t) \tag{1.5.3}$$

实际中,乘性干扰 $k(t)$ 一般是一个复杂的函数,它可能包括各种线性畸变、非线性畸变、交调畸变、衰落畸变等,而且往往只能用随机过程加以表述,这是由于网络的延迟特

性和损耗特性随时间随机变化的结果。但是，经大量观察表明，有些信道的 $k(t)$ 基本不随时间变化，或者信道对信号的影响是固定或变化极为缓慢的；但有的信道却不然，它们的 $k(t)$ 是随机快变化的。因此，分析研究乘性干扰 $k(t)$ 时，在相对的意义上可把调制信道分为两大类：一类称为恒参信道，即 $k(t)$ 可看成不随时间变化或变化极为缓慢的一类信道；另一类则称为随参信道（或称变参信道），它是非恒参信道的统称，或者说 $k(t)$ 是随时间随机变化的信道。一般情况下，认为有线信道绝大部分为恒参信道，而无线信道大部分为随参信道。

2. 编码信道

编码信道包括调制信道及调制器、解调器在内的信道。它与调制信道模型有明显的不同：即调制信道对信号的影响是通过 $k(t)$ 和 $n(t)$ 使调制信号发生"模拟"变化，而编码信道对信号的影响则是一种数字序列的变换，即把一种数字序列变成另一种数字序列。故有时把编码信道看成是一种数字信道。

由于编码信道包含调制信道，因而它同样要受到调制信道的影响。但是，从编/译码的角度看，以上这个影响已被反映在解调器的最终结果里——使解调器输出数字序列依某种概率发生差错。显然，如果调制信道越差，即特性越不理想和加性噪声越严重，则发生错误的概率将会越大。由此看来，编码信道的模型可用数字信号的转移概率来描述。

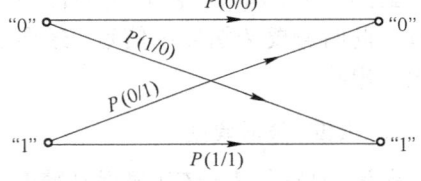

图 1.5.3 二进制无记忆编码信道模型

例如，在常见的二进制数字传输系统中，一个简单的编码信道模型如图 1.5.3 所示。之所以说这个模型是"简单的"，是因为在这里假设解调器输出的每个数字码元发生差错是相互独立的。用编码的术语来说，这种信道是无记忆的（当前码元的差错与其前后码元的差错没有依赖关系）。在这个模型里把 $P(0/0)$、$P(1/0)$、$P(0/1)$、$P(1/1)$ 称为信道转移概率，具体地把 $P(0/0)$ 和 $P(1/1)$ 称为正确转移概率，而把 $P(1/0)$ 和 $P(0/1)$ 称为错误转移概率。根据概率性质可知

$$P(0/0) + P(1/0) = 1 \tag{1.5.4}$$

$$P(1/1) + P(0/1) = 1 \tag{1.5.5}$$

转移概率完全由编码信道的特性所决定，一个特定的编码信道就会有相应确定的转移概率。应该指出，编码信道的转移概率一般需要对实际编码信道做大量的统计分析才能得到。

编码信道可细分为无记忆编码信道和有记忆编码信道。有记忆编码信道是指信道中码元发生差错的事件不是独立的，即码元发生错误前后是有联系的。

1.5.4 恒参信道及其对所传信号的影响

由于恒参信道对信号传输的影响是固定不变的或者是变化极为缓慢的，因而可以认为它等效于一个非时变的线性网络。因此，在原理上只要得到这个网络的传输特性，则利用信号通过线性系统的分析方法，就可求得调制信号通过恒参信道后的变化规律。

网络的传输特性通常可用幅度-频率特性和相位-频率特性来表征。下面结合有线电话的

音频信道或载波信道(它们是典型的恒参信道之一)来分析信道等效网络的上述两个特性以及它们对信号传输的影响。

1. 幅度-频率畸变

幅度-频率畸变是由有线电话信道的幅度-频率特性的不理想所引起的。这种畸变又称为频率失真。在通常的电话信道中可能存在各种滤波器,尤其是带通滤波器,还可能存在混合线圈、串联电容器和分路电感等,因此电话信道的幅度-频率特性总是不理想的。例如,图1.5.4示出了典型音频电话信道的总衰耗-频率特性。图中,低频截止频率约从300 Hz开始,300 Hz以下每倍频程衰耗升高15~25 dB;在300~1 100 Hz范围内衰耗比较平坦;在1 100~2 900 Hz内,衰耗通常是线性上升的(2 600 Hz的衰耗比1 100 Hz时高8 dB);在2 900 Hz以上,衰耗增加很快,每倍频程增加80~90 dB。

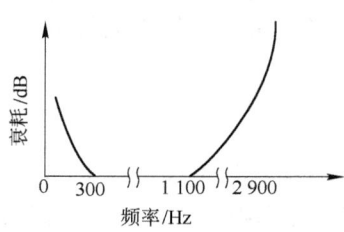

图1.5.4 典型音频电话信道的相对衰耗

显然,如上所述的不均匀衰耗必然使传输信号的幅度-频率发生畸变,引起信号波形的失真。此时若要传输数字信号,还会引起相邻数字信号波形之间在时间上的相互重叠,即造成码间串扰。

2. 相位-频率畸变

所谓相位-频率畸变(群迟延畸变),是指信道的相位-频率特性偏离线性关系所引起的畸变。电话信道的相位-频率畸变主要来源于信道中的各种滤波器及可能有的加感线圈,尤其在信道频带的边缘,相频畸变就更严重。

相频畸变对模拟话音通道影响并不显著,这是因为人耳对相频畸变不太灵敏;但对数字信号传输却不然,尤其当传输速率比较高时,相频畸变将会引起严重的码间串扰,给通信带来很大损害。

信道的相位-频率特性还经常采用群迟延-频率特性来衡量。所谓群迟延-频率特性,被定义为相位-频率特性的导数,即若相位-频率特性用 $\varphi(\omega)$ 表示,则群迟延-频率特性(通常称为群迟延畸变或群迟延) $\tau(\omega)$ 为

$$\tau(\omega) = \frac{d\varphi(\omega)}{d\omega} \tag{1.5.6}$$

可以看到,如果 $\varphi(\omega)$-ω 呈现线性关系,则 $\tau(\omega)$-ω 将是一条水平直线,如图1.5.5所示。此时,信号的不同频率成分将有相同的延迟,因而信号经过传输后不发生畸变。但实际的信道特性总是偏离,如图1.5.5所示的特性,例如一个典型电话信道的群迟延-频率特性示于图1.5.6。不难看出,当非单一频率的信号通过信道时,信号频谱中的不同频率分量将有不同的迟延(使它们的到达时间造成先后不一),从而引起信号的畸变。这种畸变可通过图1.5.7的例子来说明。假设图1.5.7(a)是原信号——未经迟延的信号,它由基波和三次谐波组成,它们的幅度比为2∶1。若它们经不同的迟延,即基波相移π、三次谐波相移2π,则使得合成波形[如图1.5.7(b)所示]与原信号的合成波形有了明显的差别。这个差别就是由群迟延-频率特性不理想(偏离水平直线)而造成的。

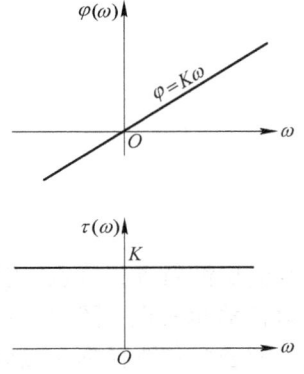
图 1.5.5 理想的群迟延特性

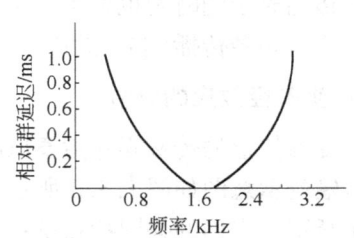
图 1.5.6 典型电话信道的群迟延特性

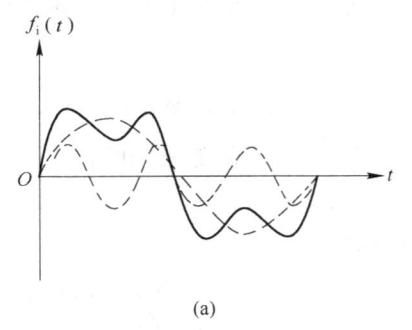
(a)

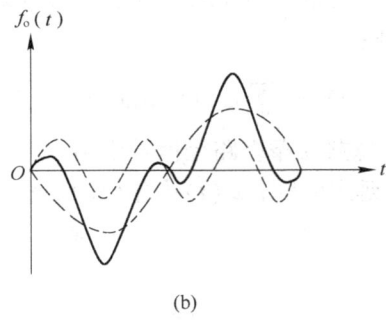
(b)

图 1.5.7 相移失真前后的波形比较

3. 减小畸变的措施

为了减小幅度-频率畸变,在设计总的电话信道传输特性时,一般都要求把幅度-频率畸变控制在一个允许的范围内。这就要求改善电话信道中的滤波性能,或者再通过一个线性补偿网络,使衰耗特性曲线变得平坦。后一个措施通常被称为"均衡"。在载波电话信道上传输数字信号时,通常要采用均衡措施。均衡的方式有时域均衡和频域均衡,具体时域均衡的技术将在第 4 章中介绍。

相位-频率畸变(群迟延畸变)如同幅频畸变一样,也是一种线性畸变。因此,采用相位均衡技术也可以补偿群迟延畸变。

1.5.5 变参信道及其对所传信号的影响

变参信道的特性比恒参信道要复杂得多,对信号的影响也要严重得多。其根本原因在于它包含一个复杂的传输媒介。虽然,变参信道中总包含着除媒介外的其他转换器,自然也应该把它们的特性算作变参信道特性的组成部分。但是,从对信号传输影响来看,传输媒介的影响是主要的,而转换器特性的影响是次要的,甚至可以忽略不计。因此,本节仅讨论变参信道的传输媒介所具有的一般特性以及它对信号传输的影响。

1. 变参信道传输媒介的特点

变参信道传输媒介通常具有以下特点：
（1）对信号的衰耗随时间的变化而变化；
（2）传输时延随时间也发生变化；
（3）具有多径传播（多径效应）。

2. 产生多径效应的分析

属于变参信道的传输媒介主要以电离层反射和散射、对流层散射等为代表，信号在这些媒介中传输的示意图如图 1.5.8 所示。图（a）为电离层反射传输示意图；图（b）为对流层散射传输示意图。它们的共同特点是：由反射点出发的电波可能经多条路径到达接收点，这种现象称为多径传播。就每条路径信号而言，它的衰耗和时延都不是固定不变的，而是随电离层或对流层的机理变化而变化的。因此，多径传播后的接收信号将是衰减和时延随时间变化的各路径信号的合成。若设发射信号为 $A\cos\omega_c t$，则经过 n 条路径传播后的接收信号 $r(t)$ 可用式(1.5.7)表述：

$$r(t) = \sum_{i=1}^{n} a_i(t)\cos\omega_c[t - t_{di}(t)] = \sum_{i=1}^{n} a_i(t)\cos[\omega_c t + \varphi_i(t)] \tag{1.5.7}$$

式中，$a_i(t)$ 为总共 n 条多路径信号中第 i 条路径到达接收端的随机幅度；$t_{di}(t)$ 为第 i 条路径对应于它们的延迟时间；$\varphi_i(t)$ 为相应的随机相位，即

$$\varphi_i(t) = \omega_c t_{di}(t)$$

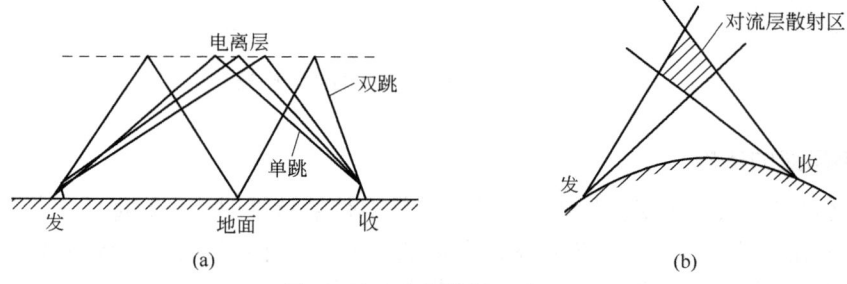

图 1.5.8 多径传播示意图

由于 $a_i(t)$ 和 $\varphi_i(t)$ 随时间的变化要比信号载频的周期变化慢得多，因此式(1.5.7)又可写成

$$r(t) = \left[\sum_{i=1}^{n} a_i(t)\cos\varphi_i(t)\right]\cos\omega_c t - \left[\sum_{i=1}^{n} a_i(t)\sin\varphi_i(t)\right]\sin\omega_c t \tag{1.5.8}$$

令

$$a_I(t) = \sum_{i=1}^{n} a_i(t)\cos\varphi_i(t) \tag{1.5.9}$$

$$a_Q(t) = \sum_{i=1}^{n} a_i(t)\sin\varphi_i(t) \tag{1.5.10}$$

并代入式(1.5.8)后得

$$r(t) = a_I(t)\cos\omega_c t - a_Q(t)\sin\omega_c t = a(t)\cos[\omega_c t + \varphi(t)] \tag{1.5.11}$$

其中 $a(t)$ 是多径信号合成后的包络，即

$$a(t) = \sqrt{a_I^2(t) + a_Q^2(t)} \tag{1.5.12}$$

而 $\varphi(t)$ 是多径合成后的相位,即

$$\varphi(t) = \arctan\left[\frac{a_Q(t)}{a_I(t)}\right] \tag{1.5.13}$$

由于 $a_i(t)$ 和 $\varphi_i(t)$ 都是随机过程,故 $a_I(t)$、$a_Q(t)$、$\varphi(t)$ 和 $\varphi(t)$ 也都是随机过程。
经上面分析,可以得到如下结论。

(1) 从波形上看,多径传播的结果使单一载频信号 $A\cos\omega_c t$ 变成了包络和相位都变化(实际上都受到调制)的窄带信号。

(2) 从频谱上看,多径传播引起了频率弥散(色散),即由单个频率变成了一个窄带频谱。

(3) 多径传播会引起选择性衰落。

通常将由于电离层浓度变化等因素所引起的信号衰落称为慢衰落;而把由于多径效应引起的信号衰落称为快衰落,选择性衰落就是其中之一。

为分析简单,下面假定只有两条传输路径,且认为接收端的幅度与发送端一样,只是在到达时间上差一个时延 τ。若发送信号为 $f(t)$,它的频谱为 $F(\omega)$,并记为

$$f(t) \leftrightarrow F(\omega) \tag{1.5.14}$$

设经信道传输后第一条路径的时延为 t_0,在假定信道衰减为 K 的情况下,到达接收端的信号为 $Kf(t-t_0)$,相应于它的傅里叶变换为

$$Kf(t-t_0) \leftrightarrow KF(\omega)e^{-j\omega t_0} \tag{1.5.15}$$

另一条路径的时延为 $t_0 + \tau$,假定信道衰减也是 K,故它到达接收端的信号为 $Kf(t-t_0-\tau)$。相应于它的傅里叶变换为

$$Kf(t-t_0-\tau) \leftrightarrow KF(\omega)e^{-j\omega(t_0+\tau)} \tag{1.5.16}$$

当这两条传输路径的信号合成后得

$$r(t) = Kf(t-t_0) + Kf(t-t_0-\tau) \tag{1.5.17}$$

对应于它的傅里叶变换为

$$r(t) \leftrightarrow KF(\omega)e^{-j\omega t_0}(1 + e^{-j\omega\tau}) \tag{1.5.18}$$

因此,信道的传递函数为

$$H(\omega) = \frac{R(\omega)}{F(\omega)} = Ke^{-j\omega t_0}(1 + e^{-j\omega\tau}) \tag{1.5.19}$$

$H(\omega)$ 的幅频特性为

$$|H(\omega)| = |Ke^{-j\omega t_0}(1 + e^{-j\omega\tau})| = K|(1 + e^{-j\omega\tau})| = 2K\left|\cos\frac{\omega\tau}{2}\right| \tag{1.5.20}$$

$H(\omega)$-ω 特性曲线如图 1.5.9 所示($K=1$)。

由图 1.5.9 可知,当两条路径传输时,信道的 $H(\omega)$ 对于不同的频率具有不同的衰减(或增益)。特别是在 $\omega = (2n+1)\pi/\tau$(n 为整数)时,出现传递函数为零,即信道衰减为无限大。

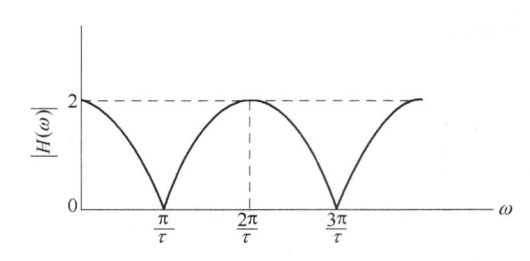

图 1.5.9 两条路径传输时选择性衰落特性

这就是说,在接收到的合成信号内将损失掉这些频率分量,使信号频谱遭受到破坏。由于这种现象和信号与通过选择性的衰耗网络相似,故常称为选择性衰落(亦称频率选择性衰落)。相应地,将前述非选择性衰落亦称为平坦性衰落。

上述结果可推广到多径传播的情况,此时信道的 $H(\omega)$ 将出现更多的零点,因此通过信道后,信号频谱中损失的频率分量就更多,失真就更为严重。

3. 变参信道特性的改善

对于平坦性衰落(慢衰落),主要采取加大发射功率和在接收机内采用自动增益控制等技术和方法。对于快衰落,通常可采用多种措施,例如各种抗衰落的调制/解调技术及接收技术等。其中较为有效且常用的抗衰落措施乃是分集接收技术。按广义信道的含义说,分集接收可看作是变参信道中的一个组成部分或一种改造形式,而改造后的变参信道,衰落特性将能够得到明显改善。

前面说过,快衰落信道中接收的信号是到达接收机的各路径分量的合成〔见式(1.5.7)〕。如果在接收端同时获得几个不同的合成信号,则将这些信号适当合并后得到的总接收信号,将可能大大减小衰落的影响。这就是分集接收的基本思想。分集两字就是分散得到几个合成信号并集中(合并)这些信号的意思。只要被分集的几个信号之间是统计独立的,那么经适当的合并后就能使系统性能大为改善。

互相独立或基本独立的一些信号,一般可利用不同路径或不同频率、不同角度、不同极化等接收手段来获取,于是大致有如下几种分集方式。

(1) 空间分集。在接收端架设几副天线,天线的相对位置都要求有足够的间距(一般在100 个信号波长左右),以保证各天线上获得的信号彼此基本独立。

(2) 频率分集。用多个不同载频传送同一个消息,如果每个载频的频差相隔比较大,则各分散信号彼此也基本不相关。

(3) 角度分集。这是利用天线波束指向不同方向上的信号有不同相关性的原理形成的一种分集方法,例如在微波天线上设置若干个反射器,产生相关性很小的几个波束。

(4) 极化分集。这是分别接收水平极化和垂直极化波而构成的一种分集方法。一般来说,这两种波是相关性极小的(在短波电离层反射信道中)。

当然,还有其他分集方法,这里不详述。但要指出的是,分集方法均不是相互排斥的,在实际使用时可以是组合式的,例如有二重空间分集和二重频率分集组成四重分集系统等。

各分散的合成信号进行合并的方法通常有:

(1) 最佳选择式。从几个分散信号中设法选择其中信噪比最好的一个作为接收信号。

(2) 等增益相加式。将几个分散信号以相同的支路增益进行直接相加,相加后的结果作为接收信号。

(3) 最大比值相加式。控制各支路增益,使它们分别与本支路的信噪比成正比,然后再相加获得接收信号。

本 章 小 结

通信是指由一地向另一地进行消息的有效传递。通信的目的是传递消息。通信可以按许多形式进行分类，如无线和有线通信；数字通信和模拟通信；长波通信、中波通信、短波通信、微波通信；移动通信和固定通信等；基带传输与频带传输；电报、电话、传真、数据传输、可视电话、无线寻呼；频分多址通信、时分多址通信、码分多址通信等。通信工作方式有：单工、半双工、全双工通信；串序传输和并序传输。

通信系统一般由发送端、接收端、信道三大部分组成。模拟通信系统通常由模拟信息源、调制器、信道、解调器与收信者组成；数字通信系统由信息源、编码器、调制器、信道、解调器、译码器、收信者等组成。编码有信源编码、信道编码之分。数字通信系统可细分为数字基带传输通信系统、数字频带传输通信系统、模拟信号数字化传输通信系统。数字通信的主要优点是抗干扰能力强、差错可控、易加密、易于与现代技术相结合。

衡量通信系统性能指标主要是有效性和可靠性，这两者始终是一对矛盾。对于模拟通信系统，有效性用系统有效带宽衡量，可靠性指标通常用输出信噪比，或者均方误差来衡量；数字通信系统的有效性具体可用传输速率(码元传输速率、信息传输速率、消息传输速率)来衡量，可靠性指标用差错率(误码率、误信率)来衡量。

信道是为信号提供的通路，它允许信号通过，但又给信号以限制和衰耗。信道有狭义信道和广义信道之分，狭义信道通常可以分为无线信道和有线信道，亦可分为数字信道和模拟信道；广义信道可以分为调制信道和编码信道，它们还可以进一步细分。

恒参信道的参数随时间不变化，或缓慢变化，它对信号的主要影响可用幅度-频率畸变和相位-频率畸变(群迟延-频率特性)来衡量。减少畸变的主要措施是采用均衡技术。

变参信道的参数随时间在变化，因此该信道对信号影响比较大。由于信道中参数变化所引起的信号衰落叫做慢衰落，也叫做平坦性衰落。由于多径传播造成的信号衰落叫做快衰落，选择性衰落(频率选择性衰落)就是一种快衰落。多径传播会产生频率弥散现象。变参信道的改善通过分集接收方法实现。

思 考 与 练 习

1-1 什么是通信？通信中常见的通信方式有哪些？

1-2 通信系统是如何分类的？

1-3 什么是数字通信？数字通信的优、缺点是什么？

1-4 试画出数字基带传输系统和频带传输通信系统的模型，并简要说明各部分的作用。

1-5 衡量通信系统的主要性能指标是什么？对于数字通信具体用什么来表述？

1-6 设英文字母 E 出现的概率为 0.105，X 出现的概率为 0.002，试求 E 和 X 的信息量各为多少？

1-7 某信源的符号集由 A、B、C、D、E、F 组成，设每个符号独立出现，其概率分别为 1/4、1/4、1/16、1/8、1/16、1/4，试求该信息源输出符号的平均信息量。

1-8　设数字传输系统传送二进制信号，码元速率 $R_{B2}=2\,400\,B$，试求该系统的信息速率 R_{b2}？若该系统改为十六进制信号，码元速率不变，则此时的系统信息速率为多少？

1-9　已知某数字传输系统传送八进制信号，信息速率为 $3\,600\,bit/s$，试问码元速率应为多少？

1-10　已知二进制信号的传输速率为 $4\,800\,bit/s$，试问变换成四进制和八进制数字信号时的传输速率各为多少（码元速率不变）？

1-11　已知二进制信号的传输速率为 $4\,800\,B$，如果保持信息速率不变，试问变换成四进制和八进制数字信号时的码元速率各为多少？

1-12　已知某系统的码元速率为 $3\,600\,kB$，接收端在 $1\,h$ 内共收到 296 个错误码元，试求系统的误码率 P_e。

1-13　已知某四进制数字信号传输系统的信息速率为 $2\,400\,bit/s$，接收端在 $0.5\,h$ 内，共收到 216 个错误码元，试计算该系统 P_e。

1-14　在强干扰环境下，某电台在 $5\,min$ 内共接收到正确信息量为 $355\,Mbit$，假定系统信息速率为 $1\,200\,kbit/s$。

（1）试问系统误信率 P_b 为多少？

（2）若具体指出系统所传数字信号为四进制信号，则 P_b 为多少？值是否改变？为什么？

（3）若假定信号为四进制信号，系统传输速率为 $1\,200\,kB$，则 P_b 为多少？

1-15　某系统经长期测定，它的误码率为 10^{-5}，系统码元速率为 $1\,200\,B$，问在多长时间内可以收到 360 个错误码元？

1-16　什么是信道？列出熟悉的信道形式。

1-17　什么是广义信道？什么是狭义信道？

1-18　什么是调制信道？什么是编码信道？它们各自常用在什么通信中？

1-19　什么是恒参信道？它对所传信号有何影响？

1-20　变参信道传输媒介有哪些特点？它对所传信号有何影响？

1-21　什么是频率弥散（色散）现象？

1-22　通常改善变参信道传输特性的具体方法有哪些？

1-23　已知 A 和 B 两个十六进制数字传输系统，它们的码元传输速率相同，在接收端 T_0 时间内，A 系统共收到 M 个错误码元，B 系统共收到 $M+9$ 个错误比特，试分析比较 A、B 系统哪个性能好，为什么？

第2章 通信中的信号分析

通信系统研究的主要问题之一，就是信号与噪声的问题。它们都带有某种随机性，也就是不确定性，因此对于随机信号(噪声)的研究与分析是通信系统研究的主要内容。但是，同样也应当注意到随机信号的某一具体样本具有确知信号的特性，研究它在通信系统中的传输特性，属于确知信号分析范畴。对于通信系统传送信号的研究方法，主要包括时域分析法和频域分析法，比较而言，频域分析法在通信原理课程当中更为重要。与此同时，研究信号(噪声)和系统以及它们的相互关系也是人们关注的重点。

本章首先介绍确知信号与系统的时域分析和频域分析，在此基础之上，介绍随机过程的基本概念，并结合通信系统的特点对平稳随机过程和通信中的各类噪声进行分析讲解。

【本章核心知识点与关键词】

无失真传输　平稳随机过程　数字特征　功率谱密度　自相关函数　白噪声　窄带高斯噪声　余弦信号加窄带高斯噪声

2.1 引　言

通信系统的任务是传递消息，这些消息包括语言、文字、图像、数据、指令等。为了便于传输，首先需要利用转换设备将所传消息按一定规则变换为相对应的信号，例如电信号、光信号等，这些信号通常是随时间变化的电流、电压或光强等；然后经过适当的信道，将信号传送到接收方，再转换为声音、文字、图像等。

从数学观点来分析，这些电信号、光信号都可以看成是独立时间变量 t 的函数 $f(t)$。在光学成像系统中，信号是分布于空间各点的灰度，它是二维空间坐标 x 和 y 的函数。如果图像信号是运动的，则可表示为空间坐标 x、y 和时间 t 的函数 $f(x, y, t)$ 等。如果信号是一个独立变量的函数，则称为一维信号；如果信号是 n 个独立变量的函数，就称为 n 维信号。本书只讨论一维信号。

信号与系统是紧密关联的概念。信号在系统中按一定规律运动和变化，系统在输入信号的驱动下对它进行"加工"和"处理"之后发送输出信号，因此输入信号常称为激励，而输出信号常称为响应。

在通信系统中，信道在传输信号的同时常伴随有噪声的加入，由此看来，分析与研究通信系统，离不开对信号和噪声的分析。通信系统中遇到的信号总带有某种随机性，即它们的某个或几个参数不能预知或不能完全预知。假如传输的是确知信号，通信也就失去意义，这里把这种具有随机性的信号称为随机信号。不仅如此，通信系统中还必然存在噪声，例如自然界中的各种电磁波噪声和设备本身产生的热噪声、散粒噪声等，它们也是不可预测的。因此，这些噪声就统称为随机噪声或简称为噪声。

信号通过电路和系统时，有时域和频域两种分析方法，在本课程中以信号频谱分析和信号通过系统的频域分析方法为重点。对于随机信号而言，在研究它的统计特性的基础上，对它的数字特征以及平稳随机过程的相关函数和功率谱密度的研究,也在通信系统分析中得到了越来越多的关注。

2.2 信号与系统的频域分析

频域分析是信号与系统分析的重要手段,利用频域分析法可以直接和通信系统中极为重要的带宽联系起来,对信号的功率谱分析较为有利。

2.2.1 周期信号的频谱分析

在高等数学这门课中学过,只要周期信号满足狄里赫利条件,就能够展开成傅里叶级数。具体表达式为

$$f(t) = \frac{A_0}{2} + \sum_{n=1}^{\infty} A_n \cos(n\Omega t + \varphi_n) \quad \text{或} \quad f(t) = \sum_{n=-\infty}^{\infty} F_n e^{jn\Omega t} \quad (2.2.1)$$

其中,$F_n = \frac{1}{2}A_n e^{j\varphi_n} = |F_n|e^{j\varphi_n}$,各谐波的振幅 A_n 或虚指数函数的幅度 $|F_n|$ 是频率 Ω 的函数,称为幅度(振幅)频谱,简称幅度谱。各谐波初相角 φ_n 同样也是频率 Ω 的函数,称为相位频谱,简称相位谱。周期信号的谱线只出现在频率为整数倍 Ω 的离散频率上,即周期信号的频谱是离散谱。可以证明幅度频谱计算公式为

$$F_n = \frac{1}{T}\int_{-T/2}^{T/2} f(t) e^{-jn\Omega t} dt, \quad n = 0, \pm 1, \pm 2, \cdots \quad (2.2.2)$$

下面以周期性矩形脉冲为例,计算并分析它的频谱。设有一幅度为1,脉冲宽度为 τ 的周期性矩形脉冲,其周期为 T。根据式(2.2.2)可以求得其幅度频谱,也就是傅里叶系数

$$F_n = \frac{1}{T}\int_{-T/2}^{T/2} f(t) e^{-jn\Omega t} dt = \frac{1}{T}\int_{-\tau/2}^{\tau/2} e^{-jn\Omega t} dt$$

$$= \frac{\tau}{T} \frac{\sin(n\Omega\tau/2)}{n\Omega\tau/2} = \frac{\tau}{T} \text{Sa}\left(\frac{n\Omega\tau}{2}\right), \quad n = 0, \pm 1, \pm 2, \cdots \quad (2.2.3)$$

式中,$\text{Sa}(x) \overset{\text{def}}{=} \frac{\sin x}{x}$。图 2.2.1(b)给出了 $T = \tau/5$ 的周期性矩形脉冲的频谱。

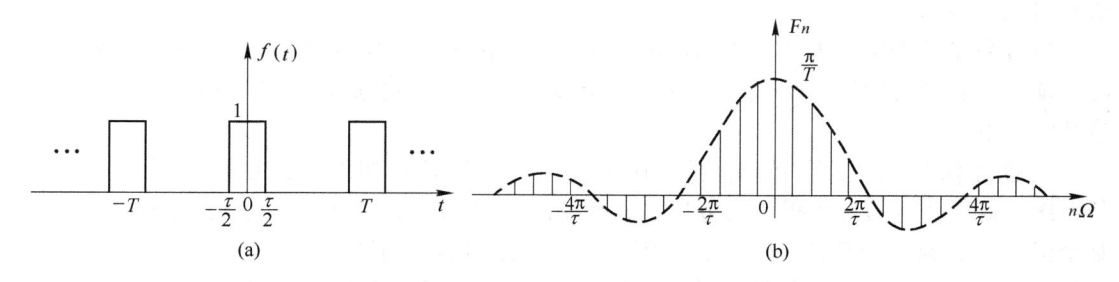

图 2.2.1 周期性矩形脉冲和它的频谱

由图 2.2.1(b)可见,周期性矩形脉冲信号的频谱具有一般周期信号频谱的共同特点,即它的频谱都是离散的,仅含有 $\omega = n\Omega$ 的各分量,其相邻两谱线的间隔是 $\Omega(\Omega = 2\pi/T)$,脉冲周期 T 越长,谱线间隔越小,频谱越稠密;反之,则越稀疏。

上述谱线的幅度按包络线 $\mathrm{Sa}(\omega\tau/2)$ 的规律变化，在 $\omega\tau/2 = m\pi (m = \pm 1, \pm 2, \cdots)$ 各处，即 $\omega = 2m\pi/\tau$ 的各处，包络为零，其相应的谱线，即相应的频率分量也等于零。

2.2.2 非周期信号的频谱分析

如果周期性脉冲的重复周期足够长，这样的信号即可作为非周期信号来处理。而对于非周期信号而言，由于周期 T 趋于无限大，则相邻谱线的间隔趋近于无穷小，从而信号的频谱密集成为连续频谱。为了描述非周期信号的频谱特性，引入频谱密度的概念。结合式(2.2.2)，令

$$F(\mathrm{j}\omega) = \lim_{T\to\infty} F_n T \stackrel{\text{def}}{=} \int_{-\infty}^{\infty} f(t)\mathrm{e}^{-\mathrm{j}\omega t}\mathrm{d}t \qquad (2.2.4)$$

$$f(t) \stackrel{\text{def}}{=} \frac{1}{2\pi}\int_{-\infty}^{\infty} F(\mathrm{j}\omega)\mathrm{e}^{\mathrm{j}\omega t}\mathrm{d}\omega \qquad (2.2.5)$$

利用式(2.2.4)可以计算出信号的频谱密度函数，通常被称为傅里叶正变换或傅里叶变换；利用式(2.2.5)通过频谱密度函数计算出时域信号，这个计算过程通常也被称为傅里叶反变换。下面计算两个特殊函数的频谱函数。

例 2.2.1 已知宽度为 τ，幅度为 1 的门函数 $g_\tau(t)$，求其频谱函数。

解 利用式(2.2.4)可以计算出信号的频谱函数为

$$F(\mathrm{j}\omega) = \int_{-\infty}^{\infty} f(t)\mathrm{e}^{-\mathrm{j}\omega t}\mathrm{d}t = \int_{-\tau/2}^{\tau/2} 1 \cdot \mathrm{e}^{-\mathrm{j}\omega t}\mathrm{d}t = \tau\mathrm{Sa}\frac{\omega\tau}{2}$$

由图 2.2.2 可以看到，频谱图中第一个零值的角频率为 $2\pi/\tau$。当脉冲宽度减小时，第一个零值频率也相应增高。对于矩形脉冲，常取从零频率到第一个零值频率 $1/\tau$ 之间的频段作为信号的频带宽度。这样，脉冲宽度越窄，其占有的频带越宽。

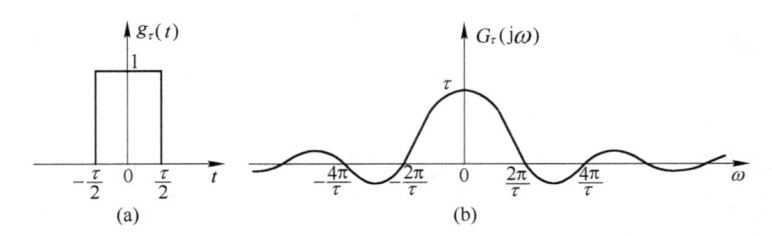

图 2.2.2 门函数及其频谱

例 2.2.2 确定单位冲激函数的频谱。

解 利用式(2.2.4)计算冲激函数的频谱为

$$F(\mathrm{j}\omega) = \int_{-\infty}^{\infty} f(t)\mathrm{e}^{-\mathrm{j}\omega t}\mathrm{d}t$$

$$= \int_{-\infty}^{\infty} \delta(t)\mathrm{e}^{-\mathrm{j}\omega t}\mathrm{d}t = 1$$

即单位冲激函数的频谱是常数 1，如图 2.2.3(b)所示。其频谱密度在整个频率范围内处处相等，常称为"均匀谱"或"白色频谱"。

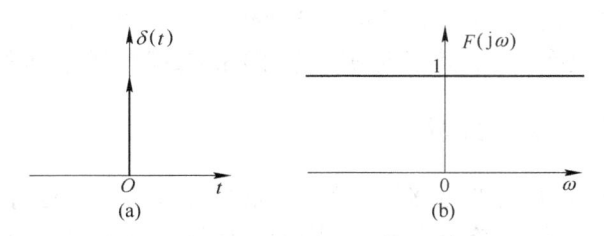

图 2.2.3 单位冲激函数的频谱

上述例题给出了两个特殊函数的傅里叶变换，为了便于查找，表 2.2.1 给出了本课程常用信号的傅里叶变换。

表 2.2.1 常用信号的傅里叶变换

序号	函数名称	函数 $f(t)$	傅里叶变换 $F(j\omega)$
1	矩形脉冲（门函数）	$g_\tau(t)=\begin{cases}1 & \|t\|\leqslant\tau/2\\0 & \|t\|>\tau/2\end{cases}$	$\tau\mathrm{Sa}\left(\dfrac{\omega\tau}{2}\right)$
2	三角脉冲	$f_\Delta(t)=\begin{cases}1-\dfrac{2\|t\|}{\tau} & \|t\|\leqslant\tau/2\\0 & \|t\|>\tau/2\end{cases}$	$\dfrac{\tau}{2}\mathrm{Sa}^2\left(\dfrac{\omega\tau}{4}\right)$
3	冲激函数	$\delta(t)$	1
4	阶跃函数	$u(t)$	$\pi\delta(\omega)+\dfrac{1}{j\omega}$
5	常数	K	$2K\pi\delta(\omega)$
6	符号函数	$\mathrm{sgn}(t)=\begin{cases}-1 & t<0\\0 & t=0\\1 & t>0\end{cases}$	$\dfrac{2}{j\omega}$
7	单边指数函数	$e^{-at}u(t)\quad a>0$	$\dfrac{1}{a+j\omega}$
8	偶双边指数函数	$e^{-a\|t\|}\quad a>0$	$\dfrac{2a}{a^2+\omega^2}$
9	奇双边指函数	$\begin{cases}-e^{at} & t<0\\e^{-at} & t>0\end{cases}\quad a>0$	$-j\dfrac{2\omega}{a^2+\omega^2}$
10	正弦信号	$\sin\omega_c t$	$j\pi[\delta(\omega+\omega_c)-\delta(\omega-\omega_c)]$
11	余弦信号	$\cos\omega_c t$	$\pi[\delta(\omega+\omega_c)+\delta(\omega-\omega_c)]$
12	余弦调制信号	$m(t)\cos\omega_c t$	$\dfrac{1}{2}[M(\omega+\omega_c)+M(\omega-\omega_c)]$
13	正弦调制信号	$m(t)\sin\omega_c t$	$\dfrac{j}{2}[M(\omega+\omega_c)-M(\omega-\omega_c)]$
14	复指数函数	$e^{j\omega_c t}$	$2\pi\delta(\omega-\omega_c)$
15	脉冲序列	$\delta_T(t)=\sum\limits_{n=-\infty}^{\infty}\delta(t-nT)$	$\Omega\sum\limits_{n=-\infty}^{\infty}\delta(\omega-n\Omega)\quad\Omega=\dfrac{2\pi}{T}$

2.2.3 傅里叶变换的性质及应用

时间函数 $f(t)$ 可以用频谱函数 $F(j\omega)$ 表示，或者反之。也就是说，任一信号可以有两种描述方法：时域描述和频域描述。本节将研究在某一域中对函数进行某种运算，在另一域中所引起的效应，同时对通信原理课程当中可能应用的部分性质进行研究。

1. 傅里叶变换的运算特性

表 2.2.2 给出了傅里叶变换的运算特性。

表 2.2.2　傅里叶变换的性质

名称	时域　　　　　$f(t) \leftrightarrow F(j\omega)$　　　　　频域	
定义	$f(t) = \dfrac{1}{2\pi}\int_{-\infty}^{\infty} F(j\omega) e^{j\omega t} d\omega$	$F(j\omega) = \int_{-\infty}^{\infty} f(t) e^{-j\omega t} dt$ $F(j\omega) = \|F(j\omega)\| e^{j\varphi(\omega)} = R(\omega) + jX(\omega)$
线性	$a_1 f_1(t) + a_2 f_2(t)$	$a_1 F_1(j\omega) + a_2 F_2(j\omega)$
反转	$f(-t)$	$F(-j\omega)$
对称性	$F(jt)$	$2\pi f(-\omega)$
尺度变换	$f(at) \quad a \neq 0$	$\dfrac{1}{\|a\|} F\left(j\dfrac{\omega}{a}\right)$
时移特性	$f(t \pm t_0)$	$e^{\pm j\omega t_0} F(j\omega)$
频移特性	$f(t) e^{\pm j\omega_0 t}$	$F[j(\omega \mp \omega_0)]$
时域卷积	$f_1(t) * f_2(t)$	$F_1(j\omega) \cdot F_2(j\omega)$
频域卷积	$f_1(t) \cdot f_2(t)$	$\dfrac{1}{2\pi} F_1(j\omega) * F_2(j\omega)$
时域微分	$f^{(n)}(t)$	$(j\omega)^n F(j\omega)$
频域微分	$(-jt)^n f(t)$	$F^{(n)}(j\omega)$

2. 时域卷积定理及其应用

初始状态为零的线性时变(LTI)系统响应 $y(t)$ 是激励 $f(t)$ 与系统冲激响应 $h(t)$ 的卷积积分。假设激励 $f(t)$ 的频谱函数为 $F(j\omega)$，冲激响应频谱函数为 $H(j\omega)$（通常也称之为系统函数），根据时域卷积性质，那么输出信号的频谱函数为

$$Y(j\omega) = F(j\omega) \cdot H(j\omega) \qquad (2.2.6)$$

将 $Y(j\omega)$ 进行傅里叶逆变换就可以得到初始状态为零的 LTI 系统响应 $y(t)$。可以看到，利用时域卷积定理避免了烦琐的卷积积分运算。

3. 频率卷积定理及其应用

频率卷积定理通常可以用在调制和解调器的频谱变换过程中，调制解调器中要使用到如图 2.2.4 所示的相乘器，输入调制信号为 $m(t)$；载波 $\cos \omega_c t$；已调信号为 $s(t) = m(t) \cdot \cos \omega_c t$。已知 $\cos \omega_c t \leftrightarrow \pi[\delta(\omega + \omega_c) + \delta(\omega - \omega_c)]$，$m(t) \leftrightarrow M(\omega)$，$s(t) \leftrightarrow S(\omega)$，利用频率卷积定理可以得到

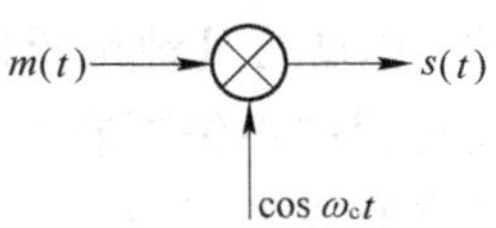

图 2.2.4　乘法器

$$S(\omega) = \frac{1}{2\pi} M(\omega) * \pi[\delta(\omega + \omega_c) + \delta(\omega - \omega_c)] = \frac{1}{2}[M(\omega + \omega_c) + M(\omega - \omega_c)]$$

从上述计算过程可以看到，载波 $\cos \omega_c t$ 调制过程实际上就是一个频谱搬移过程。

4. 帕塞瓦尔定理

设能量信号 $f(t)$，它的频谱函数为 $F(j\omega)$，这时信号定义在时间 $(-\infty, \infty)$ 区间上的能

量为 $E = \int_{-\infty}^{\infty} f^2(t) dt$，结合式(2.2.5)对信号 $f(t)$ 进行傅里叶变换后再计算能量，可得

$$E = \int_{-\infty}^{\infty} f^2(t) dt = \int_{-\infty}^{\infty} f(t) \left[\frac{1}{2\pi} \int_{-\infty}^{\infty} F(j\omega) e^{j\omega t} d\omega \right] dt$$

$$= \frac{1}{2\pi} \int_{-\infty}^{\infty} F(j\omega) \left[\int_{-\infty}^{\infty} f(t) e^{j\omega t} dt \right] d\omega = \frac{1}{2\pi} \int_{-\infty}^{\infty} F(j\omega) F(-j\omega) d\omega \quad (2.2.7)$$

至此，就得到了帕塞瓦尔能量等式

$$E = \int_{-\infty}^{\infty} f^2(t) dt = \frac{1}{2\pi} \int_{-\infty}^{\infty} |F(j\omega)|^2 d\omega \quad (2.2.8)$$

帕塞瓦尔定理表明，对于信号的能量或功率的计算不仅可以从时域计算，也可以在频域计算。

5. 能量谱密度和功率谱密度

为了表征能量在频域中的分布状况，可以借助于密度的概念，定义一个能量密度函数，简称能量频谱或能量谱。能量频谱 $G(\omega)$ 定义为单位频率的信号能量，因而结合式(2.2.8)，信号在整个频率区间 $(-\infty, \infty)$ 的总能量可以表示为

$$E = \int_{-\infty}^{\infty} f^2(t) dt = \frac{1}{2\pi} \int_{-\infty}^{\infty} |F(j\omega)|^2 d\omega = \frac{1}{2\pi} \int_{-\infty}^{\infty} G(\omega) d\omega \quad (2.2.9)$$

因此，能量谱可以表示为

$$G(\omega) = |F(j\omega)|^2 \quad (2.2.10)$$

利用式(2.2.10)，进而可以得到功率谱的表达式

$$P(\omega) = \lim_{T \to \infty} \frac{G(\omega)}{T} = \lim_{T \to \infty} \frac{|F(j\omega)|^2}{T} \quad (2.2.11)$$

从式(2.2.10)和式(2.2.11)可以看到，能量谱和功率谱只与信号频谱函数的模有关，而与相位无关。

6. 信号带宽 B

研究能量谱 $G(\omega)$ 和功率谱 $P(\omega)$ 的目的，主要为研究信号能量(功率)在频域内的分布规律，以便合理地选择信号的通频带，对传输电路提出恰当的频带要求，可以尽量使信号在传输过程中不失真或少失真，进而提高信噪功率比。因此，信号带宽的定义非常重要，常用的定义有以下三种。

(1) 以集中一定百分比的能量(功率)来定义。

$$\frac{2\int_0^B G(f) df}{E} = \gamma \quad \text{或} \quad \frac{2\int_0^B P(f) df}{S} = \gamma \quad (2.2.12)$$

利用式(2.2.12)计算带宽 B，这个百分比 γ 可取 90%、95% 或 99% 等。

(2) 以能量谱(功率谱)密度下降 3 dB 内的频率间隔作为带宽。

(3) 等效矩形带宽。

用一个矩形的频谱代替信号的频谱，矩形具有的能量与信号的能量相等。

7. 信号通过线性系统的不失真条件

所谓不失真传输，是指信号经过线性系统后，输出信号 $y(t)$ 与输入信号 $x(t)$ 相比较只是有衰减、放大和时延，而没有波形的失真，用数学式表示：

$$y(t) = K_0 x(t - t_d) \tag{2.2.13}$$

K_0 和 t_d 均为常数，K_0 是衰减（或放大）系数；t_d 是时延常数，$t_d > 0$ 表示时间迟后，$t_d < 0$ 表示时间超前，实际电路中都是时间迟后（$t_d > 0$）。设 $X(\omega)$ 是输入信号 $x(t)$ 的频谱函数，对式(2.2.13)左右两边同时进行傅里叶变换，可得

$$Y(\omega) = K_0 X(\omega) e^{-j\omega t_d} \tag{2.2.14}$$

这样系统函数可以表示为

$$H(\omega) = \frac{Y(\omega)}{X(\omega)} = K_0 e^{-j\omega t_d} = |H(\omega)| e^{j\varphi(\omega)} \tag{2.2.15}$$

因此

$$|H(\omega)| = K_0, \quad \varphi(\omega) = -\omega t_d \tag{2.2.16}$$

至此得到结论，要使任意信号通过线性系统不产生波形失真，要求系统应具备以下两个条件：

(1) 系统的幅频特性应该是一个不随频率变化的常数，如图 2.2.5(a)所示。
(2) 系统的相频特性应与频率成直线关系，如通过原点的负斜率直线如图 2.2.5(b)所示。

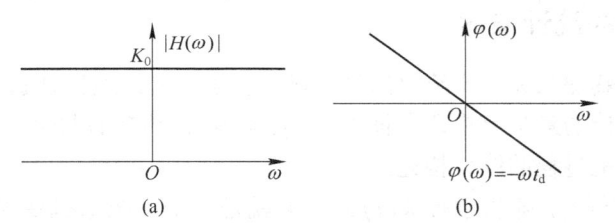

图 2.2.5 不失真传输系统的幅频和相频特性

2.3 随机过程的概念与描述

通信的目的在于传递消息，传递消息有时也称为传输信息，信息是利用各种信号形式进行描述的。在通信系统中，由信源发出的信号是随机的或者说是不可预知的，如话音信号、数字信号等，这类信号称为随机信号。不仅如此，携带了信息的信号在传输过程中将受到噪声的污染，噪声也是一种随机的波形。因此，在通信系统中对于随机信号（噪声）的分析与研究得到了人们的广泛关注。

2.3.1 随机过程的基本概念

自然界中事物的变化过程可以分为两类。一类是其变化过程具有确定的形式，或者说具有必然的变化规律，其变化过程基本特征可以用一个或几个时间 t 的确定函数来描述，这类过程称为确定性过程。例如，电容器通过电阻放电时，电容两端的电压随时间的变化就是一个确定性函数。但另一类事物的变化过程就复杂多了。它没有确定的变化形式，也就是说，每次对它的测量结果没有一个确定的变化规律，用数学语言来说，这类事物变化的过程不可

能用一个或几个时间 t 的确定函数来描述,这类过程称为随机过程。

例如,有 n 台性能完全相同的通信机,它们的工作条件也都相同,现用 n 部记录仪同时记录各部通信机的输出噪声波形,测试结果表明,得到的 n 个记录并没有因为有相同的条件而输出相同的波形。恰恰相反,即使 n 足够大,也找不到两个完全相同的波形,具体情况如图 2.3.1 所示。可以发现,通信机输出的噪声电压随时间的变化是不可预知的,因而它是一个随机过程。这里的一次记录(图 2.3.1 中的一个波形)就是一个实现,无数个记录构成

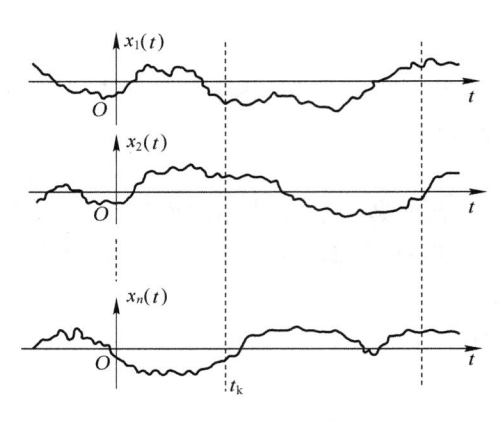

图 2.3.1 n 部通信机的噪声输出记录

的总体是一个样本空间。

为此,可以把对通信机输出噪声波形的观测看作一次随机试验,每次随机试验的结果是得到一条时间波形,记作 $x_i(t)$,由此而得到的时间波形的全体 $\{x_1(t), x_2(t), \cdots\}$ 就构成一个随机过程,记作 $X(t)$。$X(t)$ 基本特征主要体现在两个方面:其一,它是时间的函数;其二,它具有随机特性。而某次试验的结果 $x_i(t)$ 则称作随机过程 $X(t)$ 的一个样本函数或实现。

2.3.2 随机过程的统计描述

应当注意,仅观察图 2.3.1 所给出的样本函数,很难定量地描述这个随机过程的变化规律。因此,需要从统计的意义上来研究样本波形,将它们具有的共性,即相同的统计特性提纯出来,这也就是随机过程的统计描述。

在某一固定的时刻 t_1,随机过程 $X(t)$ 的取值就是一个一维随机变量 $X_1(t)$,根据概率论的知识,它的一维概率分布函数为

$$F_1(x_1, t_1) = P[X(t_1) \leq x_1] \tag{2.3.1}$$

设式(2.3.1)对 x_1 的偏导数存在,这时一维概率密度函数可以定义为

$$f_1(x_1, t_1) = \frac{\partial F_1(x_1, t_1)}{\partial x_1} \tag{2.3.2}$$

式(2.3.1)和式(2.3.2)描述了随机过程 $X(t)$ 在特定时刻 t_1 的统计分布情况,但它们只是一维概率分布函数和概率密度函数,仅描述了随机过程在某个时刻上的统计分布特性,并没有反映出随机过程在不同时刻取值间的关联程度。因此,有必要再研究随机过程 $X(t)$ 的二维分布。

设随机过程 $X(t)$ 在 $t = t_1$ 时,$X(t_1) \leq x_1$,与此同时,在 $t = t_2$ 时,$X(t_2) \leq x_2$,则随机过程 $X(t)$ 的二维概率分布函数可以表示为

$$F_2(x_1, x_2; t_1, t_2) = P[X(t_1) \leq x_1, X(t_2) \leq x_2] \tag{2.3.3}$$

设式(2.3.3)对 x_1 和 x_2 的二阶偏导数存在,这时二维概率密度函数可以定义为

$$f_n(x_1, x_2; t_1, t_2) = \frac{\partial^2 F_n(x_1, x_2; t_1, t_2)}{\partial x_1 \partial x_2} \tag{2.3.4}$$

为了更加充分地描述随机过程 $X(t)$，就需要考虑随机过程在更多时刻上的多维联合分布函数，这时随机过程 $X(t)$ 的 n 维概率分布函数为

$$F_n(x_1,\cdots,x_n;t_1,\cdots,t_n) = P[X(t_1)\leqslant x_1,\cdots,X(t_n)\leqslant x_n] \quad (2.3.5)$$

设式(2.3.5)对 $x_1,\cdots,x_n$ 的偏导数存在，这时 n 维概率密度函数可以定义为

$$f_n(x_1,\cdots,x_n;t_1,\cdots,t_n) = \frac{\partial^n F_n(x_1,\cdots,x_n;t_1,\cdots,t_n)}{\partial x_1 \cdots \partial x_n} \quad (2.3.6)$$

显然，随着 n 的增大，对随机过程 $X(t)$ 的统计特性的描述也越充分，但问题的复杂性也随之增加。实际上，掌握二维分布函数就已经足够了。

2.3.3 随机过程的数字特征

随机过程的统计描述，除了可以用概率分布函数来描述外，还可以利用随机过程的数字特征进行描述。因为这些数字特征可以较容易地用实验方法来确定，从而更简洁地解决实际工程问题。随机过程的数字特征包括数学期望、方差和相关函数，它们是由概率论中随机变量的数字特征的概念推广而来的，但不再是确定的数值，而是确定的时间函数。

1. 随机过程 $X(t)$ 的数学期望 $m(t)$

对某个固定的时刻 t，随机过程 $X(t)$ 的一维随机变量的数学期望可以表示为

$$m(t) = E\{X(t)\} = \int_{-\infty}^{\infty} x f_1(x;t) \mathrm{d}x \quad (2.3.7)$$

显然数学期望 $m(t)$ 是一个依赖于时间 t 变化的函数。随机过程 $X(t)$ 的数学期望 $m(t)$ 是一个平均函数，表明随机过程 $X(t)$ 的所有样本都围绕着 $m(t)$ 变化。有时数学期望又被称为统计平均值或均值。

在通信中，假定传送的是确定的时间信号 $s(t)$，噪声 $n(t)$ 是数学期望为零的随机过程，那么接收信号 $x(t) = s(t) + n(t)$ 为一随机过程，它的数学期望就是信号 $s(t)$。

2. 随机过程的方差 $\sigma^2(t)$

为了描述随机过程 $X(t)$ 的各个样本对数学期望的偏离程度，可以引入随机过程的方差这个数字特征量。具体定义为

$$\sigma^2(t) = E\{[X(t) - m(t)]^2\} = \int_{-\infty}^{\infty} [x(t) - m(t)]^2 f_1(x;t) \mathrm{d}x \quad (2.3.8)$$

由式(2.3.7)和式(2.3.8)可见，随机过程的数学期望和方差都只与随机过程的一维概率密度函数有关。因此，它们只是描述了随机过程在各时间点的统计性质，而不能反映随机过程在任意两个时刻之间的内在联系。为了定量地描述随机过程的这种内在联系特征，即随机过程在任意两个不同时刻上取值之间的相关程度，可以引入自相关函数的概念。具体定义如下

$$R_X(t_1,t_2) = E\{X(t_1)X(t_2)\} = \int_{-\infty}^{\infty}\int_{-\infty}^{\infty} x_1 \cdot x_2 \cdot f_2(x_1,x_2;t_1,t_2) \mathrm{d}x_1 \mathrm{d}x_2 \quad (2.3.9)$$

式中，t_1、t_2 为任意两个时刻。

有时，也可以用自协方差函数来作为随机过程内在联系特征，它定义为

$$C_X(t_1,t_2) = E\{[X(t_1) - m(t_1)][X(t_2) - m(t_2)]\}$$
$$= \int_{-\infty}^{\infty}\int_{-\infty}^{\infty} [x_1 - m(t_1)] \cdot [x_2 - m(t_2)] \cdot f_2(x_1,x_2;t_1,t_2) dx_1 dx_2 \quad (2.3.10)$$

显然，自相关函数和自协方差函数有如下关系

$$C_X(t_1,t_2) = R_X(t_1,t_2) - m(t_1) \cdot m(t_2) \quad (2.3.11)$$

相关函数的概念也可以引入到两个随机过程中，用来描述它们之间的关联程度，这种关联程度被称为互相关函数。设有随机过程 $X(t)$ 和 $Y(t)$，那么它们的互相关函数为

$$R_{XY}(t_1,t_2) = E\{X(t_1)Y(t_2)\} = \int_{-\infty}^{\infty}\int_{-\infty}^{\infty} x \cdot y \cdot f_2(x,y;t_1,t_2) dx dy \quad (2.3.12)$$

式中，$f_2(x,y;t_1,t_2)$ 为过程 $X(t)$ 和 $Y(t)$ 的二维联合概率密度函数。

2.4 平稳随机过程及其特性分析

2.4.1 平稳随机过程

随机过程的种类很多，但在通信系统中广泛应用的是一种特殊类型的随机过程，即平稳随机过程。所谓平稳随机过程，是指它的任何 n 维分布函数或概率密度函数与时间起点无关。也就是说，如果对于任意的正整数 n 和任意实数 $t_1, t_2, \cdots, t_n$ 和 τ，随机过程 $X(t)$ 的 n 维概率密度函数满足

$$f_n(x_1,\cdots,x_n;t_1,\cdots,t_n) = f_n(x_1,\cdots,x_n;t_1+\tau,\cdots,t_n+\tau) \quad (2.4.1)$$

则称 $X(t)$ 是平稳随机过程。

特别地，对一维分布有

$$f_1(x,t) = f_1(x,t+\tau) = f_1(x) \quad (2.4.2)$$

对二维分布有

$$f_2(x_1,x_2;t_1,t_2) = f_2(x_1,x_2;t_1+\Delta t,t_2+\Delta t) = f_2(x_1,x_2;\tau) \quad (2.4.3)$$

其中，$\tau = t_2 - t_1$。表明平稳随机过程的二维分布仅与所取的两个时间点的间隔 τ 有关。或者说，平稳随机过程在相同间隔的任意两个时间点之间的联合分布保持不变。根据平稳随机过程的定义，可以求得平稳过程 $X(t)$ 的数学期望、方差和自相关函数：

$$E\{X(t)\} = \int_{-\infty}^{\infty} x f_1(x) dx = m \quad (2.4.4a)$$

$$E\{[X(t) - m(t)]^2\} = \int_{-\infty}^{\infty} [x - m]^2 f_1(x) dx = \sigma^2 \quad (2.4.4b)$$

$$R_X(t,t+\tau) = \int_{-\infty}^{\infty}\int_{-\infty}^{\infty} x_1 \cdot x_2 \cdot f_2(x_1,x_2;\tau) dx_1 dx_2 = R_X(\tau) \quad (2.4.4c)$$

可见，平稳过程的数字特征变得简单了，数学期望和方差是与时间无关的常数，自相关函数只是时间间隔 τ 的函数。这样可以进一步引出另外一个非常有用的概念：若一个随机过程的数学期望与时间无关，而其相关函数仅与 τ 有关，则称这个随机过程是广义平稳的；相应地，由式(2.4.1)定义的过程被称为严格平稳或狭义平稳随机过程。

在通信系统中所遇到的信号及噪声，大多数均可视为平稳的随机过程。因此，研究平稳随机过程很有意义。

上述数字特征的计算，实际上是对随机过程的全体样本函数按概率密度函数加权积分求得，所以它们都是统计平均量。这样的求法在原则上是可行的，但实际系统中却是极为困难的，因为在通常情况下无法确切知道随机过程 $X(t)$ 的一维和二维概率密度函数。

为了解决在实际中遇到的问题，经过对多个随机过程观察发现，部分平稳随机过程的数字特征，完全可由随机过程中任一实现的数字特征来决定，即随机过程的数学期望（统计平均值），可以由任一实现的时间平均值来代替；随机过程的自相关函数，也可以由"时间平均"来代替"统计平均"。

用数学语言描述，对于部分平稳随机过程 $X(t)$ 的数字特征，可以用式(2.4.5)表示：

$$m = E\{X(t)\} = \overline{m} = \lim_{T\to\infty}\frac{1}{2T}\int_{-T}^{T}x(t)\,\mathrm{d}t \tag{2.4.5a}$$

$$\sigma^2 = E\{[X(t)-m(t)]^2\} = \overline{\sigma^2} = \lim_{T\to\infty}\frac{1}{2T}\int_{-T}^{T}[x(t)-\overline{m}]^2\,\mathrm{d}t \tag{2.4.5b}$$

$$R_X(\tau) = R_X(t,t+\tau) = \overline{R_X(\tau)} = \lim_{T\to\infty}\frac{1}{2T}\int_{-T}^{T}x(t)x(t+\tau)\,\mathrm{d}t \tag{2.4.5c}$$

如果平稳随机过程 $X(t)$ 的数字特征满足式(2.4.5)关系，就称该平稳随机过程 $X(t)$ 有各态历经性，因此，平稳随机过程的各态历经性可以理解为平稳过程的各个样本都同样地经历了随机过程的各种可能状态。由于任一样本都内蕴着平稳过程的全部统计特性信息，因而任一样本的时间特征就可以充分地代表整个平稳随机过程的统计特性。

如果一个平稳随机过程具有各态历经性，就可以通过过程的一个样本求得平稳过程的各数字特征，这是很有实际意义的结论。如果按电信号分析，从式(2.4.5)可以看到，实际上 $X(t)$ 的数学期望就是其时间均值，也就是直流分量；$R_X(0)$ 表示信号总平均功率；σ^2 是交流平均功率。

需要注意，具有各态历经性的随机过程一定是平稳随机过程，但平稳随机过程却并不都具有各态历经性。在实际工作中经常把各态历经性作为一种假设，有兴趣的读者可参阅有关书籍。

2.4.2 平稳随机过程的特性分析

相关函数 $R(\tau)$ 是在时域上描述平稳随机过程的主要方式。对于平稳随机过程而言，相关函数是一个重要的函数。这是因为，一方面，平稳随机过程的统计特性，可通过相关函数来描述；另一方面，相关函数还揭示了随机过程的频谱特性。为此，有必要了解平稳随机过程自相关函数的一些性质。

（1）$R(\tau)$ 是偶函数，即

$$R(\tau) = R(-\tau) \tag{2.4.6}$$

证明：根据定义 $R(\tau) = E\{X(t)X(t+\tau)\}$，令 $t' = t+\tau$，则 $t = t'-\tau$，代入式(2.4.6)中，有

$$R(\tau) = E\{X(t)X(t+\tau)\} = E\{X(t'-\tau)X(t')\} = R(-\tau)$$

证毕。

(2) $|R(\tau)| \leq R(0)$ (2.4.7)

证明：显然有 $E\{[X(t) \pm X(t+\tau)]^2\} \geq 0$，展开后可以得到

$$E\{[X(t) \pm X(t+\tau)]^2\} = E\{X^2(t)\} \pm 2E\{X(t)X(t+\tau)\} + E\{[X(t+\tau)]^2\}$$
$$= 2[R(0) \pm R(\tau)] \geq 0$$

则有 $|R(\tau)| \leq R(0)$，证毕。

(3) $R(\tau)$ 与协方差函数、数学期望、方差的关系

$$C(\tau) = E\{[X(t) - m] \cdot [X(t+\tau) - m]\} = R(\tau) - m^2 \quad (2.4.8)$$

从物理意义来讲，随机过程在相距非常远的两个时间点上的取值毫无关联性可言。因此 $C(\infty) = 0$，这时利用式(2.4.8)就可以得到

$$\lim_{\tau \to \infty} R(\tau) = m^2 \quad (2.4.9)$$

进一步可以得到

$$C(0) = \sigma^2 = R(0) - m^2 = R(0) - R(\infty) \quad (2.4.10)$$

大家知道，对于确知信号可以从时域和频域两方面进行分析，随机信号也同样存在时域和频域两种分析手段。

设平稳随机过程 $X(t)$ 的一个样本为 $x(t)$，它的频谱函数 $X(\omega)$ 可以利用式(2.2.4)求得。根据帕塞瓦尔定理有

$$E = \int_{-\infty}^{\infty} x^2(t) \mathrm{d}t = \frac{1}{2\pi} \int_{-\infty}^{\infty} |X(\omega)|^2 \mathrm{d}\omega$$

截取其中 $2T$ 长的一段计算功率，其中 $T \to \infty$，这时上式的能量信号就可以表示为功率信号

$$\lim_{T \to \infty} \frac{1}{2T} \int_{-T}^{T} x^2(t) \mathrm{d}t = \frac{1}{2\pi} \int_{-\infty}^{\infty} \lim_{T \to \infty} \frac{|X(\omega)|^2}{2T} \mathrm{d}\omega \quad (2.4.11)$$

需要强调指出，式(2.4.11)仅仅给出平稳随机过程 $X(t)$ 的一个样本 $x(t)$ 的平均功率，当然它不能代表整个随机过程的平均功率。样本 $x(t)$ 只是对平稳随机过程 $X(t)$ 作一次观测的结果，所以样本 $x(t)$ 的平均功率是一个随机变量，而平稳随机过程 $X(t)$ 的平均功率 S 只要对所有样本的平均功率进行统计平均即可，于是有

$$S = E\left\{\lim_{T \to \infty} \frac{1}{2T} \int_{-T}^{T} [X(t)]^2 \mathrm{d}t\right\} = \frac{1}{2\pi} \int_{-\infty}^{\infty} \lim_{T \to \infty} \frac{E\{|X(\omega)|^2\}}{2T} \mathrm{d}\omega \quad (2.4.12)$$

令

$$P(\omega) = \lim_{T \to \infty} \frac{E\{|X(\omega)|^2\}}{2T} \quad (2.4.13)$$

则有

$$S = \frac{1}{2\pi} \int_{-\infty}^{\infty} P(\omega) \mathrm{d}\omega \quad (2.4.14)$$

这里将 $P(\omega)$ 称为平稳随机过程 $X(t)$ 的功率谱密度或简称功率谱。它具有如下的性质：

(1) $P(\omega)$ 是确定函数而不再具有随机特性。

(2) $P(\omega)$ 是偶函数，即

$$P(\omega) = P(-\omega) \quad (2.4.15)$$

(3) $P(\omega)$ 是非负函数。

(4) 可以证明，$P(\omega)$ 和 $R(\tau)$ 为傅里叶变换对，即

$$R(\tau) = \frac{1}{2\pi}\int_{-\infty}^{\infty} P(\omega) e^{j\omega\tau} d\omega; \quad P(\omega) = \int_{-\infty}^{\infty} R(\tau) e^{-j\omega\tau} d\tau \tag{2.4.16}$$

2.5 通信系统中常见的噪声

在通信过程中不可避免地存在着噪声，它们对通信质量的好坏有着极大的影响。如果根据噪声的来源对它进行分类，噪声大致有三类。

(1) 自然噪声：例如闪电而产生的天电噪声；雨点、沙尘和下雪等产生的噪声；宇宙中的太阳和其他星体发出的噪声电波等。

(2) 人为噪声：例如各种电气设备、汽车的火花塞所产生的火花放电；高压输电线路的电晕放电以及邻近电台信号的干扰等。

(3) 电路噪声：器件内部电子、空穴运动所产生的散弹噪声；电阻内部的热噪声等。

按噪声出现的特性来看，噪声可以分为脉冲型噪声和连续型噪声。

按功率谱形状来分类，噪声可以分为具有均匀分布功率谱的白噪声和不具有均匀分布功率谱的有色噪声。

根据噪声对信号作用的方式不同，还可以将其分成加性噪声和乘性噪声。

当然，如果噪声瞬时幅度值的概率分布服从高斯分布就称它为高斯噪声。最后，还可以研究噪声是平稳还是非平稳随机过程，等等。

总之，噪声的来源和表现形式是复杂多样的，下面就从最简单的白噪声开始对它们进行研究。

2.5.1 白噪声

所谓白噪声，是指它的功率谱密度函数在整个频率域服从均匀分布的一类噪声。它类似于光学中包括全部可见光频率在内的白光，凡是不符合上述条件的噪声就称为有色噪声。但是，实际上完全理想的白噪声是不存在的，通常只要噪声功率谱密度函数均匀分布的频率范围超过通信系统工作频率范围很多很多时，就可近似认为是白噪声。例如，热噪声的频率可以高达 10^{13} Hz，且功率谱密度函数在 $0 \sim 10^{13}$ Hz 内基本均匀分布，因此可以将它看作白噪声。而理想的白噪声功率谱密度通常被定义为

$$P_n(\omega) = \frac{n_0}{2} \quad (-\infty < \omega < \infty) \tag{2.5.1}$$

式中，n_0 是常数，单位为 W/Hz。

根据式(2.5.1)可以求得白噪声的自相关函数为

$$R(\tau) = \frac{1}{2\pi}\int_{-\infty}^{\infty} \frac{n_0}{2} e^{j\omega\tau} d\omega = \frac{n_0}{2}\delta(\tau) \tag{2.5.2}$$

可见，白噪声的自相关函数仅在 $\tau=0$ 时才不为零；而对于其他任意的 τ，自相关函数都为零。这说明，白噪声只有在 $\tau=0$ 时才相关，而它在任意两个时刻上的随机变量都是不相关的。白噪声的自相关函数及其功率谱密度，如图 2.5.1 所示。

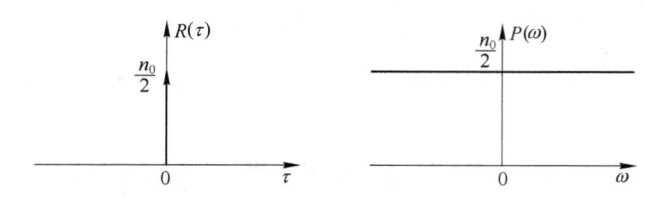

图 2.5.1 白噪声的自相关函数及其功率谱密度

有些文献采用单边频谱表示，白噪声的功率谱密度函数又可以写为

$$P_n(\omega) = n_0 \quad (0 < \omega < \infty) \tag{2.5.3}$$

2.5.2 带限白噪声

我们都知道实际通信系统的频带宽度都是有限的，那么通信系统中的噪声的带宽也是有限的。白噪声经过一个通信系统后，其带宽自然受到了限制，视其为带限白噪声。带限白噪声是通信系统中常见的一种形式。下面来看一下带限白噪声的功率谱密度和自相关函数的特性。若白噪声的频带限制在 $(-f_H, f_H)$ 之间，且在该区间内噪声仍具有白色特性，即其功率谱密度仍然为一常数：

$$P_n(\omega) = \begin{cases} n_0/2 & -\omega_H < \omega < \omega_H \\ 0 & 其他 \end{cases} \tag{2.5.4}$$

则其自相关函数可以由式(2.5.4)进行傅里叶反变换得出：

$$R(\tau) = \int_{-f_H}^{f_H} \frac{n_0}{2} e^{j\omega\tau} df = \frac{n_0}{2} f_H \frac{\sin 2\pi f_H \tau}{2\pi f_H \tau} \tag{2.5.5}$$

按照以上两式画出的曲线如图 2.5.2 所示。由图可见，带限白噪声的自相关函数 $R(\tau)$ 只在 τ 等于 $1/2f_H$ 的整数倍时才等于0，即此时才不相关。也就是说，在按照抽样定理（见第6章）对带限白噪声抽样时，各抽样值互不相关的随机变量。

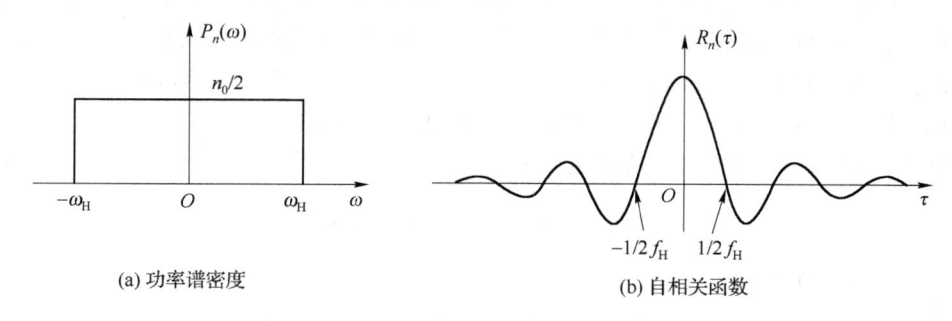

(a) 功率谱密度

(b) 自相关函数

图 2.5.2 带限白噪声的功率谱密度和自相关函数曲线

2.5.3 高斯噪声

如果噪声瞬时幅度值的概率分布服从高斯分布（正态分布）时，就称它为高斯噪声。因此在介绍高斯噪声之前，首先介绍一下高斯随机过程。

高斯随机过程简称为高斯过程，在通信理论中应用得最为广泛。所谓高斯过程，是指它的任意 n 维 ($n=1,2,\cdots$) 概率密度函数，可以表示为

$$f_n(x_1,\cdots,x_n;t_1,\cdots,t_n)$$
$$=\frac{1}{(2\pi)^{\frac{n}{2}}\sigma_1\cdots\sigma_n|\boldsymbol{\rho}|^{\frac{1}{2}}}\exp\left[\frac{-1}{2|\boldsymbol{\rho}|}\sum_{j=1}^{n}\sum_{k=1}^{n}|\boldsymbol{\rho}|_{jk}\left(\frac{x_j-m_j}{\sigma_j}\right)\left(\frac{x_k-m_k}{\sigma_k}\right)\right] \quad (2.5.6)$$

式中，$m_k=E\{x(t_k)\}$；$\sigma_k^2=E\{[X(t_k)-m_k]^2\}$；$|\boldsymbol{\rho}|$ 为相关系数矩阵的行列式，

$$|\boldsymbol{\rho}|=\begin{vmatrix} 1 & \rho_{12} & \cdots & \rho_{1n} \\ \rho_{21} & 1 & \cdots & \rho_{2n} \\ \vdots & \vdots & & \vdots \\ \rho_{n1} & \rho_{n2} & \cdots & 1 \end{vmatrix}$$

$$\rho_{jk}=\frac{E\{[X(t_j)-m_j]\cdot[X(t_k)-m_k]\}}{\sigma_j\sigma_k}$$

$|\boldsymbol{\rho}|_{jk}$ 是行列式中元素 ρ_{jk} 所对应的代数余因子。

高斯过程具有下面几个重要性质。

（1）由式(2.5.6)可以看出，高斯过程的 n 维分布完全由各个随机变量的数学期望、方差及两两之间的相关函数所决定。因此，对高斯过程来说，只要研究它的数字特征就可以了。

（2）由上面的特点可以看出，如果高斯过程是广义平稳的，即数学期望、方差与时间无关，相关函数仅取决于时间间隔而与时间起点无关，那么，高斯过程的 n 维分布也与时间起点无关。所以，广义平稳的高斯过程也是严格平稳的。

（3）如果高斯过程在不同时刻的取值是不相关的，即有 $\rho_{jk}=0$，$j\neq k$，而 $\rho_{jk}=1$，$j=k$，那么式(2.5.6)就变为

$$\begin{aligned} f_n(x_1,\cdots,x_n;t_1,\cdots,t_n) &= \frac{1}{(2\pi)^{n/2}\prod_{j=1}^{n}\sigma_j}\exp\left[-\sum_{j=1}^{n}\frac{(x_j-m_j)^2}{2\sigma_j^2}\right] \\ &= \prod_{j=1}^{n}\frac{1}{\sqrt{2\pi}\sigma_j}\exp\left[-\frac{(x_j-m_j)^2}{2\sigma_j^2}\right]=f(x_1,t_1)\cdot f(x_2,t_2)\cdots f(x_n,t_n) \end{aligned}$$
$$(2.5.7)$$

这就是说，如果高斯过程中的随机变量之间互不相关，则它们也是统计独立的。

（4）如果一个线性系统的输入随机过程是高斯的，那么线性系统的输出过程仍然是高斯的。

当噪声 $n(t)$ 瞬时幅度值的概率密度函数如式(2.5.6)所示时，这个噪声就被称为高斯噪声，与此同时，当噪声的功率谱密度函数在整个频率域内服从均匀分布时，这个噪声就被称为高斯白噪声。

在通信系统理论分析中，特别在分析、计算系统抗噪声性能时，经常假定系统信道中噪声为高斯型白噪声。这主要是鉴于以下两个原因：第一，高斯型白噪声可用具体数学表达式表述，因此便于推导、分析和运算；第二，高斯型白噪声确实也反映了具体信道中的噪声情况，比较真实地代表了信道噪声的特性。

2.5.4 窄带高斯噪声

当高斯白噪声通过以 f_c 为中心频率的窄带系统时，就形成窄带高斯噪声。而窄带系统是

指通频带宽度远远小于通带中心频率($B \ll f_c$),且通带的中心频率满足 $f_c \gg 0$ 的系统。大多数通信信道实际都是窄带系统,信号通过窄带系统后就形成了窄带信号。高斯白噪声通过窄带系统后就形成了窄带高斯噪声。无论是窄带信号还是窄带噪声,其频谱都局限在 f_c 附近很窄的频率范围内,观察图 2.5.3 可以看到,其包络和相位都在做缓慢随机变化。

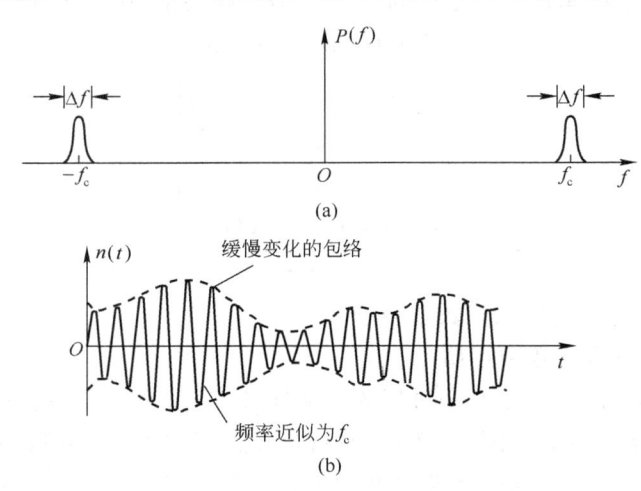

图 2.5.3 窄带噪声的功率谱和时间波形

这样,窄带高斯噪声就可以表示成为

$$n(t) = \rho(t)\cos[\omega_c t + \varphi(t)], \quad \rho(t) \geq 0 \tag{2.5.8}$$

进一步将式(2.5.8)展开可以得到

$$\begin{aligned}n(t) &= \rho(t)\cos\varphi(t)\cos\omega_c t - \rho(t)\sin\varphi(t)\sin\omega_c t \\ &= n_c(t)\cos\omega_c t - n_s(t)\sin\omega_c t\end{aligned} \tag{2.5.9}$$

式中,$n_c(t)$ 称为噪声的同相分量,即

$$n_c(t) = \rho(t)\cos\varphi(t) \tag{2.5.10}$$

$n_s(t)$ 称为噪声的正交分量,即

$$n_s(t) = \rho(t)\sin\varphi(t) \tag{2.5.11}$$

而噪声的随机包络函数为

$$\rho(t) = \sqrt{n_c^2(t) + n_s^2(t)} \tag{2.5.12}$$

噪声的随机相位函数为

$$\varphi(t) = \arctan\frac{n_s(t)}{n_c(t)} \tag{2.5.13}$$

从式(2.5.10)~式(2.5.13)可以看出,窄带噪声 $n(t)$ 的统计特性将表现在 $n_c(t)$、$n_s(t)$、$\rho(t)$ 和 $\varphi(t)$ 中,当窄带噪声 $n(t)$ 的统计特性确定之后,就可以进一步确定 $n_c(t)$、$n_s(t)$、$\rho(t)$ 和 $\varphi(t)$ 的统计特性。对于某些特定的窄带噪声 $n(t)$,可以较为方便地求出 $n_c(t)$ 和 $n_s(t)$ 的统计特性,结合概率论的知识,利用式(2.5.10)和式(2.5.11)就可以求出 $\rho(t)$ 和 $\varphi(t)$ 的统计特性。

假设 $n(t)$ 是平稳高斯窄带噪声,其均值为 0、方差为 σ_n^2,可以证明随机过程 $n_c(t)$ 和 $n_s(t)$ 有如下特性。

(1) $n_c(t)$ 和 $n_s(t)$ 都是平稳的高斯过程。

(2) 它们的均值为 0，即 $E\{n_c(t)\} = E\{n_s(t)\} = 0$；方差均为 σ_n^2，也就是 $\sigma_{nc}^2 = \sigma_{ns}^2 = \sigma_n^2$。

(3) $n_c(t)$ 和 $n_s(t)$ 在同一时刻的取值是线性不相关的随机变量。因为它们是高斯的，所以也是统计独立的。

根据高斯过程的特点，当已知其均值方差和相关函数后，可以立即得到它的分布函数。根据 $n_c(t)$ 和 $n_s(t)$ 的特性，可以得到它们的联合概率密度函数

$$f(n_c, n_s) = f(n_c) \cdot f(n_s) = \frac{1}{2\pi\sigma_n^2} \exp\left(-\frac{n_c^2 + n_s^2}{2\sigma_n^2}\right) \tag{2.5.14}$$

根据概率论知识，利用式(2.5.14)，可以计算 $\rho(t)$ 和 $\varphi(t)$ 的联合概率密度函数

$$f(\rho, \varphi) = f(n_c, n_s) \cdot \left| \frac{\partial(n_c, n_s)}{\partial(\rho, \varphi)} \right| \tag{2.5.15}$$

利用式(2.5.10)和式(2.5.11)的关系，可得

$$\left| \frac{\partial(n_c, n_s)}{\partial(\rho, \varphi)} \right| = \left| \begin{array}{cc} \partial n_c/\partial\rho & \partial n_s/\partial\rho \\ \partial n_c/\partial\varphi & \partial n_s/\partial\varphi \end{array} \right| = \left| \begin{array}{cc} \cos\varphi & \sin\varphi \\ -\rho\sin\varphi & \rho\cos\varphi \end{array} \right| = \rho$$

所以，得到

$$f(\rho, \varphi) = \rho \cdot f(n_c, n_s) = \frac{\rho}{2\pi\sigma_n^2} \exp\left(-\frac{n_c^2 + n_s^2}{2\sigma_n^2}\right) = \frac{\rho}{2\pi\sigma_n^2} \exp\left(-\frac{\rho^2}{2\sigma_n^2}\right) \tag{2.5.16}$$

在式(2.5.16)中，$\rho \geq 0$；φ 在 $(0, 2\pi)$ 内取值，这样利用概率论中边际分布知识，可分别求得 $f(\rho)$ 和 $f(\varphi)$

$$f(\rho) = \int_{-\infty}^{\infty} f(\rho, \varphi) d\varphi = \int_0^{2\pi} \frac{\rho}{2\pi\sigma_n^2} \exp\left(-\frac{\rho^2}{2\sigma_n^2}\right) d\varphi = \frac{\rho}{\sigma_n^2} \exp\left(-\frac{\rho^2}{2\sigma_n^2}\right) \quad \rho \geq 0 \tag{2.5.17}$$

可见，包络服从瑞利(Rayleigh)分布；而

$$f(\varphi) = \int_{-\infty}^{\infty} f(\rho, \varphi) d\rho = \int_0^{\infty} \frac{\rho}{2\pi\sigma_n^2} \exp\left(-\frac{\rho^2}{2\sigma_n^2}\right) d\rho = \frac{1}{2\pi} \quad 0 \leq \varphi \leq 2\pi \tag{2.5.18}$$

相位服从均匀分布，且有

$$f(\rho, \varphi) = f(\rho) \cdot f(\varphi) \tag{2.5.19}$$

这样可以得到结论：一个均值为 0、方差为 σ_n^2 的平稳高斯窄带过程，其包络服从瑞利分布，相位服从均匀分布。并且就一维分布而言，随机包络和随机相位是统计独立的。

2.6 噪声对信号和系统的影响

2.6.1 正弦波加窄带高斯噪声

信号经过信道传输后总会受到噪声的干扰，为了减少噪声的影响，通常在接收机前端设置一个带通滤波器，滤除信号频带以外的噪声。因此，带通滤波器的输出是信号与窄带噪声的混合波形，最常见的是正弦波加窄带高斯噪声的合成波。这是通信系统中常会遇到的一种情况，所以有必要了解混合信号的包络和相位的统计特性。

设混合信号的输出为

$$r(t) = s(t) + n(t)$$
$$= A\cos(\omega_c t + \theta) + n_c(t)\cos\omega_c t - n_s(t)\sin\omega_c t$$
$$= [A\cos\theta + n_c(t)]\cos\omega_c t - [A\sin\theta + n_s(t)]\sin\omega_c t$$
$$= z_c(t)\cos\omega_c t - z_s(t)\sin\omega_c t$$
$$= z\cos(\omega_c t + \varphi) \tag{2.6.1}$$

则信号 $r(t)$ 的包络和相位分别为

$$z(t) = \sqrt{z_c^2(t) + z_s^2(t)} \tag{2.6.2}$$

$$\varphi(t) = \arctan\frac{z_s(t)}{z_c(t)} \tag{2.6.3}$$

以及

$$z_c(t) = z(t)\cos\varphi(t) = A\cos\theta(t) + n_c(t) \tag{2.6.4}$$
$$z_s(t) = z(t)\sin\varphi(t) = A\sin\theta(t) + n_s(t) \tag{2.6.5}$$

如果 θ 值已给定，则 z_c 及 z_s 都是相互独立的高斯随机变量，其数字特征为

$$E\{z_c(t)\} = A\cos\theta \quad E\{z_s(t)\} = A\sin\theta \quad \sigma_{z_c}^2 = \sigma_{z_s}^2 = \sigma_n^2$$

所以，给定相位 θ 为条件的 z_c 及 z_s 的联合密度函数为

$$f(z_c, z_s/\theta) = \frac{1}{2\pi\sigma_n^2}\exp\left[-\frac{(z_c - A\cos\theta)^2 + (z_s - A\sin\theta)^2}{2\sigma_n^2}\right] \tag{2.6.6}$$

利用式(2.6.4)和式(2.6.5)的关系，可得包络和相位联合概率密度

$$f(z,\varphi/\theta) = f(z_c, z_s/\theta)\left|\frac{\partial(z_c, z_s)}{\partial(z,\varphi)}\right| = \frac{z}{2\pi\sigma_n^2}\exp\left[-\frac{z^2 + A^2 - 2Az\cos(\theta - \varphi)}{2\sigma_n^2}\right] \tag{2.6.7}$$

求条件边际分布，经推导有

$$f(z/\theta) = \frac{z}{\sigma_n^2}\exp\left(-\frac{z^2 + A^2}{2\sigma_n^2}\right)I_0\left(\frac{Az}{\sigma_n^2}\right) \tag{2.6.8}$$

这个概率密度函数称为广义瑞利分布，也称莱斯(Rice)密度函数。式中 $I_0(x)$ 为零阶修正贝塞尔函数，当 $x \geq 0$ 时，$I_0(x)$ 是单调上升函数，且有 $I_0(0) = 1$。因此，式(2.6.8)存在两种极限情况：

(1) 当信号很小，也就是 $A \to 0$ 时，即信号功率与噪声功率之比 $A^2/2\sigma_n^2 = r \to 0$ 时，有 $I_0(x) = 1$，这时混合信号中只存在窄带高斯噪声，式(2.6.8)近似为式(2.5.15)，即由莱斯分布退化为瑞利分布。

(2) 当信噪比 r 很大，也就是 $z \approx A$ 时，$f(z)$ 近似于高斯分布，即

$$f(z) \approx \frac{1}{\sqrt{2\pi}\sigma_n}\exp\left[-\frac{(z-A)^2}{2\sigma_n^2}\right] \tag{2.6.9}$$

需要指出，信号加噪声后的随机相位分布也与信噪比有关。小信噪比时，$f(\varphi/\theta)$ 接近于均匀分布，它反映这时窄带高斯噪声为主的情况；大信噪比时，$f(\varphi/\theta)$ 主要集中在有用信号相位附近。图 2.6.1 给出了不同的 r 值时 $f(z)$ 和 $f(\varphi/\theta)$ 的曲线。

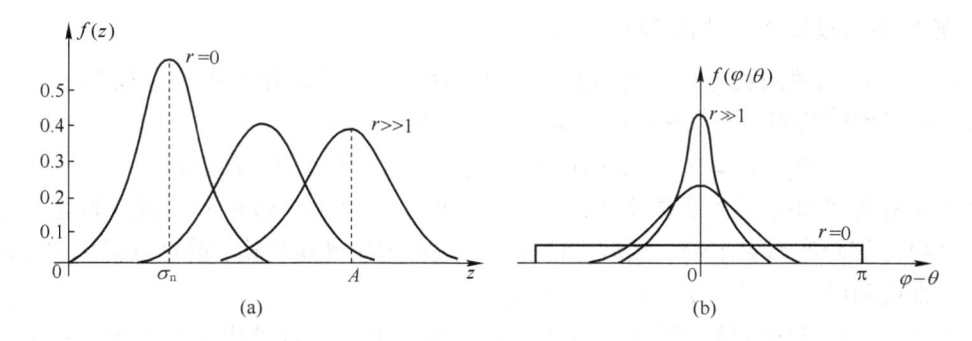

图 2.6.1　正弦波加高斯窄带噪声的包络和相位分布

2.6.2　随机过程通过线性系统

随机过程是以某一概率出现的样本函数的全体。因此，把随机过程加到线性系统的输入端，可以理解为是随机过程的某一可能的样本函数出现在线性系统的输入端。既然如此，就完全可以应用确知信号通过线性系统的分析方法求得相应的系统输出，如果加到线性系统输入端的是随机过程 $X(t)$ 的某一样本 $x(t)$，则系统相应的输出为

$$y(t) = x(t) * h(t) = \int_{-\infty}^{\infty} x(t-\tau)h(\tau)\mathrm{d}\tau \tag{2.6.10}$$

其中，$h(t)$ 为线性系统的冲激响应函数，且有

$$H(\omega) = \int_{-\infty}^{\infty} h(t)\mathrm{e}^{-\mathrm{j}\omega t}\mathrm{d}t \tag{2.6.11}$$

假设输入端输入的是随机过程 $X(t)$，则在线性系统的输出端将得到一组时间函数 $y(t)$，它们构成一个新的随机过程，记作 $Y(t)$，称为线性系统的输出随机过程，于是，式(2.6.10)可以表示为

$$Y(t) = \int_{-\infty}^{\infty} X(t-\tau)h(\tau)\mathrm{d}\tau = \int_{-\infty}^{\infty} X(\tau)h(t-\tau)\mathrm{d}\tau \tag{2.6.12}$$

因此，可以利用式(2.6.12)研究输出端随机过程 $Y(t)$ 的统计特性，主要包括 $Y(t)$ 的数学期望、自相关函数、功率谱以及概率密度函数。下面简要地讨论一下这些问题。

首先假定线性系统的输入过程 $X(t)$ 是平稳的，它的数学期望 m_x、相关函数 $R_x(\tau)$ 和功率谱 $P_x(\omega)$ 均已知。

1. 输出过程 $Y(t)$ 的数学期望

对式(2.6.12)两边取统计平均，得

$$E\{Y(t)\} = E\left\{\int_{-\infty}^{\infty} X(t-\tau)h(\tau)\mathrm{d}\tau\right\} = \int_{-\infty}^{\infty} E\{X(t-\tau)\}h(\tau)\mathrm{d}\tau$$

$$= m_x \cdot \int_{-\infty}^{\infty} h(\tau)\mathrm{d}\tau = m_x \cdot H(0) \tag{2.6.13}$$

2. 输出过程 $Y(t)$ 的自相关函数

通过简单推导可以证明，当输入随机过程是平稳的时候，线性系统的输出随机过程至少是广义平稳的。

3. 输出随机过程 $Y(t)$ 的功率谱

利用 $Y(t)$ 的相关函数与功率谱的关系可以证明：线性系统输出平稳过程 $Y(t)$ 的功率谱是输入平稳过程的功率谱与系统传输函数模的平方乘积，即

$$P_Y(\omega) = H^*(\omega) \cdot H(\omega) \cdot P_X(\omega) = |H(\omega)|^2 \cdot P_X(\omega) \tag{2.6.14}$$

这是经常要用到的一个重要公式，同时也给出了计算 $R_Y(\tau)$ 的新思路，就是首先利用式(2.6.14)计算功率谱 $P_Y(\omega)$，然后，对 $P_Y(\omega)$ 进行傅里叶逆变换，就可以得到 $R_Y(\tau)$。这种算法比直接利用 $Y(t)$ 计算 $R_r(\tau)$ 要容易得多。

例 2.6.1 试求功率谱密度为 $P_n(\omega) = n_0/2$ 的白噪声通过理想低通滤波器后的功率谱密度、自相关函数及噪声功率 N。

解 因为理想低通传输特性可由下式表示

$$H(\omega) = \begin{cases} K_0 e^{-j\omega t_d} & |\omega| \leq \omega_H \\ 0 & 其他 \omega \end{cases}$$

可见 $|H(\omega)|^2 = K_0^2$；$|\omega| \leq \omega_H$。

根据式(2.6.14)计算输出功率谱密度为

$$P_Y(\omega) = |H(\omega)|^2 P_n(\omega) = \frac{K_0^2 n_0}{2}, \quad |\omega| \leq \omega_H$$

而自相关函数 $R_Y(\tau)$ 为

$$R_Y(\tau) = \frac{1}{2\pi}\int_{-\infty}^{\infty} P_Y(\omega) e^{j\omega\tau} d\omega = \frac{K_0^2 n_0}{4\pi} \int_{-\omega_H}^{\omega_H} e^{j\omega\tau} d\omega = K_0^2 n_0 f_H \cdot \frac{\sin \omega_H \tau}{\omega_H \tau}, \quad f_H = \frac{\omega_H}{2\pi}$$

于是，输出噪声功率 N 为 $R_Y(0)$，即

$$N = R_Y(0) = K_0^2 n_0 f_H$$

可见，输出的噪声功率与 K_0^2、n_0 及 f_H 成正比。

4. 输出过程的概率分布

原则上，可以通过线性系统输入随机过程的概率分布和式(2.6.12)来确定输出随机过程的概率分布，但是这个计算过程相当复杂，只有在输入过程是高斯分布时才是个例外。因为，在2.5.2节中已经讲解了高斯随机过程的4个特性，其中最后一个特性是，如果一个线性系统的输入随机过程是高斯的，那么线性系统的输出过程仍然是高斯的。因此，应用这个性质，只要确定了 $Y(t)$ 的数学期望、方差和自相关函数，就可以完全确定这个输出随机过程的概率分布。

本 章 小 结

本章对通信中的信号进行了分析与研究，其中确知信号和系统的分析属于"信号与系统"这门课程的内容。结合本课程特点，增添了部分确知信号和系统原理性质的内容。本章后半部分简要地介绍了随机过程的基本概念，对于各种噪声进行了详细的分析与比较。主要内容包括：

（1）信号与系统的频域分析，主要是围绕着傅里叶变换展开的。利用傅里叶变换的性质，讨论了它们在通信系统中的应用，例如时域卷积定理、频率卷积定理、帕塞瓦尔定理、能量谱密度和功率谱密度关系等。

（2）从通信中传输的信号和噪声出发，对于随机过程的描述可分为样本描述、分布函数描述和数字特征描述，其中对于数字特征的描述在工程实践中被广泛地应用，这些数字特征包括均值、方差和相关函数。

（3）平稳随机过程是随机过程当中一种特殊类型的过程，它又可以进一步分为广义平稳和严格平稳两类随机过程。有些平稳随机过程具有各态历经性，这使得计算数字特征时不仅可以采取统计平均的办法，也可以采用时间平均的办法。

（4）噪声在通信过程中是不可避免的，研究它的来源和特点非常必要，不仅如此，研究各种形态的噪声也是非常必要的，例如白噪声、高斯噪声、高斯白噪声和窄带高斯噪声等。由于在通信系统中均假设噪声为高斯白噪声，因此，白噪声特性和高斯分布的特性值得关注。当然，也应当适当关注随机过程经过线性系统的问题。

思考与练习

2-1 已知 $f(t)$ 和 $F(j\omega)$ 为傅里叶变换对，试求下列函数的频谱：

(1) $(t-2)f(t)$；

(2) $f(2t-5)$；

(3) $e^{j\omega_0 t}f(3-2t)$。

2-2 求下列函数的傅里叶逆变换。

(1) $F(j\omega) = \begin{cases} 1 & |\omega| < \omega_0 \\ 0 & |\omega| > \omega_0 \end{cases}$；

(2) $F(j\omega) = \delta(\omega + \omega_0) - \delta(\omega - \omega_0)$；

(3) $F(j\omega) = 2\cos(3\omega)$。

2-3 系统如题图 2.1 所示，已知乘法器的输入 $f(t) = \cos(2t)$；$s(t) = \cos(2t)$，系统的频率响应为：$H(j\omega) = \begin{cases} 1 & |\omega| < 3 \text{ rad/s} \\ 0 & |\omega| \geqslant 3 \text{ rad/s} \end{cases}$，求输出。

2-4 一个均值为零的随机信号 $s(t)$，具有如题图 2.2 所示的三角形功率谱。

（1）信号的平均功率为多少？

（2）计算其自相关函数。

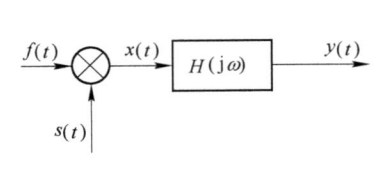

题图 2.1

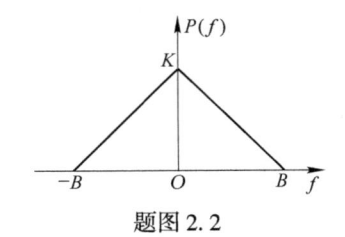

题图 2.2

2-5 频带有限的白噪声 $n(t)$,具有双边功率谱 $P_n(f) = 10^{-6}$ V²/Hz,其频率范围为 $-100 \sim 100$ kHz。

(1) 试证噪声的均方根值约为 0.45 V;

(2) 求 $R_n(\tau)$,$n(t)$ 和 $n(t+\tau)$ 在什么间距上不相关?

(3) 设 $n(t)$ 是服从高斯分布的,试求在任一时刻 t 时,$n(t)$ 超过 0.45 V 的概率是多少?

2-6 已知噪声 $n(t)$ 的自相关函数 $R(\tau) = \dfrac{a}{2} e^{-a|\tau|}$,$a$ 为常数。

(1) 计算功率谱密度;

(2) 绘制自相关函数及谱密度的图形。

2-7 将一个均值为零、功率谱密度为 $n_0/2$ 的高斯白噪声加到一个中心角频率为 ω_c 的理想带通滤波器上,如题图 2.3 所示。

(1) 求滤波器输出噪声的自相关函数;

(2) 写出输出噪声的一维概率密度函数。

2-8 设 $X(t)$ 是平稳随机过程,自相关函数为 $R_x(\tau)$,试求它通过如题图 2.4 系统后的自相关函数及功率谱密度。

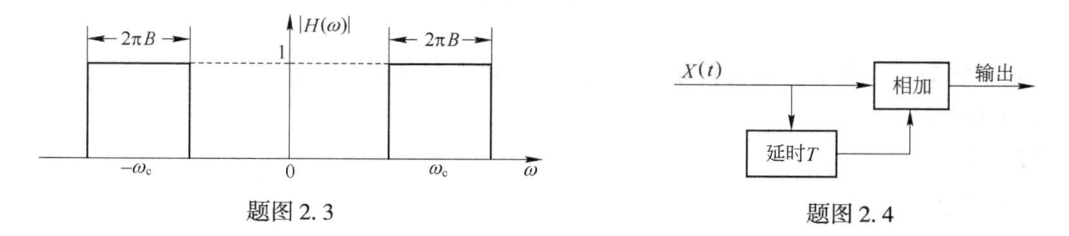

题图 2.3

题图 2.4

第3章 模拟调制系统

从信号传输的角度看,调制与解调是通信系统中重要的环节,它使信号发生了本质性的变化。本章主要介绍各种线性调制(AM、DSB、SSB、VSB)与非线性调制(FM、PM)信号产生(调制)与接收(解调)的基本原理、方法、技术以及调制系统的性能分析方法。调制系统的意思是不仅包括发送端信号的调制,而且包括接收端信号的解调。在详细讨论各种调制方式以前,首先介绍调制在通信系统中的作用、分类,调制中需要讨论的主要问题和主要参数等。

【本章核心知识点与关键词】

调制 AM DSB SSB VSB FM PM 相干解调 非相干解调 输入信噪比 输出信噪比 信噪比增益(调制制度增益) 门限效应 加重 频分复用

3.1 概 述

一般对话音、音乐、图像等信息源直接转换得到的电信号,其频率是很低的。这类信号的频谱特点是低频成分非常丰富,有时还包括直流成分,如电话信号的频率范围在0.3~3.4 kHz,通常称此类信号为基带信号。模拟基带信号可以直接通过架空明线、电缆/光缆等有线信道传输,但不可能直接在无线信道中传输。另外,即使可以在有线信道传输,但一对线路上只能传输一路信号,其信道利用率是非常低的,而且很不经济。为了使模拟基带信号能够在无线信道中进行频带传输,同时也为了使有线信道的频带利用率高及单一信道实现多路传输,就需要采用调制/解调技术。

在发送端把具有较低频率分量(频谱分布在零频附近)的低通基带信号搬移到给定信道通带(处在较高频段)内的过程称为调制,而在接收端把已搬到给定信道通带内的频谱还原为基带信号频谱的过程称为解调。调制和解调在一个通信系统中总是同时出现的,因此往往把调制和解调合起来统称为调制系统。从信号传输的角度看,调制和解调是通信系统中的一个极为重要的组成部分,一个通信系统性能的好坏,在很大程度上由调制方式来决定。在第1章绪论中已提到模拟通信、调制与解调的概念。

通信系统分为模拟和数字两种。传输模拟信号的通信系统称为模拟通信系统;传输数字信号的通信系统称为数字通信系统。还有一种是模拟信号变换为数字信号后在数字通信系统中传输的,称为模拟信号的数字传输。

虽然目前数字通信得到迅速发展,而且有逐步替代模拟通信的趋势,但现有通信装备中仍有模拟制式,而且在相当一段时间内还将继续使用。

另外,模拟调制也是数字调制的基础,模拟调制的技术原理对数字调制的技术实现有很大的参照作用。因此本书虽然以数字通信为主要内容,但模拟通信系统仍然给予必要的介绍。

3.1.1 调制的作用

在通信系统中,调制不仅使信号频谱发生了搬移,也使信号的形式发生了变化,它具有以下几个主要作用。

1. 实现有效辐射(频率变换)

为了充分发挥天线的辐射能力,一般要求天线的尺寸和发送信号的波长在同一个数量级,即天线的长度应为所传信号波长的1/4。例如,如果把话音信号(0.3~3.4 kHz)直接通过天线发射,那么天线的长度应为

$$l = \frac{\lambda}{4} = \frac{c}{4f} = \frac{3 \times 10^8}{4 \times 3.4 \times 10^3} \approx 22 \text{ km}$$

长度(高度)为 22 km 的天线显然是不可能的,也是无法实现的。但是如果把话音信号的频率首先进行频率搬移,搬移到 900 kHz,则天线的高度就变为 $l \approx 84$ m。因此,调制是为了使天线容易辐射。

2. 实现频率分配

为使各个无线电台发出的信号互不干扰,每个电台都被分配给不同的频率。这样利用调制技术把各种话音、音乐、图像等基带信号调制到不同的载频上,以便用户任意选择各个电台,收看、收听所需节目。

3. 实现多路复用

如果传输信道的通带较宽,可以用一个信道同时传输多路基带信号,只要把各个基带信号的频率分别调制到相应的频带上,然后将它们合为一起送入信道传输即可。这种在频域上实行的多路复用称为频分复用(FDM)。

4. 提高系统抗噪性能

通信中噪声和干扰是一个无法回避的实际问题,提高通信系统的抗噪声性能的主要方法之一就是选择适当的调制与解调方式。本章读者将会看到,不同的调制系统具有不同的抗噪声性能。例如,通过调制使已调信号的传输带宽变宽,用增加带宽的方法换取噪声影响的减少,这是通信系统设计中常采用的一种方法。调频信号(FM)就是如此。FM 信号的传输带宽比调幅(AM)的宽得多,因此 FM 系统抗噪性能要优于 AM 系统抗噪性能。

3.1.2 调制的分类

调制器的模型通常可用一个三端非线性网络来表示,如图 3.1.1 所示。图中 $m(t)$ 为输入调制信号,即基带信号;$c(t)$ 为载波信号;$s(t)$ 为输出已调信号。调制的本质是进行频谱变换,它把携带消息的基带信号的频谱搬移到较高的频带上。经过调制后的已调信号应该具有两个基本特性:一是仍然携带有原来基带信号的消息;二是具有较高的频谱,适合于信道传输特性。

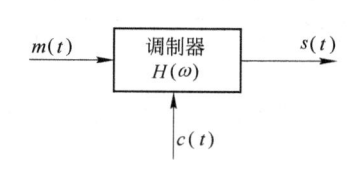

图 3.1.1 调制器模型

根据不同的 $m(t)$、$c(t)$ 和调制器不同的功能,可将调制分成下述几类。

1. 根据输入调制信号 $m(t)$ 的不同分类

调制信号有模拟信号和数字信号之分，因此调制相对应可以分为 2 类。

（1）模拟调制。输入调制信号 $m(t)$ 为幅度连续变化的模拟量，本章介绍的各种调制都属于模拟调制。

（2）数字调制。输入调制信号 $m(t)$ 为幅度离散的数字量，第 6 章介绍的内容都属于数字调制。

2. 根据载波 $c(t)$ 的类型不同分类

载波通常有连续波和脉冲之分，因此调制可以分为 2 类。

（1）连续波调制。载波信号 $c(t)$ 为一个连续波形，通常可用单频余弦波或正弦波表示。

（2）脉冲调制。载波信号 $c(t)$ 为一个脉冲序列，通常以矩形周期脉冲序列为多见，此时调制器输出的已调信号代表为脉冲振幅调制（PAM）信号，当 $c(t)$ 为一个理想冲激序列时，输出的已调信号就是理想抽样信号。

3. 根据载波 $c(t)$ 的参数变化不同分类

载波的参数有幅度、频率和相位，因此调制可以分为以下 3 类。

（1）幅度调制。载波信号 $c(t)$ 的振幅参数随调制信号 $m(t)$ 的大小而变化。如振幅调制（AM）、脉冲振幅调制（PAM）、幅移键控（ASK）等。

（2）频率调制。载波信号 $c(t)$ 的频率参数随调制信号 $m(t)$ 的大小而变化。如调频（FM）、脉冲频率调制（PFM）、频移键控（FSK）等。

（3）相位调制。载波信号 $c(t)$ 的相位参数随调制信号 $m(t)$ 的大小而变化。如调相（PM）、脉冲位置调制（PPM）、相移键控（PSK）等。

4. 根据调制器频谱特性 $H(\omega)$ 的不同分类

调制器的频谱特性 $H(\omega)$ 对调制信号的影响，可以归结为已调信号与调制信号频谱之间的关系，因此可以分为两种。

（1）线性调制。输出已调信号 $s(t)$ 的频谱和调制信号 $m(t)$ 的频谱之间呈线性搬移关系。即调制信号 $m(t)$ 与已调信号 $s(t)$ 的频谱之间没有发生本质变化，仅是频率的位置发生了变化。如振幅调制（AM）、双边带（DSB）、单边带（SSB）、残留边带（VSB）等。

（2）非线性调制。输出已调信号 $s(t)$ 的频谱和调制信号 $m(t)$ 的频谱之间呈非线性关系。即输出已调信号的频谱与调制信号频谱相比，发生了大的变化，出现了频率扩展或增生。如 FM、PM、FSK 等。

3.1.3 本章研究的问题

1. 本章讨论范围

通过讨论调制的分类，可以看出调制涉及的问题很多，表 3.1.1 示出了调制信号是模拟/数字信号，载波信号为连续波/脉冲序列时的调制名称。

实际本章只是讨论连续波模拟调制情况，即当输入调制信号为模拟信号、载波信号为连续波时的情况。

表 3.1.1 调制名称

调制信号 $m(t)$	载波信号 $c(t)$	调 制 名 称	示 例
模拟信号	连续波	连续波模拟调制(模拟调制)	AM、DSB、SSB、VSB、PM、FM
	脉冲序列	脉冲模拟调制	PAM、PPM、PDM
数字信号	连续波	连续波数字调制(数字调制)	2ASK、2FSK、2PSK、MASK、MFSK、MPSK、QAM
	脉冲序列	脉冲数字载波调制	PSK、FSK

2. 本章学习中关注的几个方面

在讨论模拟调制系统的各种调制方式时,主要从以下几个方面展开:
(1) 基本概念。包括已调信号数学表达式、频谱、波形图以及相互之间的关系等。
(2) 信号产生(调制)的方法、方框图与原理;信号接收(解调)的方法、方框图与原理。
(3) 信号的频带宽度。
(4) 调制系统抗噪声性能分析(信噪比的计算)。

3.2 线 性 调 制

如果输出已调信号的频谱和输入调制信号的频谱之间满足线性搬移关系,称为线性调制,通常也称为幅度调制。线性调制的主要特征是调制前、后的信号频谱在形状上没有发生根本变化,仅仅是频谱的幅度和位置发生了变化,即把基带信号的频谱线性搬移到与信道相应的某个频带上。线性调制中,载频为 f_c 的余弦载波的幅度参数随着输入的基带信号的变化而变化。线性调制具体有四种方法。

(1) 振幅调制(AM, Amplitude Modulation);
(2) 双边带调制(DSB, Double Side Band);
(3) 单边带调制(SSB, Single Side Band);
(4) 残留边带调制(VSB, Vestigial Side Band)。

下面分别加以介绍。

3.2.1 振幅调制

1. 基本概念

(1) 时域表达式

如果已调信号的包络与输入调制信号呈线性对应关系,则把时间波形数学表达式

$$s_{AM}(t) = [A_0 + m(t)]\cos(\omega_c t + \theta_0) \tag{3.2.1}$$

称为振幅调制。式中,$m(t)$ 为输入调制信号,它的最高频率为 f_m,$m(t)$ 可以是确知信号,也可以是随机信号,但没有直流成分(若有直流可归到 A_0 中),属于调制信号的交流分量;ω_c 为载波的频率;θ_0 为载波的初始相位,在以后的分析中,通常为了方便假定 $\theta_0 = 0$;A_0 为外加的直流分量,如果调制信号中有直流分量,也可以把调制信号中的直流分量归到 A_0 中。为了实现线性调幅,必须要求

$$|m(t)|_{\max} \leq A_0 \tag{3.2.2}$$

否则将会出现过调幅现象,在接收端采用包络检波法解调时,会产生严重的失真。

如果调制信号为单频信号时,设调制信号为

$$m(t) = A_m \cos(\omega_m t + \theta_m) \tag{3.2.3}$$

则

$$\begin{aligned} s_{AM}(t) &= [A_0 + A_m \cos(\omega_m t + \theta_m)] \cos(\omega_c t + \theta_0) \\ &= A_0 [1 + \beta_{AM} \cos(\omega_m t + \theta_m)] \cos(\omega_c t + \theta_0) \end{aligned} \tag{3.2.4}$$

式中 $\beta_{AM} = \dfrac{A_m}{A_0} \leq 1$,称为调幅指数,也叫做调幅度,它是调制信号幅度与载波信号幅度之比。调幅指数的值介于 0~1 之间。对于一般振幅调制信号,调幅度 β 可以定义为

$$\beta = \frac{[f(t)]_{\max} - [f(t)]_{\min}}{[f(t)]_{\max} + [f(t)]_{\min}} \tag{3.2.5}$$

$$f(t) = A_0 + m(t) \tag{3.2.6}$$

在式(3.2.5)中,通常 $\beta < 1$;当 $\beta > 1$ 时称为过调幅,只有当 $f(t)_{\min}$ 为负值时才出现这种情况;当 $\beta = 1$ 时称为满调幅(临界调幅)。

(2) AM 信号波形

AM 信号的波形如图 3.2.1 所示。图中认为调制信号是单频正弦信号,可以清楚地看出,AM 信号的包络完全反映了调制信号的变化规律。

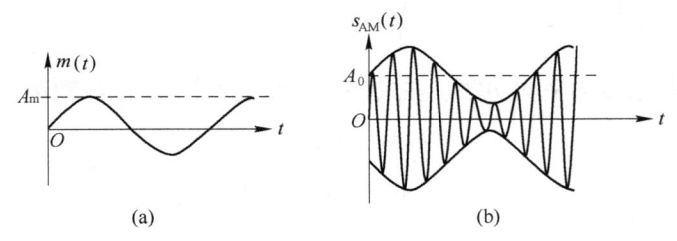

图 3.2.1 AM 信号的波形

(3) AM 信号频谱

对式(3.2.1)进行傅里叶变换,就可以得到 AM 信号的频谱 $S_{AM}(\omega)$。

$$\begin{aligned} S_{AM}(\omega) &= \mathscr{F}[s_{AM}(t)] \\ &= \frac{1}{2}[M(\omega + \omega_c) + M(\omega - \omega_c)] + \pi A_0 [\delta(\omega + \omega_c) + \delta(\omega - \omega_c)] \end{aligned} \tag{3.2.7}$$

式中,$M(\omega)$ 是调制信号 $m(t)$ 的频谱,为了方便,已经假定初始相位 $\theta_0 = 0$。调制信号的频谱图和 AM 信号的频谱图分别如图 3.2.2(a)和图 3.2.2(b)所示。

通过 AM 信号的频谱图可以得出以下结果。

① 调制前后信号频谱形状没有变化,仅仅是信号频谱的位置发生了变化和幅度的变化。
② AM 信号的频谱由位于 $\pm f_c$ 处的冲激函数和分布在 $\pm f_c$ 处两边的边带频谱组成。
③ 调制前基带信号的频带宽度为 f_m,调制后 AM 信号的频带宽度变为

$$B_{AM} = f_H - f_L = (f_c + f_m) - (f_c - f_m) = 2f_m \tag{3.2.8}$$

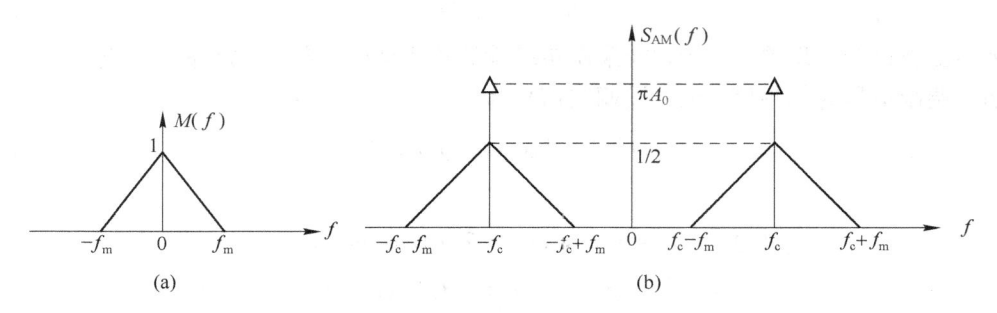

图 3.2.2 振幅调制频谱图

信号的频带宽度是通信中研究信号与系统时一个非常重要的参数指标,因而应记住各种信号的频带宽度。

④ 一般把频率的绝对值大于载波频率的信号频谱称为上边带(USB),把频率的绝对值小于载波频率的信号频谱称为下边带(LSB)。

(4) AM 信号平均功率

信号的平均功率在本书中认为是信号在 1 Ω 电阻上消耗的平均功率,它等于信号的均方值。AM 信号的平均功率 P_{AM} 可以用下式计算:

$$P_{AM} = \lim_{T\to\infty}\frac{1}{T}\int_{-T/2}^{T/2}s_{AM}^2(t)dt = \overline{s_{AM}^2(t)} = \overline{\{[A_0+m(t)]\cos\omega_c t\}^2}$$

$$= \frac{1}{2}\overline{[A_0+m(t)]^2} = \frac{A_0^2}{2} + \frac{\overline{m^2(t)}}{2} \tag{3.2.9}$$

式中,$\overline{m^2(t)}$ 是调制信号的平均功率。在式(3.2.9)的计算中,已经利用了下面几个公式:

$$\overline{\cos^2 x} = \overline{\sin^2 x} = 1/2 \tag{3.2.10}$$

$$\overline{\cos x} = \overline{\sin x} = 0 \tag{3.2.11}$$

$$\overline{m(t)} = 0 \tag{3.2.12}$$

这几个公式在计算信号功率时非常有用,对式(3.2.11)和式(3.2.12)可以这样理解:由于 $\cos x$、$\sin x$ 和调制信号 $m(t)$ 均无直流成分,只是交变分量,因此其平均值为零。

通过式(3.2.9)可以知道,AM 信号的平均功率由两部分组成,第一部分通常称为载波功率 P_c,它不带信息;第二部分称为边带功率(也叫边频功率)P_f,它携带有调制信号的信息。即

$$P_c = \frac{A_0^2}{2} \tag{3.2.13}$$

$$P_f = \frac{\overline{m^2(t)}}{2} \tag{3.2.14}$$

$$P_{AM} = P_c + P_f \tag{3.2.15}$$

(5) AM 信号调制效率

通常将边带功率 P_f 与信号总功率 P_{AM} 的比值称为调制效率,用符号 η_{AM} 表示。

$$\eta_{AM} = \frac{P_f}{P_{AM}} = \frac{\overline{m^2(t)}}{A_0^2 + \overline{m^2(t)}} \tag{3.2.16}$$

在不出现过调幅的情况下，$\beta = 1$ 时，如果 $m(t)$ 为常数，则最大可以得到 $\eta_{AM} = 0.5$；如果 $m(t)$ 为正弦波时，可以得到 $\eta_{AM} = 33.3\%$。一般情况下，β 不一定都能达到1。因此 η_{AM} 是比较低的，这是振幅调制的最大缺点。但振幅调制也有一个最大的优点，就是在接收端可以用包络检波法解调信号，而不需要本地同步载波信号。

2. AM 信号的产生（调制）

AM 信号产生的原理图，可以直接由其数学表达式来画出，如图 3.2.3 所示。AM 信号调制器由加法器、乘法器和带通滤波器（BPF）组成。图中带通滤波器的作用是让处在该频带范围内的调幅信号顺利通过，同时抑制带外噪声和各次谐波分量进入下级系统。

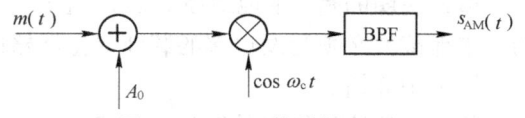

图 3.2.3 AM 信号的产生

根据已调信号的时域数学表达式，画出调制器（信号产生）原理方框图是通信原理中一个基本方法之一。

AM 信号产生的具体电路比较多，其方法名称归纳如表 3.2.1 所示。

表 3.2.1 AM 信号产生方法

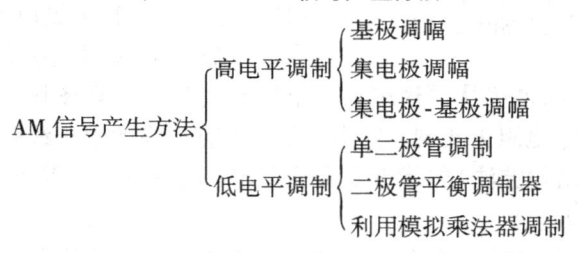

AM 信号产生方法	高电平调制	基极调幅
		集电极调幅
		集电极-基极调幅
	低电平调制	单二极管调制
		二极管平衡调制器
		利用模拟乘法器调制

有关 AM 信号调制器的具体电路与原理，可以参阅相关高频电路文献，这里不再赘述。

3. AM 信号的接收（解调）

AM 信号的解调一般有两种方法：一种是相干解调法，也叫相干接收法或同步解调（接收）法；另一种是非相干解调法，就是通常讲的包络检波法。由于包络检波法电路很简单，而且又不需要本地提供同步载波，因此，对 AM 信号的解调大都采用包络检波法。

（1）相干解调法

用相干解调法接收 AM 信号的原理方框如图 3.2.4 所示。相干解调法一般由乘法器、低通滤波器（LPF）和带通滤波器（BPF）组成。相干解调法的简单工作原理是：AM 信号通过信道后，自然叠加有噪声，经过接收天线进入 BPF。BPF 的作用有两个，一是让 AM 信号顺利通过；二是抑制（滤除）带外噪声。AM 信号 $s_{AM}(t)$ 通过 BPF 再与本地载波 $\cos\omega_c t$ 相乘后进入 LPF，LPF 的截止频率设定为 f_c（也可以为 f_m），它不允许频率大于截止频率 f_c 的成分通过，因此 LPF 的输出仅为需要的信号。

相干解调法的工作原理还可以用各点数学表达式清楚地说明。

$$s_{AM}(t) = [A_0 + m(t)]\cos\omega_c t$$

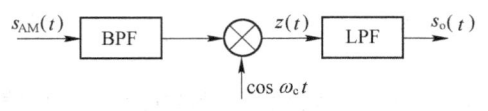

图 3.2.4 AM 信号的相干解调法

$$z(t) = s_{AM}(t) \cdot \cos\omega_c t = [A_0 + m(t)]\cos\omega_c t \cdot \cos\omega_c t$$
$$= \frac{1}{2}(1 + \cos 2\omega_c t)[A_0 + m(t)] \qquad (3.2.17)$$

$$s_o(t) = \frac{A_0}{2} + \frac{1}{2}m(t) \qquad (3.2.18)$$

在式(3.2.18)中，常数 $A_0/2$ 为直流成分，可以方便地用一个隔直流电容来去除，在图3.2.4原理图中没有画出。

在通信理论中阐述工作原理时，通常用三种方式：用文字叙述、用各点数学表达式表示、用各点波形(时域或频域)示意。以后会根据具体系统反复地应用。

值得说明的是，本地载波 $\cos\omega_c t$ 是通过对接收到的 AM 信号进行同步载波提取而获得的。本地载波必须与发送端的载波保持严格的同频同相。如何进行同步载波提取将在第7章同步原理中介绍。

相干解调法的优点是接收性能好，但要求在接收端提供一个与发送端同频同相的载波。

(2) 非相干接收法

AM 信号非相干接收法的原理方框如图3.2.5所示，它由 BPF、线性包络检波器(LED)和 LPF 组成。图中 BPF 的作用与相干接收法中的 BPF 作用完全相同；LED 是个关键部件，它把 AM 信号的包络直接提取出来，即把一个高频信号直接变成了低频调制信号；LED 后面的 LPF 在这里仅起平滑作用。如果仅从原理来讲，非相干接收法原理图用一个 LED 也可以。LED 通常可用二极管、电容、电阻来实现，具体电路参见有关高频电子线路的文献。

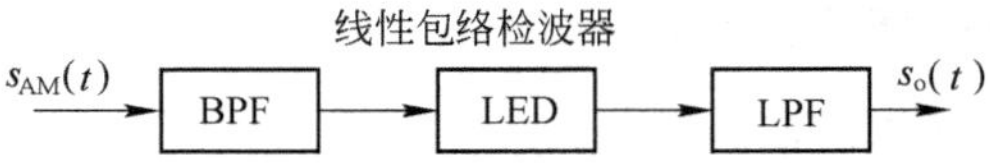

图 3.2.5 AM 信号的非相干解调法

非相干接收法(包络检波法)的优点是实现简单，成本低，不需要同步载波，但系统抗噪声性能较差(存在门限效应)。

AM 信号的调制效率较低，通常仅有 33.3% 左右，主要原因是 AM 信号中有一个载波 $A_0\cos\omega_c t$，它消耗了大部分发射功率。从提高调制效率角度出发，下面介绍一种调制效率为 100% 的调制方式。

3.2.2 双边带调制

双边带(DSB)调制，也称为抑制载波双边带调幅(DSB/SC)，它是振幅调制的一种特例，即在 AM 信号表达式中，令 $A_0 = 0$ 的一种情况。

1. 基本概念

(1) 时域表达式

DSB 信号的数学表达式为

$$s_{DSB}(t) = m(t)\cos(\omega_c t + \theta_0) \qquad (3.2.19)$$

为了方便，常常令初始相位为零，即

$$s_{DSB}(t) = m(t)\cos\omega_c t \qquad (3.2.20)$$

(2) DSB 信号波形

DSB 信号的时域波形如图 3.2.6(b)所示，图 3.2.6(a)是调制信号的波形。DSB 信号与 AM 信号波形的区别是，DSB 信号在调制信号极性变化时会出现反相点。

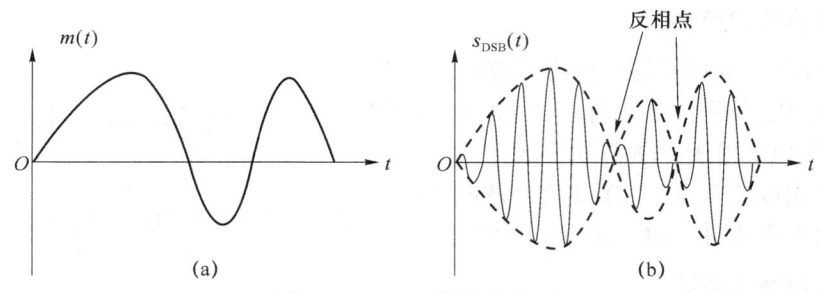

图 3.2.6 DSB 信号的波形

(3) DSB 信号频谱

对式(3.2.20)进行傅里叶变换,可以得到 DSB 信号的频谱表达式

$$s_{\text{DSB}}(\omega) = \mathscr{F}[s_{\text{DSB}}(t)] = \frac{1}{2}[M(\omega+\omega_c) + M(\omega-\omega_c)] \quad (3.2.21)$$

DSB 信号的频谱是由位于载频 $\pm f_c$ 处两边的边频(上边带和下边带)组成。DSB 与 AM 信号的频谱区别是:在载频 $\pm f_c$ 处没有冲激函数。DSB 信号频谱图如图 3.2.7 所示,图中 USB 表示上边带,LSB 表示下边带。从频谱图可以得出 DSB 信号的频带宽度为

$$B_{\text{DSB}} = 2f_m \quad (3.2.22)$$

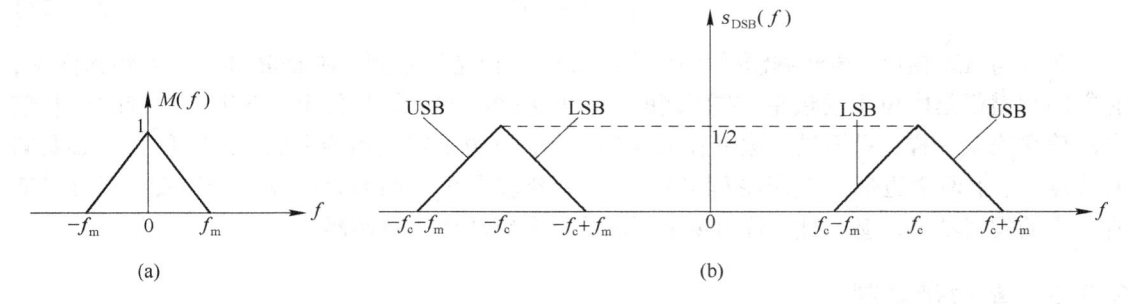

图 3.2.7 DSB 信号频谱图

(4) DSB 信号平均功率

DSB 信号的平均功率 P_{DSB} 可以用下式计算:

$$P_{\text{DSB}} = \lim_{T \to \infty} \frac{1}{T} \int_{-T/2}^{T/2} s_{\text{DSB}}^2(t) \, dt = \overline{s_{\text{DSB}}^2(t)} = \overline{\{m(t)\cos\omega_c t\}^2}$$

$$= \frac{1}{2}\overline{m(t)^2} = P_f \quad (3.2.23)$$

DSB 信号的平均功率只有边带功率 P_f,没有载波功率 P_c,因此 DSB 调制效率 η_{DSB} 为 100%,即

$$\eta_{\text{DSB}} = \frac{P_f}{P_{\text{DSB}}} = \frac{\overline{m^2(t)/2}}{\overline{m^2(t)/2}} = 100\% \quad (3.2.24)$$

2. DSB 信号的产生

DSB 信号产生的原理图,也可以直接由其数学表达式来画出,如图 3.2.8 所示。AM 信号调制器由乘法器和 BPF 组成。图中 BPF 的中心频率应在 f_c 处,频带宽度应为 $2f_m$。DSB 信号调制器的工作原理与 AM 信号基本一样,这里不再叙述。

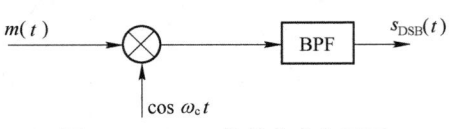

图 3.2.8 DSB 信号产生方框图

3. DSB 信号的解调

DSB 信号的解调只能采用相干解调法,不能用非相干接收法,这是因为包络检波器取出的信号包络始终为正值,而当调制信号为负时,取出的信号包络是其镜像(以时间轴),从而出现失真。相干解调法接收 DSB 信号的原理方框图与 AM 信号相干接收法原理方框图一样(见图 3.2.4)。

相干法接收 DSB 信号的工作原理,读者可以对照图 3.2.4,再结合下面各点数学表达式加以理解。

$$s_{DSB}(t) = m(t)\cos\omega_c t \tag{3.2.25}$$

$$z(t) = s_{DSB}(t) \cdot \cos\omega_c t = m(t)\cos\omega_c t \cdot \cos\omega_c t = \frac{m(t)}{2}(1 + \cos 2\omega_c t) \tag{3.2.26}$$

$$s_o(t) = \frac{1}{2}m(t) \tag{3.2.27}$$

DSB 与 AM 相比,虽然调制效率达到了 100%,但是注意到,在 DSB 和 AM 的频谱图中,它们的频谱都是由位于载频左、右两侧的上、下边带组成。信号的上、下边带携带的调制信号的信息完全一样,只不过上边带在载频的上侧,下边带在载频的下侧。这样就没有必要同时传输上、下两个边带,只要选择其中一个边带传输即可。如果只传输一个边带,则可以节省一半的发射功率。基于此,就出现了下面将要介绍的单边带调制。

3.2.3 单边带调制

通信系统中信号发送功率和系统传输带宽是两个主要参数,上面所说的振幅调制和双边带调制的功率和带宽都是不够节约的。在振幅调制系统中,有用信号边带功率只占总功率的一部分,充其量也不过只占 1/3~1/2,而传输带宽是基带信号的两倍。在双边带调制系统中,虽然载波被抑制后,发送功率比振幅调制有所改善,调制效率达到 100%,但是它的传输带宽仍和振幅调制时的一样,仍然是基带信号的两倍。前面已经提到,在双边带信号 $m(t)\cos\omega_c t$ 中,它具有上、下两个边带,这两个边带都携带着相同的调制信号 $m(t)$ 的全部信息。因此在传输已调信号过程中没有必要同时传送上、下两个边带,而只要传送其中任何一个就可以了。这种传输一个边带的通信方式称为单边带(SSB)通信。

单边带就是指在传输信号的过程中,只传输上边带或下边带部分,而达到节省发射功率和系统频带的目的。SSB 与振幅调制和双边带调制比较起来可以节约 1/2 传输频带宽度,因此大大提高了通信信道频带利用率,增加了通信的有效性。但是,SSB 调制方式的实现比较困难,通信设备也比较复杂。

通过上面的解释已经知道，SSB 信号实质就是把 DSB 信号的一个边带（上边带或下边带）去除掉，剩余的信号即为 SSB 信号。基于此，产生 SSB 信号的方框图可以画成如图 3.2.9 的形式。其实，产生 SSB 信号的方框图与产生 DSB 信号方框图一样，只不过是把一个频带宽度为 $2f_m$ 的 BPF 换成了频带宽度为 f_m 的 BPF，边带滤波器的传输特性用 $H_{SSB}(f)$ 表示。图 3.2.10 示出了 $H_{SSB}(f)$ 的传输特性。单边带调制的基本原理是将基带信号 $m(t)$ 和载波信号经相乘器相乘后得到双边带信号，再将此双边带信号通过理想的单边带滤波器滤去一个边带就得到需要的单边带信号。从原理上讲，如果要传输下边带信号，可以用图 3.2.10(a)所示的带通特性和图 3.2.10(b)所示的低通特性；如果要传输上边带信号，可以用图 3.2.10(c)所示的带通特性和图 3.2.10(d)的高通特性。

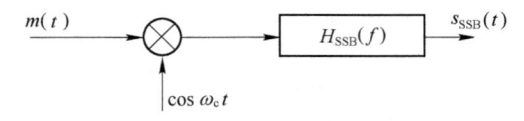

图 3.2.9　SSB 信号产生方框图

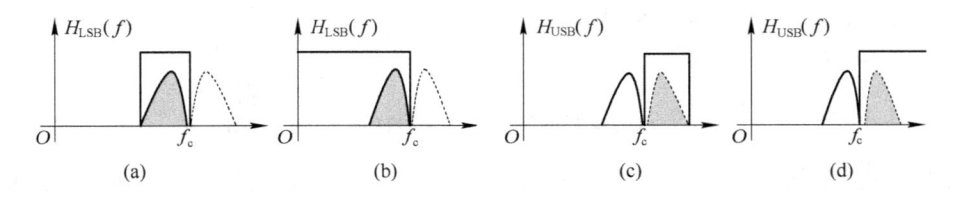

图 3.2.10　$H_{SSB}(f)$ 的传输特性

1. 单边带信号表达式

单边带信号的时域表达式一般来说是比较困难的，但是当调制信号是单音信号时还是比较方便推出的。下面从单音调制出发，得到单音调制的单边带信号时域表达式，然后不加证明地把它推广到一般基带信号调制时的单边带信号的时域表达式。

设单音信号 $m(t)=A\cos\omega_m t$，经相乘后成为双边带信号 $m(t)\cos\omega_c t = A\cos\omega_m t\cos\omega_c t$，如果通过上边带滤波器 $H_{USB}(f)$，则得到 USB 信号

$$s_{USB}(t) = \frac{A}{2}\cos(\omega_m+\omega_c)t = \frac{A}{2}\cos\omega_m t\cos\omega_c t - \frac{A}{2}\sin\omega_m t\sin\omega_c t$$

如果通过下边带滤波器 $H_{LSB}(f)$，则得到 LSB 信号

$$s_{LSB}(t) = \frac{A}{2}\cos(\omega_c-\omega_m)t = \frac{A}{2}\cos\omega_m t\cos\omega_c t + \frac{A}{2}\sin\omega_m t\sin\omega_c t$$

把上、下两个边带合并起来可以写成

$$s_{SSB}(t) = \frac{A}{2}(\cos\omega_m t\cos\omega_c t \mp \sin\omega_m t\sin\omega_c t) \tag{3.2.28}$$

式中，"$-$"号表示传输上边带信号；"$+$"号表示传输下边带信号。

从式(3.2.28)可以看到，单音调制的单边带信号由两项组成，第一项是单音信号和载波信号的乘积，它就是双边带调制信号的表达式（多了一个系数 1/2）；第二项是单音信号 $A\cos\omega_m t$ 和载波信号 $\cos\omega_c t$ 分别移相 90°后再乘积的 1/2。

以传输上边带信号为例，单音信号调制时的单边带信号的波形图及其相应的频谱如图 3.2.11(a) 和图 3.2.11(b) 所示。

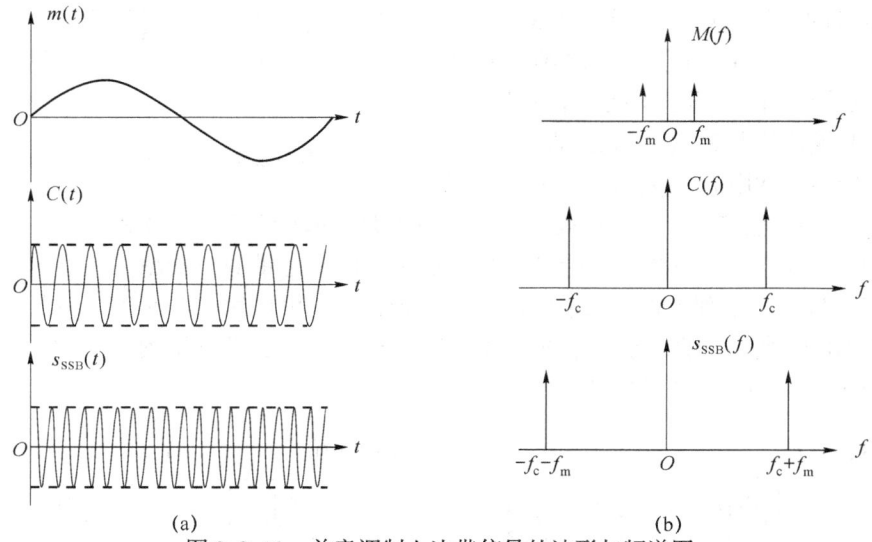

图 3.2.11　单音调制上边带信号的波形与频谱图

式(3.2.28)虽然是在单音调制下得到的，但是它不失一般性，具有一般表达式的形式。因为对于每一个一般的调制信号(基带信号)，按照非周期信号的傅里叶分析方法，它总可以表示为许多正弦信号之和。将每一个正弦信号，经单边带调制后的时域表达式再相加起来就是一般调制信号的单边带调制的时域表示式。

设调制信号由 n 个余弦信号之和表示，即

$$m(t) = \sum_{i=1}^{n} A_i \cos \omega_i t$$

经双边带调制

$$m(t)\cos \omega_c t = \sum_{i=1}^{n} A_i \cos \omega_i t \cos \omega_c t$$

设经上边带滤波器滤波取出上边带信号，则相应有

$$\begin{aligned} s_{\text{USB}}(t) &= \sum_{i=1}^{n} \frac{A_i}{2}\cos(\omega_i + \omega_c)t \\ &= \sum_{i=1}^{n} \frac{A_i}{2}\cos \omega_i t \cos \omega_c t - \sum_{i=1}^{n} \frac{A_i}{2}\sin \omega_i t \sin \omega_c t \\ &= \frac{1}{2}m(t)\cos \omega_c t - \frac{1}{2}\hat{m}(t)\sin \omega_c t \end{aligned} \quad (3.2.29)$$

式中，$\hat{m}(t) = \sum_{i=1}^{n} A_i \sin \omega_i t$，它是将 $m(t)$ 中所有频率成分均相移 90°后得到的结果。因此单边带信号表达式写成一般的形式有

$$s_{\text{SSB}}(t) = \frac{1}{2}[m(t)\cos \omega_c t \mp \hat{m}(t)\sin \omega_c t] \quad (3.2.30)$$

在式(3.2.30)中，"-"号表示传输上边带，"+"号表示传输下边带；$\hat{m}(t)$ 是调制信号 $m(t)$ 所有频率均相移 90°后得到的信号，实际上 $\hat{m}(t)$ 是调制信号 $m(t)$ 通过一个宽带滤波器

的输出，这个宽带滤波器叫做希尔伯特滤波器，也就是 $\hat{m}(t)$ 是 $m(t)$ 的希尔伯特变换。希尔伯特滤波器及其传递函数如图 3.2.12 所示。关于希尔伯特变换的相关知识参阅附录 B。

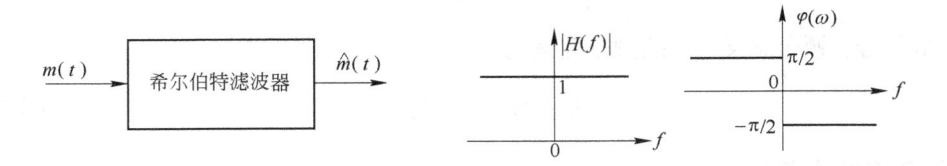

图 3.2.12 希尔伯特滤波器及其传递函数

另外，在式(3.2.30)中，等号后面有一个系数 1/2，这是考虑到单边带信号是双边带信号一半的缘故。如果把上边带信号表达式和下边带信号表达式相加，则可得到 DSB 信号的表达式。

SSB 信号的频谱可以通过下面计算得到

$$\begin{aligned}S_{\mathrm{SSB}}(\omega) &= \mathscr{F}\left\{\frac{1}{2}[m(t)\cos\omega_c t \mp \hat{m}(t)\sin\omega_c t]\right\} \\ &= \frac{1}{4}[M(\omega-\omega_c) + M(\omega+\omega_c)] \mp \frac{\mathrm{j}}{4}[\hat{M}(\omega+\omega_c) - \hat{M}(\omega-\omega_c)] \\ &= \frac{1}{4}[M(\omega-\omega_c) + M(\omega+\omega_c)] \mp \frac{1}{4}[M(\omega+\omega_c)\mathrm{sgn}(\omega+\omega_c) - M(\omega-\omega_c)\mathrm{sgn}(\omega-\omega_c)] \\ &= \frac{1}{4}\{M(\omega-\omega_c)[1 \pm \mathrm{sgn}(\omega-\omega_c)] + M(\omega+\omega_c)[1 \mp \mathrm{sgn}(\omega+\omega_c)]\}\end{aligned} \quad (3.2.31)$$

在式(3.2.31)的推导中，首先利用了调制定理，随后利用了希尔伯特滤波器的传递函数

$$H(\omega) = -\mathrm{jsgn}\,\omega \quad (3.2.32)$$

$$\hat{F}(\omega) = -\mathrm{j}M(\omega)\mathrm{sgn}\,\omega \quad (3.2.33)$$

式中 $\mathrm{sgn}\,\omega$ 是符号函数，定义式为

$$\mathrm{sgn}\,\omega = \begin{cases} 1 & \omega > 0 \\ -1 & \omega < 0 \end{cases} \quad (3.2.34)$$

2. SSB 信号平均功率和频带宽度

由上可知，单边带信号产生的工作过程是将双边带调制中的一个边带完全抑制掉，所以它的发送功率和传输带宽都应该是双边带调制时的 1/2，即单边带发送功率

$$P_{\mathrm{SSB}} = \frac{1}{2}P_{\mathrm{DSB}} = \frac{1}{4}\overline{m^2(t)} \quad (3.2.35)$$

当然，SSB 信号的平均功率也可以直接按定义求出，即

$$\begin{aligned}P_{\mathrm{SSB}} &= \overline{s_{\mathrm{SSB}}^2(t)} = \frac{1}{4}\overline{[m(t)\cos\omega_c t \mp \hat{m}(t)\sin\omega_c t]^2} \\ &= \frac{1}{4}\left[\frac{1}{2}\overline{m^2(t)} + \frac{1}{2}\overline{\hat{m}^2(t)} \mp 2\overline{m(t)\hat{m}(t)\sin\omega_c t \cdot \cos\omega_c t}\right] \\ &= \frac{1}{4}\overline{m^2(t)}\end{aligned} \quad (3.2.36)$$

在上式计算中，由于 $m(t)$、$\cos\omega_c t$ 与 $\hat{m}(t)$、$\sin\omega_c t$ 各自正交，故其相乘之积的平均值为

零,另外,调制信号的平均功率与调制信号经过90°相移后的信号,其功率是一样的,即

$$\frac{1}{2}\overline{\hat{m}^2(t)} = \frac{1}{2}\overline{m^2(t)} \tag{3.2.37}$$

对于单边带信号,顾名思义,它的频带宽度为

$$B_{\text{SSB}} = f_{\text{m}} = \frac{1}{2}B_{\text{DSB}} \tag{3.2.38}$$

3. SSB 信号的产生

SSB 信号的产生方法,归纳起来有三种:滤波法、相移法、混合法。

(1) 滤波法

滤波法就是上面介绍的用边带滤波器滤除双边带中的一个边带,保留一个边带的方法,原理方框如图 3.2.9 所示。滤波法产生 SSB 信号的工作原理是非常简单、容易理解的,但是在实际中实现却相当困难。因为调制器需要一个接近理想的,频率特性非常陡峭的边带滤波器(如图 3.2.10 所示)。制作一个非常陡峭的边带滤波器,特别当在频率比较高时是非常难实现的。

从图 3.2.13(b)可知,如果单边带滤波器的频率特性 $H_{\text{SSB}}(f)$ 不是理想的(见图中的实线),难免对所需的边带有些衰减,而对不需要的边带又抑制不干净,造成单边带信号的失真。一般许多基带信号(不是全部),如音乐、话音等,它的低频成分很小或没有,可以认为话音的频谱范围为 300 ~ 3 000 Hz,这样,经双边带调制后,两个边带间的过渡带为 600 Hz,在这样窄的过渡带内要求阻带衰减增加到 60 dB 以上,才能保证有用边带振幅对无用边带振幅的有效抑制。因此,要用高 Q 滤波器才能实现。但是,Q 值相同的滤波器,由于工作频率 f_c 不同,要达到同样大小的阻带衰减,它的过渡带宽度是各不相同的。显然工作频率高的相应过渡带较宽。为了便于边带滤波器的实现,应使过渡带宽度 $2a$ 与载波工作频率 f_c 的比值不小于 0.01,即

$$\frac{2a}{f_c} \geqslant 0.01 \tag{3.2.39}$$

(a) 信号频谱

(b) $H_{\text{SSB}}(f)$ 特性

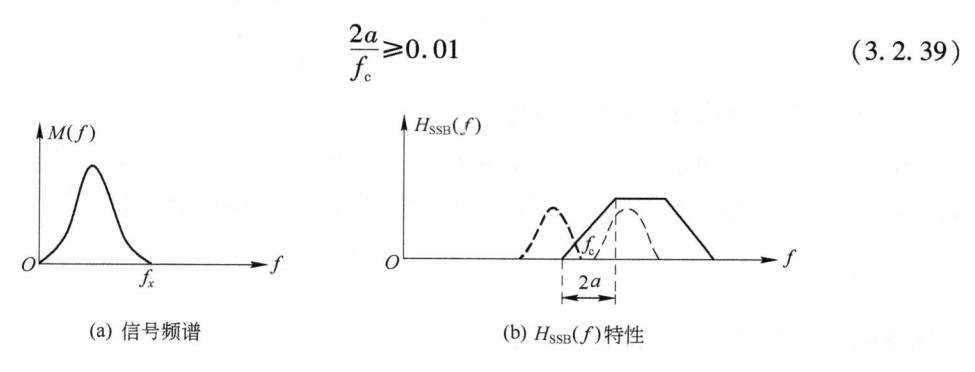

图 3.2.13 单边带滤波器特性

如话音信号低频成分从 300 Hz 开始,即 $a = 300$ Hz,根据式(3.2.39)计算,调制时载波频率 $f_c \leqslant 2a/0.01 = 60$ kHz。就是说,过渡带宽度若为 600 Hz 时,滤波器的中心工作频率不应超过 60 kHz,否则边带滤波器不好做。实际应用中,如短波通信工作频率在 2 ~ 30 MHz 范围,如果想把话音信号直接用单边带调制方法调制到这样高的工作频率上,显然是不行的,必须经过多级单边带频谱搬移。图 3.2.14 示出了一个二次频谱搬移的方框图和频谱搬移图,第

一级经相乘器相乘和上边带滤波器滤波后，将话音信号频谱搬移到 60 kHz 上；第二级又经相乘和上边带滤波就可得到所需的单边带信号 $s_\text{USB}(t)$。因第二级相乘器输出的双边带信号其两个边带之间的过渡带增为 2×60.3 kHz，根据式(3.2.39)可以算得第二个滤波器的工作频率 $f_{c2} \leqslant 2a/0.01 = 2\times60.3/0.1 = 12.06$ MHz，如果工作频率超过 12 MHz 需要采用三次频谱搬移才能满足要求。这种多级频谱搬移的方法在单边带电台中得到广泛的应用。

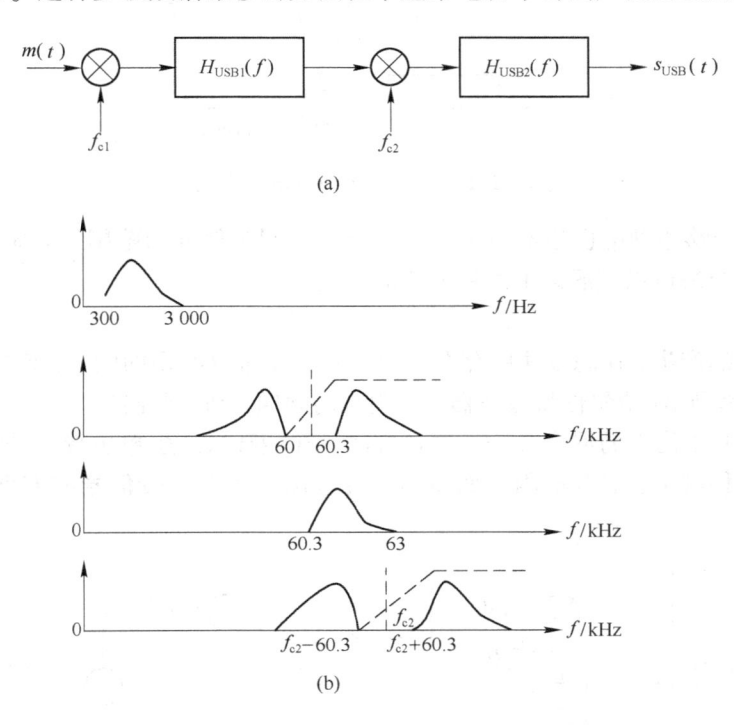

图 3.2.14　二级频谱搬移

多级频谱搬移的滤波法对于基带信号为话音或音乐时比较合适，因为它们频谱中的低频成分很小或没有。但是对于数字信号或图像信号，滤波法就不太适用了。因为它们的频谱低端接近零频，而且低频端的幅度也比较大，如果仍用边带滤波器滤出有用边带，抑制无用边带就更为困难，这时容易引起单边带信号本身的失真，而在多路复用时，容易产生对邻路的干扰，影响了通信质量。

（2）相移法

相移法产生单边带信号，可以不用边带滤波器。因此可以避免滤波法带来的缺点。根据单边带信号的时域表示式(3.2.30)，可以构成相移法产生单边带信号原理方框图，它由希尔伯特滤波器、相乘器、合路器组成，如图 3.2.15 所示。

图中，$H(\omega)$ 是希尔伯特滤波器的传递函数，如果合路器下端取"−"号可得到上边带输出，取"+"号可得到下边带输出。从方框图中可知，相移法产生单边带信号中有两个相乘器，第一个相乘器（上路）产生一般的双边带信号；第二个相乘器（下路）的输入载波需要移相 90°，这是单个频率移相 90°，用移相网络比较容易实现。输入基带信号 $\hat{m}(t)$ 是 $m(t)$ 中各个频率成分均移相 90° 的结果，希尔伯特滤波器是一个宽带移相网络。

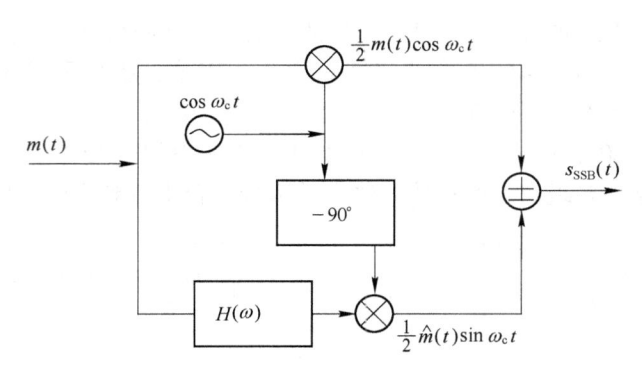

图 3.2.15 相移法产生单边带信号

实际中,宽带移相网络也是不易实现的。特别当调制信号的范围比较宽时就更难实现。而下面介绍的混合法可以克服以上两种方法的不足。

(3) 混合法

单边带信号的产生,在滤波法中存在着边带滤波器难以实现的问题,而在相移法中又存在着 90°宽带相移网络(希尔伯特滤波器)实现难的问题,基于此出现了避开这两种方法的不足,继承这两种方法优点的混合方法。这种方法是在相移法产生单边带信号的基础上,用滤波法代替宽带相移网络,混合法因此而得名。混合法产生单边带信号的方框图如图 3.2.16 所示。

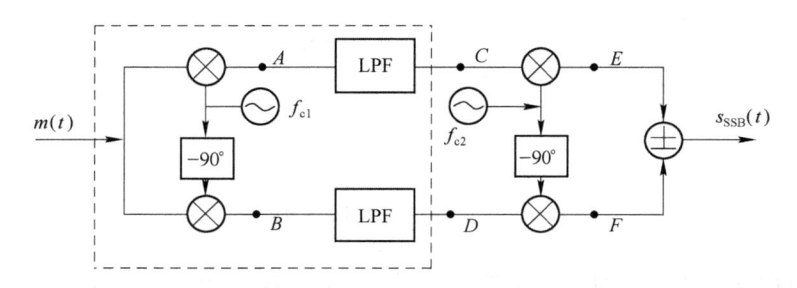

图 3.2.16 混合法产生单边带信号

混合法产生 SSB 信号的方框由四个相乘器、两个 LPF 与合路器组成,图中虚线框的右边与相移法产生单边带信号的方框图相似,C、D 两点的左边虚线方框内等效为一个宽带相移网络,使 C、D 两点得到相移为 $-90°$ 的两路调制信号。

设 f_{max} 和 f_{min} 分别为基带调制信号频谱的最高频率和最低频率。通常两个载频值的选择如下:

$$f_{c1} = \frac{1}{2}(f_{max} + f_{min}) \quad (3.2.40)$$

$$f_{c2} = f_c \pm f_{c1} \quad (3.2.41)$$

式中,f_c 为实际的载频;"+"号表示产生上边带信号,"—"号表示产生下边带信号。LPF 的截止频率取为基带信号最高频率与最低频率之差的 1/2。

用混合法产生 SSB 信号的好处是避免了用一个包括整个基带信号频谱范围的宽带相移网络,而只是代之以两个单频相移 $-90°$ 的网络,实现起来容易。另外,方框图中也采用了边带滤波器(即 LPF),但它的工作频率在低频范围,故滤波器的频率特性比较容易达到要求。

4. SSB 信号的接收(解调)

单边带信号的解调一般不能用简单的包络检波法,这是因为 SSB 信号的包络没有直接反映出基带调制信号的波形。例如,当调制信号为单频正弦信号时,单边带信号也是一个单频正弦信号,仅仅是频率发生了变化,而包络没有起伏。通常 SSB 信号要用相干解调法。相干解调法的原理方框见图 3.2.17 所示。

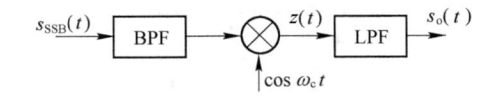

图 3.2.17 SSB 信号的相干解调

相干解调法的工作原理还可以用各点数学表达式清楚地说明。

$$s_{SSB}(t) = \frac{1}{2}[m(t)\cos\omega_c t \mp \hat{m}(t)\sin\omega_c t]$$

$$z(t) = s_{SSB}(t) \cdot \cos\omega_c t = \frac{1}{2}[m(t)\cos\omega_c t \mp \hat{m}(t)\sin\omega_c t] \cdot \cos\omega_c t$$

$$= \frac{1}{4}m(t)(1+\cos 2\omega_c t) \mp \frac{1}{4}\hat{m}(t)\sin 2\omega_c t \tag{3.2.42}$$

$$s_o(t) = \frac{1}{4}m(t) \tag{3.2.43}$$

如果在发射单边带信号时同时加上一个大载波,此时则可以用包络检波法接收。

3.2.4 残留边带调制

残留边带(VSB)调制为了降低设备制作的复杂性,设法让一个边带通过,另一个边带不完全抑制而保留一部分,这种调制方法称为残留边带调制。

单边带信号与双边带信号相比,虽然它的频带与功率节省了 1/2,但是付出的代价是设备实现非常困难,如边带滤波器不容易得到陡峭的频率特性,或对基带信号各频率成分不可能都做到 $-90°$ 的移相,等等。如果传输电视信号、传真信号和高速数据信号的话,由于它们的频谱范围较宽,而且极低频的分量也比较多,这样产生 SSB 信号的边带滤波器和宽带相移网络就更难实现了。为了解决这个问题,可以采用介于单边带和双边带二者之间的一种调制方式:残留边带调制。这种调制方法不像单边带调制那样将一个边带完全抑制,也不像双边带调制那样将另两个边带完全保存,而是介于二者之间。就是让一个边带绝大部分顺利通过,同时有一点衰减,而让另一个边带残留一小部分。残留边带调制是单边带调制和双边带调制的一种折中方案。

1. 工作原理

残留边带信号调制(产生)与解调(产生)的方框图如图 3.2.18 所示。VSB 信号的解调器与双边带、单边带解调器一样,调制器中仅是乘法器后的滤波器略有区别。后面接的滤波器不同,就得到不同的调制方式,如接双边带滤波器,则得到双边带信号输出;接单边带滤波器,则得到单边带信号输出;接残留边带滤波器,则得到残留边带信号输出。三种滤波器的滤波特性

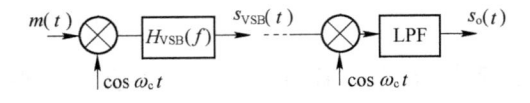

图 3.2.18 VSB 信号调制器和解调器原理

如图3.2.19所示。图(a)为双边带滤波特性；图(b)为上边带滤波特性；图(c)为残留上边带滤波特性。

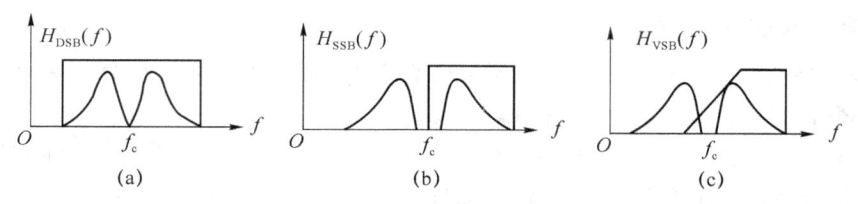

图 3.2.19 三种滤波器的特性

通过图3.2.19(c)可以看出，残留边带滤波器的特性是让一个边带绝大部分顺利通过，仅衰减了靠近f_c附近的一小部分信号的频谱分量；而让另一个边带绝大部分被抑制，只保留靠近f_c附近的一小部分。

残留边带残留了一个边带的一部分信号，又衰减了另一个边带一小部分信号，会不会出现信号的失真呢？可以想象，如果在解调时，让残留的那部分边带来补偿损失(衰减)了的部分边带，那么解调后的输出信号是不会发生失真的。下面从VSB信号用相干法解调出发，分析为使残留边带信号解调后的信号不失真，对调制器中残留边带滤波器的传输特性有什么要求。

设调制器中残留边带滤波器的传输特性为$H_{\text{VSB}}(f)$，根据图3.2.18可以求得残留边带信号的输出频谱为

$$S_{\text{VSB}}(f) = \frac{1}{2}[M(f-f_c) + M(f+f_c)] \cdot H_{\text{VSB}}(f) \tag{3.2.44}$$

在接收端解调残留边带信号时，将VSB信号$s_{\text{VSB}}(t)$和本地载波信号$\cos\omega_c t$相乘，它的频谱为

$$\mathscr{F}[s_{\text{VSB}}(t)\cos\omega_c t] = S_{\text{VSB}}(f) * C(f) = \frac{1}{2}[S_{\text{VSB}}(\omega+\omega_c) + S_{\text{VSB}}(\omega-\omega_c)]$$

$$= \frac{1}{4}\{[M(f-2f_c) + M(f)]H_{\text{VSB}}(f-f_c) + [M(f) + M(f+2f_c)]H_{\text{VSB}}(f+f_c)\} \tag{3.2.45}$$

式(3.2.45)共有四部分，通过低通滤波器(LPF)后，LPF的截止频率为f_c，滤除了上式中二次谐波$M(f-2f_c)$和$M(f+2f_c)$部分，所以取出的输出信号频谱为

$$S_o(f) = \frac{1}{4}[M(f)H_{\text{VSB}}(f-f_c) + M(f)H_{\text{VSB}}(f+f_c)]$$

$$= \frac{1}{4}M(f)[H_{\text{VSB}}(f-f_c) + H_{\text{VSB}}(f+f_c)] \tag{3.2.46}$$

可以看出，只要在$M(f)$的频谱范围内，就有

$$H_{\text{VSB}}(f-f_c) + H_{\text{VSB}}(f+f_c) = 常数 \tag{3.2.47}$$

式(3.2.46)变为

$$S_o(f) = \frac{K}{4}M(f) \tag{3.2.48}$$

这正是要恢复的基带信号$m(t)$的频谱。通常把满足式(3.2.47)的残留边带滤波器特性称为具有互补对称特性。

第 3 章 模拟调制系统

为了更好地理解残留边带调制系统的工作原理,下面把图 3.2.18 残留边带调制系统中的各点信号的频谱集中画在图 3.2.20 中。

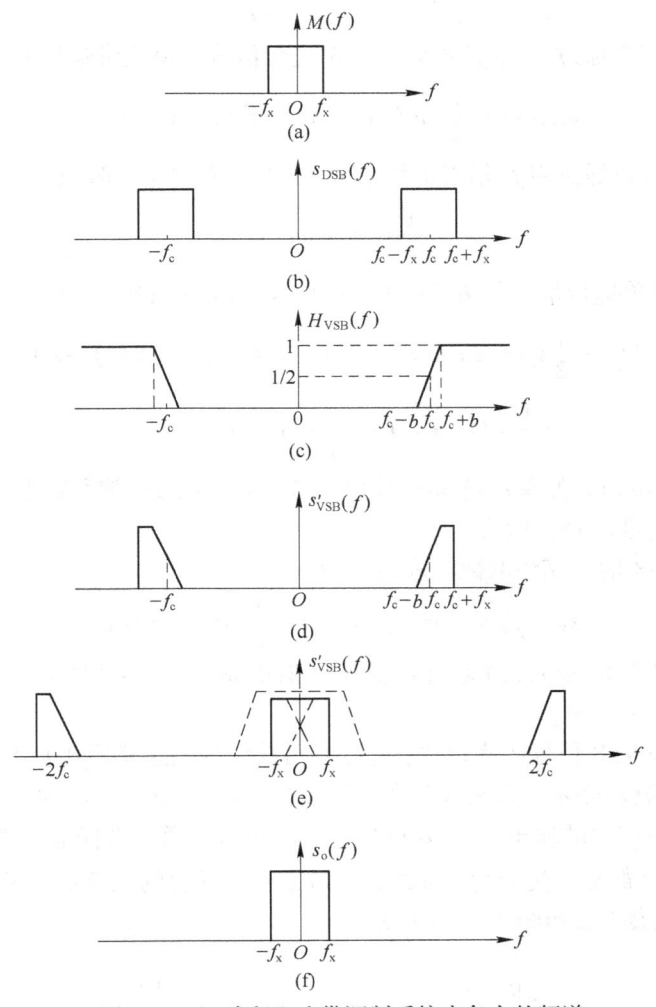

图 3.2.20 残留上边带调制系统中各点的频谱

在 3.2.20 中,图(a)为输入调制信号 $m(t)$ 的频谱,基带调制信号的最高频率为 f_x;图(b)为双边带 $s_{DSB}(t)$ 的频谱;图(c)为残留边带滤波器的频率特性;图(d)为输出残留信号 $s_{VSB}(t)$ 的频谱;图(e)为接收端相乘器输出的频谱 $s'_{VSB}(f)$;图(f)为低通滤波器输出的频谱。

从图中可以看到,为了保证输出信号不失真,要求残留边带滤波器频率特性 $H_{VSB}(f)$ 在 $f_c \pm b$ 范围内,具有互补对称特性,即 $f = f_c$ 时 $H_{VSB}(f_c) = 1/2$,b 取决于边带残留的大小,一般情况下 $0 \leq b \leq f_x$。若 $f = f_c + b$,有 $H_{VSB}(f_c + b) = 1$。若 $f = f_c - b$,有 $H_{VSB}(f_c - b) = 0$。为了方便,把残留边带

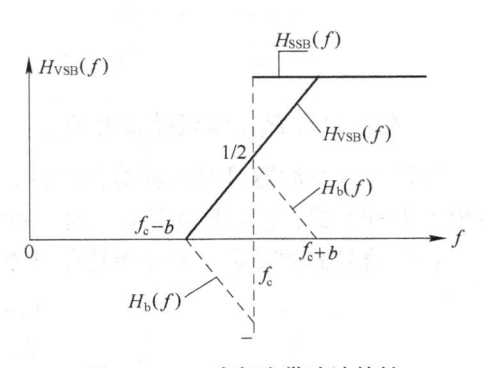

图 3.2.21 残留边带滤波特性

正频率轴的特性重画,如图 3.2.21 所示。把它看作是单边带滤波特性和一个在 $f=f_c$ 时幅度为 1/2 的、对 f_c 呈奇对称的频率特性 $H_b(f)$ 之差。即

$$H_{\text{VSB}}(f) = H_{\text{SSB}}(f) - H_b(f) \tag{3.2.49}$$

那样双边带频谱 $S_{\text{DSB}}(f)$ 通过 $H_{\text{SSB}}(f)$ 可以得到单边带信号。单边带输出的时域表示式为

$$s_{\text{SSB}}(t) = \frac{1}{2}[m(t)\cos\omega_c t - \hat{m}(t)\sin\omega_c t]$$

双边带频谱 $S_{\text{DSB}}(f)$ 通过对 f_c 呈奇对称的 $H_b(f)$ 后,它的输出时域表示式为

$$\frac{1}{2}s_b(t)\sin\omega_c t$$

残留边带信号是单边带信号与 $H_b(f)$ 对 $m(t)\cos\omega_c t$ 响应的差,就是

$$s_{\text{VSB}}(t) = s_{\text{SSB}}(t) - \frac{1}{2}s_b(t)\sin\omega_c t = \frac{1}{2}\{m(t)\cos\omega_c t - [\hat{m}(t) + s_b(t)]\sin\omega_c t\}$$

$$= \frac{1}{2}m(t)\cos\omega_c t - \frac{1}{2}q(t)\sin\omega_c t \tag{3.2.50}$$

其中,$\hat{m}(t) + s_b(t) = q(t)$。如果 $q(t) = 0$,式(3.2.50)变为双边带信号输出;如果 $q(t) = \hat{m}(t)$,式(3.2.50)变为单边带信号表达式。

一般情况下,VSB 信号完整的数学表达式为

$$s_{\text{VSB}}(t) = \frac{1}{2}m(t)\cos\omega_c t \mp \frac{1}{2}\tilde{m}(t)\sin\omega_c t \tag{3.2.51}$$

式中,$\tilde{m}(t)$ 是基带调制信号 $m(t)$ 通过正交滤波器的输出;"−"号表示残留上边带信号,"+"号表示残留下边带信号。

比较 SSB 信号和 VSB 信号的表达式,可以看出它们的表达式形式基本相同,唯一的差别就是 VSB 信号中用 $\tilde{m}(t)$ 表示,而 SSB 信号中用 $\hat{m}(t)$ 表示。$\tilde{m}(t)$ 是基带调制信号 $m(t)$ 通过正交滤波器 $H_Q(\omega)$ 后产生的输出,而 $\hat{m}(t)$ 是基带调制信号通过希氏滤波器(希尔伯特变换)的输出,$\hat{m}(t)$ 和 $\tilde{m}(t)$ 都是正交分量,希氏滤波器是一个理想的宽带 $\pi/2$ 相移网络,而正交滤波器的传输特性比较复杂,如图 3.2.22 所示。

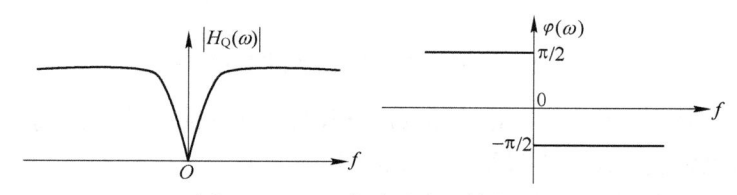

图 3.2.22 正交滤波器的传输特性

2. 发送功率 P_{VSB} 和频带宽度 B_{VSB}

残留边带滤波器具有互补对称特性,满足该特性的不仅仅是直线,还可能是余弦形、对数形等多种形式,它们只要具有互补对称特性,也都能满足不失真解调的要求。

VSB 信号的频带宽度介于单边带和双边带之间,即

$$B_{\text{SSB}} \leqslant B_{\text{VSB}} \leqslant B_{\text{DSB}}$$
$$B_{\text{VSB}} = (1 \sim 2)f_m \tag{3.2.52}$$

3.3 线性调制系统性能分析

3.2 节主要讨论了 AM、DSB、SSB 及 VSB 四种线性调制信号的产生与接收,那么这四种信号在系统传输中,它们的抗噪声性能如何是本节讨论的核心。

各种线性调制信号通过信道传输到接收端,由于信道特性的不理想和信道中存在的各种噪声,在接收端接收到的信号不可避免地要受到信道噪声的影响。为了讨论问题简单起见,在分析系统性能时,可以认为信道中的噪声是加性噪声,即到达接收机输入端的波形是信道所传信号与信道噪声相加的形式。

在分析系统的抗噪声性能时,可以把信道用图 3.3.1 所示的模型来代表。图中 BPF 允许信号通过,同时又对信号加以限制与损耗,这个滤波器也正好体现了信道的定义。既然认为 BPF 让所传信号顺利通过,那么,BPF 的输出信号形式应该与已调信号的表达式一样。图中左边的相加器是考虑到信道噪声为加性噪声的形式;$n(t)$

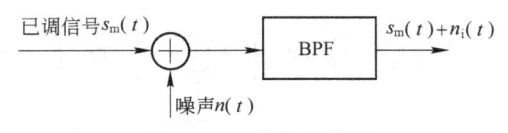

图 3.3.1 信道的模型

为信道噪声,一般把发射机和接收机中的噪声也归到此信道噪声中去。分析中都认为 $n(t)$ 是窄带高斯白噪声,数学表达式为

$$n(t) = n_i(t) = n_c(t)\cos\omega_c t - n_s(t)\sin\omega_c t \tag{3.3.1}$$

噪声的均值为零,双边功率谱密度为 $n_0/2$。即

$$E[n(t)] = 0$$

$$p_n(\omega) = \frac{n_0}{2} \quad \text{W/Hz} \quad (-\infty < \omega < +\infty) \tag{3.3.2}$$

在接收机中一般都有高放、中放及各种高、中频滤波器等电路,这些部件和电路可以等效为理想的 BPF,自然也可以划归在图 3.3.1 中的 BPF 内。

本章在分析各种信号的抗噪声性能时,只研究加性噪声对通信系统的影响,不考虑系统中如正弦干扰等其他影响,并且认为通信系统中的调制器、解调器和各种放大器、滤波器都是理想的。

对于模拟通信系统,在衡量和评价它的可靠性指标时,通常用信噪比或均方误差来衡量。一个通信系统质量的好坏,最终是要看接收机解调器输出端调制信号平均功率 S_o 和噪声平均功率 N_o 之比。显然,输出信噪比 S_o/N_o 越大越好。但是,输出信噪功率比 S_o/N_o 不仅和解调输入端的输入信噪功率比 S_i/N_i 有关,而且还和解调方式有关。同样的输入信噪功率比 S_i/N_i,通过不同的解调方式后具有不同的输出信噪功率比 S_o/N_o,因此为了比较各种调制系统的好坏,可用信噪比增益 G 或调制制度增益来表示,即输出信噪功率比与输入信噪功率比的比值。在分析模拟系统抗噪声性能时,主要就是为了计算输入信噪比、输出信噪比和信噪比增益。即

$$\frac{S_i}{N_i} = \frac{\text{解调器输入端信号功率}}{\text{解调器输入端噪声功率}} \tag{3.3.3}$$

$$\frac{S_o}{N_o} = \frac{\text{解调器输出端信号功率}}{\text{解调器输出端噪声功率}} \tag{3.3.4}$$

$$G = \frac{S_o/N_o}{S_i/N_i} \qquad (3.3.5)$$

一般情况下，G 越大，说明这种调制制度的抗干扰性能越好。

另外，还有一种评价各种调制系统抗噪声性能好坏的方法就是与基带系统作比较，这种方法比较直观。这就是各种线性调制系统在解调器输入端的信号功率和基带系统输入端的信号功率大小相等时，解调器输出端的信噪功率比和基带系统输出端的信噪功率比进行比较。

下面按照相干接收法(同步解调)和非相干接收法的解调方式分别对 AM、DSB、SSB 和 VSB 信号的抗噪声性能加以分析。

3.3.1 相干解调系统性能分析

在分析采用相干解调法时各种信号的抗噪声性能分析模型如图 3.3.2 所示。其中输入信号 $s_m(t)$ 是指接收端的信号，也就是解调器输入端的信号，即是 $s_{AM}(t)$、$s_{DSB}(t)$、$s_{SSB}(t)$ 和 $s_{VSB}(t)$。

噪声 $n(t)$ 是信道噪声和收、发射机中噪声的集中表示。通常认为它是加性高斯白噪声，其均值为零，双边功率谱密度为 $n_0/2$。

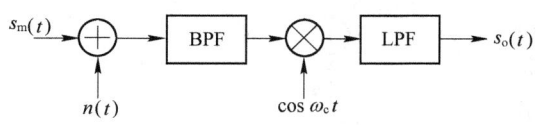

图 3.3.2 相干解调分析模型

由于接收机的输入电路、高放、中放等可以等效为理想的带通滤波器，可以保证已调信号无失真地顺利通过，而带外噪声被抑制掉。因此，通过 BPF 后的信号和接收机输入信号 $s_m(t)$ 相同，而通过 BPF 后的噪声由高斯白噪声变为窄带高斯白噪声(简称窄带高斯噪声)。这是因为，BPF 的中心频率与其频带宽度相比非常大，如对于中波广播，中心频率为几百到几千千赫兹，而频带宽度则为 4 kHz，因此它是一个窄带系统。

本地载波 $\cos \omega_c t$ 认为与接收到的信号的载波完全同步。这不仅是指接收端本地载波信号与发送端载波信号同频同相，而且是指发送端的已调信号的载波，通过信道传输后到达解调器输入端时，载波的频率与相位同本地载波的频率与相位完全一样。

LPF 仅让调制信号的频谱通过，而抑制载频及其他高次项成分。

下面分别对 AM、DSB、SSB 和 VSB 信号在解调器的输入端、输出端信号的平均功率、噪声平均功率进行分析计算，从而得出输入信噪比、输出信噪比和调制制度增益，以便比较这四种线性调制系统抗噪声性能。

1. DSB 调制系统的性能

(1) 输入信噪比

根据前面的假设，到达解调器输入端的 DSB 信号平均功率信号为

$$\begin{aligned} S_i &= \overline{s_{DSB}^2(t)} = \overline{m^2(t)\cos^2\omega_c t} \\ &= \frac{1}{2}\overline{m^2(t)} + \frac{1}{2}\overline{m^2(t)\cos 2\omega_c t} = \frac{1}{2}\overline{m^2(t)} \end{aligned} \qquad (3.3.6)$$

因为解调器输入端的噪声[用 $n_i(t)$ 表示]为窄带高斯白噪声，双边噪声功率谱密度为 $n_0/2$，所以解调器输入端的噪声平均功率 N_i 为

$$\begin{aligned} N_i &= \overline{n_i^2(t)} = \frac{1}{2\pi}\int_{-\infty}^{\infty} p_n(\omega)\mathrm{d}\omega = 2\int_0^{\infty} p_n(f)\mathrm{d}f \\ &= 2\int_{f_c-f_m}^{f_c+f_m}\frac{n_0}{2}\mathrm{d}f = n_0 \cdot 2f_m = n_0 B_{DSB} \end{aligned} \qquad (3.3.7)$$

式(3.3.7)带有普遍性,它对计算各种已调信号在解调器输入端的噪声功率都是如此。由式(3.3.6)和式(3.3.7)可以方便地得出输入信噪比

$$\left(\frac{S_i}{N_i}\right)_{DSB} = \frac{\frac{1}{2}\overline{m^2(t)}}{2n_0 f_m} = \frac{\overline{m^2(t)}}{4n_0 f_m} \tag{3.3.8}$$

(2) 输出信噪比

要计算解调器输出端的信噪比,必须先要写出输出端的信号与噪声的表达式。在图3.3.2中BPF的输出端,信号加噪声的表达式为

$$\begin{aligned} s_{DSB}(t) + n_i(t) &= m(t)\cos\omega_c t + n_c(t)\cos\omega_c t - n_s(t)\sin\omega_c t \\ &= [m(t) + n_c(t)]\cos\omega_c t - n_s(t)\sin\omega_c t \end{aligned} \tag{3.3.9}$$

通过乘法器后表达式为

$$\begin{aligned} z(t) &= \{[m(t) + n_c(t)]\cos\omega_c t - n_s(t)\sin\omega_c t\}\cos\omega_c t \\ &= \frac{1}{2}(1 + \cos 2\omega_c t)[m(t) + n_c(t)] - \frac{1}{2}n_s(t)\sin\omega_c t \end{aligned} \tag{3.3.10}$$

通过低通滤波器,滤去式(3.3.10)中的二次谐波($2\omega_c$)成分,取出调制信号及相应的噪声,即

$$s_o(t) + n_o(t) = \frac{1}{2}m(t) + \frac{1}{2}n_c(t) \tag{3.3.11}$$

由式(3.3.11)可以算出解调器输出端的信号平均功率

$$S_o = \overline{s_o^2(t)} = \overline{\left[\frac{1}{2}m(t)\right]^2} = \frac{1}{4}\overline{m^2(t)} \tag{3.3.12}$$

解调器输出端的噪声平均功率为

$$N_o = \overline{n_o^2(t)} = \frac{1}{4}\overline{n_c^2(t)}$$

因为

$$\overline{n_c^2(t)} = \overline{n_s^2(t)} = \overline{n_i^2(t)}$$

所以

$$N_o = \frac{1}{4}\overline{n_i^2(t)} = \frac{1}{4}N_i = \frac{1}{4} \times 2n_0 f_m = \frac{1}{2}n_0 f_m \tag{3.3.13}$$

这样得到解调器输出端信噪比

$$\left(\frac{S_o}{N_o}\right)_{DSB} = \frac{\frac{1}{4}\overline{m^2(t)}}{\frac{1}{2}n_0 f_m} = \frac{\overline{m^2(t)}}{2n_0 f_m} \tag{3.3.14}$$

(3) 调制制度增益

式(3.3.8)与式(3.3.14)相除,得出DSB信号的调制制度增益为

$$G_{DSB} = \frac{S_o/N_o}{S_i/N_i} = \frac{\dfrac{\overline{m^2(t)}}{2n_0 f_m}}{\dfrac{\overline{m^2(t)}}{4n_0 f_m}} = 2 \tag{3.3.15}$$

由此可知,DSB调制的制度增益为2。这就是说,DSB解调后输出信噪比 S_o/N_o 增加一倍,这是因为采用同步解调法后滤去了正交成分的噪声。

2. AM 系统的性能

(1) 输入信噪比

其分析方法基本与 DSB 相似，解调器输入端的信号平均功率分别为

$$S_i = \overline{s_{AM}^2(t)} = \overline{[A_0 + m(t)]^2 \cos^2 \omega_c t} = \frac{1}{2}\overline{[A_0^2 + m^2(t) + 2A_0 m(t)]}$$

$$= \frac{1}{2}A_0^2 + \frac{1}{2}\overline{m^2(t)} \tag{3.3.16}$$

式中，$\frac{1}{2}A_0^2$ 表示调幅信号的载波功率；$\frac{1}{2}\overline{m^2(t)}$ 表示 AM 信号的两个边带功率。

根据式(3.3.7)，解调器输入端的噪声均功率为

$$N_i = n_0 \cdot B_{AM} = 2n_0 f_m \tag{3.3.17}$$

因此，解调器输入端的信噪比为

$$\left(\frac{S_i}{N_i}\right)_{AM} = \frac{[A_0^2 + \overline{m^2(t)}]/2}{2n_0 f_m} = \frac{A_0^2 + \overline{m^2(t)}}{4n_0 f_m} \tag{3.3.18}$$

同理，可以求出解调器输出端信号功率比。

(2) 输出信噪比

在图 3.3.2 中 BPF 的输出端，信号加噪声的表达式为

$$s_{AM}(t) + n_i(t) = [A_0 + m(t)]\cos \omega_c t + n_c(t)\cos \omega_c t - n_s(t)\sin \omega_c t$$

$$= [A_0 + m(t) + n_c(t)]\cos \omega_c t - n_s(t)\sin \omega_c t \tag{3.3.19}$$

通过乘法器后表达式为

$$z(t) = \{[A_0 + m(t) + n_c(t)]\cos \omega_c t - n_s(t)\sin \omega_c t\}\cos \omega_c t$$

$$= \frac{1}{2}(1 + \cos 2\omega_c t)[A_0 + m(t) + n_c(t)] - \frac{1}{2}n_s(t)\sin \omega_c t \tag{3.3.20}$$

通过低通滤波器，滤去式(3.3.20)中的二次谐波($2\omega_c$)成分，取出调制信号及相应的噪声，即

$$s_o(t) + n_o(t) = \frac{1}{2}A_0 + \frac{1}{2}m(t) + \frac{1}{2}n_c(t) \tag{3.3.21}$$

注意式(3.3.21)中，第三项是噪声；第二项是解调出的信号；第一项不能算信号，也不能算噪声，它可以通过隔直流电容滤除掉。所以解调器输出端的信号平均功率为

$$S_o = \overline{s_o^2(t)} = \overline{\left[\frac{1}{2}m(t)\right]^2} = \frac{1}{4}\overline{m^2(t)} \tag{3.3.22}$$

解调器输出端的噪声平均功率为

$$N_o = \overline{n_o^2(t)} = \frac{1}{4}\overline{n_c^2(t)} = \frac{1}{4}\overline{n_i^2(t)} = \frac{1}{4}N_i = \frac{1}{4} \times 2n_0 f_m = \frac{1}{2}n_0 f_m \tag{3.3.23}$$

这样得到解调器输出端的信噪比为

$$\left(\frac{S_o}{N_o}\right)_{AM} = \frac{\frac{1}{4}\overline{m^2(t)}}{\frac{1}{2}n_0 f_m} = \frac{\overline{m^2(t)}}{2n_0 f_m} \tag{3.3.24}$$

(3) 调制制度增益

AM 的调制制度增益为

$$G_{\text{AM}} = \frac{\overline{m^2(t)}/2n_0 f_{\text{m}}}{[A_0^2 + \overline{m^2(t)}]/4n_0 f_{\text{m}}} = \frac{2\overline{m^2(t)}}{A_0^2 + \overline{m^2(t)}} \qquad (3.3.25)$$

可以看出，由于载波幅度 A_0 一般比调制信号幅度大，所以，AM 信号的调制制度增益通常小于 1。对于单音调制信号，即 $m(t) = A_{\text{m}}\cos\Omega t$，则

$$\overline{m^2(t)} = \frac{1}{2}A_{\text{m}}^2 \qquad (3.3.26)$$

如果采用百分之百调制，即 $A_0 = A_{\text{m}}$，此时调制制度增益最大值为

$$G_{\max} = \frac{2A_{\text{m}}^2/2}{A_0^2 + A_{\text{m}}^2/2} = \frac{2}{3} \qquad (3.3.27)$$

式(3.3.27)表示了 AM 调制系统的调制制度增益在单音频调制时最多为 2/3。因此 AM 系统的抗噪声性能没有 DSB 系统的抗噪声性能好。

3. SSB 调制系统性能

（1）输入信噪比

已知单边带信号的表达式为

$$s_{\text{SSB}}(t) = \frac{1}{2}[m(t)\cos\omega_{\text{c}}t \mp \hat{m}(t)\sin\omega_{\text{c}}t]$$

其中"−"号表示上边带(USB)，"+"号表示下边带(LSB)。则解调器输入端 SSB 信号平均功率为

$$\begin{aligned} S_{\text{i}} &= \overline{s_{\text{SSB}}^2(t)} = \frac{1}{4}\overline{[m(t)\cos\omega_{\text{c}}(t) \mp \hat{m}(t)\sin\omega_{\text{c}}t]^2} \\ &= \frac{1}{8}\overline{m^2(t)} + \frac{1}{8}\overline{\hat{m}^2(t)} + \frac{1}{8}\overline{m(t)\hat{m}(t)\sin 2\omega_{\text{c}}t} \\ &= \frac{1}{4}\overline{m^2(t)} \end{aligned} \qquad (3.3.28)$$

SSB 信号解调器输入端的噪声平均功率为

$$N_{\text{i}} = n_0 \cdot B_{\text{SSB}} = n_0 f_{\text{m}} \qquad (3.3.29)$$

这样，解调器输入端的信噪比

$$\left(\frac{S_{\text{i}}}{N_{\text{i}}}\right)_{\text{SSB}} = \frac{\overline{m^2(t)}}{4n_0 f_{\text{m}}} \qquad (3.3.30)$$

把 SSB 解调器输入信噪比式(3.3.30)与 DSB 解调器输入信噪比式(3.3.8)比较，可以看出它们是相同的，这是完全合乎实际情况的。因为，虽然单边带信号是双边带信号的一半，但单边带系统的带宽也是双边带系统的 1/2。因此它们的输入信噪比应该是一样的。

（2）输出信噪比

结合相干解调法的性能分析模型，先分析 SSB 信号加上噪声后在解调器中各点的数学表达式，随后根据输出表达式求出输出信号与噪声的平均功率。

SSB 信号加上噪声的表达式是

$$\begin{aligned} s_{\text{SSB}}(t) + n_{\text{i}}(t) &= \frac{1}{2}[m(t)\cos\omega_{\text{c}}t \mp \hat{m}(t)\sin\omega_{\text{c}}t] + n_{\text{c}}(t)\cos\omega_{\text{c}}t - n_{\text{s}}(t)\sin\omega_{\text{c}}t \\ &= \left[\frac{1}{2}m(t) + n_{\text{c}}(t)\right]\cos\omega_{\text{c}}t - \left[n_{\text{s}}(t) \pm \frac{1}{2}\hat{m}(t)\right]\sin\omega_{\text{c}}t \end{aligned} \qquad (3.3.31)$$

信号加噪声进入乘法器，乘法器的输出表达式为

$$\left[\frac{1}{2}m(t)+n_c(t)\right]\cos^2\omega_c t - \left[n_s(t)\pm\frac{1}{2}\hat{m}(t)\right]\sin\omega_c t \cdot \cos\omega_c t$$

$$=\frac{1}{2}\left[\frac{1}{2}m(t)+n_c t\right](1+\cos 2\omega_c t) - \frac{1}{2}\left[n_s(t)\pm\frac{1}{2}\hat{m}(t)\right]\sin 2\omega_c t \tag{3.3.32}$$

通过 LPF 后, 取出恢复后的调制信号和噪声为

$$s_o(t)+n_o(t)=\frac{1}{4}m(t)+\frac{1}{2}n_c(t) \tag{3.3.33}$$

所以, 解调器输出端的信号平均功率为

$$S_o=\overline{s_o^2(t)}=\overline{\left[\frac{1}{4}m(t)\right]^2}=\frac{1}{16}\overline{m^2(t)} \tag{3.3.34}$$

解调器输出端的平均噪声功率为

$$N_o=\frac{1}{4}\overline{n_c^2(t)}=\frac{1}{4}\overline{n_i^2(t)}=\frac{1}{4}n_0 f_m \tag{3.3.35}$$

故解调器输出信噪比为

$$\left(\frac{S_o}{N_o}\right)_{SSB}=\frac{\frac{1}{16}\overline{m^2(t)}}{\frac{1}{4}n_0 f_m}=\frac{\overline{m^2(t)}}{4n_0 f_m} \tag{3.3.36}$$

可以求得单边带调制制度增益

$$G_{SSB}=\frac{\overline{m^2(t)}/4n_0 f_m}{\overline{m^2(t)}/4n_0 f_m}=1 \tag{3.3.37}$$

比较式(3.3.15)与式(3.3.37)可以看出, DSB 解调器的信噪比增益是 SSB 的两倍。造成这个结果的原因是明显的。因为单边带信号中的 $\hat{m}(t)\cos\omega_c t$ 分量被解调器滤除了, 而在输入端它却是 SSB 信号功率的组成部分。

那么能不能说, 因为双边带调制制度增益等于 2, 单边带调制制度等于 1, 所以双边带解调性能比单边带解调性能好 1 倍呢? 这种回答是不正确的。因为, 单边带信号所需仅仅是双边带的 1/2, 因而在相同的噪声功率谱密度情况下, DSB 解调器的输出功率是 SSB 的 2 倍。因此, 尽管双边带解调器的制度增益是单边带的 1 倍, 但它的实际解调性能不会优于单边带解调性能。如果解调器输入噪声功率谱密度相同, 且输入信号功率相同, 则单边带解调性能与双边带解调性能是相同的。

4. VSB 调制系统性能

因为残留边带信号的表达式与单边带信号的表达式形式一样, 只要把 SSB 信号表达式中 $\hat{m}(t)$ 用 $\tilde{m}(t)$ 替换即可, 因此整个分析过程完全与单边带信号的一样。下面的讨论仅给出结果。

(1) 输入信噪比

$$S_i=\overline{s_{VSB}^2(t)}=\overline{\frac{1}{4}\left[m(t)\cos\omega_c(t)\mp\frac{1}{2}\tilde{m}(t)\sin\omega_c t\right]^2}$$

$$=\frac{1}{8}\overline{m^2(t)}+\frac{1}{8}\overline{\tilde{m}^2(t)}=\frac{1}{4}\overline{m^2(t)} \tag{3.3.38}$$

$$N_i=n_0\cdot B_{VSB}=(1\sim 2)n_0 f_m \tag{3.3.39}$$

$$\left(\frac{S_i}{N_i}\right)_{\text{VSB}} = \frac{\overline{m^2(t)}}{4n_0 B_{\text{VSB}}} \tag{3.3.40}$$

(2) 输出信噪比

在解调器输出端，即低通滤波器后边输出信号与噪声的表达式是

$$s_o(t) + n_o(t) = \frac{1}{4}m(t) + \frac{1}{2}n_c t \tag{3.3.41}$$

$$S_o = \overline{s_o^2(t)} = \overline{\left[\frac{1}{4}m(t)\right]^2} = \frac{1}{16}\overline{m^2(t)} \tag{3.3.42}$$

$$N_o = \frac{1}{4}\overline{n_c^2(t)} = \frac{1}{4}\overline{n_i^2(t)} = \frac{1}{4}n_0 B_{\text{VSB}} \tag{3.3.43}$$

$$\left(\frac{S_o}{N_o}\right)_{\text{VSB}} = \frac{\frac{1}{16}\overline{m^2(t)}}{\frac{1}{4}n_0 B_{\text{VSB}}} = \frac{\overline{m^2(t)}}{4n_0 B_{\text{VSB}}} \tag{3.3.44}$$

$$G_{\text{VSB}} = \frac{\overline{m^2(t)}/4n_0 B_{\text{VSB}}}{\overline{m^2(t)}/4n_0 B_{\text{VSB}}} = 1 \tag{3.3.45}$$

比较式(3.3.45)与式(3.3.37)可以看出，VSB 解调器的信噪比增益与 SSB 的信噪比增益一样。

3.3.2 非相干解调系统性能分析

非相干解调系统性能分析模型如图 3.3.3 所示。图中左边的加法器和 BPF 组成信道模型，同时 BPF 又和线性包络检波器(LED)、LPF 组成非相干解调方框图。由于非相干解调只适用于 AM 信号，故非相干解调系统性能分析实质就是 AM 信号的性能分析。

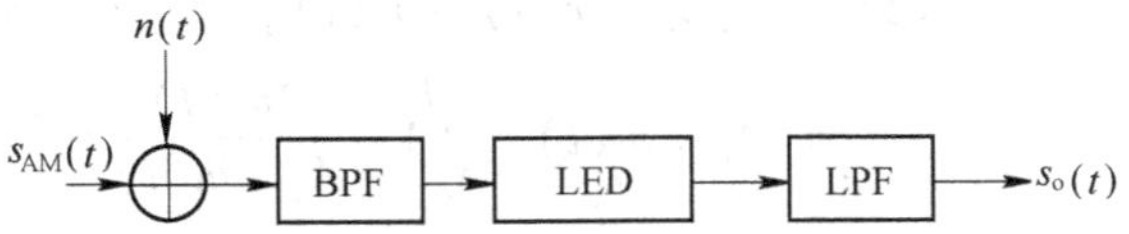

图 3.3.3 非相干解调性能分析模型

线性包络检波就是检波器的输出电压大小与输入高频信号(电压)的包络变化成正比例关系。由于 AM 信号的包络变化恰好反映了调制信号的大小，所以用包络检波器解调 AM 信号是比较合适的。

分析 AM 信号用包络检波器解调的系统性能时可以分为两种情况：一种是接收机输入为大信噪比的情况，这时，AM 信号在非同步解调时的抗噪声性能和在同步解调时的抗噪声性能相同；另一种是接收机输入为小信噪比的情况，这时，AM 信号的非相干解调的抗噪声性能迅速恶化，出现所谓"门限效应"。下面分析 AM 信号的非相干解调的抗噪声性能。

1. 输入信噪比

AM 信号非相干解调时，解调器输入端的输入信噪比与相干解调时的输入信噪比相同，即

$$\left(\frac{S_i}{N_i}\right)_{\text{AM}} = \frac{[A_0^2 + \overline{m^2(t)}]/2}{2n_0 f_m} = \frac{A_0^2 + \overline{m^2(t)}}{4n_0 f_m} \tag{3.3.46}$$

2. 输出信噪比

要计算包络检波器的输出信噪比，必须首先写出到达包络检波器输入端的信号加噪声的

包络，因为
$$s_{AM}(t) + n_i(t) = [A_0 + m(t)]\cos\omega_c t + n_c(t)\cos\omega_c t - n_s(t)\sin\omega_c t$$
$$= [A_0 + m(t) + n_c(t)]\cos\omega_c t - n_s(t)\sin\omega_c t$$
$$= \rho(t)\cos[\omega_c t + \varphi(t)] \quad (3.3.47)$$

式中，$\rho(t)$ 为信号与噪声合成波形的包络；$\varphi(t)$ 为信号与噪声合成波形的相位。可以表示成
$$\rho(t) = \sqrt{[A_0 + m(t) + n_c(t)]^2 + n_s^2(t)} \quad (3.3.48)$$
$$\varphi(t) = \arctan\frac{n_s(t)}{A_0 + m(t) + n_c(t)} \quad (3.3.49)$$

很明显，包络检波器输出波形就是包络 $\rho(t)$，它是关键量，因此我们只对包络感兴趣。从式(3.3.48)可知，包络 $\rho(t)$ 和调制信号 $m(t)$ 呈复杂的非线性关系。

通过数学分析与近似计算，目的是设法把式(3.3.48)变成用信号 $m(t)$ 和噪声 $n(t)$ 的线性叠加表示出来的一个简单线性关系。为使问题分析简化，下面仅考虑两种特殊情况：一是大输入信噪比情况；二是小输入信噪比情况。

（1）大输入信噪比情况

大输入信噪比情况，通常认为是以下条件成立
$$[A_0 + m(t)] \gg n_i(t) = \sqrt{n_c^2(t) + n_s^2(t)} \quad (3.3.50a)$$
也就是
$$[A_0 + m(t)] \gg n_c(t) \quad (3.3.50b)$$
$$[A_0 + m(t)] \gg n_s(t) \quad (3.3.50c)$$

将以上条件应用于式(3.3.48)进行近似变换
$$\rho(t) = \sqrt{[A_0 + m(t) + n_c(t)]^2 + n_s^2(t)} \approx \sqrt{[A_0 + m(t)]^2 + 2[A_0 + m(t)]n_c(t)}$$
$$= [A_0 + m(t)]\sqrt{1 + \frac{2n_c(t)}{A_0 + m(t)}} \approx [A_0 + m(t)]\left[1 + \frac{n_c(t)}{A_0 + m(t)}\right]$$
$$= A_0 + m(t) + n_c(t) \quad (3.3.51)$$

在式(3.3.51)的推导中，第一步用了近似，仅把高阶无穷小 $n_s^2(t)$、$n_c^2(t)$ 近似为零；第二步把 $[A_0 + m(t)]$ 提到了根号外；第三步利用了数学近似公式
$$(1 + x)^n \approx 1 + n \cdot x \quad |x| \ll 1$$

在式(3.3.51)中，第一项是直流，可以滤除掉；第二项是信号；第三项是噪声。因此在大输入信噪比情况下，包络检波法解调器输出端的信号平均功率为
$$S_o = \overline{m^2(t)} \quad (3.3.52)$$

包络检波法解调器输出端的噪声平均功率为
$$N_o = \overline{n_c^2(t)} = \overline{n_i^2(t)} = 2n_0 f_m \quad (3.3.53)$$

因此，非相干解调输出信噪比为
$$\left(\frac{S_o}{N_o}\right)_{AM} = \frac{\overline{m^2(t)}}{2n_0 f_m} \quad (3.3.54)$$

由求出的输入信噪比和输出信噪比公式，得出调制制度增益为
$$G_{AM,\text{非}} = \frac{2\overline{m^2(t)}}{A_0^2 + \overline{m^2(t)}} \quad (3.3.55)$$

此结果与相干解调时的信噪比增益相同。这说明在大信噪比情况下,对 AM 信号来说,采用包络检波的性能与采用相干解调的性能几乎一样,但不是完全一样,因为在大信噪比时用了近似计算。

另外,从式(3.3.55)得出,AM 信号检波器的 G 是随着载波幅度 A_0 的减少而增大。但对包络检波器来说,为了不发生过载现象,载波幅度 A_0 不能小于调制信号幅度的最大值,因此,若对于单音调制,且是 100% 调制时,则有

$$\overline{m^2(t)} = \frac{A_0^2}{2} \tag{3.3.56}$$

此时,非相干解调信噪比增益为

$$G = \frac{A_0^2}{A_0^2 + \frac{A_0^2}{2}} = \frac{2}{3} \tag{3.3.57}$$

这是包络检波器能够得到的最大信噪比增益。一般 AM 信号的调制幅度常是小于 1 的,所以制度增益 G 一般小于 2/3。

(2) 小输入信噪比情况

小输入信噪比情况是指满足下面条件的情况,即

$$[A_0 + m(t)] \ll n_i(t) = \sqrt{n_c^2(t) + n_s^2(t)} \tag{3.3.58a}$$

也就是

$$[A_0 + m(t)] \ll n_c(t) \tag{3.3.58b}$$

$$[A_0 + m(t)] \ll n_s(t) \tag{3.3.58c}$$

把小信噪比的条件应用于式(3.3.48),对其进行近似与化简得

$$\begin{aligned}
\rho(t) &= \sqrt{[A_0 + m(t) + n_c(t)]^2 + n_s^2(t)} \\
&= \sqrt{[A_0 + m(t)]^2 + 2[A_0 + m(t)]n_c(t) + n_c^2(t) + n_s^2(t)} \\
&\approx \sqrt{2[A_0 + m(t)]n_c(t) + n_c^2(t) + n_s^2(t)} \\
&= \sqrt{n_c^2(t) + n_s^2(t)} \left\{ 1 + \frac{2n_c(t)}{n_c^2(t) + n_s^2(t)}[A_0 + m(t)] \right\}^{\frac{1}{2}} \\
&\approx \sqrt{n_c^2(t) + n_s^2(t)} \left\{ 1 + \frac{n_c(t)}{n_c^2(t) + n_s^2(t)}[A_0 + m(t)] \right\} \\
&= \sqrt{n_c^2(t) + n_s^2(t)} + \frac{n_c(t)}{\sqrt{n_c^2(t) + n_s^2(t)}}[A_0 + m(t)]
\end{aligned} \tag{3.3.59}$$

式(3.3.59)中没有单独的信号项,它表明,在小输入信噪比情况下包络检波器输出端的信号始终受到噪声的严重影响,信号无法从噪声中分离出来,即信号已经完全被噪声所淹没。

式(3.3.59)中信号项 $m(t)$ 与一个噪声的随机函数相乘,这个随机函数实际上就是一个随机噪声。因此,有用信号 $m(t)$ 被包络检波器扰乱,致使信号与噪声之积项也变成了噪声。所以输出信噪比就大大下降。由于 S_o/N_o 急剧下降,所以 G 也急剧下降。

由于小输入信噪比时,包络检波器输出信噪比的计算很复杂,而且详细计算它也没有必要。根据实践及有关资料,可以近似认为,小信噪比输入时,包络检波器的输出信噪比为

$$\left(\frac{S_o}{N_o}\right)_{AM} \approx \left(\frac{S_i}{N_i}\right)_{AM}^2 \quad (3.3.60)$$

它基本上和输入信噪比的平方成比例，当 AM 的输入信噪比小于 1 时，则输出信噪比远远小于 1，以致出现输出信号的严重恶化。在大信噪比输入时，对于单音 100% 调制时的正弦波来说，包络检波的制度增益 $G = 2/3$，如以 $G = 2/3$ 为大信噪比的渐近线，而小信噪比输入时以 S_o/N_o 为渐近线，这样可以画出包络检波时输出信噪比与输入信噪比关系的示意图，如图 3.3.4 所示。

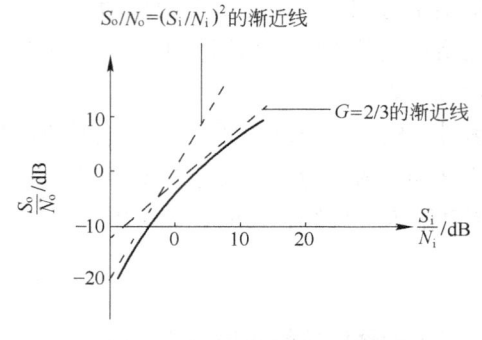

图 3.3.4 包络检波器的性能

非同步解调都存在一个所谓"门限效应"。所谓门限效应就是指，当输入信噪比下降到某一值时，出现输出信噪比的值随之急剧下降，发生严重恶化的现象，这个值称为门限。门限效应是由于包络检波器的非线性解调作用而引起的，相干解调时一般不存在门限效应。

对于 AM 信号，可以得出结论：在输入大信噪比情况下，包络检波器的性能几乎与相干解调法的性能一样。但随着输入信噪比的减少，包络检波器在一个特定输入信噪比值上出现门限效应，门限效应发生后，包络检波器的输出信噪比会急剧变坏。

3.4 非线性调制

线性调制后的已调信号频谱只是基带调制信号的频谱在频率轴上的搬移，虽然频率位置发生了变化，但频谱的结构没有变化。非线性调制也是把基带调制信号的频谱在频率轴上进行频谱搬移，但它并不保持线性搬移关系，已调信号的频谱结构发生了根本变化。调制后信号的频带宽度一般也要比调制信号的带宽大得多。

非线性调制也叫做角度调制，它通常是通过改变载波的角度（频率或相位）来完成的。即载波的幅度不变，而载波的频率或相位随着调制信号变化。角度调制是频率调制（FM）和相位调制（PM）的统称。

实质上，FM 和相位调制在本质上没有多大区别，它们之间可以相互转换，FM 用的较多，因此这里着重讨论 FM 系统。

由于 FM 系统的抗干扰性能比振幅调制系统的性能强，同时 FM 信号的产生和接收方法也并不复杂，故 FM 系统应用广泛。但是，FM 系统的频带宽度比振幅调制宽得多，因此，系统的有效性差。

本节讨论角度调制的表示、频谱、功率、传输带宽以及它的产生和解调方法等问题，3.5 节讨论角度调制系统的抗噪声性能问题。

3.4.1 角度调制的基本概念

线性调制是通过调制信号改变余弦载波的幅度参数来实现调制的，而非线性调制是通过调制信号改变余弦载波的角度（频率或相位）来实现的。

任何一个余弦载波，当它的幅度保持不变时，可用式(3.4.1)表示：

$$c(t) = A\cos\theta(t) \tag{3.4.1}$$

式中，$\theta(t)$ 称为余弦载波的瞬时相位。如果对瞬时相位 $\theta(t)$ 进行求导，可得到载波的瞬时角频率 $\omega(t)$，即

$$\omega(t) = \frac{d\theta(t)}{dt} \tag{3.4.2}$$

$\omega(t)$ 与 $\theta(t)$ 的关系可用下式表示：

$$\theta(t) = \int_{-\infty}^{t} \omega(\tau) d\tau \tag{3.4.3}$$

1. 角度调制的一般表示式

角度调制的波形一般可以写成

$$s_m(t) = A_0\cos[\omega_c t + \varphi(t)] \tag{3.4.4}$$

式中，A_0 为已调载波的振幅；$\omega_c t + \varphi(t)$ 称为信号的瞬时相位。$\dfrac{d[\omega_c t + \varphi(t)]}{dt} = \omega_c + \dfrac{d\varphi(t)}{dt}$ 称为瞬时角频率（也成为瞬时频率）；$\varphi(t)$ 称为瞬时相位偏移（简称瞬时相偏）；$\dfrac{d\varphi(t)}{dt} = \omega(t) - \omega_c$ 称为瞬时频率偏移（简称瞬时频偏）。

2. 调相波的概念

所谓相位调制，是指载波的振幅不变，载波的瞬时相位随着基带调制信号的大小而变化，实际上是载波瞬时相位偏移与调制信号成比例变化。反过来说，相位调制是由调制信号 $m(t)$ 去控制载波的相位而实现其调制的一种方法。

由于载波瞬时相位偏移与调制信号成比例变化，因此令 $\varphi(t) = k_p m(t)$，其中 k_p 为比例常数，常称为调相灵敏度，所以调相波的表示式为

$$s_{PM}(t) = A_0\cos[\omega_c t + k_p m(t)] \tag{3.4.5}$$

式中，$\omega_c t + k_p m(t)$ 是 PM 信号的瞬时相位，其中瞬时相位偏移是 $k_p m(t)$；瞬时频率为 $\omega_c + k_p \dfrac{d}{dt}m(t)$；瞬时频率偏移（瞬时频偏）为 $k_p \dfrac{d}{dt}m(t)$；最大相位偏移为

$$|\varphi(t)|_{max} = |k_p m(t)|_{max} = k_p |m(t)|_{max} \tag{3.4.6}$$

最大频率偏移为

$$\left|\frac{d\varphi(t)}{dt}\right|_{max} = k_p \left|\frac{dm(t)}{dt}\right|_{max} \tag{3.4.7}$$

3. 调频波的概念

所谓频率调制，是指载波的振幅不变，用调制信号 $m(t)$ 去控制载波的瞬时频率来实现其调制的一种方法。已调信号的瞬时频率随着调制信号的大小变化，更明确一点说是载波的瞬时频率偏移随 $m(t)$ 成正比变化。因此设

$$\frac{d\varphi(t)}{dt} = k_f m(t) \tag{3.4.8}$$

式中，k_f 为比例常数，称为调频器的灵敏度。对它进行积分

$$\varphi(t) = \int_{-\infty}^{t} k_{f} m(\tau) d\tau = k_{f} \int_{0}^{t} m(\tau) d\tau + \varphi_{0} \qquad (3.4.9)$$

其中，$\varphi_{0} = \int_{-\infty}^{0} k_{f} m(\tau) d\tau$ 是初始相位，一般认为它等于零。所以，调频波的表示式为

$$s_{FM}(t) = A_{0} \cos\left[\omega_{c} t + k_{f} \int_{-\infty}^{t} m(\tau) d\tau\right] \qquad (3.4.10)$$

式中，$\omega_{c} t + k_{f} \int_{-\infty}^{t} m(\tau) d\tau$ 是 FM 信号的瞬时相位；其中 $k_{f} \int_{-\infty}^{t} m(\tau) d\tau$ 为瞬时相位偏移。瞬时频率是 $\omega_{c} + k_{f} m(t)$；瞬时频率偏移为 $k_{f} m(t)$；最大频偏为 $|k_{f} m(t)|_{max}$；最大相偏为 $k_{f} \left| \int_{-\infty}^{t} m(\tau) d\tau \right|_{max}$。

例 3.4.1 已知单音调制信号为 $m(t) = A\cos\omega_{m} t$，试求出此时的调相波和调频波，并进行讨论。

解 已知调制信号的表达式，可以直接代入到 PM 和 FM 信号的公式中，可得到 PM 波形和 FM 波形。

$$s_{PM}(t) = A_{0} \cos(\omega_{c} t + k_{p} A_{m} \cos\omega_{m} t)$$

$$s_{FM}(t) = A_{0} \cos\left(\omega_{c} t + k_{f} \int_{-\infty}^{t} A_{m} \cos\omega_{m} t \, dt\right)$$

$$= A_{0} \cos\left(\omega_{c} t + \frac{k_{f} A_{m}}{\omega_{m}} \sin\omega_{m} t\right)$$

在 PM 表达式中，瞬时相位为 $\omega_{c} t + k_{p} A_{m} \cos\omega_{m} t$；瞬时相偏为 $k_{p} A_{m} \cos\omega_{m} t$；最大相偏为 $k_{p} A_{m}$；瞬时频率为 $\omega_{c} - k_{p} A_{m} \omega_{m} \sin\omega_{m} t$；瞬时频偏为 $k_{p} A_{m} \omega_{m} \sin\omega_{m} t$；最大频偏为 $k_{p} A_{m} \omega_{m}$。

在 FM 表达式中，瞬时相位为 $\omega_{c} t + k_{f} \int_{-\infty}^{t} A_{m} \cos\omega_{m} t \, dt$；瞬时相偏为 $k_{f} \int_{-\infty}^{t} A_{m} \cos\omega_{m} t \, dt$；最大相偏为 $\frac{k_{f} A_{m}}{\omega_{m}}$；瞬时频率为 $\omega_{c} + k_{f} A_{m} \cos\omega_{m} t$；瞬时频偏为 $k_{f} A_{m} \cos\omega_{m} t$；最大频偏为 $k_{f} A_{m}$。

为了便于比较，下面把一般 PM 和 FM 信号的瞬时相位、瞬时频率、相位偏移、频率偏移归纳如表 3.4.1 所示。

表 3.4.1 PM 和 FM 信号的几个概念

调制方式	瞬时相位 $\theta(t) = \omega_{c} t + \varphi(t)$	瞬时相位偏移 $\varphi(t)$	瞬时频率 $\omega(t) = \omega_{c} + \frac{d\varphi(t)}{dt}$	瞬时频率偏移 $\frac{d\varphi(t)}{dt}$
PM	$\omega_{c} t + k_{p} m(t)$	$k_{p} m(t)$	$\omega_{c} + k_{p} \frac{dm(t)}{dt}$	$k_{p} \frac{dm(t)}{dt}$
FM	$\omega_{c} t + \int_{-\infty}^{t} k_{f} m(\tau) d\tau$	$k_{f} \int_{-\infty}^{t} m(\tau) d\tau$	$\omega_{c} + k_{f} m(t)$	$k_{f} m(t)$

PM 信号和 FM 信号的波形一般不太好画，只有当调制信号是一些特殊形状时才能画出。图 3.4.1 示出了基带调制信号是三角波、正弦波、双极性矩形脉冲时的 AM、FM 和 PM 波形。

从图中可以看到：

① PM 与 FM 信号的幅度恒定不变。

图 3.4.1 AM、FM、PM 波形

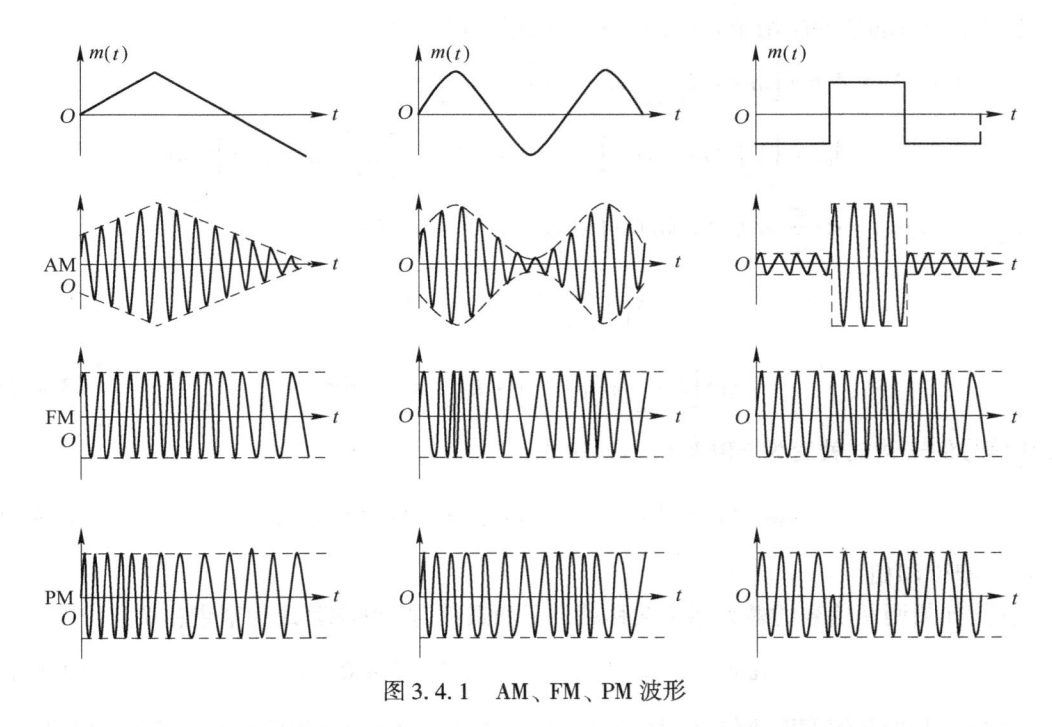

② 调制信号 $m(t)$ 的大小反映在 FM 信号上是与时间轴零交叉点的疏密上。$m(t)$ 越大,则时间轴上的零交叉点越多。FM 信号零交叉点的变化规律直接反映了 $m(t)$ 的变化规律;而 PM 信号零交叉点的变化规律不直接反映信号 $m(t)$ 的变化规律,而是反映信号斜率的变化规律。

③ 单音正弦波调制时,PM 和 FM 信号的波形是很难区分的,它们有着密切的关系。

4. 窄带角度调制

前面只确定了调相波和调频波的时间表达式,而没有给出它们的频谱,这是因为式(3.4.5)和式(3.4.10)对于任意调制信号的展开都是比较困难的。但是如果对它们的最大相位偏移加以限制,其情况就简单得多。下面给出窄带角度调制的概念,随后再讨论其频谱。

窄带角度调制分为窄带调频(NBFM)和窄带调相(NBPM)。这里需要说明的是从频谱来看,它们都属于线性调制。

在角度调制表达式(3.4.4)中,如果最大相位偏移满足以下条件时,则称其为窄带角度调制。

$$|\varphi(t)|_{\max} \leqslant \frac{\pi}{6} \quad (或 0.5) \tag{3.4.11}$$

(1) 窄带调频

如果调频信号的最大相位偏移满足以下条件时,则称其成为窄带调频。

$$|\varphi(t)|_{\max} = \left| k_f \int_{-\infty}^{t} m(\tau) \mathrm{d}\tau \right|_{\max} \leqslant \frac{\pi}{6} \quad (或 0.5) \tag{3.4.12}$$

这时,调频信号的频谱宽度比较窄,属于窄带调频情况。在窄带调频中,可以求出它的任意调制信号的频谱表示式。如果最大相位偏移比较大,相应的最大频率偏移也比较大,这时,调频信号的频谱比较宽,属于宽带调频(WBFM)。

把窄带调频的条件应用于式(3.4.10),并对其展开,得

$$s_{\text{FM}}(t) = A_0\cos\left[\omega_c t + k_f\int_{-\infty}^{t} m(\tau)\,d\tau\right]$$

$$= A_0\cos\left[k_f\int_{-\infty}^{t} m(\tau)\,d\tau\right]\cdot\cos\omega_c t - A_0\sin\left[k_f\int_{-\infty}^{t} m(\tau)\,d\tau\right]\cdot\sin\omega_c t$$

因为 $k_f\int_{-\infty}^{t} m(\tau)\,d\tau] < \dfrac{\pi}{6}$ 或 0.5,此时可以近似有下式成立:

$$\cos\left[k_f\int_{-\infty}^{t} m(\tau)\,d\tau\right] \approx 1$$

$$\sin\left[k_f\int_{-\infty}^{t} m(\tau)\,d\tau\right] \approx k_f\int_{-\infty}^{t} m(\tau)\,d\tau \tag{3.4.13}$$

则 FM 信号的表达式就变为 NBFM 信号表达式,即

$$s_{\text{NBFM}}(t) = A_0\cos\omega_c t - k_f A_0\int_{-\infty}^{t} m(\tau)\,d\tau\cdot\sin\omega_c t \tag{3.4.14}$$

(2)窄带调相

同样,如果调相信号的最大相位偏移满足下面条件时,则称其成为窄带相调。

$$|\varphi(t)|_{\max} = |k_p m(t)|_{\max} \leqslant \dfrac{\pi}{6} \quad (\text{或 } 0.5) \tag{3.4.15}$$

这时,调相信号的频谱宽度比较窄,属于窄带调相情况。如果最大相位偏移不满足式(3.4.15),此时调相信号的频谱比较宽,属于宽带调相。

与窄带调频分析基本一样,可以得到窄带调相(NBPM)的表达式

$$s_{\text{NBPM}}(t) = A_0\cos\omega_c t - k_p A_0 m(t)\cdot\sin\omega_c t \tag{3.4.16}$$

5. 窄带调频的频谱和带宽

对式(3.4.14)进行傅里叶变换,再利用傅里叶变换公式

$$m(t)\leftrightarrow M(\omega)$$

$$\cos\omega_c t\leftrightarrow\pi[\delta(\omega+\omega_c)+\delta(\omega-\omega_c)]$$

$$f(t)\cdot\sin\omega_c t\leftrightarrow\dfrac{j}{2}[F(\omega+\omega_c)-F(\omega-\omega_c)]$$

$$k_f\int_{-\infty}^{t} m(\tau)\,d\tau\leftrightarrow k_f\dfrac{M(\omega)}{j\omega}\quad[\text{设 } m(\tau)\text{ 中无直流成分}]$$

$$k_f\int_{-\infty}^{t} m(\tau)\,d\tau\sin\omega_c t\leftrightarrow\dfrac{jk_f}{2}\left[\dfrac{M(\omega+\omega_c)}{j(\omega+\omega_c)}-\dfrac{M(\omega-\omega_c)}{j(\omega-\omega_c)}\right]$$

可以得到 NBFM 的频谱

$$s_{\text{NBFM}}(\omega) = \pi[\delta(\omega+\omega_c)+\delta(\omega-\omega_c)] + \dfrac{k_f}{2}\left[\dfrac{M(\omega-\omega_c)}{(\omega-\omega_c)}-\dfrac{M(\omega+\omega_c)}{(\omega+\omega_c)}\right] \tag{3.4.17}$$

可以看出,NBFM 信号的频谱是由 $\pm\omega_c$ 处的载频和位于载频两侧的边频组成。与 AM 信号的频谱

$$x_{AM}(\omega) = \pi[\delta(\omega+\omega_c)+\delta(\omega-\omega_c)] + \frac{1}{2}[X(\omega-\omega_c)+X(\omega+\omega_c)]$$

相比较，两者很相似。所不同的是 NBFM 的两个边频在正频域内乘了一个系数 $1/(\omega-\omega_c)$，在负频域内乘了一个系数 $1/(\omega+\omega_c)$，而且负频域的边带频域相位倒转 180°。

NBFM 信号的频带宽度与 AM 信号的一样，为

$$B_{NBFM} = 2f_m \tag{3.4.18}$$

NBFM 由于它的最大相位偏移很小，使得调频制度抗干扰性能强的优点不能充分发挥出来，因此，应用受到限制，只能用于抗干扰性能要求不高的短距离通信，或作为宽带调频的前置级。即先进行窄带调频，然后再倍频，变成宽带调频信号。

6. 宽带调频的频谱与带宽

宽带调频信号的频谱分析，由于其调频波展开式不能做像窄带调频时那样的处理，因而给频谱分析带来了困难。问题集中在对 $\cos\left[k_f\int_{-\infty}^{t}m(\tau)d\tau\right]$ 及 $\sin\left[k_f\int_{-\infty}^{t}m(\tau)d\tau\right]$ 如何处理上。为了使问题简单，分析思路是：先假设 $m(t)$ 为单音调制，求出单音调制时的 WBFM 的频谱表示式以及它的带宽。如果调制信号不是单音信号，而是任意的波形，对于调制信号是周期性的任意波形，则可把它分成傅里叶级数，相当于多个单音信号之和。这样，可把单音调制时的结论加以推广应用。如果任意波形是随机信号的话，则分析将会更复杂，这里也不准备讨论这类情况。

（1）单音调制时的频谱和带宽

设单音调制信号为 $m(t) = \cos\omega_m t$，则

$$k_f\int_{-\infty}^{t}m(\tau)d\tau = \frac{k_f}{\omega_m}\sin\omega_m t = m_f\sin\omega_m t \tag{3.4.19}$$

式中，$\frac{k_f}{\omega_m} = m_f$，是调频信号的最大相位偏移，也称其为调频指数，利用三角公式展开式(3.4.10)，此时调频信号的表达式为

$$s_{FM}(t) = A_0[\cos\omega_c t\cos(m_f\sin\omega_m t) - \sin\omega_c t\sin(m_f\sin\omega_m t)] \tag{3.4.20}$$

将两个因子 $\cos(m_f\sin\omega_m t)$ 和 $\sin(m_f\sin\omega_m t)$ 分别展开成傅里叶级数形式

$$\cos(m_f\sin\omega_m t) = J_0(m_f) + 2J_2(m_f)\cos 2\omega_m t + 2J_4(m_f)\cos 4\omega_m t + \cdots + 2J_{2n}(m_f)\cos 2n\omega_m t + \cdots$$

$$= J_0(m_f) + \sum_{n=1}^{\infty}2J_{2n}(m_f)\cos 2n\omega_m t \tag{3.4.21}$$

$$\sin(m_f\sin\omega_m t) = 2J_1(m_f)\sin\omega_m t + 2J_3(m_f)\sin 3\omega_m t + \cdots + 2J_{2n+1}(m_f)\sin(2n+1)\omega_m t + \cdots$$

$$= 2\sum_{n=0}^{\infty}J_{2n+1}(m_f)\sin(2n+1)\omega_m t \tag{3.4.22}$$

式中，$J_n(m_f)$ 称为 n 阶第一类贝塞尔(Bessel)函数，它的展开式为

$$J_n(m_f) = \sum_{j=0}^{\infty}\frac{(-1)^j(m_f/2)^{2j+n}}{j!(n+j)!} \tag{3.4.23}$$

可以看出，贝塞尔函数是调频指数 m_f 的函数，图 3.4.2 是 $J_n(m_f)$ 随调频指数 m_f 变化的关系曲线。这里包括 $n=0$ 到 $n=5$。详细数据可参看贝塞尔函数表。

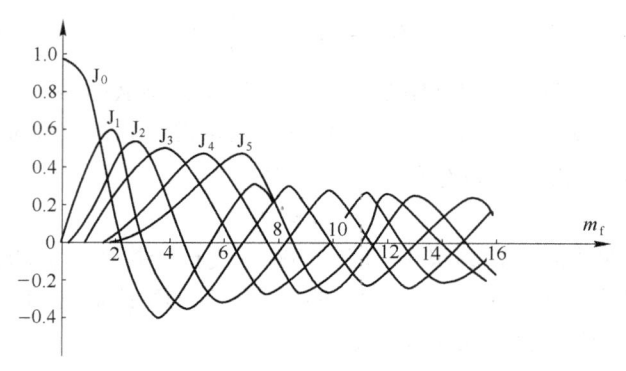

图 3.4.2 $J_0(m_f) \sim m_f$ 关系曲线

将式(3.4.21)和式(3.4.22)代入式(3.4.20),并利用积化和差的三角公式,可得

$$\begin{aligned}s_{\mathrm{FM}}(t) &= A_0\{J_0(m_f)\cos\omega_c t - J_1(m_f)[\cos(\omega_c-\omega_m)t - \cos(\omega_c+\omega_m)t] \\ &\quad + J_2(m_f)[\cos(\omega_c-2\omega_m)t + \cos(\omega_c+2\omega_m)t] \\ &\quad - J_3(m_f)[\cos(\omega_c-3\omega_m)t - \cos(\omega_c+3\omega_m)t] + \cdots\} \\ &= A_0\sum_{n=-\infty}^{\infty} J_n(m_f)\cos(\omega_c + n\omega_m)t\end{aligned} \quad (3.4.24)$$

在式(3.4.24)中利用了

$$\begin{aligned}J_n(m_f) &= J_{-n}(m_f), \quad \text{当 n 为偶数时} \\ J_n(m_f) &= -J_{-n}(m_f), \quad \text{当 n 为奇数时}\end{aligned} \quad (3.4.25)$$

式(3.4.25)说明在 n 为奇数时,分布在载频附近的上、下边频幅度具有相反的符号;而在 n 为偶数时,它们具有相同的符号;$n=0$ 时就是载频本身的幅度 $J_0(m_f)$。调频信号的频谱如图3.4.3所示。

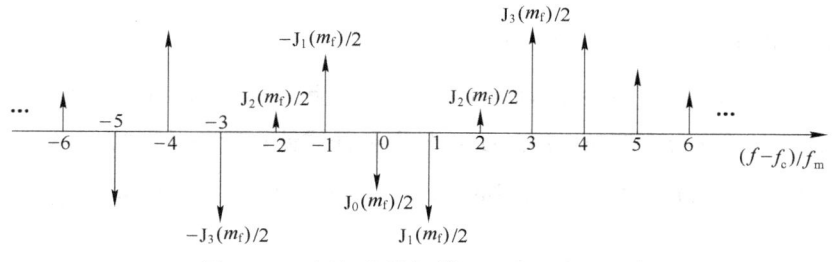

图 3.4.3 调频信号频谱($m_f = 5$, $f_c \gg f_m$)

由式(3.4.24)可见,即使在单音调制的情况下,调频波也是由无限多个频率分量所组成,或者说,调频信号的频谱可以扩展到无限宽。这点是宽带调频与窄带调频以及 AM 信号频谱的明显区别。

实际上无限多个频率分量是不必要的。因为贝塞尔函数 $J_n(m_f)$ 的值随着阶数 n 的增大而下降,因此,只要取适当的 n 值,可以使 $|J_n(m_f)|$ 下降到可以忽略的程度,则比它更高的边频分量就可以完全略去不计,使调频信号的频谱约束在有限的频谱范围之内。通常认为,在有限频带内的功率占总功率的98%以上,则解调后的信号不会含有明显的失真。如果考虑在有限频带内的功率为总功率的98%~99%,那么可以把边频幅度为未调载波幅度的

10%~15%以下的那些分量忽略掉。当 $m_f \geq 1$ 以后,取边频数 $n = m_f + 1$ 即可。因为 $n > m_f + 1$ 以上的 $J_n(m_f)$ 值均小于 0.1,此时 $\omega_c \pm n\omega_c$ 成分产生的功率均在总功率的 2% 以下,这样就可以略去不计 $n > m_f + 1$ 以上的 $J_n(m_f)$ 值。

如果把幅度小于 0.1 倍载波幅度的边频忽略不计,则可以得到调频信号的带宽为

$$B_{FM} = 2(m_f + 1)f_m = 2(\Delta f + f_m) \quad (3.4.26)$$

式中,$\Delta f = m_f f_m$,称为最大频偏。如果 $m_f \geq 10$,通常 FM 信号的频带宽度公式可以简化成式(3.4.27):

$$B_{FM} = 2\Delta f \quad (3.4.27)$$

(2) 双频及多频调制时 FM 信号的频谱

设双频调制信号为

$$m(t) = A_1 \cos\omega_{m1} t + A_2 \cos\omega_{m2} t$$

由 FM 信号的一般表达式(3.4.10)可得

$$\begin{aligned}s_{FM}(t) &= A_0 \cos\left(\omega_c t + \frac{k_f A_1}{\omega_{m1}} \sin\omega_{m1} t + \frac{k_f}{\omega_{m2}} \sin\omega_{m2} t\right) \\ &= A_0 \cos(\omega_c t + m_{f1} \sin\omega_{m1} t + m_{f2} \sin\omega_{m2} t) \\ &= A_0 \sum_{n=-\infty}^{\infty} \sum_{k=-\infty}^{\infty} J_n(m_{f1}) J(m_{f2}) \cos(\omega_c + n\omega_{m1} + k\omega_{m2}) t \end{aligned} \quad (3.4.28)$$

则双频调制信号时 FM 信号的频谱为

$$S_{FM}(\omega) = A_0 \pi \sum_{n=-\infty}^{\infty} \sum_{k=-\infty}^{\infty} J_n(m_{f1}) J(m_{f2}) [\delta(\omega + \omega_c + n\omega_{m1} + k\omega_{m2}) + \delta(\omega - \omega_c - n\omega_{m1} - k\omega_{m2})] \quad (3.4.29)$$

可以看出,双频调制时的 FM 信号频谱并不是两个单频调制的 FM 信号频谱的线性叠加,它有无穷多个交叉频率分量。而线性调制中双频信号调制的频谱则是两个单频调制频谱的线性叠加。这是两者的本质差别。

对于 n 个单频信号时,FM 信号有相似的结果,即

$$s_{FM}(t) = A_0 \sum_{n=-\infty}^{\infty} \sum_{n=-\infty}^{\infty} \cdots \sum_{i=-\infty}^{\infty} J_n(m_{f1}) J_k(m_{f2}) \cdots J_i(m_{fn}) \cos(\omega_c + n\omega_{m1} + k\omega_{m2} \cdots + i\omega_{mn}) t \quad (3.4.30)$$

$$\begin{aligned}S_{FM}(\omega) &= A_0 \pi \sum_{n=-\infty}^{\infty} \sum_{k=-\infty}^{\infty} \cdots \sum_{i=-\infty}^{\infty} J_n(m_{f1}) J_k(m_{f2}) \cdots J_i(m_{fn}) \cdot \\ &\quad [\delta(\omega + \omega_c + n\omega_{m1} + k\omega_{m2} + i\omega_{mn}) + \delta(\omega - \omega_c - n\omega_{m1} - k\omega_{m2} \cdots - i\omega_{mn})]\end{aligned} \quad (3.4.31)$$

可以看出,随着调制信号中频率分量的增加,FM 信号中的交叉分量急剧增加。

(3) 周期性调制信号时调频信号的频谱和带宽

周期性信号可以用傅里叶级数分解为无穷多个频率分量之和,如果只取其中有限项则可以用多频调制表达式(3.4.31)计算出调频信号的各个边频分量。当所取频率分量项数较大时,式(3.4.31)的计算是非常复杂的。FM 信号的频谱可用式(3.4.32)表示:

$$S_{FM}(\omega) = A_0 \pi \sum_{n=-\infty}^{\infty} C_n \delta(\omega - \omega_c - n\Omega) + C_n^* \delta(\omega + \omega_c + n\Omega) \quad (3.4.32)$$

式中，Ω 是调制信号 $m(t)$ 的基频，$m(t)$ 的周期为 $T = 2\pi/\Omega$；C_n 是函数 $q(t)$ 的傅里叶系数；C_n^* 是函数 $q^*(t)$ 的傅里叶系数，$q(t)$ 和 $q^*(t)$ 互为复共轭。

$$q(t) = e^{jk_f \int m(t) dt} = \sum_{n=-\infty}^{\infty} C_n \cdot e^{jn\Omega t} \tag{3.4.33}$$

$$C_n = \frac{1}{T}\int_{-T/2}^{T/2} q(t) e^{-jn\Omega t} dt \tag{3.4.34}$$

任意 FM 信号频带宽度的一般应用近似(经验)公式为

$$B_{FM} \approx 2(D+1)f_m \tag{3.4.35}$$

式中，f_m 是基带调制信号的最高频率；$D = \Delta f/f_m$，Δf 为最大频偏。

（4）随机信号调频的谱密度

当调制信号 $m(t)$ 是一个均值为 0、幅度的概率密度函数为 $p(\rho)$ 的随机信号时，FM 信号的功率谱密度函数为

$$p_{FM}(\omega) = \frac{A_0^2 \pi}{2k_f}\left[p\left(\frac{\omega-\omega_c}{k_f}\right) + p\left(\frac{\omega+\omega_c}{k_f}\right)\right] \tag{3.4.36}$$

式中，$\frac{A_0^2}{2}$ 为 FM 信号的平均功率。

以上讨论了 FM 信号的频谱分析及频带宽度，对于 PM 信号有相似的分析方法和相似的结论，限于篇幅这里不再讨论。

7. 调频信号的平均功率

因为 FM 信号的表达式(3.4.10)是 $A\cos x$ 形式，因此直接可以求出 FM 信号的平均功率为

$$P_{FM} = \overline{s_{FM}^2(t)} = \frac{A_0^2}{2} \tag{3.4.37}$$

另外，由贝塞尔函数的性质知道，对于任意的调频指数 m_f 有

$$\sum_{n=-\infty}^{\infty} J_n^2(m_f) = 1 \tag{3.4.38}$$

则单音调频信号的平均功率为

$$P_{FM} = \overline{s_{FM}^2(t)} = \overline{\left[A_0 \sum_{n=-\infty}^{\infty} J_n(m_f)\cos(\omega_c + n\omega_m)t\right]^2}$$

$$= \frac{1}{2}A_0^2 \sum_{-\infty}^{\infty} J_n^2(m_z) = \frac{A_0^2}{2} \tag{3.4.39}$$

实际上，从调频波形图可以比较直观地看到，当载波频率远大于调制频率时，调频波的疏密变化是缓慢的，在调制周期内，调频信号的平均功率就应该等于未调制时的载波功率。

宽带调频有着广泛的应用，虽然它的频谱较宽，但却换来了较强的抗干扰性能。如 FM 广播就比振幅调制广播的音质好。调频常应用于远距离、高质量的通信系统，如微波接力通信、卫星通信以及优质调频广播与高保真信号的传输中。

3.4.2 调频信号的产生

1. 调频信号与调相信号的关系

调频信号和调相信号的产生有直接法和间接法两种，例如对于调频波的产生，如果 $m(t)$

直接对载波的频率进行调制,则为直接调频;如果对 $m(t)$ 先积分,后进行相位调制,得到的也是调频信号,称它为间接调频。

同样,将 $m(t)$ 直接对载波相位进行调制,称直接调相;如对 $m(t)$ 先微分,后进行频率调制,得到的也是调相信号,称它为间接调相。直接调频、间接调频和直接调相、间接调相的方框图如图 3.4.4(a)~(d)所示。由于相位调制器的调制范围不大,所以直接调相和间接调频常用于窄带调制情况,而直接调频和间接调相则用于宽带调制情况。

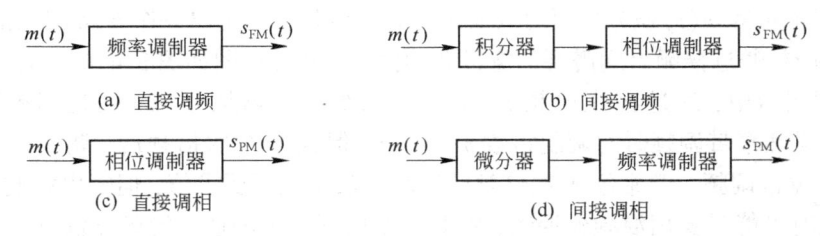

图 3.4.4 FM/PM 之间的关系

2. 调频信号的产生

产生调频信号的方法主要有两种:直接法和间接法。

直接法是采用压控振荡器(VCO)作为产生 FM 的调制器,使压控振荡器的瞬时频率随调制信号 $m(t)$ 的变化而呈线性变化。当工作在微波时,采用反射式速调管很容易实现压控振荡器。在工作频率较低时,可以采用电抗管、变容管或集成电路作为 VCO。

间接法也称倍频法。它是先用调制信号产生一个窄带调频信号,然后将 NBFM 信号通过倍频器得到宽带调频信号(WBFM)。

(1) 直接调频

在调频电台中广泛应用一种利用压控振荡器进行直接调频的方法。直接调频的示意图如图 3.4.5 所示,图中 L 和 C 构成调谐回路,改变 L、C 的数值即可改变回路的谐振频率。

如果将调制信号 $m(t)$ 加在回路的变容管上,则回路的容量 $C(t)$ 随 $m(t)$ 的变化而变化。设 $C(t) = C_0 - km(t)$,此时荡振器的谐振频率

图 3.4.5 LC 直接调频

$$f_i = \frac{1}{2\pi\sqrt{LC(t)}} = \frac{1}{2\pi\sqrt{L[C_0 - km(t)]}} = \frac{1}{2\pi\sqrt{LC_0}} \cdot \frac{1}{\sqrt{L - \frac{k}{C_0}m(t)}}$$

式中,C_0 是变容管静态电容,如果令未调制时的载频为

$$f_c = \frac{1}{2\pi\sqrt{LC}}$$

则通常有 $\left|\frac{k}{C_0}x(t)\right| \ll 1$,根据近似公式,当 $x \ll 1$ 时,有 $(1-x)^{-\frac{1}{2}} = 1 + x/2$。

$$f_i \approx f_c\left[1 + \frac{1}{2}\frac{k}{C_0}m(t)\right] = f_c + \frac{kf_c}{2C_0}m(t) = f_c + \Delta f \cdot m(t) \quad (3.4.40)$$

式中,Δf 为变容管调频的最大频偏。

由于输入波形的瞬时频率 f_i 和调制信号 $m(t)$ 成线性变化,所以毫无疑问输出的波形是调频波。

直接调频的主要优点是可以得到较大的频偏,但是,如果振荡器的频率稳定度不是很高,载频的漂移也是相当厉害的,甚至和调频信号的最大频偏同一数量级。为了使载波频率比较稳定,一般需要对载频进行稳频处理。

(2) 间接调频

间接调频先将 $m(t)$ 积分后再对载波进行相位调制,产生出一个窄带调频信号,随后,再经 N 次倍频器,通过倍频得到需要的宽带调频信号,其方框图如图 3.4.6 所示。

间接调频器中,通过 N 次倍频器,调频信号的载频增加 N 倍,而且调频指数也增加 N 倍。因此,虽然窄带调频时的调制指数 $m_f < 0.5$,但经过 N 次倍频后,调制指数就可以远大于 1 而成为宽带调频。常常经 N 次倍频后调制指数满足了要求值,但输出载波频率可能不符合要求,此时可能需要用混频器混频,将载波变换到要求的值。混频器混频时只改变载波频率而不会改变调制指数的大小。

(3) NBFM 的产生

一种易于理解而且简单的产生方法是直接由 NBFM 信号的表达式画出其产生方框图。NBFM 信号表达式为

$$s_{\text{NBFM}}(t) = A_0 \cos \omega_c t - k_f A_0 \int_{-\infty}^{t} m(\tau) \mathrm{d}\tau \cdot \sin \omega_c t$$

则对应的产生方框图如图 3.4.7 所示,图中的积分器应该带有 k_f 的增益量。

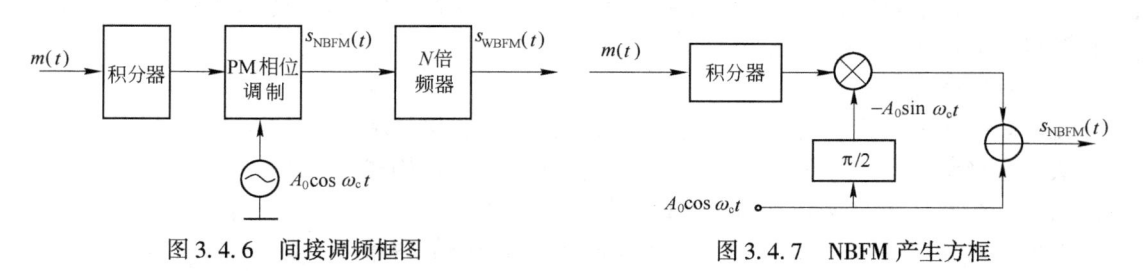

图 3.4.6 间接调频框图   图 3.4.7 NBFM 产生方框

3.4.3 调频信号的解调

调频信号的解调是要产生一个与输入调频波的频率成线性关系的输出电压及恢复出原来调制信号。完成这个频率-电压变换关系的器件是频率检波器,简称鉴频器。鉴频器的种类很多,有振幅鉴频器、相位鉴频器、比例鉴频器、正交鉴频器、斜率鉴频、频率负反馈解调器、锁相环解调器等。下面扼要介绍它们的基本工作原理。

(1) 振幅鉴频器

把输入的等幅 FM 信号经过频率/幅度变换器,变换为振幅和频率都随调制信号变化的 FM-AM 波,再通过包络检波器还原成原来的调制信号。常见的振幅鉴频器有失谐回路振幅鉴频器、差分峰值振幅鉴频器、斜率鉴频器等。

设输入到鉴频器的调频信号

$$s_{\text{FM}}(t) = A_0 \cos \left[\omega_c t + k_f \int_{-\infty}^{t} m(\tau) \mathrm{d}\tau \right]$$

此时鉴频器输出电压

$$m_o(t) = k_d k_f m(t)$$

式中，k_d 是鉴频器的鉴频跨导或称鉴频器的灵敏度，单位为 $V \cdot (rad/s)^{-1}$。理想的鉴频特性如图 3.4.8 所示。

一般用微分器后接包络检波器能够实现具有近似理想的鉴频特性，它的方框图组成如图 3.4.9 所示。这种解调器也通常叫做非相干解调器。

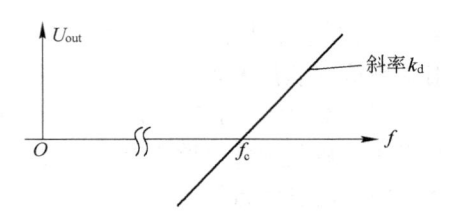

图 3.4.8 理想鉴频特性

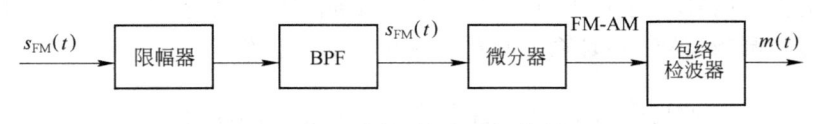

$s_{FM}(t)$ → 限幅器 → BPF → $s_{FM}'(t)$ → 微分器 → FM-AM → 包络检波器 → $m(t)$

图 3.4.9 非相干解调 FM 信号

图中限幅器是将调频信号在传输过程中引起的幅度变化部分削去，变成固定幅度的调频波，这点非常重要。如果没有限幅器，微分器的工作将受到影响。带通滤波器是让调频信号顺利通过，同时滤去带外噪声及信号的高次谐波分量。微分器的作用是把调频信号变成了一个调幅调频波。包络检波器从幅度变化中检出调制信号。微分器和包络检波器组成鉴频器。

(2) 相位鉴频器

把输入的等幅 FM 信号经过频率/相位变换器，变换为频率和相位都随调制信号变化的 PM-FM 波。再根据 PM-FM 波相位受调制的特征，通过相位检波器还原成原来的调制信号。常见的相位鉴频器有互感耦合回路相位鉴频器、电容耦合相位鉴频器。

(3) 比例鉴频器

它是一种具有自限能力的一类相位鉴频器。

(4) 正交鉴频器(比相鉴频器)

它是将 FM 信号经过相移网络后，生成与 FM 信号电压正交的参考信号电压，它与输入的 FM 信号电压同时加入到相乘器，相乘器的输出再经过低通滤波器后，便可以还原出调制信号。常见的正交鉴频器大多采用专用集成电路实现，如在电视接收机中用的 5G32 伴音 FM 信号解调集成电路。

(5) 反馈解调器

另一类解调器是反馈解调器，它在有噪声的情况下，解调性能比无反馈要好得多。反馈解调器有频率负反馈解调器和锁相环(PPL)解调器两种。

① 调频负反馈解调器

由上面已知，宽带调频的调频指数增加的结果，一方面鉴频后的输出调制信号幅度增大，另一方面要求鉴频器前的带通滤波器的带宽也要增大。带宽增大在假设接收机输入的单边噪声功率谱密度 n_0 不变情况下，鉴频器输入端的噪声功率就会增加，这会导致输入信噪功率比减小。后面将会看到，调频信号解调和调幅非相干解调一样，都存在所谓"门限效应"，就是说，当解调器输入端信噪比低到某个值后，解调器输出的信噪比出现急剧下降的现象，甚至无法取出调制信号。

从减少解调器输入端的噪声功率入手，应该使带通滤波器的带宽窄一些，但是带宽太窄，又不能使调频信号全部通过，反而引起调频信号的失真。怎样解决这个矛盾呢？通常采用调频负反馈技术来解决这个问题。

图 3.4.10 示出了调频负反馈解调器的方框图。如果没有 VCO 及把图中的 VCO 断开，则电路和一般鉴频器电路没有什么太大的区别，只把窄带 BPF 变成宽带 BPF，保证宽带调频信号无失真通过就行了。

当把 VCO 反馈电路接上，使 VCO 的频率变化跟踪输入调频信号频率偏移变化时，混频后的中频信号是频偏受到压缩的调频信号。所以，中频滤波器可以由窄带滤波器担任。由于中频滤波器的输出信号频偏和输入的调频信号频偏成正比例变化，所以鉴频器输出端同样可以得到无失真的调制信号，只是输出调制信号的幅度减小罢了。

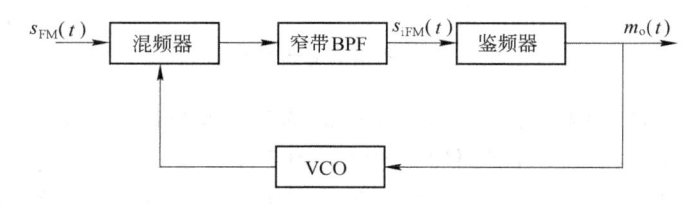

图 3.4.10 调频负反馈解调器

VCO 在 $m_o(t) = 0$ 时，它的角频率为 $\omega_c - \omega_i$；$m_o(t) \neq 0$ 时，它的角频率 $\omega_{VCO}(t) = (\omega_c - \omega_i) + k_{VCO} m_o(t)$，此时，VCO 的输出信号

$$m_{VCO}(t) = A_V \cos\left[(\omega_c - \omega_i)t + k_{VCO}\int_{-\infty}^{t} m_o(\tau) d\tau\right]$$

经混频器(相乘器)混频后可得

$$s_{FM}(t) m_{VCO}(t) = \frac{1}{2} A_0 A_V \cos\left[\omega_i t + k_f \int_{-\infty}^{t} m(\tau) d\tau - k_{VCO} \int_{-\infty}^{t} m_o(\tau) d\tau\right] + \frac{1}{2} A_0 A_V \cos\left[(2\omega_c - \omega_i)t + k_f \int_{-\infty}^{t} m(\tau) d\tau + k_{VCO} \int_{-\infty}^{t} m_o(\tau) d\tau\right]$$

通过中心角频率为 ω_i 的中频窄带滤波器，取出差频成分

$$s_{iFM}(t) = A_i \cos\left[\omega_i t + k_f \int_{-\infty}^{t} m(\tau) d\tau - k_{VCO} \int_{-\infty}^{t} m_o(\tau) d\tau\right]$$

其中，$A_i = A_V A_0 A_B / 2$，A_B 为相乘器和滤波器的传输系数。

当中频调频波 $s_{iFM}(t)$ 通过鉴频器，对它进行微分后成为调幅调频波

$$\frac{ds_{iFM}(t)}{dt} = -A_i[\omega_i + k_f m(t) - k_{VCO} m_o(t)] \sin\left[\omega_i t + k_f \int_{-\infty}^{t} m(\tau) d\tau - k_{VCO} \int_{-\infty}^{t} m_o(\tau) d\tau\right]$$

式中，ω_i 为固定分量，容易隔离掉；$k_f m(t) - k_{VCO} m_o(t)$ 为变化部分。通过包络检波后鉴频器的输出电压为

$$m_o(t) = k_d [k_f m(t) - k_{VCO} m_o(t)]$$

式中，k_d 为鉴频器灵敏度。简化后可得

$$m_\text{o}(t) = \frac{k_\text{d}k_\text{f}m(t)}{1+k_\text{d}k_\text{VCO}} \qquad (3.4.41)$$

通过式(3.4.41)可以看到：鉴频器输出电压 $m_\text{o}(t)$ 和调制信号 $m(t)$ 成正比；调频负反馈解调器比一般鉴频器的输出小 $1+k_\text{d}k_\text{VCO}$ 倍，如果 $k_\text{d}k_\text{VCO}$ 乘积越大，则输出电压越小，这是因为中频调频信号的频偏随 $k_\text{d}k_\text{VCO}$ 增大而减小的缘故。

② 锁相环解调器

由于锁相环(PLL)解调器具有优良的解调性能，比较容易调整，易于实现。因此在通信中被广泛使用。

锁相环解调器的方框图如图 3.4.11 所示。它由相位比较器(包括相乘器和 LPF)和 VCO 两个主要部分组成。锁相环解调器和调频负反馈解调器一样，都是闭合电路，但锁相环解调器环路中没有窄带中频滤波器和鉴频器。

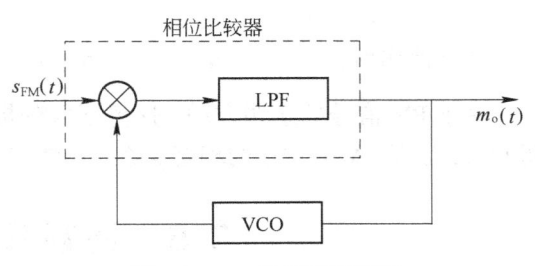

图 3.4.11 锁相环解调器

频率负反馈解调器的作用是使 VCO 输出瞬时频率跟踪输入调频信号的瞬时频率变化，以实现频率解调；而锁相环解调器的作用是使 VCO 的输出瞬时相位跟踪输入调频信号的瞬时相位变化，以实现频率解调。

当锁相环为一阶时，VCO 的频率跟上输入调频信号的频率时，通过分析可以得出相位比较器的输出为

$$m_\text{o}(t) = \frac{k_\text{f}m(t)}{k_\text{VCO}} \qquad (3.4.42)$$

可见，锁相环解调器的输出信号是普通鉴频器的 $1/k_\text{VCO}$ 倍。但是它的环路带宽可以做得相当窄，滤除带外噪声的能力比调频负反馈解调器强，门限效应的改善也好一些。

调频信号解调的方法，除了上面介绍的以外，还有其他的方法，例如利用调频信号波形在单位时间内与零电平轴交叉的平均数目不同，而把调制信号检测出来的零交点计数检波器等。

系统地讲，非线性调制信号(FM 和 PM)的解调与线性调制信号解调基本一样，也有相干解调法和非相干解调法两种。非相干解调法前面已经介绍了，相干解调法适应于 NBFM，相干解调 FM 信号的方框图如图 3.4.12 所示。图中载波 $c(t)$ 与发送端载波的频率保持严格的一致，但相位相差 90°。

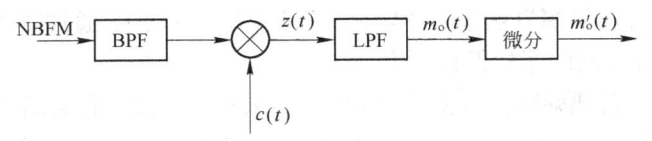

图 3.4.12 NBFM 的相干解调

相干解调 NBFM 信号的工作原理可以用各点数学表达式清楚地表示

$$s_\text{NBFM}(t) = A_0\cos\omega_\text{c}t - k_\text{f}A_0\int_{-\infty}^{t}m(\tau)\text{d}\tau \cdot \sin\omega_\text{c}t$$

载波为：
$$c(t) = -\sin\omega_c t$$

乘法器输出：
$$\begin{aligned}z(t) &= s_{\text{NBFM}}(t) \cdot c(t) \\ &= -\frac{A_0}{2}\sin 2\omega_c t + \frac{A_0 k_f}{2}\int_0^t m(\tau)\mathrm{d}\tau \cdot (1-\cos 2\omega_c t)\end{aligned}$$

LPF 的输出：
$$m_o(t) = \frac{A_0 k_f}{2}\int_0^t m(\tau)\mathrm{d}\tau$$

微分器输出：
$$m_o'(t) = \frac{A_0 k_f}{2}m(t)$$

关于 PM 信号的解调方法，这里不再分析讨论，因为只要知道了 FM 和 NBFM 信号的解调方法，以及 FM 与 PM 的相互关系，自然就可以知晓 PM 信号的解调方法。

3.5 调频系统的性能分析

3.5.1 分析模型

调频信号(非线性调制信号)的解调和线性调制信号解调一样，有相干(同步)解调和非相干解调两种。相干解调主要用于窄带调频信号，而且需要在接收端提供一个同步信号，故应用范围受限。而非相干解调法不需要同步信号，而且不论窄带调频信号还是宽带调频信号都可采用，因此得到广泛应用。目前在调频电台中几乎都是用非相干解调的。

非相干解调器由限幅器、鉴频器(微分器加包络检波器)和低通滤波器组成，其方框图如图 3.5.1 所示。图中左面的加法器和 BPF 组成信道的模型。BPF 让信号顺利通过，同时抑制带外噪声，BPF 的中心频率就是 FM 信号的载波频率，频带宽度为 FM 信号的宽度。即接收 NBFM 时，带宽 $B = 2f_m$；宽带调频时，$B = 2(m_f + 1)f_m$。

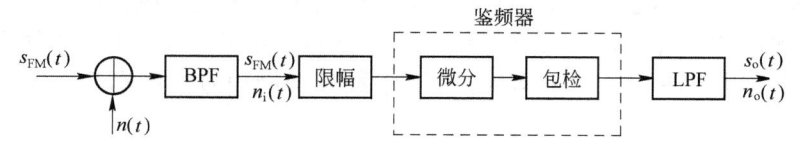

图 3.5.1 FM 信号非相干解调分析模型

设信道噪声 $n(t)$ 是均值为零、单边功率谱密度为 n_0 的高斯白噪声，则经过带通滤波器后变为窄带高斯白噪声。

FM 信号经过信道后自然会受到噪声的影响，因此到达限幅器输入端的波形是 $s_{\text{FM}}(t) + n_i(t)$，合成波形的合成振幅自然不是恒定的，而是随机变化的，通过限幅器可以消除噪声对振幅的影响，即使合成波的振幅保持恒定。

鉴频器中的微分器把调频信号变成调幅调频(AM-FM)波，后面的包络检波器用来检出 AM-FM 信号的包络。最后通过 LPF 取出调制信号，LPF 的作用是抑制调制信号最高频率 f_m 以外的噪声，实际上 LPF 在这里仅仅起平滑作用。

FM 非相干解调系统的抗噪声性能分析也和线性调制的一样，主要讨论计算解调器输入端的输入信噪比、输出端的输出信噪比以及信噪比增益。一般的分析由于噪声对相位有影响，又经鉴频器的非线性作用，计算输出信号和噪声是很复杂的。下面也和 AM 信号非相干解调一样,考虑两种极端情况,即大信噪比和小信噪比时的情况,这样可以简化分析计算,同样可以得到正确的的结果。

3.5.2 非相干解调系统性能分析

1. 输入信噪比

前面已经计算过,FM 信号的平均功率为

$$S_\mathrm{i} = \overline{s_\mathrm{FM}^2(t)} = \frac{1}{2}A_0^2 \tag{3.5.1}$$

式中,A_0 是 FM 信号到达解调器输入端时的幅度,不是发送端的载波幅度,这点一定要注意。

解调器输入端噪声的功率为

$$N_\mathrm{i} = \overline{n_\mathrm{i}^2(t)} = n_0 B_\mathrm{FM} = n_0[2(\Delta f + f_\mathrm{m})] \tag{3.5.2}$$

由于 FM 信号的频带宽度大于 AM 信号的频带宽度,因此 FM 信号的解调器输入噪声功率比 AM 信号的输入噪声功率大。

FM 信号解调器的输入信噪功率比为

$$\left(\frac{S_\mathrm{i}}{N_\mathrm{i}}\right)_\mathrm{FM} = \frac{\frac{1}{2}A_0^2}{2n_0(\Delta f + f_\mathrm{m})} = \frac{A_0^2}{4n_0(\Delta f + f_\mathrm{m})} \tag{3.5.3}$$

2. 输出信噪比

由于调频信号的解调过程是一个非线性过程,因此,严格地讲不能用线性系统的分析方法。在计算输出信号功率和输出噪声功率时,要考虑非线性的作用。即计算输出信号时要考虑噪声对它的影响;而计算输出噪声时,要考虑信号对它的影响。这样,使计算过程大大复杂化,但是在大输入信噪比情况下,已经证明了信号和噪声间的相互影响可以忽略不计。即计算输出信号时可以假设噪声为零,而计算输出噪声时可以假设调制信号 $m(t)$ 为零,算得的结果和同时考虑信号和噪声时的一样。下面依据此分析计算在大输入信噪比时的输出信号和输出噪声的功率。

首先,计算输出信号功率。假设输入噪声为零,此时

$$s_\mathrm{FM}(t) = A_0\cos\left[\omega_\mathrm{c}t + k_\mathrm{f}\int_{-\infty}^{t}m(\tau)\mathrm{d}\tau\right]$$

FM 信号经限幅后,幅度恒定。经过微分器后,表达式为

$$s_\mathrm{FM}(t) = -[\omega_\mathrm{c} + k_\mathrm{f}m(t)]A_0\sin\left[\omega_\mathrm{c}t + k_\mathrm{f}\int_{-\infty}^{t}m(\tau)\mathrm{d}\tau\right] \tag{3.5.4}$$

可以看出,式(3.5.4)中信号的幅度和相位都随着调制信号变化,它是一个 AM-FM 波。如果在鉴频器的前面没有限幅器,那么,由于 FM 信号的幅度随时间变化,因此微分后不会有式(3.5.4)的形式,则就不会是一个 AM-FM 波形。

式(3.5.4)经过包络检波器后,取出的包络(应该是变化的调制信号)是

$$s'_\mathrm{o}(t) = k_\mathrm{d}k_\mathrm{f}m(t) \tag{3.5.5}$$

式中系数 K_d 可以认为是鉴频器的增益。如果低通滤波器是理想的,带宽为基带信号的宽度,则低通滤波器输出表达式应该与式(3.5.5)相同,即

$$s_\mathrm{o}(t) = k_\mathrm{d}k_\mathrm{f}m(t)$$

故 FM 解调器输出端的输出信号平均功率为

$$S_o = \overline{s_o^2(t)} = (k_d k_f)^2 \overline{m^2(t)} \tag{3.5.6}$$

其次计算解调器输出端噪声的平均功率。假设调制信号 $m(t) = 0$，则加到解调器输入端的是未调载波(幅度与发送端的幅度不同)与窄带高斯噪声之和，即为

$$A_0 \cos \omega_c t + n_c(t) \cos \omega_c t - n_s(t) \sin \omega_c t = [A_0 + n_c(t)] \cos \omega_c t - n_s(t) \sin \omega_c t \tag{3.5.7}$$

把式(3.5.7)化成极坐标形式为

$$[A_0 + n_c(t)] \cos \omega_c t - n_s(t) \sin \omega_c t = A(t) \cos[\omega_c t - \varphi(t)] \tag{3.5.8}$$

式中，幅度和相位分别为

$$A(t) = \sqrt{[A_0 + n_c(t)]^2 + n_s^2(t)}$$

$$\varphi(t) = \arctan \frac{n_s(t)}{A_0 + n_c(t)}$$

限幅器已削去幅度变化，因而感兴趣的是相位变化。当输入大信噪比，即 $A_0 \gg n_c(t)$ 和 $A_0 \gg n_s(t)$ 时，有

$$\varphi(t) = \arctan \frac{n_s(t)}{A_0 + n_c(t)} = \arctan \frac{n_s(t)}{A_0}$$

在 $x \ll 1$ 时，有 $\arctan x \approx x$，则

$$\varphi(t) \approx \frac{n_s(t)}{A_0} \tag{3.5.9}$$

在实际中，鉴频器的输出是与输入调频信号的频偏成比例变化的，故鉴频器的输出噪声为

$$n_d(t) = k_d \frac{d\varphi(t)}{dt} \approx \frac{k_d}{A_0} \frac{dn_s(t)}{dt} \tag{3.5.10}$$

则鉴频器输出端输出噪声的平均功率为

$$N_d = \left(\frac{k_d}{A_0}\right)^2 \overline{\left[\frac{dn_s(t)}{dt}\right]^2} \tag{3.5.11}$$

式(3.5.11)噪声功率的计算，关键是噪声正交分量的微分如何考虑。它可以看成是一个噪声正交分量 $n_s(t)$ 通过一个微分网络的输出，如图 3.5.2 所示。噪声正交分量的功率谱密度 $p_i(\omega)$ 在频带范围 B_{FM} 内是服从均匀分布的，且 $p_i(\omega) = n_0/2$。所以微分后 $\frac{dn_s(t)}{dt}$ 的功率谱密度 $p_o(f)$ 为

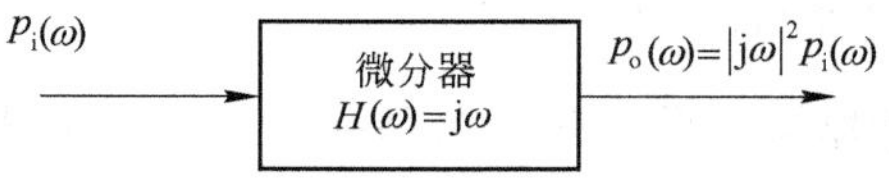

图 3.5.2　微分网络输出功率的计算

$$p_o(f) = |j\omega|^2 p_i(f) = \omega^2 p_i(f) = (2\pi)^2 f^2 p_i(f) \quad |f| < \frac{B_{FM}}{2}$$

输入窄带高斯白噪声的功率谱密度 $p_n(f)$、$n_s(t)$ 的功率谱密度 $p_i(f)$ 和 $\frac{dn_s(t)}{dt}$ 的功率谱密度 $p_o(f)$ 如图 3.5.3 所示。

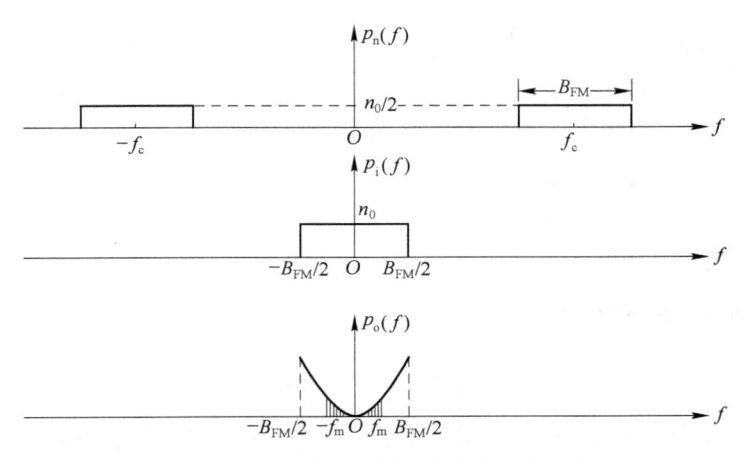

图 3.5.3 微分网络前后噪声谱密度计算

从图中可以看到，鉴频器的输出噪声功率谱密度为

$$p_o(f) = \begin{cases} \left(\dfrac{k_d}{A_0}\right)^2 (2\pi f)^2 p_i(f) = \dfrac{4\pi^2 k_d^2}{A_0^2} f^2 n_0 & |f| \leqslant \dfrac{B_{FM}}{2} \\ 0 & |f| > \dfrac{B_{FM}}{2} \end{cases} \quad (3.5.12)$$

该噪声谱密度再经过低通滤波器的滤波，它只让噪声频谱中小于 f_m 的成分通过，而滤掉那些功率谱密度较大的（与 f^2 成比例）频率大于 f_m 的成分。所以，解调器输出（LPF 输出）的噪声功率为

$$N_o = \int_{-f_m}^{f_m} p_o(f) df = \int_{-f_m}^{f_m} \dfrac{4\pi^2 k_d^2 n_0}{A_0^2} f^2 df = \dfrac{8\pi^2 k_d^2 n_0 f_m^3}{3 A_0^2} \quad (3.5.13)$$

这样，FM 信号非相干解调器输出端的输出信噪比为

$$\left(\dfrac{S_0}{N_0}\right)_{FM} = \dfrac{k_d^2 k_f^2 \overline{m^2(t)}}{8\pi^2 k_d^2 n_0 f_m^3 / 3 A_0^2} = \dfrac{3 A_0^2 k_f^2 \overline{m^2(t)}}{8\pi^2 n_0 f_m^3} \quad (3.5.14)$$

式(3.5.14)看起来比较复杂，为了给出简明的意义，可以考虑调制信号是幅度为 1 的单频余弦信号时的情况。这时有 $k_f = 2\pi \Delta f$，且 $\overline{m^2(t)} = \dfrac{1}{2}$。将它们代入到输出信噪比表示式，经化简可以得到

$$\left(\dfrac{S_0}{N_0}\right)_{FM} = \dfrac{3 A_0^2 \Delta f^2}{4 n_0 f_m^3} = \dfrac{3}{2}\left(\dfrac{\Delta f}{f_m}\right)^2 \dfrac{A_0^2 / 2}{n_0 f_m} \quad (3.5.15)$$

考虑到解调器输入信噪比为

$$\left(\dfrac{S_i}{N_i}\right)_{FM} = \dfrac{\frac{1}{2} A_0^2}{2 n_0 (\Delta f + f_m)} = \dfrac{A_0^2 / 2}{n_0 B_{FM}}$$

再对公式(3.5.15)进行变换得

$$\left(\frac{S_0}{N_0}\right)_{FM} = \frac{3}{2} \frac{\frac{1}{2}A_0^2}{n_0 B_{FM}} \left(\frac{\Delta f}{f_m}\right)^2 \frac{B_{FM}}{f_m} = \frac{3}{2} m_f^2 [2(m_f+1)] \left(\frac{S_i}{N_i}\right)_{FM}$$
$$= 3m_f^2(m_f+1)(S_i/N_i)_{FM} \tag{3.5.16}$$

式(3.5.16)中利用了公式 $m_f = \frac{\Delta f}{f_m}$。

3. 信噪比增益

FM 信号解调器的信噪比增益

$$G_{FM} = \frac{S_o/N_o}{S_i/N_i} = 3m_f^2(m_f+1) \tag{3.5.17}$$

通常情况下，因为调频指数 $m_f \gg 1$，所以 FM 信号非相干解调器的制度增益为

$$G_{FM} \approx 3m_f^3 \tag{3.5.18}$$

可以看出，FM 信号解调器的信噪比增益与调频指数的三次方成正比，例如调频广播中调频指数 $m_f = 5$，则信噪比增益 $G_{FM} = 3 \times 5^2(5+1) = 450$。因此 FM 信号的抗噪声性能是非常好的。调频指数 m_f 越大，G 也越大，所需的带宽也越宽。这就表示调频系统抗噪声性能的改善是以增加传输带宽得到的。

由上面的分析讨论，归纳出下面一些重要的结论：

（1）调频信号的功率等于未调制时的载波功率。这是因为在调频前后，载波功率和边频功率分配关系发生了变化，载波功率转移到边频功率上的缘故。这种功率分配关系随调频指数 m_f 而变，适当选取 m_f，可使调制后载波功率全部转移到边频功率上。

（2）FM 信号解调是一个非线性过程，理论上应考虑调频信号和噪声的相互作用。但是在大输入信噪比情况下，它们的相互作用可以忽略。这样，当考虑信号输出时，可认为输入噪声为零；而考虑噪声输出时，可认为调制信号为零。

（3）FM 信号解调器的输出端之噪声功率谱密度 $p_o(f) \propto f^2$，在 $\pm B_{FM}/2$ 范围内呈抛物线形状。这一点和线性调制时输出噪声功率谱密度在 $\pm B/2$ 范围内为均匀分布是完全不同的。带宽的增大，将引起输出噪声的快速增大，这对系统性能不利。为提高调频解调器的抗噪声性能，应该降低此噪声，可以采用加重和去加重技术来抑制。

（4）在大信噪比情况下，采用非相干解调时，FM 解调器的输出信噪比与 AM 解调器的输出信噪比有以下关系

$$\frac{(S_o/N_o)_{FM}}{(S_o/N_o)_{AM}} = 3m_f^2 \approx 3\left(\frac{B_{FM}}{B_{AM}}\right)^2 \quad m_f \gg 1 \tag{3.5.19}$$

这表明，FM 输出信噪比相对于 AM 输出信噪比性能的改善与其传输带宽的大小成正比。FM 信号的频带宽度越宽，性能越好。

（5）在大输入信噪比下，FM 信号解调器的输出信噪比与其输入信噪比成正比，输入信噪比越大，则输出信噪比也越大。

（6）调频信号的非相干解调和 AM 信号的非相干解调一样，都存在着门限效应。当输入信噪比大于门限电平时，解调器的抗噪声性能较好；而当输入信噪比小于门限电平时，输出信噪比急剧下降。3.6 节将详细介绍调频信号解调时出现的门限效应。

3.6 调频信号解调的门限效应

与 AM 信号采用包络检波法解调时一样,调频信号非相干解调时,也存在着门限效应,现象是当输入信噪比较大时,解调器输出信噪比较高,此时信号清晰、噪声很小,输出信噪比与输入信噪比成线性关系,发出的音为"沙沙"声(起伏噪声)。随着输入信噪比的下降,在某一个值以下时,解调器输出信噪比严重恶化,噪声突然明显增大,且有时会听到"喀喀"声(脉冲噪声)。这种现象称为门限效应。下面对其原因加以分析。

为了分析简单,设信号未被调制,$\varphi(t)=0$,即

$$s_{FM}(t)=A_0\cos[\omega_c t+\varphi(t)]=A_0\cos\omega_c t$$

窄带高斯白噪声可以写成

$$n_i(t)=n_c(t)\cos\omega_c t-n_s(t)\sin\omega_c t=V_n(t)\cos[\omega_c t+\varphi_n(t)] \tag{3.6.1}$$

FM 信号加噪声可以写成

$$\begin{aligned}s_{FM}(t)+n_i(t)&=A_0\cos\omega_c t+n_c(t)\cos\omega_c t-n_s(t)\sin\omega_c t\\&=A(t)\cos[\omega_c t+\varphi(t)]\end{aligned} \tag{3.6.2}$$

输入噪声幅度矢量 $V_n(t)$、载波幅度 A_0 以及 FM 信号和噪声的合成矢量 $A(t)$ 的矢量图如图 3.6.1 所示。当大输入信噪比时,如图 3.6.1(a)所示,$V_n(t)$ 在大多数时间里小于 A_0,噪声随机相位 $\varphi_n(t)$ 在 $0\sim 2\pi$ 内变化,合成矢量 $A(t)$ 的矢量端点轨迹如图 3.6.1(a)中虚线所示。这时信号和噪声的合成矢量的相位 $\varphi(t)$ 的变化范围不大,输出噪声为起伏噪声,没有脉冲噪声输出,故输出信噪比是足够高的。当小输入信噪比时,因在大多数时间里 $V_n(t)$ 大于载波幅度 A_0,因此当噪声的随机相位在 $0\sim 2\pi$ 范围内任意变化时,信号与噪声的合成矢量 $A(t)$ 的矢量端点轨迹如图 3.6.1(b)所示,合成矢量的相位 $\varphi(t)$ 围绕原点做 $0\sim 2\pi$ 范围内的变化。因为 $\varphi(t)$ 变化范围大,且是随机的,所以产生脉冲噪声。

(a) 大输入信噪比时　　　　　　　　　(b) 小输入信噪比时

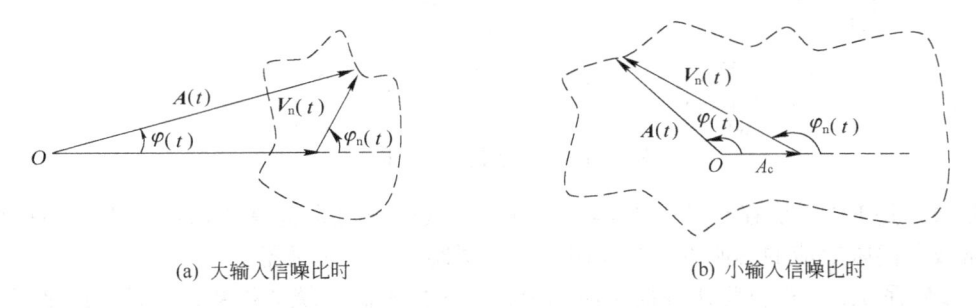

图 3.6.1　FM 信号加噪声的矢量图

设随机相位 $\varphi(t)$ 变化如图 3.6.2(a)所示,利用鉴频器将相位的变化率 $d\varphi(t)/dt$ 提取出来作为输出,如图 3.6.2(b)所示。由图可见 $\varphi(t)$ 从 $0\sim 2\pi$ 变化时,它的变化率最大,$d\varphi(t)/dt$ 产生一个正脉冲输出;在 $\varphi(t)$ 从 $2\pi\sim 0$ 变化时,$d\varphi(t)/dt$ 产生一个负脉冲输出。由于 $\varphi(t)$ 是随机变化的,所以正、负脉冲的出现也是随机的。上面是当小输入信噪比时产生脉冲噪声,使输出信噪比恶化,从而产生所谓"门限效应"。

图 3.6.2 随机脉冲噪声的产生

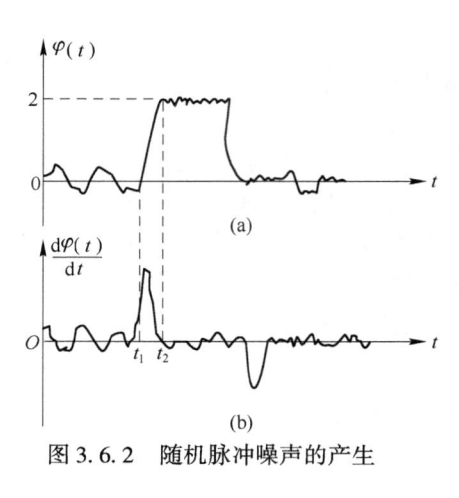

到底产生门限效应的门限电平值应该是多少呢？由于小信噪比输入时，解调器输出信噪比 S_o/N_o 的计算很复杂，这里只给出在单音调制下输出信噪比公式：

$$\left(\frac{S_o}{N_o}\right)_{FM} = \frac{3m_f^2(m_f+1)\cdot r}{1+\dfrac{24m_f(m_f+1)}{\pi}r\cdot e^{-r}}$$

(3.6.3)

式中，r 为解调器输入信噪比，即

$$r = \left(\frac{S_i}{N_i}\right)_{FM}$$

(3.6.4)

如果输入信噪比足够大时，式(3.6.3)分母中的第二项趋于零，输出信噪比与输入信噪比成线性关系，其结果同式(3.5.17)。

图 3.6.3(a)示出了调频指数分别为 20、7、3、2 时，在单音调制时门限值附近的输出信噪比和输入信噪比的关系。从图中可以看出，输入信噪比在门限值以上时，输出信噪比和输入信噪比成线性关系，即输出信噪比随着输入信噪比的大小做线性变化；在门限值以下时，输出信噪比急剧下降；不同的调频指数 m_f 有着不同门限值，m_f 大的门限值相对高，m_f 小的门限值相对低，但是门限值的变化范围不大。调频指数 m_f 与输入信噪比的关系如图 3.6.3(b)所示。通过图可以看出信噪比门限一般在 8～11 dB 范围变化，通常认为门限值为 10 dB 左右。

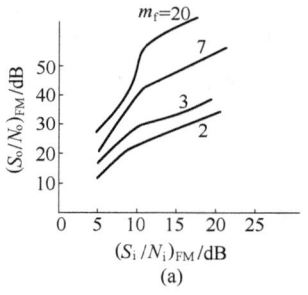

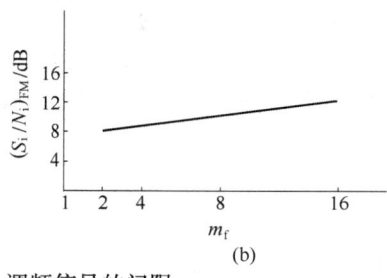

图 3.6.3 调频信号的门限

门限效应是 FM 系统存在的一个实际问题，降低门限值是提高通信系统性能的措施之一。通常改善门限效应的解调方法是采用反馈解调器和锁相解调器。

对于 FM 系统，它的抗噪声性能明显优于其他线性调制系统的抗噪声性能，这是通过牺牲系统的有效性(增加传输带宽)为代价换取系统可靠性的提高。但如果输入信噪比下降到门限值以下时，调频系统抗噪声性能严重恶化。在远距离电话通信或卫星通信中，由于信道噪声比较大或发送功率不可能做得很大等原因，接收端不能得到较大的信噪功率比，此时应采用门限电平较低的环路解调器解调。它们的门限电平比一般鉴频器的门限电平低 6～10 dB，可以在 0 dB 附近的输入信噪比情况下工作，但设备比较复杂，实现起来也有一定困难。

由于调频信号的抗噪声好，因此广泛用于高质量的，或信道噪声大的场合。如调频广播、空间通信、移动通信以及模拟微波中继通信等。

3.7 加重技术

对于线性调制系统,增加输出信噪比一般只能通过增加输入信噪比(如增加发送信号功率或降低噪声电平)的办法来获得。对 FM 系统可以通过三种方法来提高输出信噪比。

(1) 提高输入信噪比。
(2) 加大调频指数 m_f,因为输出信噪比与调频指数的立方成正比。
(3) 采用加重技术。

在 FM 系统中采用加重技术,指的是在系统发送端调制器之前接上一个预加重网络,而在接收机解调器之后接上一个去加重网络来实现降低解调器输出端噪声功率的一种方法。带有加重技术的 FM 系统方框图如图 3.7.1 所示。图中的预加重网络特性 $H_T(f)$ 和去加重网络特性 $H_R(f)$ 应是互补关系。这样保证了信号不发生变化。

$m(t)$ → [预加重 $H_T(f)$] → [FM 调制] → [信 道] → [FM 解调] → [去加重 $H_R(f)$] → $m'(t)$

图 3.7.1　带有加重技术的 FM 系统

由于调频信号用鉴频器解调时,输出噪声功率谱密度与频率成正比,即

$$P_o(f) \propto f^2 \quad |f| < f_m \tag{3.7.1}$$

那么,在解调器输出端接一个传输特性随频率增加而下降的线性网络,将高端的噪声衰减,则总的噪声功率可以减小,基于此,在解调器输出端加此网络(称为去加重网络)。但是,接收端接入去加重网络 $H_R(f)$ 后,将会对传输信号带来频率失真,因此,必须在调制器前加一个预加重网络 $H_T(f)$ 来抵消去加重网络的影响。为使传输信号不失真,应有

$$H_T(f) \cdot H_R(f) = 1 \tag{3.7.2}$$

在 FM 通信系统中,当满足式(3.7.2)条件后,对于传输的信号整体来说,预加重网络和去加重网络对它是没有影响的,即没有使传输的信号变化,而输出噪声得到了降低。这样提高了 FM 通信系统的输出信噪比,改善了系统的整体性能。

实际上,预加重是对输入信号较高频率分量的提升,而解调后的去加重则是对较高频率分量的压低。

系统采用加重技术与没有采用加重技术的信噪比改善量可以用式(3.7.3)来衡量:

$$R = \frac{(S_o/N_o)_{\text{有加重}}}{(S_o/N_o)_{\text{无加重}}} = \frac{\int_{-f_m}^{f_m} p_o(f) \mathrm{d}f}{\int_{-f_m}^{f_m} p_o(f) |H_R(f)|^2 \mathrm{d}f} \tag{3.7.3}$$

在式(3.7.3)中,因为加重和去加重网络的中和,它们对信号不发生变化,所以采用加重技术与没有采用加重技术的信噪比就等于未加重时的输出噪声功率与加重后的输出噪声功率之比,也可以说成是去加重网络前与后的输出噪声功率之比。式中,分子是未加重时的输出噪声功率;分母是加重后的输出噪声功率。由式(3.7.3)可见,加重后输出信噪比的改善程度和去加重网络特性 $H_R(f)$ 有关。

加重网络特性的选择是一个必须注意的问题。如果高频分量提升得太大,则调频信号的频带宽度将增宽。通常这样选择特性:去加重网络传输特性的大小,应该以其输出的噪

声功率谱密度具有平坦的特性曲线为准。去加重和预加重网络传输特性的一种选择形式如下：

$$H_R(f) = 1/\mathrm{j}f \quad (3.7.4)$$

$$H_T(f) = \mathrm{j}f \quad (3.7.5)$$

实际中通常采用图 3.7.2(a) 所示的 RC 网络作为预加重网络电路，采用图 3.7.2(b) 所示网络作为去加重网络电路。

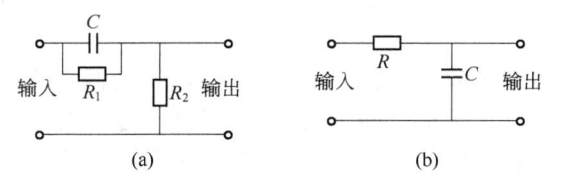

图 3.7.2　预加重和去加重电路

加重技术不但在调频系统中得到了广泛应用，而且也可应用在其他音频传输系统和录音系统中，如在录放音设备系统中，广泛应用的杜比(Dolby)系统就采用了加重技术。采用加重技术后，在保持信号传输带宽不变的条件下，可以使输出信噪比提高 6 dB 左右。

3.8　频分复用技术

前面介绍的线性调制和非线性调制都是针对单路信号而言的，但实际应用中为了充分发挥信道的传输能力，往往把多路信号合在一起在信道内同时传输，这种把在一个信道上同时传输多路信号的技术称为复用技术。

实现信号多路复用的基本途径之一是采用调制技术，它通过调制把不同路的信号搬移到不同载频上来实现复用，这种技术称为频分复用(FDM)。另一类是时分复用(TDM)，它是利用不同的时间间隙来传输不同的话路信号的。关于 TDM 的内容将在后面章节介绍，下面介绍 FDM 的相关内容。

频分复用是将信道带宽分割成互不重叠的许多小频带，每个小频带能顺利通过一路信号。这样可以利用前面介绍的调制技术，把不同的信号搬移到相应的频带上，随后把它们合在一起发送出去。如果频率不够高，还可以再进行二次调制(频率搬移)。在接收端通过各带通滤波器将各路已调信号分离开来，再进行相应的解调，还原出各路信号。

图 3.8.1 示出了一个实现 n 路信号频分复用的系统组成方框图，图中各路信号调制采用 SSB 方式，当然也可以采用 DSB、VSB、FM 等调制方式。发送端每路信号调制前的 LPF 的作用是限制信号的频带宽度，避免信号在合路后产生频率相互重叠。在接收端带通滤波器的作用非常关键，由于它的中心频率互不一样，因此它只能让与自己相对应的信号顺利通过，不能使其他信号通过。BPF 后的解调器工作原理与前面介绍的单路信号解调器一样。

n 路信号复用后的合路信号的频谱如图 3.8.2 所示。通过 FDM 后的合路信号的频谱可以看出，合路后的每路信号的频谱互不重叠，非常清楚，这是 FDM 的特点。通过图 3.8.2 可以写出 FDM 后合路信号的频带宽度，为

$$B_\Sigma = n \cdot B_{SSB} + (n-1)B_g = n \cdot f_m + (n-1)B_g \quad (3.8.1)$$

式中，B_g 是为防止相邻两路信号频谱之间重叠而增加的防护频带；B_Σ 为 FDM 合路信号的总带宽。

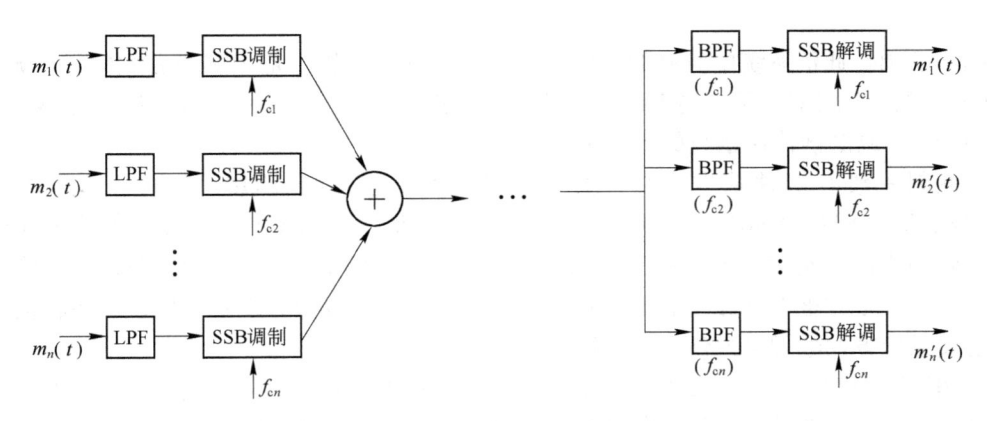

图 3.8.1　频分复用系统组成

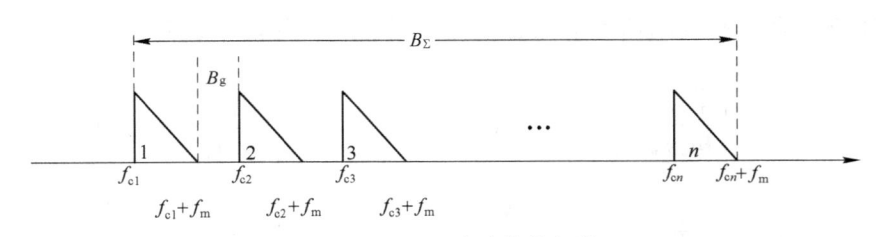

图 3.8.2　FDM 合路信号频谱

在频分复用中有一个重要的指标是路际串话，就是一路在通话时又听到另一路之间的讲话，这是各路信号不希望有的交叉耦合。产生路际串话的主要原因是由于系统中的非线性引起的，这在设计过程中要注意。其次是各滤波器的滤波特性不良和载波频率的漂移。为了减少频分复用信号频谱的重叠，各路信号频谱间应有一定的频率间隔，这个频率间隔称为防护频带。防护频带的大小主要和滤波器的过渡范围有关。滤波器的滤波特性不好，过渡范围宽，相应的防护频带也要增加。

由上面讨论可知，FDM 后的合路信号的最小带宽是各调制信号的频带之和，即各路信号之间的保护带宽为零。如果不用单边带调制，则 FDM 系统的带宽将加宽；如果滤波特性不佳，载波频率漂移大，则防护带宽要增加，同样 FDM 系统也要加宽。

为了能够在给定的信道频带宽度内同时传输更多路数的信号，要求边带滤波器的频率特性比较陡峭，当然技术上会有一定的困难。另外，收、发两端都采用很多的载波，为了保证接收端相干解调的质量，要求收、发两端的载波保证同步，因此常用一个频率稳定度很高的主振源，并用频率合成技术产生各种所需频率。所以载波频漂现象一般是不太严重的。

采用频分复用技术，可以在给定的信道内同时传输许多路信号，传输的路数越多，则通信系统有效性越好。

频分复用技术一般用在模拟通信系统中，它在有线通信(载波机)、无线电报通信、微波通信中都得到广泛的应用。

本 章 小 结

调制与解调是通信系统中研究的重要问题之一。调制的作用是为实现有效辐射(频率变换)、频率分配、多路复用及提高系统抗干扰。调制按调制信号的不同、载波信号的不同、载波参数的变化、调制器传输函数的不同进行分类。

线性调制一般有四种基本方法:振幅调制(AM)、双边带调制(DSB)、单边带调制(SSB)、残留边带调制(VSB)。窄带调频(NBFM)和窄带调相(NBPM)本质上也属于线性调制。对于四种线性调制信号主要从已调信号数学表达式、频谱、频带宽度、波形图、信号产生(调制)的方法、方框图与原理和信号接收(解调)的方法,以及方框图与原理和各种信号之间的相互关系等方面学习与理解,这样系统性好,易掌握。

线性调制系统的性能分析要抓住相干接收法与非相干接收法两条主线,掌握性能分析的一般规律方法。从解调器输入端的信号功率计算、噪声功率计算、输入信噪比计算,到解调器输出端信号功率计算、噪声功率计算、输出信噪比计算。输入噪声功率的计算可用通式 $N_i = n_0 B$,这里 B 是线性调制信号的频带宽度。采用相干接收法四种线性调制的系统性能如下:

$$\frac{S_i}{N_i} = \begin{cases} \dfrac{\overline{m^2(t)}}{4n_0 f_m} & \text{DSB} \\ \dfrac{A_0^2 + \overline{m^2(t)}}{4n_0 f_m} & \text{AM} \\ \dfrac{\overline{m^2(t)}}{4n_0 f_m} & \text{SSB} \\ \dfrac{\overline{m^2(t)}}{4n_0 B_{\text{VSB}}} & \text{VSB} \end{cases} \qquad \frac{S_o}{N_o} = \begin{cases} \dfrac{\overline{m^2(t)}}{2n_0 f_m} & \text{DSB} \\ \dfrac{\overline{m^2(t)}}{2n_0 f_m} & \text{AM} \\ \dfrac{\overline{m^2(t)}}{4n_0 f_m} & \text{SSB} \\ \dfrac{\overline{m^2(t)}}{4n_0 B_{\text{VSB}}} & \text{VSB} \end{cases}$$

虽然双边带调制制度增益等于2,单边带调制制度增益等于1,但不能认为双边带解调性能好于单边带性能。

AM信号既可以用相干接收法解调,也可以用非相干接收法解调。在大输入信噪比的情况下,两者性能基本一样;在小输入信噪比的情况下,消耗完全被噪声淹没。AM信号采用非相干接收法(包络检波法)时存在门限效应。

非线性调制的一般方法有调频法和调相法,FM和PM信号的时域数学表达式;瞬时相位;瞬时相位偏移;瞬时频率。瞬时频率偏移(瞬时频偏)、最大相位偏移、最大频率偏移、简单波形图,以及信号产生(调制)的方法、方框图与原理和信号接收(解调)的方法、方框图与原理,它们之间相互联系。FM信号解调的方法比较多,对于非相干解调信噪比增益为

$$G_{\text{FM}} = \frac{S_o/N_o}{S_i/N_i} = 3m_f^2(m_f + 1)$$

调频信号采用非相干接收法(包络检波法)时存在门限效应。

加重技术是为提高调频系统输出信噪比而采用的一种有效技术。

实现多路信号的合并,方法之一是FDM技术。FDM后合路信号的频带宽度为

$$B_\Sigma = n \cdot B_{\text{SSB}} + (n-1)B_g$$

思考与练习

3-1 调制的作用有哪些？通常是如何分类的？

3-2 设调制信号 $m(t) = \sin 2\pi \cdot 10^3 t$，载波频率为 6 kHz，试画出：
(1) AM 信号的波形示意图；
(2) DSB 信号的波形示意图。

3-3 设有一个双边带信号为 $s_{DSB}(t) = m(t)\cos\omega_c t$，为了恢复 $m(t)$，接收端用 $\cos(\omega_c t + \theta)$ 作载波进行相干解调。仅考虑载波相位对信号的影响，为了使恢复出的信号是其最大可能值的 90%，相位 θ 的最大允许值应为多少？

3-4 设到达相干解调器输入端的双边带信号为 $a\cos\omega_m t\cos\omega_c t$。已知 $f_m = 2$ kHz，信道噪声是窄带高斯白噪声，它的单边功率谱密度 $n_0 = 2\times 10^{-8}$ W/Hz。若保证解调器输出信噪比应为 20 dB，试计算载波幅值 a 应为多少。

3-5 已知调制信号为 $m(t) = 4\cos 6\,000\pi t$，载频信号为 $c(t) = 5\cos 2\pi 10^6 t$，
(1) 写出 DSB 和 AM 已调信号的数学表达式；
(2) 计算 DSB 和 AM 已调信号的功率和调制效率；
(3) 求出 DSB 和 AM 已调信号的频谱；
(4) 计算 DSB 和 AM 已调信号的频带宽度；
(5) 说明 DSB 信号为什么不能用包络检波法接收。

3-6 画出采用三级调制产生上边带信号的频谱搬移过程示意图(标明频率)，其中，$f_{c1} = 50$ kHz、$f_{c2} = 5$ MHz、$f_{c3} = 100$ MHz，调制信号是最高频率为 4 kHz 的低通信号。三级调制产生上边带信号的方框图如题图 3.1 所示。

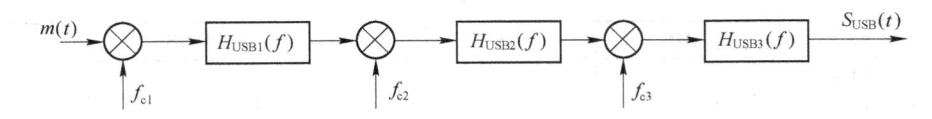

题图 3.1

3-7 若频率为 10 kHz、振幅为 1 V 的正弦调制信号，以频率为 100 MHz 的载频进行频率调制，已调信号的最大频偏为 1 MHz。求：
(1) 调频波的近似带宽；
(2) 若调制信号的振幅加倍，此时的调频波带宽；
(3) 若调制信号的频率也加倍，此时的调频波带宽。

3-8 给定调频信号中心频率为 50 MHz，最大频偏为 75 kHz。试求：
(1) 调制信号频率为 300 Hz 的指数 m_f 和信号带宽；
(2) 调制信号频率为 3 000 Hz 的指数 m_f 和信号带宽；
(3) 以上两个结果说明了什么？

3-9 一载波被正弦信号 $m(t)$ 进行 FM，$K_f = 30\,000$，试确定下列情况下，载波携带的功率和所有边带携带的总功率为多少？

(1) $m(t) = \cos 5\,000t$；(2) $m(t) = \dfrac{1}{2}\cos 2\,500t$；(3) $m(t) = 200\cos 30\,000t$。

3-10 设在 1 Ω 的负载电阻上，有一角度调制信号，其表示式为

$$s(t) = 10\cos[10^8 \pi t + 3\sin 2\pi \cdot 10^3 t] \text{ V}$$

试计算：(1) 角度调制信号的平均功率；
(2) 角度调制信号的最大频偏；
(3) 信号的频带宽度；
(4) 信号的最大相位偏移；
(5) 此角度调制信号是调频波还是调相波？为什么？

3-11 已知调频信号为

$$s_{\text{FM}}(t) = 10\cos[10^6 \pi t + 8\sin 2\pi \cdot 10^3 t]$$

调制器的灵敏度 $K_f = 2$。试确定：(1) 载频；(2) 调频指数；(3) 最大频偏；(4) 调制信号。

3-12 设调制信号为 $m(t)$、载波为 $\cos\omega_c t$，完成题表 3.1。

题表 3.1

	AM	DSB	SSB	VSB	NBFM	NBPM	FM	PM
时域表达式								
频带宽度								
产生方法(图)								
接收方法(图)								
信号平均功率								

3-13 采用相干接收法解调下面已调信号，信道噪声为高斯白噪声。完成题表 3.2。

题表 3.2

	AM	DSB	SSB	VSB	FM
输入信号功率					
输入噪声功率					
输入信噪比					
输出信号功率					
输出噪声功率					
输出信噪比					
信噪比增益					

3-14 假设音频信号 $m(t)$ 经调制后在高频信道传输。要求接收机输出信噪比 S_o/N_o = 50 dB。已知信道中传输损耗 50 dB，信道噪声为窄带高斯白噪声，其双边功率谱密度为 $\dfrac{n_0}{2}$ = 10^{-12} W/Hz，音频信号 $m(t)$ 的最高频率 f_m = 15 kHz，并且有 $E\{m(t)\} = 0$，$E\{m^2(t)\} = 1/2$，$|m(t)|_{\min} = 1$。

(1) 进行 DSB 调制时，接收端采用同步解调，画出解调器的方框图，求已调信号的频带宽度、平均发送功率；

(2) 进行 SSB 调制时，接收端采用同步解调，求已调信号的频带宽度和平均发送功率；

（3）进行100%的振幅调制时，接收端采用非相干解调，画出解调器的方框图，求已调波的频带宽度和平均发送功率(接收端用非同步解调)；

（4）设调频指数 $m_f = 5$，接收端采用非相干解调，计算 FM 信号的频带宽度和平均发送功率。

3-15 试画出调制信号为如下波形时的 FM 信号波形示意图。

(1) 正弦单音信号； (2) 锯齿波。

3-16 已知调制信号为 $m(t) = \cos 2\,000\pi t + \cos 4\,000\pi t$，载波为 $\cos 10^4 \pi t$，试确定 SSB 调制信号的表达式，并画出其频谱图。

3-17 什么是门限效应？那些信号采用何种解调方式时可能会出现门限效应？

3-18 将 60 路基带复用信号进行频率调制，形成 FDM/FM 信号。接收端用鉴频器解调调频信号。解调后的基带复用信号用带通滤波器分路，各分路信号经 SSB 同步解调得到各路话音信号。设鉴频器输出端各路话音信号功率谱密度相同，鉴频器输入端为带限高斯白噪声。

（1）画出鉴频器输出端噪声功率谱密度分布图；

（2）各话路输出端的信噪功率比是否相同？为什么？

（3）复用信号频率范围为 12~252 kHz(每路按 4 kHz 计)，频率最低的那一路输出信噪功率比为 50 dB。若话路输出信噪比小于 30 dB 时认为不符合要求，则符合要求的话路有多少？

3-19 设具有均匀分布的信道噪声的(双边)功率谱密度为 0.5×10^{-5} W/Hz，在该信道中传输的是 DSB 信号并设调制信号的频带限制在 5 kHz 内，已调信号的功率为 10 kW。试求：

（1）解调器前的理想带通滤波器应该有怎样的传输特性？

（2）解调器输入端的信噪比为多少？

（3）解调器输出端的信噪比为多少？

（4）求出解调器输出端的噪声功率密度，并用图表示出来。

3-20 某线性调制系统解调器输出端的输出信噪比为 20 dB；输出噪声功率为 10^{-9} W；发射机输出端到解调器输入端之间的总传输衰减为 100 dB，试求：

（1）DSB 时的发射机输出功率；

（2）SSB 时的发射机输出功率；

（3）AM(100% 调幅度)时的调制信号功率。

3-21 试证明：如果在 VSB 信号中加入大的载波，则可以用包络检波法实现解调。

3-22 设调制信号是频率为 2 000 Hz 的余弦单频信号，对幅度为 5；频率为 1 MHz 的载波进行调幅和窄带调频。

① 写出已调信号的时域数学表达式；

② 求出已调信号的频谱；

③ 画出频谱图；

④ 讨论两种调制方式的主要异、同点。

3-23 如果对某个信号采用 DSB 方式进行传输，设加到接收机的信号的功率谱密度为

$$p_m(f) = \begin{cases} \dfrac{n_m |f|}{2 f_m}, & |f| \leq f_m \\ 0, & |f| > f_m \end{cases}$$

试求：

（1）接收机解调器输入端的输入信号功率；

（2）接收机解调器输出端的输出信号功率；

（3）如果叠加在 DSB 信号上的白噪声的双边功率谱密度为 $n_0/2$，解调器输出端接有截止频率为 f_m 的 LPF，那么输出信噪比是多少？

3-24 设一宽带 FM 系统，载波振幅为 100 V，频率为 100 MHz，调制信号的频带限制在 5 kHz；$\overline{m^2(t)} = 5\,000 V^2$；$k_f = 500\pi \text{Hz/V}$；最大频偏 $\Delta f = 75$ kHz，设信道噪声功率谱密度是均匀的，单边谱为 10^{-9} W/Hz。试求：

（1）解调器输入端理想带通滤波器的传输特性；

（2）解调器输入端的信噪比；

（3）解调器输出端的信噪比。

3-25 试分析计算采用相干解调的 VSB 系统的输出信噪比。假设信道噪声是窄带高斯白噪声。

3-26 已知用滤波法产生 VSB 信号的滤波器传输特性为 $H_{\text{VSB}}(f)$，试分析推导 $H_{\text{VSB}}(f)$ 满足什么条件时，才能无失真的用相干接收法解调出来。

3-27 根据 FM 信号和 PM 信号的一般表达式，完成题表 3.3。

题表 3.3

	FM	PM
表 达 式		
瞬 时 相 位		
瞬时相位偏移		
最 大 相 偏		
瞬 时 频 率		
瞬时频率偏移		
最 大 频 偏		

第4章 数字基带传输系统

来自信源(或经过编码)的信号所占用的频带称为基带,这种信号称为基带信号。例如,由信源产生的文字、语音、图像和数据等信号都是基带信号,它的特点是通常包含较低频率的分量,甚至包括直流分量。在数字传输系统中,传输对象通常是二元数字信息,设计数字传输系统首先考虑的是选择一组有限的离散波形来表示数字信息。这些离散的波形可以是未经调制的不同电平的信号,也可以是调制后的信号。由于未经调制的脉冲信号所占据的频带通常是从直流或低频开始,所以也称为数字基带信号。在一些有线信道中,特别是传输距离不太远的情况下,数字基带信号可以不经过载波调制,只对其波形作适当调整(例如形成升余弦等)进行传输,这种传输方式称为数字信号的基带传输,该系统称为数字基带传输系统。而许多信道,例如无线信道,不能传输低的频率分量或直流分量,数字基带信号必须经过调制器进行调制,使其成为数字频带(载波)信号再进行传输,接收端通过相应解调器进行解调。这种经过调制和解调装置的数字信号传输方式称为数字信号的频带传输,该系统称为数字频带传输系统。

如果把调制与解调过程看做是广义信道的一部分,则任何数字传输系统均可等效为基带传输系统,因此对基带传输进行研究是十分必要的。本章将研究数字基带传输系统的基本原理、方法及传输性能。

【本章核心知识点与关键词】

基带信号　连续谱　离散谱　码间串扰　理想基带传输系统　滚降特性　最佳判决门限　眼图　时域均衡　横向滤波器　部分响应波形　部分响应系统　差错扩散

4.1 数字基带信号的常用码型

在实际的数字基带传输系统中,无论信源输出的是数字信号,还是模拟信号经过编码后形成的数字信号,一般都不一定适合在信道中传输。例如,有的信号含有丰富的直流和低频成分,不能在许多信道中传输;再有,为了在接收端得到每个码元的起止时刻信息,需要使发送的信号中带有码元起止时刻的信息,而有的信号不便于提取这种信息;还有的信号容易形成码间串扰等。因此,数字基带传输系统面临的首要问题是选择具体的信号形式,包括确定码元脉冲的波形及码元序列的格式(即码型)。为了在传输信道中获得优良的传输特性,一般要将信号变换为适合信道传输的传输码(又叫线路码),即进行适当的码型变换。

在设计数字基带信号的常用传输码型时,主要考虑以下六点。

(1) 码型中应不含直流分量,且尽量减少基带信号频谱中的低频分量和高频分量。

(2) 码型中应包含表示每个码元起止时刻的定时信息,便于定时提取。

(3) 码型应具有一定的内在检错能力。若传输码型有一定的规律,则可根据这一规律来实时监测传输信号的传输质量。

(4) 编码方案对发送消息类型不应有任何限制。这种与信源的统计特性无关的特性称为对信源具有透明性，所谓信源的统计特性是指信源产生各种数字信息的概率分布。

（5）信道传输产生的单个误码会造成接收端译码输出信息中出现多个错误，这种现象称为误码增值（或误码扩散）。误码增值越少越好。

（6）码型变换设备简单、可靠。

以上几点并不是任何基带传输码型均能完全满足的，常常是根据实际要求满足其中的部分。

数字基带信号的码型种类繁多，本章不可能一一叙述，这里仅介绍一些基本码型和目前常用的一些码型，它们的波形如图 4.1.1 所示。

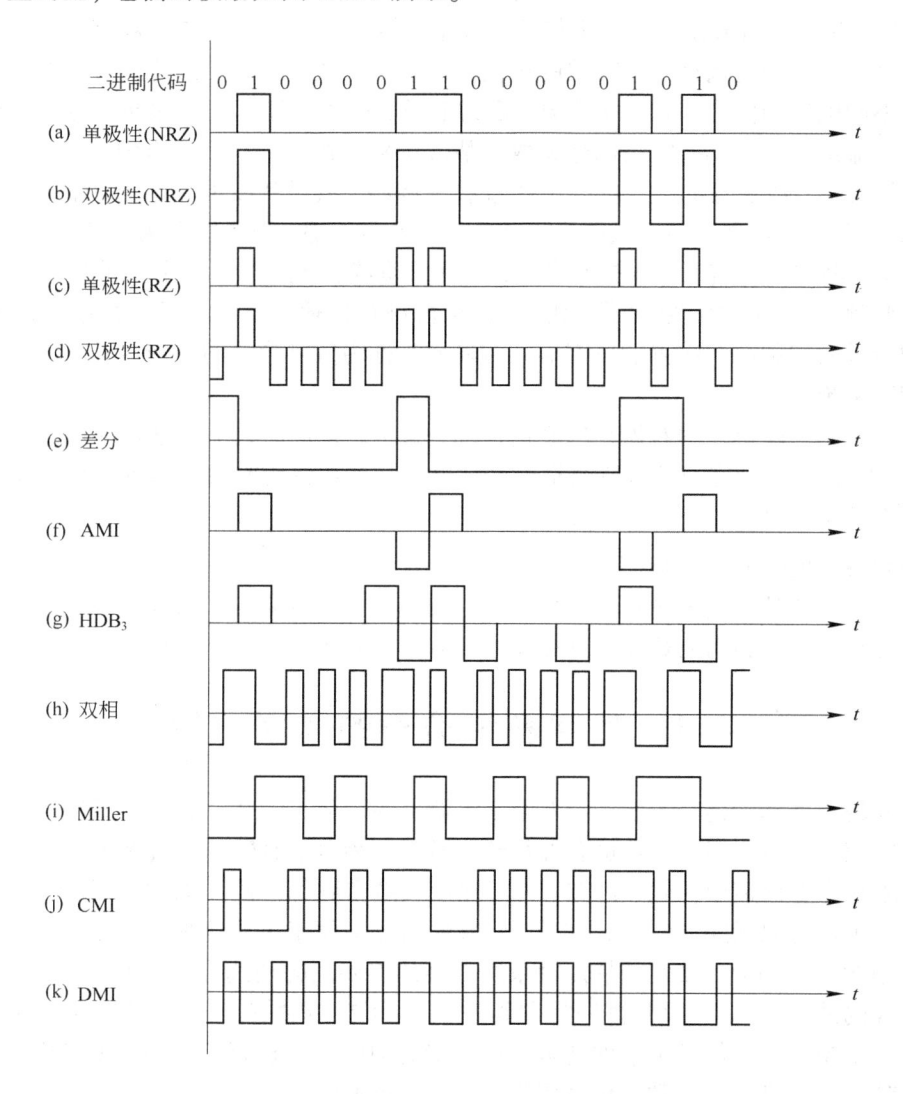

图 4.1.1　数字基带信号的常用码型

1. 单极性不归零码

如图 4.1.1(a)所示，"1" 和 "0" 分别对应正电平和零电平，或负电平和零电平。在整个码元持续时间内，信号电压取值保持不变，称为不归零码（NRZ，Nonreturn-to-Zero）。它的特点如下：

(1) 在信道上占用频带较窄。

(2) 存在的直流分量将会导致信号的失真和畸变，而且由于直流分量的存在，无法使用一些交流耦合的线路和设备。

(3) 不能直接提取位同步信息。

(4) 接收单极性 NRZ 码时，判决门限电平一般取"1"码电平的 1/2。由于信道特性随各种因素变化时，容易带来接收信号电平的波动，所以判决门限不能稳定在最佳电平上，使抗噪声性能变差。

由于单极性 NRZ 码的缺点，数字基带信号传输中很少采用这种码型，它只适合用在导线连接的近距离传输。

2. 双极性不归零码

如图 4.1.1(b)所示编码中，"1"和"0"分别对应正、负电平。其除了与单极性 NRZ 码的特点(1)和(3)相同外，还有以下特点。

(1) 从统计平均的角度看，"1"和"0"等概率时无直流分量，但当"1"和"0"出现概率不相等时，仍有直流成分。

(2) 接收端判决门限设在零电平，与接收信号电平波动无关，容易设置并且稳定，因此抗噪声性能强。

由于双极性 NRZ 码的特点，过去有时也把它作为线路码来使用。近年来，随着 100 Mbit/s 以及高速网络技术的发展，双极性 NRZ 码的优点(特别是信号传输带宽窄)受到人们关注，并成为主流编码技术。但在使用时，为解决提取同步信息和含有直流分量的问题，先要对双极性 NRZ 进行一次预编码，再进行物理传输。

3. 单极性归零码

如图 4.1.1(c)所示，在传送"1"码时发送 1 个脉冲宽度小于码元持续时间的归零脉冲；在传送"0"码时不发送脉冲。其特征是所用脉冲宽度比码元持续时间小，即还没有到码元终止时刻信号电平就回到零，故称其为归零(RZ，Return-to-Zero)码。称脉冲宽度 τ 与码元持续时间 T 之比 τ/T 为占空比。单极性 RZ 码与单极性 NRZ 码比较，除仍具有单极性码的一般缺点外，主要优点是可以直接提取同步信号。这个优点虽不意味着单极性归零码能广泛应用在信道上传输，但它却是其他码型提取同步信息时采用的一个过渡码型，即对于适合信道传输的但不能直接提取同步信息的码型，可将其先变为单极性归零码提取同步信息。

4. 双极性归零码

双极性归零(RZ)码构成原理与单极性归零码相同，如图 4.1.1(d)所示。"1"和"0"在传输线路上分别用正和负脉冲表示，且相邻脉冲间必有零电平区域存在。因此，在接收端根据接收波形归于零电平便知道 1 bit 信息已接收完毕，准备下个比特信息的接收。也就是说正、负脉冲的前沿起到了启动信号的作用，脉冲的后沿起到了终止信号的作用，因此，收发之间无需特别的定时信息，各符号独立地构成了起止方式，这种方式也称为自同步方式。此外，双极性归零码也具有双极性不归零码的抗噪声性能强、码型中不含直流成分的优点，因此得到了较广泛的应用。

5. 差分码

差分码是利用前后码元电平的相对极性来传送信息的，是一种相对码。差分码有"0"差分码和"1"差分码两种。对于"0"差分码，它是利用相邻前后码元极性改变表示"0"，不变表示"1"。而"1"差分码则是利用相邻前后码元极性改变表示"1"，不变表示"0"，如图4.1.1(e)所示。这种码的特点是，即使接收端收到的码元极性与发送端完全相反，也能正确地进行判决。

上面所述的 NRZ 码、RZ 码及差分码都是最基本的二元码。

6. 交替极性码

交替极性(AMI, Alternate Mark Inversion)码，又称为双极方式码、平衡对称码、信号交替反转码等。在这种码型中的"0"码与零电平对应，"1"码对应极性交替的正、负电平，如图4.1.1(f)所示。这种码型把二进制脉冲序列变为三电平的符号序列(故也称为伪三元序列)，其优点如下。

(1) 在"1"、"0"码不等概率情况下，也无直流成分，且零频附近的低频分量小。

(2) 即使接收端收到的码元极性与发送端完全相反，也能正确判决。

(3) 只要进行全波整流就可以变为单极性码。如果交替极性码是归零的，变为单极性归零码后就可提取同步信息。CCITT 建议的北美系列的一、二、三次群接口码都使用经扰码后的 AMI 码。

7. 三阶高密度双极性(HDB_3)码

上述的 AMI 码有一个缺点，即连"0"码过多时提取定时信息困难。这是因为在连"0"码时 AMI 输出均为零电平，无法提取同步信号，而在非连"0"码时提取的位同步信息又不能保持足够的时间。为了克服这一弊病可以采取一些措施。例如，将发送序列先经过一个扰码器，将输入的码序列按一定规律进行扰乱，使得输出码序列不再出现长串的连"0"，在接收端通过去扰恢复原始的发送码序列。有一种广泛被人们接受的解决办法就是采用高密度双极性(HDB, High Density Bipolar)码。HDB_3 码就是一系列高密度双极性码(HDB_1、HDB_2、HDB_3 等)中最重要的一种。其编码原理为：先把消息变成 AMI 码，然后检查 AMI 的连"0"情况，如果没有3个以上的连"0"串，那么这时的 AMI 码与 HDB_3 码完全相同。当出现4个或4个以上的连"0"时，则将每4个连"0"串中的第4个"0"变换成"1"码。这个由"0"码改变来的"1"码称为破坏脉冲(符号)，用符号 V 表示；而原来的二进制码元序列中所有的"1"码称为信码，用符号 B 表示。下面的(a)、(b)、(c)分别表示了一个二进制码元序列、相应的 AMI 码以及信码 B 和破坏脉冲 V 的位置。

(a) 代码：　　　　0　　1　0　0　0　　0　　1　　1　　0　0　0　　0　0　　1　0　　1　0

(b) AMI 码：　　 0　+1　0　0　0　　0　-1　+1　　0　0　0　　0　0　-1　0　+1　0

(c) B 和 V：　　 0　B　0　0　0　 V　　B　　B　　0　0　0　 V　0　 B　0　 B　0

(d) B'：　　　　0　B_+　0　0　0　V_+　B_-　B_+　B'_-　0　0　V_-　0　B_+　0　B_-　0

(e) HDB_3：　　0　+1　0　0　0　+1　-1　+1　-1　0　0　-1　0　+1　0　-1　0

当信码序列中加入破坏脉冲以后，信码 B 和破坏脉冲 V 的正、负极性必须满足以下两个条件。

（1）B 码和 V 码各自都应始终保持极性交替变化的规律，以便确保输出码中没有直流成分。

（2）V 码必须与前一个码（信码 B）同极性，以便和正常的 AMI 码区分开。如果这个条件得不到满足，那么就把 4 个连"0"码中的第一个"0"码变为一个与破坏脉冲 V 同极性的补信码，用符号 B′表示。此时 B 码和 B′码合起来保持条件（1）中信码极性交替变换的规律。

根据以上两个条件，在上面的例子中假设第一个信码 B 为正脉冲，用 B_+ 表示，它前面的破坏脉冲 V 为负脉冲，用 V_- 表示。这样根据上面两个条件可以得出 B 码、B′码和 V 码的位置以及它们的极性，如（d）所示。（e）则给出了编好的 HDB_3 码。其中 +1 表示正脉冲，-1 表示负脉冲。HDB_3 码的波形如图 4.1.1(g) 所示。

是否添加补信码 B′还可根据以下规律来决定：两个 V 码之间的信码 B 的数目是偶数时，应该把后面的这个 V 码所表示的连"0"串中的第一个"0"变为 B′，即连"0"串变为"B′00V"，其中 B′的极性与前面相邻的 B 码极性相反，V 码的极性与 B′的极性相同。如果两 V 码之间的 B 码数目是奇数，就不用再加补信码 B′。

在接收端译码时，由两个相邻的同极性码找到破坏脉冲 V，同极性码中后面那个码就是 V 码。由 V 码向前的第 3 个码如果不是"0"码，表明它是补信码 B′。把 V 码和 B′码去掉后留下的全是信码。经全波整流后可恢复原单极性码。

HDB_3 编码的步骤为：首先从信息码流中找出 4 个连"0"，将 4 个连"0"中的最后一个"0"变为"V"（破坏码）。然后使两个"V"之间保持奇数个信码 B；如果不满足，使 4 连"0"的第一个"0"变为补信码 B′，若满足，则无须变换。最后使 B 连同 B′按"+1"、"-1"交替变化，同时 V 也要按"+1"、"-1"规律交替变化，并且要求 V 与它前面相邻的 B 或者 B′同极性。HDB_3 译码的步骤为：首先找 V，从 HDB_3 码中找出相邻两个同极性的码元，后一个码元必然是破坏码 V。然后找 B′，V 前面第三位码元如果是非零码，则表明该码是补信码 B′。最后将 V 和 B′还原为"0"，再进行全波整流，即将所有"+1"、"-1"均变为"1"，变换后的码流就是原信息码。

HDB_3 的优点是无直流成分，低频成分少，即使有长连"0"码时也能提取位同步信息；缺点是编译码电路比较复杂。HDB_3 是 CCITT 建议的欧洲系列一、二、三次群的接口码型。

8. PST 码

PST(Paired Selected Ternary)码是指成对选择的三进制码。其编码过程是：先将二进制代码两两分组，然后再把每一码组编码成两个三进制数字（+、-、0）。由于两位三进制数字共有 9 种状态，故可灵活地选择其中的 4 种状态。表 4.1.1 列出了其中一种使用最广的格式。

表 4.1.1 PST 码

二进制代码	+模式	-模式	二进制代码	+模式	-模式
00	- +	- +	10	+ 0	- 0
01	0 +	0 -	11	+ -	+ -

为了防止 PST 码的直流漂移，当一个码组中仅发送单个脉冲时，即二进制为 10 或 01，两个模式应交替变换；而当码组为 00 或 11 时，+模式和-模式编码规律相同。如表 4.1.2 所示。

表 4.1.2　+ 模式和 − 模式编码规律

代　　码	01	00	11	10	10
PST 码(以 + 模式开头)	0 +	− +	+ −	− 0	+ 0
PST 码(以 − 模式开头)	0 −	− +	+ −	+ 0	− 0

PST 码能提供足够的定时分量，且无直流成分，编码过程也较简单。但这种码在识别时需要提供"分组"信息，即需要建立帧同步。

前面介绍的 AMI 码、HDB_3 码和 PST 码中，每位二进制信码都被变换成 1 个三电平取值（+1、0、−1）的码，属于三电平码，有时把这类码称为 1B/1T 码。

在某些高速远程传输系统中，1B/1T 码的传输效率偏低。为此可以将输入二进制码分成若干位一组，然后用较少位数的三元码来表示，以降低编码后的码速率，从而提高频带利用率。4B/3T 码型是 1B/1T 码型的改进型，它把 4 个二进制码变换成 3 个三元码。显然，在相同的码速率下，4B/3T 码的信息容量大于 1B/1T，因而可提高频带利用率。4B/3T 码适用于较高速率的数据传输系统，如高次群同轴电缆传输系统。

9. 双相码

双相码(Bi-phase Code)又称为数字分相码或曼彻斯特(Manchester)码。它的特点是每个二进制代码分别用两个具有不同相位的二进制代码来表示。如"1"码用 10 表示，"0"码用 01 表示，如图 4.1.1(h)所示，这种码称为 1B/2B 码。该码的优点是无直流分量，最长的连"0"和连"1"数为 2，定时信息丰富，编译码电路简单。但其码元速率比输入的信码速率提高了 1 倍。

双相码适用于数据终端设备在中速短距离信道中传输，如以太网采用双相码作为线路传输码。

双相码当极性反转时会引起译码错误，为解决此问题，可以采用差分码的概念，将数字双相码中用绝对电平表示的波形改为用相对电平变化来表示。这种码型称为差分双相码或差分曼彻斯特码，数据通信的令牌网就采用这种码型。

10. 密勒码

密勒(Miller)码又称为延迟调制码，它是双相码的一种变形。编码规则如下："1"码用码元持续中心点出现跃变来表示，即用 10 和 01 交替变化来表示。"0"码有两种情况，单个"0"时，在码元持续内不出现电平跃变，且与相邻码元的边界处也不跃变；连"0"时，在两个"0"码的边界处出现电平跃变，即 00 和 11 交替。密勒码的波形如图 4.1.1(i)所示。若两个"1"码中间有一个"0"码时，密勒码流中会出现最大宽度为 $2T$ 的波形，即两个码元周期，这一性质可用来进行误码检错。

比较图 4.1.1 中的(h)和(i)两个波形可以看出，双相码的下降沿正好对应于密勒码的跃变沿。因此，用双相码的下降沿去触发双稳电路，即可输出密勒码。密勒码最初用于气象卫星和磁记录，现在也应用于低速基带数传机中。

11. 传号反转码

CMI(Coded Mark Inversion)是传号反转码。其编码规则是："0"码用 01 表示，"1"码用 00 和 11 交替表示。图 4.1.1(j)给出了 CMI 码的编码波形。它的优点是没有直流分量，且有频繁出现的波形跳变，便于定时信息提取，具有误码监测能力。CMI 码同样也有因极性反转而引起的译码错误问题。

由于 CMI 码具有上述优点，再加上编译码电路简单，容易实现，所以，在高次群脉冲码调制终端设备中广泛用作接口码型，在速率低于 8 448 kbit/s 的光纤数字传输系统中也被建议作为线路传输码型。国际电联(ITU)的 G.703 建议中，也规定 CMI 码为 PCM 四次群的接口码型。日本电报电话公司在 32 kbit/s 及更低速率的光纤通信系统中也采用 CMI 码。

12. 差分模式反转码

差分模式反转(DMI, Differential Model Inversion)码，也是一种 1B2B 码，其变换规则是：对于输入二元码 0，若前面变换码为 01 或 11，则 DMI 码为 01；若前面变换码为 10 或 00，则 DMI 码为 10。对于输入二元码 1，则 DMI 码 00 和 11 交替变化，其波形如图 4.1.1(k)所示。

随编码器的初始状态不同，同一个输入二元码序列，变换后的 DMI 码有两种相反的波形，即把图 4.1.1(k)波形反转，也代表输入的二元码。DMI 码和差分双相码的波形是相同的，只是延后了半个码元宽度。因此，若输入码是 0、1 等概且前后独立的，则 DMI 码的功率谱密度和差分双相码的功率谱密度相同。

DMI 码和 CMI 码相比较，CMI 码可能出现 3 个连"0"或 3 个连"1"，而 DMI 码的最长连"0"或连"1"数为 2。

上面介绍的双相码、CMI 码、DMI 码等属于 1B2B 码。1B2B 码还可以有其他变换规则，但功率谱有所不同。用 2 个 bit 代表 1 个二元码，线路传输速率增高 1 倍，所需信道带宽也要增大，但却换来了便于提取定时信息、低频分量小、迅速同步等优点。

可把 1B2B 码推广到一般的 $mBnB$ 码，即 m 个二元码按一定规则变换为 n 个二元码，且 $m<n$。适当地选取 m、n 值，可减小线路传输速率的增高比例。

双相码、CMI 码、DMI 码和 Miller 码也都是二电平码。下面介绍多电平码，即多进制码。

13. 多进制码

上面介绍的是用得较多的二进制代码，有时还会用到多进制代码。图 4.1.2 分别画出了两种四进制代码波形。图 4.1.2(a)只有正电平(即 0、1、2、3 四种电平)，而图 4.1.2(b)是正、负电平(即 +3、+1、-1、-3 四种电平)都有的。采用多进制码的目的是在码元速率一定时提高信息速率。

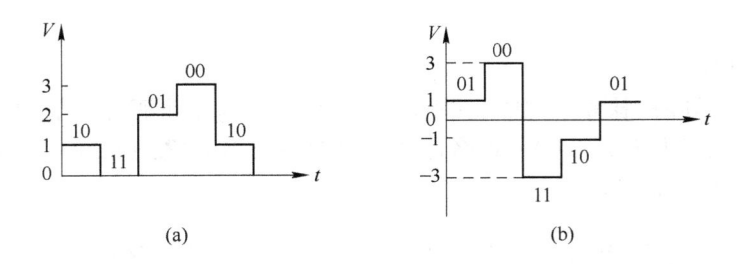

图 4.1.2 四进制代码波形

以上介绍的码型，其波形均假定为矩形脉冲。实际上矩形脉冲无法物理实现。为了在有限的频带中传输信号，基带传输系统中各处的信号波形也可以是其他形状，如升余弦、三角形等。

4.2 数字基带信号的功率谱密度

在研究数字基带传输系统时,数字基带信号频谱分析是十分必要的。通过频谱分析可以搞清信号传输中一些很重要的问题,如信号中有没有直流成分、有没有可供提取同步信息用的离散分量和信号的带宽等。

在通信中,除特殊情况(如测试信号)外,数字基带信号通常都是随机脉冲序列。研究随机脉冲序列的频谱,要从统计分析的角度出发,研究它的功率谱密度。

4.2.1 随机序列的功率谱密度

假设一个二进制随机脉冲序列 $d(t)$ 中"1"和"0"码的基本波形为 $g_1(t)$ 和 $g_2(t)$,码元宽度等于 T,码元速率 $R_B = 1/T$。图 4.2.1 画出了这种波形的示意图。

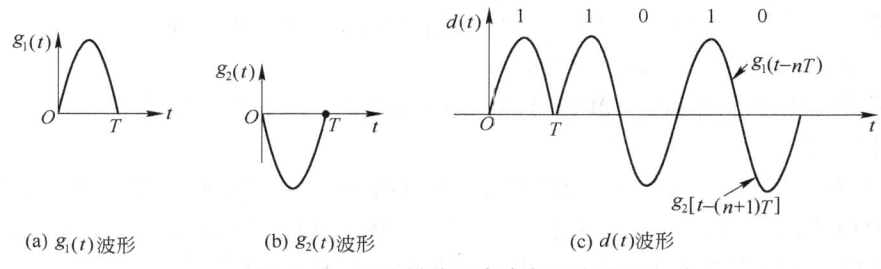

(a) $g_1(t)$波形　　(b) $g_2(t)$波形　　(c) $d(t)$波形

图 4.2.1　二进制随机脉冲序列波形图

假设随机信号序列是一个平稳随机过程,其中"1"码出现的概率为 P,"0"码出现的概率为 $1-P$,而且它们是统计独立的。$d(t)$ 可以用下面的数学式表示:

$$d(t) = \sum_{n=-\infty}^{\infty} d_n(t) \tag{4.2.1}$$

式中

$$d_n(t) = \begin{cases} g_1(t-nT) & \text{概率为 P} \\ g_2(t-nT) & \text{概率为 1-P} \end{cases} \tag{4.2.2}$$

为了使频谱分析的物理概念清楚,推导过程简化,将 $d(t)$ 这个随机脉冲序列分解为稳态项和交变项。

1. 稳态项 $v(t)$

$v(t)$ 可以看做是随机脉冲序列中的平均分量。由于在每一个码元间隔内"1"码出现的概率为 P,"0"码出现的概率为 $1-P$,那么这个间隔的稳态项为 $Pg_1(t) + (1-P)g_2(t)$,所以就可以写出 $v(t)$ 的表示式为

$$v(t) = \sum_{n=-\infty}^{\infty} [Pg_1(t-nT) + (1-P)g_2(t-nT)] \tag{4.2.3}$$

显然,$v(t)$ 是一个以码元宽度 T 为周期的周期函数,是一个确知信号,由 $v(t)$ 可以通过傅里叶级数求出其频谱。故 $v(t)$ 展开为傅里叶级数,即

$$v(t) = \sum_{m=-\infty}^{\infty} V_m e^{j2\pi m R_B t} \tag{4.2.4}$$

式中

$$V_m = \frac{1}{T}\int_{-\frac{T}{2}}^{\frac{T}{2}} v(t) e^{-j2\pi m R_B t} dt \tag{4.2.5}$$

$$\begin{aligned}V_m &= \frac{1}{T}\int_{-\frac{T}{2}}^{\frac{T}{2}} e^{-j2\pi m R_B t} \sum_{n=-\infty}^{\infty}[Pg_1(t-nT) + (1-P)g_2(t-nT)] dt \\ &= R_B \sum_{n=-\infty}^{\infty}\int_{-nT-T/2}^{-nT+T/2}[Pg_1(t) + (1-P)g_2(t)] e^{-j2\pi m R_B(t+nT)} dt \\ &= R_B \int_{-\infty}^{\infty}[Pg_1(t) + (1-P)g_2(t)] e^{-j2\pi m R_B t} dt \\ &= R_B[PG_1(mR_B) + (1-P)G_2(mR_B)] \end{aligned} \tag{4.2.6}$$

其中

$$G_1(mR_B) = \int_{-\infty}^{\infty} g_1(t) e^{-j2\pi m R_B t} dt$$

$$G_2(mR_B) = \int_{-\infty}^{\infty} g_2(t) e^{-j2\pi m R_B t} dt \tag{4.2.7}$$

再根据周期信号功率谱密度与 V_m 的关系，得到 $v(t)$ 的功率谱密度为

$$P_v(f) = \sum_{m=-\infty}^{\infty} |R_B[PG_1(mR_B) + (1-P)G_2(mR_B)]|^2 \delta(f - mR_B) \tag{4.2.8}$$

这是稳态项的双边功率谱密度。

2. 交变项 $u(t)$

$u(t)$ 是 $d(t)$ 中减去 $v(t)$ 后留下来的部分，即

$$u(t) = d(t) - v(t) \tag{4.2.9}$$

于是得到

$$u(t) = \sum_{n=-\infty}^{\infty} u_n(t) \tag{4.2.10}$$

其中

$$u_n(t) = \begin{cases} (1-P)[g_1(t-nT) - g_2(t-nT)] & \text{以概率 P 出现} \\ -P[g_1(t-nT) - g_2(t-nT)] & \text{以概率 1-P 出现} \end{cases} \tag{4.2.11}$$

或者写成

$$u_n(t) = a_n[g_1(t-nT) - g_2(t-nT)] \tag{4.2.12}$$

其中

$$a_n = \begin{cases} 1-P & \text{以概率 P 出现} \\ -P & \text{以概率 1-P 出现} \end{cases} \tag{4.2.13}$$

由于 $u(t)$ 是功率型的随机信号，所以求它的功率谱密度 $P_u(f)$ 时要采用截短函数求统计平均的方法。

$$P_u(f) = \lim_{T_u \to \infty} \frac{E\{|U_T(f)|^2\}}{T_u} \tag{4.2.14}$$

其中 T_u 是对 $u(t)$ 进行任意截取的时间间隔，假设 $T_u = (2N+1)T$，N 是一个较大的整数。

$$u_T(t) = \sum_{n=-N}^{N} u_n(t)$$

$U_T(f)$ 是 $u(t)$ 中截取的 $u_T(t)$ 的频谱函数。

$$\begin{aligned} U_T(f) &= \int_{-\infty}^{\infty} u_T(t) e^{-j2\pi ft} dt \\ &= \sum_{n=-N}^{N} a_n \int_{-\infty}^{\infty} [g_1(t-nT) - g_2(t-nT)] e^{-j2\pi ft} dt \\ &= \sum_{n=-N}^{N} a_n e^{-j2\pi fnT} [G_1(f) - G_2(f)] \end{aligned} \quad (4.2.15)$$

式中

$$\begin{aligned} G_1(f) &= \int_{-\infty}^{\infty} g_1(t) e^{-j2\pi ft} dt \\ G_2(f) &= \int_{-\infty}^{\infty} g_2(t) e^{-j2\pi ft} dt \end{aligned} \quad (4.2.16)$$

$$\begin{aligned} |U_T(f)|^2 &= U_T(f) U_T^*(f) \\ &= \sum_{m=-N}^{N} \sum_{n=-N}^{N} a_m a_n e^{j(n-m)2\pi fT} [G_1(f) - G_2(f)][G_1^*(f) - G_2^*(f)] \end{aligned} \quad (4.2.17)$$

其统计平均值

$$E\{|U_T(f)|^2\} = \sum_{m=-N}^{N} \sum_{n=-N}^{N} E(a_m a_n) e^{j(n-m)2\pi fT} [G_1(f) - G_2(f)][G_1^*(f) - G_2^*(f)] \quad (4.2.18)$$

当 $m=n$ 时

$$a_m a_n = a_m^2 = \begin{cases} (1-P)^2 & \text{以概率 P 出现} \\ P^2 & \text{以概率 } 1-P \text{ 出现} \end{cases} \quad (4.2.19)$$

所以

$$E\{a_n^2\} = P(1-P)^2 + (1-P)P^2 = P(1-P) \quad (4.2.20)$$

当 $m \neq n$ 时

$$a_m a_n = \begin{cases} (1-P)^2 & \text{以概率 } P^2 \text{ 出现} \\ P^2 & \text{以概率 } (1-P)^2 \text{ 出现} \\ -P(1-P) & \text{以概率 } 2P(1-P) \text{ 出现} \end{cases} \quad (4.2.21)$$

所以

$$E\{a_m a_n\} = P^2(1-P)^2 + (1-P)^2 P^2 + 2P(1-P)(P-1)P = 0 \quad (4.2.22)$$

$$E\{|U_T(f)|^2\} = (2N+1)P(1-P)|G_1(f) - G_2(f)|^2 \quad (4.2.23)$$

$$\begin{aligned} P_u(f) &= \lim_{T_u \to \infty} \frac{E\{|U_T(f)|^2\}}{T_u} \\ &= \lim_{N \to \infty} \frac{(2N+1)P(1-P)|G_1(f) - G_2(f)|^2}{(2N+1)T} \\ &= \frac{P(1-P)|G_1(f) - G_2(f)|^2}{T} \end{aligned} \quad (4.2.24)$$

这是交变项的双边功率谱密度。

3. $d(t) = v(t) + u(t)$ 的功率谱密度 $P_d(f)$

$u(t)$ 产生的是连续谱,$v(t)$ 产生的是离散谱,两者的功率谱密度相加就是总的功率谱密度,由此得 $d(t)$ 的双边功率谱密度

$$P_d(f) = P_u(f) + P_v(f)$$
$$= R_B P(1-P) |G_1(f) - G_2(f)|^2 +$$
$$R_B^2 \sum_{m=-\infty}^{\infty} |PG_1(mR_B) + (1-P)G_2(mR_B)|^2 \delta(f - mR_B) \quad (4.2.25)$$

不难由式(4.2.25)写出其单边功率谱密度的表示式:

$$P_d(f) = 2R_B P(1-P) |G_1(f) - G_2(f)|^2 + R_B^2 |PG_1(0) + (1-P)G_2(0)|^2 \delta(f) +$$
$$2R_B^2 \sum_{m=1}^{\infty} |PG_1(mR_B) + (1-P)G_2(mR_B)|^2 \delta(f - mR_B) \quad (4.2.26)$$

从式(4.2.25)可以得出以下两条结论。

(1) 随机脉冲序列功率谱密度包括两部分:连续谱(第1项)和离散谱(第2项)。

(2) 当 $g_1(t)$、$g_2(t)$、P 及 T 给定后,随机脉冲序列的功率谱密度就确定了。

4.2.2 功率谱密度计算举例

1. 单极性不归零码

设一个单极性二进制信号 $g_1(t)$ 是高度为1、宽度为 T 的矩形脉冲,$g_2(t) = 0$,它们的傅里叶变换分别为

$$G_1(f) = T\text{Sa}(\pi fT) \quad G_2(f) = 0 \quad G_1(0) = T \quad (4.2.27)$$

$$v(t) = \sum_{n=-\infty}^{\infty} Pg_1(t - nT) \quad (4.2.28)$$

用公式计算

$$P_v(f) = R_B^2 |PG_1(0)|^2 \delta(f) = R_B^2 P^2 T^2 \delta(f) = P^2 \delta(f) \quad (4.2.29)$$
$$P_u(f) = 2R_B P(1-P) |G_1(f)|^2 = 2P(1-P) T\text{Sa}^2(\pi fT) \quad (f>0) \quad (4.2.30)$$

特例: $P = 0.5$ 时

$$P_v(f) = 0.25\delta(f) \quad (4.2.31)$$
$$P_u(f) = 0.5T\text{Sa}^2(\pi fT) \quad (f>0) \quad (4.2.32)$$

只有直流分量和连续谱,而没有 mR_B 等离散谱。

2. 单极性归零码

假设占空比 $\gamma = \tau/T$,$g_1(t)$ 是宽度为 τ、高度为1的矩形脉冲,$G(f) = \tau\text{Sa}(\pi f\tau) = \gamma T\text{Sa}(\gamma \pi fT)$。当 $P = 0.5$ 时,经计算得

$$\begin{cases} P_v(f) = \dfrac{\gamma^2}{4}\delta(f) + \dfrac{\gamma^2}{2}\sum_{m=1}^{\infty} \text{Sa}^2(\gamma m\pi)\delta(f - mR_B) \\ P_u(f) = \dfrac{\gamma^2}{2}T\text{Sa}^2(\gamma \pi fT) \quad (f>0) \end{cases} \quad (4.2.33)$$

3. 双极性码和双极性归零码

双极性码一般应用时都满足 $g_1(t) = -g_2(t)$,$P = 0.5$,此时不论归零码还是不归零码,稳态项 $v(t)$ 都是0,因此没有直流分量和离散谱。当 $g_1(t)$ 为矩形脉冲、高度为1时,经计算

得双极性码的功率谱密度为

$$P_d(f) = P_u(f) = 2R_B |G_1(f)|^2 = 2T\text{Sa}^2(\pi fT) \quad (f>0) \tag{4.2.34}$$

双极性归零码的功率谱密度为

$$P_d(f) = P_u(f) = 2R_B |G_1(f)|^2 = 2\gamma^2 T\text{Sa}^2(\gamma \pi fT) \quad (f>0) \tag{4.2.35}$$

通过上述讨论可知，分析随机脉冲序列的功率谱密度之后，就可知道信号功率的分布。根据主要功率集中在哪个频段，便可确定信号带宽，从而考虑信道带宽和传输网络（滤波器、均衡器等）的传输函数等。同时利用其离散谱是否存在这一特点，可以明确能否从脉冲序列中直接提取所需的离散分量和采取怎样的方法从序列中获得所需的离散分量，以便在接收端利用这些分量获得位同步定时脉冲等。

4.3 数字基带传输系统

4.3.1 数字基带传输系统的基本组成

数字基带传输系统的基本框图如图 4.3.1 所示，它通常由脉冲形成器、发送滤波器、信道、接收滤波器、抽样判决器和码元再生器组成。

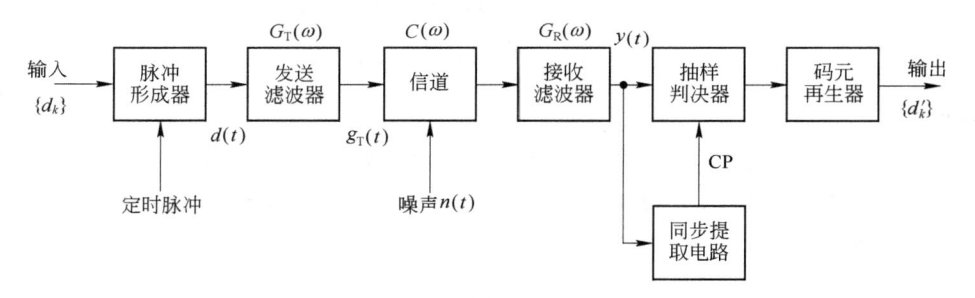

图 4.3.1 数字基带传输系统方框图

脉冲形成器输入的是由电传机、计算机等终端设备发送来的二进制数据序列或是经模/数转换后的二进制（也可以是多进制）脉冲序列，用 $\{d_k\}$ 表示，它们一般是脉冲宽度为 T 的单极性码。脉冲形成器的作用是将 $\{d_k\}$ 变换成为比较适合信道传输的码型，并提供同步定时信息，使信号适合信道传输，保证收、发双方同步工作。发送滤波器的传输函数为 $G_T(\omega)$，其作用是将输入的矩形脉冲变换成适合信道传输的波形。这是因为矩形波含有丰富的高频成分，若直接送入信道传输，容易产生失真。基带传输系统信道的传输函数为 $C(\omega)$，通常采用电缆、架空明线等。信道既传送信号，同时又因存在噪声和频率特性不理想对数字信号造成损害，使波形产生畸变，严重时会发生误码。接收滤波器的传输函数为 $G_R(\omega)$，它是接收端为了减小信道特性不理想和噪声对信号传输的影响而设置的。其主要作用是滤除带外噪声，并对接收波形均衡，以便使抽样判决器正确判决。抽样判决器的作用是对接收滤波器输出的信号，在规定的时刻（由定时脉冲控制）进行抽样，然后对抽样值进行判决，以确定各码元是"1"码还是"0"码。码元再生器的作用是对判决器的输出"0"、"1"进行原始码元再生，以获得与输入码型相应的原脉冲序列。同步提取电路的任务是提取接收信号中的定时信息。

图 4.3.2 示出了数字基带传输系统各点的波形。显然，第 4 个码元产生了误码。前面已经指出，误码是由信道的加性噪声和频率特性不理想引起波形畸变造成的。其中频率特性不理想引起的波形畸变，使码元之间相互干扰，如图 4.3.3 所示。此时实际抽样判决值是本码元的值与几个邻近脉冲拖尾和加性噪声的叠加。这种脉冲拖尾的重叠，在接收端造成判决困难的现象称为码间串扰(或码间干扰)。下面先对数字基带系统进行数学分析，然后再讨论怎样的基带传输特性才会无码间串扰。

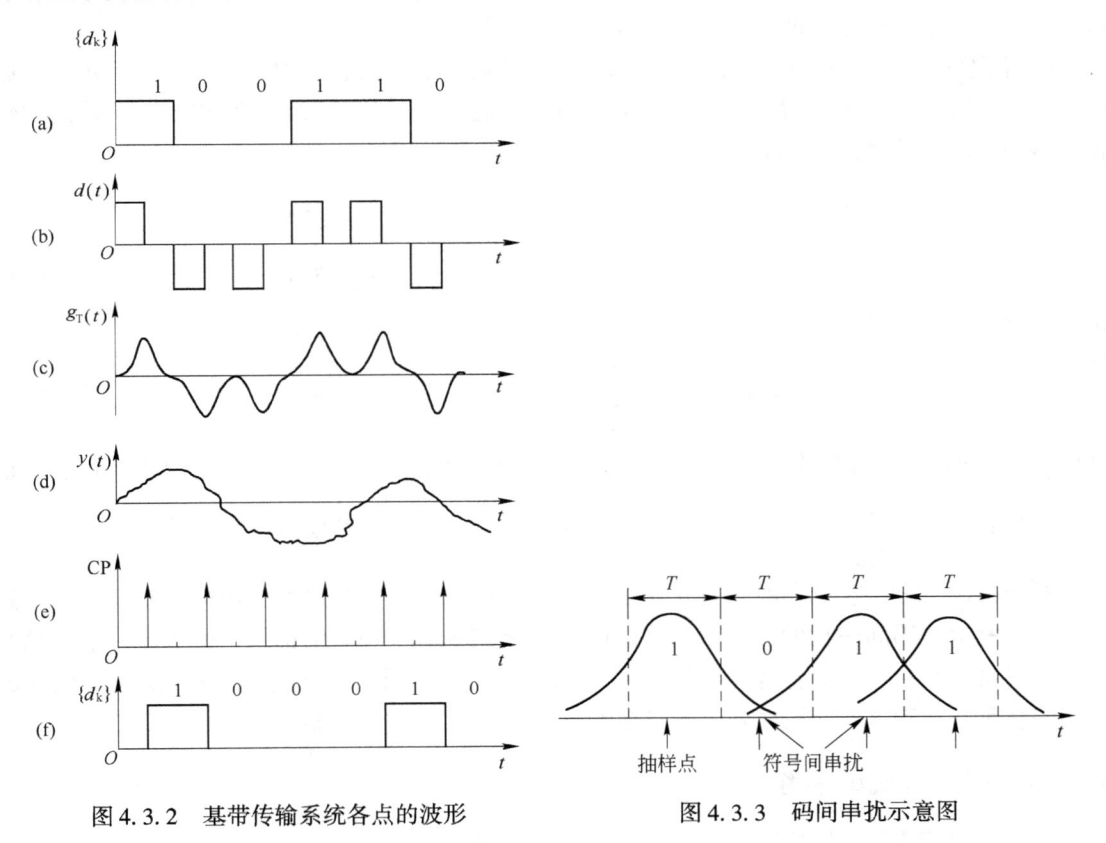

图 4.3.2 基带传输系统各点的波形

图 4.3.3 码间串扰示意图

4.3.2 数字基带传输系统的数学分析

为了对数字基带传输系统进行数学分析，可将图 4.3.1 画成如图 4.3.4 所示的简化图，其中总的传输函数为

$$H(\omega) = G_T(\omega) C(\omega) G_R(\omega) \quad (4.3.1)$$

图 4.3.4 数字基带传输系统简化图

此外，为方便起见，假定输入基带信号的脉冲序列为单位冲激序列 $\delta(t)$，发送滤波器的输入信号可以表示为

$$d(t) = \sum_{k=-\infty}^{\infty} a_k \delta(t - kT) \quad (4.3.2)$$

其中，a_k 为第 k 个码元，对于二进制数字信号，a_k 的取值为 0、1（单极性信号）或 -1、+1（双极性信号）。由图 4.3.4 可以得到

$$y(t) = \sum_{k=-\infty}^{\infty} a_k h(t - kT) + n_R(t) \tag{4.3.3}$$

式中，$h(t)$ 是 $H(\omega)$ 的傅里叶反变换，是系统的冲击响应，可表示为

$$h(t) = \frac{1}{2\pi}\int_{-\infty}^{\infty} H(\omega) e^{j\omega t} d\omega \tag{4.3.4}$$

$n_R(t)$ 是加性噪声 $n(t)$ 通过接收滤波器后产生的输出噪声。

抽样判决器对 $y(t)$ 进行抽样判决，以确定所传输的数字信息序列 $\{a_k\}$。为了判定其中第 j 个码元 a_j 的值，应在 $t = jT + t_0$ 瞬间对 $y(t)$ 抽样，这里 t_0 是传输时延，通常取决于系统的传输函数 $H(\omega)$。显然，此抽样值为

$$\begin{aligned} y(jT + t_0) &= \sum_{k=-\infty}^{\infty} a_k h(jT + t_0 - kT) + n_R(jT + t_0) \\ &= \sum_{k=-\infty}^{\infty} a_k h[(j-k)T + t_0] + n_R(jT + t_0) \end{aligned} \tag{4.3.5}$$

把 $j = k$ 的一项单独列出时

$$y(jT + t_0) = a_j h(t_0) + \sum_{\substack{k=-\infty \\ j \neq k}}^{\infty} a_k h[(j-k)T + t_0] + n_R(jT + t_0) \tag{4.3.6}$$

其中，第一项 $a_j h(t_0)$ 是输出基带信号的第 j 个码元在抽样瞬间 $t = jT + t_0$ 所取得的值，它是 a_j 的依据；第二项 $\sum_{\substack{k=-\infty \\ k \neq j}}^{\infty} a_k h[(j-k)T + t_0]$ 是除第 j 个码元外的其他所有码元脉冲在 $t = jT + t_0$ 瞬间所取值的总和，它对当前码元 a_j 的判决起着干扰的作用，所以称为码间串扰值，这就是图 4.3.3 所示的码间串扰的数学表示式。由于 a_k 是随机的，码间串扰值一般也是一个随机变量；第三项 $n_R(jT + t_0)$ 是输出噪声在抽样瞬间的值，它显然是一个随机变量。由于随机性的码间串扰和噪声存在，使抽样判决电路在判决时可能判对，也可能判错。

4.3.3 码间串扰的消除

要消除码间串扰，从数学表示式(4.3.6)看，只要

$$\sum_{\substack{k=-\infty \\ k \neq j}}^{\infty} a_k h[(j-k)T + t_0] = 0 \tag{4.3.7}$$

即可消除码间串扰，但 a_k 是随机变化的，要想通过各项互相抵消使码间串扰为 0 是行不通的。从码间串扰各项影响来说，当然前一码元的影响最大，因此，最好让前一个码元的波形在到达后一个码元抽样判决时刻已衰减到 0，如图 4.3.5(a)所示的波形。但这样的波形也不易实现，因此比较合理的是采用如图 4.3.5(b)所示的这种波形，虽然其到达 $t_0 + T$ 以前并没有衰减到 0，但可以让它在 $t_0 + T$、$t_0 + 2T$ 等后面码元的取样判决时刻正好为 0。但考虑到实际应用时，定时判决时刻不一定非常准确，如果像图 4.3.5(b)这样的 $h(t)$ 尾巴拖得太长，当判决时刻略有偏差时，任一个码元都会对后面的多个码元产生串扰，或者说任一个码元都要

受到前面几个码元的串扰。因此,除了要求 $h[(j-k)T+t_0]=0$ 以外,还要求 $h(t)$ 适当衰减快一些,即尾巴不要拖得太长。

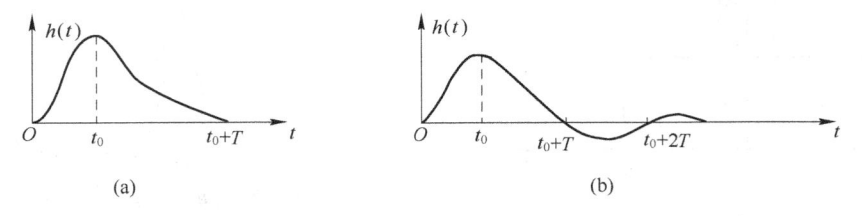

图 4.3.5 理想的传输波形

4.4 数字基带传输中的码间串扰

4.4.1 无码间串扰的基带传输系统

根据 4.3 节对码间串扰的讨论,对无码间串扰的基带传输系统提出两点要求。

(1) 基带信号经过传输后在抽样点上无码间串扰,也即瞬时抽样值应满足

$$h[(j-k)T+t_0] = \begin{cases} 1(\text{或其他常数}) & j=k \\ 0 & j \neq k \end{cases} \tag{4.4.1}$$

令 $k'=j-k$,并考虑 k' 也为整数,可用 k 表示,式(4.4.1)可以写成

$$h(kT+t_0) = \begin{cases} 1 & k=0 \\ 0 & k \neq 0 \end{cases} \tag{4.4.2}$$

(2) $h(t)$ 尾部衰减快。

从理论上讲,以上两条可以通过合理地选择信号的波形和信道特性达到。下面从研究理想基带传输系统出发,得到奈奎斯特第一定理和无码间串扰传输的频域特性 $H(\omega)$ 满足的条件,最后讨论升余弦滚降传输特性。

4.4.2 理想基带传输系统

理想基带传输系统的传输特性具有理想低通特性,其传输函数为

$$H(\omega) = \begin{cases} 1(\text{或其他常数}) & |\omega| \leq \dfrac{\pi}{T} \\ 0 & \text{其他 } \omega \text{ 值} \end{cases} \tag{4.4.3}$$

如图 4.4.1(a)所示,其带宽 $B=R_B/2$ Hz,对其进行傅里叶反变换得

$$h(t) = \frac{1}{2\pi}\int_{-\infty}^{\infty} H(\omega)e^{j\omega t}d\omega = \int_{-2\pi B}^{2\pi B} \frac{1}{2\pi}e^{j\omega t}d\omega = 2B\text{Sa}(2\pi Bt) \tag{4.4.4}$$

$h(t)$ 是冲激响应,如图 4.4.1(b)所示。从图中可以看到,$h(t)$ 在 $t=0$ 时有最大值 $2B$,而在 $t=k/(2B)$ (k 为非零整数)的其他瞬间均为 0。因此,如果令 $T=1/(2B)$,也就是码元宽度

为 $1/(2B)$，就可以满足式(4.4.2)的要求，在接收端当 $k/(2B)$ 时刻〔忽略 $H(\omega)$ 造成的传输时延〕抽样值中就无串扰值积累，从而消除码间串扰。

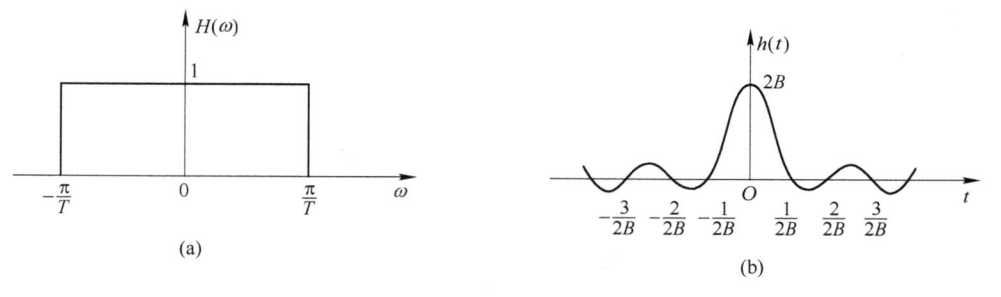

图 4.4.1 理想基带传输系统的 $H(\omega)$ 和 $h(t)$

由上可见，如果信号经传输后整个波形发生变化，只要其特定点的抽样值保持不变，那么用抽样的方法(在抽样判决电路中完成)，仍然可以准确、无误地恢复原始信码，这就是奈奎斯特第一准则(又称为第一无失真条件)的本质。在图 4.4.1 所示的理想基带传输系统中，码元间隔 $T=1/(2B)$ 称为奈奎斯特间隔，码元传输速率 $R_B=1/T=2B$ 称为奈奎斯特速率。

下面讨论频带利用率的问题。所谓频带利用率，是指码元速率 R_B 和带宽 B 的比值，即单位频带所能传输的码元速率，其表示式为

$$\text{频带利用率} = R_B/B \text{ (Baud/Hz)} \tag{4.4.5}$$

显然理想低通传输系统的频带利用率为 2 Baud/Hz。这是最大的频带利用率，因为如果系统用高于 $1/T$ 的码元速率传送码元时，将产生码间串扰。若降低码元速率，即增加码元宽度 T，使 T 等于 $1/2B$ 的 2、3、4…大于 1 的整数倍，由图 4.3.5(b)可见，在抽样点上也不会出现码间串扰。但是，这意味着频带利用率要降低到按 $T=1/(2B)$ 时的 $1/2$、$1/3$、$1/4$…。

从前面讨论的结果可知，理想低通传输系统具有最大的码元速率和频带利用率，但实际上这种理想基带传输系统并未得到应用。这首先是因为这种理想低通的传输特性在物理上是无法实现的；其次，即使能设法实现接近于理想特性的传输函数，但由于这种理想系统的冲激响应 $h(t)$ 的尾巴(即衰减型振荡起伏)很大，如果抽样定时发生某些偏差，或外界条件对传输特性稍加影响，信号频率发生漂移等都会导致码间串扰明显的增加。

下面进一步讨论满足式(4.4.2)无码间串扰条件的等效传输特性。

4.4.3 无码间串扰的等效特性

因为

$$h(kT) = \frac{1}{2\pi}\int_{-\infty}^{\infty} H(\omega) e^{j\omega kT} d\omega \tag{4.4.6}$$

把式(4.4.6)的积分区间用角频率间隔 $2\pi/T$ 分割，如图 4.4.2 所示，则可得

$$h(kT) = \frac{1}{2\pi}\sum_{i=-\infty}^{\infty}\int_{\frac{(2i-1)\pi}{T}}^{\frac{(2i+1)\pi}{T}} H(\omega) e^{j\omega kT} d\omega \tag{4.4.7}$$

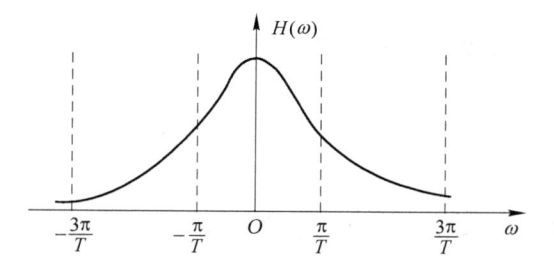

图 4.4.2 $H(\omega)$ 的分割

做变量代换：令 $\omega' = \omega - 2\pi i/T$，则有 $\mathrm{d}\omega' = \mathrm{d}\omega$ 及 $\omega = \omega' + 2\pi i/T$。于是

$$h(kT) = \frac{1}{2\pi}\sum_{i=-\infty}^{\infty}\int_{-\frac{\pi}{T}}^{\frac{\pi}{T}}H\left(\omega' + \frac{2i\pi}{T}\right)\mathrm{e}^{\mathrm{j}\omega'kT}\mathrm{e}^{\mathrm{j}2\pi ik}\mathrm{d}\omega'$$

$$= \frac{1}{2\pi}\sum_{i=-\infty}^{\infty}\int_{-\frac{\pi}{T}}^{\frac{\pi}{T}}H\left(\omega' + \frac{2i\pi}{T}\right)\mathrm{e}^{\mathrm{j}\omega'kT}\mathrm{d}\omega' \tag{4.4.8}$$

由于 $h(t)$ 是必须收敛的，求和与求积可以互换，得

$$h(kT) = \frac{1}{2\pi}\int_{-\frac{\pi}{T}}^{\frac{\pi}{T}}\left[\sum_{i=-\infty}^{\infty}H\left(\omega + \frac{2i\pi}{T}\right)\right]\mathrm{e}^{\mathrm{j}\omega kT}\mathrm{d}\omega \tag{4.4.9}$$

这里把变量 ω' 记为 ω。在式(4.4.9)中可以看出，式中 $\sum_{i=-\infty}^{\infty}H\left(\omega + \frac{2\pi i}{T}\right)$ 实际上把 $H(\omega)$ 分割的各段平移到 $(-\pi/T, \pi/T)$ 的区间对应叠加求和，因此，它仅存在于 $|\omega| \leq \pi/T$ 内。根据前面已讨论过的式(4.4.3)的理想低通传输特性满足无码间串扰的条件，令

$$H_{\mathrm{eq}}(\omega) = \sum_{i=-\infty}^{\infty}H\left(\omega + \frac{2i\pi}{T}\right) = \begin{cases} T & |\omega| \leq \pi/T \\ 0 & |\omega| > \pi/T \end{cases} \tag{4.4.10}$$

或

$$H_{\mathrm{eq}}(f) = \sum_{i=-\infty}^{\infty}H(f + iR_{\mathrm{B}}) = \begin{cases} 1/R_{\mathrm{B}} & |f| \leq R_{\mathrm{B}}/2 \\ 0 & |f| > R_{\mathrm{B}}/2 \end{cases} \tag{4.4.11}$$

上两式(4.4.10)和式(4.4.11)称为无码间串扰的等效特性。它表明，把一个基带传输系统的传输特性 $H(\omega)$ 分割为 $2\pi/T$ 宽度，各段在 $(-\pi/T, \pi/T)$ 区间内能叠加成一个矩形频率特性，那么它以 R_{B} 速率传输基带信号时，无码间串扰。如果不考虑系统的频带，从消除码间串扰来看，基带传输特性 $H(\omega)$ 的形式并不是唯一的，升余弦滚降传输特性就是使用较多的一类。

值得说明的是，无码间串扰的条件〔式(4.4.10)和式(4.4.11)〕是在传输速率 $R_{\mathrm{B}} = \frac{1}{T}$ 时的结果，如果码元间隔 T，或传输速率 R_{B} 变化时，则要相应变化。实际上式(4.4.10)和式(4.4.11)中，只要等效特性在条件范围内为常数即可。

通常式(4.4.10)和式(4.4.11)是判断数字基带传输系统有无码间串扰的主要依据。

我们通常把这种对系统传递函数 $H(\omega)$ 进行分段—平移—叠加—判断这一过程称为作图法。

4.4.4 升余弦滚降传输特性

升余弦滚降传输特性 $H(\omega)$ 可表示为

$$H(\omega) = H_0(\omega) + H_1(\omega)$$

如图 4.4.3 所示。

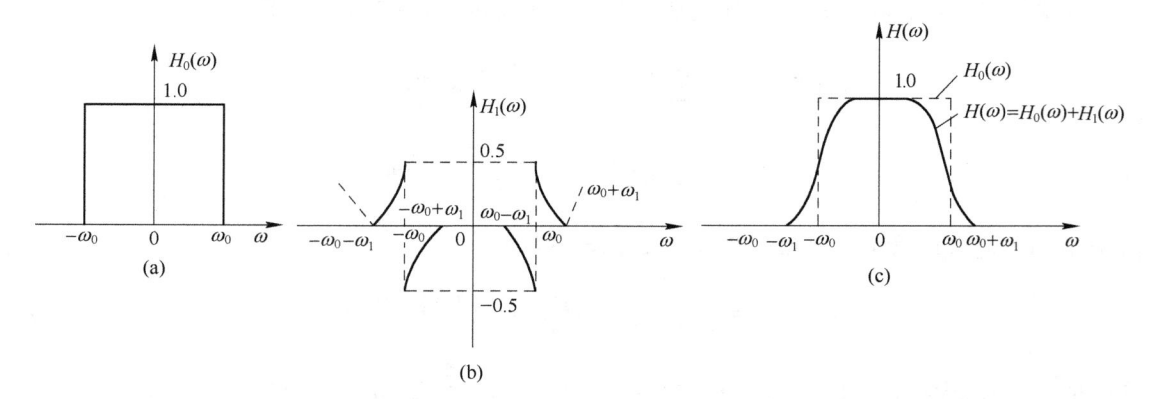

图 4.4.3 升余弦滚降传输特性

$H(\omega)$是对截止频率ω_0的理想低通特性$H_0(\omega)$按$H_1(\omega)$的滚降特性进行"圆滑"得到的,$H_1(\omega)$对于ω_0具有奇对称的幅度特性,其上、下截止角频率分别为$\omega_0+\omega_1$、$\omega_0-\omega_1$。它的选取可根据需要选择,升余弦滚降传输特性$H_1(\omega)$采用余弦函数表示,此时为

$$H(\omega) = \begin{cases} T & |\omega| \leq \omega_0 - \omega_1 \\ \dfrac{T}{2}\left[1+\cos\dfrac{\pi}{2}\left(\dfrac{|\omega|}{\omega_1}-\dfrac{\omega_0}{\omega_1}+1\right)\right] & \omega_0-\omega_1 < |\omega| < \omega_0+\omega_1 \\ 0 & |\omega| \geq \omega_0+\omega_1 \end{cases} \quad (4.4.12)$$

显然,它满足式(4.4.11),故一定在码元速率为$R_B=1/T$时无码间串扰。它所对应的冲激响应为

$$h(t) = \dfrac{\sin\omega_0 t}{\omega_0 t}\left[\dfrac{\cos\omega_1 t}{1-\left(\dfrac{2\omega_1 t}{\pi}\right)^2}\right] \quad (4.4.13)$$

令$\alpha=\omega_1/\omega_0$(称为滚降系数),并选定$T=1/2B$,即$T=\pi/\omega_0$,上式(4.4.12)和式(4.4.13)可改写为

$$H(\omega) = \begin{cases} T & |\omega| \leq (1-\alpha)\pi/T \\ T\cos^2\dfrac{T}{4\alpha}\left[|\omega|-\dfrac{\pi(1-\alpha)}{T}\right] & (1-\alpha)\pi/T < |\omega| < (1+\alpha)\pi/T \\ 0 & |\omega| \geq (1+\alpha)\pi/T \end{cases} \quad (4.4.14)$$

$$h(t) = \dfrac{\sin\dfrac{\pi t}{T}}{\dfrac{\pi t}{T}}\left[\dfrac{\cos\dfrac{\pi \alpha t}{T}}{1-\left(\dfrac{2\alpha t}{T}\right)^2}\right] \quad (4.4.15)$$

当给定$\alpha=0$,0.5 和 1.0 时,冲激响应通过这种特性的网络后输出信号的频谱和波形如图 4.4.4 所示。

由图 4.4.4 可见:

(1) 当$\alpha=0$,无滚降时,即为理想基带传输系统,"尾巴"按$1/t$的规律衰减。当$\alpha\neq 0$,即采用升余弦滚降时,对应的$h(t)$仍旧保持$t=\pm T$开始,向右和向左每隔T出现一个零点的特点,满足抽样瞬间无码间串扰的条件,但式(4.4.15)中第二个因子对波形的衰减速度是有影响的。在 t 足够大时,由于分子值只能在 $-1\sim+1$ 间变化,而在分母中的 1 与 $(2\alpha t/T)^2$ 比较可忽略。所以,总体来说,波形的"尾巴"在 t 足够大时,将按 $1/t^2$ 的规律衰减,比理想低通的波形小得多。此时,衰减的快慢还与 α 有关。α 越大,衰减越快,由位定时偏移造成的码间串扰越小,错误判决的可能性越小。

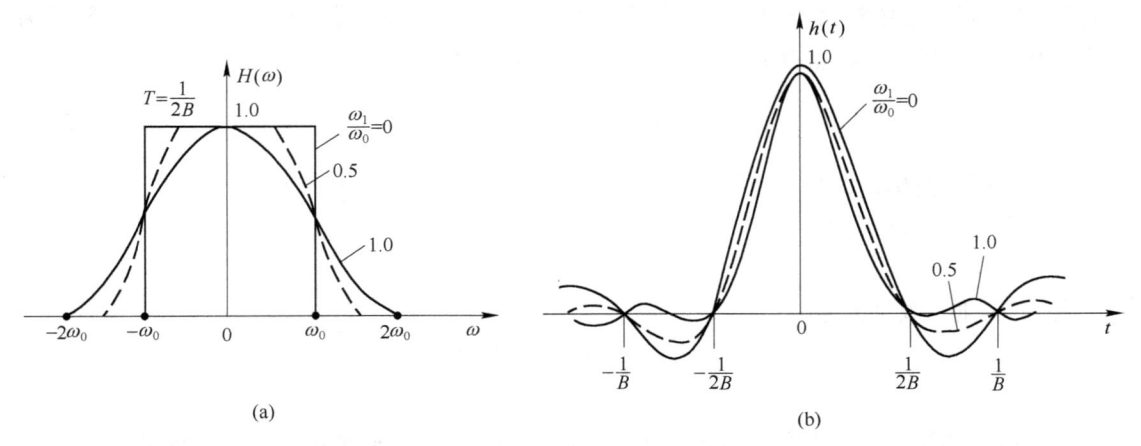

图 4.4.4 不同 α 值的频谱与波形

(2)输出信号频谱所占据的带宽 $B=(1+\alpha)R_B/2$。当 $\alpha=0$ 时,$B=R_B/2$,频带利用率为 2 Baud/Hz;当 $\alpha=1$ 时,$B=R_B$,频带利用率为 1 Baud/Hz;一般情况下,$\alpha=0\sim1$ 时,$B=R_B/2\sim R_B$,频带利用率为 $1\sim2$ Baud/Hz。可以看出:α 越大,"尾部"衰减越快,但带宽越宽,频带利用率越低。因此,用滚降特性改善理想低通,实质上是以牺牲频带利用率为代价换取的。

(3)当 $\alpha=1$ 时,有

$$H(\omega)=\begin{cases}0.5T\left(1+\cos\dfrac{\omega T}{2}\right) & |\omega|<2\pi/T \\ 0 & \omega \text{ 为其他值}\end{cases} \quad (4.4.16)$$

$$h(t)=\dfrac{\sin\dfrac{\pi t}{T}}{\dfrac{\pi t}{T}}\left[\dfrac{\cos\dfrac{\pi t}{T}}{1-\left(\dfrac{2t}{T}\right)^2}\right] \quad (4.4.17)$$

其中,$h(t)$ 波形除在 $t=\pm T$,$\pm 2T$,$\cdots$ 时刻上幅度为 0 外,在 $\pm 1.5T$,$\pm 2.5T$,$\cdots$ 这些时刻上其幅度也是 0,因而它的尾部衰减快。但它的带宽是理想低通特性的 2 倍,频带利用率是 1 Baud/Hz。

升余弦滚降特性的实现比理想低通容易得多,因此广泛应用于频带利用率要求不高,允许定时系统和传输特性有较大偏差的情况。

4.5 数字基带传输系统的性能分析

码间串扰和噪声是产生误码的因素,前面讨论了无噪声影响时能够消除码间串扰的基带传输系统性能,这一节讨论无码间串扰时,由于加性高斯白噪声造成的系统误码概率。

4.5.1 信号与噪声分析

发送端的数字基带信号经过信道和接收滤波器后，在无码间串扰条件下，在"1"码抽样判决时刻信号有正的最大值，用 a 表示；在"0"码抽样判决时刻信号有负的最大值，用 $-a$ 表示(双极性码)，或者为 0 值(单极性码)。假设信道噪声是平稳高斯白噪声，单边功率谱密度为 n_0 W/Hz，经过接收滤波器以后变为窄带高斯噪声。为简明起见，把这个噪声特性假设为均值为 0、方差为 σ_n^2，则噪声瞬时值的一维概率密度函数 $f(x)$ 为

$$f(x) = \frac{1}{\sqrt{2\pi}\sigma_n} e^{-\frac{x^2}{2\sigma_n^2}} \tag{4.5.1}$$

在一个码元持续时间内，抽样判决器输入端得到的波形可以表示为

发"1"码时，收到的是

$$a + n_R(t)$$

发"0"码时，收到的是

$$\begin{cases} -a + n_R(t) & \text{双极性码} \\ n_R(t) & \text{单极性码} \end{cases}$$

这样接收滤波器输出信号和噪声相加后，抽样判决时刻瞬时值的概率密度函数为

$$f_1(v) = \frac{1}{\sqrt{2\pi}\sigma_n} e^{-\frac{(v-a)^2}{2\sigma_n^2}} \quad \text{"1"码} \tag{4.5.2}$$

$$f_0(v) = \begin{cases} \dfrac{1}{\sqrt{2\pi}\sigma_n} e^{-\frac{(v+a)^2}{2\sigma_n^2}} & \text{双极性"0"码} \tag{4.5.3} \\ \dfrac{1}{\sqrt{2\pi}\sigma_n} e^{-\frac{v^2}{2\sigma_n^2}} & \text{单极性"0"码} \tag{4.5.4} \end{cases}$$

4.5.2 误码率 P_e 的计算公式

发"1"码的概率为 $P(1)$，发"0"码的概率为 $P(0)$，在噪声的影响下发生误码有两种差错形式：发送的是"1"码，错判为"0"码，其概率为 $P(0/1)$；发送的是"0"码，错判为"1"码，其概率为 $P(1/0)$，则总的误码率 $P = P(1)P(0/1) + P(0)P(1/0)$。若令判决门限为 v_b，由 $f_1(v)$、$f_0(v)$ 的曲线以及 v_b 的值，即可求得 $P(0/1)$ 和 $P(1/0)$ 为

$$P(0/1) = \int_{-\infty}^{v_b} f_1(v)\,dv \tag{4.5.5}$$

$$P(1/0) = \int_{v_b}^{\infty} f_0(v)\,dv \tag{4.5.6}$$

$$P_e = P(1)\int_{-\infty}^{v_b} f_1(v)\,dv + P(0)\int_{v_b}^{\infty} f_0(v)\,dv \tag{4.5.7}$$

从表示式(4.5.7)可以看出，误码率 P_e 与 $P(1)$、$P(0)$、$f_1(v)$、$f_0(v)$ 和 v_b 有关；而 $f_1(v)$ 和 $f_0(v)$ 又与信号幅度 a 的大小和噪声功率 σ_n^2 有关，因此当 $P(1)$、$P(0)$ 给定以后，误码率最终由信号 a 的大小、噪声功率 σ_n^2 的大小以及判决门限 v_b 决定。通常把使误码率最小的判决门限电平称为最佳判决门限，用符号 v_b^* 表示。

1. 最佳判决门限 v_b^*

由于 P_e 与 v_b 有关,所以可以由 $\mathrm{d}P_e/\mathrm{d}v_b = 0$ 求得 v_b^*。

$$\begin{aligned}\frac{\mathrm{d}P_e}{\mathrm{d}v_b} &= \frac{\mathrm{d}}{\mathrm{d}v_b}\Big[P(1)\int_{-\infty}^{v_b}f_1(v)\mathrm{d}v + P(0)\int_{v_b}^{\infty}f_0(v)\mathrm{d}v\Big]\\ &= \frac{\mathrm{d}}{\mathrm{d}v_b}\Big\{P(1)\int_{-\infty}^{v_b}f_1(v)\mathrm{d}v + P(0)\Big[1 - \int_{-\infty}^{v_b}f_0(v)\mathrm{d}v\Big]\Big\}\\ &= P(1)f_1(v_b) - P(0)f_0(v_b) = 0\end{aligned}$$

因此可由 $P(1)f_1(v_b^*) = P(0)f_0(v_b^*)$ 求出 v_b^*,把 v_b^* 代入式(4.5.7)可得系统最小的误码率的 P_e 为

$$P_e = P(1)\int_{-\infty}^{v_b^*}f_1(v)\mathrm{d}v + P(0)\int_{v_b^*}^{\infty}f_0(v)\mathrm{d}v$$

(1) 双极性信号

由

$$P(1)\frac{1}{\sqrt{2\pi}\sigma_n}e^{-\frac{(v_b^*-a)^2}{2\sigma_n^2}} = P(0)\frac{1}{\sqrt{2\pi}\sigma_n}e^{-\frac{(v_b^*+a)^2}{2\sigma_n^2}}$$

化简得

$$v_b^* = \frac{\sigma_n^2}{2a}\ln\frac{P(0)}{P(1)} \tag{4.5.8}$$

当 $P(1) = P(0) = 0.5$ 时,$v_b^* = 0$。

(2) 单极性信号

用同样方法可以求得

$$v_b^* = \frac{a}{2} + \frac{\sigma_n^2}{a}\ln\frac{P(0)}{P(1)} \tag{4.5.9}$$

当 $P(1) = P(0) = 0.5$ 时,$v_b^* = a/2$。

2. 误码率 P_e 公式

双极性信号的误码率 P_e 为

$$\begin{aligned}P_e &= P(1)\int_{-\infty}^{v_b}f_1(v)\mathrm{d}v + P(0)\int_{v_b}^{\infty}f_0(v)\mathrm{d}v\\ &= P(1)\int_{-\infty}^{v_b}\frac{1}{\sqrt{2\pi}\sigma_n}e^{-\frac{(v-a)^2}{2\sigma_n^2}}\mathrm{d}v + P(0)\int_{v_b}^{\infty}\frac{1}{\sqrt{2\pi}\sigma_n}e^{-\frac{(v+a)^2}{2\sigma_n^2}}\mathrm{d}v\end{aligned} \tag{4.5.10}$$

当 $P(1) = P(0) = 0.5$ 时,$v_b^* = 0$,则

$$\begin{aligned}P_e &= \frac{1}{2}\Big[\int_{-\infty}^{0}\frac{1}{\sqrt{2\pi}\sigma_n}e^{-\frac{(v-a)^2}{2\sigma_n^2}}\mathrm{d}v + \int_{0}^{\infty}\frac{1}{\sqrt{2\pi}\sigma_n}e^{-\frac{(v+a)^2}{2\sigma_n^2}}\mathrm{d}v\Big]\\ &= \frac{1}{\sqrt{\pi}}\int_{\frac{a}{\sqrt{2}\sigma_n}}^{\infty}e^{-t^2}\mathrm{d}t = \frac{1}{2}\mathrm{erfc}\Big(\frac{a}{\sqrt{2}\sigma_n}\Big)\end{aligned} \tag{4.5.11}$$

同样的方法可以推导出单极性信号在 $P(1) = P(0) = 0.5$、$v_b^* = a/2$ 时的误码率公式:

$$P_e = \frac{1}{\sqrt{\pi}}\int_{\frac{a}{2\sqrt{2}\sigma_n}}^{\infty}e^{-t^2}\mathrm{d}t = \frac{1}{2}\mathrm{erfc}\Big(\frac{a}{2\sqrt{2}\sigma_n}\Big) \tag{4.5.12}$$

其中，$\sigma_n^2 = n_0 B$（B 为接收滤波器等效带宽）是噪声功率，erfc(x) 是补余误差函数，具有递减性。如果用信噪功率比 r 来表示式（4.5.12）可得

$$P_e = \frac{1}{2}\text{erfc}\left(\sqrt{r/2}\right) \quad \text{双极性信号} \quad (4.5.13)$$

$$P_e = \frac{1}{2}\text{erfc}\left(\frac{\sqrt{r}}{2}\right) \quad \text{单极性信号} \quad (4.5.14)$$

其中，对单极性信号 $r = a^2/(2\sigma_n^2)$ 表示它的信噪功率比；对双极性信号 $r = a^2/\sigma_n^2$ 为其信噪功率比。图 4.5.1 示出了单、双极性信号的 P_e 与 r 的关系曲线，从图中可以得出以下结论：在信噪功率比相同的条件下，双极性信号的误码率比单极性信号的误码率低，抗噪声性能好。在误码率相同条件下，单极性信号需要的信噪功率比要比双极性高 3 dB。

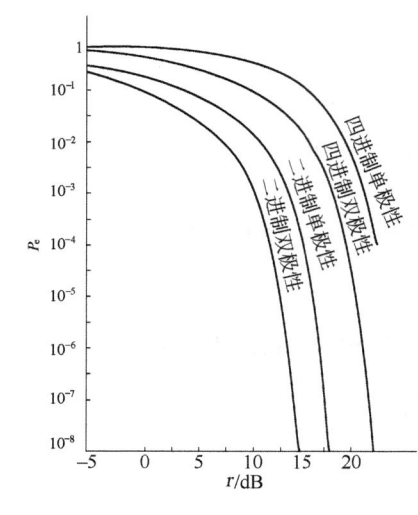

图 4.5.1 P_e 与 r 的关系曲线

4.6 眼　　图

从理论上来讲，只要基带传输系统的传输函数 $H(\omega)$ 满足式（4.4.10）就可消除码间串扰，但在实际系统中完全消除码间串扰是非常困难的。这是因为 $H(\omega)$ 与发送滤波器、信道及接收滤波器有关，在工程中，如果部件调试不理想或信道特性发生变化，都可能使 $H(\omega)$ 改变，从而引起系统性能变坏。为了使系统达到最佳，除了用专门精密仪器进行测试和调整外，在大量的维护工作中希望用简单的方法和通用仪器也能宏观监测系统的性能，其中一个有用的实验方法就是观察眼图。

具体的做法是：用一个示波器连接在抽样判决器之前，然后调整示波器扫描周期，使示波器水平扫描周期与接收序列的码元周期严格同步，并适当调整相位，使波形的中心对准取样时刻，这样在示波器屏幕上看到的图形像"眼睛"，故称为"眼图"。从眼图上可以观察出码间串扰和噪声的影响，从而估计系统性能的优劣程度。

为解释眼图和系统性能之间的关系，图 4.6.1 示出了无噪声情况下，无码间串扰和有码间串扰的眼图。图 4.6.1(a) 是无码间串扰的基带脉冲序列，用示波器观察它，通过调整使得水平扫描周期等于码元周期 T，则图 4.6.1(a) 中的每一个码元将重叠在一起。由于荧光屏的余辉作用，最终在示波器上显现出的是迹线又细又清晰的"眼睛"，"眼睛"张开得很大，如图 4.6.1(c) 所示。图 4.6.1(b) 是有码间串扰的基带脉冲序列，波形已经失真，用示波器观察到的图 4.6.1(b) 扫描迹线就不完全重合，眼图的迹线就会不清晰，"眼睛"张开得较小，如图 4.6.1(d) 所示。对比图 4.6.1(c) 和图 4.6.1(d) 可知，眼图的"眼睛"张开大小反映着码间串扰的强弱。图 4.6.1(c) 眼图中央垂直线就表示最佳判决时刻。

当存在噪声时，噪声将叠加在信号上，眼图的迹线更模糊不清，"眼睛"张开得更小。需指出的是，利用眼图只能大致估计噪声的强弱。再有，若扫描周期选为 nT，对于二进制信号来说，示波器上将并排显现出 n 只"眼睛"。

第4章 数字基带传输系统

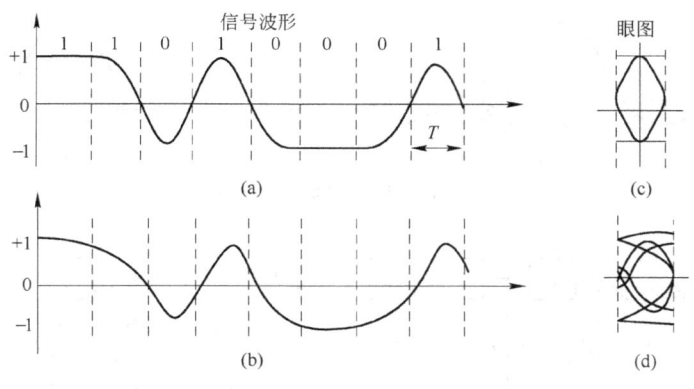

图4.6.1 基带信号波形及眼图

眼图能直观地表明码间串扰和噪声的影响，能评价一个数字基带传输系统的性能优劣，因此可以把眼图理想化为一个模型，如图4.6.2所示。该图表示的意义如下：

(1) 最佳抽样时刻应选择在眼图中眼睛张开的最大处。

(2) 对定时误差的灵敏度，由斜边斜率决定，斜率越大，对定时误差就越灵敏。

(3) 在抽样时刻，眼图上、下两分支的垂直宽度都表示了最大信号畸变。

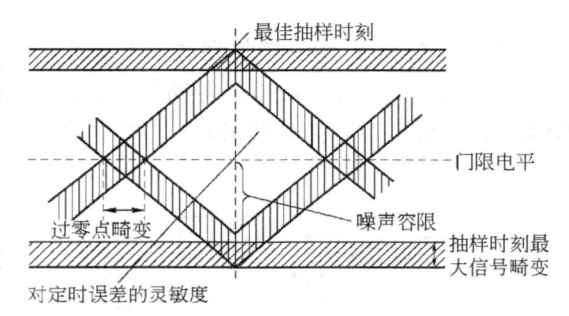

图4.6.2 眼图的模型

(4) 在抽样时刻，上、下两分支离门限最近的一根线迹至门限的距离表示各相应电平的噪声容限，噪声瞬时值超过它就可能发生判决错误。

(5) 对于从信号过零点取平均得到定时信息的接收系统，眼图倾斜分支与横轴相交的区域的大小，表示零点位置的变动范围，这个变动范围的大小对提取定时信息有重要的影响。

4.7 时域均衡

实际的基带传输系统不可能完全满足无码间串扰传输条件，因而码间串扰是不可避免的。当串扰严重时，必须对系统的传输函数 $H(\omega)$ 进行校正，使其接近无码间串扰的要求。理论和实践均表明，在基带系统中插入一种可调（或不可调）滤波器就可以补偿整个系统的幅频特性和相频特性，这个对系统进行校正的过程称为均衡。实现均衡的滤波器称为均衡器。

均衡分为时域均衡和频域均衡。频域均衡是从滤波器的频率特性考虑，利用一个可调LC滤波器的频率特性去补偿基带系统的频率特性，使之满足奈奎斯特准则。而时域均衡则是直接从时间响应考虑，使包括均衡器在内的整个系统的冲激响应满足无码间串扰条件。由于目前数字基带传输系统中主要采用时域均衡，所以这里仅介绍时域均衡原理。

时域均衡的基本思想可用图4.7.1所示波形来简单说明。它是利用波形补偿的方法对失真的波形直接加以校正，这可以利用观察波形的方法直接调节。时域均衡器又称为横向滤波器（见图4.7.2）。

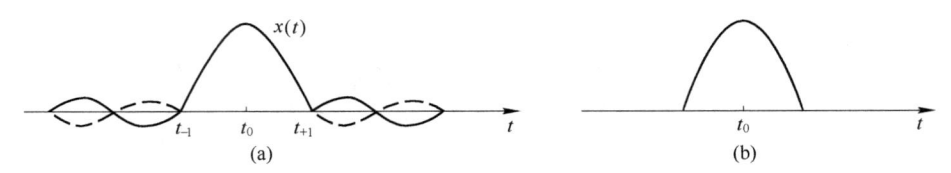

图 4.7.1 时域均衡基本波形

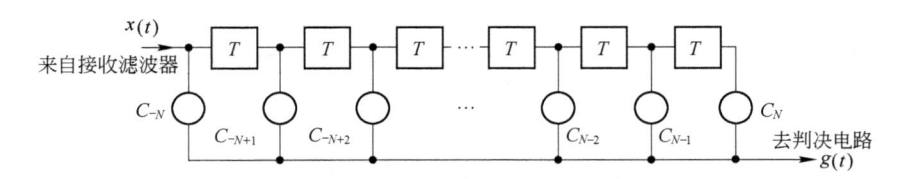

图 4.7.2 横向滤波器方框图

设图 4.7.1(a) 为一接收到的单个脉冲，由于信道特性不理想产生了失真，拖了"尾巴"。在 $t_{-N},\cdots,t_{-1},t_{+1},\cdots,t_{+N}$ 各抽样点上会对其他码元信号造成干扰。如果设法加上一条补偿波形，如图 4.7.1(a) 虚线所示，与拖尾波形大小相等、极性相反，那么这个波形恰好把原来失真波形的"尾巴"抵消掉。校正后的波形不再拖"尾巴"，如图 4.7.1(b) 所示，消除了对其他码元的干扰，达到了均衡的目的。

时域均衡所需要的补偿波形可以由接收到的波形延迟加权得到，所以均衡滤波器实际上主要由一抽头延迟线组成，如图 4.7.2 所示。它共有 $2N+1$ 个抽头，相邻抽头间的延迟时间等于 T，即码元宽度。每个抽头的输出经可变增益(增益可正可负)放大器加权后输出。因此，当输入为有失真的波形 $x(t)$ 时，就可以使相加器输出的信号 $g(t)$ 对其他码元波形的串扰最小。

理论上，只有无限长的均衡滤波器才能把失真波形完全校正。但实际信道一般只会使一个码元脉冲波形对邻近的少数几个码元产生串扰，故实际上只要有一二十个抽头的滤波器就可以了。抽头数过多也会给实现带来困难。

实际应用时，是用示波器观察均衡滤波器输出信号 $g(t)$ 的眼图。通过反复调整各个抽头的 C_i，使"眼睛"张开最大。

现在以只有三个抽头的横向滤波器[如图 4.7.3(a) 所示]为例，说明横向滤波器消除码间串扰的工作原理。

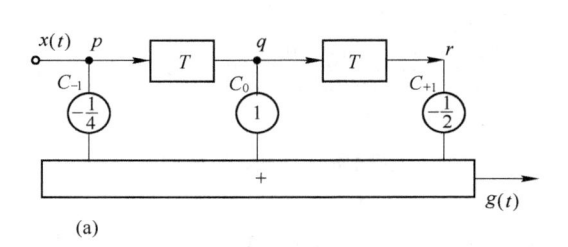

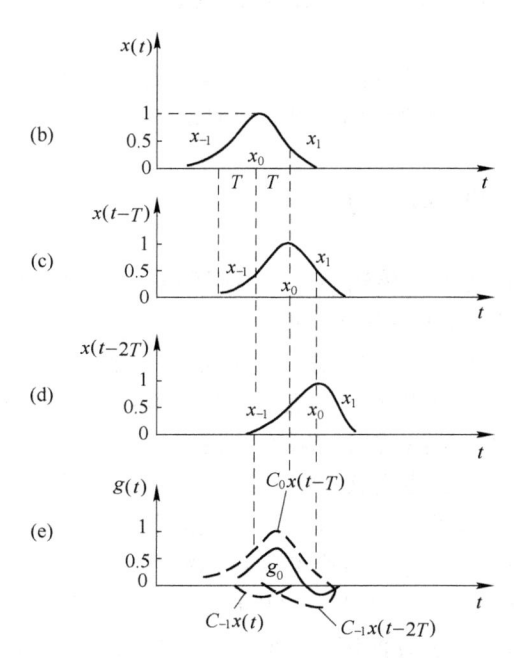

图 4.7.3 横向滤波器的工作原理

假定滤波器的一个输入码元 $x(t)$ 在抽样时刻 t_0 达到最大值 $x_0 = 1$，而在相邻码元的抽样时刻 t_{-1} 和 t_{+1} 上的码间串扰值为 $x_{-1} = 1/4$，$x_{+1} = 1/2$，如图 4.7.3(b) 所示。

$x(t)$ 经过延迟后，在点 q 和点 r 分别得到 $x(t-T)$ 和 $x(t-2T)$，如图 4.7.3(c) 和图 4.7.3(d) 所示。若滤波器三个抽头增益调制为 $C_{-1} = -1/4$、$C_0 = +1$、$C_1 = -1/2$，则调整后的三路波形如图 4.7.3(e) 中虚线所示。三者相加得到最后输出 $g(t)$，其最大值 g_0 出现时刻比 $x(t)$ 的最大值滞后 T，此输出波形在各抽样点上的值等于

$$g_{-2} = C_{-1}x_{-1} = (-1/4)(1/4) = -1/16$$
$$g_{-1} = C_{-1}x_0 + C_0x_{-1} = (-1/4)(1) + (1/4) = 0$$
$$g_0 = C_{-1}x_1 + C_0x_0 + C_1x_{-1} = (-1/4)(1/2) + (1)(1) + (-1/2)(1/4) = 3/4$$
$$g_1 = C_0x_1 + C_1x_0 = (1)(1/2) + (-1/2)(1) = 0$$
$$g_2 = C_1x_1 = (-1/2)(1/2) = -1/4$$

由以上结果可以看出，输出波形的最大值 g_0 降低为 $3/4$，相邻抽样点上消除了码间串扰，即 $g_{-1} = g_1 = 0$，但在其他点上又产生了串扰，即 g_{-2} 和 g_2。总的码间串扰是否会得到改善，需要通过理论分析或观察示波器上显示的眼图得到。显然，码间串扰得到部分克服。

时域均衡按调整方式可分为手动均衡和自动均衡。自动均衡又可分为预置式自动均衡和自适应均衡。预置式均衡是在实际数传之前先传输预先规定的测试脉冲（如重复频率很低的周期性脉冲波形），然后自动（或手动）调整抽头增益；自适应均衡是在数传过程中连续自适应调整，以获得最佳的均衡效果，因此很受重视。这种均衡器过去实现起来比较复杂，但随着大规模、超大规模集成电路和微处理机的应用，发展十分迅速。

均衡技术在无线通信系统中有着广泛的应用。

4.8 部分响应系统

前面讨论中，基带传输系统总特性 $H(\omega)$ 设计成理想低通特性时，以 $H(\omega)$ 带宽 B 的两倍作为码元速率传输码元，不仅能消除码间串扰，还能实现极限频带利用率。但理想低通传输特性实际上是无法实现的，即使能实现，它的冲激响应"尾巴"振荡幅度大、收敛慢，因而对抽样判决定时脉冲要求十分严格，稍有偏差就会造成码间串扰。于是又提出升余弦特性，这种特性的冲激响应虽然"尾巴"振荡幅度减小，对定时脉冲也可放松要求，然而频带利用率却下降了，这对于高速传输尤其不利。

那么，是否存在一种频带利用率既高又使"尾巴"衰减大、收敛快的传输波形呢？下面将给出这种波形。通常把这种波形称为部分响应波形，形成部分响应波形的技术称为部分响应技术，利用这类波形的传输系统称为部分响应系统。

部分响应技术是人为地在一个以上的码元宽度内引入一定数量的码间串扰，这种串扰是人为的、有规律的。这样做能够改变数字脉冲序列的频谱分布，因而达到压缩传输频带，提高频带利用率的目的。近年来在高速、大容量传输系统中，部分响应基带传输系统得到推广与应用，它与频移键控(FSK)或相移键控(PSK)相结合，可以获得性能良好的调制。

4.8.1 部分响应波形

为了阐明一般部分响应波形的概念，这里用一个实例加以说明。

让两个时间上相隔一个码元宽度 T 的 $\sin x/x$ 波形相加，如图 4.8.1(a) 所示，则相加后

的波形为

$$g(t) = \frac{\sin 2\pi W\left(t+\frac{T}{2}\right)}{2\pi W\left(t+\frac{T}{2}\right)} + \frac{\sin 2\pi W\left(t-\frac{T}{2}\right)}{2\pi W\left(t-\frac{T}{2}\right)} \tag{4.8.1}$$

式中，W 为奈奎斯特频率间隔，即有 $W = 1/(2T)$。

不难求得 $g(t)$ 的频谱函数

$$G(\omega) = \begin{cases} 2T\cos\dfrac{\omega T}{2} & |\omega| \leq \pi/T \\ 0 & |\omega| > \pi/T \end{cases} \tag{4.8.2}$$

显然，这个 $G(\omega)$ 是呈余弦型的，如图 4.8.1(b) 所示(只画正频率部分)。

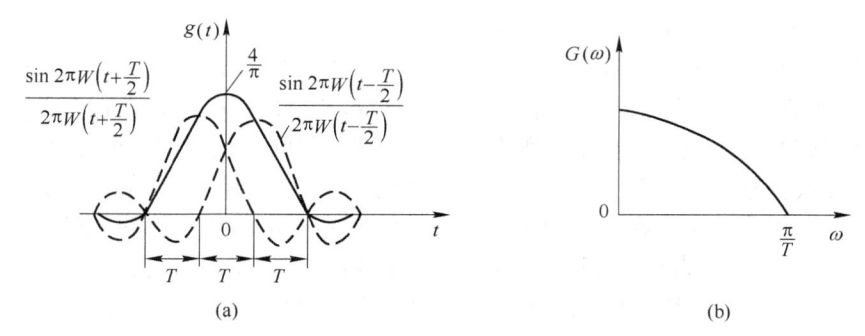

图 4.8.1 $g(t)$ 及其频谱

从式(4.8.2)可得

$$g(t) = \frac{4}{\pi}\left(\frac{\cos \pi t/T}{1 - 4t^2/T^2}\right) \tag{4.8.3}$$

当 $t = 0$、$\pm T/2$、$kT/2(k = \pm 3, \pm 5, \cdots)$ 时

$$g(0) = \frac{4}{\pi}$$

$$g\left(\pm \frac{T}{2}\right) = 1$$

$$g\left(\frac{kT}{2}\right) = 0, \quad k = \pm 3, \pm 5, \cdots$$

由此看出：第一，$g(t)$ 的"尾巴"幅度与 t^2 成反比，比由理想低通形成的 $h(t)$ 衰减大、收敛快；第二，若用 $g(t)$ 作为传送波形，且传送码元宽度为 T，则在抽样时刻上仅发生发送码元与其前后码元相互干扰，而与其他码元不发生干扰，如图 4.8.2 所示。表面上看，由于前、后码元的干扰很大，故似乎无法按 $1/T$ 的速率进行传送。但进一步分析表明，由于这时的干扰是确定的，可以消除，所以仍可按 $1/T$ 传输速率传送码元。

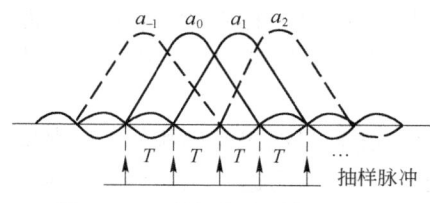

图 4.8.2 码间发生干扰示意图

4.8.2 差错扩散

输入二进制码元序列 $\{a_k\}$，设 a_k 在抽样点上取值为 $+1$ 和 -1。当发送 a_k 时，接收波形

$g(t)$ 在抽样时刻取值为 c_k,则

$$c_k = a_k + a_{k-1} \tag{4.8.4}$$

因此,c_k 将可能有 -2、0 和 $+2$ 三种取值,如表 4.8.1 所示,因而成为一种伪三元序列。如果 a_{k-1} 已经判定,则可从下式确定发送码元

$$a_k = c_k - a_{k-1}$$

表 4.8.1　c_k 的取值

a_{k-1}	a_k	c_k	a_{k-1}	a_k	c_k
+1	+1	+2	+1	-1	0
-1	+1	0	-1	-1	-2

上述判决方法虽然在原理上是可行的,但若有一个码元发生错误,则以后的码元都会发生错误,一直到再次出现传输错误时才能纠正过来,这种现象叫做差错扩散。差错扩散问题在通信系统设计中是一个要必须避免出现与克服的问题。

4.8.3　相关编码和预编码

为了消除差错传播现象,通常将绝对码变换为相对码,而后再进行部分响应编码。也就是说,将 a_k 变成 b_k,其规则为

$$a_k = b_k \oplus b_{k-1} \tag{4.8.5}$$

或

$$b_k = a_k \oplus b_{k-1} \tag{4.8.6}$$

把 $\{b_k\}$ 送给发送滤波器形成前述的部分响应波形 $g(t)$。于是,参照式(4.8.4)可得

$$c_k = b_k + b_{k-1} \tag{4.8.7}$$

然后对 c_k 进行模 2 处理,便可直接得到 a_k,即

$$[c_k]_{\mod 2} = [b_k + b_{k-1}]_{\mod 2} = b_k \oplus b_{k-1} = a_k \tag{4.8.8}$$

上述整个过程不需要预先知道 a_{k-1},故不存在错误传播现象。通常,把 a_k 变成 b_k 的过程叫做"预编码",而把 $c_k = b_k + b_{k-1}$(或 $c_k = a_k + a_{k-1}$)的关系称为相关编码。

上述部分响应系统框图如图 4.8.3 所示,其中图 4.8.3(a)为原理框图,图 4.8.3(b)为实际组成框图。

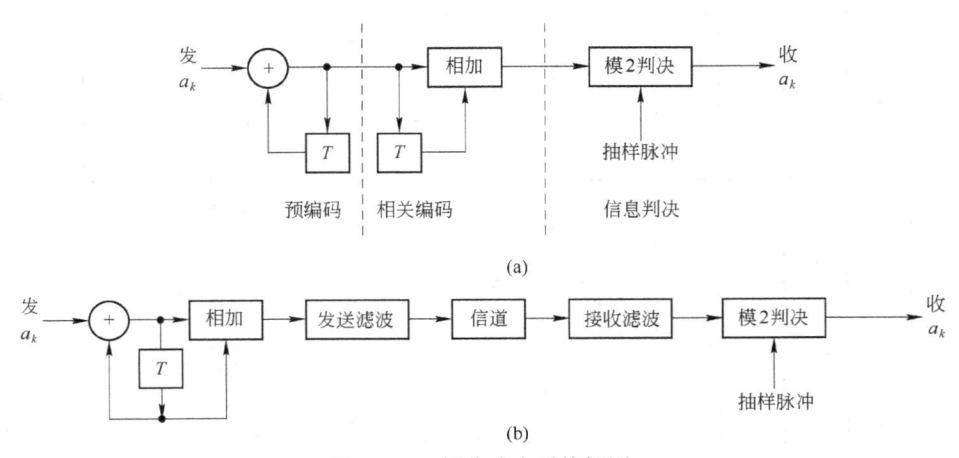

图 4.8.3　部分响应系统框图

4.8.4 部分响应波形的一般表示式

部分响应波形的一般形式可以是 N 个 $\text{Sa}(x)$ 波形之和,其表达式为

$$g(t) = R_1 \frac{\sin\frac{\pi}{T}t}{\frac{\pi}{T}t} + R_2 \frac{\sin\frac{\pi}{T}(t-T)}{\frac{\pi}{T}(t-T)} + \cdots + R_N \frac{\sin\frac{\pi}{T}[t-(N-1)T]}{\frac{\pi}{T}[t-(N-1)T]} \quad (4.8.9)$$

式中,R_1,R_2,$\cdots$,R_N 为 N 个 $\text{Sa}(x)$ 波形的加权系数,其取值可为正、负整数(包括取 0 值)。式(4.8.9)所示部分响应波形频谱函数为

$$G(\omega) = \begin{cases} T\sum_{m=1}^{N} R_m e^{-j\omega(m-1)T} & |\omega| \leqslant \frac{\pi}{T} \\ 0 & |\omega| > \frac{\pi}{T} \end{cases} \quad (4.8.10)$$

显然,$G(\omega)$ 在频域 $(-\pi/T, \pi/T)$ 之内才有非零值。

表 4.8.2 列出了五类部分响应波形、频谱及加权系数 R_N,分别命名为 Ⅰ、Ⅱ、Ⅲ、Ⅳ、Ⅴ 类部分响应信号,为了便于比较,将 $\text{Sa}(x)$ 的理想抽样函数也列入表内,称其为 0 类。可见,前面讨论的例子属于 Ⅰ 类。各类部分响应波形的频谱宽度都不超过理想低通的频谱宽度,但它们的频谱结构和对邻近码元抽样时刻的串扰是不同的。目前应用最多的是第 Ⅰ 类和第 Ⅳ 类。第 Ⅰ 类频谱主要集中在低频段,适于信道频带高频严重受限的场合。第 Ⅳ 类无直流成分,且低频分量很小。由表 4.8.2 还可以看出,第 Ⅰ、Ⅳ 类的抽样电平数比其他几类少。这也是它们得到广泛应用的原因之一。

表 4.8.2 各种部分响应系统

类别	R_2	R_3	R_4	R_5	$g(t)$	$\|G(\omega)\|, \|\omega\| \leqslant \frac{\pi}{T}$	二进制输入时 c_k 的电平数
0	1						2
Ⅰ	1	1				$2T\cos\frac{\omega T}{2}$	3
Ⅱ	1	2	1			$4T\cos\frac{\omega T}{2}$	5
Ⅲ	2	1	-1			$2T\cos\frac{\omega T}{2}\sqrt{5-4\cos\omega T}$	5

类别	R_2	R_3	R_4	R_5	$g(t)$	$\|G(\omega)\|, \|\omega\| \leq \dfrac{\pi}{T}$	二进制输入时 c_k 的电平数
IV	1	0	−1		(波形图) $2T\sin\omega T$		3
V	−1	0	2	0	−1	(波形图) $4T\sin^2\omega T$	5

与前述相似，为了避免"差错传播"现象，可在发送端进行编码

$$a_k = R_1 b_k + R_2 b_{k-1} + \cdots + R_N b_{k-(N-1)} \quad （按模 L 相加） \tag{4.8.11}$$

这里，设 $\{a_k\}$ 为 L 进制序列，$\{b_k\}$ 为预编码后的新序列。

将预编码后的 $\{b_k\}$ 进行相关编码，则有

$$c_k = R_1 b_k + R_2 b_{k-1} + \cdots + R_N b_{k-(N-1)} \quad （算术加） \tag{4.8.12}$$

由式(4.8.11)和式(4.8.12)可得

$$a_k = [c_k]_{\mathrm{mod}\, L}$$

这就是所希望的结果。此时不存在差错传播问题，而且接收端译码十分简单，只需对 c_k 进行模 L 运算即可得 a_k。

本 章 小 结

常用数字基带信号码型有单、双极性不归零码和单、双极性归零码、AMI 码、HDB_3 码、CMI 码、Miller 码等。通过对它们功率谱密度的分析，可以了解信号各频率分量大小，以便选择适合于线路传输的序列波形，并对信道频率特性提出合理要求。

数字基带信号传输时，要考虑码元间的相互干扰，即码间串扰问题。奈奎斯特第一准则给出了抽样无失真条件，理想低通型 $H(\omega)$ 和升余弦 $H(\omega)$ 都能满足奈奎斯特第一定理，但升余弦的频带利用率低于 2 Baud/Hz 的极限利用率。

由于实际信道特性很难预先知道，故码间串扰也在所难免。为了实现最佳化传输，常常采用眼图监测系统性能，并且采用均衡器和部分响应技术改善系统性能。

思考与练习

4-1 什么是基带信号？基带信号有哪几种常用的形式？

4-2 设二进制符号序列为 110010001110，试以矩形脉冲为例，分别画出相应的单极性码、双极性码、单极性归零码、双极性归零码、二进制差分码。

4-3　已知信息代码为100000000011，求相应的AMI码和HDB_3码。

4-4　一个以矩形脉冲为基础的全占空双极性二进制随机脉冲序列，"1"码和"0"码分别用1电平和-1电平表示，"1"码出现的概率$P=0.6$，"0"码出现的概率$P=0.4$。

（1）求该随机脉冲序列的稳态项$v(t)$；

（2）该随机脉冲序列中有没有直流和基波(R_B)成分，如果有，通过稳态项求出它们的数值；

（3）写出该随机脉冲序列功率谱密度$P_d(\omega)$的表达式。

4-5　同题4-4情况，改为半占空双极性随机脉冲序列，求该随机脉冲序列的稳态$v(t)$。

4-6　什么是码间串扰？它是怎样产生的？有什么不好的影响？应该怎样消除或减小？

4-7　能满足无码间串扰条件的传输特性冲激响应$h(t)$是怎样的？为什么说能满足无码间串扰条件的$h(t)$不是唯一的？

4-8　基带传输系统中传输特性带宽是怎样定义的？与信号带宽的定义有什么不同？

4-9　什么叫眼图？它有什么用处？为什么双极性码与AMI码的眼图具有不同形状？

4-10　设随机二进制脉冲序列的码元间隔为T，经过理想抽样以后，送到如题图4.1所示的几种滤波器，指出哪几种会引起码间串扰，哪几种不会引起码间串扰？

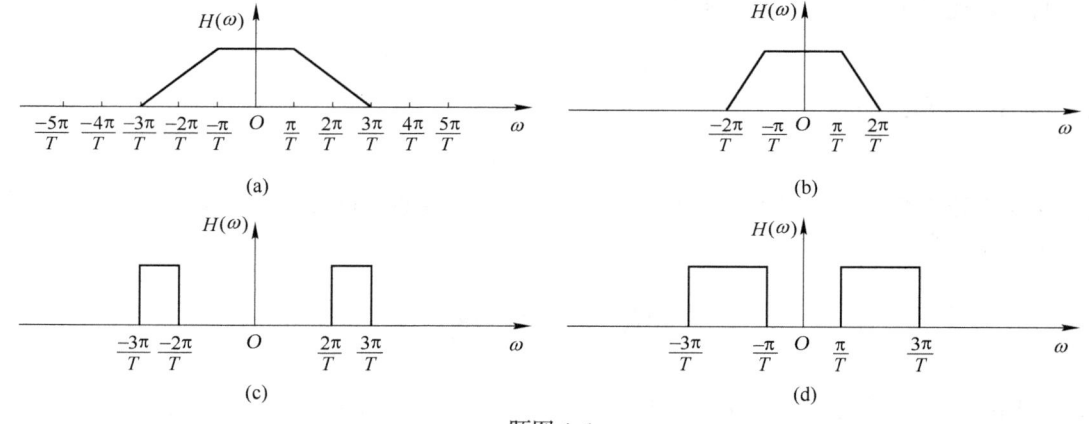

题图4.1

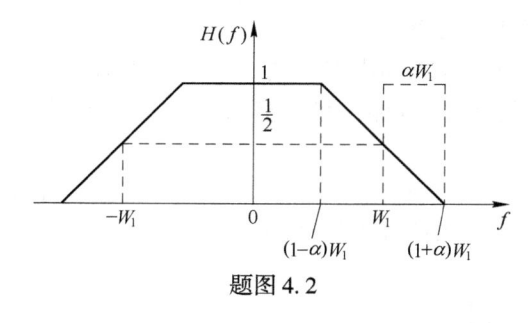

4-11　已知基带传输系统总特性为如题图4.2所示的直线滚降特性。

（1）求冲激响应$h(t)$；

（2）当传输速率为$2W_1$时，在抽样点有无码间串扰？

（3）与理想低通特性比较，由码元定时误差所引起的码间串扰是增大还是减小？

题图4.2

4-12　已知滤波器的$H(\omega)$具有如题图4.3所示的特性（码元速率变化时特性不变），当采用以下码元速率（假设码元经过了理想抽样才加到滤波器）时：

（a）码元速率$R_B=1\,000$ Baud；（b）码元速率$R_B=4\,000$ Baud；（c）码元速率$R_B=1\,500$ Baud；（d）码元速率$R_B=3\,000$ Baud。

问：(1) 哪种码元速率不会产生码间串扰？
(2) 哪种码元速率根本不能用？
(3) 哪种码元速率会引起码间串扰，但还可以用？
(4) 如果滤波器的 $H(\omega)$ 改为如题图 4.4 所示，重新回答问题(1)、(2)、(3)。

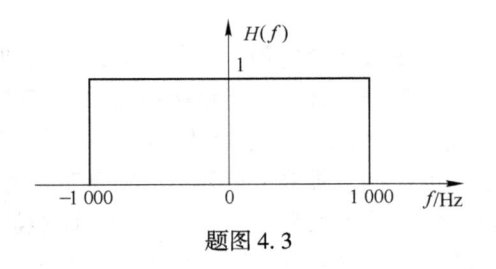

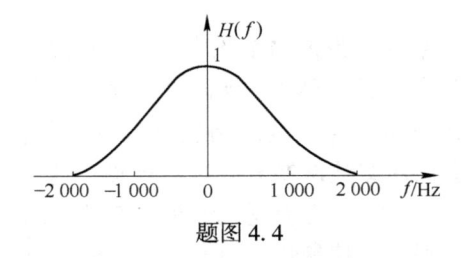

题图 4.3

题图 4.4

4-13　为了传送码元速率 $R_B = 1\,000$ Baud 的数字基带信号，试问系统采用如题图 4.5 所示的哪一种传输特性较好？并简要说明其理由。

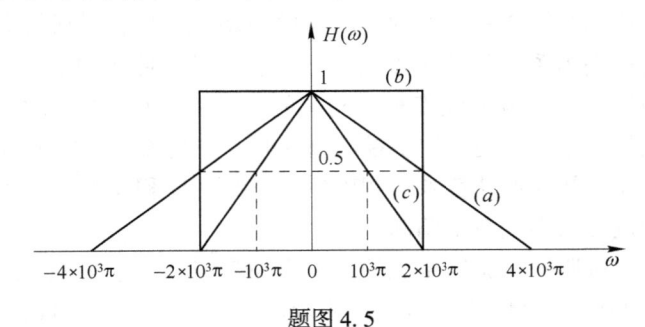

题图 4.5

4-14　推导单极性信号的误码率公式。

4-15　一个不考虑码间串扰的基带二进制传输系统，二进制码元序列中 1 码判决时刻的信号值为 1 V，0 码判决时刻的信号值为 0，已知噪声均值为 0，方差 σ^2 为 10 mW，求误码率 P_e。

4-16　部分响应系统实现频带利用率为 2 Baud/Hz 的原理是什么？

4-17　时域均衡怎样改善系统的码间串扰？

第5章 数字频带传输系统

在数字基带传输系统中,为了使数字基带信号能够在信道中传输,要求信道具有低通形式的传输特性。然而,实际应用中大多数信道具有带通传输特性,不能直接传输数字基带信号,必须借助连续波调制进行频率搬移,将数字基带信号变成适于信道传输的数字频带信号,进而用载波调制方式进行传输。这里所谓的连续波调制,通常是指利用数字基带信号对载波波形的某些参量进行控制,使载波的这些参量随数字基带信号的变化而变化,而载波通常为正弦波,其参数为幅度、频率和相位。因此,数字信号的载波调制可分为3种方式,即幅移键控(ASK)、频移键控(FSK)和相移键控(PSK),分别对应于利用正弦波的幅度、频率和相位来传递数字基带信号。

数字信号的载波调制与第3章讨论的连续波模拟调制相比,调制的本质并无差异,都是进行频谱搬移,目的都是为了有效地传输信息;区别在于基带调制信号,前者是数字的,后者是模拟的。由于数字基带信号在幅度和时间上的离散性,因此在实现数字调制时,除了可以使用前面的模拟调制方法外,还可用键控法来实现,并且该方法更为方便。因为键控法用数字电路实现时,具有调制变换速度快、调整测试方便、体积小和设备可靠等优点。因此,本章将着重讨论利用键控法实现数字调制。

本章在重点讨论二进制数字调制系统的基本原理基础上,将对其抗噪声性能进行分析和比较,之后介绍多进制数字调制系统的基本原理和技术,最后结合现代通信系统的发展趋势,简要介绍几种具有代表性的数字调制新技术。

【本章核心知识点与关键词】

ASK FSK PSK 键控法 相对相移键控(DPSK) 反相工作(相位模糊) 多进制调制 星座图 QAM MSK OFDM

5.1 二进制幅移键控(2ASK)

二进制幅移键控(2ASK,2 Amplitude Shift Keying),通常也称为开关键控或者通断键控(OOK,On Off Keying),它是一种基本的数字调制方式。由于2ASK抗干扰性能差,因此逐渐被2FSK和2PSK代替。但随着对信息传输速率要求的提高,多进制数字幅度调制(MASK)又得到了人们的重视。本节将对2ASK的基本原理、频谱、带宽特性以及抗噪声性能进行分析。

5.1.1 基本原理

2ASK是利用代表数字信息"0"或"1"的基带矩形脉冲去键控正弦型载波的幅度,使载波时断时续地输出。有载波输出时表示发送"1",无载波输出时表示发送"0"。借助于第3章幅度调制的原理,2ASK信号可表示为

$$s(t) = d(t)\cos \omega_c t \tag{5.1.1}$$

式中，ω_c 为载波角频率，$d(t)$ 为单极性 NRZ 矩形脉冲序列，其表达式为

$$d(t) = \sum_n a_n g(t - nT_b) \tag{5.1.2}$$

其中，$g(t)$ 是持续时间为 T_b、幅度为 1 的矩形脉冲，常称为门函数；a_n 为需要传输的二进制数字，可表示为

$$a_n = \begin{cases} 1 & \text{出现概率为 } P \\ 0 & \text{出现概率为 } 1-P \end{cases} \tag{5.1.3}$$

注意，这里 a_n 的取值只能是单极性信号形式，不能是双极性信号形式。

产生 2ASK 信号的方法，或者调制方法，主要有 2 种，如图 5.1.1 所示。图 5.1.1(a) 是一般的模拟幅度调制方法，这里的 $d(t)$ 由式(5.1.2)规定；图 5.1.1(b) 是一种键控方法，这里的开关电路受 $d(t)$ 控制。图 5.1.1(c) 给出了 $d(t)$ 及 $s(t)$ 的波形示例。

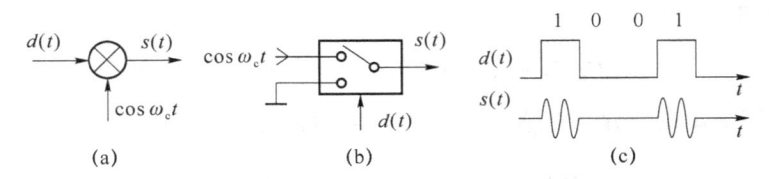

图 5.1.1 2ASK 信号产生方法及波形示例

在接收端，2ASK 信号解调的常用方法主要有 2 种，即包络检波法和相干检测法。

包络检波法的原理方框图如图 5.1.2 所示。带通滤波器(BPF)使 2ASK 信号完整地通过，同时滤除带外噪声；经包络检测后，输出其包络；经抽样、判决后将码元再生，即可恢复出数字序列 $\{a_n\}$。

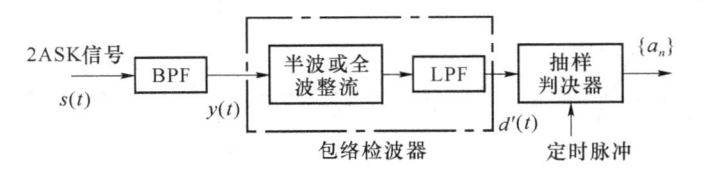

图 5.1.2 2ASK 信号的包络解调

相干检测法原理方框图如图 5.1.3 所示。相干检测就是同步解调，要求接收机产生一个与发送载波同频同相的本地载波信号，称其为同步载波或相干载波。利用此载波与收到的已调信号相乘，输出为

$$z(t) = y(t)\cos\omega_c t = d(t)\cos^2\omega_c t = \frac{1}{2}d(t) + \frac{1}{2}d(t)\cos 2\omega_c t \tag{5.1.4}$$

图 5.1.3 2ASK 信号的相干解调

经低通滤波器(LPF)滤除高频分量后，即可输出 $d(t)$ 信号。低通滤波器的截止频率与基

带数字信号的最高频率相等。由于噪声影响及传输特性的不理想，低通滤波器输出波形有失真，经抽样判决、整形后再生数字基带脉冲。因为在2ASK相干解调法中，需要在接收端产生相干载波$\cos \omega_c t$，会给接收设备增加复杂性。因此，实际应用中很少采用相干解调法来解调2ASK信号。

5.1.2 功率谱及带宽

由于2ASK信号$s(t)$可以表示为

$$s(t) = d(t)\cos \omega_c t \tag{5.1.5}$$

式(5.1.5)中，$d(t)$是代表信息的随机单极性矩形脉冲序列，具体表达式如式(5.1.2)所示。

现设$d(t)$的功率谱密度为$P_a(f)$，$s(t)$的功率谱密度为$P_s(f)$，则由式(5.1.5)表示的时域关系，可以证得

$$P_s(f) = \frac{1}{4}[(P_a(f+f_c) + P_a(f-f_c)] \tag{5.1.6}$$

$P_a(f)$可按照第4章的方法直接导出。对于单极性NRZ码，有

$$P_a(f) = \frac{1}{4}T_b \text{Sa}^2(\pi f T_b) + \frac{1}{4}\delta(f) \tag{5.1.7}$$

将式(5.1.7)代入式(5.1.8)，得2ASK信号功率谱

$$P_s(f) = \frac{T_b}{16}\{\text{Sa}^2[\pi(f+f_c)T_b] + \text{Sa}^2[\pi(f-f_c)T_b]\} + \frac{1}{16}[\delta(f+f_c) + \delta(f-f_c)] \tag{5.1.8}$$

其示意图如图5.1.4所示。

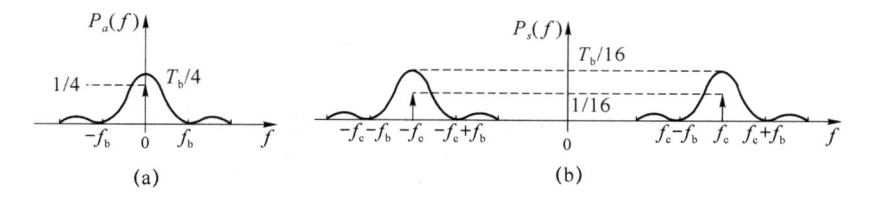

图5.1.4 2ASK信号的功率谱

从图5.1.4描述的2ASK信号的功率谱可以看到：

（1）2ASK信号的功率谱是$d(t)$信号功率谱的线性搬移，属于线性调制；

（2）2ASK信号的功率谱由连续谱和离散谱两部分组成，其中，连续谱取决于数字基带信号$d(t)$经线性调制后的双边带谱，而离散谱则处在载波频率位置上；

（3）如同第3章分析的双边带调制原理一样，2ASK信号的带宽B_{2ASK}是数字基带信号带宽B_s的2倍，或者码元重复频率的2倍，即

$$B_{2ASK} = 2f_b \tag{5.1.9}$$

（4）因为系统的传码率$R_B = 1/T_b$，故2ASK系统的频带利用率为

$$\eta = \frac{\frac{1}{T_b}}{\frac{2}{T_b}} = \frac{f_b}{2f_b} = \frac{1}{2} \quad \text{Baud/Hz} \tag{5.1.10}$$

这意味着用 2ASK 方式传送码元速率为 R_B 的二进制数字信号时,要求该系统的带宽至少为 $2R_B$。

例 5.1.1 设电话信道具有理想的带通特性,频率范围为 300～3 400 Hz,试问该信道在单向传输 2ASK 信号时最大的传码率为多少?

解 电话信道带宽 $B = 3\,400 - 300 = 3\,100$ Hz。该信道在传送 2ASK 信号时,根据式(5.1.9)可知

$$f_b = \frac{1}{T_b} = \frac{B_{2ASK}}{2} = 1\,550 \text{ 波特}$$

则最大的传码率为 1 550 B。

5.1.3 抗噪声性能分析

如前所述,通信系统的抗噪声性能是指系统克服加性噪声的能力,在数字系统中它通常采用误码率来衡量,图 5.1.5 给出 2ASK 抗噪声性能分析模型。由于加性噪声被认为只对信号的接收产生影响,故分析系统的抗噪声性能只需考虑接收部分。同时认为这里的信道加性噪声既包括实际信道中的噪声,也包括接收设备噪声折算到信道中的等效噪声。

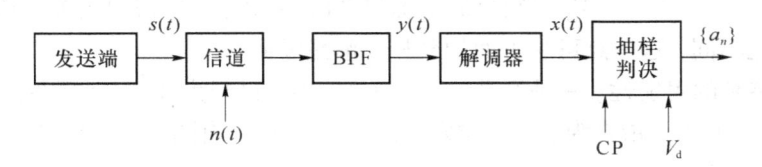

图 5.1.5 2ASK 抗噪声性能分析模型

基于上述分析,对于图 5.1.5 给出的模型,结合图 5.1.2 和图 5.1.3 对应解调器结构,假设系统中信号、噪声、BPF 和解调器中的 LPF 满足如下条件:

(1) 系统中信号为

$$s(t) = \begin{cases} A\cos\omega_c t & \text{发 "1"} \\ 0 & \text{发 "0"} \end{cases} \tag{5.1.11}$$

$s(t)$ 通过信道后,到达接收端 BPF 后,仅考虑只有幅度衰减,即幅度由 A 变为 a。

(2) 信道加性噪声为高斯白噪声 $n(t)$,其均值为 0、方差为 σ_n^2,双边功率谱密度为 $n_0/2$;

(3) BPF 传递函数是幅度为 1、宽度为 $2f_b$、中心频率为 f_c 的矩形,它恰好让信号无失真地通过,并抑制带外噪声进入;

(4) LPF 传递函数是幅度为 1、宽度为 f_b 的矩形,它让基带信号主瓣的能量通过。

当系统采用包络检波法时,模型中解调器为由半波或者全波整流器加低通滤波器组成的包络检测器,如图 5.1.2 所示;当系统采用相干检测法时,解调器由相关检测器加低通滤波器组成,如图 5.1.3 所示。假设抽样、判决的同步时钟 CP 准确,判决门限为 V_d。

1. 包络检测时 2ASK 系统的误码率

对于图 5.1.5 所示的接收系统,其解调器为包络检测器,则 BPF 的输出为

$$y(t) = s(t) + n_i(t) = \begin{cases} a\cos\omega_c t + n_c(t)\cos\omega_c t - n_s(t)\sin\omega_c t & \text{发 "1"} \\ n_c(t)\cos\omega_c t - n_s(t)\sin\omega_c t & \text{发 "0"} \end{cases} \tag{5.1.12}$$

其中，$n_i(t) = n_c(t)\cos\omega_c t - n_s(t)\sin\omega_c t$ 为高斯白噪声经 BPF 后的窄带高斯噪声。

经包络检波器检测，输出包络信号为

$$x(t) = \begin{cases} \sqrt{[a+n_c(t)]^2 + n_s^2(t)} & \text{发"1"} \\ \sqrt{n_c^2(t) + n_s^2(t)} & \text{发"0"} \end{cases} \quad (5.1.13)$$

由式(5.1.13)可知，发"1"时，接收带通滤波器 BPF 的输出 $y(t)$ 为正弦波加窄带高斯噪声形式；发"0"时，接收带通滤波器 BPF 的输出 $y(t)$ 为纯粹窄带高斯噪声形式。于是，根据第 2 章的分析结果，可以得到结论：

发"1"时，BPF 输出包络 $x(t)$ 其一维概率密度函数 $f_1(x)$ 服从莱斯分布；

发"0"时，BPF 输出包络 $x(t)$ 其一维概率密度函数 $f_0(x)$ 服从瑞利分布，如图 5.1.6 所示。

$x(t)$ 亦即抽样判决器输入信号，对其进行抽样判决后即可确定接收码元是"1"还是"0"。倘若 $x(t)$ 的抽样值 $x > V_d$，则判为"1"；若 $x \le V_d$，判为"0"。显然，选择什么样的判决门限电平 V_d 与判决的正确程度(或错误程度)密切相关。选定的 V_d 不同，得到的误码率也不同，这一点可从下面的分析中清楚看到。

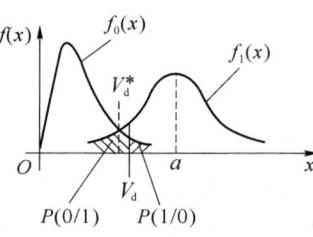

图 5.1.6 包络检波时误码率的几何表示

存在 2 种错判的可能性：一是发送的码元为"1"时，错判为"0"，其概率记为 $P(0/1)$；二是发送的码元为"0"时，错判为"1"，其概率记为 $P(1/0)$。由图 5.1.6 可知

$$P(1/0) = P(x > V_d) = \int_{V_d}^{\infty} f_0(x)dx = S_0 \quad (5.1.14)$$

$$P(0/1) = P(x \le V_d) = \int_0^{V_d} f_1(x)dx = S_1 \quad (5.1.15)$$

式中，S_0、S_1 分别为图 5.1.6 所示阴影面积。假设发送"1"码的概率为 $P(1)$，发送"0"码的概率为 $P(0)$，则系统的总误码率 P_e 为

$$P_e = P(1)P(0/1) + P(0)P(1/0) \quad (5.1.16)$$

当 $P(1) = P(0) = 1/2$，即等概率时

$$P_e = \frac{1}{2}[P(0/1) + P(1/0)] = \frac{1}{2}(S_0 + S_1) \quad (5.1.17)$$

也就是说，P_e 就是图 5.1.6 中两块阴影面积之和的 1/2。不难看出，当 $V_d = V_d^* = a/2$ 时，该阴影面积之和最小，即误码率 P_e 最低，称此时误码率获最小值的门限 V_d^* 为最佳门限。可以证明，对应误码率为

$$P_e = \frac{1}{4}\text{erfc}\left(\sqrt{\frac{r}{4}}\right) + \frac{1}{2}e^{-\frac{r}{4}} \quad (5.1.18)$$

当大信噪比的情况下，可以证明，这时系统的误码率近似为

$$P_e \approx \frac{1}{2}e^{-\frac{r}{4}} \quad (5.1.19)$$

式中，$r = \dfrac{a^2}{2\sigma_n^2}$ 为解调器输入"1"时的信噪比。由此可见，包络解调 2ASK 系统的误码率随输入信噪比 r 的增大近似地按指数规律下降。

必须指出，式(5.1.18)是在等概率、最佳门限下推导得出的；式(5.1.19)适用条件是等概率、大信噪比、最佳门限条件，因此，在公式使用时应注意适用条件。

2. 相干解调时 2ASK 系统的误码率

对于图 5.1.5 所示的接收系统，其解调器为相干检测器，则 BPF 的输出如式(5.1.12)所示。为了便于处理取本地载波为 $2\cos \omega_c t$，参考图 5.1.3，则乘法器输出

$$z(t) = 2y(t)\cos \omega_c t \tag{5.1.20}$$

将式(5.1.12)代入，并经低通滤波器滤除高频分量，在抽样判决器输入端得到

$$x(t) = \begin{cases} a + n_c(t) & 发"1" \\ n_c(t) & 发"0" \end{cases} \tag{5.1.21}$$

根据第 2 章的分析可知，$n_c(t)$ 为高斯噪声，因此，无论是发送"1"还是"0"，$x(t)$ 的一维概率密度 $f_1(x)$、$f_0(x)$ 都是方差为 σ_n^2 的正态分布函数，只是前者均值为 a，后者均值为 0，即

$$f_1(x) = \frac{1}{\sqrt{2\pi}\sigma_n}\exp\left[-\frac{(x-a)^2}{2\sigma_n^2}\right] \quad 发"1" \tag{5.1.22}$$

$$f_0(x) = \frac{1}{\sqrt{2\pi}\sigma_n}\exp\left(-\frac{x^2}{2\sigma_n^2}\right) \quad 发"0" \tag{5.1.23}$$

式中，σ_n^2 是带通滤波器输出噪声的平均功率，可以表示为

$$\sigma_n^2 = n_0 B_{2ASK} = 2n_0 f_b \tag{5.1.24}$$

它们的概率密度曲线如图 5.1.7 所示。

类似于包络检波时的分析，不难看出：若仍令判决门限电平为 V_d，则将"0"错判为"1"的概率 $P(1/0)$ 以及将"1"错判为"0"的概率 $P(0/1)$ 分别为

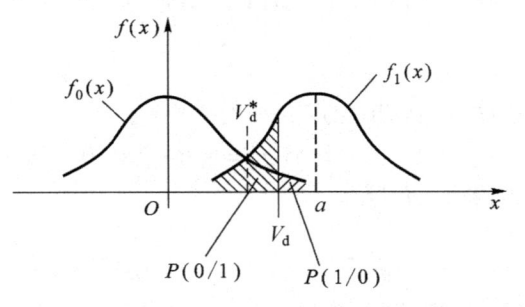

图 5.1.7 同步检测时误码率的几何表示

$$P(1/0) = P(x > V_d) = \int_{V_d}^{\infty} f_0(x)\mathrm{d}x = S_0 \tag{5.1.25}$$

$$P(0/1) = P(x \leqslant V_d) = \int_{-\infty}^{V_d} f_1(x)\mathrm{d}x = S_1 \tag{5.1.26}$$

式中，S_0、S_1 分别为图 5.1.7 所示的阴影面积。假设 $P(1) = P(0) = 1/2$，则系统的总误码率 P_e 为

$$\begin{aligned} P_e &= P(1)P(0/1) + P(0)P(1/0) \\ &= \frac{1}{2}[P(0/1) + P(1/0)] = \frac{1}{2}(S_0 + S_1) \end{aligned} \tag{5.1.27}$$

并且不难看出，最佳门限 $V_d^* = a/2$。

综合式(5.1.22)~式(5.1.27)，可以证明，这时系统的误码率为

$$P_e = \frac{1}{2}\mathrm{erfc}\left(\frac{\sqrt{r}}{2}\right) \tag{5.1.28}$$

式中，$r = \dfrac{a^2}{2\sigma_n^2}$ 为解调器输入"1"时的信噪比。当 $r \gg 1$ 时，式(5.1.28)近似为

$$P_e \approx \frac{1}{\sqrt{\pi r}} e^{-\frac{r}{4}} \qquad (5.1.29)$$

式(5.1.29)表明,随着输入信噪比的增加,系统的误码率将更迅速地按指数规律下降。

必须注意,式(5.1.28)的适用条件是等概率、最佳门限;式(5.1.29)的适用条件是等概率、大信噪比、最佳门限。

比较式(5.1.29)和式(5.1.19)可以看出,在相同大信噪比情况下,2ASK 信号相干解调时的误码率总是低于包络检波时的误码率,即相干解调 2ASK 系统的抗噪声性能优于非相干解调系统,但两者相差并不太大。然而,包络检波法解调不需要稳定的本地相干载波,故在电路上要比相干解调简单得多。

另外,包络检波法存在门限效应,同步检测法无门限效应。所以,一般而言,对 2ASK 系统,大信噪比条件下使用包络检测,即非相干解调,而小信噪比条件下使用相干解调。

例5.1.2 设某 2ASK 信号的码元速率 $R_B = 4.8 \times 10^6$ Baud,接收端输入信号的幅度 $a = 1$ mV,信道中加性高斯白噪声的单边功率谱密度 $n_0 = 2 \times 10^{-15}$ W/Hz。试求:

(1)包络检波法解调时系统的误码率;
(2)同步检测法解调时系统的误码率。

解:(1)接收端带通滤波器带宽

$$B = \frac{2}{T_b} = 9.6 \times 10^6 \text{ Hz}$$

带通滤波器输出噪声的平均功率

$$\sigma_n^2 = n_0 B = 2 \times 10^{-15} \times 9.6 \times 10^6 = 1.92 \times 10^{-8} \text{ W}$$

解调器输入信噪比

$$r = \frac{a^2}{2\sigma_n^2} = \frac{10^{-6}}{2 \times 1.92 \times 10^{-8}} \approx 26 \gg 1$$

于是,根据式(5.1.19)可得包络检波法解调时系统的误码率

$$P_e = \frac{1}{2} e^{-\frac{r}{4}} = \frac{1}{2} e^{-6.5} = 7.5 \times 10^{-4}$$

(2)同理,根据式(5.1.28)可得同步检测法解调时系统的误码率

$$P_e = \frac{1}{\sqrt{\pi r}} e^{-r/4} = 1.67 \times 10^{-4}$$

5.2 二进制频移键控(2FSK)

二进制数字频率调制又称为频移键控(2FSK, 2 Freguency Shift Keying),是一种出现较早的数字调制方式。由于 2FSK 调制幅度不变,它的抗衰落和抗噪声性能均优于 2ASK,同时设备简单,因此一直被广泛应用于中、低速数据传输系统中。根据相邻 2 个码元调制波形的相位是否连续,可进一步将 FSK 分为相位连续的 FSK 及相位不连续的 FSK,并分别记为 CPFSK 及 DPFSK。目前,FSK 技术已经有了相当大的发展,多进制频移键控(MFSK)、最小频移键控(MSK)以及高斯最小频移键控(GMSK)等技术,以其良好的性能,在无线信道中得到广泛的应用。

本节将针对 2FSK 的调制和解调原理、频谱、带宽特性以及抗噪声性能等方面进行分析。

5.2.1 调制原理与实现方法

2FSK 用正弦型载波的频率来传送数字消息,也就是用所传送的数字消息控制载波的频率,符号"1"对应于载频 f_1,符号"0"对应于载频 f_2,而且 f_1 与 f_2 之间的改变是瞬间完成的。因此,2FSK 信号可以表示为

$$s(t) = \begin{cases} A\cos(\omega_1 t + \varphi_1) & 发"1" \\ A\cos(\omega_2 t + \varphi_2) & 发"0" \end{cases} \tag{5.2.1}$$

式中,φ_1 和 φ_2 表示初始相位,$\omega_1 = 2\pi f_1$ 和 $\omega_2 = 2\pi f_2$ 分别为码元"1"和码元"0"对应的角频率,A 为常数,表示载波幅度。

产生 2FSK 信号的方法主要有 2 种,即模拟调频法和键控法。模拟调频法是利用一个矩形脉冲序列对载波进行调频,是 2FSK 通信方式早期采用的实现方法,其实现框图如图 5.2.1(a)所示。2FSK 键控法则是利用受矩形脉冲序列控制的开关电路,对 2 个不同的独立频率源进行选通,原理如图 5.2.1(b)所示。键控法的特点是转换速度快、波形好、稳定度高且易于实现,故应用广泛。2FSK 信号波形如图 5.2.1(c)所示。图中 $d(t)$ 为代表信息的二进制矩形脉冲序列,$s(t)$ 即是 2FSK 信号。

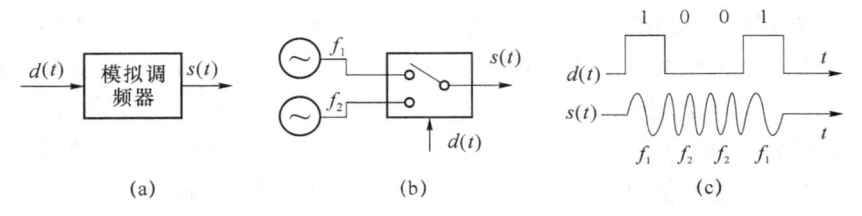

图 5.2.1 2FSK 信号产生方法及波形示例

根据图 5.2.1(b)所示 2FSK 信号的产生原理,已调信号的表达式可以写为

$$s(t) = d(t)\cos(\omega_1 t + \varphi_1) + \overline{d(t)}\cos(\omega_2 t + \varphi_2) \tag{5.2.2}$$

式(5.2.2)中,$d(t)$ 为单极性 NRZ 矩形脉冲序列,其表达式为

$$d(t) = \sum_n a_n g(t - nT_b) \tag{5.2.3}$$

$$a_n = \begin{cases} 1 & 概率为 P \\ 0 & 概率为 1-P \end{cases} \tag{5.2.4}$$

$g(t)$ 是持续时间为 T_b、幅度为 1 的门函数;$\overline{d(t)}$ 为对 $d(t)$ 逐个码元取反而形成的脉冲序列,即

$$\overline{d(t)} = \sum_n \bar{a}_n g(t - nT_b) \tag{5.2.5}$$

$\bar{a}_n$ 是 a_n 的反码,即若 $a_n = 0$,则 $\bar{a}_n = 1$;若 $a_n = 1$,则 $\bar{a}_n = 0$,于是

$$\bar{a}_n = \begin{cases} 0 & 概率为 P \\ 1 & 概率为 1-P \end{cases} \tag{5.2.6}$$

φ_1 和 φ_2 分别表示第 n 个信号码元的初相位,通常与 n 无关,反映在 $s(t)$ 上,仅表现为当 ω_1 与 ω_2 改变时其相位是否连续的特性。

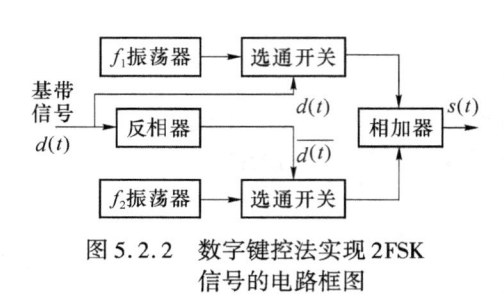

图 5.2.2 数字键控法实现 2FSK 信号的电路框图

进一步分析式(5.2.2)可以看出，一个 2FSK 信号可视为 2 路 2ASK 信号的合成，其中一路以 $d(t)$ 为基带信号、ω_1 为载频，另一路以 $\overline{d(t)}$ 为基带信号、ω_2 为载频。

图 5.2.2 给出的是用键控法实现 2FSK 信号的电路框图，2 个独立的载波发生器的输出受控于输入的二进制信号，按"1"或"0"分别选择一个载波作为输出。

5.2.2 2FSK 信号的解调

2FSK 信号的解调方法很多，如鉴频法、包络检波法、相干检测法、过零检测法、差分检测法等。鉴频法的原理已在第 3 章介绍过，下面仅就包络检波法、相干检测法、过零检测法和差分检测法进行介绍。

1. 包络检波法

2FSK 信号的包络检波法解调方框图如图 5.2.3 所示，其可视为由 2 路 2ASK 解调电路组成。这里，2 个带通滤波器 BPF1 和 BPF2 的带宽相同，皆为 $2f_b$，但中心频率不同，分别为 f_1、f_2，用以分开 2 路 2ASK 信号。上支路对应 $y_1(t) = d(t)\cos(\omega_1 t + \varphi_1)$，下支路对应 $y_2(t) = \overline{d(t)}\cos(\omega_2 t + \varphi_2)$，经包络检测后分别取出它们的包络 $d(t)$ 和 $\overline{d(t)}$；抽样判决器起比较器的作用，把 2 路包络信号同时送到抽样判决器进行比较，从而判决输出基带数字信号。若上、下支路 $d(t)$ 和 $\overline{d(t)}$ 的抽样值分别用 v_1、v_2 表示，则抽样判决器的判决准则为

$$\begin{cases} v_1 > v_2 & \text{判为"1"} \\ v_1 < v_2 & \text{判为"0"} \end{cases}$$

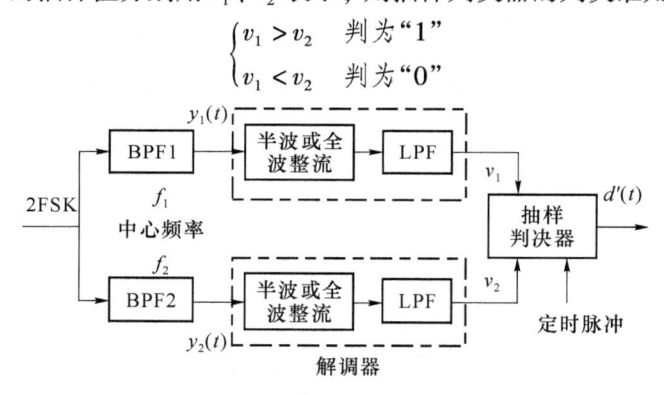

图 5.2.3 2FSK 信号包络检波方框图

2. 相干检测法

相干检测原理方框图如图 5.2.4 所示。图中 BPF1 和 BPF2 的参数和作用与图 5.2.3 中的相同。BPF1 和 BPF2 的输出分别与相应的同步相干载波相乘，再分别经低通滤波器，提取出含基带数字信息的低频信号，抽样判决器在抽样脉冲到来时对 2 个低频信号的抽样值 v_1、v_2 进行比较判决，其判决规则同于包络检波法，即可还原出基带数字信号。

3. 过零检测法

单位时间内信号经过零点的次数的多少，可以用来衡量信号频率的高低。2FSK 信号的

过零点数随不同载频而不同,故检出过零点数目,就可以得到关于频率的差异,这就是过零检测法的基本思想。

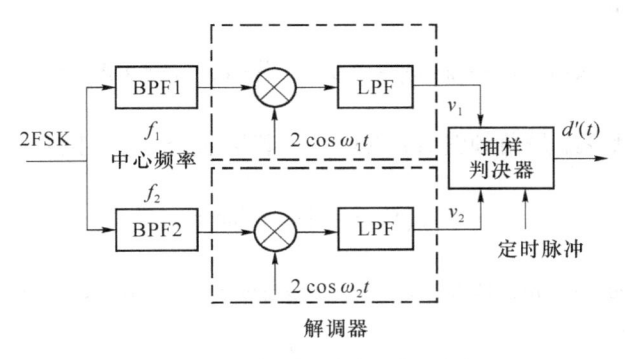

图 5.2.4 2FSK 信号同步检测方框图

过零检测法方框图及各点波形如图 5.2.5 所示。2FSK 输入信号经放大限幅后产生矩形脉冲序列,经微分及全波整流形成与频率变化相应的尖脉冲序列,这个序列就代表着调频波的过零点。尖脉冲触发宽脉冲发生器,变换成具有一定宽度的矩形波,该矩形波的直流分量便代表信号的频率。脉冲越密,直流分量越大,反映输入信号的频率越高。经低通滤波器就可得到脉冲波的直流分量。这样就完成了频率-幅度变换,从而再根据直流分量幅度上的区别还原输出数字信号"1"和"0"。

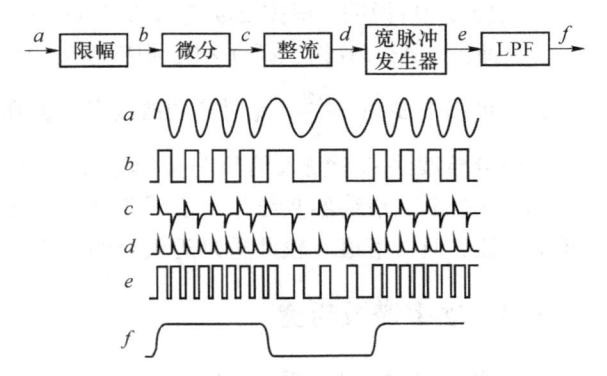

图 5.2.5 过零检测法方框图及各点波形图

4. 差分检测法

差分检测 2FSK 信号的原理如图 5.2.6 所示。输入信号经带通滤波器滤除带外无用信号和噪声后被分成 2 路,一路直接送乘法器,另一路经时延 τ 后送乘法器,相乘后再经低通滤波器去除高频成分即可提取基带信号。

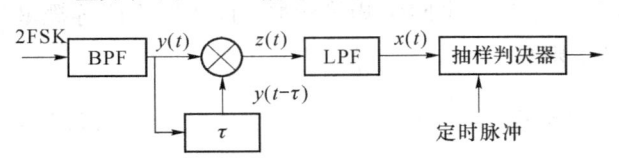

图 5.2.6 差分检测法方框图

根据图 5.2.6 所示,差分检测法解调 2FSK 信号的原理如下。

如果 2FSK 信号可以表示为 $a\cos(\omega_c + \Delta\omega)t$,其中 $\Delta\omega$ 包含数字基带信息,则

$$\begin{cases} y(t) = a\cos(\omega_c + \Delta\omega)t \\ y(t-\tau) = a\cos(\omega_c + \Delta\omega)(t-\tau) \end{cases}$$

乘法器输出为

$$\begin{aligned} z(t) &= y(t) \cdot y(t-\tau) \\ &= a\cos(\omega_c + \Delta\omega)t \cdot a\cos(\omega_c + \Delta\omega)(t-\tau) \end{aligned}$$

$$= \frac{a^2}{2}\cos(\omega_c + \Delta\omega)\tau + \frac{a^2}{2}\cos[2(\omega_c + \Delta\omega)t - (\omega_c + \Delta\omega)\tau]$$

经低通滤波器,得输出

$$x(t) = \frac{a^2}{2}\cos(\omega_c + \Delta\omega)\tau = \frac{a^2}{2}\cos(\omega_c\tau + \Delta\omega\tau) \qquad (5.2.7)$$

可见,$x(t)$ 与 t 无关,是角频偏 $\Delta\omega$ 的函数。若取 $\omega_c\tau = \frac{\pi}{2}$,则

$$x(t) = -\frac{a^2}{2}\sin\Delta\omega\tau \qquad (5.2.8)$$

在正常情况下,$\omega_c \gg \Delta\omega$,因此,$\omega_c\tau = \frac{\pi}{2} \gg \Delta\omega\tau$,即 $\Delta\omega\tau \ll 1$,则

$$x(t) \approx -\frac{a^2}{2}\Delta\omega\tau \qquad (5.2.9)$$

式(5.2.9)说明,根据 $\Delta\omega$ 的极性不同,$x(t)$ 有不同的极性,由此可以判决出基带信号 $d(t)$,即:当 $\Delta\omega > 0$ 时,$x(t) < 0$,则判断输出"0";当 $\Delta\omega \leq 0$ 时,$x(t) \geq 0$,则判断输出"1"。当然也可以取 $\omega_c\tau = \frac{3\pi}{2}$,此时需要改变判决规则。

差分检波法基于输入信号与其延迟 τ 的信号相比较,信道上的失真将同时影响相邻信号,故不会影响最终鉴频结果。实践表明,当延迟失真为 0 时,这种方法的检测性能不如普通鉴频法,但当信道有较严重延迟失真时,其检测性能优于鉴频法。

5.2.3 功率谱及带宽

从式(5.2.2)可以看出,2FSK 信号可视为 2 个 2ASK 信号的合成,因此,2FSK 信号的功率谱也可以认为是 2 个 2ASK 功率谱之和。根据 2ASK 信号功率谱的表示式,并考虑到式(5.2.3)~式(5.2.6)关于 $d(t)$ 和 $\overline{d(t)}$ 的规定,可以得到 2FSK 信号功率谱的表示式为

$$P_s(f) = \frac{1}{4}[P_a(f+f_1) + P_a(f-f_1)] + \frac{1}{4}[P_a(f+f_2) + P_a(f-f_2)] \qquad (5.2.10)$$

其中,$P_a(f)$ 为基带信号 $d(t)$ 的功率谱。当 $d(t)$ 是单极性 NRZ 矩形脉冲,且"0"、"1"等概率出现时,$P_a(f)$ 可按照第 4 章的方法直接导出,则有

$$P_s(f) = \frac{1}{4}T_b \text{Sa}^2(\pi f T_b) + \frac{1}{4}\delta(f) \qquad (5.2.11)$$

将式(5.2.11)代入式(5.2.10),得 2FSK 信号的功率谱为

$$\begin{aligned}P_s(f) = \frac{T_b}{16}\{&\text{Sa}^2[\pi(f+f_1)T_b] + \text{Sa}^2[\pi(f-f_1)T_b] \\ &+ \text{Sa}^2[\pi(f+f_2)T_b] + \text{Sa}^2[\pi(f-f_2)T_b]\} \\ &+ \frac{1}{16}[\delta(f+f_1) + \delta(f-f_1) + \delta(f+f_2) + \delta(f-f_2)]\end{aligned} \qquad (5.2.12)$$

2FSK 信号的功率谱如图 5.2.7 所示。

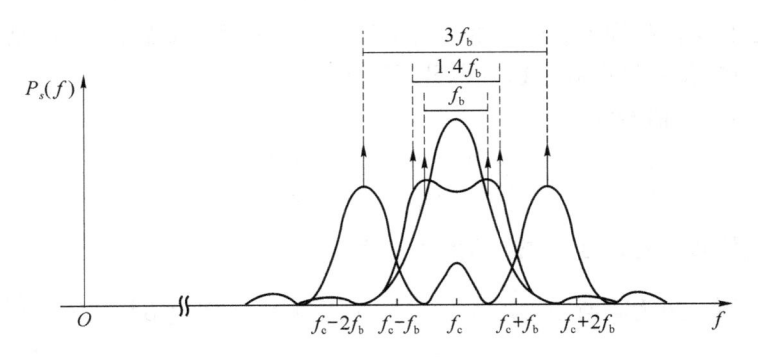

图 5.2.7 2FSK 信号的功率谱

从图 5.2.7 可以得出：

(1) 2FSK 信号的功率谱与 2ASK 信号的功率谱相似，同样由离散谱和连续谱两部分组成，其中，连续谱由两个双边带谱叠加而成，而离散谱出现在两个载频位置上，这表明 2FSK 信号中含有载波 f_1、f_2 的分量；

(2) 连续谱的形状随着 $|f_2-f_1|$ 的大小而异，$|f_2-f_1|>f_b$ 出现双峰；$|f_2-f_1|<f_b$ 出现单峰；

(3) 2FSK 信号的频带宽度为

$$\begin{aligned} B_{2FSK} &= |f_2-f_1|+2f_b \\ &= 2(f_D+f_b) = (2+D)f_b \end{aligned} \tag{5.2.13}$$

式中，$f_b=1/T_b$ 是基带信号的带宽，$f_D=\dfrac{|f_1-f_2|}{2}$ 为频偏，$D=\dfrac{|f_2-f_1|}{f_b}$ 为偏移率，或者称为频移指数；

(4) 因为系统的传码率 $R_B=1/T_b$，故 2FSK 系统的频带利用率为

$$\eta = \frac{f_b}{|f_1-f_2|+2f_b} \quad \text{Baud/Hz} \tag{5.2.14}$$

可见，当码元速率 f_b 一定时，2FSK 信号的带宽比 2ASK 信号的带宽要宽 $2f_D$。通常为了便于接收端检测，又使带宽不致过宽，可取 $f_D=f_b$，此时 $B_{2FSK}=4f_b$，2FSK 带宽是 2ASK 的 2 倍，相应地系统频带利用率(Baud/Hz)只有 2ASK 系统的 1/2。

5.2.4 系统的抗噪声性能分析

2FSK 信号的解调方法很多，这里仅就包络检波法和同步检测法 2 种情况来讨论 2FSK 系统的抗噪声性能，并利用给出误码率计算公式，比较其特点。图 5.2.8 给出 2FSK 抗噪声性能分析模型。

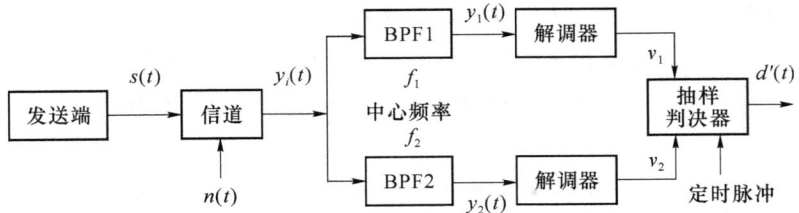

图 5.2.8 给出 2FSK 抗噪声性能分析模型

对于图 5.2.8 给出的模型，结合图 5.2.3 和图 5.2.4 对应解调器结构，假设系统中信号、噪声、BPF1、BPF2 和解调器中的 LPF 满足如下条件：

（1）2FSK 系统中信号为

$$s(t) = \begin{cases} A\cos \omega_1 t & \text{发"1"} \\ A\cos \omega_2 t & \text{发"0"} \end{cases} \tag{5.2.15}$$

到达接收端信号只有幅度衰减，即由 A 变为 a。

（2）信道加性噪声为高斯白噪声 $n(t)$，其均值为 0、方差为 σ_n^2、双边功率谱密度为 $\frac{n_0}{2}$；

（3）BPF1 传递函数是幅度为 1、宽度为 $2f_b$、中心频率为 f_1 的矩形，它恰好让信号 $A\cos \omega_1 t$ 无失真地通过，并抑制带外噪声进入；

（4）BPF2 传递函数是幅度为 1、宽度为 $2f_b$、中心频率为 f_2 的矩形，它恰好让信号 $A\cos \omega_2 t$ 无失真地通过，并抑制带外噪声进入。

（5）LPF 传递函数是幅度为 1、宽度为 f_b 的矩形，它让基带信号主瓣的能量通过。

当 2FSK 系统采用包络检波法时，模型中解调器为由半波或者全波整流器加低通滤波器组成的包络检测器，如图 5.2.3 所示；当系统采用相干检测法时，解调器由相关检测器加低通滤波器组成，如图 5.2.4 所示。假设抽样、判决的同步时钟准确。

基于上述假设条件，接收机接收到的混合形 $y_i(t)$ 为

$$y_i(t) = \begin{cases} a\cos \omega_1 t + n(t) & \text{发"1"} \\ a\cos \omega_2 t + n(t) & \text{发"0"} \end{cases} \tag{5.2.16}$$

为简明起见，认为发送信号经信道传输后除有固定衰耗外，未受到畸变，因此，信号幅度从 A 变为 a。则接收端上、下支路两个带通滤波器 BPF_1、BPF_2 的输出波形分别为

上支路

$$y_1(t) = \begin{cases} a\cos \omega_1 t + n_1(t) & \text{发"1"} \\ n_1(t) & \text{发"0"} \end{cases} \tag{5.2.17}$$

下支路

$$y_2(t) = \begin{cases} a\cos \omega_2 t + n_2(t) & \text{发"0"} \\ n_2(t) & \text{发"1"} \end{cases} \tag{5.2.18}$$

其中，$n_1(t)$、$n_2(t)$ 皆为窄带高斯噪声，其均值为 0，方差为 σ_n^2。依据第 2 章的分析，可分别表示为

$$\begin{aligned} n_1(t) &= n_{1c}(t)\cos \omega_1 t - n_{1s}(t)\sin \omega_1 t \\ n_2(t) &= n_{2c}(t)\cos \omega_1 t - n_{2s}(t)\sin \omega_2 t \end{aligned} \tag{5.2.19}$$

将式(5.2.19)代入式(5.2.17)和式(5.2.18)，则有

$$y_1(t) = \begin{cases} (a+n_{1c})\cos \omega_1 t - n_{1s}(t)\sin \omega_1 t & \text{发"1"} \\ n_{1c}\cos \omega_1 t - n_{1s}(t)\sin \omega_1 t & \text{发"0"} \end{cases} \tag{5.2.20}$$

及

$$y_2(t) = \begin{cases} (a+n_{2c})\cos \omega_2 t - n_{2s}(t)\sin \omega_2 t & \text{发"0"} \\ n_{2c}\cos \omega_2 t - n_{2s}(t)\sin \omega_2 t & \text{发"1"} \end{cases} \tag{5.2.21}$$

1. 包络检波法的系统性能

对于图 5.2.8 所示的接收系统,其解调器为包络检测器。若在 $(0, T_b)$ 时发送符号"1",则 $y_1(t)$ 和 $y_2(t)$ 分别为

$$y_1(t) = [a + n_{1c}(t)]\cos\omega_1 t - n_{1s}(t)\sin\omega_1 t$$
$$= \sqrt{[a + n_{1c}(t)]^2 + n_{1s}^2(t)}\cos[\omega_1 t + \varphi_1(t)] \quad (5.2.22)$$
$$= v_1(t)\cos[\omega_1 t + \varphi_1(t)]$$

$$y_2(t) = n_{2c}(t)\cos\omega_2 t - n_{2s}(t)\sin\omega_2 t$$
$$= \sqrt{n_{2c}^2(t) + n_{2s}^2(t)}\cos[\omega_2 t + \varphi_2(t)] \quad (5.2.23)$$
$$= v_2(t)\cos[\omega_2 t + \varphi_2(t)]$$

由于 $y_1(t)$ 具有正弦波加窄带噪声形式,故其包络 $v_1(t)$ 的一维概率密度函数呈广义瑞利分布;$y_2(t)$ 为窄带噪声,故其包络 $v_2(t)$ 的一维概率密度函数呈瑞利分布。显然,当 $v_1 < v_2$ 时,则发生将"1"码判决为"0"码的错误。该错误的概率 $P(0/1)$ 就是发"1"时 $v_1 < v_2$ 的概率。经过计算,得

$$P(0/1) = P(v_1 < v_2) = \frac{1}{2}e^{-\frac{r}{2}} \quad (5.2.24)$$

式中,$r = \dfrac{a^2}{2\sigma_n^2}$ 为图 5.2.8 中分路带通滤波器输出端信噪功率比。

同理可得,发送"0"符号而错判为"1"符号的概率 $P(1/0)$ 为发"0"时 $v_1 > v_2$ 的概率。经过计算,得

$$P(1/0) = P(v_1 > v_2) = \frac{1}{2}e^{-\frac{r}{2}} \quad (5.2.25)$$

于是可得 2FSK 信号采用包络检波法解调时系统的误码率为

$$P_e = P(1)P(0/1) + P(1)P(1/0)$$
$$= \frac{1}{2}e^{-\frac{r}{2}}[P(1) + P(0)] = \frac{1}{2}e^{-\frac{r}{2}} \quad (5.2.26)$$

由式(5.2.26)可见,包络解调时 2FSK 系统的误码率将随输入信噪比的增加而呈指数规律下降。

2. 同步检测法的系统性能

对于图 5.2.8 所示的接收系统,其解调器为相干检测器。假设在 $(0, T_b)$ 发送"1"符号,则上、下支路带通滤波器输出波形分别为

$$y_1(t) = [a + n_{1c}(t)]\cos\omega_1 t - n_{1s}(t)\sin\omega_1 t$$
$$y_2(t) = n_{2c}(t)\cos\omega_2 t - n_{2s}(t)\sin\omega_2 t$$

如图 5.2.4 所示,将其与各自的相干载波相乘后,得

$$z_1(t) = 2y_1(t)\cos\omega_1 t$$
$$= [a + n_{1c}(t)] + [a + n_{1c}(t)]\cos 2\omega_1 t - n_{1s}(t)\sin 2\omega_1 t \quad (5.2.27)$$

$$z_2(t) = 2y_2(t)\cos\omega_2 t$$
$$= n_{2c}(t) + n_{2c}(t)\cos 2\omega_2 t - n_{2s}(t)\sin 2\omega_2 t \quad (5.2.28)$$

然后分别通过上、下支路低通滤波器，相应的输出为

$$v_1(t) = a + n_{1c}(t) \tag{5.2.29}$$

$$v_2(t) = n_{2c}(t) \tag{5.2.30}$$

因为 $n_{1c}(t)$ 和 $n_{2c}(t)$ 均为高斯型噪声，故 $v_1(t)$ 的抽样值 $v_1 = a + n_{1c}$ 是均值为 a、方差为 σ_n^2 的高斯随机变量；$v_2(t)$ 的抽样值 $v_2 = n_{2c}$ 是均值为 0、方差为 σ_n^2 的高斯随机变量。当出现 $v_1 < v_2$ 时，将造成发送"1"码而错判为"0"码，错误概率 $P(0/1)$ 为

$$\begin{aligned} P(0/1) &= P(v_1 < v_2) \\ &= P(v_1 - v_2 < 0) = P(z < 0) \end{aligned} \tag{5.2.31}$$

式中，$z = v_1 - v_2$。显然，z 也是高斯随机变量，且均值为 a，方差为 σ_z^2，可以证明，$\sigma_z^2 = 2\sigma_n^2$，其一维概率密度函数可表示为

$$f(z) = \frac{1}{\sqrt{2\pi}\sigma_z} \exp\left[-\frac{(z-a)^2}{2\sigma_z^2}\right] \tag{5.2.32}$$

$f(z)$ 的曲线如图 5.2.9 所示。$P(z<0)$ 即为图中阴影部分的面积。

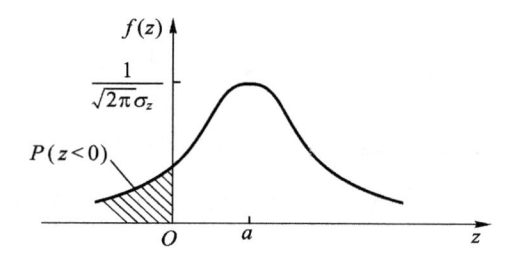

图 5.2.9 z 的一维概率密度函数

于是

$$\begin{aligned} P(0/1) &= P(z < 0) = \int_{-\infty}^{0} f(z)\mathrm{d}z = \frac{1}{\sqrt{2\pi}\sigma_z} \int_{-\infty}^{0} \exp\left[-\frac{(z-a)^2}{2\sigma_z^2}\right]\mathrm{d}z \\ &= \frac{1}{2\sqrt{\pi}\sigma_n} \int_{-\infty}^{0} \exp\left[-\frac{(z-a)^2}{4\sigma_n^2}\right]\mathrm{d}z = \frac{1}{2}\mathrm{erfc}\sqrt{\frac{r}{2}} \end{aligned} \tag{5.2.33}$$

式中，$r = \dfrac{a^2}{2\sigma_n^2}$ 为图 5.2.8 中分路滤波器输出端信噪功率比。

同理可得，发送"0"符号而错判为"1"符号的概率 $P(1/0)$ 为

$$P(1/0) = P(x_1 > x_2) = \frac{1}{2}\mathrm{erfc}\sqrt{\frac{r}{2}}$$

于是可得 2FSK 信号采用同步检测法解调时系统的误码率为

$$\begin{aligned} P_e &= P(1)P(0/1) + P(0)P(1/0) = \frac{1}{2}\mathrm{erfc}\sqrt{\frac{r}{2}}[P(1) + P(0)] \\ &= \frac{1}{2}\mathrm{erfc}\sqrt{\frac{r}{2}} \end{aligned} \tag{5.2.34}$$

在大信噪比条件下，即 $r \gg 1$ 时，式(5.2.34)可近似表示为

$$P_e \approx \frac{1}{\sqrt{2\pi r}} e^{-\frac{r}{2}} \qquad (5.2.35)$$

将相干解调与包络(非相干)解调系统误码率作以比较,可以发现以下几点。

(1) 在输入信号信噪比 r 一定时,相干解调的误码率小于非相干解调的误码率;当系统的误码率一定时,相干解调比非相干解调对输入信号的信噪比要求低,所以相干解调 2FSK 系统的抗噪声性能优于非相干的包络检测。但当输入信号的信噪比 r 很大时,两者的相对差别不很明显。

(2) 相干解调时,需要插入 2 个相干载波,电路较为复杂。包络检测无须相干载波,因而电路较为简单。一般而言,大信噪比时常用包络检测法,小信噪比时才用相干解调法,这与 2ASK 的情况相同。

5.3 二进制相移键控(2PSK)

二进制相移键控(2PSK, 2 Phase Shift Keying),是利用载波相位的变化来传送数字信息的。根据载波相位表示数字信息的方式不同,数字调相分为绝对相移(PSK)和相对(差分)相移(DPSK)2 种。由于相移键控在抗干扰性能与频带利用等方面具有明显的优势,因此,在中、高速数据传输系统中应用广泛。

本节将对二进制绝对相移(2PSK)和二进制相对相移(2DPSK)的调制原理、频谱、带宽特性以及抗噪声性能做以分析,并将 2 种相移的特点进行比较。

5.3.1 二进制绝对相移键控(2PSK)

1. 基本原理

绝对相移是利用载波的相位直接表示数字信号的相移方式。二进制相移键控中,通常用载波的相位 0 和 π 来分别表示"0"或"1"。因此,2PSK 信号可以表示为

$$s_{2PSK}(t) = \begin{cases} A\cos(\omega_c t + \pi) & \text{发"1"} \\ A\cos(\omega_c t) & \text{发"0"} \end{cases} \qquad (5.3.1)$$

或者

$$s_{2PSK}(t) = \begin{cases} -A\cos\omega_c t & \text{发"1"} \\ A\cos\omega_c t & \text{发"0"} \end{cases} \qquad (5.3.2)$$

由式(5.3.2)可以看出,2PSK 已调信号的时域表达式为

$$s_{2PSK}(t) = d(t)\cos\omega_c t \qquad (5.3.3)$$

这里,$d(t)$ 与 2ASK 及 2FSK 时不同,为双极性数字基带信号,即

$$d(t) = \sum_n a_n g(t - nT_b) \qquad (5.3.4)$$

式中,$g(t)$ 是幅度为 A、宽度为 T_b 的门函数;

$$a_n = \begin{cases} +1 & \text{概率为 } P \\ -1 & \text{概率为 } 1-P \end{cases} \qquad (5.3.5)$$

当码元宽度 T_b 为载波周期 T_c 的整数倍时,2PSK 信号的典型波形如图 5.3.1 所示。

2PSK 信号的调制方框图如图 5.3.2 所示。图 5.3.2(a) 是产生 2PSK 信号的模拟调制法框图；图 5.3.2(b) 是产生 2PSK 信号的键控法框图。

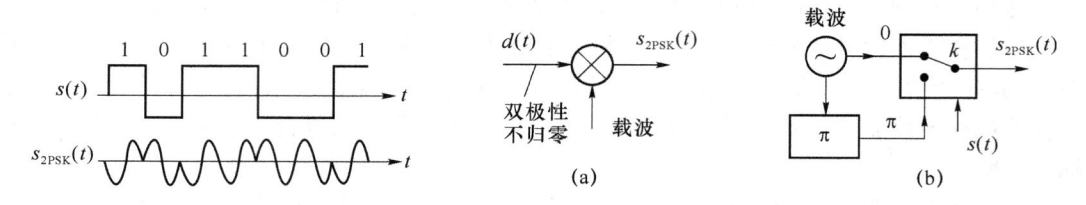

图 5.3.1 2PSK 信号的典型波形

图 5.3.2 2PSK 调制器框图

就模拟调制法而言，与产生 2ASK 信号的方法比较，只是对 $d(t)$ 要求不同，因此 2PSK 信号可以看做是双极性基带信号作用下的调幅信号。而就键控法来说，用数字基带信号 $d(t)$ 控制开关电路，选择不同相位的载波输出，这时 $d(t)$ 为单极性 NRZ 或双极性 NRZ 矩形脉冲序列信号均可。

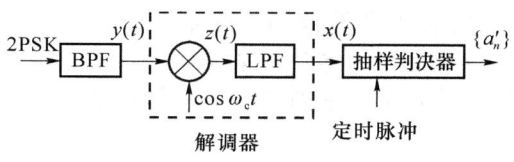

图 5.3.3 2PSK 信号接收系统方框图

由于 2PSK 信号是用载波相位来表示数字信息，因此，只能采用相干解调的方法，其方框图如图 5.3.3 所示。

从图 5.3.3 可以看到，在不考虑噪声时，带通滤波器输出可表示为

$$y(t) = a\cos(\omega_c t + \varphi_n) \tag{5.3.6}$$

式中，φ_n 为 2PSK 信号某一码元的相位。$\varphi_n = 0$ 时，代表数字"0"；$\varphi_n = \pi$ 时，代表数字"1"。

与同步载波 $\cos \omega_c t$ 相乘后，输出为

$$z(t) = a\cos(\omega_c t + \varphi_n)\cos \omega_c t = \frac{a}{2}\cos \varphi_n + \frac{a}{2}\cos(2\omega_c t + \varphi_n) \tag{5.3.7}$$

低通滤波器输出，即解调器输出为

$$x(t) = \frac{a}{2}\cos \varphi_n = \begin{cases} a/2 & \varphi_n = 0 \\ -a/2 & \varphi_n = \pi \end{cases} \tag{5.3.8}$$

根据发送端产生 2PSK 信号时 φ_n 代表数字信息的规定，以及接收端 $x(t)$ 与 φ_n 的关系的特性，抽样判决器的判决准则为

$$\begin{cases} x > 0 & \text{判为"0"} \\ x < 0 & \text{判为"1"} \end{cases} \tag{5.3.9}$$

其中，x 为 $x(t)$ 在抽样时刻的值。2PSK 接收系统各点波形如图 5.3.4(a) 所示。

由于 2PSK 信号实际上是以固定初相的未调载波为参考的，因此，相干解调时，接收端必须有与此同频同相的同步载波。如果同步载波的相位发生反相，即变为 $\cos(\omega_c t + \pi)$，则恢复的数字信息就会发生"0"变"1"或"1"变"0"的现象，从而造成错误的解调。这种因为本地参考载波倒相，而在接收端发生错误解调的现象称为"倒π"现象或"反相工作"现象，如图 5.3.4(b) 所示。由于 2PSK 的主要缺点是容易产生相位模糊，造成反向工作，因此，在实际工程中应用较少。

由于画波形时习惯上以正弦形式，这与数学式常用余弦形式表示载波有些不一致，请读者看图时注意。

判别规则: 正—"0"; 负—"1"

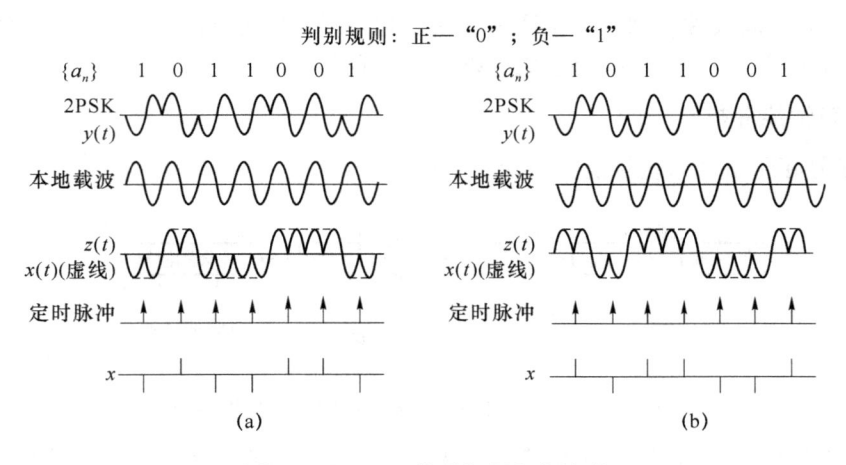

图 5.3.4 2PSK 信号解调各点波形

2. 功率谱和带宽

比较式(5.3.3)和式(5.1.1)可以看到,它们在形式上是完全相同的,所不同的只是 a_n 的取值。因此,在计算 2PSK 信号的功率谱密度时,也可采用与求 2ASK 信号功率谱密度相同的方法。因此,2PSK 信号的功率谱密度 $P_s(f)$ 可以写成

$$P_s(f) = \frac{1}{4}[(P_a(f+f_c) + P_a(f-f_c)] \quad (5.3.10)$$

其中,基带数字信号 $a(t)$ 的功率谱密度 $P_a(f)$ 可按照第 4 章中介绍的方法直接推出。对于双极性 NRZ 码,则有

$$P_a(f) = T_b \text{Sa}^2(\pi f T_b) \quad (5.3.11)$$

需要注意的是,式(5.3.11)是在双极性基带信号"0"、"1"等概率的条件下获得的,一般情况下,当 $p \neq 1/2$ 时, $P_a(f)$ 中将含有直流分量。

将式(5.3.11)代入式(5.3.10),得

$$P_s(f) = \frac{T_b}{4}\{\text{Sa}^2[\pi(f+f_c)T_b] + \text{Sa}^2[\pi(f-f_c)T_b]\} \quad (5.3.12)$$

2PSK 信号功率谱示意图如图 5.3.5 所示。

由图 5.3.5 可见:

(1) 当双极性基带信号"0"和"1"以相等的概率出现时,2PSK 信号的功率谱仅由连续谱组成;

(2) 2PSK 的连续谱部分与 2ASK 信号的连续谱

图 5.3.5 2PSK 信号的功率谱

基本相同,因此,2PSK 信号的带宽、频带利用率也与 2ASK 信号的相同,即

$$B_{2\text{PSK}} = B_{2\text{ASK}} = \frac{2}{T_b} = 2f_b \quad (5.3.13\text{a})$$

$$\eta_{2\text{PSK}} = \eta_{2\text{ASK}} = \frac{1}{2} \text{ Baud/Hz} \quad (5.3.13\text{b})$$

上述分析表明,在数字调制中,2PSK 的频谱特性与 2ASK 十分相似。

从原理上讲,相位调制和频率调制一样,本质上是一种非线性调制,但在数字调相中,由于表征信息的相位变化只有有限的离散取值,因此,可以把相位变化归结为幅度变化。这

样一来,数字调相同线性调制的数字调幅就联系起来了,从而可以把数字调相信号当做线性调制信号来处理了,但是不能把上述概念推广到所有调相信号中去。

3. 抗噪声性能分析

2PSK 信号相干解调系统性能分析模型如图 5.3.6 所示。

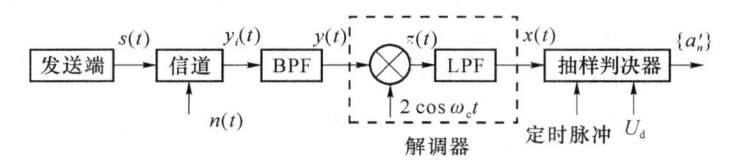

图 5.3.6 2PSK 信号相干解调系统性能分析模型

对于图 5.3.6 所示模型,假定信道噪声为加性高斯白噪声 $n(t)$,其均值为 0、方差为 σ_n^2;发射端发送的 2PSK 信号为

$$s(t) = \begin{cases} -A\cos \omega_c t & \text{发"1"} \\ A\cos \omega_c t & \text{发"0"} \end{cases} \quad (5.3.14)$$

则经信道传输,接收端输入信号为

$$y_i(t) = \begin{cases} -a\cos \omega_c t + n(t) & \text{发"1"} \\ a\cos \omega_c t + n(t) & \text{发"0"} \end{cases} \quad (5.3.15)$$

此处,为简明起见,认为发送信号经信道传输后除有固定衰耗外,未受到畸变,信号幅度由 A 变成了 a。经带通滤波器 BPF,其输出为

$$\begin{aligned} y(t) &= s(t) + n_i(t) \\ &= \begin{cases} -a\cos \omega_c t + n_c(t)\cos \omega_c t - n_s(t)\sin \omega_c t & \text{发"1"} \\ a\cos \omega_c t + n_c(t)\cos \omega_c t - n_s(t)\sin \omega_c t & \text{发"0"} \end{cases} \end{aligned} \quad (5.3.16)$$

其中,$n_i(t) = n_c(t)\cos \omega_c t - n_s(t)\sin \omega_c t$ 为窄带高斯白噪声。为方便起见,取本地载波为 $2\cos \omega_c t$,则乘法器输出为

$$z(t) = 2y(t)\cos \omega_c t \quad (5.3.17)$$

将式(5.3.16)代入式(5.3.17),经低通滤波器滤除高频分量,在抽样判决器输入端得到

$$x(t) = \begin{cases} -a + n_c(t) & \text{发"1"} \\ a + n_c(t) & \text{发"0"} \end{cases} \quad (5.3.18)$$

根据第 2 章的分析可知,$n_c(t)$ 为高斯噪声,因此,无论是发送"1"还是"0",$x(t)$ 瞬时值 x 的一维概率密度 $f_1(x)$、$f_0(x)$ 都是方差为 σ_n^2 的正态分布函数,只是前者均值为 $-a$,后者均值为 a,因此,可以得到相应的概率密度函数:

$$f_1(x) = \frac{1}{\sqrt{2\pi}\sigma_n}\exp\left[-\frac{(x+a)^2}{2\sigma_n^2}\right] \quad \text{发"1"} \quad (5.3.19)$$

$$f_0(x) = \frac{1}{\sqrt{2\pi}\sigma_n}\exp\left[-\frac{(x-a)^2}{2\sigma_n^2}\right] \quad \text{发"0"} \quad (5.3.20)$$

其函数曲线如图 5.3.7 所示。

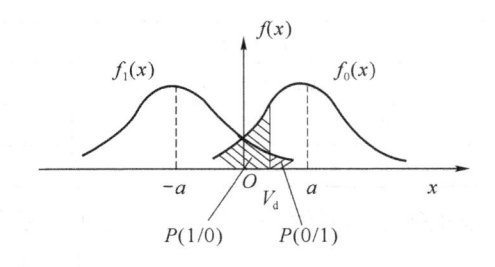

图 5.3.7　2PSK 信号概率分布曲线

类似于 2ASK 时的分析方法,可以证明,当 $P(1) = P(0) = 1/2$ 时,2PSK 系统的最佳判决门限电平为

$$V_d^* = 0 \tag{5.3.21}$$

在最佳门限时,2PSK 系统的误码率为

$$\begin{aligned}P_e &= P(0)P(1/0) + P(1)P(0/1) = P(0)\int_{-\infty}^{0} f_0(x)\mathrm{d}x + P(1)\int_0^{\infty} f_1(x)\mathrm{d}x \\ &= \int_0^{\infty} f_1(x)\mathrm{d}x[P(0) + P(1)] = \int_0^{\infty} f_1(x)\mathrm{d}x \\ &= \frac{1}{2}\mathrm{erfc}(\sqrt{r}) \end{aligned} \tag{5.3.22}$$

式中,$r = \dfrac{a^2}{2\sigma_n^2}$ 为接收端带通滤波器输出端信噪比。

在大信噪比下,式(5.3.22)可以表示为

$$P_e \approx \frac{1}{2\sqrt{\pi r}}\mathrm{e}^{-r} \tag{5.2.23}$$

5.3.2　二进制差分相移键控(2DPSK)

1. 基本原理

由图 5.3.4 可以看出,2PSK 的容易产生相位模糊(相位反转)现象,为此提出了二进制差分相移键控技术,这种技术也被简称为二进制相对调相,记作 2DPSK。2DPSK 不是利用载波相位的绝对数值传送数字信息,而是用前后码元的相对载波相位值传送数字信息。所谓相对载波相位,是指本码元对应的载波相与前一码元对应载波相位之差。

假设相对载波相位值用相位偏移 $\Delta\varphi$ 表示,并规定数字信息序列与 $\Delta\varphi$ 之间的关系为

$$\Delta\varphi = \begin{cases} 0 & \text{数字信息"0"} \\ \pi & \text{数字信息"1"} \end{cases}$$

则 2DPSK 已调信号的时域表达式为

$$s_{2\mathrm{DPSK}}(t) = \cos(\omega_c t + \varphi + \Delta\varphi) \tag{5.3.24}$$

式中,φ 表示前一码元对应载波的相位。

下面以基带信号 111001101 为例,说明 2DPSK 信号的行为对应关系。

基带信号	1 1 1 0 0 1 1 0 1	1 1 1 0 0 1 1 0 1
$\Delta\varphi$	π π π 0 0 π π 0 π	π π π 0 0 π π 0 π
初始相位 φ	0	π
2DPSK 信号相位($\Delta\varphi+\varphi$)	π 0 π π 0 π π π 0	0 π 0 0 0 π 0 0 π

为了便于说明概念，可以把每个码元用一个如图 5.3.8 所示的矢量图来表示。

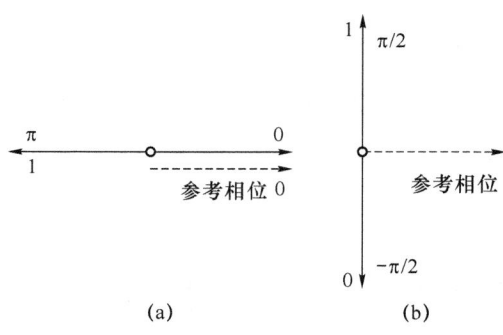

图 5.3.8 中，虚线矢量位置称为基准相位。在绝对相移（2PSK）中，它是未调制载波的相位；在相对相移（2DPSK）中，它是前一码元载波的相位。如果假设每个码元中包含有整数个载波周期，那么，两相邻码元载波的相位差既表示调制引起的相位变化，也是两码元交界点载波相位的瞬时跳变量。

图 5.3.8 二相调制相移信号矢量图

根据 ITU-T 的建议，图 5.3.8(a) 所示的相移方式，称为 A 方式。在这种方式中，每个码元的载波相位相对于基准相位可取 0 或 π，因此，在相对相移时，若后一码元的载波相位相对于基准相位为 0，则前后两码元载波的相位就是连续的；否则，载波相位在两码元之间要发生突跳。图 5.3.8(b) 所示的相移方式，称为 B 方式。在这种方式中，每个码元的载波相位相对于基准相位可取 $\pm\pi/2$。因而，在相对相移时，相邻码元之间必然发生载波相位的跳变，这也为位同步的提取提供了可能。

图 5.3.9 给出了 A 方式下 2DPSK 信号的波形。这里仅给出了一种初始参考相位的情况，为便于比较，图中还给出了 2PSK 信号的波形。

单从图 5.3.9 给出的波形上看，2DPSK 与 2PSK 是无法分辨的，比如 2DPSK 也可以是另一符号序列 $\{b_n\}$ 经绝对相移而形成的，这说明，只有已知相移键控方式是绝对的还是相对的，才能正确判定原信息；同时还可以进一步意识到，相对相移信号可以看做是把数字信息序列 $\{a_n\}$（绝对码）变换成相对码 $\{b_n\}$，然后再根据相对码进行绝对相移而形成。这里的相对码，就是第 4 章中介绍的差分码，它是按相邻符号不变表示原数字信息"0"，相邻符号改变表示原数字信息"1"的规律由绝对码变换而来的。

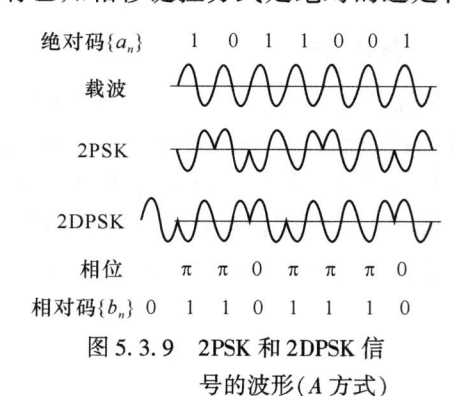

在 2DPSK 系统中，发送端将绝对码 $\{a_n\}$ 转换成相对码 $\{b_n\}$ 的过程，被称为编码过程，如式(5.3.25)所示；而在接收端将相对码 $\{b_n\}$ 转换成绝对码 $\{a_n\}$ 的过程，被称为译码过程，如式(5.3.26)所示。

图 5.3.9 2PSK 和 2DPSK 信号的波形(A 方式)

$$b_n = a_n \oplus b_{n-1} \tag{5.3.25}$$

$$a_n = b_n \oplus b_{n-1} \tag{5.3.26}$$

由以上讨论可知，2DPSK 本质上就是对由绝对码转换而来的差分码的数字信号序列的

2PSK。因此，2DPSK 信号的表达式与 2PSK 的形式(5.3.3)应完全相同，所不同的只是此时式中的 $d(t)$ 信号表示的是差分码数字序列，即

$$s_{2DPSK}(t) = d(t)\cos \omega_c t \qquad (5.3.27)$$

这里

$$d(t) = \sum_n b_n g(t - nT_b) \qquad (5.3.28)$$

b_n 与 a_n 的关系由式(5.3.25)确定。

因此，实现 2DPSK 最常用的方法正是基于上述讨论而建立的，如图 5.3.10 所示。在 2DPSK 实现过程中，首先对数字信号进行差分编码，即由绝对码表示变为相对码表示，然后再进行 2PSK 调制。2PSK 调制器可用前述的模拟法，也可用键控法。

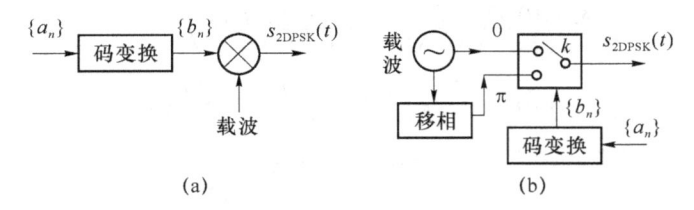

图 5.3.10 2DPSK 调制器框图

2. 2DPSK 信号的解调

2DPSK 信号有 2 种解调方式，一种是相干解调码变换法，又称为极性比较码变换法，另一种是差分相干解调。

（1）相干解调码变换法

这种方法就是采用 2PSK 解调加差分译码的结构，其方框图见图 5.3.11。2PSK 解调器将输入的 2DPSK 信号还原成相对码 $\{b_n\}$，再由差分译码器(码反变换器)把相对码转换成绝对码，输出 $\{a_n\}$。

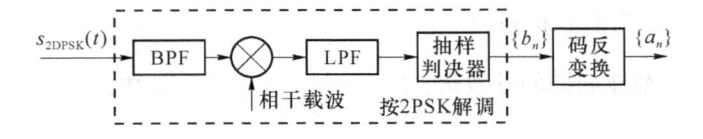

图 5.3.11 相干解调码变换法解调 2DPSK 信号方框图

（2）差分相干解调法

它是直接比较前后码元的相位差而构成的，故也称为相位比较法解调，其原理框图如图 5.3.12(a)所示，解调过程的各点波形如图 5.3.12(b)所示。

若不考虑噪声，设接收到的 2DPSK 信号为 $a\cos(\omega_c t + \varphi_n)$，其中 φ_n 表示第 n 个码元的相位，则图 5.3.12(a)中

$$y_1(t) = a\cos(\omega_c t + \varphi_n)$$
$$y_2(t) = a\cos[\omega_c(t - T_b) + \varphi_{n-1}]$$

式中，φ_{n-1} 表示前一码元对应载波相位，T_b 为码元周期，则乘法器输出为

$$z(t) = y_1(t) \cdot y_2(t)$$
$$= a\cos(\omega_c t + \varphi_n) \cdot a\cos[\omega_c(t - T_b) + \varphi_{n-1}]$$
$$= \frac{a^2}{2}[\cos(2\omega_c t - \omega_c T_b + \varphi_n + \varphi_{n-1}) + \cos(\omega_c T_b + \varphi_n - \varphi_{n-1})]$$

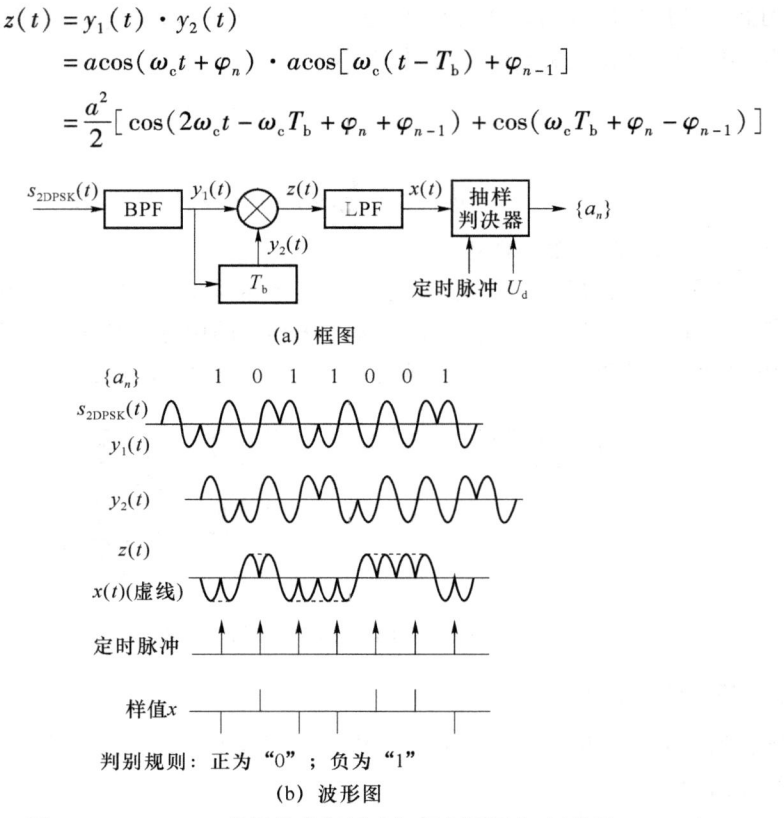

(a) 框图

(b) 波形图

图 5.3.12 2DPSK 信号差分相干法解调框图及各点波形

经 LPF 滤除高频分量，得

$$x(t) = \frac{a^2}{2}\cos(\omega_c T_b + \varphi_n - \varphi_{n-1}) = \frac{a^2}{2}\cos(\omega_c T_b + \Delta\varphi)$$

式中，$\Delta\varphi = \varphi_n - \varphi_{n-1}$，为前后相邻码元相对相位。

通常码元周期是载波周期的整数倍，即 $k = \frac{T_b}{T_c}$，其中 k 为整数，则

$$\omega_c T_b = \frac{2\pi}{T_c} \cdot T_b = 2k\pi$$

此时，

$$x(t) = \frac{a^2}{2}\cos\Delta\varphi = \begin{cases} \dfrac{a^2}{2} & \text{当 } \Delta\varphi = 0 \text{ 时} \\ \dfrac{-a^2}{2} & \text{当 } \Delta\varphi = \pi \text{ 时} \end{cases}$$

这样，差分相干解调法就将 $\Delta\varphi = \varphi_n - \varphi_{n-1}$ 与基带信号建立了联系。根据发送端编码确定的 $\Delta\varphi$ 与数字信息的关系，就可以对 $x(t)$ 进行抽样判决，即抽样值 $x > 0$，判为"0"码，抽样值 $x \leq 0$，判为"1"码。

差分相干解调法不需要码变换器，也不需要专门的相干载波发生器，因此，设备比较简单、实用，图 5.3.12(a) 中 T_b 延时电路的输出起着参考载波的作用，乘法器起着相位比较

(鉴相)的作用。图 5.3.12(b) 以数字序列 $\{a_n\}$ = [1011001] 为例,给出了 2DPSK 信号差分相干解调系统各点波形。

3. 频谱和带宽

由式(5.3.3)和式(5.3.27)可以看到,无论是 2PSK 还是 2DPSK 信号,就波形本身而言,它们都可以等效成双极性基带信号作用下的调幅信号。因此,2DPSK 和 2PSK 信号具有相同形式的表达式,所不同的是 2PSK 表达式中的 $a(t)$ 是数字基带信号,而 2DPSK 表达式中的 $a(t)$ 是由数字基带信号变换而来的差分码数字信号。据此,有以下结论:

(1) 2DPSK 与 2PSK 信号有相同的功率谱,如图 5.3.5 所示;

(2) 2DPSK 与 2PSK 信号带宽相同,即

$$B_{2DPSK} = B_{2PSK} = B_{2ASK} = \frac{2}{T_b} = 2f_b \tag{5.3.29}$$

(3) 2DPSK 与 2PSK 信号频带利用率也相同,为

$$\eta_{2DPSK} = \eta_{2PSK} = \eta_{2ASK} = \frac{1}{2} \text{ Baud/Hz} \tag{5.3.30}$$

4. 抗噪声性能分析

(1) 相干解调码变换系统的抗噪声性能

图 5.3.11 给出了 2DPSK 信号相干解调码变换法解调框图,为了分析该解调系统的性能,将图 5.3.11 给定模型简化成如图 5.3.13 形式。在图 5.3.13 中,码反变换器输入端的误码率 P_e 就是相干解调 2PSK 系统的误码率,由式(5.3.22)或式(5.3.23)决定。于是,要求最终的 2DPSK 系统误码率 P'_e,只需在此基础上考虑码反变换器引起的误码率即可。

为了分析码反变换器对误码的影响,以 $\{b_n\}$ = 0110111001 为例,根据码反变换器公式 $a_n = b_n \oplus b_{n-1}$,对码反变换器输入的相对码序列 $\{b_n\}$ 与输出的绝对码序列 $\{a_n\}$ 之间的误码关系进行如图 5.3.14 所示考查。

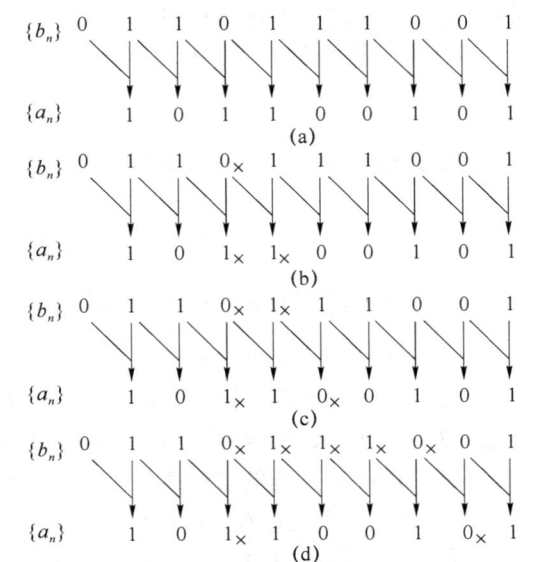

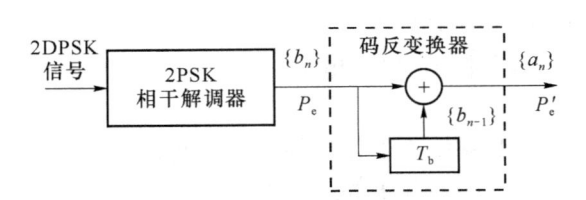

图 5.3.13 2DPSK 信号相干解调码变换系统性能分析模型

图 5.3.14 码反变换器对误码的影响

从图 5.3.14 中可以看出：

① 若相对码信号序列中有 1 个码元错误，则在码反变换器输出的绝对码信号序列中将引起 2 个码元错误，如图 5.3.14(b)所示，图中，带"×"的码元表示错码；

② 若相对码信号序列中有连续 2 个码元错误，则在码反变换器输出的绝对码信号序列中也引起 2 个码元错误，如图 5.3.14(c)所示；

③ 若相对码信号序列中出现一长串连续错码，则在码反变换器输出的绝对码信号序列中仍引起 2 个码元错误，如图 5.3.14(d)所示。

按此规律能够证明，2DPSK 系统误码率 P'_e 可以表示为

$$P'_e = 2(1 - P_e)P_e \tag{5.3.31}$$

当相对码的误码率 $P_e \ll 1$ 时，式(5.3.31)可近似表示为

$$P'_e \approx 2P_e = \text{erfc}(\sqrt{r}) \tag{5.3.32}$$

由此可见，码反变换器总是使系统误码率增加，通常认为增加 1 倍。

(2) 差分相干解调系统的抗噪声性能

2DPSK 信号差分相干解调系统性能分析模型如图 5.3.15 所示。

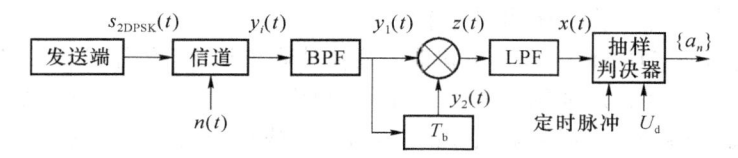

图 5.3.15 2DPSK 信号差分相干解调系统框图

由图 5.3.15 可知，对 2DPSK 差分相干检测解调系统误码率的分析，由于存在图 5.3.15 所示 $y_1(t)$ 与 $y_2(t)$ 相乘的问题，因此，需要同时考虑 2 个相邻的码元的对应关系，分析过程较为复杂。在此就不进行详尽的分析，仅给出如下结论：

① 差分检测时，2DPSK 系统的最佳判决电平为

$$V_d^* = 0 \tag{5.3.33}$$

② 差分检测时，2DPSK 系统的误码率为

$$P_e = P(1)P(0/1) + P(0)P(1/0) = \frac{1}{2}e^{-r} \tag{5.3.34}$$

5. 2PSK 与 2DPSK 系统的比较

(1) 2PSK 与 2DPSK 信号带宽均为 $2f_b$。

(2) 当到达解调器输入端信噪比 r 增大时，误码率均下降。

(3) 检测这 2 种信号时判决器均可工作在最佳门限电平(零电平)。

(4) 2DPSK 系统的抗噪声性能不及 2PSK 系统。

(5) 2PSK 系统存在"反向工作"问题，而 2DPSK 系统不存在"反向工作"问题。

因此在实际应用中，真正作为传输用的数字调相信号几乎都是 DPSK 信号。

例 5.3.1 用 2DPSK 在某微波线路上传送二进制数字信息,已知传码率为 10^6 B,接收机输入端的高斯白噪声的双边功率谱密度为 $\frac{n_0}{2}=10^{-10}$ W/Hz,若要求系统误码率 $P_e \leqslant 10^{-4}$,求:

(1) 采用相干解调码变换法接收时,接收机输入端的最小信号功率。
(2) 采用差分法接收时,接收机输入端的最小信号功率。

解 (1) 由于是相干解调码变换法,应用式(5.3.32)

$$P_e = \text{erfc}\sqrt{r} = 1 - \text{erfc}\sqrt{r}$$

有

$$\text{erfc}\sqrt{r} = 1 - P_e \geqslant 0.9999$$

查 $\text{erfc}(x)$ 函数表,得 $\sqrt{r} \geqslant 2.75$,所以 $r \geqslant 7.5625$。

因为

$$\sigma_n^2 = n_0 B = n_0 \times 2R_B = 2 \times 10^{-10} \times 2 \times 10^6 = 4 \times 10^{-4} \text{ W}$$

$$r = \frac{a^2}{2\sigma_n^2} \geqslant 7.5625$$

所以,接收机输入端信号功率

$$P = \frac{a^2}{2} \geqslant r\sigma_n^2 = 7.5625 \times 4 \times 10^{-4} = 3.025 \times 10^{-3} \text{ W}$$

(2) 对于差分相干解调,因为

$$P_e = \frac{1}{2}e^{-r} \leqslant 10^{-4}$$

所以

$$r = \frac{a^2}{2\sigma_n^2} \geqslant 8.5172$$

$$P = \frac{a^2}{2} \geqslant r\sigma_n^2 = 8.5172 \times 4 \times 10^{-4} = 3.407 \times 10^{-3} \text{ W}$$

由该例可见,在同样达到 $P_e \leqslant 10^{-4}$ 时,用相干解调码变换法解调比差分相干解调要求的输入功率低,但差异不大,同时差分相干法电路要简单得多,并且还能消除信道延迟失真,所以 DPSK 解调大多采用差分相干接收。

5.4 二进制数字调制系统的性能比较

本节将以 5.1～5.3 节对二进制数字调制系统的研究为基础,对各种二进制数字调制系统的性能进行总结、比较。内容包括系统的传输带宽及频带利用率、误码率、对信道的适应能力、设备的复杂度等。

1. 传输带宽及频带利用率

对于 2ASK 系统和 2PSK(2DPSK)系统,其信号传输带宽相同,均为 $2f_b$;对于 2FSK 系统,其信号传输宽度频带宽 $|f_2 - f_1| + 2f_b$,大于 2ASK 系统和 2PSK(2DPSK)系统的频带宽度。

频带利用率是数字传输系统的有效性指标,被定义为

$$\eta = \frac{R_B}{B} \text{ Baud/Hz}$$

由上述分析可知，2ASK 系统和 2PSK（2DPSK）系统频带利用率均为 1/2 Baud/Hz；2FSK 为系统频带利用率均为

$$\eta = \frac{R_B}{B} = \frac{f_b}{2f_b + |f_1 - f_2|} \text{ Baud/Hz}$$

2. 误码率

在数字通信中，误码率是衡量数字通信系统最重要性能指标之一。表 5.4.1 列出了各种二进制数字调制系统误码率公式。

表 5.4.1 二进制数字调制系统误码率公式

调制方式		误码率公式	$r \gg 1$	备注
2ASK	相干	$P_e = \frac{1}{2}\text{erfc}\sqrt{\frac{r}{4}}$	$P_e = \frac{1}{\sqrt{\pi r}}e^{-\frac{r}{4}}$	$r = \frac{a^2}{2\sigma_n^2}$
	非相干	$P_e = \frac{1}{2}e^{-\frac{r}{4}} + \frac{1}{4}\text{erfc}\sqrt{\frac{r}{4}}$	$\frac{1}{2}e^{-\frac{r}{4}}$	其中，$a^2/2$ 表示已知信号的功率，σ_n^2 是噪声功率。当 $P = 0.5$ 时，2ASK 的判决门限 $U_d^* = a/2$，2PSK、2DPSK 和 2FSK 的判决门限为 $U_d^* = 0$
2FSK	相干	$P_e = \frac{1}{2}\text{erfc}\sqrt{\frac{r}{2}}$	$P_e = \frac{1}{\sqrt{2\pi r}}e^{-\frac{r}{2}}$	
	非相干	$P_e = \frac{1}{2}e^{-\frac{r}{2}}$	同左	
2PSK	相干	$P_e = \frac{1}{2}\text{erfc}\sqrt{r}$	$P_e = \frac{1}{2\sqrt{\pi r}}e^{-r}$	
2DPSK	极性比较	$P_e \approx \text{erfc}\sqrt{r}$	$P_e = \frac{1}{\sqrt{\pi r}}e^{-r}$	
	差分相干	$P_e = \frac{1}{2}e^{-r}$	同左	

应用表 5.4.1 给出的这些公式时，需要注意的一般条件是：

（1）接收机输入端出现的噪声是均值为 0 的高斯白噪声；

（2）未考虑码间串扰的影响，采用瞬时抽样判决；

（3）所有计算误码率的公式都仅是 r 的函数。式中，$r = \frac{a^2}{2\sigma_n^2}$ 是解调器输入端的信号噪声功率比。需要注意在 2ASK 系统误码率公式中，$r = \frac{a^2}{2\sigma_n^2}$ 表示发送"1"时的信噪比，而在 2FSK、2PSK 和 2DPSK 系统中发送"0"和"1"的信噪比相同，因此它也是平均信噪比。

通过对表 5.4.1 进行分析，能够对二进制数字调制系统的抗噪声性能做以下 2 个方面的比较。

（1）同一调制方式、不同检测方法的比较

可以看出，对于同一调制方式不同检测方法，相干检测的抗噪声性能优于非相干检测。但是，随着信噪比 r 的增大，相干与非相干误码性能的相对差别越不明显。

（2）同一检测方法、不同调制方式的比较

相干检测时，在相同误码率条件下，对信噪比 r 的要求是：2PSK 比 2FSK 小 3 dB，2FSK 比 2ASK 小 3 dB；非相干检测时，在相同误码率条件下，对信噪比 r 的要求是：2DPSK 比 2FSK 小 3 dB，2FSK 比 2ASK 小 3 dB。反过来，若信噪比 r 一定，2PSK 系统的误码率低于 2FSK 系统，2FSK 系统的误码率低于 2ASK 系统。因此，从抗加性白噪声性能上讲，相干 2PSK 最好，2FSK 次之，2ASK 最差。

图 5.4.1 给出不同二进制数字调制系统误码率曲线。

3. 对信道特性变化的敏感性

信道特性变化的灵敏度对最佳判决门限有一定的影响。在 2FSK 系统中,是比较 2 路解调输出的大小来做出判决的,不需人为设置的判决门限。在 2PSK 系统中,判决器的最佳判决门限为 0,与接收机输入信号的幅度无关。因此,判决门限不随信道特性的变化而变化,接收机总能工作在最佳判决门限状态。对于 2ASK 系统,判决器的最佳判决门限为 $a/2$〔当 $P(1) = P(0) = \frac{1}{2}$ 时〕,它与接收机输入信号的幅度 a 有关。当信道特性发生变化时,接收机输入信号的幅度将随之发生变化,从而导致最佳判决门限随之而变。这时,接收机不容易保持在最佳判决门限状态,误码率将会增大。因此,从对信道特性变化的敏感程度上看,2ASK 调制系统最差。

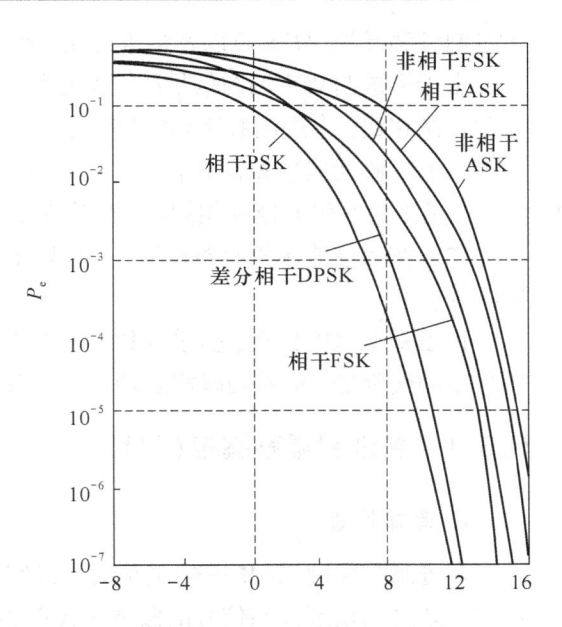

图 5.4.1　各种二进制数字调制系统误码率曲线

当信道有严重衰落时,通常采用非相干解调或差分相干解调,因为这时在接收端不易得到相干解调所需的相干参考信号。当发射机有严格的功率限制时,则可考虑采用相干解调,因为在给定的传码率及误码率情况下,相干解调所要求的信噪比比非相干解调小。

4. 设备的复杂程度

就设备的复杂度而言,2ASK、2PSK 及 2FSK 发端设备的复杂度相差不多,而接收端的复杂程度则与所用的调制和解调方式有关。对于同一种调制方式,相干解调时的接收设备比非相干解调的接收设备复杂;同为非相干解调时,2DPSK 的接收设备最复杂,2FSK 次之,2ASK 的设备最简单。当然设备的复杂程度分析一定是在特定时代环境下得到的结果,随着理论的进步和技术的发展,上述分析结果也有可能出现偏差。

通过以上几个方面对各种二进制数字调制系统的比较可以看出,在选择调制和解调方式时,要考虑的因素是比较多的。只有对系统要求做全面的考虑,并且抓住其中最主要的因素才能做出比较正确的选择。如果抗噪声性能是主要的,则应考虑相干 2PSK 和 2DPSK,而 2ASK 最不可取;如果带宽是主要的因素,则应考虑 2PSK、相干 2PSK、2DPSK 以及 2ASK,而 2FSK 最不可取;如果设备的复杂性是一个必须考虑的重要因素,则非相干方式比相干方式更为适宜。目前,在高速数据传输中,相干 PSK 及 DPSK 用得较多,而在中、低速数据传输中,特别是在衰落信道中,相干 2FSK 用得较为普遍。

5.5　多进制数字调制

所谓多进制数字调制,就是利用多进制数字基带信号去控制载波的某个参量的过程,如幅度、频率或相位。根据所控参量的不同,多进制数字调制可分为多进制幅度键控(MASK)、多进制频移键控(MFSK)以及多进制相移键控(MPSK 或 MDPSK)。

由于多进制数字调制信号的被调参数,在一个码元间隔内有多个取值,因此,与二进制数字调制相比,多进制数字调制有以下几个特点:

(1) 在码元速率相同条件下,可以提高信息速率,使系统基于信息速率频带利用率增大,这是因为在码元速率相同时,M 进制数传系统的信息速率是二进制的 $\log_2 M$ 倍。

(2) 在信息速率相同条件下,可以降低码元速率,以提高传输的可靠性,减小码间串扰影响等。

正是基于这些特点,多进制数字调制方式得到了广泛的应用。不过,获得以上几点好处所付出的代价是,信号功率需求增加和实现复杂度加大。

5.5.1 多进制幅移键控(MASK)

1. 基本原理

多进制幅移键控(MASK)又称为多进制数字幅度调制,它是二进制数字幅度调制方式的推广。M 进制幅度调制信号的载波振幅有 M 种取值,在一个码元期间 T_b 内,发送其中的一种幅度的载波信号。MASK 已调信号的表示式为

$$s_{MASK}(t) = a(t)\cos\omega_c t \tag{5.5.1}$$

这里,$a(t)$ 为 M 进制数字基带信号

$$a(t) = \sum_{n=-\infty}^{\infty} a_n g(t - nT_b) \tag{5.5.2}$$

式中,$g(t)$ 是幅度为 A、宽度为 T_b 的门函数;a_n 有 M 种取值

$$a_n = \begin{cases} 0 & \text{出现概率为 } P_0 \\ 1 & \text{出现概率为 } P_1 \\ 2 & \text{出现概率为 } P_2 \\ \vdots & \vdots \\ M-1 & \text{出现概率为 } P_{M-1} \end{cases} \tag{5.5.3}$$

且 $P_0 + P_1 + P_2 + \cdots + P_{M-1} = 1$。

图 5.5.1(a)、(b)分别为四进制数字基带信号 $s(t)$ 和已调信号 $s_{MASK}(t)$ 的波形图。

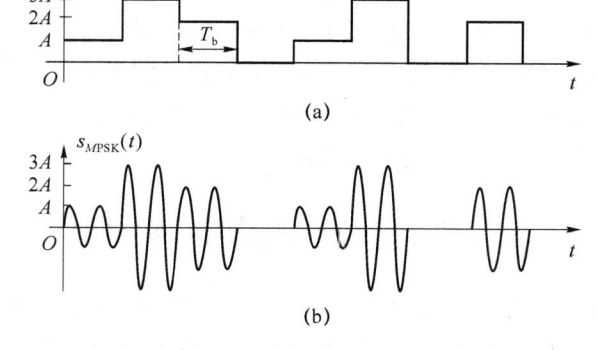

图 5.5.1 多进制数字幅度调制波形

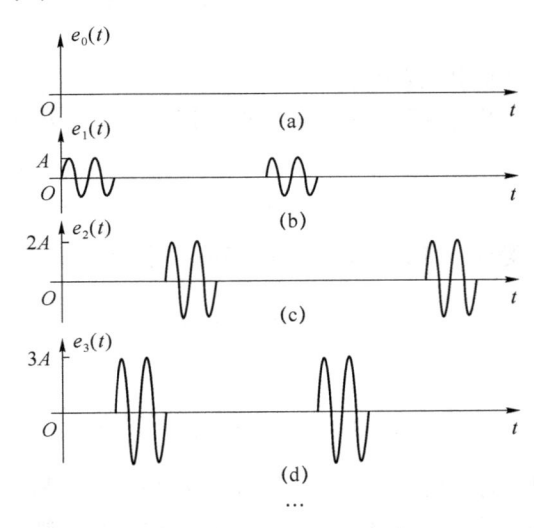

不难看出,图 5.5.1(b)的波形可以等效为图 5.5.2 诸波形的叠加。

图 5.5.2　多进制数字幅度调制波形

而图 5.5.2 中的各个波形可表示为

$$\left.\begin{aligned}s_0(t) &= \sum_n c_0 g(t-nT_b)\cos\omega_c t \\ s_1(t) &= \sum_n c_1 g(t-nT_b)\cos\omega_c t \\ &\vdots \\ s_{M-1}(t) &= \sum_n c_{M-1} g(t-nT_b)\cos\omega_c t\end{aligned}\right\} \qquad (5.5.4)$$

式中

$$\left.\begin{aligned}c_0 &= 0 \quad 概率为 1 \\ c_1 &= \begin{cases}1 & 概率为 P_1 \\ 0 & 概率为 1-P_1\end{cases} \\ &\vdots \\ c_{M-1} &= \begin{cases}M-1 & 概率为 P_{M-1} \\ 0 & 概率为 1-P_{M-1}\end{cases}\end{aligned}\right\} \qquad (5.5.5)$$

$s_0(t)$、…、$s_{M-1}(t)$ 均为 2ASK 信号,但它们幅度互不相等,时间上互不重叠。其中 $s_0(t)=0$ 可以不考虑。因此,$s_{MASK}(t)$ 可以看做由时间上互不重叠的 $M-1$ 个不同幅度的 2ASK 信号叠加而成,即

$$s_{MASK}(t) = \sum_{i=1}^{M-1} s_i(t) \qquad (5.5.6)$$

2. MASK 信号的频谱、带宽及频带利用率

由式(5.5.6)可知,MASK 信号的功率谱是这 $M-1$ 个 2ASK 信号的功率谱之和,因而具有与 2ASK 功率谱相似的形式。显然,就 MASK 信号的带宽而言,与其分解的任一个 2ASK

信号的带宽是相同的,可表示为

$$B_{MASK} = 2f_b \tag{5.5.7}$$

其中,$f_b = 1/T_b$ 是多进制码元出现频率。

与 2ASK 信号相比较,当两者码元速率相等时,记二进制码元出现频率为 f'_b,则 $f_b = f'_b$,因此两者带宽相等,即

$$B_{MASK} = B_{2ASK} \tag{5.5.8}$$

当两者的信息速率相等时,则其码元出现频率的关系为

$$f_b = \frac{f'_b}{k} \text{ 或 } f'_b = kf_b \tag{5.5.9}$$

其中,$K = \log_2 M$,则

$$B_{MASK} = \frac{1}{k} B_{2ASK} \tag{5.5.10}$$

可见,当信息速率相等时,MASK 信号的带宽只是 2ASK 信号带宽的 $1/k$。

通常对于多进制调制,以信息速率来考虑频带利用率 η 的,则

$$\eta = \frac{kf_b}{B_{MASK}} = \frac{kf_b}{2f_b} = \frac{k}{2} \text{bit}/(\text{s} \cdot \text{Hz}) \tag{5.5.11}$$

它是 2ASK 系统的 k 倍,这说明如果以信息速率来考虑频带利用率,MASK 系统的频带利用率高于 2ASK 系统的频带利用率。

3. MASK 信号的调制解调方法

实现 M 电平调制的原理框图如图 5.5.3 所示,它与 2ASK 系统非常相似。不同的只是基带信号由二电平变为多电平。为此,发送端增加了 $2-M$ 电平变换器,将二进制信息序列每 k 个分为一组($k = \log_2 M$),变换为 M 电平基带信号,再送入调制器。相应地,在接收端增加了 $M-2$ 电平变换器。多进制数字幅度调制信号的解调可以采用相干解调方式,也可以采用包络检波方式,其原理与 2ASK 的完全相同。

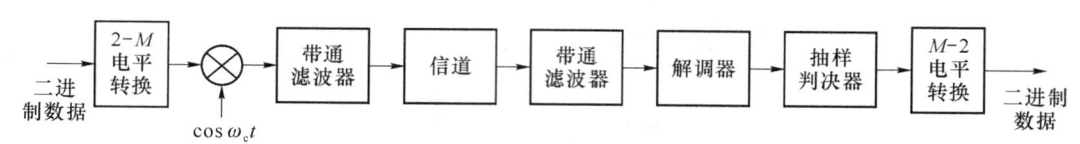

图 5.5.3 M 进制幅度调制系统原理框图

4. MASK 系统的误码性能

若 M 个双极性幅值的出现概率相等,并采用相关解调法和最佳判决门限电平,可以证明总的误码率为

$$P_e = \left(\frac{M-1}{M}\right) \text{erfc}\left(\sqrt{\frac{3r}{M^2-1}}\right) \tag{5.5.12}$$

容易看出,为了得到相同的误码率 P_e,所需的信噪比 r 随电平数 M 增加而增大。例如,四电平系统比二电平系统信噪比需要增大约 7 dB(5 倍)。

5.5.2 多进制频移键控(MFSK)

1. 基本原理

多进制频移键控(MFSK)又称为多进制数字频率调制,是2FSK方式的推广。MFSK是用M个不同的载波频率代表M种数字信息,其中$M=2^k$。MFSK系统的组成方框图如图5.5.4所示。发送端采用键控选频的方式,接收端采用非相干解调方式。

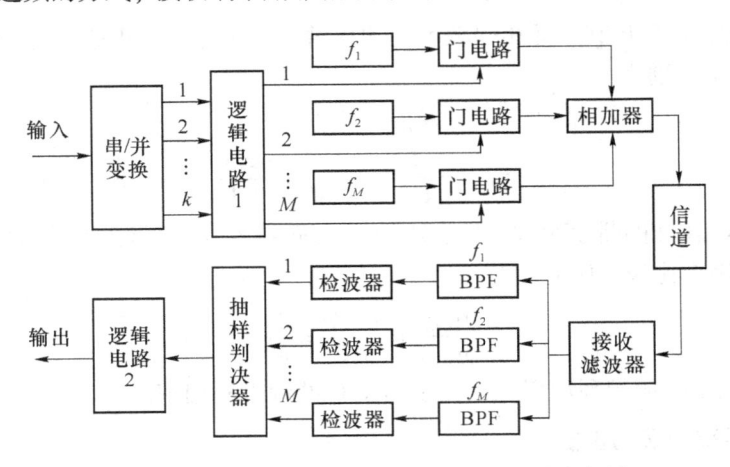

图 5.5.4 多进制数字频率调制系统的组成方框图

在图 5.5.4 中,串/并变换器和逻辑电路 1 将输入的二进制码对应地转换成有 M 种状态的多进制码,分别对应 M 个不同的载波频率(f_1、f_2、…、f_M)。当某组 k 位二进制码到来时,逻辑电路 1 的输出一方面接通某个门电路,让相应的载频发送出去,另一方面同时关闭其余所有的门电路,经相加器组合输出的便是一个 MFSK 波形。

MFSK 的解调部分由 M 个带通滤波器、包络检波器及一个抽样判决器和逻辑电路 2 组成。各带通滤波器的中心频率分别对应发送端各个载频。因而,当某一已调载频信号到来时,在任一码元持续时间内,只有与发送端频率相应的一个带通滤波器能收到信号,其他带通滤波器只有噪声通过。抽样判决器的任务是比较所有包络检波器输出的电压,并选出最大者作为输出,这个输出是一位与发端载频相应的 M 进制数。逻辑电路 2 把这个 M 进制数译成 k 位二进制并行码,并进一步进行并/串变换恢复二进制信息输出,从而完成数字信号的传输。

2. MFSK 信号的频谱、带宽及频带利用率

键控法产生的 MFSK 信号,可以看做由 M 个幅度相同、载频不同、时间上互不重叠的 2ASK 信号叠加的结果。设 MFSK 信号码元的宽度为 T_b,即传输速率 $f_b = 1/T_b$,则 MFSK 信号的带宽为

$$B_{\text{MFSK}} = f_M - f_1 + 2f_b \tag{5.5.13}$$

式中,f_M 为最高选用载频,f_1 为最低选用载频。

MFSK 信号功率谱 $P(f)$ 如图 5.5.5 所示。

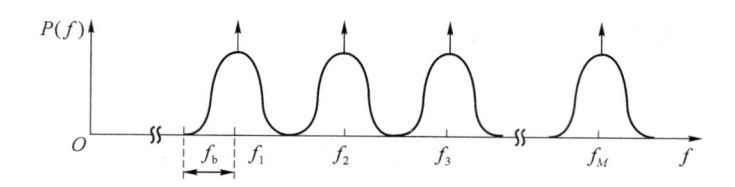

图 5.5.5 MFSK 信号的功率谱

若相邻载频之差等于 $2f_b$，即相邻频率的功率谱主瓣刚好互不重叠，这时的 MFSK 信号的带宽及频带利用率分别为

$$B_{MFSK} = 2Mf_b \tag{5.5.14}$$

$$\eta_{MFSK} = \frac{kf_b}{B_{MFSK}} = \frac{k}{2M} = \frac{\log_2 M}{2M} \quad \text{bit}/(\text{S}\cdot\text{Hz}) \tag{5.5.15}$$

可见，MFSK 信号的带宽随频率数 M 的增大而线性增大，频带利用率明显下降。与 MASK 的频带利用率比较，其关系为

$$\frac{\eta_{MFSK}}{\eta_{MASK}} = \frac{k/2M}{k/2} = \frac{1}{M} \tag{5.5.16}$$

这说明，MFSK 的频带利用率总是低于 MASK 的频带利用率。

3. MFSK 系统的误码性能

可以证明，MFSK 信号采用非相干解调时系统的误码率为

$$P_e \approx \left(\frac{M-1}{2}\right) e^{-\frac{r}{2}} \tag{5.5.17}$$

采用相干解调时系统的误码率为

$$P_e \approx \left(\frac{M-1}{2}\right) \text{erfc}\left(\sqrt{\frac{r}{2}}\right) \tag{5.5.18}$$

从式(5.5.17)和式(5.5.18)可以看出，MFSK 系统误码率随 M 增大而增加，但与多电平调制相比增加的速度要小得多。同时 MFSK 系统的主要缺点是信号频带宽，频带利用率低，但是其抗衰落和时延变化特性好。因此，MFSK 多用于调制速率较低及多径延时比较严重的信道，如短波信道等。

5.5.3 多进制绝对相移键控(MPSK)

1. 基本原理

多进制绝对相移键控(MPSK)又称多进制数字相位调制，是 2PSK 的推广，MPSK 利用载波的多种不同相位状态来表征数字信息的调制方式。

设载波为 $\cos \omega_c t$，则 MPSK 信号可表示为

$$\begin{aligned} s_{MPSK}(t) &= \sum_n g(t-nT_b)\cos(\omega_c t + \varphi_n) \\ &= \cos\omega_c t \sum_n \cos\varphi_n g(t-nT_b) - \sin\omega_c t \sum_n \sin\varphi_n g(t-nT_b) \end{aligned} \tag{5.5.19}$$

式中，$g(t)$ 是幅度为 1、宽度为 T_b 的门函数；T_b 为 M 进制码元的持续时间，即 $k(k=\log_2 M)$ bit 二进制码元的持续时间；φ_n 为第 n 个码元对应的相位，共有 M 种不同取值。

$$\varphi_n = \begin{cases} \theta_0 & \text{概率为 } P_0 \\ \theta_1 & \text{概率为 } P_1 \\ \vdots & \vdots \\ \theta_{M-1} & \text{概率为 } P_{M-1} \end{cases} \quad (5.5.20)$$

且 $P_0 + P_1 + \cdots + P_{M-1} = 1$。

为了使平均差错概率最小,一般在 $0 \sim 2\pi$ 范围内等间隔划分相位,因此相邻相移的差值为

$$\Delta\theta = \frac{2\pi}{M} \quad (5.5.21)$$

令 $\begin{cases} a_n = \cos\varphi_n \\ b_n = \sin\varphi_n \end{cases}$,这样式(5.5.19)变为

$$\begin{aligned} s_{\text{MPSK}}(t) &= \left[\sum_n a_n g(t-nT_b)\right]\cos\omega_c t - \left[\sum_n b_n g(t-nT_b)\right]\sin\omega_c t \\ &= I(t)\cos\omega_c t - Q(t)\sin\omega_c t \end{aligned} \quad (5.5.22)$$

这里

$$\left.\begin{aligned} I(t) &= \left[\sum_n a_n g(t-nT_b)\right] \\ Q(t) &= \left[\sum_n b_n g(t-nT_b)\right] \end{aligned}\right\} \quad (5.5.23)$$

常把式(5.5.22)中第一项称为同相分量,第二项称为正交分量。由此可见,MPSK 信号可以看成是 2 个正交载波进行的 MASK 信号的叠加。这样,就为 MPSK 信号的产生提供了依据,即利用正交调制的方法产生 MPSK 信号。

MPSK 信号通常用矢量图来描述,图 5.5.6 画出了 2、4、8 三种情况下的矢量图。与图 5.3.8 类似将矢量图配置的 2 种相位形式,根据 ITU-T 的建议,图 5.5.6(a)所示的相移方式,称为 A 方式;图 5.5.6(b)所示的相移方式,称为 B 方式。图中注明了各相位状态及其所代表的 k bit 码元。

以 A 方式 4PSK 为例,载波相位有 0、$\pi/2$、π 和 $3\pi/2$,分别对应信息码元 00、10、11 和 01。虚线为参考相位,对 MPSK 而言,参考相位为载波相位。各相位值都是对参考相位而言的,正为超前,负为滞后。

2. MPSK 信号的频谱、带宽及频带利用率

MPSK 信号可以看成是载波互为正交的 2 路 MASK 信号的叠加,因此,MPSK 信号的频带宽度应与 MASK 时的相同,即

$$B_{\text{MPSK}} = B_{\text{MASK}} = 2f_b \quad (5.5.24)$$

其中,$f_b = 1/T_b$ 是 M 进制码元传输频率。此时信息速率与 MASK 相同,是 2ASK 及 2PSK 的 $\log_2 M = k$ 倍。也就是说,MPSK 系统的频带利用率是 2PSK 的 k 倍。

3. 4PSK 信号的产生

为了更加明确 MPSK 信号的产生过程,以 4PSK 为例进行说明。4PSK 利用载波的 4 种不同相位来表征数字信息,由于每一种载波相位代表 2 bit 信息,故每个四进制码元又被称为双比特码元,习惯上把双比特的前一位用 a 代表,后一位用 b 代表。具体 4PSK 信号常用的产生方法有 2 种,即直接调相法及相位选择法。

(2相制)   (4相制)   (8相制)

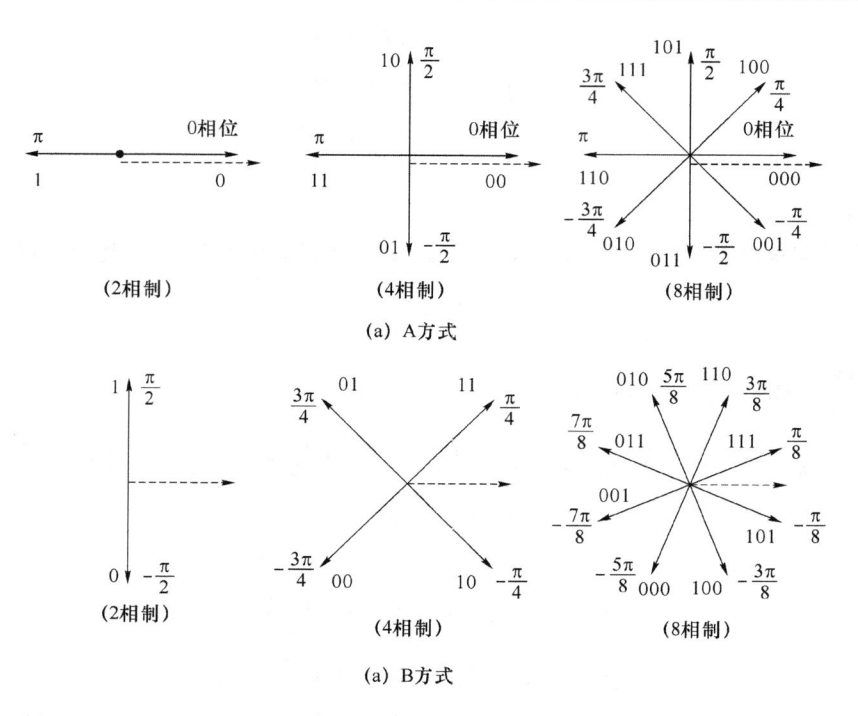

(a) A方式

(2相制)   (4相制)   (8相制)

(a) B方式

图 5.5.6 相位配置矢量图

（1）相位选择法

由式(5.5.9)可以看出，在一个码元持续时间 T_b 内，4PSK 信号为载波 4 个相位中的某一个，因此，可以用相位选择法产生 B 方式 4PSK 信号，其原理如图 5.5.7 所示。在图 5.5.7 中，四相载波发生器产生 4PSK 信号所需的 4 种不同相位的载波，输入的二进制数码经串/并变换器输出双比特码元，按照输入的双比特码元的不同，逻辑选相电路输出相应相位的载波。例如，当双比特码元 ab 为 11 时，输出相位为 45°的载波；双比特码元 ab 为 01 时，输出相位为 135°的载波等。

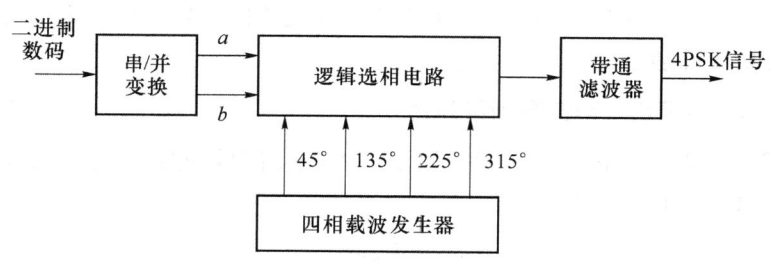

图 5.5.7 相位选择法产生 4PSK 信号（B 方式）方框图

图 5.5.7 产生的是 B 方式的 4PSK 信号。要想形成 A 方式的 4PSK 信号，只需调整四相载波发生器输出的载波相位即可。

（2）直接调相法

由式(5.5.22)可以看出，4PSK 信号也可以采用正交调制的方式产生。B 方式 4PSK 时的原理方框图如图 5.5.8(a)所示。它可以看成是由 2 个载波正交的 2PSK 调制器构成，分别形成图 5.5.8(b)中的虚线矢量，再经加法器合成后，得图 5.5.8(b)中实线矢量图。

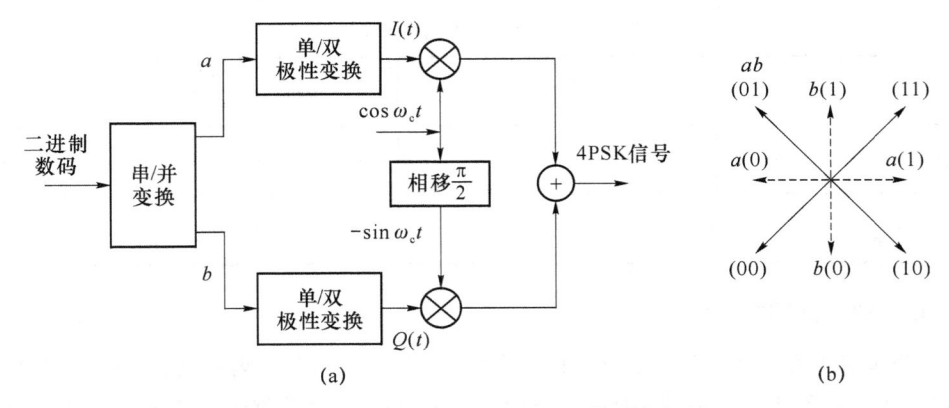

图 5.5.8 直接调相法产生 4PSK 信号方框图

4. 4PSK 信号的解调

由于 4PSK 信号可以看做是 2 个载波正交的 2PSK 信号的合成，因此，对 4PSK 信号的解调可以采用与 2PSK 信号类似的解调方法。图 5.5.9 是 B 方式 4PSK 信号相干解调器的组成方框图。图中 2 个相互正交的相干载波分别检测出 2 个分量 a 和 b，然后，经并/串变换器还原成二进制双比特串行数字信号，从而实现二进制信息恢复。此法也称为极性比较法。

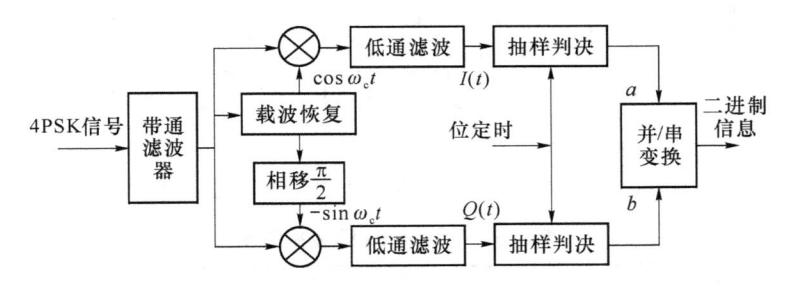

图 5.5.9 4PSK 信号的相干解调

在 2PSK 信号相干解调过程中会产生"倒 π"，即"180°相位模糊"现象，同样，对于 4PSK 信号相干解调也会产生相位模糊问题，并且是 0°、90°、180°和 270°四个相位模糊。因此，在实际工程中常用的是四相相对相移调制，即 QDPSK。

5.5.4 多进制差分相移键控(MDPSK)

1. 基本原理

类似于 2DPSK 体制，在多进制相移键控体制中也存在多进制差分相移键控(MDPSK)。上一节讨论的 MPSK 信号可以用式(5.5.19)和式(5.5.22)来表示，也可以用图 5.5.6 来定义其矢量图，因此，上述描述对于 MDPSK 信号仍然适用，只需要把 φ_n 作为第 n 个码元对应前一码元载波相位变化即可，而在矢量图当中，参考相位选择前一码元对应载波相位。为了便于分析和比较，这里仍以四进制 DPSK(QDPSK)为例进行讨论。图 5.5.6 给出了 A 方式 QDPSK 信号的编码规则，具体情况如表 5.5.1 所示。

表 5.5.1 QDPSK 信号编码规则

a	b	$\Delta\varphi_n$ A 方式
0	0	0°
1	0	90°
1	1	180°
0	1	270°

2. QDPSK 信号的产生

与 2DPSK 信号的产生相类似,在直接调相 4PSK 的基础上加码变换器,就可形成 QDPSK 信号。图 5.5.10 给出了 A 方式 QDPSK 信号产生方框图。为了对应 A 方式矢量图,设图中的单/双极性变换的规律为 $0\to +1$, $1\to -1$,码变换器将并行绝对码 a、b 转换为并行相对码 c、d,其转换逻辑如表 5.5.2 所示。在表 5.5.2 中,$\theta_k = \theta_{k-1} + \Delta\theta_k$,$c_k$ 和 d_k 的取值由 θ_k 确定。

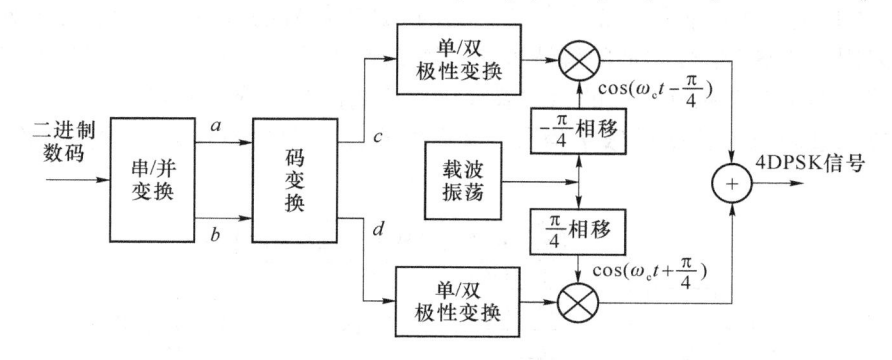

图 5.5.10 QDPSK 信号产生方框图

表 5.5.2 QDPSK 码变换关系

当前输入的一对码元及要求的相对相移			前一时刻经过变换后的一对码元及产生的相移			当前时刻应当给出的变换后的一对码元和相位		
a_k	b_k	$\Delta\theta_k$	c_{k-1}	d_{k-1}	θ_{k-1}	c_k	d_k	θ_k
0	0	0°	0　0 1　0 1　1 0　1		0° 90° 180° 270°	0　0 1　0 1　1 0　1		0° 90° 180° 270°
1	0	90°	0　0 1　0 1　1 0　1		0° 90° 180° 270°	1　0 1　1 0　1 0　0		90° 180° 270° 0°
1	1	180°	0　0 1　0 1　1 0　1		0° 90° 180° 270°	1　1 0　1 0　0 1　0		180° 270° 0° 90°
0	1	270°	0　0 1　0 1　1 0　1		0° 90° 180° 270°	0　1 0　0 1　0 1　1		270° 0° 90° 180°

3. QDPSK 信号的解调

QDPSK 信号的解调可以采用相干解调码反变换器方式(极性比较法)，也可采用差分相干解调(相位比较法)。

A 方式 QDPSK 信号相干解调码反变换器方式原理图如图 5.5.11 所示，与 4PSK 信号相干解调不同之处在于，并/串变换之前需要加入码反变换器。

A 方式 QDPSK 信号差分相干解调原理图如图 5.5.12 所示。与极性比较法相比，主要区别在于：它利用延迟电路将前一码元信号延迟一码元时间后，分别作为上、下支路的相干载波。另外，它不需要采用码变换器，这是因为 QDPSK 信号的信息包含在前后码元相位差中，而相位比较法解调的原理就是直接比较前后码元的相位。

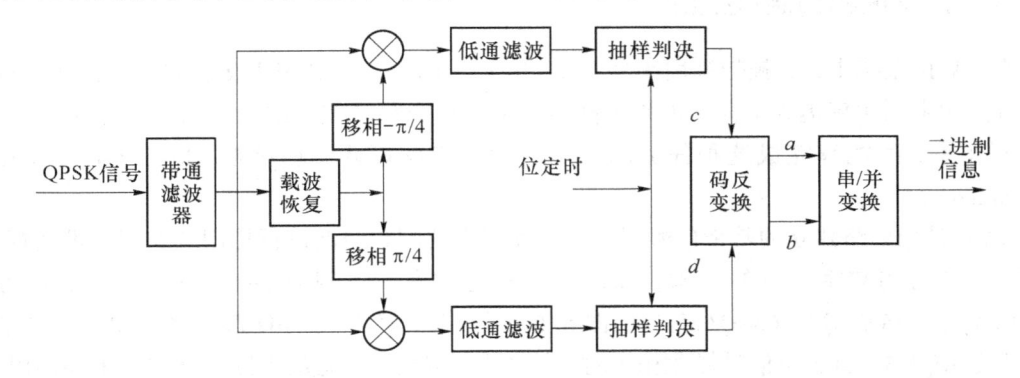

图 5.5.11　QDPSK 信号的相干解调码反变换法解调

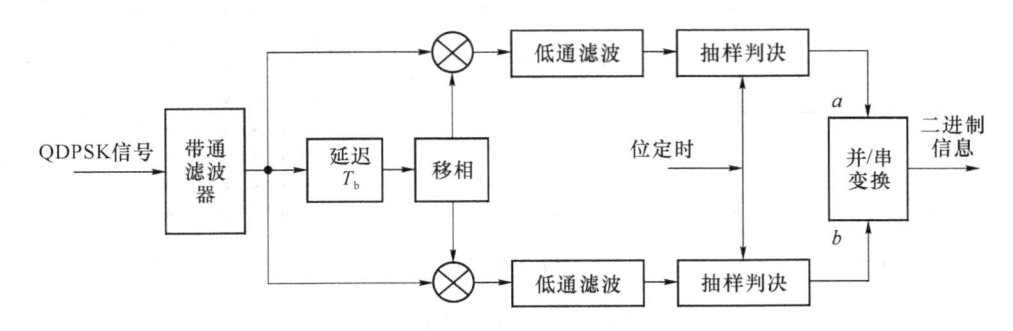

图 5.5.12　4DPSK 信号的差分相干解调方框图

4. 4PSK、QDPSK 系统的误码性能

可以证明，4PSK 信号采用相干解调时系统的误码率为

$$P_e \approx \text{erfc}\left(\sqrt{r}\sin\frac{\pi}{4}\right) \tag{5.5.25}$$

QDPSK 信号采用相干解调时系统的误码率为

$$P_e \approx \text{erfc}\left(\sqrt{2r}\sin\frac{\pi}{8}\right) \tag{5.5.26}$$

式中，r 为信噪比。

综上讨论可以看出,多进制相移键控是一种频带利用率较高的传输方式,再加之有较好的抗噪声性能,因而得到广泛的应用,而且 MDPSK 比 MPSK 用得更广泛一些。

5.6 现代数字调制技术介绍

前面讨论的二进制和多进制数字调制方式是数字调制的理论基础。在此基础上,发展和提出了许多具有优越性能的新型调制技术,这些调制技术的研究主要是围绕着寻找频带利用率高,同时抗干扰能力强的调制方式而展开的。本节介绍几种具有代表性的现代数字调制技术。

5.6.1 正交振幅调制(QAM)

在 2ASK 系统中,其频带利用率是 $1/2(\text{bit/s}) \cdot \text{Hz}^{-1}$。若利用正交载波技术传输 ASK 信号,可使频带利用率提高 1 倍。如果再把多进制与正交载波技术结合起来,还可进一步提高频带利用率,而能够完成这种任务的技术称为正交振幅调制(QAM,Quadrature Amplitude Modulation)。

QAM 是用 2 路独立的基带信号对 2 个相互正交的同频载波进行抑制载波双边带调幅,来实现 2 路并行的数字信息的传输。该调制方式通常有二进制 QAM(4QAM)、四进制 QAM(16QAM)、八进制 QAM(64QAM)等,图 5.6.1 给出了 4QAM、16QAM、64QAM 对应的星座图。对于 4QAM,当 2 路信号幅度相等时,其产生、解调、性能及相位矢量均与 4PSK 相同。

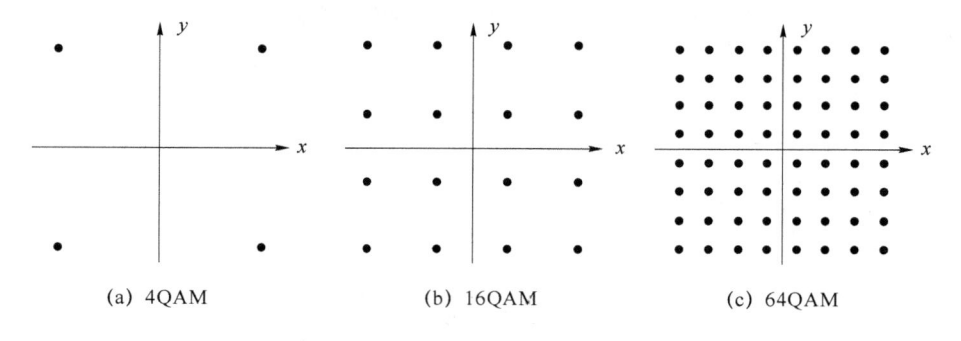

(a) 4QAM (b) 16QAM (c) 64QAM

图 5.6.1 QAM 星座图

QAM 信号的同相和正交分量,可以分别以 ASK 方式传输数字信号,如果 2 通道的基带信号分别为 $x(t)$ 和 $y(t)$,则 QAM 信号可表示为

$$s_{\text{QAM}}(t) = x(t)\cos \omega_c t + y(t)\sin \omega_c t \tag{5.6.1}$$

式中

$$\left.\begin{array}{l} x(t) = \sum_{k=-\infty}^{\infty} x_k g(t - kT_b) \\ y(t) = \sum_{k=-\infty}^{\infty} y_k g(t - kT_b) \end{array}\right\} \tag{5.6.2}$$

式中,T_b 为多进制码元间隔,为了传输和检测方便,x_k 和 y_k 一般为双极性 m 进制码元,例如取为 ± 1,± 3,…,$\pm (m-1)$ 等。图 5.6.2 给出了产生多进制 QAM 信号的数学模型。

QAM 信号采用正交相干解调，其数学模型如图 5.6.3 所示。解调器首先对收到的 QAM 信号进行正交相干解调。低通滤波器 LPF 滤除乘法器产生的高频分量，经抽样判决可恢复出 m 电平信号 $x(t)$ 和 $y(t)$。因为 x_k 和 y_k 取值一般为 ± 1，± 3，$\cdots$，$\pm(m-1)$，所以判决电平应设在信号电平间隔的中点，即 $U_d = 0$，± 2，± 4，$\cdots$，$\pm(m-2)$。根据多进制码元与二进制码元之间的关系，经 $m/2$ 转换，可将 m 电平信号转换为二进制基带信号 $x'(t)$ 和 $y'(t)$。

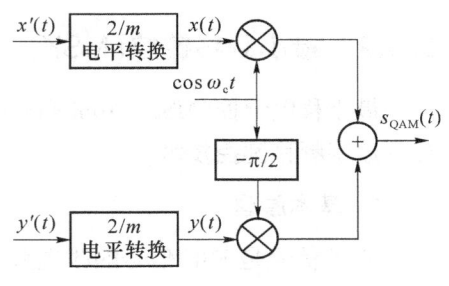

图 5.6.2 QAM 信号产生

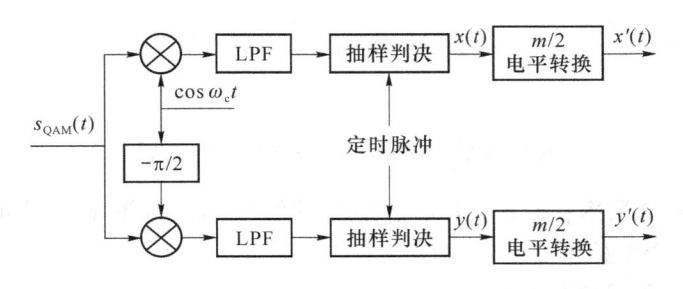

图 5.6.3 QAM 信号解调

对于相同状态数的多进值数字调制，QAM 抗噪性能优于 PSK，下面就以 16QAM 和 16PSK 性能进行比较。图 5.6.4 分别给出了这 2 种信号的星座图。

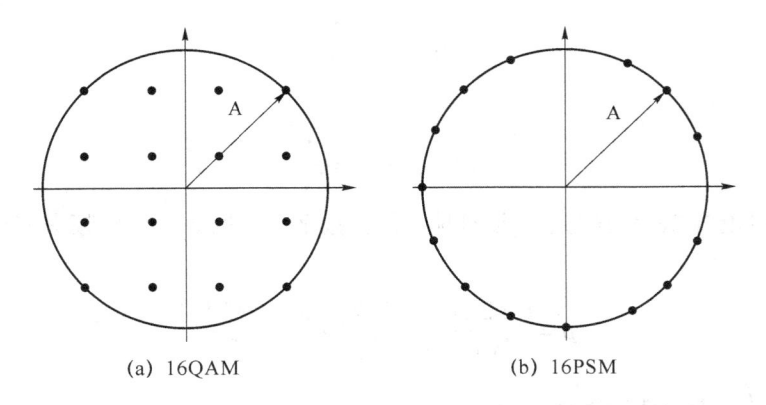

(a) 16QAM　　(b) 16PSM

图 5.6.4 16QAM 和 16PSK 信号星座图

设 16QAM 和 16PSK 信号最大振幅为 A，则相邻矢量端点的距离分别为

$$\left. \begin{array}{l} d_{16PSK} = 2A \cdot \sin \dfrac{\pi}{16} \approx 0.39A \\ d_{16QAM} = \dfrac{\sqrt{2}A}{3} \approx 0.47A \end{array} \right\} \quad (5.6.3)$$

相邻矢量端点的距离越大，其抗干扰能力越强。从式(5.6.3)可以看出，$d_{16PSK} < d_{16QAM}$，因此，在最大功率(振幅)相等的条件下，16QAM 抗噪性能优于 16PSK。同样还可以证明，在平均功率相等的条件下，16QAM 抗噪性能仍然优于 16PSK。

5.6.2 最小频移键控(MSK)

最小移频键控(MSK, Minimum Frequency Shift Keying)是一种能够产生恒定包络、连续相位的数字频移键控技术。

1. 基本原理

MSK 信号是 FSK 信号的改进型,二进制 MSK 信号的表示式可写为

$$s_{\text{MSK}}(t) = A\cos\left(\omega_c t + \frac{a_k \pi}{2T_b} t + \varphi_k\right) \tag{5.6.4}$$

或者

$$s_{\text{MSK}}(t) = A\cos[\omega_c t + \theta(t)] \tag{5.6.5}$$

这里

$$\theta(t) = \frac{a_k \pi}{2T_b} t + \varphi_k \quad (k-1)T_b \leq t \leq kT_b \tag{5.6.6}$$

式中,ω_c 表示载波角频率;$a_k = \pm 1$ 是数字基带信号;φ_k 为第 k 个码元的相位常数,在 $(k-1)T_b \leq t \leq kT_b$ 中保持不变。

当 $a_k = +1$ 时,信号的频率为

$$f_2 = f_c + \frac{1}{4T_b} \tag{5.6.7}$$

当 $a_k = -1$ 时,信号的频率为

$$f_1 = f_c - \frac{1}{4T_b} \tag{5.6.8}$$

则

$$\Delta f = f_2 - f_1 = \frac{1}{2T_b} \tag{5.6.9}$$

对于前面讨论的 2FSK 信号,可以证明,代表数字信息的 2 个不同频率信号波形,具有如下的相关系数

$$\rho = \frac{\sin 2\pi(f_2-f_1)T_b}{2\pi(f_2-f_1)T_b} + \frac{\sin 4\pi f_c T_b}{4\pi f_c T_b} \tag{5.6.10}$$

式中,$f_c = \dfrac{(f_1+f_2)}{2}$ 表示载波频率。

由于 MSK 是 FSK 的一种正交调制,因此,其信号波形的相关系数等于零,即对应式(5.6.10)为零,也就是式(5.6.10)右边两项均应为零。其中,第一项等于零的条件是 $2\pi(f_2-f_1)T_b = k\pi$,($k=1,2,3,\cdots$),令 k 等于其最小值 1,则如式(5.6.9)所示,显然如式(5.6.4)的 MSK 信号能够使得第一项等于零。而第二项等于零的条件是

$$4\pi f_c T_b = k\pi \quad k=1,2,\cdots \tag{5.6.11}$$

即

$$T_b = \frac{k}{4f_c} = \frac{k}{4}T_c \quad k=1,2,\cdots \tag{5.6.12}$$

或

$$f_c = \frac{k}{4T_b} = \frac{k}{4}f_b = \left(N + \frac{m}{4}\right)f_b \quad m = 0,1,2,3 \tag{5.6.13}$$

式(5.6.12)说明,MSK 信号在每一码元周期内,必须包含 1/4 载波周期的整倍数。相应的式(5.6.7)和式(5.6.8)则可以写为

$$\begin{cases} f_2 = f_c + \dfrac{1}{4T_b} = \left(N + \dfrac{m+1}{4}\right)\dfrac{1}{T_b} \\ f_1 = f_c - \dfrac{1}{4T_b} = \left(N + \dfrac{m-1}{4}\right)\dfrac{1}{T_b} \end{cases} \tag{5.6.14}$$

相位常数 φ_k 的选择应保证信号相位在码元转换时刻是连续的,即

$$\theta_{k-1}(kT_b) = \theta_k(kT_b) \tag{5.6.15}$$

将式(5.6.6)代入式(5.6.15)可以得到

$$\frac{a_{k-1}\pi}{2T_b}kT_b + \varphi_{k-1} = \frac{a_k\pi}{2T_b}kT_b + \varphi_k$$

进一步可以得到

$$\varphi_k = \varphi_{k-1} + \frac{k\pi}{2}(a_{k-1} - a_k) = \begin{cases} \varphi_{k-1} & a_{k-1} = a_k \\ \varphi_{k-1} \pm k\pi & a_{k-1} \neq a_k \end{cases} \tag{5.6.16}$$

式(5.6.16)表明,MSK 信号在第 k 个码元的相位常数不仅与当前的 a_k 有关,而且与前面的 a_{k-1} 及相位常数 φ_{k-1} 有关,也就是说,前后码元之间存在着相关性。对于相干解调来说,φ_k 起始参考值可以假定为零,因此,从式(5.6.16)可以写为

$$\varphi_k = 0 \quad \text{或} \quad \pi \tag{5.6.17}$$

进一步分析式(5.6.6)可以看到,$\theta(t)$ 是一个直线函数,对于第 k 个码元,其持续时间为 $(k-1)T_b \leq t \leq kT_b$,在该码元的初始相位为

$$\theta_k[(k-1)T_b] = \frac{a_k\pi}{2T_b}t + \varphi_k = \varphi_k + a_k(k-1)\frac{\pi}{2} \tag{5.6.18}$$

终止相位为

$$\theta_k(kT_b) = \varphi_k + a_k k\frac{\pi}{2} \tag{5.6.19}$$

因此

$$\Delta\theta_k = \theta_k(kT_b) - \theta_k[(k-1)T_b] = a_k\frac{\pi}{2} = \begin{cases} \dfrac{\pi}{2} & a_k = 1 \\ -\dfrac{\pi}{2} & a_k = -1 \end{cases} \tag{5.6.20}$$

式(5.6.20)表明在每一码元时间内,相对于前一码元载波相位,$\theta_k(t)$ 不是增加 $\pi/2(a_k = +1)$,就是减少 $\pi/2(a_k = -1)$。$\theta_k(t)$ 随 t 的变化规律如图 5.6.5 所示,图中正斜率直线表示传"1"码时的相位轨迹,负斜率直线表示传"0"码时的相位轨迹,这种由相位轨迹构成的图形称为相位网格图。图中粗线路径所对应的信息序列为 1101000。

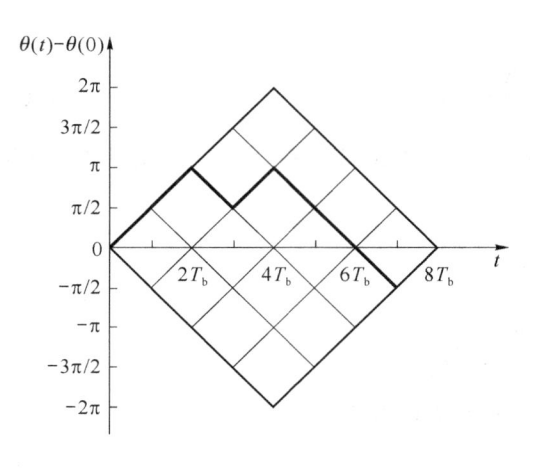

图 5.6.5 MSK 信号相位轨迹

通过上述讨论可知，MSK 信号具有如下特点：

（1）已调信号的振幅是恒定的；

（2）在码元转换时刻信号的相位是连续的，或者说信号的波形没有突跳；

（3）信号的频率偏移严格地等于 $\pm\dfrac{T_b}{4}$，如式(5.6.7)和式(5.6.8)所示；

（4）在一个码元期间内，信号应包括 $\dfrac{1}{4}$ 载波周期的整数倍，如式(5.6.12)所示；

（5）信号相位在一个码元期间内准确地线性变化 $\pm\dfrac{\pi}{2}$，如式(5.6.20)所示。

2. MSK 信号的产生与解调

利用三角公式展开式(5.6.4)，得

$$\begin{aligned}
s_{\text{MSK}}(t) &= A\cos\left(\omega_c t + \frac{a_k \pi}{2T_b}t + \varphi_k\right) \\
&= A\cos\left(\frac{a_k \pi}{2T_b}t + \varphi_k\right)\cos\omega_c t - A\sin\left(\frac{a_k \pi}{2T_b}t + \varphi_k\right)\sin\omega_c t \\
&= A\left(\cos\frac{a_k \pi}{2T_b}t\cos\varphi_k - \sin\frac{a_k \pi}{2T_b}t\sin\varphi_k\right)\cos\omega_c t - \\
&\quad A\left(\sin\frac{a_k \pi}{2T_b}t\cos\varphi_k + \cos\frac{a_k \pi}{2T_b}t\sin\varphi_k\right)\sin\omega_c t
\end{aligned} \tag{5.6.21}$$

假设 φ_k 起始参考值为零，由式(5.6.17)可知 $\cos\varphi_k = \pm 1$，$\sin\varphi_k = 0$，则式(5.6.21)可以表示为

$$\begin{aligned}
s_{\text{MSK}}(t) &= A\left(\cos\frac{a_k \pi}{2T_b}t\cos\varphi_k\cos\omega_c t - \sin\frac{a_k \pi}{2T_b}t\cos\varphi_k\sin\omega_c t\right) \\
&= I(t)\cos\omega_c t - Q(t)\sin\omega_c t
\end{aligned} \tag{5.6.22}$$

在式(5.6.22)中，$I(t)$ 为同相分量，$Q(t)$ 为正交分量，可以表示为

$$\begin{cases} I(t) = \cos\dfrac{a_k \pi}{2T_b}t\cos\varphi_k = \cos\dfrac{\pi t}{2T_b}\cos\varphi_k = a_I(t)\cos\dfrac{\pi t}{2T_b} \\ Q(t) = \sin\dfrac{a_k \pi}{2T_b}t\cos\varphi_k = a_k\sin\dfrac{\pi t}{2T_b}\cos\varphi_k = a_Q(t)\sin\dfrac{\pi t}{2T_b} \end{cases} \tag{5.6.23}$$

式中，$a_k = \pm 1$，$a_I(t) = \cos\varphi_k$，$a_Q(t) = a_k\cos\varphi_k$。

结合式(5.6.16)分析可以证明，$a_I(t)$ 和 $a_Q(t)$ 每 $2T_b$ 输出一对码元，其中 $a_I(t)$ 是数字序列 a_k 的差分编码 c_k 的奇数位输出，$a_Q(t)$ 是 c_k 的偶数位，并延时 T_b 的输出。图 5.6.6 给出了逻辑序列 $d_k = (11010001000111)$ 对应的各类波形输出。

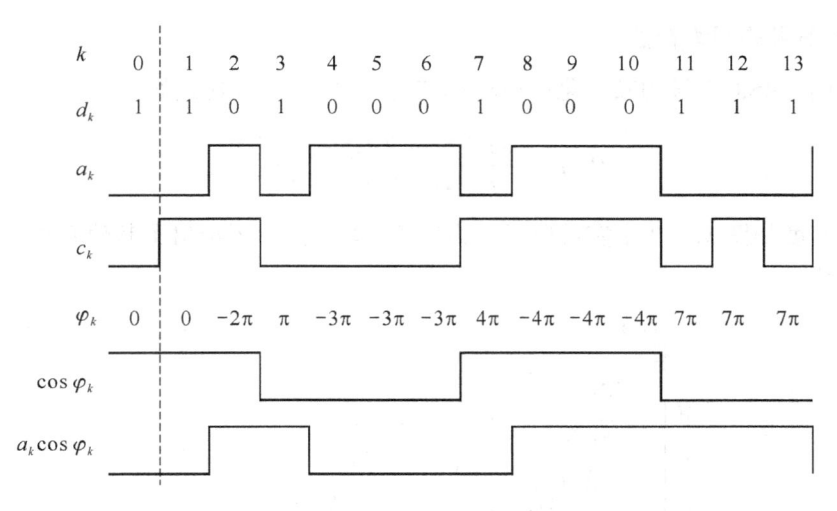

图 5.6.6 输入数据与各支路数据之间的关系

如果从逻辑上分析图 5.6.6 可以看到,假设逻辑"1"对应"−"电平,逻辑"0"对应"+"电平,当对于绝对序列 a_k 其差分编码 $c_k = (+1 +1 -1 -1 -1 -1 +1 +1 +1 +1 -1 +1)$ 时,对应其奇数位输出 $a_I(t) = (+1 -1 -1 +1 +1 -1)$,偶数位输出 $a_Q(t) = (+1 -1 -1 +1 +1 +1)$。图 5.6.7 给出了基于式(5.6.22)和式(5.6.23)构建的 MSK 调制器。

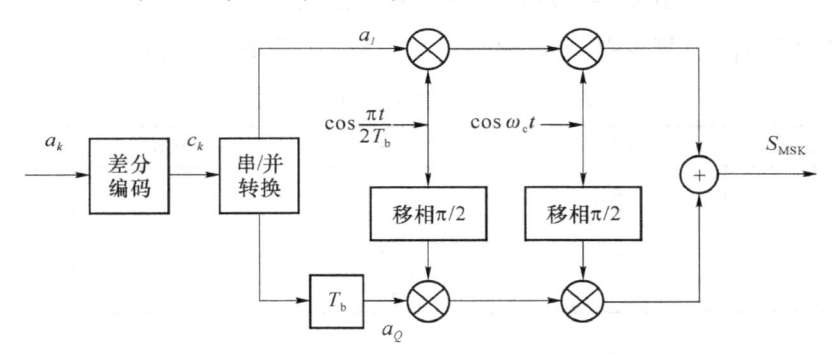

图 5.6.7 MSK 调制器原理图

与产生过程相对应,MSK 解调器原理如图 5.6.8 所示。

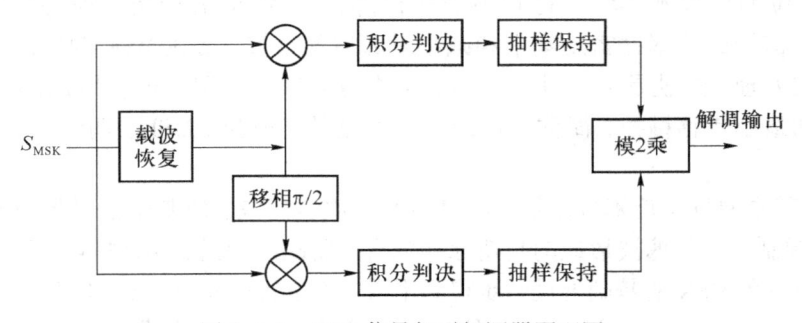

图 5.6.8 MSK 信号相干解调器原理图

3. MSK 信号的频谱特性

可以证明，MSK 信号的归一化单边功率谱密度 $P_s(f)$ 的表达式如下

$$P_s(f) = \frac{32T_b}{\pi^2}\left[\frac{\cos 2\pi(f-f_c)T_b}{1-16(f-f_c)^2T_b^2}\right]^2 \tag{5.6.24}$$

功率谱密度如图 5.6.9 中实线所示。为便于比较，图中还给出了其他几种调制信号的功率谱密度曲线。

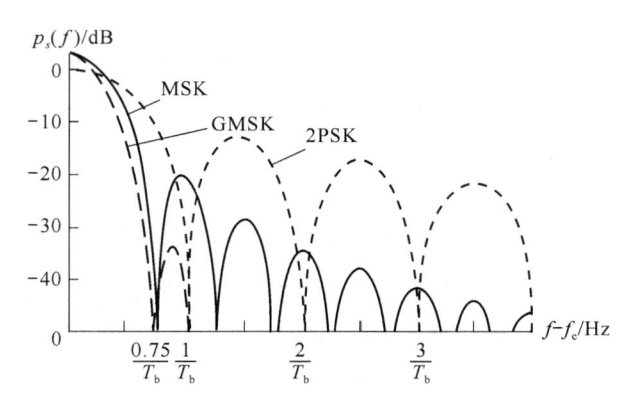

图 5.6.9 MSK、2PSK、GMSK 信号的功率谱密度

设码元周期为 T_b，计算表明，包含 90% 和 99% 信号功率的带宽的近似值如表 5.6.1 所示。

表 5.6.1 部分数字调制信号带宽

信号功率百分比	BPSK	QPSK	OQPSK	MSK
90%	$\frac{2}{T_b}$	$\frac{1}{T_b}$	$\frac{1}{T_b}$	$\frac{1}{T_b}$
99%	$\frac{9}{T_b}$	$\frac{6}{T_b}$	$\frac{6}{T_b}$	$\frac{1.2}{T_b}$

4. 高斯最小频移键控(GMSK)

MSK 信号的相位虽然是连续变化的，但在信息代码发生变化时刻，相位变化会出现尖角，即附加相位的导数不连续。这种不连续性降低了 MSK 信号功率谱旁瓣的衰减速度。为了进一步使信号的功率谱密度集中和减小对邻道的干扰，常在 MSK 调制前，对基带信号进行高斯滤波处理，这就是另一种在移动通信中得到广泛应用的恒包络调制方法——调制前高斯滤波的最小频移键控，简称高斯最小频移键控，记为 GMSK，调制方式如图 5.6.10 所示。

GMSK 的基本原理是让基带信号先经过高斯滤波器滤波，使基带信号形成高斯脉冲，之后进行 MSK 调制。由于滤波形成的高斯脉冲包络无陡峭的边沿，亦无拐点，所以经调制后的已调波相位路径在 MSK 的基础上进一步得到平滑，相位轨迹如图 5.6.11 所示。

由图 5.6.11 可以看出，它把 MSK 信号的相位路径的尖角平滑掉了，因此频谱特性优于 MSK。

图 5.6.10　GMSK 调制原理方框图

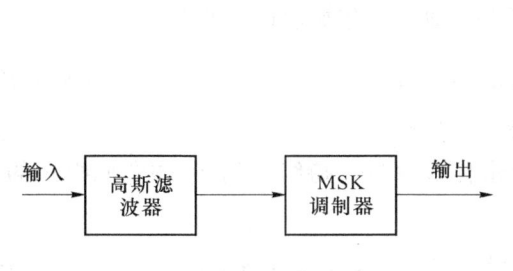

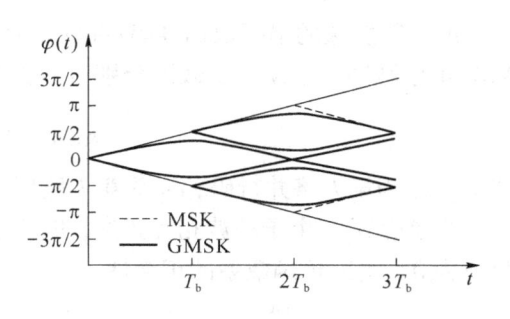

图 5.6.11　GMSK 的相位轨迹

5.6.3　正交频分复用(OFDM)

前面介绍的数字调制方式都属于串行体制,其特征为在任一时刻都只用单一的载波频率来发送信号。和串行体制相对应的是并行体制,它是将高速率的信息数据流经串/并变换,分割为若干路低速率并行数据流,然后每路低速率数据采用一个独立的载波调制并叠加在一起构成发送信号;在接收端,用同样数量的载波对接收信号进行相干接收,获得低速率信息数据后,再通过并/串变换得到原来的高速信号。这种系统也称为多载波传输系统,其原理如图 5.6.12 所示。

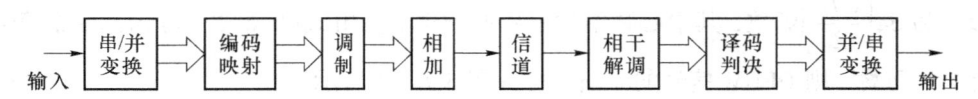

图 5.6.12　多载波传输系统原理图

与单载波系统相比,多载波调制技术具有抗多径传播和频率选择性衰落能力强、频谱利用率高等特点,适合在多径传播和无线移动信道中输出高速数据。正交频分复用(OFDM)属于多载波传输技术,已广泛应用于接入网中的数字环路(DSL)、数字音频广播(DAB)、数字视频广播(DVB)、高清晰度电视(HDTV)的地面广播等系统,并且已成为下一代移动通信系统的备选关键技术之一。

1. OFDM 基本原理

为了提高频谱利用率,OFDM 方式中各子载波频谱有 1/2 重叠,但保持相互正交。图 5.6.13 给出了 OFDM 调制原理框图。

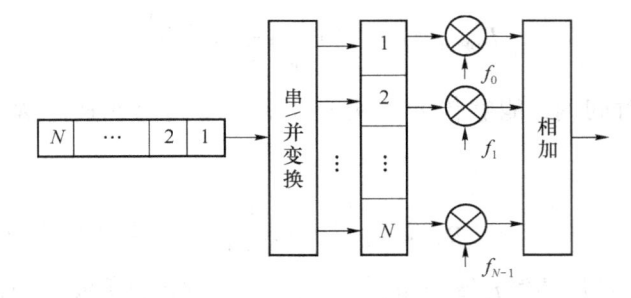

图 5.6.13　OFDM 调制原理框图

N 个待发送的串行数据经串/并变换后,得到周期为 T_b 的 N 路并行码,码型选用双极性 NRZ 矩形脉冲,经 N 个子载波分别对 N 路并行码进行调制,相加后得到波形

$$s_{\text{OFDM}}(t) = \sum_{k=0}^{N-1} B_k \cos \omega_k t \tag{5.6.25}$$

式中,B_k 为第 k 路并行码;ω_k 为第 k 路码的子载波角频率。

为了保证 N 个子载波相互正交,也就是在信道传输符号的持续时间 T_b 内它们乘积的积分值为 0。由三角函数系的正交性

$$\int_0^{T_b} \cos 2\pi \frac{mt}{T_b} \cos 2\pi \frac{nt}{T_b} \mathrm{d}t = \begin{cases} 0 & m \neq n \\ \pi & m = n \end{cases} \quad m,n = 1,2,\cdots \tag{5.6.26}$$

可知,子载波频率间隔应为

$$\Delta f = f_k - f_{k-1} = \frac{1}{T_b} \quad k = 1,2,\cdots,N-1 \tag{5.6.27}$$

亦即

$$f_k = f_0 + \frac{k}{T_b} \quad k = 1,2,\cdots,N-1 \tag{5.6.28}$$

式中,f_0 为最低子带频率。

由于 OFDM 信号由 N 个信号叠加而成,当码型选用双极性 NRZ 矩形脉冲时,每路信号频谱形式为 $\text{Sa}\left(\frac{\omega T_b}{2}\right)$ 函数,其中心频率为子载波频率 f_k。由式(5.6.27)可知,相邻信号频谱之间有 1/2 重叠,则 OFDM 信号的频谱结构如图 5.6.14 所示。

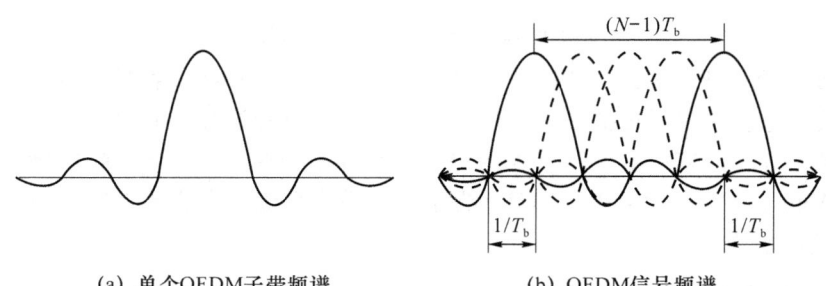

(a) 单个OFDM子带频谱　　(b) OFDM信号频谱

图 5.6.14　OFDM 信号的频谱结构

忽略旁瓣的功率,OFDM 信号的频谱宽带为

$$B_{\text{OFDM}} = (N-1)\frac{1}{T_b} + \frac{2}{T_b} = \frac{N+1}{T_b} \tag{5.6.29}$$

由于信道在 T_b 时间内,能够传 N 个并行的码元,则码元速率 $R_B = \frac{N}{T_b}$,对应频带利用率为

$$\eta_{\text{OFDM}} = \frac{R_B}{B_{\text{OFDM}}} = \frac{N}{N+1} \approx 1 \quad \text{bit}/(\text{S}\cdot\text{Hz}) \tag{5.6.30}$$

在接收端,对 $s_m(t)$ 用频率 $f_k(k=0,1,\cdots,N-1)$ 的正弦载波在 $[0,T_b]$ 进行相关运算,就可得到各子载波携带的信息 B_k,然后通过并/串变换,恢复出发送的二进制数据序列。由此可得如图 5.6.15 所示的 OFDM 信号的解调原理框图。

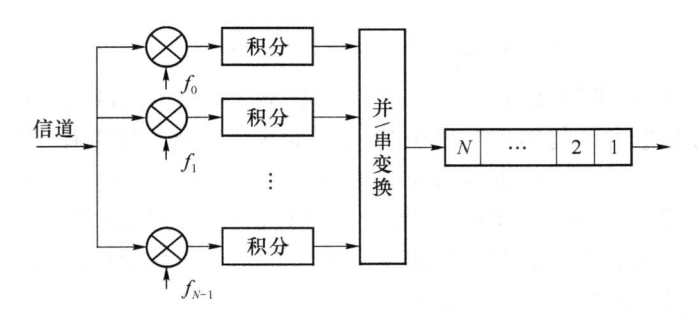

图 5.6.15　OFDM 解调原理框图

2. OFDM 与离散傅里叶变换

图 5.6.13 和图 5.6.15 给出的实现 OFDM 的方法，所需要的设备非常复杂，特别是当 N 很大时，需要大量的正弦波发生器、调制器和相关解调器等设备，费用非常昂贵。但是随着信号处理理论和技术的发展，到 20 世纪 80 年代，快速傅里叶变换(FFT, Fast Fourier Transform)算法和器件日趋成熟，人们提出采用离散傅里叶反变换(IDFT)来实现多个载波的调制，利用离散傅里叶变换(DFT)来实现解调，可以极大地降低 OFDM 系统的复杂度和成本，从而使得 OFDM 技术更趋于实用化。其具体原理如下：

式(5.6.25)可以改写为如下形式

$$s_{\text{OFDM}}(t) = \text{Re}\left[\sum_{k=0}^{N-1} B_k e^{j\omega_k t}\right] \qquad (5.6.31)$$

如果对 $s_m(t)$ 在 $[0, T_b]$ 内进行 N 点离散化处理，其抽样间隔 $T = \dfrac{T_b}{N}$，则抽样时刻 $t = nT$ 的 OFDM 信号为

$$s_m(nT) = \text{Re}\left[\sum_{k=0}^{N-1} d(k) e^{j\omega_k nT}\right] = \text{Re}\left[\sum_{k=0}^{N-1} d(k) e^{j\omega_k nT_b/N}\right] \qquad (5.6.32)$$

式中，离散序列 $d(k) = B_k$, $K = 0, 1, 2, \cdots, N-1$。

由于 OFDM 信号的产生首先是在基带实现，然后通过上变频产生输出信号。因此，处理时为了方便起见，可令 $\omega_0 = 0$，根据式(5.6.28)则

$$\omega_k = \frac{2k\pi}{T_b} \qquad (5.6.33)$$

将式(5.6.33)代入式(5.6.32)则

$$s_{\text{OFDM}}(nT) = \text{Re}\left[\sum_{k=0}^{N-1} d(k) e^{j\frac{2\pi kn}{N}}\right] \qquad (5.6.34)$$

由于等号右边与 T 无关，则可以写为

$$s_{\text{OFDM}}(n) = \text{Re}\left[\sum_{k=0}^{N-1} d(k) e^{j\frac{2\pi kn}{N}}\right] \qquad (5.6.35)$$

考虑到长度为 N 的序列 $x(n)$，其 N 点离散傅里叶变换(DFT)可以写为

$$X(k) = \sum_{n=0}^{N-1} x(n) e^{-j\frac{2\pi kn}{N}} \quad k = 0, 1, \cdots, N-1 \qquad (5.6.36)$$

相应 N 点离散傅里叶反变换(IDFT)可以写为

$$x(n) = \frac{1}{N}\sum_{k=0}^{N-1} X(k)e^{j\frac{2\pi kn}{N}} \quad n = 0,1,\cdots,N-1 \qquad (5.6.37)$$

比较式(5.6.35)和式(5.6.37)可以看出,式(5.6.37)的实部正好是式(5.6.35)。可见,OFDM 信号的产生可以利用离散傅里叶(反)变换来实现,而工程上可以采用 FFT 类技术。图 5.6.16 给出了用 DFT 实现 OFDM 的原理。在发送端,输入的二进制数据序列先进行串/并变换,得到 N 路并行码,经 IDFT 变换得 OFDM 信号数据流各离散分量,送入 D/A 变换形成双极性多电平方波,再经上变频调制最后形成 OFDM 信号发送出去。在接收端,OFDM 信号的解调过程是其调制的逆过程,这里不再赘述。

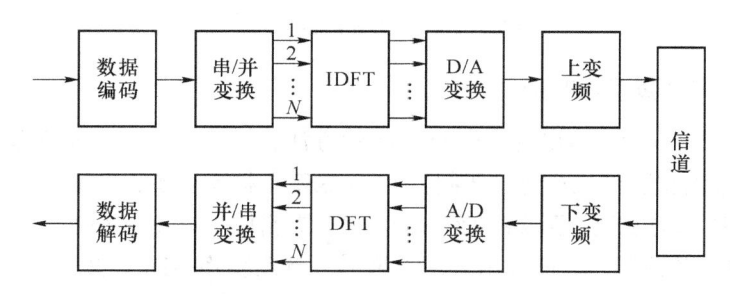

图 5.6.16 用 DFT 实现 OFDM 的原理框图

本 章 小 结

数字频带传输系统的核心是数字频带信号的调制与解调过程,这里所谓调制是指利用数字基带信号对载波波形的某些参量进行控制,使载波的这些参量随数字基带信号的变化而变化,而载波通常是正弦波,其参数为幅度、频率和相位。本章在重点介绍二进制数字调制(ASK、FSK、PSK)系统的基础上,对其抗噪声性能进行分析和比较,之后介绍了多进制数字调制系统的基本原理和技术,最后结合现代通信系统的发展趋势,简要介绍几种具有代表性的数字调制新技术。

2ASK 是一种古老的数字调制方式,也是各种数字调制的基础。由于 2ASK 抗干扰性能差,因此逐渐被 2FSK 和 2PSK 所代替。2ASK 信号可表示为单极性 NRZ 矩形脉冲序列与载波 $\cos \omega_c t$ 的乘积,解调方法主要为包络检波法和相干检测法,2ASK 功率谱是数字基带信号功率谱的线性搬移,带宽 $B_{2ASK} = 2f_b$,频带利用率为 1/2 Baud/Hz。

2FSK 是一种出现较早的数字调制方式,由于调制幅度不变,2FSK 的抗衰落和抗噪声性能均优于 2ASK,同时设备简单,因此一直被广泛应用于中、低速数据传输系统中。根据相邻 2 个码元调制波形的相位是否连续,可进一步将 FSK 分为 CPFSK 及 DPFSK。一个 2FSK 信号可视为 2 路 2ASK 信号的合成,其解调方法主要包括包络检波法、相干检测法、过零检测法、差分检测法等,信号的带宽为 $B_{2FSK} = |f_2 - f_1| + 2f_b$,频带利用率较低。

根据载波相位表示数字信息的方式不同,数字调相分为绝对相移(PSK)和相对(差分)相移(DPSK)2 种。由于相移键控在抗干扰性能与频带利用等方面具有明显的优势,因此,在中、高速数据传输系统中得以广泛的应用。

绝对相移 2PSK 是利用载波的相位直接表示数字信号的相移方式。其信号可以表示为双极性 NRZ 矩形脉冲序列与载波 $\cos \omega_c t$ 的乘积,利用相干检测法可以进行解调,但容易产生相位模糊，造成反向工作。其功率谱是数字基带信号功率谱的线性搬移，带宽为 $B_{2PSK}=2f_b$，频带利用率为 1/2 Baud/Hz。

2DPSK 是利用前后码元的相对载波相位值传送数字信息，在其调制过程中，首先对数字信号进行差分编码，即由绝对码表示变为相对码表示，然后再进行 2PSK 调制，其解调过程包括相干解调码变换法和差分相干解调，误码率是 2PSK 的 1 倍。

多进制数字调制是利用多进制数字基带信号去控制载波的某个参量的过程，根据所控参量的不同，多进制数字调制可分为多进制幅度键控（MASK）、多进制频移键控（MFSK）以及多进制相移键控（MPSK 或 MDPSK）。由于多进制数字已调信号的被调参数，在一个码元间隔内有多个取值，因此，与二进制数字调制相比，多进制数字调制在码元速率相同条件下，可以提高信息速率，使系统基于信息速率频带利用率增大。在信息速率相同条件下，可以降低码元速率，以提高传输的可靠性，减小码间串扰影响等。

二进制和多进制数字调制方式是数字调制的理论基础，在此基础上，随着技术的进步与发展，提出了许多具有优越性能的新型调制技术，这些调制技术的研究，主要是围绕着寻找频带利用率高，同时抗干扰能力强的调制方式而展开的，其中具有代表性的调制技术包括 QAM、MSK、GMSK 和 OFDM 等。

思考与习题

5-1　数字调制系统与数字基带传输系统有哪些异同点？
5-2　什么是 2ASK 调制？2ASK 信号调制和解调方式有哪些？
5-3　绘制 2ASK 系统方框图，并说明其工作原理。
5-4　2ASK 信号的功率谱有什么特点？
5-5　写出 2ASK 信号带宽和系统频带利用率计算公式。
5-6　试比较相干解调 2ASK 系统和包络解调 2ASK 系统的性能及特点。
5-7　写出相干和包络解调 2ASK 系统的误码率公式。
5-8　什么是 2FSK 调制？2FSK 信号调制和解调方式有哪些？其工作原理如何？
5-9　画出频率键控法产生 2FSK 信号和包络检测法解调 2FSK 信号时系统的方框图。
5-10　绘制差分检测 2FSK 信号的原理框图，并说明其工作原理。
5-11　2FSK 信号的功率谱有什么特点？
5-12　写出 2FSK 信号带宽和系统频带利用率计算公式。
5-13　试比较相干检测 2FSK 系统和包络检测 2FSK 系统的性能和特点。
5-14　写出相干和包络解调 2FSK 系统的误码率公式。
5-15　什么是绝对相移调制？什么是相对相移调制？它们之间有什么相同和不同点？
5-16　2PSK 信号、2DPSK 信号的调制和解调方式有哪些？试说明其工作原理。
5-17　画出相位比较法解调 2DPSK 信号的方框图，并说明其工作原理。
5-18　2PSK、2DPSK 信号的功率谱有什么特点？
5-19　写出 2PSK、2DPSK 信号带宽和系统频带利用率计算公式。
5-20　试比较 2PSK、2DPSK 系统的性能和特点。
5-21　证明 2DPSK 不存在"反相工作"问题。

5-22　试比较 2ASK 信号、2FSK 信号、2PSK 信号和 2DPSK 信号的功率谱密度和带宽之间的相同与不同点。

5-23　试比较 2ASK 信号、2FSK 信号、2PSK 信号和 2DPSK 信号的抗噪声性能。

5-24　简述幅键控、频移键控和相移键控三种调制方式各自的主要优点和缺点。

5-25　画出 4PSK（B 方式）系统的方框图，并说明其工作原理。

5-26　画出 4DPSK（A 方式）系统（采用差分检测）的方框图，并说明其工作原理。

5-27　小结 MASK、MFSK、MPSK 的带宽和频带利用率的数学表达式。

5-28　简述 QAM 的工作原理，比较 16QAM 和 16PSK 的性能差异。

5-29　简述 MSK 的工作原理，比较 MSK 与 CPFSK 以及 DPFSK 差异。

5-30　MSK 是一种怎样的调制方案？它的优点有哪些？适合于哪种通信系统？

5-31　GMSK 在 MSK 基础上进行了何种改进？简述其主要应用领域。

5-32　分析 OFDM 与离散傅里叶变换的关系。

5-33　已知待传送二元序列为 1011010011，试画出 2ASK 波形，设载频 $f_c = R_B = 1/T_b$。

5-34　已知某 2ASK 系统的码元传输速率为 1 200 Baud，载频为 2 400 Hz，若发送的数字信息序列为 011011010，试画出 2ASK 信号的波形图并计算其带宽。

5-35　已知某 ASK 系统的码元传输速率为 1 000 Baud，所用的载波信号为 $A\cos(4\pi \times 10^3 t)$。

（1）设所传送的数字信息为 011001，试画出相应的 ASK 信号波形示意图；

（2）求 ASK 信号的第一零点的带宽。

5-36　在 2ASK 系统中，已知码元传输速率 $R_B = 10^6$ Baud，信道噪声为加性高斯白噪声，其双边功率谱密度 $n_0/2 = 3 \times 10^{-14}$ W/Hz，接收端解调器输入信号的振幅 $a = 4$ mV。

（1）若采用相干解调，试求系统的误码率；

（2）若采用非相干解调，试求系统的误码率。

5-37　2ASK 包络检测接收机输入端的平均信噪比 $r = 7$ dB，输入端高斯白噪声的双边功率谱密度为 2×10^{-14} W/Hz。码元传输速率为 50 Baud，设"1"、"0"等概率出现。试计算：

（1）最佳判决门限；

（2）系统误码率；

（3）其他条件不变，相干解调器的误码率。

5-38　2ASK 相干检测接收机输入平均信噪功率比为 9 dB，欲保持相同的误码率，包络检测接收机输入的平均信噪功率比应为多大？

5-39　已知某 2FSK 系统的码元传输速率为 1 200 Baud，发"0"时载频为 1 200 Hz，发"1"时载频为 2 400 Hz，若发送的数字信息序列为 011011010，试画出 2FSK 信号波形图并计算其带宽。

5-40　设某 2FSK 调制系统的码元速率为 1 000 Baud，已调信号的载频为 1 000 Hz 或 2 000 Hz。

（1）若发送数字信息为 011010，试画出相应的 2FSK 信号波形；

（2）若发送数字信息"0"和"1"是等可能的，试画出它们的功率谱密度草图。

5-41　某 2FSK 系统的传码率为 2×10^6 Baud，"1"码和"0"码对应的载波频率分别为 $f_1 = 15$ MHz，$f_2 = 20$ MHz。

(1) 请问相干解调器中的 2 个带通滤波器及 2 个低通滤波器应具有怎样的幅频特性？画出示意图说明。

(2) 试求该 2FSK 信号占用的频带宽度。

5-42 在 2FSK 系统中，码元传输速率 $R_B = 2 \times 10^5$ Baud，发送"1"符号的频率 $f_1 = 1.25$ MHz，发送"0"符号的频率 $f_2 = 0.85$ MHz，且发送概率相等。若信道噪声加性高斯白噪声的双边功率谱密度 $n_0/2 = 10^{-12}$ W/Hz，解调器输入信号振幅 $a = 4$ mV。

(1) 试求 2FSK 信号频带宽度。

(2) 若采用相干解调，试求系统的误码率。

(3) 若采用非相干解调，试求系统的误码率。

5-43 已知数字信息为 1101001，并设码元宽度是载波周期的 2 倍，试画出绝对码、相对码、2PSK 信号、2DPSK 信号的波形。

5-44 设某相移键控信号的波形如题图 5.1 所示，试问：

(1) 若此信号是绝对相移信号，并用载波的相位 0 和 π 来分别表示"0"或"1"，试说明该波形所对应的二进制数字序列是什么？

(2) 若此信号是相对相移信号，且已知相邻相位差为 0 时对应"1"码元，相位差为 π 时对应"0"码元，则它所对应的二进制数字序列又是什么？

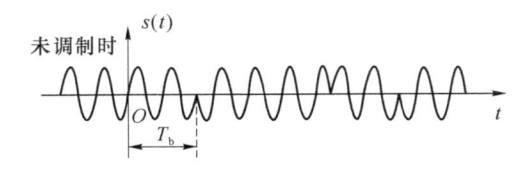

题图 5.1

5-45 设 2DPSK 信号相位比较法解调原理方框图及输入信号波形如题图 5.2 所示，试画出 b、c、d、e、f 各点的波形。

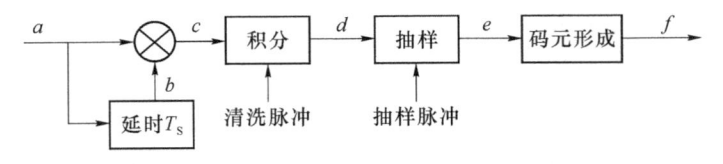

题图 5.2

5-46 假设在某 2DPSK 系统中，载波频率为 2 400 Hz，码元速率为 1 200 Baud，已知相对码序列为 1100010111。

(1) 试画出 2DPSK 信号波形（注：相位偏移 $\Delta\varphi$ 可自行假设）；

(2) 若采用差分相干解调法接收该信号时，试画出解调系统的各点波形。

5-47 在二进制数字调制系统中，设解调器输入信噪比 $r = 7$ dB。试求相干解调 2PSK、相干解调-码变换 2DPSK 和差分相干 2DPSK 系统的误码率。

5-48 已知数字信息为"1"时，发送信号的功率为 1 kW，信道衰减为 60 dB，接收端解调器输入的噪声功率为 0.1 mW。试求在非相干 ASK 系统及相干 2PSK 系统的误码率。

5-49 在信道带宽 $B = 10$ kHz 的理想信道上，噪声双边功率谱密度为 $n_0/2 = 10^{-10}$ W/Hz，数据

速率为 $R_b = 10^3$ bit/s。试求在非相干 ASK、相干 PSK、非相干 FSK 接收方式下，要求 $P_e \leq 10^{-5}$，各自要求的信号平均功率。

5-50 已知数字基带信号的信息速率为 2 048 kbit/s，请问分别采用 2PSK 方式及 4PSK 方式传输时所需的信道带宽为多少？频带利用率为多少？

5-51 传码率为 200 Baud，试比较 8ASK、8FSK、8PSK 系统的带宽、信息速率及频带利用率（设 8FSK 的频率配置使得功率谱主瓣刚好不重叠）。

5-52 设发送数字信息序列为 1000001，试画出 MSK 信号的相位变化图形；若码元速率为 1 000 Baud，载频为 3 000 Hz，试画出 MSK 信号的波形。

第6章 模拟信号的数字传输

通信系统可以分为模拟通信系统和数字通信系统两类,如果在数字通信系统中传输模拟信号,通常将这种传输方式称为模拟信号的数字传输。这时在系统的发送端应包括一个模数(A/D)转换装置,而在接收端应包括一个数模(D/A)转换装置。因此在数字通信系统中传输模拟信号的关键就是 A/D 转换装置和 D/A 转换装置。本书着重分析模拟语音信号的数字传输,因此,其 A/D 转换装置和 D/A 转换装置就具有了特殊性。

模拟信号的数字化方法很多,采用得最普遍的方法是信号波形的 A/D 变换方法(波形编码),它利用抽样和量化来表示模拟信号的波形。使编码后的信号与原始信号的波形尽可能一致,此种方法接收恢复的信号质量好。此外,A/D 变换方法还有参量编码,它将模拟信号表示为某种数字模型的输出,抽取必要的模型参数和激励信号的参数,并对这些参数进行编码。此种方法比特率比波形编码低,但接收端恢复的信号质量不够好。另外还有将两种方式相结合的混合编码。

本章在介绍模数转换的理论基础抽样定理的基础上,将着重讨论在波形编码中广泛使用的脉冲编码调制(PCM)和增量调制(ΔM)的原理及性能,并简要介绍时分复用与多路数字电话系统的基本原理。

【本章核心知识点与关键词】

抽样　均匀量化　非均匀量化　13 折线法　PCM　过载量化噪声　误码信噪比　自适应增量　TDM　基群/高次群　压缩编码　DPCM　调制

6.1 引　　言

将模拟语音信号转化为数字信号的方法很多,目前广泛应用的模数(A/D)转换方法是脉冲编码调制(PCM),简称脉码调制。增量调制(ΔM)也是模拟语音信号转换成数字信号的常用方法,从原理上讲它实际上是一种特殊的脉冲编码调制方式。除此之外,还出现了许多改进方法,以实现模拟信号的数字化,例如线性预测编码器(LPC)、自适应脉码增量调制(ADPCM)等。

采用脉码调制的模拟信号数字传输系统如图 6.1.1 所示。

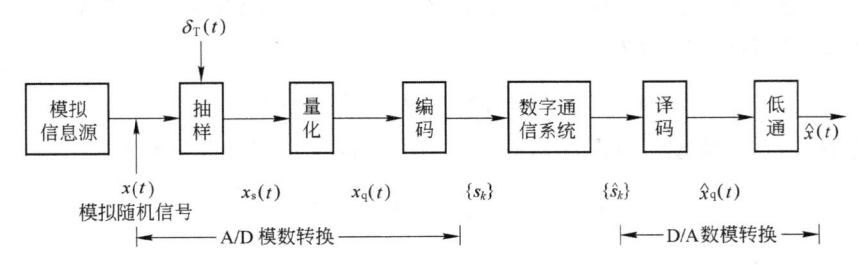

图 6.1.1　模拟信号的数字传输

在发送端把模拟信号转换为数字信号的过程简称为模数转换,通常用符号 A/D 表示。简单地说,模数转换要经过抽样、量化和编码三个步骤。其中,抽样是把时间上连续的信号变成时间上离散的信号;量化是把抽样值在幅度上进行离散化处理,使得量化后只有预定的 Q 个有限的值;编码是用一个 M 进制的代码表示量化后的抽样值,通常采用 $M=2$ 的二进制代码来表示。

反过来,在接收端把接收到的代码(数字信号)还原为模拟信号,这个过程简称为数/模转换,通常用符号 D/A 表示。数模转换是通过译码和低通滤波器完成的,其中,译码是把代码变换为相应的量化值。

6.2 抽 样 定 理

6.2.1 低通信号的抽样

抽样定理告诉人们:如果对某一带宽有限的时间连续信号(模拟信号)进行抽样,且抽样速率达到一定数值时,那么根据这些抽样值就能准确地确定原信号。也就是说,若要传输模拟信号,不一定要传输模拟信号本身,只需传输满足抽样定理要求的抽样值即可。因此,该定理就为模拟信号的数字传输奠定了理论基础。

抽样定理的内容如下:一个频带限制在 $(0, f_H)$ 内的时间连续信号 $x(t)$,如果以不大于 $1/(2f_H)$ 的间隔对它进行等间隔抽样,则 $x(t)$ 将被所得到的抽样值完全确定。也可以说,如果对上述信号以 $f_s \geq 2f_H$ 的抽样速率进行均匀抽样,$x(t)$ 可以被所得到的抽样值完全确定。而最小抽样速率 $f_s = 2f_H$ 被称为奈奎斯特速率。$1/(2f_H)$ 时间间隔称为奈奎斯特间隔。

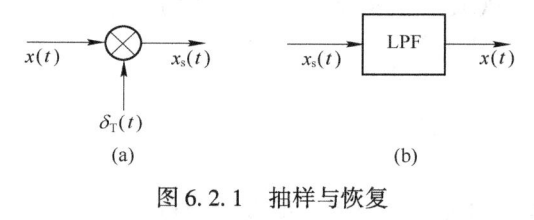

对于一个频带限制在 $(0, f_H)$ 内的时间连续信号 $x(t)$,假定将信号 $x(t)$ 和周期性冲激函数 $\delta_T(t)$ 相乘,如图 6.2.1(a)所示,乘积函数便是均间隔为 T_s 的冲激序列,这些冲激的强度等于相应瞬时上 $x(t)$ 的值,它表示对函数 $x(t)$ 的抽样,用 $x_s(t)$ 表示此抽样函数,这样的抽样函数可以表示为

图 6.2.1 抽样与恢复

$$x_s(t) = x(t)\delta_T(t) \tag{6.2.1}$$

式中

$$\delta_T(t) = \sum_{k=-\infty}^{\infty} \delta(t - kT_s) \tag{6.2.2}$$

假设 $x(t)$、$\delta_T(t)$ 和 $x_s(t)$ 的频谱分别为 $X(\omega)$、$\delta_T(\omega)$ 和 $X_s(\omega)$。根据频率卷积定理,可以写出式(6.2.1)对应的频域表达式:

$$X_s(\omega) = \frac{1}{2\pi}[X(\omega) * \delta_T(\omega)] \tag{6.2.3}$$

根据式(6.2.2)对周期性冲激函数的定义,可以得到其相应傅里叶变换:

$$\delta_T(\omega) = \frac{2\pi}{T} \sum_{n=-\infty}^{\infty} \delta(\omega - n\omega_s)$$

其中,$\omega_s = \dfrac{2\pi}{T_s}$,所以

$$X_s(\omega) = \frac{1}{T}[X(\omega) * \sum_{n=-\infty}^{\infty} \delta(\omega - n\omega_s)] = \frac{1}{T}\sum_{n=-\infty}^{\infty} X(\omega - n\omega_s) \qquad (6.2.4)$$

同样,用图解法也可以证明抽样定理的正确性。假设任意低通信号 $x(t)$ 的频谱函数为 $X(f)$,如图 6.2.2(a)所示,在 $0 \sim f_H$ 范围内频谱函数可以是任意的,为做图方便假设它是三角形。图 6.2.2(b)是周期性冲激函数的频谱函数图,在整个频率范围内每隔 f_s 就有一个幅度相同的冲激函数(脉冲)。图 6.2.2(c)是抽样后输出信号的频谱函数图。

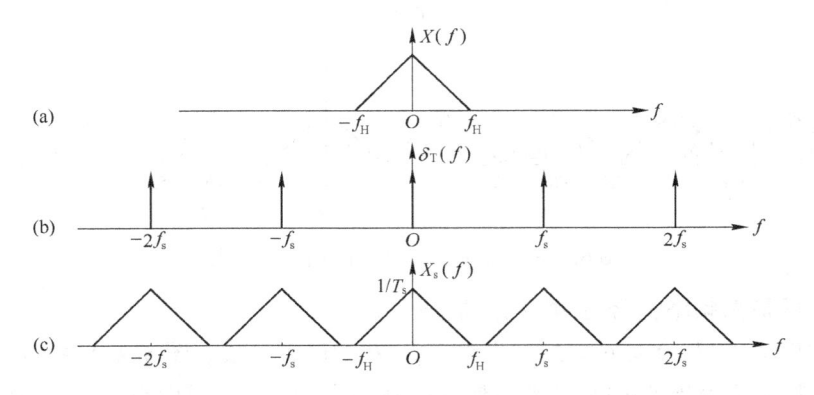

图 6.2.2 抽样定理的全过程

结合式(6.2.4)和图 6.2.2 可以得到以下关于抽样的结论:
(1) $X_s(f)$ 具有无穷大的带宽;
(2) 只要抽样频率 $f_s \geq 2f_H$,$X_s(f)$ 中 n 值不同的频谱函数就不会出现重叠的现象;
(3) $X_s(f)$ 中 $n=0$ 时的成分是 $X(f)/T$,它与 $X(f)$ 的频谱函数只差一个常数 $1/T$,因此只要用一个带宽满足 $f_H \leq B \leq f_s - f_H$ 的理想低通滤波器,就可以取出 $X(f)$ 的成分,不失真地恢复 $x(t)$ 的波形。

需要指出,以上讨论均限于频带有限的信号。严格地说,频带有限的信号并不存在,如果信号存在于时间的有限区间,它就包含无限频率分量。但是,实际上对于所有信号,频谱密度函数在较高频率上都要减小,大部分能量由一定频率范围内的分量所携带。因而在实用的意义上,信号可以认为是频带有限的,高频分量所引入的误差可以忽略不计。

在工程设计中,考虑到信号绝不会严格带限,以及实际滤波器特性的不理想等因素,通常取抽样频率为 $(2.5 \sim 5)f_H$,以避免失真。例如,电话中语音信号的传输带宽通常限制在 3 400 Hz 左右,而抽样频率通常选择 8 kHz。

6.2.2 带通信号的抽样

上面讨论了频带限制在 f_H 的低通型连续信号的抽样。如果连续信号的频带限制在 $[f_L, f_H]$ 之间,且低端频率 $f_L \gg 0$,那么,对于这种带通信号,是否仍要求抽样速率 $f_s \geq 2f_H$ 呢?下面分两种情况来加以说明。

(1) 信号的最高频率 f_H 为频带宽度 B 整数倍,即 $f_H/B = n$,$n = 1,2,3,\cdots$
此时 $f_L/B = n-1$。在这种情况下,选择的抽样频率只要满足 $f_s \geq 2B$,就可在接收端不失真地恢复信号。图 6.2.3 描述了当 $f_s = 2B$ 时带通信号经抽样后得到的样值信号的频谱图。图 6.2.3(a),a_0、b_0 分别为原始信号的双边频谱图,由图 6.2.3(b)可见,此时各频谱分量是互不重叠的,可以不失真地恢复原信号。所以,此时的最小抽样频率 $f_s = 2B$。

(a) 图

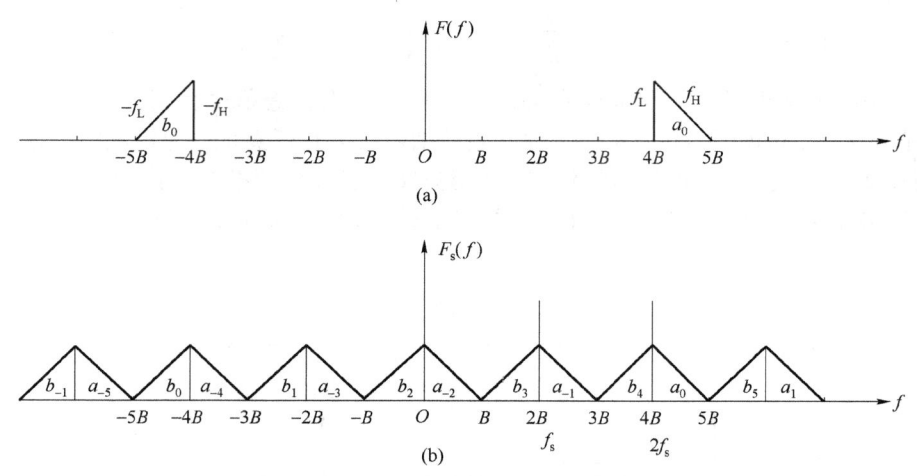

图 6.2.3 f_H/B 为整数时的抽样脉冲频谱

(2) 信号的最高频率 f_H 不是频带 B 的整数倍

此时 $f_H/B = n + k$, $0 < k < 1$, n 为小于 f_H/B 的最大整数。图 6.2.4 中，(a) 为原始信号的双边频谱图，(b) 为当 $f_s = 2B$ 时带通信号抽样频谱图。(b) 图中看出，信号的频谱出现重叠。具体到 (b) 图中的 a_0，b_3，如果 b_3 多移动 $2(f_H - nB)$，则频谱不会重叠，而频谱从 b_0 移动到 b_3 共移动了 3 次，故每次只需比 $2B$ 多移动 $2(f_H - nB)/3$，其频谱就刚好不会重叠，如图 (c) 所示，这样满足抽样信号频谱不重叠的最低抽样频率为

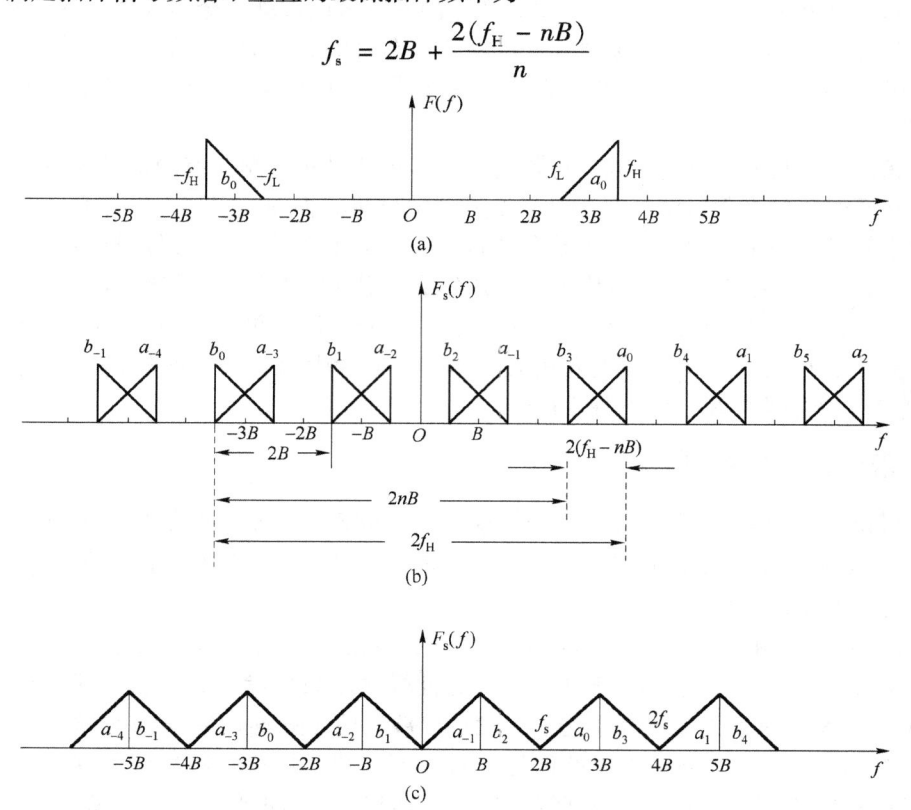

$$f_s = 2B + \frac{2(f_E - nB)}{n}$$

图 6.2.4 f_H/B 为非整数时的抽样脉冲频谱

实际上,当 $f_H \gg B$ 时,无论 f_H/B 是否为整数,最小抽样频率都将趋于 $2B$,如图 6.2.5 所示,所以对于高频窄带信号的抽样频率在实际中都近似地选择 $f_s = 2B$。

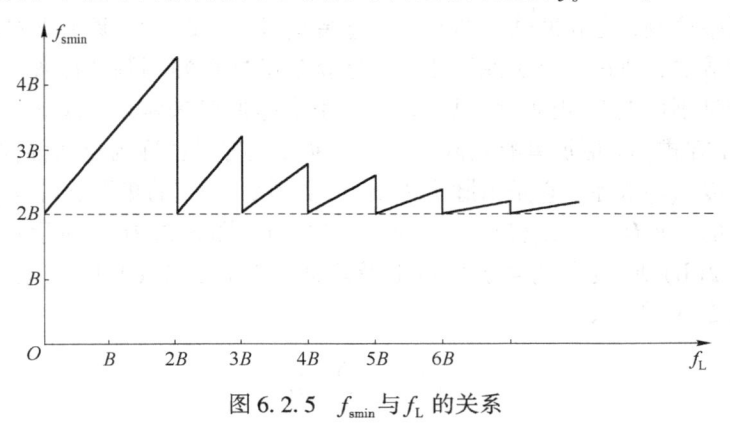

图 6.2.5 f_{smin} 与 f_L 的关系

6.3 脉冲振幅调制

通常人们谈论的调制技术是采用连续振荡波形(正弦型信号)作为载波的,然而,正弦型信号并非是唯一的载波形式。在时间上离散的脉冲串,同样可以作为载波,这时的调制是用基带信号去改变脉冲的某些参数而达到的,常把这种调制称为脉冲调制。通常,按基带信号改变脉冲参数(幅度、宽度、时间位置)的不同,把脉冲调制分为脉幅调制(PAM)、脉宽调制(PDM)和脉位调制(PPM)等,其调制波形如图 6.3.1 所示。

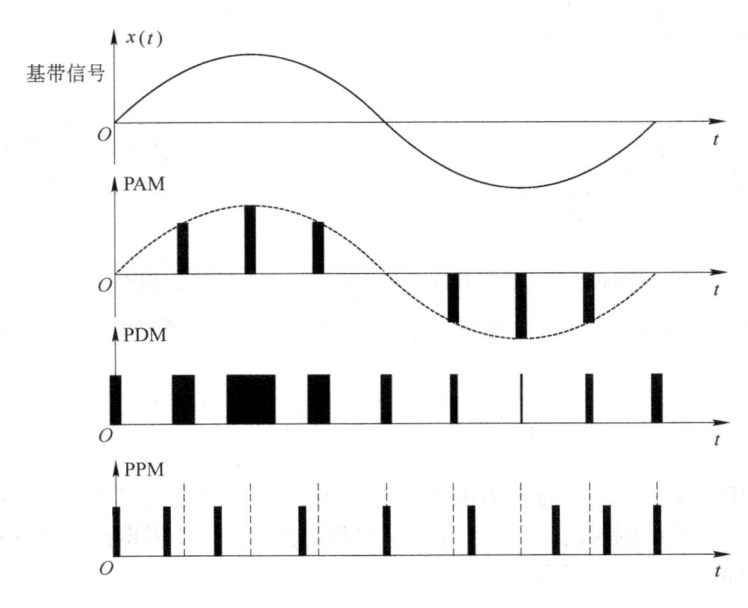

图 6.3.1 脉冲调制波形示意图

从图 6.3.1 可以看到,所谓脉宽调制是指脉冲载波的宽度随基带信号变化的一种调制方式,而脉位调制是指脉冲载波的位置随基带信号变化的一种调制方式。限于篇幅,这里不做详细分析。

6.3.1 自然抽样

所谓脉冲振幅调制，是脉冲载波的幅度随基带信号变化的一种调制方式。如果脉冲载波是由冲激脉冲组成的，则 6.2 节所说的抽样定理就是脉冲振幅调制的原理。但是，实际上真正的冲激脉冲串是不可能实现的，而通常只能采用窄脉冲串来实现，因此，研究窄脉冲作为脉冲载波的 PAM 方式，将更加具有实际意义，这种方式有时也称为自然抽样。

设脉冲载波以 $s(t)$ 表示，它是由脉宽为 τ、重复同期为 T_s 的矩形脉冲串组成，其中 T_s 是按抽样定理确定的，即有 $T_s = 1/(2f_H)$。其产生方框图如图 6.3.2(a) 所示；基带信号的波形及频谱如图 6.3.2(b) 所示；脉冲载波的波形及频谱如图 6.3.2(c) 所示；已抽样的信号波形及频谱如图 6.3.2(d) 所示。

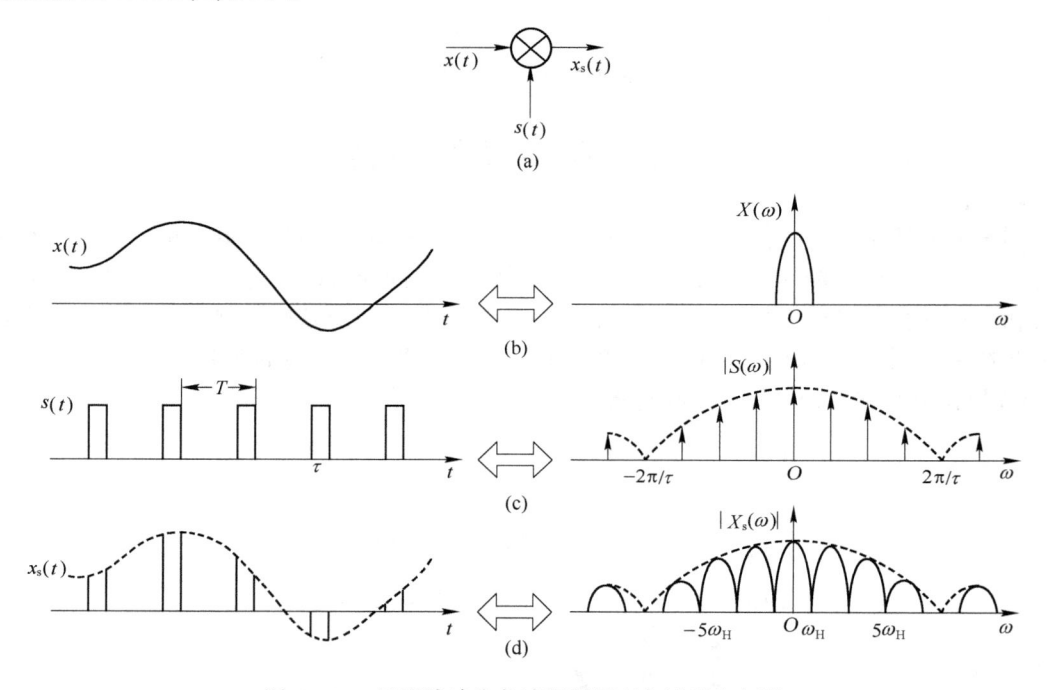

图 6.3.2 矩形脉冲为载波调制原理与波形和频谱

因为已抽样信号是 $x(t)$ 与 $s(t)$ 的乘积，所以根据频率卷积定理，可以写出相应的频域表达式为

$$X_s(\omega) = \frac{1}{2\pi}[X(\omega) * S(\omega)] \tag{6.3.1}$$

式(6.3.1)中 $S(\omega)$ 为 $s(t)$ 的频谱函数。根据 $s(t)$ 信号的定义可以认为，$s(t)$ 表示的矩形脉冲串是由脉宽为 τ 的门函数 $g_\tau(t)$ 与周期性冲激函数 $\delta_T(t)$ 卷积得到。根据频率卷积定理，其相应的时域和频域表达式如下：

$$g_\tau(t) = \begin{cases} 1 & |t| < \tau/2 \\ 0 & |t| > \tau/2 \end{cases} \Leftrightarrow G_\tau(\omega) = \tau \mathrm{Sa}\left(\frac{\omega\tau}{2}\right)$$

$$\delta_T(t) = \sum_{k=-\infty}^{\infty} \delta(t - kT_s) \Leftrightarrow \delta_T(\omega) = \frac{2\pi}{T_s} \sum_{n=-\infty}^{\infty} \delta(\omega - 2n\omega_H) \tag{6.3.2}$$

$$s(t) = g_\tau(t) * \delta_T(t) \Leftrightarrow S(\omega) = G_\tau(\omega)\delta_T(\omega) = \frac{2\pi\tau}{T_s}\sum_{n=-\infty}^{\infty}\text{Sa}(n\tau\omega_H)\delta(\omega - 2n\omega_H)$$

式(6.3.1)可以化简为

$$X_s(\omega) = \frac{1}{2\pi}[X(\omega) * S(\omega)] = \frac{\tau}{T_s}\sum_{n=-\infty}^{\infty}\text{Sa}(n\tau\omega_H)X(\omega - 2n\omega_H) \quad (6.3.3)$$

分析式(6.3.3)可以发现，当 $n=0$ 时得到的频谱函数为 $(\tau/T_s)X(\omega)$，与信号 $x(t)$ 的频谱函数 $X(\omega)$ 进行比较，只是差一个比例常数 (τ/T_s)，因此，采样频率只要满足 $f_s \geq 2f_H$，就可以用一个带宽满足 $f_H \leq B \leq f_s - f_H$ 的理想低通滤波器，把 $X(\omega)$ 的成分取出来，不失真地恢复 $x(t)$ 的波形。

比较采用矩形窄脉冲进行抽样与采用冲激脉冲进行抽样(理想抽样)的过程和结果，可以得到以下结论：

(1) 它们的调制(抽样)与解调(信号恢复)过程完全相同，只是采用的抽样信号不同。

(2) 矩形窄脉冲抽样包络的总趋势是随 $|f|$ 上升而下降，因此带宽是有限的，而理想抽样的带宽是无限的。矩形窄脉冲的包络总趋势按 Sa 函数曲线下降，带宽与 τ 有关。τ 越大，带宽越小，τ 越小，带宽越大。

(3) τ 的大小要兼顾通信中对带宽和脉冲宽度这两个互相矛盾的要求。通信中一般对信号带宽的要求是越小越好，因此要求 τ 大。但通信中为了增加时分复用的路数要求 τ 小，显然二者是矛盾的。

6.3.2 平顶抽样

在 PAM 方式中，除了 6.3.1 节所提的形式外，还有别的一些形式。可以看到，6.3.1 节讨论的已抽样信号 $X_s(\omega)$ 的脉冲"顶部"是随 $x(t)$ 变化的，即在顶部保持了 $x(t)$ 变化的规律，这是一种"曲顶"的脉冲调幅。另外还有一种是"平顶"的脉冲调幅。通常把曲顶的抽样方法称为自然抽样，而把平顶的抽样称为瞬时抽样或平顶抽样。下面讨论平顶抽样的 PAM 方式。

平顶抽样所得到的已抽样信号如图 6.3.3(a) 所示，这里每一抽样脉冲的幅度正比于瞬时抽样值，但其形状都相同。从原理上讲，平顶抽样可以由理想抽样和脉冲形成电路得到，原理框图如图 6.3.3(b) 所示。从原理框图中可以看到，$x(t)$ 信号首先与 $\delta_T(t)$ 相乘，形成理想抽样信号，然后让它通过一个脉冲形成电路，其输出即为所需的平顶抽样信号 $X_H(\omega)$。

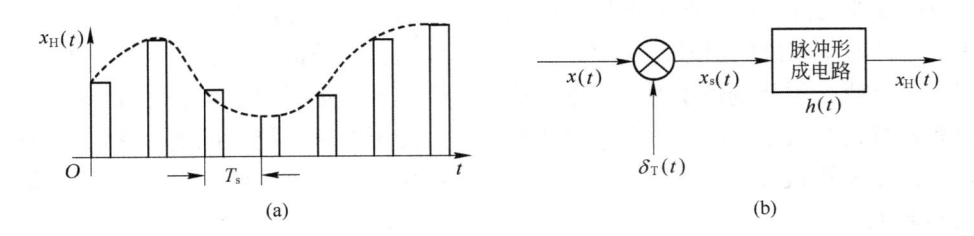

图 6.3.3 平顶抽样信号及其产生原理

脉冲形成电路的作用是将理想抽样得到的冲激脉冲串，变为一系列平顶的脉冲(矩形脉冲)，因此，这种抽样被称为平顶抽样。对于平顶抽样来说，脉冲形成电路的输入端是冲激脉冲序列，脉冲形成电路的作用是把冲激脉冲变为矩形脉冲。由此分析，可以得到脉冲形成器输出的数学描述。

设脉冲形成电路的传输函数为 $H(\omega)$，其输出信号频谱 $X_H(\omega)$ 应为

$$X_H(\omega) = X_s(\omega)H(\omega) = \frac{1}{T_s}H(\omega)\sum_{n=-\infty}^{\infty}X(\omega - 2n\omega_H)$$

$$= \frac{1}{T_s}\sum_{n=-\infty}^{\infty}H(\omega)X(\omega - 2n\omega_H) \tag{6.3.4}$$

分析式(6.3.4)可以发现，当 $n=0$ 时得到的频谱函数为 $H(\omega)X(\omega)$，与信号 $x(t)$ 的频谱函数 $X(\omega)$ 进行比较，相差一个系统函数 $H(\omega)$。因此，采用低通滤波器不能直接从中 $X_H(\omega)$ 滤出所需基带信号。

为了从已抽样信号中恢复出原基带信号 $x(t)$，可以采用图 6.3.4 所示的解调原理。从式(6.3.4)可以看出，不能直接使用低通滤波器滤出所需信号的原因在于信号的频谱函数 $X(\omega)$ 受到了 $H(\omega)$ 的加权，如果在接收端低通滤波之前用特性为 $1/H(\omega)$

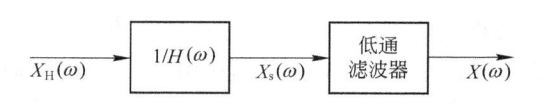

图 6.3.4 平顶抽样 PAM 信号恢复 $x(t)$ 及其原理框图

的网络加以修正，则低通滤波器输入信号的频谱变为

$$X_s(\omega) = \frac{1}{H(\omega)}X_H(\omega) = \frac{1}{T_s}\sum_{n=-\infty}^{\infty}X(\omega - 2n\omega_H) \tag{6.3.5}$$

利用式(6.3.5)的处理，通过低通滤波器便能无失真地恢复 $X(\omega)$。

最后指出，在实际应用中，平顶抽样的 PAM 信号常常采用抽样保持电路实现，得到的脉冲为矩形脉冲。

6.4 模拟信号的量化

抽样定理说明了这样一个结论：一个模拟信号可以用它的抽样值充分地代表。例如语言信号是一个时间连续、幅度变化范围连续的波形。虽然在抽样以后，抽样值在时间上变为离散了，但可以证明时间离散的波形中将包含原始语音信号的所有信息。

但是，这种时间离散的信号在幅度上仍然是连续的，它仍属模拟信号。当这种抽样后的信号经过一个有噪声干扰的信道时，信道中的噪声会叠加在抽样值上面，使得接收端不可能精确地判别抽样值的大小，并且噪声叠加在抽样值上的影响是不能消除的，特别是当信号在整个传输系统中采用很多个接力站进行多次中继接力时，噪声将会是累积的，接力站越多，累积的噪声越大。

为了消除这种噪声的累积，可以在发送端用有限个预先规定好的电平来表示抽样值，再把这些有限个预先规定的电平编为二进制代码组，然后通过信道传输。如果接收端能够准确地判定发送来的二进制代码，就可以把信道的噪声影响彻底消除了。利用这种传输方式进行多次中继接力时，噪声是不会累积的。

6.4.1 量化的基本概念

用有限个电平来表示模拟信号抽样值被称为量化。抽样是把时间连续的模拟信号变成了时间上离散的模拟信号,量化则进一步把时间上离散但幅度上仍然连续的信号变成了时间上和幅度上都离散了的信号,显然这种信号就是数字信号了。但这个数字信号不是一般的二进制数字信号,而是多进制数字信号,多数情况下真正在信道中传输的信号是经过编码变换后的二进制(或四进制等)数字信号。

图 6.4.1 给出了一个量化过程的例子。图中模拟信号 $x(t)$ 按照适当抽样间隔 T_s 进行均匀抽样,在各抽样时刻上的抽样值用"●"表示,第 k 个抽样值为 $x(kT_s)$,量化值在图上用符号 $\triangle$ 表示。抽样值在量化时转换为 Q 个规定电平 $m_1, m_2, \cdots, m_Q$ 中的一个。为做图简便起见,图 6.4.1 中假设只有 $m_1, m_2, \cdots, m_7$ 等 7 个电平,也就是有 7 个量化级。按照预先规定,量化电平可以表示为

$$x_q(kT_s) = m_i, \quad 如果 \ x_{i-1} \leq x(kT_s) < x_i \tag{6.4.1}$$

因此,量化器的输出是阶梯形波,这样 $x_q(t)$ 可以表示为

$$x_q(t) = x_q(kT_s), \quad 当 \ kT_s \leq t < (k+1)T_s \tag{6.4.2}$$

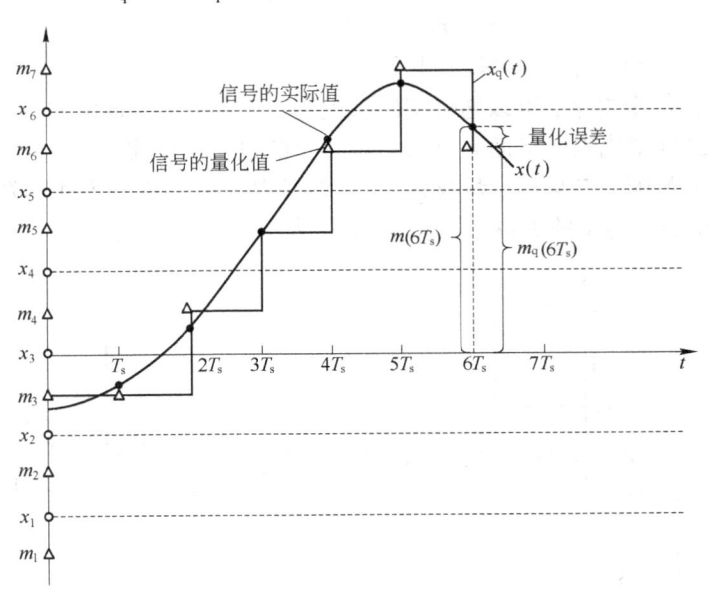

图 6.4.1 量化过程示意图

结合图 6.4.1 以及上面的分析可知,量化后的信号 $x_q(t)$ 是对原来信号 $x(t)$ 的近似。当抽样速率一定时,随着量化级数目增加,可以使 $x_q(t)$ 与 $x(t)$ 近似程度提高。

由于量化后的信号 $x_q(t)$ 是对原来信号 $x(t)$ 的近似,因此,$x_q(kT_s)$ 和 $x(kT_s)$ 存在误差,这种误差被称为量化误差。量化误差一旦形成,在接收端是无法去掉的,这个量化误差像噪声一样影响通信质量,因此也称为量化噪声。由量化误差产生的功率称为量化噪声功率。通常用 N_q 表示,而由 $x_q(kT_s)$ 产生的功率称为量化信号功率,用 S_q 表示。而量化信号功率 S_q 与量化噪声功率 N_q 之比,被称为量化信噪功率比,它是衡量量化性能好坏的最常用的指标,通常被定义为

$$\frac{S_q}{N_q} = \frac{E\{x_q^2(kT_s)\}}{E\{x(kT_s) - x_q(kT_s)\}^2} \qquad (6.4.3)$$

图 6.4.1 所示的量化，其量化间隔是均匀的，这种量化过程被称为均匀量化。还有一种量化间隔不均匀的量化过程，通常被称为非均匀量化。非均匀量化克服了在均匀量化过程中，小信号量化信噪比低的缺点，增大了输入信号的动态范围。

6.4.2 均匀量化和量化信噪功率比

把原来信号 $x(t)$ 的值域按等幅值分割的量化过程被称为均匀量化，图 6.4.1 所示的量化过程就是均匀量化。从图上可以看到，每个量化区间的量化电平均取在各区间的中点。其量化间隔（量化台阶）Δ 取决于 $x(t)$ 的变化范围和量化电平数。当信号的变化范围和量化电平数确定后，量化间隔也被确定。例如，假如信号 $x(t)$ 的最小值和最大值分别用 a 和 b 表示，量化电平数为 Q，那么均匀量化时的量化间隔为

$$\Delta = (b-a)/Q \qquad (6.4.4)$$

为了简化公式的表述，可以把模拟信号的抽样值 $x(kT_s)$ 简写为 x，把相应的量化值 $x_q(kT_s)$ 简写为 x_q，这样量化值 x_q 可按下式产生：

$$x_q = m_i, \quad 当\ x_{i-1} \leq x_q < x_i \qquad (6.4.5)$$

式中，$x_i = a + i\Delta$，$m_i = (x_{i-1} + x_i)/2$，$i = 1, 2, \cdots, Q$。

量化后得到的 Q 个电平，可以通过编码器编为二进制代码，通常 Q 选为 2^k，这样 Q 个电平可以编为 k 位二进制代码。下面分析均匀量化时的量化信噪比。

设 x 在某一个范围内变化时，量化值 x_q 取各段中的中点值，其对应关系如图 6.4.2(a) 所示，相应的量化误差与 x 的关系用图 6.4.2(b) 表示。

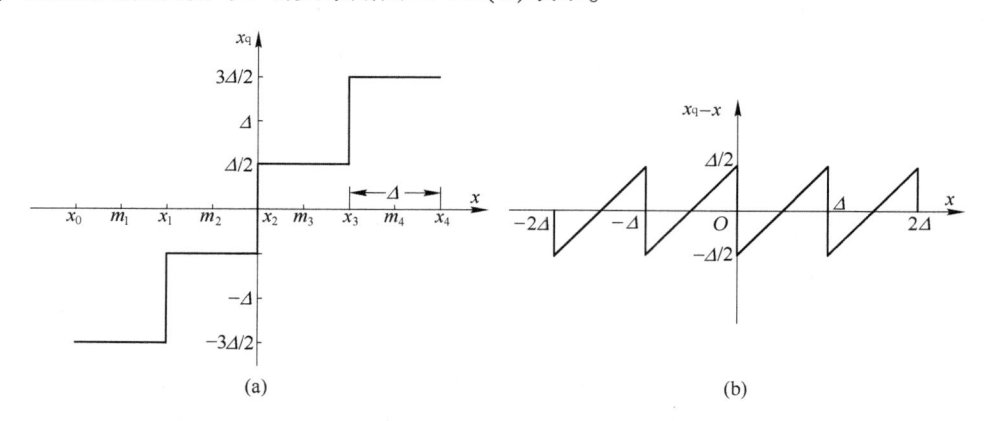

图 6.4.2 量化和量化误差曲线

由图 6.4.2(a) 可以看出，量化后信号功率为

$$S_q = E\{(x_q)^2\} = \sum_{i=1}^{Q} (m_i)^2 \int_{x_{i-1}}^{x_i} f_x(x) \, dx \qquad (6.4.6)$$

同样由图 6.4.2(b) 可以看出，量化噪声功率为

$$N_q = E\{(x - x_q)^2\} = \sum_{i=1}^{Q} \int_{x_{i-1}}^{x_i} (x - m_i)^2 f_x(x) \, dx \qquad (6.4.7)$$

假设信号 $x(t)$ 的幅值在 $(-a, a)$ 范围内均匀分布，这时概率密度函数 $f_x(x) = 1/(2a)$，

这样就有

$$\Delta = \frac{2a}{Q}, x_i = -a + i\Delta = \left(i - \frac{Q}{2}\right)\Delta, m_i = -a + i\Delta - \frac{\Delta}{2} = \left[i - \frac{(Q+1)}{2}\right]\Delta \quad (6.4.8)$$

经计算信号和量化噪声的功率分别为

$$S_q = \sum_{i=1}^{Q} (m_i)^2 \int_{x_{i-1}}^{x_i} f_x(x)\,dx = \frac{Q^2 - 1}{12}\Delta^2 \quad (6.4.9)$$

$$N_q = \sum_{i=1}^{Q} \int_{x_{i-1}}^{x_i} (x - m_i)^2 f_x(x)\,dx = \frac{\Delta^2}{12} \quad (6.4.10)$$

因此,量化信噪比为

$$\frac{S_q}{N_q} = \left[\frac{(Q^2-1)\Delta^2}{12}\right] \Big/ \left(\frac{\Delta^2}{12}\right) = Q^2 - 1 \quad (6.4.11)$$

通常 $Q = 2^k \gg 1$,这时 $\frac{S_q}{N_q} \approx Q^2 = 2^{2k}$,如果用分贝表示,则

$$\left(\frac{S_q}{N_q}\right)\text{dB} \approx 10\lg Q^2 = 20\lg Q = 20\lg 2^k = 20k\lg 2 \approx 6k(\text{dB}) \quad (6.4.12)$$

k 是表示量化阶的二进制码元个数。从式(6.4.12)可以看到,量化阶的 Q 值越大,用以表述的二进制码组越长,所得到的量化信噪比越大,信号的逼真度就越好。

6.4.3 非均匀量化

均匀量化过程简单,但是也存在明显的缺陷,例如,无论抽样值大小如何,量化噪声的均方根值都固定不变。因此,当信号 $x(t)$ 较小时,则信号的量化信噪比也就很小,这样,对于弱信号时的量化信噪比就难以达到给定的要求。通常,把满足信噪比要求的输入信号的取值范围定义为信号的动态范围。可见,均匀量化时的信号动态范围将受到较大限制。为了克服这个缺点,实际中,往往采用非均匀量化。

非均匀量化是根据信号的不同区间确定量化间隔的。对于信号取值小的区间,其量化间隔也小,反之,量化间隔就大。这样可以提高小信号时的量化信噪比,适当减小大信号时的信噪功率比。它与均匀量化相比,有两个突出的优点:

(1) 当输入量化器的信号具有非均匀分布的概率密度(例如语音)时,非均匀量化器的输出端可以得到较高的平均信号量化信噪比。

(2) 非均匀量化时,量化噪声功率的均方根值基本上与信号抽样值成比例。因此量化噪声对大、小信号的影响大致相同,即改善了小信号时的量化信噪比。

在实际应用中,非均匀量化的实现方法通常是将抽样值通过压缩之后再进行均匀量化。所谓压缩就是实际上是对大信号进行压缩,而对小信号进行放大的过程。信号经过这种非线性压缩电路处理后,改变了大信号和小信号之间的比例关系,使大信号的比例基本不变或变得较小,而小信号相应地按比例增大,即"压大补小"。在接收端将收到的相应信号进行扩张,以恢复原始信号对应关系。扩张特性与压缩特性相反。

目前在数字通信系统中采用两种压扩特性,它们分别是美国和日本采用的 μ 压缩律,我国和欧洲各国采用的 A 压缩律。下面分别讨论 μ 压缩律和 A 压缩律的原理。这里只讨论 $x \geq 0$ 的范围,而 $x \leq 0$ 的关系曲线和 $x \geq 0$ 的关系曲线是以原点为中心的奇对称关系。

1. μ 压缩律

所谓 μ 压缩律就是压缩器的压缩特性具有如下关系的压缩律,即

$$y = \frac{\ln(1+\mu x)}{\ln(1+\mu)}, \quad 0 \leqslant x \leqslant 1 \tag{6.4.13}$$

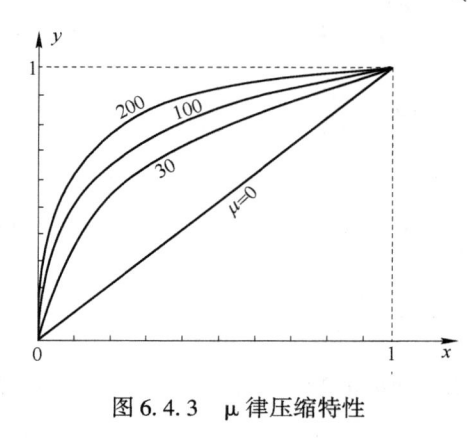

式中,y 表示归一化的压缩器输出电压;x 表示归一化的压缩器输入电压;μ 是压扩参数,表示压缩的程度。

图 6.4.3 就表示了对于不同 μ 情况下的压缩特性曲线,由图可见,当 $\mu = 0$ 时,压缩特性是通过原点的一条直线,故没有压缩效果;当 μ 值增大时,压缩作用明显,对改善小信号的性能有利。通常当 $\mu = 100$ 时,压缩器的效果就比较理想了。同时需要指出 μ 律压缩特性曲线是以原点奇对称的,图中只画出了正向部分。

图 6.4.3 μ 律压缩特性

下面说明 μ 律压缩特性对小信号量化信噪比的改善程度,这里假设 $\mu = 100$。对于小信号的情况 $x \to 0$ 有

$$\left(\frac{dy}{dx}\right)_{x \to 0} = \frac{\mu}{(1+\mu x)\ln(1+\mu)}\bigg|_{x \to 0} = \frac{\mu}{\ln(1+\mu)} = 21.6$$

在大信号时,也就是 $x = 1$,那么

$$\left(\frac{dy}{dx}\right)_{x \to 1} = \frac{\mu}{(1+\mu x)\ln(1+\mu)}\bigg|_{x \to 1} = \frac{100}{(1+100)\ln(1+100)} = 0.214$$

与 $\mu = 0$ 时无压缩特性进行比较可以看到,当 $\mu = 100$ 时,对于小信号的情况,例如 $x \to 0$ 时,量化间隔比均匀量化时减小了 21.6 倍,因此,量化误差大大降低;而对于大信号的情况例如 $x \to 1$,量化间隔比均匀量化时增大了 4.67 倍,量化误差增大了。这样实际上就实现了"压大补小"的效果。

为了说明压扩特性的效果,图 6.4.4 给出了有无压扩时的比较曲线,其中 $\mu = 0$ 表示无压扩时的量化信噪比,$\mu = 100$ 表示有压扩时的量化信噪比。由图 6.4.4 可见,无压扩时,量化信噪比随输入信号的减小迅速下降,而有压扩时,量化信噪比随输入信号的下降却比较缓慢。若要求量化器输出信噪比大于 26 dB,那么,对于 $\mu = 0$ 时,输入信号必须大于 -18 dB;而对于 $\mu = 100$ 时,输入信号只要大于 -36 dB 即可。可见,采用压扩提高了小信号的量化信噪比,从而相当于扩大了输入信号的动态范围。

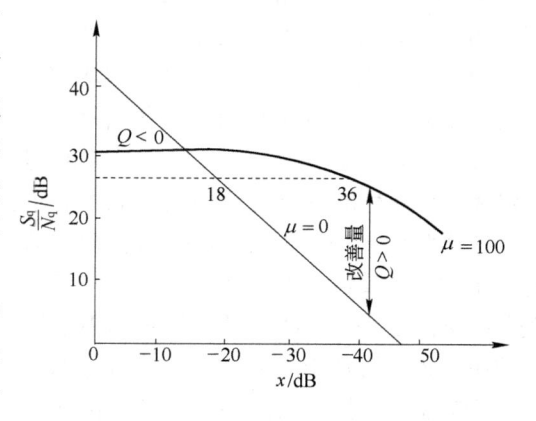

图 6.4.4 无压扩时的比较曲线

2. A 压缩律

所谓 A 压缩律就是压缩器具有如下特性的压缩律:

$$y = \begin{cases} \dfrac{Ax}{1+\ln A} & 0 < x \leqslant \dfrac{1}{A} \\ \dfrac{1+\ln Ax}{1+\ln A} & \dfrac{1}{A} < x \leqslant 1 \end{cases} \quad (6.4.14)$$

式中，y 表示归一化的压缩器输出电压；x 表示归一化的压缩器输入电压；A 是压扩参数，表示压缩的程度。

作为常数的压扩参数 A，一般为一个较大的数，例如 $A = 87.6$。在这种情况下，可以得到 x 的放大量：

$$\dfrac{dy}{dx} = \begin{cases} \dfrac{A}{1+\ln A} = 16 & 0 < x \leqslant \dfrac{1}{A} \\ \dfrac{A}{(1+\ln A)Ax} = \dfrac{0.1827}{x} & \dfrac{1}{A} < x \leqslant 1 \end{cases} \quad (6.4.15)$$

当信号 x 很小时（即小信号时），从式(6.4.15)可以看到信号被放大了 16 倍，这相当于与无压缩特性比较，对于小信号的情况，量化间隔比均匀量化时减小了 16 倍，因此，量化误差大大降低。而对于大信号的情况例如 $x = 1$，量化间隔比均匀量化时增大了 5.47 倍，量化误差增大了。这样实际上就实现了"压大补小"的效果。

上面只讨论了 $x > 0$ 的范围，实际上 x 和 y 均在 $(-1, +1)$ 之间变化，因此，x 和 y 的对应关系曲线是在第一象限与第三象限奇对称。为了简便，$x < 0$ 的关系表达式未进行描述，但对式(6.4.15)进行简单的修改就能得到。

3. 数字压扩技术

按式(6.4.14)得到的 A 律压扩特性是连续曲线，A 的取值不同其压扩特性亦不相同，而在电路上实现这样的函数规律是相当复杂的。为此，人们提出了数字压扩技术，其基本思想是这样的：利用数字电路形成若干根折线，并用这些折线来近似对数的压扩特性，从而达到压扩的目的。

用折线实现压扩特性，它既不同于均匀量化的直线，又不同于对数压扩特性的光滑曲线。虽然总的来说用折线作压扩特性是非均匀量化，但它既有非均匀（不同折线有不同斜率）量化，又有均匀量化（在同一折线的小范围内）。有两种常用的数字压扩技术：一种是 13 折线 A 律压扩，它的特性近似 $A = 87.6$ 的 A 律压扩特性；另一种是 15 折线 μ 律压扩，其特性近似 $\mu = 255$ 的 μ 律压扩特性。下面主要介绍 13 折线 A 律压扩技术，简称 13 折线法。关于 15 折线 μ 律压扩请读者阅读有关文献。

图 6.4.5 展示了这种 13 折线 A 律压扩特性。从图 6.4.5 中可以看到，先把 x 轴的 0~1 分为 8 个不均匀段，其分法是：将 0~1 之间一分为二，其中点为 1/2，取 1/2~1 之间作为第 8 段；剩余的 0~1/2 再一分为二，中点为 1/4，取 1/4~1/2 之间作为第 7 段，再把剩余的 0~1/4 一分为二，中点为 1/8，取 1/8~1/4 之间作为第 6 段，以此分下去，直至剩余的最小一段为 0~1/128 作为第一段。

而 y 轴的 0~1 均匀地分为 8 段，它们与 x 轴的 8 段一一对应。从第一段到第 8 段分别为 0~1/8，1/8~2/8，…，7/8~1。这样，便可以作出由 8 段直线构成的一条折线。该折线与式(6.4.14)表示的压缩特性近似。

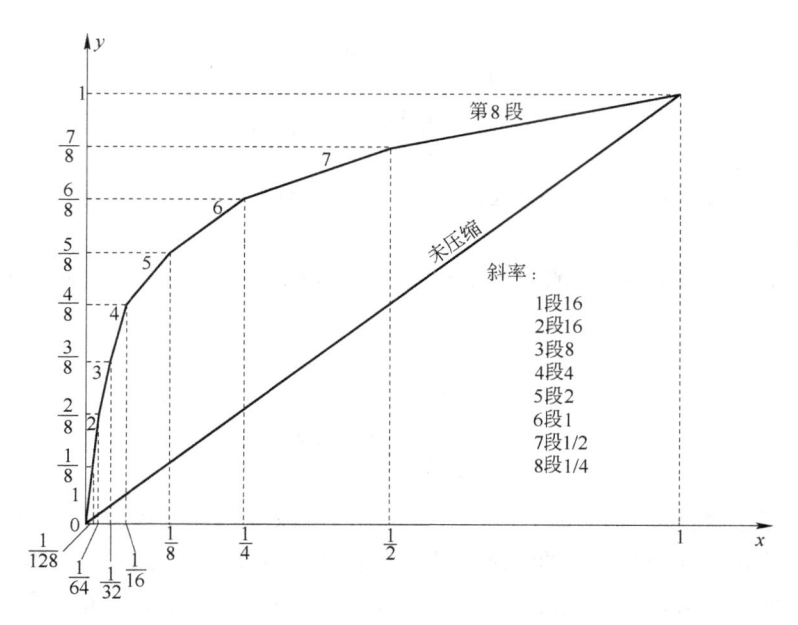

图 6.4.5　13 折线

由图 6.4.5 中曲折线可以看出，除一、二段外，其他各段折线的斜率都不相同，它们的关系如表 6.4.1 所示。

表 6.4.1　各段落的斜率

折线段落	1	2	3	4	5	6	7	8
斜率	16	16	8	4	2	1	1/2	1/4

至于当 x 在 $-1\sim0$ 及 y 在 $-1\sim0$ 的第三象限中，压缩特性的形状与以上讨论的第一象限压缩特性的形状相同，且它们以原点奇对称，所以负方向也有 8 段直线，合起来共有 16 个线段。由于正向一、二两段和负向一、二两段的斜率相同，这 4 段实际上为一条直线，所以，正、负双向的折线总共由 13 条直线段构成，故称其为 13 折线。

13 折线压扩特性的包含 16 个折线段，在输入端，如果将每个折线段再均匀地划分 16 个量化等级，也就是在每段折线内进行均匀量化的，这样第一段和第二段的最小量化隔相同：

$$\Delta_{1,2} = \frac{1}{128} \times \frac{1}{16} = \frac{1}{2\,048} \quad (6.4.16)$$

输出端是均匀划分的，各段间隔均为 1/8，每段再 16 等分，因此每个量化级间隔为 $1/(8\times16)=1/128$。

用 13 折线法进行压扩和量化后，可以作出量化信噪比与输入信号间的关系曲线如图 6.4.6 所示。从图中可以看到在小信号区域，量化信噪比与 12 位线性编码的相同，但在大信号区域 13 折线法 8 位码的量化信噪比不如 12 位线性编码。

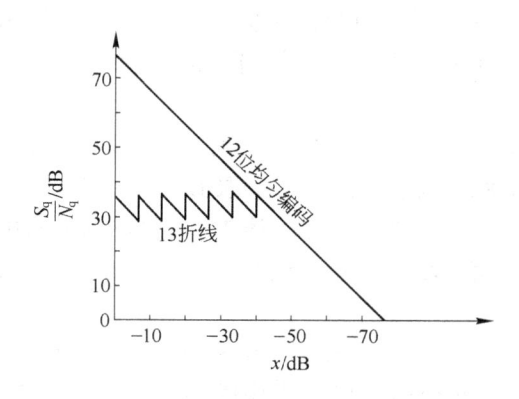

图 6.4.6　两种编码方法量化信噪比的比较

以上较详细地讨论了 A 律的压缩原理。至于扩张,实际上是压缩的相反过程只要掌握了压缩原理就不难理解扩张原理。限于篇幅,故不再赘述。

6.5 脉冲编码调制原理

如图 6.1.1 所示,模拟信号经过抽样和量化以后,可以得到具有 Q 个电平状态的输出。当 Q 比较大时,如果直接传输 Q 进制的信号,其抗噪声性能将会很差,因此,通常在发射端通过编码器把 Q 进制信号变换为 k 位二进制数字信号($2^k \geq Q$)。在接收端将收到的二进制码元经过译码器再还原为 Q 进制信号,这种系统就是脉冲编码调制系统。

简而言之,把量化后的信号变换成代码的过程称为编码,其相反的过程称为译码。编码不仅用于通信,还广泛用于计算机、数字仪表、遥控遥测等领域。在通信系统中编码器的种类大体可以归结为三种:逐次比较(反馈)型、折叠级联型、混合型。这几种不同型式的编码器都具有自己的特点,但限于篇幅,这里仅介绍目前用得较为广泛的逐次比较型编码和译码原理。

在讨论这种编码原理以前,需要明确常用的编码码型及码位数的选择和安排。

6.5.1 常用的二进制编码码型

二进制码具有很好的抗噪声性能,并易于再生,因此 PCM 中一般采用二进制码。对于 Q 个量化电平,可以用 k 位二进制码来表示,称其中每一种组合为一个码字。通常可以把量化后的所有量化级,按其量化电平的某种次序排列起来,并列出各自对应的码字,而这种对应关系的整体就称为码型。

在 PCM 中常用的码型有自然二进制码、折叠二进制码和反射二进制码(又称格雷码)。如以 4 位二进制码字为例,上述 3 种码型的码字如表 6.5.1 所示。

表 6.5.1 4 位二进制码码型

量化级编号	自然二进制码	折叠二进制码	反射二进制码(格雷码)
0	0000	0111	0000
1	0001	0110	0001
2	0010	0101	0011
3	0011	0100	0010
4	0100	0011	0110
5	0101	0010	0111
6	0110	0001	0101
7	0111	0000	0100
8	1000	1000	1100
9	1001	1001	1101
10	1010	1010	1111
11	1011	1011	1110
12	1100	1100	1010
13	1101	1101	1011
14	1110	1110	1001
15	1111	1111	1000

自然码是大家最熟悉的二进制码,从左至右其权值分别为 8、4、2、1,故有时也被称为 8-4-2-1 二进制码。

折叠码是目前 A 律 13 折线 PCM 30/32 路设备所采用的码型。这种码是由自然二进制码演变而来的,除去最高位,折叠二进制码的上半部分与下半部分呈倒影关系(折叠关系)。上半部分最高位为 0,其余各位由下而上按自然二进制码规则编码;下半部分最高位为 1,其余各位由上向下按自然码编码。这种码对于双极性信号(话音信号),通常可用最高位表示信号的正、负极性,而用其余的码表示信号的绝对值,即只要正、负极性信号的绝对值相同,则可进行相同的编码。这就是说,用第一位码表示极性后,双极性信号可以采用单极性编码方法,因此采用折叠二进制码可以大为简化编码的过程。

除此之外,折叠二进制码还有另一个优点,那就是在传输过程中如果出现误码,特别对小信号影响较小。例如由大信号的 1111 误为 0111,从表 6.5.1 可以看到,对于自然二进制码译码后得到的样值脉冲与原信号相比,误差为 8 个量化级;而对于折叠二进制码,误差为 15 个量化级。显然,大信号时误码对折叠码影响很大。如果误码发生在小信号,例如 1000 误为 0000,这时情况就大不相同了,对于自然二进制码误差还是 8 个量化级,而对于折叠二进制码误差却只有一个量化级。这一特性是十分可贵的,因为话音小幅度信号出现的概率比大幅度信号出现的概率要大。

在介绍反射二进制码之前,首先了解一下码距的概念。码距是指两个码字的对应码位取不同码符的位数。在表 6.5.1 中可以看到,自然码相邻两组码字的码距最小为 1,最大为 4(如第 7 号码字 0111 与第 8 号码字 1000 间的码距)。而折叠二进制码相邻两组码字最大码距为 3(如第 3 号码字 0100 与第 4 号码字 0011)。

反射二进制码是按照相邻两组码字之间只有一个码位的码符不同(即相邻两组码的码距均为 1)而构成的,如表 6.5.1 所示。其编码过程如下:从 0000 开始,由后(低位)往前(高位)每次只改变一个码符,而且只有当后面的那位码不能改变时,才能改变前面一位码。这种码通常可用于工业控制中的继电器控制以及通信中采用编码管进行的编码过程。

上述分析是在 4 位二进制码字基础上进行的,实际上码字位数的选择在数字通信中非常重要,它不仅关系到通信质量的好坏,而且还涉及通信设备的复杂程度。码字位数的多少,决定了量化分层(量化级)的多少。反之,若信号量化分层数一定,则编码位数也就被确定。可见,在输入信号变化范围一定时,用的码字位数越多,量化分层越细,量化噪声就越小,通信质量当然就越好。但码位数多了,总的传输码率会相应增加,这样将带来一些新的问题。

6.5.2 13 折线的码位安排

在逐次比较型编码方式中,无论采用几位码,一般均按极性码、段落码和段内码的顺序对码位进行安排。下面就结合我国采用的 13 折线的编码加以说明。

在 13 折线法中,无论输入信号是正还是负,均按 8 段折线(8 个段落)进行编码。若用 8 位折叠二进制码来表示输入信号的抽样量化值时,其中用第一位表示量化值的极性,其余 7 位(第 2~8 位)则可表示抽样量化值的绝对大小。具体做法是:用第 2~4 位(段落码)的 8 种可能状态分别代表 8 个段落,其他 4 位码(段内码)的 16 种可能状态用来分别代表每一段落的 16 个均匀划分的量化级。上述编码方法是把压缩、量化和编码合为一体的方法。根据上述分析，用于 13 折线 A 律特性的 8 位非线性编码的码组结构如下：

$$\underset{M_1}{\text{极性码}} \quad \underset{M_2M_3M_4}{\text{段落码}} \quad \underset{M_5M_6M_7M_8}{\text{段内码}}$$

第 1 位码 M_1 的数值"1"或"0"分别代表信号的正、负极性，称为极性码。从折叠二进制码的规律可知，对于两个极性不同，但绝对值相同的样值脉冲，用折叠码表示时，除极性码 M_1 不同外，其余几位码是完全一样的。因此在编码过程中，只要将样值脉冲的极性判出后，编码器是以样值脉冲的绝对值进行量化和输出码组的。这样只要考虑 13 折线中对应于正输入信号的 8 段折线即可。

第 2~4 位码即 $M_2M_3M_4$ 称为段落码，因为 8 段折线用 3 位码就能表示。具体划分如表 6.5.2 所示。

$M_5M_6M_7M_8$ 被称为段内码，每一段中的 16 个量化级可以用这 4 位码表示，段内码具体的分法如表 6.5.3 所示。

表 6.5.2　段落码

段落码	段落码 $M_2M_3M_4$
8	111
7	110
6	101
5	100
4	011
3	010
2	001
1	000

表 6.5.3　段内码

电平序号	段内码 $M_5M_6M_7M_8$	电平序号	段内码 $M_5M_6M_7M_8$
15	1111	7	0111
14	1110	6	0110
13	1101	5	0101
12	1100	4	0100
11	1011	3	0011
10	1010	2	0010
9	1001	1	0001
8	1000	0	0000

需要指出，在上述编码方法中，虽然各段内的 16 个量化级是均匀的，但因段落长度不等，故不同段落间的量化级是非均匀的。当输入信号小时，段落短，量化级间隔小；反之，量化间隔大。在 13 折线中，第一、二段最短，根据 6.4 节的分析可知，第一、二段的归一化长度是 1/128，再将它等分 16 小段后，根据式(6.4.16)的计算结果，每一小段长度为 1/2 048，这就是最小的量化级间隔 Δ。根据 13 折线的定义，以最小的量化级间隔 Δ 为最小计量单位，可以计算出 13 折线 A 律每一个量化段的电平范围、起始电平 I_{si}、段内码对应权值和各段落内量化间隔 Δ_i。具体计算结果如表 6.5.4 所示。

表 6.5.4　13 折线 A 律有关参数表

段落序号 $i=1~8$	电平范围 (Δ)	段落码 $M_2M_3M_4$	段落起始电平 $I_{si}(\Delta)$	量化间隔 $\Delta_i(\Delta)$	段内码对应权值(Δ) $M_5M_6M_7M_8$			
8	1 024~2 048	111	1 024	64	512	256	128	64
7	512~1 024	110	512	32	256	128	64	32
6	256~512	101	256	16	128	64	32	16
5	128~256	100	128	8	64	32	16	8
4	64~128	011	64	4	32	16	8	4
3	32~64	010	32	2	16	8	4	2
2	16~32	001	16	1	8	4	2	1
1	0~16	000	0	1	8	4	2	1

6.5.3 逐次比较型编码原理

逐次比较型编码器编码的方法与用天平称重物的过程极为相似，因此，在这里先分析一下天平称重的过程：当重物放入托盘以后，就开始称重，第 1 次称重所加法码（在编码术语中称为"权"，它的大小称为权值）是估计的，这种权值当然不可能正好使天平平衡。若法码的权值大了，换一个小一些的法码再称。请注意，第 2 次所加法码的权值，是根据第 1 次做出判断的结果确定的。若第 2 次称的结果说明法码小了，就要在第 2 次权值基础上加上一个更小一些的法码。如此进行下去，直到接近平衡为止。

这个过程叫做逐次比较称重过程。"逐次"的含意，可理解为称重是一次次由粗到细进行的。而"比较"则是把上一次称重的结果作为参考，比较得到下一次输出权值的大小，如此反复进行下去，使所加权值逐步逼近物体真实重量。

基于上述分析，就可以研究并说明逐次比较型编码方法编出 8 位码的过程了。图 6.5.1 为逐次比较编码器原理图，它由整流器、极性判决、保持电路、比较器及本地译码电路等组成。

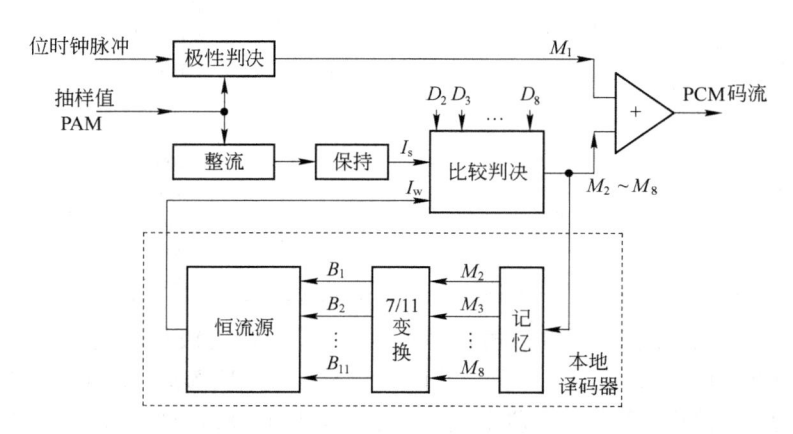

图 6.5.1 逐次比较型编码器原理图

极性判决电路用来确定信号的极性。由于输入 PAM 信号是双极性信号，当其样值为正时，位脉冲到来时刻出"1"码；当样值为负时，出"0"码；同时将该双极性信号经过全波整流变为单极性信号。

比较判决器是编码器的核心。它的作用是通过比较样值电流 I_s 和标准电流 I_w，从而对输入信号抽样值实现非线性量化和编码。每比较一次输出一位二进制代码，并且当 $I_s > I_w$ 时，出"1"码，反之出"0"码。由于在 13 折线法中用 7 位二进制代码来代表段落和段内码，所以对一个输入信号的抽样值需要进行 7 次比较。每次所需的标准电流 I_w 均由本地译码电路提供。

本地译码电路包括记忆电路、7/11 变换电路和恒流源。记忆电路用来寄存二进制代码，因为除第一次比较外，其余各次比较都要依据前几次比较的结果来确定标准电流 I_w 的值。因此，7 位码组中的前 6 位状态均应由记忆电路寄存下来。

7/11 变换电路就是前面非均匀量化中谈到的数字压缩器。因为采用非均匀量化的 7 位非线性编码等效于 11 位线性码，而比较器只能编 7 位码，反馈到本地译码电路的全部码也只有 7 位。因为恒流源有 11 个基本权值电流支路,需要 11 个控制脉冲来控制,所以必须经过变换,把 7 位码变成 11 位码,其实质就是完成非线性和线性之间的变换,其转换关系如表 6.5.5 所示。

表中 1* 项为接收端译码时的补差项,在发送端编码时,该项均为零。

恒流源用来产生各种标准电流值。为了获得各种标准电流 I_w,在恒流源中有数个基本权值电流支路。基本的权值电流个数与量化级数有关,在 13 折线编码过程中,它要求 11 个基本的权值电流支路($2^0\Delta, 2^1\Delta, 2^2\Delta, \cdots\cdots 2^{10}\Delta$),每个支路均有一个控制开关。每次该哪几个开关接通组成比较用的标准电流 I_w,由前面的比较结果经变换后得到的控制信号来控制。

保持电路的作用是保持输入信号的抽样值在整个比较过程中具有确定不变的幅度。逐次比较型编码器编 7 位码(极性码除外)需要进行 7 次比较,因此,在整个比较过程中都应保持输入信号的幅度不变,需要采用保持电路。下面通过一个例子来说明 13 折线编码过程。

表 6.5.5 A 律 13 折线非线性码与线性码间的关系

段落号	非线性码						线 性 码											
	起始电平	段落码 $M_2M_3M_4$	段内码权值(Δ)				B_1	B_2	B_3	B_4	B_5	B_6	B_7	B_8	B_9	B_{10}	B_{11}	B_{12}
			M_5	M_6	M_7	M_8	1 024	512	256	128	64	32	16	8	4	2	1	1/2
8	1 024	111	512	256	128	64	1	M_5	M_6	M_7	M_8	1*	0	0	0	0	0	0
7	512	110	256	128	64	32	0	1	M_5	M_6	M_7	M_8	1*	0	0	0	0	0
6	256	101	128	64	32	16	0	0	1	M_5	M_6	M_7	M_8	1*	0	0	0	0
5	128	100	64	32	16	8	0	0	0	1	M_5	M_6	M_7	M_8	1*	0	0	0
4	64	011	32	16	8	4	0	0	0	0	1	M_5	M_6	M_7	M_8	1*	0	0
3	32	010	16	8	4	2	0	0	0	0	0	1	M_5	M_6	M_7	M_8	1*	0
2	16	001	8	4	2	1	0	0	0	0	0	0	1	M_5	M_6	M_7	M_8	1*
1	0	000	8	4	2	1	0	0	0	0	0	0	0	M_5	M_6	M_7	M_8	1*

例 6.5.1 设输入信号抽样值 $I_s = +1\,270\Delta$(Δ 为一个 13 折线的最小量化单位),采用逐次比较型编码器,按 A 律 13 折线编成 8 位码 $M_1M_2M_3M_4M_5M_6M_7M_8$。

解 编码过程如下:

(1) 确定极性码 M_1

由于输入信号抽样值 I_s 为正,故极性码 $M_1 = 1$。

(2) 确定段落码 $M_2M_3M_4$

参看表 6.5.5 可知,由于段落码中的 M_2 是用来表示输入信号抽样值处于 8 个段落的前四段还是后四段的,故输入比较器的标准电流应选择为 $I_w = 128\Delta$。现在输入信号抽样值 $I_s = 1\,270\Delta$,大于标准电流,故第一次比较结果为 $I_s > I_w$,所以 $M_2 = 1$。它表示输入信号抽样值处于 8 个段落中的后四段(5 ~ 8 段)。

M_3 用来进一步确定它属于 5 ~ 6 段还是 7 ~ 8 段,因此标准电流应选择为 $I_w = 512\Delta$。第二次比较结果为 $I_s > I_w$,故 $M_3 = 1$,它表示输入信号居于 7 ~ 8 段。

同理,确定 M_4 的标准电流应为 $I_w = 1\,024\Delta$。第三次比较结果为 $I_s > I_w$,故 $M_4 = 1$。

由以上三次比较得段落码"111",所以,输入信号抽样值 $I_s = 1\,270\Delta$ 应属于第 8 段。

（3）确定段内码 $M_5M_6M_7M_8$

由编码原理可知，段内码是在已经确定输入信号所处段落的基础上，用来表示输入信号处于该段落的哪一量化级的。$M_5M_6M_7M_8$ 的取值与量化级之间的关系见表 6.5.4。上文已经确定输入信号处于第 8 段，该段中的 16 个量化级之间的间隔均为 64Δ，故确定 M_5 的标准电流应选为

$$I_w = 段落起始电平 + 8 \times (量化级间隔) = 1\ 024 + 8 \times 64 = 1\ 536\Delta$$

第四次比较结果为 $I_s < I_w$，故 $M_5 = 0$。它说明输入信号抽样值应处于第 8 段小的 0～7 量化级。

同理，确定 M_6 的标准电流应选为

$$I_w = 段落起始电平 + 4 \times (量化级间隔) = 1\ 024 + 4 \times 64 = 1\ 280\Delta$$

第五次比较结果为 $I_s < I_w$，故 $M_6 = 0$。说明输入信号应处于第 8 段中的 0～3 量化级。

确定 M_7 的标准电流应选为

$$I_w = 段落起始电平 + 2 \times (量化级间隔) = 1\ 024 + 2 \times 64 = 1\ 152\Delta$$

第六次比较结果为 $I_s > I_w$，故 $M_7 = 1$。说明输入信号应处于第 8 段中的 2～3 量化级。

最后，确定 M_8 的标准电流应选为

$$I_w = 段落起始电平 + 3 \times (量化级间隔) = 1\ 024 + 3 \times 64 = 1\ 216\Delta$$

第七次比较结果为 $I_s > I_w$，故 $M_8 = 1$。说明输入信号应处于第 8 段中的 3 量化级。

经上述七次比较，编出的 8 位码为 11110011。它表示输入抽样值位于第 8 段第 3 量化级，其量化电平为 $1\ 216\Delta$，故截断量化误差等于 $1\ 270\Delta - 1\ 216\Delta = 54\Delta$。

结合表 6.5.5 对非线性和线性之间变换的描述，除极性码外的 7 位非线性码组 1110011，相对应的 11 位线性码组为 10011000000。

6.5.4 译码原理

译码的作用是把接收端收到的 PCM 信号还原成相应的 PAM 信号，即实现数/模变换（D/A 变换）。A 律 13 折线译码器原理框图如图 6.5.2 所示，与图 6.5.1 中本地译码器基本相同，不同的是增加了极性控制部分和带有寄存读出的 7/12 位码变换电路。下面简单介绍这两部分电路。

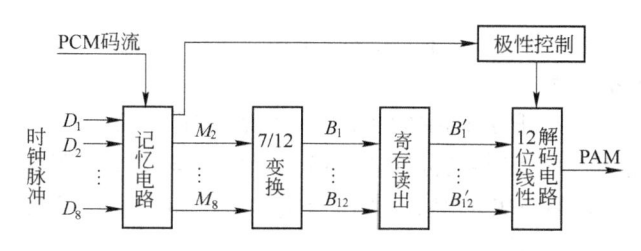

图 6.5.2 逐次比较型编码器原理图

极性控制部分的作用是根据收到的极性码 M_1 是"1"，还是"0"来辨别 PCM 信号的极性，使译码后 PAM 信号的极性恢复成与发送端相同的极性。

串/并变换记忆电路的作用是将输入的串行 PCM 码变为并行码,并记忆下来,与编码器中译码电路的记忆作用基本相同。

7/12 变换电路是将 7 位非线性码转变为 12 位线性码。在编码器的本地译码电路中采用 7/11 位码变换,使得量化误差有可能大于本段落量化间隔的 1/2。如在例 6.5.1 中,量化误差为 54Δ,大于 32Δ,有时将这种误差定义为截断量化误差。

为使截断量化误差均小于段落内量化间隔的 1/2,译码器的 7/12 变换电路使输出的线性码增加一位码,人为地补上半个量化间隔,从而改善量化信噪比。如例 6.5.1 的 8 位非线性码变为 12 位线性码为 100111000000,PAM 输出应为 $1\ 216\Delta + 32\Delta = 1\ 248\Delta$,此时实际量化误差为 $1\ 270\Delta - 1\ 248\Delta = 22\Delta$。

12 位线性译码电路主要是由恒流源和电阻网络组成,与编码器中译码网络类似。它是在寄存读出电路的控制下,输出相应的 PAM 信号。

6.5.5 PCM 信号的码元速率和带宽

由于 PCM 要用 k 位二进制代码表示一个抽样值,即一个抽样周期 T_s 内要编 k 位码,所以,每个码元宽度为 T_s/k。码位越多,码元宽度越小,占用带宽越大。因此,传输 PCM 信号所需要的带宽要比模拟基带信号 $x(t)$ 的带宽大得多。

1. 码元速率

设 $x(t)$ 为低通信号,最高频率为 f_H,抽样速率 $f_s > 2f_H$,如果进行均匀量化,量化电平数为 Q,采用 M 进制代码,每个量化电平需要的代码数为 $k = \log_M Q$,因此码元速率为 kf_s。

2. 传输 PCM 信号所需的最小带宽

假设抽样速率为 $f_s = 2f_H$,因此最小码元传输速率为 $f_b = 2kf_H$,此时所具有的带宽有两种:

$$B_{\text{PCM}} = \frac{f_b}{2} = \frac{kf_s}{2} \quad (\text{理想低通传输系统}) \tag{6.5.1}$$

$$B_{\text{PCM}} = f_b = kf_s \quad (\text{升余弦传输系统}) \tag{6.5.2}$$

对于电话传输系统,其传输模拟信号的带宽为 4 kHz,因此,采样频率 $f_s = 8$ kHz,假设按 A 律 13 折线编成 8 位码,采用升余弦系统传输特性,那么传输带宽为

$$B_{\text{PCM}} = f_b = kf_s = 8 \times 8\ 000 = 64 \text{ kHz}$$

6.5.6 PCM 系统的抗噪性能

上文较详细地讨论了脉冲编码调制的原理,下面分析图 6.1.1 所示的 PCM 系统的抗噪声性能。

从图 6.1.1 所示的模拟信号数字传输全过程看,模拟信号 $x(t)$ 经过抽样和量化处理之后就变为 $x_q(kT_s)$。如果经过数字通信系统传输后没有产生误码,则接收到的将仍为 $x_q(kT_s)$,该量经过低通滤波器滤波后将得到模拟信号 $x'(t)$,它实际是包含量化噪声的 $x(t)$。

如果数字通信系统中由于噪声的影响产生了误码,这时由于误码使得译码器输出不再是 $x_q(kT_s)$,而是 $\hat{x}_q(kT_s)$。$\hat{x}_q(kT_s)$ 经过低通滤波后得到的模拟信号 $\hat{x}(t)$,不仅包含了量化噪声而且包含误码噪声。因此,$\hat{x}(t)$ 可以表示为

$$\hat{x}(t) = x(t) + n_q(t) + n_e(t) \qquad (6.5.3)$$

式中，$n_q(t)$ 表示由量化噪声引起的输出噪声；$n_e(t)$ 表示由信道加性噪声引起的输出噪声。

为了衡量 PCM 系统的抗噪声性能，通常将系统输出端总的信噪比定义为

$$\frac{S_o}{N_o} = \frac{E[x^2(t)]}{E[n_q^2(t)] + E[n_e^2(t)]} = \frac{S_o}{N_q + N_e} \qquad (6.5.4)$$

可见，分析 PCM 系统的抗噪声性能时，需要考虑量化噪声和信道加性噪声的影响。不过，由于量化噪声和信道加性噪声的来源不同，而且它们互不依赖，故可以先讨论它们单独存在时的系统性能，然后再分析系统总的抗噪声性能。

1. 量化信噪功率比 S_o/N_q

在前面已经讨论了关于量化信号和量化噪声功率的比值 S_o/N_q，这时并不考虑误码的影响，并且也已经给出一般计算公式，以及在特殊条件下的计算公式。例如，在均匀量化情况下，信号 $x(t)$ 的概率密度函数 $f_x(x)$ 在 $(-a, +a)$ 区域内均匀分布时，其量化信噪比为

$$\frac{S_o}{N_q} \approx Q^2 = 2^{2k} \qquad (6.5.5)$$

如果 $x(t) \geq 0$，且 $f_x(x)$ 在 $(0, +a)$ 范围区域内均匀分布，这时量化信噪比为

$$\frac{S_o}{N_q} \approx 4Q^2 = 4 \times 2^{2k} \qquad (6.5.6)$$

显然码位数 k 越大 S_o/N_q 就越高，但这里有两点需要说明：

（1）当采用非均匀量化的非线性编码时，在码位数相同、信号较小的条件下，非线性编码的 S_o/N_q 要比线性编码的高，如图 6.4.4 所示。

（2）实际信号的 $f_x(x)$ 不是常数，而且往往信号幅度小时 $f_x(x)$ 比较大，此时 S_o/N_q 的计算要复杂得多，但经过分析发现，这时的 S_o/N_q 比 $f_x(x)$ 为常数时的 S_o/N_q 要低。

2. 误码信噪功率比 S_o/N_e

由于信道中加性噪声对 PCM 信号的干扰，将造成接收端判决器判决错误，二进制"1"码可能误判为"0"码，而"0"码则可能误判为"1"码，其错误判决概率取决于信号的类型和接收机输入端的平均信号噪声功率比。

由于 PCM 信号中每一码组代表着一定的量化抽样值，所以其中只要发生误码，接收端恢复的抽样值就会与发送端原抽样值不同。通常只需要考虑仅有一位错码的码组错误，而多于一个错码的码组错误可以不予考虑。在上述条件下经分析推导，可以得到误码信噪功率比与误码率 P_e 的关系为

$$\frac{S_o}{N_e} = \begin{cases} \dfrac{1}{P_e} & x(t) \geq 0, \text{自然二进制码} \\ \dfrac{1}{4P_e} & x(t) \text{为可正可负的自然二进制码} \\ \dfrac{1}{5P_e} & x(t) \text{为可正可负的折叠二进制码} \end{cases} \qquad (6.5.7)$$

至此，假如以折叠二进制码、$x(t)$ 可正可负的情况为例，总的信噪比可以写为

$$\frac{S_\mathrm{o}}{N_\mathrm{o}} = \frac{S_\mathrm{o}}{N_\mathrm{q}+N_\mathrm{e}} = \frac{1}{\dfrac{1}{S_\mathrm{o}/N_\mathrm{q}}+\dfrac{1}{S_\mathrm{o}/N_\mathrm{e}}} = \frac{1}{2^{-2k}+5P_\mathrm{e}} \qquad (6.5.8)$$

经过简单的推导可以说明，$P_\mathrm{e}=10^{-6}\sim 10^{-5}$时的误码信噪功率比大体上与$k=7\sim 8$位代码时的量化信噪功率比差不多。因此，对于 A 律 13 折线变成 8 位码的情况，当$P_\mathrm{e}<10^{-6}$时由误码引起的噪声可以忽略不计，仅考虑量化信噪功率的影响；而当$P_\mathrm{e}>10^{-5}$时，误码噪声将变成主要的噪声。

6.6 增量调制

增量调制简称ΔM，它是继 PCM 之后出现的又一种模拟信号数字化方法。最早是由法国工程师 De Loraine 于 1946 年提出来的，其目的在于简化模拟信号的数字化方法。在以后的三十多年间有了很大发展，特别是在军事和工业部门的专用通信网和卫星通信中得到广泛应用。不仅如此，近年来在高速超大规模集成电路中已被用做 A/D 转换器。

增量调制获得广泛应用的原因主要有以下几点。

(1) 在比特率较低时，增量调制的量化信噪比高于 PCM 的量化信噪比。

(2) 增量调制的抗误码性能好。能工作于误码率为$10^{-3}\sim 10^{-2}$的信道中，而 PCM 要求误比特率通常为$10^{-6}\sim 10^{-4}$。

(3) 增量调制的编译码器比 PCM 简单。

增量调制最主要的特点就是它所产生的二进制代码表示模拟信号前后两个抽样值的差别（增加、还是减少）而不是代表抽样值本身的大小，因此把它称为增量调制。在增量调制系统的发送端调制后的二进制代码"1"和"0"只表示信号这一个抽样时刻相对于前一个抽样时刻是增加(用"1"码)还是减少(用"0"码)。接收端译码器每收到一个"1"码，译码器的输出相对于前一时刻的值上升一个量化阶，而收到一个"0"码，译码器的输出相对于前一时刻的值下降一个量化阶。

6.6.1 简单增量调制

一位二进制码只能代表两种状态，当然就不可能表示模拟信号的抽样值。可是，用一位码却可以表示相邻抽样值的相对大小，而相邻抽样值的相对变化将能同样反映模拟信号的变化规律。因此，采用一位二进制码描述模拟信号是完全可能的。

1. 编码的基本思想

假设一个模拟信号$x(t)$〔为作图方便，令$x(t)\geq 0$〕，可以用一时间间隔为Δt，幅度差为$\pm\sigma$的阶梯波形$x'(t)$去逼近它，如图 6.6.1 所示。只要Δt足够小，即抽样频率$f_\mathrm{s}=1/\Delta t$足够高，且σ足够小，则$x'(t)$可以相当近似于$x(t)$。在这里把σ称做量化阶，$\Delta t=T_\mathrm{s}$称为抽样间隔。

$x'(t)$逼近$x(t)$的物理过程是这样的：在t_i时刻用$x(t_i)$与$x'(t_{i_-})$（t_{i_-}表示t_i时刻前瞬间）比较，倘若$x(t_i)>x'(t_{i_-})$，就让$x'(t_i)$上升一个量阶段，同时ΔM调制器输出二进制"1"；反之就让$x'(t_i)$下降一个量阶段，同时ΔM调制器输出二进制"0"。根据这样的编码思路，结合图 6.6.1 的波形，就可以得到一个二进制代码序列 010101111110…。除了用阶梯波

$x'(t)$ 去近似 $x(t)$ 以外,也可以用锯齿波 $x_0(t)$ 去近似 $x(t)$。而锯齿波 $x_0(t)$ 也只有斜率为正 ($\sigma/\Delta t$) 和斜率为负 ($-\sigma/\Delta t$) 两种情况,因此也可以用"1"码表示正斜率和"0"码表示负斜率,以获得一个二进制代码序列。

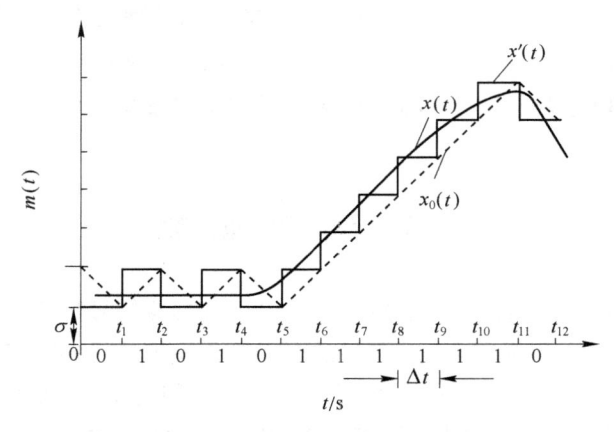

图 6.6.1 简单增量调制的编码过程

2. 译码的基本思想

与编码相对应,译码也有两种情况:一种是收到"1"码上升一个量化阶,收到"0"码下降一个量化阶,这样就可以把二进制代码经过译码变成 $x'(t)$ 这样的阶梯波;另一种是收到"1"码后产生一个正斜变电压,在 Δt 时间内上升一个量化阶,收到一个"0"码产生一个负的斜变电压,在 Δt 时间内均匀下降一个量化阶。这样,二进制码经过译码后变为如 $x_0(t)$ 这样的锯齿波。考虑电路上实现的简易程度,一般都采用后一种方法。这种方法可用一个简单 RC 积分电路把二进制码变为 $x_0(t)$ 波形,如图 6.6.2 所示。图中假设二进制双极性代码为 1010111 时 $x_0(t)$ 与 $p(x)$ 的波形。

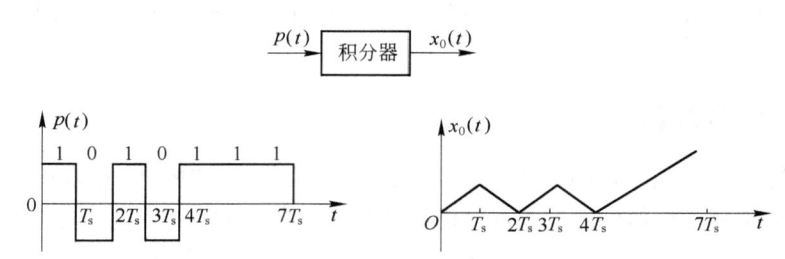

图 6.6.2 简单增量调制的译码原理图

3. 简单增量调制系统框图

根据简单增量调制编、译码的基本原理,可组成简单 ΔM 系统方框图如图 6.6.3 所示。发送端编码器由相减器、判决器、积分器及脉冲发生器(极性变换电路)组成一个闭环反馈电路。判决器是用来比较 $x(t)$ 与 $x_0(t)$ 大小,在定时抽样时刻如果 $x(t) - x_0(t) > 0$ 输出"1"; $x(t) - x_0(t) \leq 0$ 输出"0"; $x_0(t)$ 由本地译码器产生。实际编码方框图比图 6.6.3 中所描述的要复杂得多。系统中接收端译码器的核心电路是积分器,当然还包含一些辅助性的电路,如脉冲发生器和低通滤波器等。

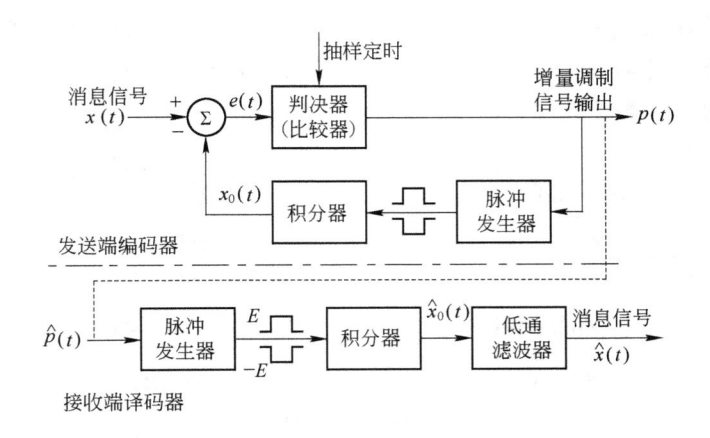

图 6.6.3 简单增量调制系统框图

无论是编码器中的积分器,还是译码器中的积分器,都可以利用 RC 电路实现。当这两种积分器选用 RC 电路时,可以得到近似锯齿波的斜变电压,这时 RC 时间常数的选择应注意下面的情况:当 RC 越大,充放电的线性特性就越好,但 RC 太大时,在 Δt 时间内上升(或下降)的量化阶就越小,因此,RC 的选择应适当,通常 RC 选择在 $(15\sim 30)\Delta t$ 范围内比较合适。

接收到增量调制信号 $\hat{p}(t)$ 以后,经过脉冲发生器将二进制码序列变换成全占空的双极性码,然后加到译码器(积分器)得到 $\hat{x}_0(t)$ 这个锯齿形波,再经过低通滤波器即可得输出电压 $\hat{x}(t)$。

$\hat{p}(t)$ 与 $p(x)$ 的区别在于经过信道传输后有误码存在,进而造成 $\hat{x}_0(t)$ 与 $x_0(t)$ 存在差异。当然,如果不存在误码,$\hat{x}_0(t)$ 与 $x_0(t)$ 的波形就是完全相同的。即便如此,$\hat{x}_0(t)$ 经过低通滤波器以后也不能完全恢复出 $x(t)$,而只能恢复出 $\hat{x}(t)$,这是由量化引起的失真。因此,综合起来考虑,$\hat{x}_0(t)$ 经过低通滤波器后得到的 $\hat{x}(t)$ 中不但包括量化失真,而且还包含了误码失真。由此可见,简单增量调制系统的传输过程中,不仅包含量化噪声,而且还包含误码噪声,这一点是进行抗噪声性能分析的根据。

4. 简单 ΔM 调制系统的带宽

从编码的基本思想可知,每抽样一次,即传输一个二进制码元,码元传输速率为 $R_b = f_s$,从而 ΔM 调制系统带宽为

$$B_{\Delta M} = \frac{R_b}{2} = \frac{f_s}{2} \quad (\text{理想低通传输系统}) \tag{6.6.1}$$

$$B_{\Delta M} = R_b = f_s \quad (\text{升余弦传输系统}) \tag{6.6.2}$$

6.6.2 增量调制的过载特性与编码的动态范围

1. 增量调制系统的量化误差

在分析 ΔM 系统量化噪声时,通常假设信道加性噪声很小,不造成误码。在这种情况下,ΔM 系统中量化噪声有两种形式:一种是一般量化噪声;另一种则被称为过载量化噪声。

如图 6.6.4 所示的量化过程中,本地译码器输出与输入的模拟信号作差,就可以得到量

化误差 $e(t)$。具体计算方法为:$e(t) = x(t) - x_0(t)$,$e(t) \sim t$ 的波形是一个随机过程。如果 $e(t)$ 的绝对值小于量化阶 σ,即 $|e(t)| = |x(t) - x_0(t)| < \sigma$,$e(t)$ 在 $-\sigma \sim \sigma$ 范围内随机变化,这种噪声被称为一般量化噪声。

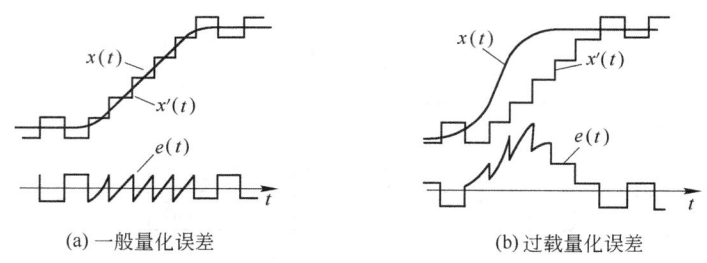

(a) 一般量化误差　　　　　　(b) 过载量化误差

图 6.6.4　量化噪声

过载量化噪声(有时简称过载噪声)发生在模拟信号斜率陡变时,量化阶 σ 是固定的,而且单位时间内台阶数也是确定的,因此,阶梯电压波形就有可能跟不上信号的变化,形成包含很大失真的阶梯电压波形。这样的失真称为过载现象,也称过载噪声,如图 6.6.4(b) 所示。如果无过载噪声发生,则模拟信号与阶梯波形之间的误差就是一般的量化噪声,如图 6.6.4(a) 所示。图中的 $e(t) = x(t) - x_0(t)$,可以统称为量化噪声。

2. 过载特性

当出现过载时,量化噪声将急剧增加,因此,在实际应用中要尽量防止出现过载现象。为此,需要对 ΔM 系统中的量化过程和系统的有关参数进行分析。

设抽样时间间隔为 Δt(抽样频率 $f_s = 1/\Delta t$),则上升或下降一个量化阶 σ,可以达到的最大斜率为(这里仅考虑上升的情况)

$$K = \frac{\sigma}{\Delta t} = \sigma f_s \tag{6.6.3}$$

这也就是译码器的最大跟踪斜率。显然,当译码器的最大跟踪斜率大于或等于模拟信号 $x(t)$ 的最大变化斜率时,则

$$K = \frac{\sigma}{\Delta t} = \sigma f_s \geq \left| \frac{dx(t)}{dt} \right|_{\max} \tag{6.6.4}$$

译码器输出 $x'(t)$ 能够跟上输入信号 $x(t)$ 的变化,就不会发生过载现象,因而不会形成很大的失真。但是,当信号实际斜率超过这个最大跟踪斜率时,则将造成过载噪声。为了不发生过载现象,必须使 σ 和 f_s 的乘积达到一定的数值,以使信号实际斜率不会超过这个数值。因此,可以适当地增大 σ 或 f_s 来达到这个目的。

对于一般量化噪声,由图 6.6.4(a) 不难看出,如果 σ 增大则这个量化噪声就会变大,σ 小则噪声小。采用大的 σ 虽然能减小过载噪声,但却增大了一般量化噪声。因此,σ 值应适当选取,不能太大。

但是,对于 ΔM 系统而言,可以选择较高的抽样频率,因为这样既能减小过载噪声,又能进一步降低一般量化噪声,从而使 ΔM 系统的量化噪声减小到给定的允许数值。通常,ΔM 系统中的抽样频率要比 PCM 系统的抽样频率高得多(通常要高 2 倍以上)。

3. 动态范围

当 ΔM 系统的有关参数(通常是指 σ 和 f_s)确定以后,信号 $x(t)$ 能够进行正常 ΔM 编码的幅

度范围,就是 ΔM 系统编码的动态范围。为此,需要确定 $x(t)$ 幅度上限 A_{max} 和幅度下限 A_{min}。

实现 ΔM 系统正常编码条件之一,就是要确保在编码时不发生过载现象。现在以正弦型信号为例来确定 $x(t)$ 幅度的上限 A_{max}。

设输入信号为 $x(t) = A\sin(\omega_k t)$,此时信号 $x(t)$ 的斜率为

$$\frac{dx(t)}{dt} = A\omega_k \cos \omega_k t \tag{6.6.5}$$

分析式(6.6.4)和式(6.6.5)可知,不过载且信号幅度又是最大值的条件为

$$\frac{\sigma}{\Delta t} = \sigma f_s = A\omega_k \Rightarrow A_{max} = \frac{\sigma f_s}{\omega_k} \tag{6.6.6}$$

式(6.6.6)中的 A_{max} 就是正弦波信号允许出现的最大振幅。

现在确定幅度下限 A_{min}。这里同样假设输入信号为 $x(t) = A\sin(\omega_k t)$,当信号 $x(t)$ 的幅度很小时,图 6.6.3 所示的框图中,输出码序列 $p(t)$ 为一系列 0、1 交替码,可以证明当 $x(t)$ 的幅度小于 $\sigma/2$ 时,$p(t)$ 仍为正、负极性相同的周期性方波。只有当 $x(t)$ 振幅超过 $\sigma/2$ 时,$p(t)$ 才会受 $x(t)$ 的影响,从而改变输出码序列。所以,开始编码正弦信号振幅为 $A_{min} = \sigma/2$。

这样,ΔM 系统编码的动态范围可以定义为

$$D_c = 20\lg \frac{A_{max}}{A_{min}} = 20\lg \frac{\sigma f_s/\omega_k}{\sigma/2} = 20\lg \frac{2f_s}{2\pi f_k} = 20\lg \frac{f_s}{\pi f_k} \text{ dB} \tag{6.6.7}$$

通常以 $f_k = 800$ Hz 正弦波值为标准,式(6.6.7)就变为

$$D_c = 20\lg \frac{f_s}{800 \pi} \text{ dB} \tag{6.6.8}$$

利用式(6.6.8)中的参数,可以计算出不同的采样频率所对应的信号动态范围,如表 6.6.1 所示。

表 6.6.1 取样频率与编码动态范围的关系

取样频率/kHz	10	20	32	40	80	100
编码动态范围/dB	12	18	22	24	30	32

由上表可见,简单增量调制的编码动态范围较小,在低传码率情况(f_s 较小)下,不符合话音信号传输要求。通常,话音信号动态范围要求为 35~50 dB。因此,实用中的 ΔM 常用它的改进型,如增量总和调制、数字压扩自适应增量调制等。

6.6.3 增量调制的抗噪性能

与 PCM 系统一样,对于简单增量调制系统的抗噪声性能,仍用系统的输出信号和噪声功率比来表征。ΔM 系统的噪声成分有两种:量化噪声和加性噪声。由于这两种噪声互不相关,所以可以分别进行讨论和分析,信号功率与这两种噪声功率的比值,分别被称为量化信噪比和误码信噪比。下面根据得到的 ΔM 抗噪声性能结论,将 PCM 与 ΔM 系统进行简单比较。

1. 量化信噪比

从前面的分析可知,量化误差有两种:一般量化误差和过载量化误差。在实际应用中都采用了防过载措施,因此,这里仅考虑一般量化噪声。

在不过载情况下,一般量化噪声 $e(t)$ 的幅度在 $-\sigma \sim \sigma$ 范围内随机变化。假设在此区域

内量化噪声为均匀分布，于是 $e(t)$ 的一维概率密度函数为

$$f(e) = \frac{1}{2\sigma} \quad -\sigma \leqslant e \leqslant \sigma \tag{6.6.9}$$

因而 $e(t)$ 的平均功率可表示为

$$E\{e^2(t)\} = \int_{-\sigma}^{\sigma} e^2 f(e) de = \frac{1}{2\sigma} \int_{-\sigma}^{\sigma} e^2 de = \frac{\sigma^2}{3} \tag{6.6.10}$$

应当注意，上述的量化噪声功率并不是系统最终输出的量化噪声功率。从图 6.6.3 可以看到，译码输出端还有一个低通滤波器，因此，需要将低通滤波器对输出量化噪声功率的影响考虑在内。

为了简化运算，可以近似地认为 $e(t)$ 的平均功率均匀地分布在频率范围 $(0, f_s)$ 之内。这样，通过低通滤波器(截止频率为 f_L)之后的输出量化噪声功率为

$$N_e = \frac{\sigma^2}{3} \cdot \frac{f_L}{f_s} \tag{6.6.11}$$

设信号工作于临界状态，则对于频率为 f_k 的正弦信号来说，结合式(6.6.6)给出的信号幅值最大值，可以推导出信号最大输出功率：

$$\left.\begin{array}{l} A_{\max} = \dfrac{\sigma f_s}{\omega_k} \\ S_o = \dfrac{A_{\max}^2}{2} \end{array}\right\} \Rightarrow S_o = \frac{1}{8} \left(\frac{\sigma f_s}{\pi f_k} \right)^2 \tag{6.6.12}$$

利用式(6.6.11)和式(6.6.12)经化简和近似处理之后，可以得 ΔM 系统最大量化信噪比

$$\left(\frac{S_o}{N_q} \right)_{\max} = 0.04 \times \frac{f_s^3}{f_L f_k^2} \tag{6.6.13}$$

2. 误码信噪比

由误码产生的噪声功率计算起来比较复杂，因此，这里仅给出计算的思路和结论，详细的推导和分析请读者参阅有关资料。其计算的思路仍然是结合图 6.6.3 中接收部分进行分析的。首先求出积分器前面由误码引起的误码电压及由它产生的噪声功率和噪声功率谱密度；然后求出经过积分器以后的误码噪声功率谱密度；最后求出经过低通滤波器以后的误码噪声功率 N_e 为

$$N_e = \frac{2\sigma^2 f_s P_e}{\pi^2 f_1} \tag{6.6.14}$$

式中，f_1 为低通滤波器低端截止频率；P_e 为系统误码率。结合式(6.6.12)可以求出误码信噪比为

$$\frac{S_o}{N_e} = \frac{f_1 f_s}{16 P_e f_k^2} \tag{6.6.15}$$

结合式(6.6.13)和式(6.6.15)可以得到总的信噪比为

$$\frac{S_o}{N_o} = \frac{S_o}{N_q + N_e} = \frac{1}{\dfrac{1}{S_o/N_q} + \dfrac{1}{S_o/N_e}} \tag{6.6.16}$$

从上面分析可以看出，为提高 ΔM 系统抗噪声性能，采样频率 f_s 越大越好；但从节省频

带考虑，f_s 越小越好，这两者是矛盾的，要根据对通话质量和节省频带两方面的要求提出一个恰当的数值。

例如在军用通信中，通常比较重视节省频带，因此，为使 $B_{\Delta M}$ 小些，f_s 要选得小一些，如 f_s 选择 32 kHz，低通滤波器高端截止频率 $f_L = 3$ kHz，低端截止频率 $f_1 = 300$ Hz，信号频率 $f_k = 1$ kHz，此时计算可得

$$\frac{S_o}{N_q} = 0.04 \times \frac{f_s^3}{f_L f_k^2} = 437 \text{（即 26 dB）}$$

$$\frac{S_o}{N_e} = \frac{f_1 f_s}{16 P_e f_k^2} = \frac{0.6}{P_e}$$

从上面的计算结果可以看到，即使不考虑误码噪声，当 $f_s = 32$ kHz 时，最大量化信噪比已经只有 26 dB 了，因此，如果不作改进，简单增量调制的 f_s 不能比 32 kHz 更低了。但后面要讲到经过一系列改进以后，f_s 还可以适当低一些。

当然，误码率 P_e 对系统总的信噪比也有很大影响。但在计算时，当 P_e 小到一定程度时，总的信噪比就仅由量化噪声确定。例如当 $f_s = 32$ kHz、$f_L = 3$ kHz 和 $f_1 = 300$ Hz 时，对应要求 $P_e < 1.4 \times 10^{-3}$。如果 f_L 和 f_1 不变，为提高通话质量，$f_s = 64$ kHz 时，对应要求 $P_e < 3.5 \times 10^{-4}$。

3. PCM 与 ΔM 系统性能比较

这里对 PCM 和 ΔM 两种调制系统的抗噪能力进行简要比较和说明，目的是进一步了解两种调制的相对性能。

在误码可忽略以及信道传输速率相同的条件下，假设滤波器截止频率 $f_L = 3$ kHz，信号频率 $f_k = 1$ kHz，PCM 与 ΔM 系统相应的量化信噪比曲线如图 6.6.5 所示。由图可看出，如果 PCM 系统编码位数 $k < 4$ 时，则它的性能比 ΔM 系统要差；如果 $k > 4$，则随着 k 的增大，PCM 相对于 ΔM 来说，其性能越来越好。

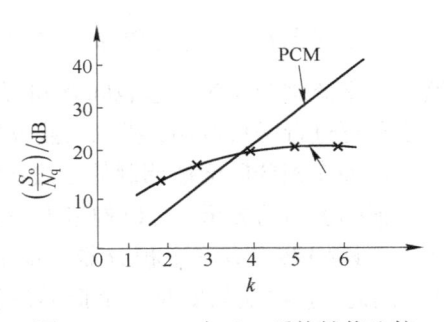

图 6.6.5 PCM 与 ΔM 系统性能比较

6.7 改进型增量调制

6.7.1 总和增量调制

从前面对过载特性的分析可知，对于 ΔM 系统，当采样频率和量化阶确定以后，输入信号的最大振幅与其工作频率成反比，话音信号的功率谱从 700~800 Hz 开始快速下降，因此，这种特性正好与过载特性能很好地匹配。

但是，在实际应用时，为了提高话音的清晰度，通常要对语音信号高频分量进行提升，即预加重。加重后的语音信号功率谱密度在 300~3 400 Hz 范围内接近于平坦特性，这样与 ΔM 系统的过载特性反而不匹配了，非常容易产生过载现象。

为了解决上述问题，人们提出了一种称为总和增量调制（Δ-Σ）的编码方法。这种编码方

法首先对 $x(t)$ 信号进行积分，然后再进行简单增量调制。为了从物理意义上说明这种改进方法的有效性，可以选择一个非常有代表性的例子进行说明，如图 6.7.1 所示。

在图 6.7.1 中，输入信号 $x(t)$ 的高低频成分都比较丰富，如果利用 ΔM 系统进行编码，在 $x(t)$ 急剧变化时，调制输出 $x_0(t)$ 跟不上 $x(t)$ 的变化，出现比较严重的过载。而在 $x(t)$ 缓慢变化时，如果幅度的变化在 $\pm\sigma$ 以内，将出现连续的"10"交替码，这段时间幅度变化的信息也将丢失。

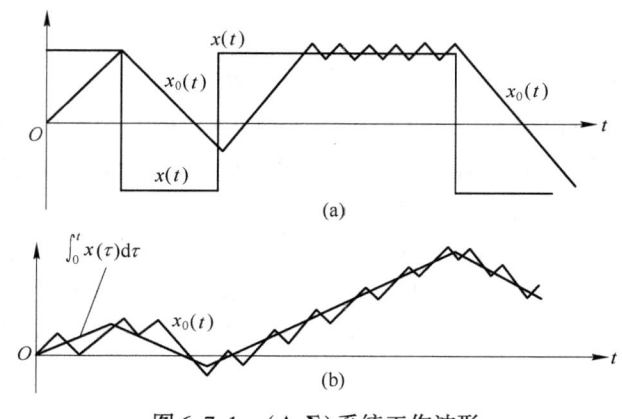

图 6.7.1 （Δ-Σ）系统工作波形

如果对图 6.7.1 (a) 中的 $x(t)$ 进行积分，积分后的 $\int_0^t x(\tau)\mathrm{d}\tau$ 波形如图 6.7.1 (b) 所示。这时原来急剧变化时的过载问题和缓慢变化时信号丢失的问题都将得到克服。由于对 $x(t)$ 先积分再进行增量调制，所以在接收端解调以后要对解调信号进行微分，以便恢复原来的信号。这种先积分后增量调制的方法被称为总和增量调制，用（Δ-Σ）表示。

根据上面的分析，可以构造出如图 6.7.2(a) 所示的（Δ-Σ）系统结构图。图 6.7.2(a) 中接收端译码器中有一个积分器，而译码器后面又有一个微分器，微分和积分的作用互相抵消，因此，接收端只要有一个低通滤波器即可。另外，发送端在相减器前面有两个积分器，这两个积分器可以合并为一个，放在相减器后面，这样可以得到图 6.7.2(b) 所示的方框图。

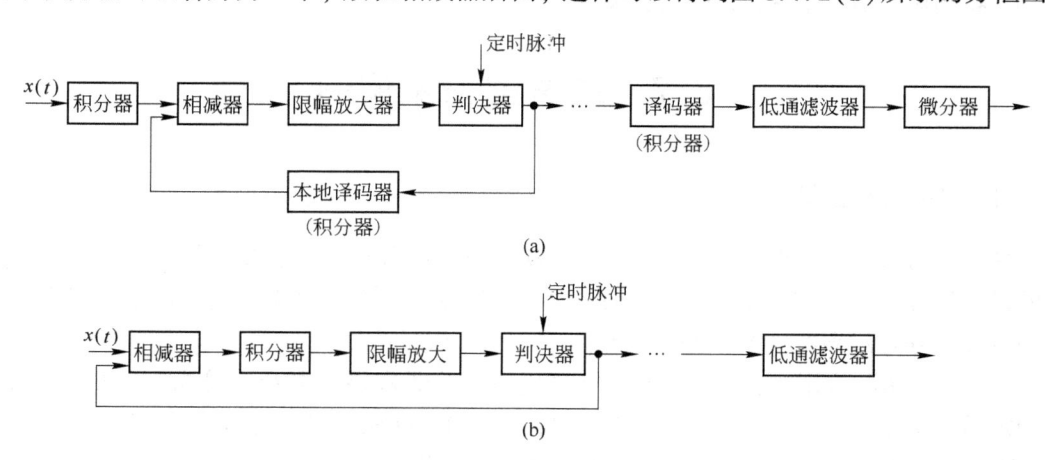

图 6.7.2 （Δ-Σ）调制系统结构图

进一步分析比较 ΔM 和 (Δ-Σ) 系统的调制特点可以发现，ΔM 系统的输出代码反映相邻两个抽样值变化量的正、负，这个变化量就是增量，因此称为增量调制。增量同时又有微分的含义，因此，增量调制有时也称为微分调制，它的二进制代码携带输入信号增量的信息，或者说携带输入信号微分的信息。正因为 ΔM 的二进制代码携带的是微分信息，所以，若接收端对代码积分，就可以获得传输的信号了。

而 (Δ-Σ) 调制的代码就不同了，因为信号经过积分后再进行增量调制，(Δ-Σ) 代码携带的是信号积分后的微分信息。微分和积分可以互相抵消，因此 (Δ-Σ) 的代码实际上代表输入信号振幅的信息，此时接收端只要加一个滤除带外噪声的低通滤波器即可恢复传输的信号了。

从过载特性看，式 (6.6.6) 表明，ΔM 系统的 A_{max} 与信号频率 f_k 有关，A_{max} 随 f_k 增大而减小，此时信噪比也将减小。

而在 (Δ-Σ) 系统中，先对信号进行积分，再进行 ΔM 调制，因此 (Δ-Σ) 系统的 A_{max} 与信号频率 f_k 无关，这样信号频率不影响信噪比。为了比较 (Δ-Σ) 和 ΔM 系统的性能，图 6.7.3 分别给出了它们的量化信噪比 S_o/N_q 和误码信噪比 S_o/N_e 曲线。其中，f_s、f_k、f_L 和 f_1 分别为抽样频率、信号频率、信号高端和低端截止频率。

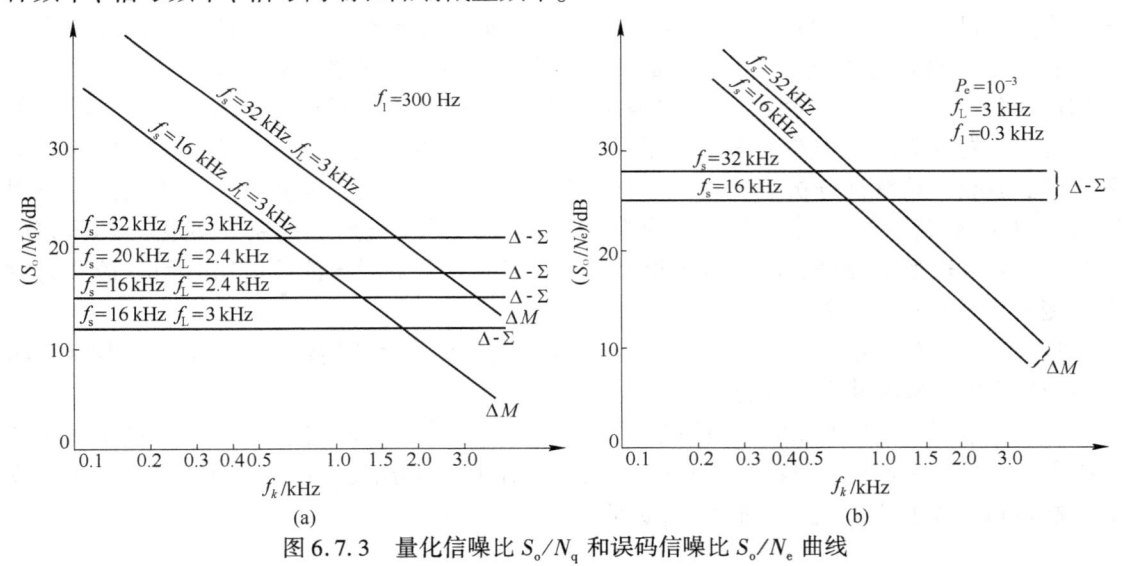

图 6.7.3 量化信噪比 S_o/N_q 和误码信噪比 S_o/N_e 曲线

(Δ-Σ) 系统具有与 ΔM 系统相似的缺点，即动态范围小。造成这个缺点的原因是量化阶是固定不变的量，因此改进型是从改变量化阶大小考虑的。只有使量化阶的大小自动跟随信号幅度大小变化，才能够增加增量调制系统的动态范围，并提高小信号时的量化信噪比。其中，自适应增量调制 (ADM) 和脉码增量调制 (DPCM) 就是比较有代表性的改进型增量调制系统。

6.7.2 数字音节压扩自适应增量调制

在 PCM 系统中曾经利用压扩技术实现非均匀量化，以提高小信号时的量化信噪比，在增量调制系统中也可以利用类似的方法。也就是说根据信号斜率的不同采用不同的量化阶（对于类型相同的信号，小信号的斜率小，大信号的斜率大）。因此，当信号的斜率 $|dx(t)/dt|$ 增大时，量化阶 σ 也增大；反之当 $|dx(t)/dt|$ 减小时，σ 也减小。这种随着信号斜率的不同而自动改变量化阶 σ 的调制方法称为自适应增量调制 (AΔM)。

在 $A\Delta M$ 系统中，发送端 σ 是可变的，接收端译码时也要使用不同的 σ，这种可变的 σ 相当于 PCM 系统中的压扩技术。自适应增量调制中，由于 σ 需要随信号斜率的变化而改变，所以在方框图中应该在 ΔM 的基础上，增加检测信号幅度变化(斜率大小)的电路(提取控制电压电路)和用来控制 σ 变化的电路。

提取控制电压通常有两种方法。第一种方法被称为前向控制，即控制电压直接从输入信号 $x(t)$ 中提取话音信号的斜率，实际上就是对话音信号 $x(t)$ 微分，微分电路的输出即为按话音信号斜率变化的电压。用这个电压去控制 σ 就可以使 σ 随着话音信号斜率增大而增大，反之斜率小时 σ 减小，从而提高小信号的信噪比。但这种方法需要把控制电压与调制后的代码同时传输到接收端，以便使接收端利用这个控制电压对译码器的量化阶进行调整。这种方法在传输信码的同时还要传输控制电压，因此目前已经很少应用。另一种方法是后向控制，控制电压从信码中提取，因此，不需要另外把控制电压从发送端传送到接收端，这种方法目前用得最多。下面要介绍的数字检测音节压扩 ΔM 就是用后向控制方法提取控制电压的一个实例。

控制 σ 变化的方法也有两种：一种是瞬时压扩式；另一种是音节压扩式。瞬时压扩式的 σ 随着信号斜率的变化立即变化，这种方法实现起来比较困难。另一种是在一段时间内取平均斜率来控制 σ 的变化，其中用得最多的适合于话音信号的就是音节压扩式。音节压扩是用话音信号一个音节时间内的平均斜率来控制 σ 的变化，即在一个音节内，σ 保持不变，而在不同音节内 σ 是变化的。音节是指话音信号包络变化的一个周期，这个周期不是固定的，但经大量统计分析后发现，这个周期趋于某一固定值，这里的音节就是指这个固定值。对于话音信号，一个音节一般约为 10 ms。提取控制电压和控制 σ 变化的具体方法很多，因此改进型增量调制的种类也很多，限于篇幅只介绍话音信号传输时用得最多的数字检测音节压扩增量调制。

数字音节压扩增量调制是数字检测、音节压缩与扩张自适应增量调制的简称。数字检测是指用数字电路检测并提取控制电压。

数字音节压扩增量调制的原理如图 6.7.4 所示。与简单增量调制比较，收发端均增加了虚线方框内的三个部件，即数字检测器、平滑电路和脉幅调制器。这三个部件正是用来完成数字检测和音节压扩，下面分别简要地说明各部分的功能。

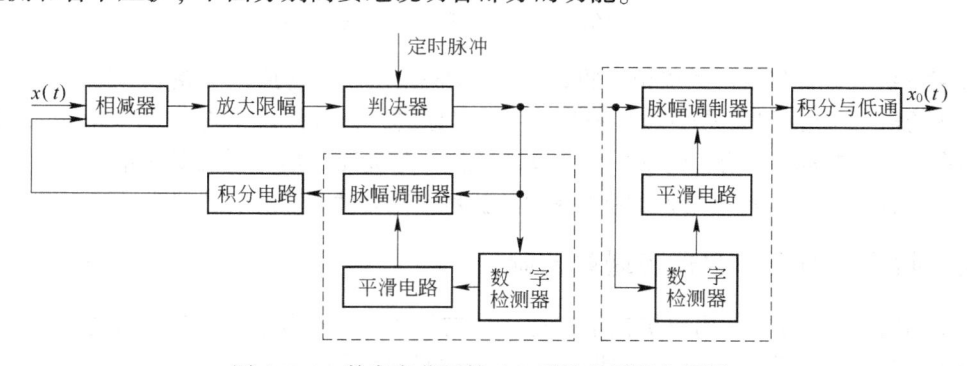

图 6.7.4　数字音节压扩 ΔM 系统的原理方框图

(1) 数字检测器。数字检测器用于检测信号中连码数量的多少。连码是连"1"码和连"0"码的统称，连码数越多表明信号斜率的绝对值越大，出现连码时数字检测电路将输出一定宽度的脉冲。目前常用的数字检测器有两种：一种是当输入 m 个连码时，输出一个码元宽度为 T_b 的脉冲，当输入 $m+1$ 个连码时，就输出两个码元宽度（$2T_b$）的脉冲，以此类推；另一种是当输入 m 个连码时，就输出 m 个码元宽度（mT_b）的脉冲。m 可以是 2，3，4，…。

(2) 平滑电路。平滑电路的作用是把数字检测器输出的脉冲进行平滑，取出其平均值。采用音节压扩时，实际应用的平滑电路是一个时间常数比较大（RC 接近 10 ms）的 RC 充、放电电路。例如有的采用充电时间常数 $\tau_充 = 20$ ms，而放电时间常数 $\tau_放 = 5$ ms 的电路，虽然 $\tau_充 \neq \tau_放$，但都接近于一个话音音节（10 ms）的时间，因此称为音节平滑电路。

(3) 脉幅调制器。脉幅调制器的作用有两个：一个是将单极性的信码 $P(t)$ 变为双极性的脉冲；另一个是在平滑电路输出电压作用下改变输出脉冲的幅度。当连"1"码多，平滑电路输出的电压增大时，输出正脉冲的幅度增大；当连"0"码多，平滑电路输出的电压增大时，输出负脉冲的幅度增大。反之当连码少时，平滑电路输出电压减小，输出脉冲的幅度减小。

由于脉幅调制器输出的脉冲幅度是随信号斜率变化的，所以，经积分电路后，每个抽样周期 T_s（$T_b = T_s$）内斜变电压上升或下降的量化阶 σ 也就随着变化。最后，把上面几个部件的作用与简单增量调制器的原理结合起来，可以得出数字音节压扩增量调制的物理过程：

$x(t) \to$ 若 $|dx(t)/dt|$ 在音节内的平均值增大 $\to$ 连码多 $\to$ 数字检测器输出脉冲数目增多 $\to$ 平滑电路输出在音节内的平均电压增大 $\to$ 脉幅调制器得到的输入控制电压增大 $\to$ 脉幅调制器输出脉冲幅度增大 $\to$ 积分器的 σ 增大。

接收端的方框图相当于发送端本地译码器（由数字检测器、平滑电路、脉幅调制器和积分器组成）再加一个低通滤波器。其工作原理与发送端相同，这里不再重复。

数字音节压扩增量调制比简单增量调制在动态范围上有很大改进。这种改进与两个参数有关，一个是连码检测的 m 数，其值越大 σ 的调节数量级越多；另一个是 $\delta = \sigma_0 / \sigma_{max}$（其中 σ_0 和 σ_{max} 分别表示最小量化阶和最大量化阶）值，该值越小改善 σ 变化范围越大，对于高动态信号其跟踪特性越好。但 δ 值不能太小，一般为 -40 dB 左右，即 σ_{max} 值与 σ_0 相差 100 倍左右。在通常情况下，如果简单增量调制时的动态范围为 10 dB，那么当利用三连码数字检测电路（电路参数为 $m = 3$ 和 $\delta = -45$ dB）时，数字音节压扩增量调制器的动态范围将变为 55 dB 左右。

6.7.3 数字音节压扩总和增量调制

如果把数字音节压扩和总和增量调制结合起来，就变成现在用得最多的数字音节压扩总和增量调制，其原理方框图如图 6.7.5 所示。

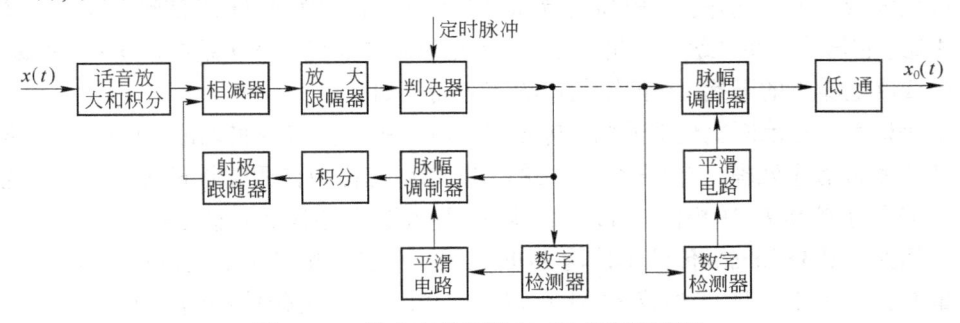

图 6.7.5 数字音节压扩（Δ-Σ）调制原理图

6.7.4 脉码增量调制

对于有些信号(例如图像信号)的瞬时斜率比较大,很容易引起过载,因此,不能用简单增量调制进行编码,除此之外,这类信号也没有像话音信号那种音节特性,也不能采用像音节压扩那样的方法,只能采用瞬时压扩的方法。但瞬时压扩实现起来比较困难,所以对于这类瞬时斜率比较大的信号,通常采用一种综合增量调制和脉冲编码调制两者特点的调制方法进行编码,这种编码方式被简称为脉码增量调制(DPCM),或称差值脉码调制,用 DPCM 表示。

这种调制方式的主要特点是把增量值分为 Q' 个等级,然后把 Q' 个不同等级的增量值编为 k' 位二进制代码($Q'=2^{k'}$)再送到信道传输,因此,它兼有增量调制和 PCM 的各自特点。如果 $k'=1$,则 $Q'=2$,这就是增量调制。这里增量值等级用 Q' 表示,码位数用 k' 表示,这主要是为了与 PCM 中量化级 Q 和码位数 k 区别开来。

DPCM 系统原理方框图之一如图 6.7.6 所示,其中图(a)为调制器,图(b)为相应的解调器。下面将主要介绍调制器的工作原理。

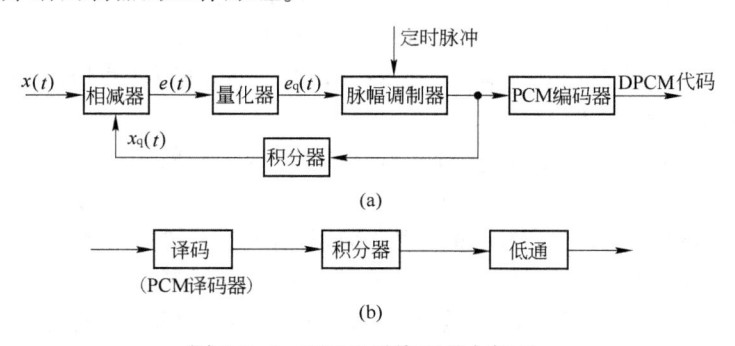

图 6.7.6 DPCM 系统原理方框图

设 $e(t)=x(t)-x_q(t)$ 这个误差电压经过量化后变为 $Q'=2^{k'}$ 个电平中的一个,电平间隔可以相等,也可以不等,这里认为它是间隔相等的均匀量化。量化了的误差电压经过脉冲调制器变为 PAM 脉冲序列,这个 PAM 信号一方面经过 PAM 编码器编码后得到 DPCM 信号发送出去。另一方面把它经过积分器后变为 $x_q(t)$ 与输入信号 $x(t)$ 进行比较,通过相减器得到误差电压 $e(t)$。

实验表明,经过 DPCM 调制后的信号,其传输的比特率要比 PCM 低,相应要求的系统传输带宽也大大减小了。此外,在相同比特速率条件下,DPCM 比 PCM 信噪比也有很大改善。与 ΔM 相比,它增多了量化级,因此,在改善量化噪声方面优于 ΔM 系统。DPCM 的缺点是易受到传输线路上噪声的干扰,在抑制信道噪声方面不如 ΔM。

为了保证大动态范围变化信号的传输质量,使得所传输信号实现最佳的传输性能,可以对 DPCM 采用自适应处理。有自适应算法的 DPCM 系统称为自适应脉码增量调制系统,简称 ADPCM。这种系统与 PCM 相比,可以大大降低码元传输速率和压缩传输带宽,从而增加通信容量。例如,用 32 kbit/s 传信率传输 ADPCM 信号,就能够基本满足以 64 kbit/s 传输 PCM 话音质量要求。因此,ITU-T 建议 32 kbit/s 的 ADPCM 为长途传输中的一种新型国际通用的语言编码方法。关于 ADPCM 工作原理和性能请参阅相关资料。

6.8 时分复用和多路数字电话系统

为了提高通信系统信道的利用率，话音信号的传输往往采用多路复用通信的方式。这里所谓的多路复用通信方式通常是指：在一个信道上同时传输多个话音信号的技术，有时也将这种技术简称为复用技术。复用技术有多种工作方式，例如频分复用、时分复用以及码分复用等。

频分复用是将所给的信道带宽分割成互不重叠的许多小区间，每个小区间能顺利通过一路信号，在一般情况下可以通过正弦波调制的方法实现频分复用。频分复用的多路信号在频率上不会重叠，但在时间上是重叠的。

时分复用是建立在抽样定理基础上的。抽样定理使连续（模拟）的基带信号有可能被在时间上离散出现的抽样脉冲值所代替。这样，当抽样脉冲占据较短时间时，在抽样脉冲之间就留出了时间空隙，利用这种空隙便可以传输其他信号的抽样值。因此，这就有可能沿一条信道同时传送若干个基带信号。

码分复用是一种以扩频技术为基础的复用技术。

在这部分中，将在分析时分复用技术的基础上，研究并说明 PCM 时分多路数字电话系统的原理和相关参数。

6.8.1 PAM 时分复用原理

为了便于分析时分复用(TDM)技术的基本原理，这里假设有 3 路 PAM 信号进行时分多路复用，其具体实现方法如图 6.8.1 所示。

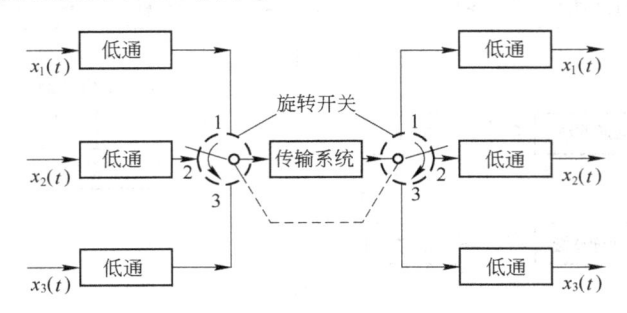

图 6.8.1 3 路 PAM 信号时分复用原理方框图

从图 6.8.1 可以看到，各路信号首先通过相应的低通滤波器，使输入信号变为带限信号。然后再送到抽样开关（或转换开关），转换开关（电子开关）每间隔 T_s 将各路信号依次抽样一次，这样 3 个抽样值按先后顺序错开，纳入抽样间隔 T_s 之内。合成的复用信号是 3 个抽样消息之和，如图 6.8.2 所示，这里使用粗细不同的线段来表示 3 路不同的信号。由各个消息构成单一抽样的一组脉冲叫做一帧，一帧中相邻两个抽样脉冲之间的时间间隔叫做时隙，未能被抽样脉冲占用的时隙部分称为防护时间。

多路复用信号可以直接送入信道传输，或者加到调制器上变换成适于信道传输的形式后再送入信道传输。

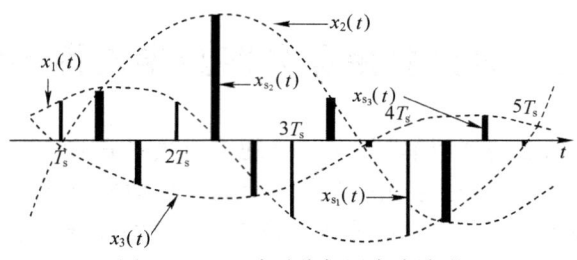

图 6.8.2 3 路时分复用合成波形

在接收端，合成的时分复用信号由分路开关依次送入各路相应的重建低通滤波器，恢复出原来的连续信号。在 TDM 中，发送端的转换开关和接收端的分路开关必须同步。所以在发送端和接收端都设有时钟脉冲序列来稳定开关时间，以保证两个时钟序列合拍。

根据抽样定理可知，一个频带限制在 f_x 范围内的信号，最小抽样频率值为 $2f_x$，这时就可利用带宽为 f_x 的理想低通滤波器恢复出原始信号。对于频带都是 f_x 的 N 路复用信号，它们的独立抽样频率为 $2Nf_x$，如果将信道表示为一个理想的低通形式，则为了防止组合波形丢失信息，传输带宽必须满足 $B \geqslant Nf_x$。

6.8.2　时分复用的 PCM 系统

PCM 和 PAM 的区别在于 PCM 要在 PAM 的基础上经过量化和编码，把 PAM 中的一个抽样值量化后编为 k 位二进制代码。图 6.8.3 表示一个只有 3 路 PCM 复用的方框图。

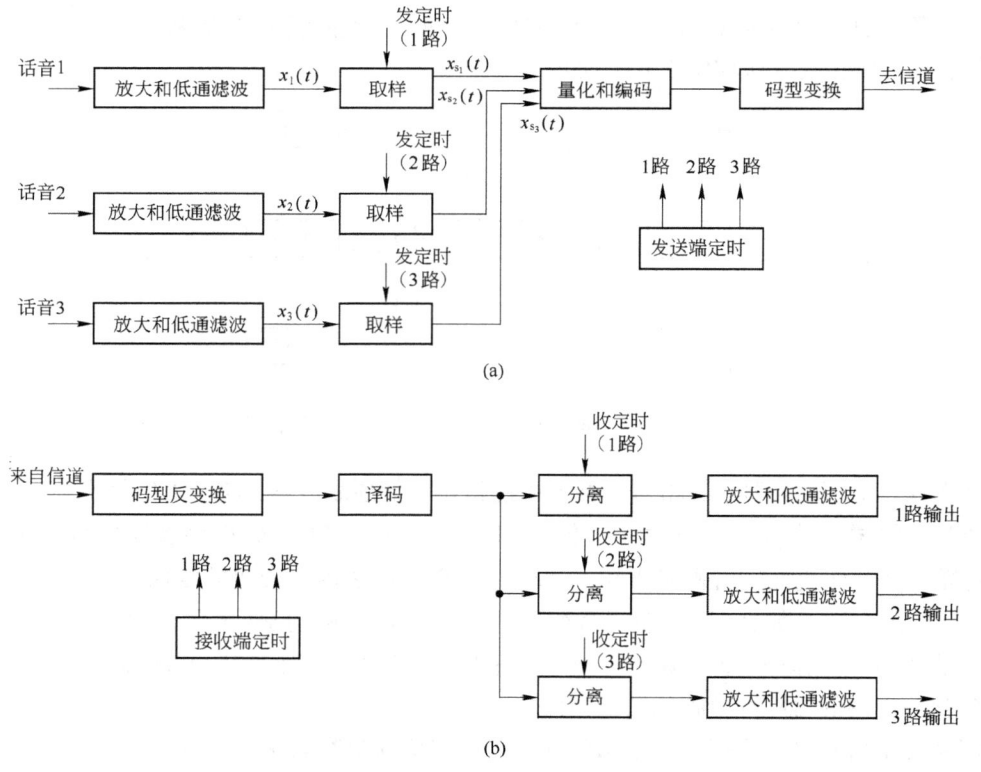

图 6.8.3　3 路时分复用 PCM 原理方框图

图 6.8.3(a)表示发送端原理方框图。话音信号经过放大和低通滤波后得到 $x_1(t)$、$x_2(t)$ 和 $x_3(t)$，再经过抽样得到 3 路 PAM 信号 $x_{s_1}(t)$、$x_{s_2}(t)$ 和 $x_{s_3}(t)$，它们在时间上是分开的，由各路发送的定时取样脉冲进行控制，然后将 3 路 PAM 信号一起加到量化和编码器内进行量化和编码，每个 PAM 信号的抽样脉冲经量化后编为 k 位二进制代码。编码后的 PCM 代码经码型变换，变为适合于信道传输的码型(例如 HDB3 码)，最后经过信道传到接收端。

图 6.8.3(b)为接收端的原理方框图。当接收端收到信码后，首先经过码型变换，然后加到译码器进行译码。译码后得到的是 3 路合在一起的 PAM 信号，再经过分离电路把各路 PAM 信号区分开来，最后经过放大和低通滤波还原为话音信号。

时分复用的 PCM 系统(TDM-PCM)的信号代码在每一个抽样周期内有 Nk 个，这里 N 表示复用路数，k 表示每个抽样值编码的二进制码元位数。因此，二进制码元速率可以表示为 Nkf_s，也就是 $R_b = Nkf_s$。但实际码元速率要比 Nkf_s 大。因为在 PCM 数据帧中，除了话音信号的代码以外，还要加入同步码元、振铃码元和监测码元等。例如，在 32 路 PCM 系统中，如果只计话音信息码，它只有 30 路，因此，当 $f_s = 8$ kHz，$k = 8$ 时，话音信息的速率为：$R_b = 30 \times 8 \times 8\ 000 = 1\ 920$ kbit/s。但是，当考虑振铃码和同步码等控制信息后 $R_b = 2\ 048$ kbit/s，也就是相当于32个话路。从不产生码间串扰的条件出发，这时所要求的最小信道带宽为：$B = R_b/2 = (Nkf_s)/2$，实际应用中带宽通常取 $B = Nkf_s$。

6.8.3　32 路 PCM 的帧结构

对于多路数字电话系统，国际上已建议的有两种标准化制式，即 PCM 30/32 路(A 律压扩特性)制式和 PCM 24 路(μ 律压扩特性)制式，并规定国际通信时，以 A 律压扩特性为准(即以 30/32 路制式为准)。凡是两种制式的转换，其设备接口均由采用 μ 律特性的国家负责解决。因此，我国规定采用 PCM 30/32 路制式，其帧和复帧结构如图 6.8.4 所示。

从图 6.8.4 中可以看到，在 PCM 30/32 路的制式中，一个复帧由 16 帧组成；一帧由 32 个时隙组成；一个时隙为 8 位码组。时隙 1~15，17~31 共 30 个时隙用来作话路，传送话音信号，时隙 0(TS_0)是"帧定位码组"，时隙 16(TS_{16}) 用于传送各话路的标志信号码。

从时间上讲，由于抽样重复频率为 8 000 Hz，所以，抽样周期为 1/8 000 = 125 μs，这也就是 PCM 30/32 的帧周期；一复帧由 16 个帧组成，这样复帧周期为 2 ms；一帧内要时分复用 32 路，则每路占用的时隙为 125 μs/32 = 3.9 μs；每时隙包含 8 位码组，因此，每位码元占 488 ns。

从传码率上讲，也就是每秒能传送 8 000 帧，而每帧包含 $32 \times 8 = 256$ bit，因此，总码率为 256 bit/帧 $\times$ 8 000 帧/s = 2 048 kbit/s。对于每个话路来说，每秒要传输 8 000 个时隙，每个时隙为 8 bit，所以可得每个话路数字化后信息传输速率为 $8 \times 8\ 000 = 64$ kbit/s。

从时隙比特分配上讲，在话路比特中，第 1 bit 为极性码，第 2~4 bit 为段落码，第 5~8 bit 为段内码。对于 TS_0 和 TS_{16} 时隙比特分配将分别予以介绍。

为了使收、发两端严格同步，每帧都要传送一组特定标志的帧同步码组或监视码组。帧同步码组为"0011011"，占用偶帧 TS_0 的第 2~8 码位。第 1 bit 供国际通信用，不使用时发送"1"码。在奇帧中，第 3 位为帧失步告警用，同步时送"0"码，失步时送"1"码。为避免奇 TS_0 的第 2~8 码位出现假同步码组，第 2 位码规定为监视码，固定为"1"，第 4~8 位码为国内通信用，目前暂定为"1"。

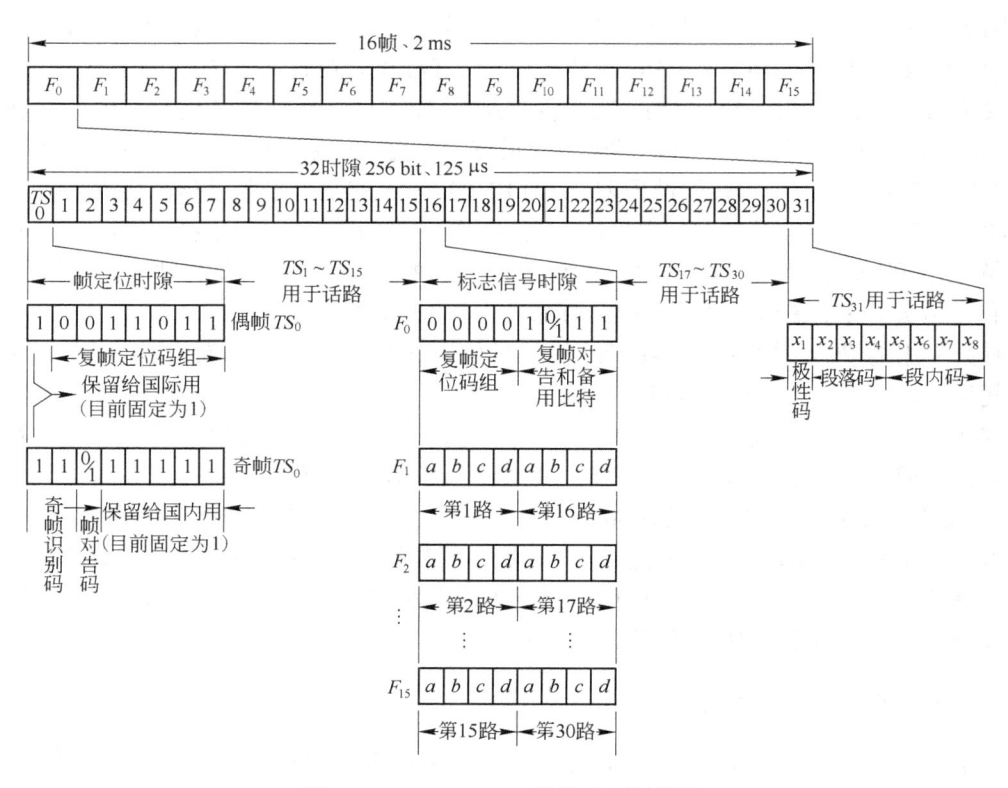

图 6.8.4　PCM 30/32 路帧和复帧结构

TS_{16} 时隙用于传送各话路的标志信号码，标志信号按复帧传输，即每隔 2 ms 传输一次，一个复帧有 16 个帧，即有 16 个"TS_{16} 时隙"（8 位码组）。除了 F_0 之外，其余 $F_1 \sim F_{15}$ 用来传送 30 个话路的标志信号。如图 6.8.4 所示，每帧 8 位码组可以传送 2 个话路的标志信号，每路标志信号占 4 bit，以 a、b、c、d 表示。TS_{16} 时隙的 F_0 为复帧定位码组，其中第 1~4 位是复帧定位码组本身，编码为"0000"，第 6 位用于复帧失步告警指示，失步为"1"；同步为"0"，其余 3 bit 为备用比特，如不用则为"1"。需要说明的是标志信号码 a、b、c、d 不能全为"0"，否则就会和复帧定位码组混淆了。

6.8.4　PCM 的高次群

目前我国和欧洲等国采用 PCM 系统，以 2 048 kbit/s 传输 30/32 路话音、同步和状态信息作为一次群。为了能使电视等宽带信号通过 PCM 系统传输，就要求有较高的码率。而上述的 PCM 基群（或称一次群）显然不能满足要求，因此，出现了 PCM 高次群系统。

在时分多路复用系统中，高次群是由若干个低次群通过数字复用设备汇总而成的。对于 PCM 30/32 路系统来说，其基群的速率为 2 048 kbit/s。其二次群则由 4 个基群汇总而成，速率为 8 448 kbit/s，话路数为 $4 \times 30 = 120$ 话路。对于速率更高、路数更多的三次群以上的系统，目前在国际上尚无统一的建议标准。作为例子，图 6.8.5 介绍了欧洲地区采用的各个高次群的速率和话路数。我国原邮电部也对 PCM 高次群作了规定，基本上与图 6.8.5 相似，区别只是我国只规定了一次群至四次群，没有规定五次群。

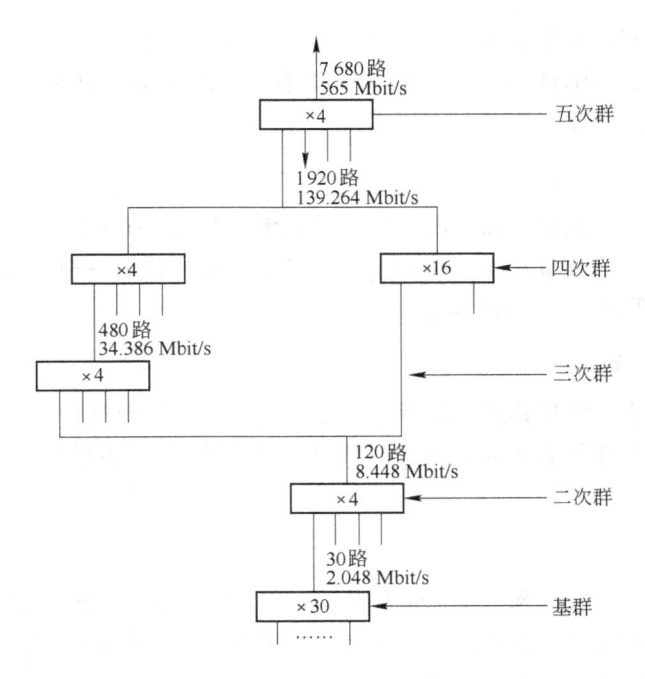

```
         ┌─────────┐
    7 680路
    565 Mbit/s
         │  ×4     │ ←── 五次群
         └─────────┘
              │
         1 920路
         139.264 Mbit/s
      ┌─────────┐   ┌─────────┐
      │   ×4    │   │   ×16   │ ←── 四次群
      └─────────┘   └─────────┘
           │
      480路
      34.386 Mbit/s
         ┌─────────┐
         │   ×4    │ ←── 三次群
         └─────────┘
              │
         120路
         8.448 Mbit/s
         ┌─────────┐
         │   ×4    │ ←── 二次群
         └─────────┘
              │
         30路
         2.048 Mbit/s
         ┌─────────┐
         │   ×30   │ ←── 基群
         └─────────┘
           ……
```

图 6.8.5　PCM 的高次群

PCM 系统所使用的传输介质和传输速率有关。基群 PCM 的传输介质一般采用市话对称电缆，也可以在市郊长途电缆上传输。基群 PCM 可以传输电话、数据或 1 MHz 可视电话信号等。

二次群速率较高，需采用对称平衡电缆，低电容电缆或微型同轴电缆。二次群 PCM 可传送可视电话、会议电话或电视信号等。

三次群以上的传输需要采用同轴电缆或毫米波波导等，它可传送彩色电视信号。

目前传输媒介向毫米波发展，其频率可高达 30～300 GHz。例如地下波导线路传输，速率可达几十吉比特每秒，可开通 30 万路 PCM 话路。采用光缆、卫星通信则可以得到更大的话路数量。

6.9　压缩编码技术

多媒体通信是指人与人、人与机器、机器与机器之间互通信息的技术，其传输的信息可以是语音、图像、文字、数据、文件等。目前多媒体通信主要是利用计算机网络技术对多媒体信息进行处理和控制。本节将简要介绍多媒体通信中的压缩编码技术。

6.9.1　压缩编码中的主要概念

数字化音频数据的数据量是巨大的。众所周知，模拟音频信号带宽为 22 kHz，为了保证音频质量，通常采样频率选用 44.1 kHz。如果采样精度为 16 bit/样本，左右两声道同时采样，其 1 s 时间内的采样位数为 $44.1 \times 16 \times 2 \times 10^3 = 1.41$ Mbit。如果按上述速率进行音频传输，对于通信系统的要求就非常高，因此，要实现数字化音频数据的实时传输，音频信息压缩势在必行。

音频信息压缩编码技术被认为是多媒体通信的一项核心技术。在保证所需要的传输质量的条件下压缩比越大，传输成本越小，传输效率越高。而衡量一种数据压缩编码算法的好坏，可以从四个方面来评价。

1. 压缩比

压缩比是对于某音频信息所需要的存储空间或传输时间，在压缩算法处理以后所减小的具体数量描述。例如，MP3(MPEG Audio Layer3)格式文件是利用一种音频压缩技术，将原始采集的声音用1:10甚至1:12的压缩率压缩。

2. 压缩与解压速度

系统要求压缩速度和解压速度尽量要快。这两个过程是分开进行的，可以提前压缩需要存储和传输的音频，而解压必须是实时的，因此对解压的速度要求比较高，尽可能做到实时解压。

3. 恢复效果

数据压缩编码算法可分为两大类，即有损压缩和无损压缩。无损压缩算法是在经过压缩和解压之后，信号没有改变，因此，不必考虑信号在解压后的恢复效果，输出恢复信号与输入信号完全一致。有损压缩则会改变信号，使输出与输入不同。有损压缩算法要做到通过人的感官感觉不出恢复后的信号与原始信号有什么差别，这是一个主观评价，客观评价可采用信噪比、分辨率等参数。

4. 成本开销

要求数据压缩编码算法尽量简单。算法硬件和软件成本开销小，硬件可以使用通用芯片，也可采用专用压缩芯片，专用芯片功能强，压缩比大，速度快。

6.9.2 压缩编码的基本原理和方法

从信息论的角度来看，压缩就是去掉信息中的冗余，即保留不确定的东西，去掉确定的东西及可推知的东西，使用一种更接近信息本质的描述代替原有冗余的描述。这个本质的东西就是信息量，即不确定的因素。

信息量不是孤立、绝对的，它与信息的传输紧密相关，信息接受者知识世界的改变是信息传输的本质所在。由于接收者知识结构世界的复杂性，难以构造数学模型，只能对其进行具有普通意义的某种限定，这就是香农的信息论。进一步讲，压缩编码大致历程实际就是以香农信息论为出发点，并不断克服其缺陷的过程。

根据香农的信息理论，压缩编码算法就是要减少冗余信息，在允许一定程度失真的前提下，对数据进行尽可能的压缩。下面介绍几种压缩编码的基本方法。

1. 预测编码

根据离散信号之间存在的关联性，利用信号的过去值对信号的现在值进行预测，然后对预测误差进行编码，达到数据压缩的目的。预测编码包括第6章和第7章介绍过的脉码增量调制(DPCM)及自适应脉码增量调制(ADPCM)等，其中ADPCM比PCM可减少一半以上的存储量。

2. 变换编码

变换编码先对信号按某种函数进行变换,从一种信号域变换到另一种信号域,再对变换后的信号进行编码。例如离散傅里叶变换(DFT,Discrete Fourier Transform)就是将信号按离散傅里叶变换式,由时域变换到频域。由于音频信号大都是低频信号,在低频区能量集中,于是在频域进行取样和编码,便可以压缩数据。

需要指出,变换本身并不进行数据压缩,它只是把信号映射到另一个容易进行数据压缩的变换域。按照变换函数的不同,变换编码可以分为

(1) 离散傅里叶变换(DFT)

(2) 离散余弦变换(DCT)

(3) Walsh-Hadamar 变换(WHT)

(4) Karhunen-Loeve 变换(KLT)

3. 统计编码

与预测编码、变换编码不同。统计编码是利用消息出现概率的分布特性进行的数据压缩编码。也就是说,当信源符号之间不相关时,只要它们出现的概率不同,就存在冗余度。统计编码是基于在消息和码子之间找到具体的对应关系,通常出现概率较大的消息使用的码子较短,否则使用较长的码子;在译码时找到相应消息和码子的对应关系。

统计编码是一种无损编码,常用的编码有:

(1) Huffman 码

(2) 算术编码

(3) Shannon Fano 码

4. 其他编码

子带编码:利用人的感官对于不同时频组合的信号敏感程度不同的特性来进行数据比缩编码。例如,采用一系列滤波器分解不同频率组合的信号,然后对人类感官敏感的频率范围内的信号进行编码,而不是对所有频率采用相同的编码算法,因此使数据得到压缩。

行程编码:计算信源符号出现的行程长度,然后将行程长度转换成相应的代码。对于"0"出现较多、"1"较少出现的数据时,可以对"0"的持续长度进行编码,"1"保持不变,反之亦然。而对于"0"、"1"交替出现的数据时,可分别对"0"和"1"的持续长度进行编码。行程编码达到适合于"0"和"1"成片出现的数据压缩,是一种无损编码。

混合编码:各种编码算法可以混合使用,充分利用各种编码的优点。

6.9.3 音频信号的压缩方法与标准

音频信号可分为以下三种:

(1) 电话质量的语音,其频率范围为 300 Hz ~ 3.4 kHz。

(2) 调幅广播质量的音频,其频率范围为 50 Hz ~ 7 kHz,又称"7 kHz 音频信号"。

(3) 高保真立体声音频,其频率范围为 20 Hz ~ 20 kHz。

1. 音频信号的压缩方法

音频信号的压缩编码方法主要有以下三种：

(1) 波形编码。利用抽样和量化来表示音频信号的波形，使编码后的信号与原始信号的波形尽可能一致。根据人耳的听觉特性确定量化间隔，以实现数据压缩。波形编码的数据率较高，故可以获得高质量的音频和高保真度的语音和音乐信号。采用的算法有 PCM、DPCM、ADPCM 等编码，同时还可以使用自适应变换编码（ATC，Adaptive Transform Coding）以及子带编码。

(2) 参数编码。将音频信号表示为某种数字模型的输出，抽取必要的模型参数和激励信号的参数，并对这些参数进行编码。这些编码参数在合成端还原为原始信号。由于参数编码压缩比大，故保真度不够高，适合于语音信号的编码，其主要方法是线性预测编码（LPC，Linear Predictive Coding）。

(3) 混合编码。将波形编码的高保真度与参数编码的低数据率的优点结合成一体的编码方法称为混合编码方法。当前比较成功的混合型编码方法有多脉冲线性预测编码（MPLPC，Mulit-Pluse LPC）和码激励线性预测编码（CELPC，Code-Excited LPC）以及矢量和激励线性预测编码（VSELP，Vector Sum Excited Linear Predictive）等。

2. 电话质量的语音压缩标准

ITU-T 先后制定了一系列有关语音压缩编码的标准。如 1972 提出 G.711 标准，采用 μ 律或 A 律的 PCM 编码，数据率为 64 kbit/s。1984 年公布了 G.721 标准，采用 ADPCM 编码，数据率为 32 kbit/s，上述标准可用于公用电话网。1992 年提出 16 kbit/s 的短延时码激励线性预测编码（LD-CELP）的 G.728 标准。

欧州数字移动通信（GSM）于 1988 年提出 13 kbit/s 长时线性预测规则码激励（RPE-LTP）语音编码标准。美国 1989 年也提出 CTIA 标准，采用 VSELP，速率为 8 kbit/s。美国国家安全局（NSA）于 1982 制定了基于 LPC 的 2.4 kbit/s 编码标准，1989 年制定了基于 CELP 的 4.8 kbit/s 编码标准。电话质量的语音编码标准归纳为表 6.9.1。

表 6.9.1 电话质量的语音编码标准

标 准	ITU-T			GSM	CITA	NSA	
	G.711	G.721	G.728				
年 份	1972	1984	1992	1988	1989	1982	1989
算 法	PCM	ADPCM	LD-CELP	RPE-LTP	VSELP	LPC	CELPC
数据速率	64 kbit/s	32 kbit/s	16 kbit/s	13.2 kbit/s	8 kbit/s	2.4 kbit/s	4.8 kbit/s
应 用	公共网 ISDN			数字移动语音		保密语音	
质量评估	4.0~4.5（好）			3.7~4.0（较好）		2.5~3.5（一般）	

在表 6.9.1 中，质量评估标准是利用多人打分的平均值来衡量语音质量的一种主观评估方法，满分为 5 分。

3. 7 kHz 音频压缩标准

在 ISDN 网的 B 通道上，可利用 64 kbit/s 的速率传送高质量的语音，以提高电话会议及音频通信的质量，也可传输调频广播。1988 年，ITU-T 公布的 G.722 标准。采用子带自适应差分脉码调制（SD-ADPCM）方法，即先将音频信号进入滤波器组分成高子带和低子带信号，然后分别进行 ADPCM 编码，最后通过混合器形成输出码流。编码系统有 64 kbit/s、56 kbit/s 和 48 kbit/s 三个基本模式，后两种模式允许有一个 8 kbit/s 或 16 kbit/s 的辅助通道。

4. 高保真立体声音频压缩标准

目前，国际上以 MPEG Audio 作为高保真立体声音频压缩标准。此标准按不同算法分为 3 个层次，层次 1 和层次 2 具有基本相同的算法。输入音频信号经过 48 kHz、44.1 kHz 和 32 kHz 频率采样后，通过滤波器组分成 32 个子带。编码器利用人耳的掩蔽效应，控制每一子带的量化系数，最终实现数据压缩。MPEG Audio 的层次 3 进一步引入辅助子带，非均匀量化和熵编码等技术可进一步压缩数据。MPEG 音频的传输率为每声道 32~384 kbit/s。

5. G.723 标准

1995 年 2 月，ITU-T 通过 G.723 多脉冲最大似然量化激励（MP-MLQ）建议，速率为 6.4 kbit/s 和 5.3 kbit/s。8 kbit/s 语音编码也有了突破，如代数共轭结构码激励线性预测（ACS-CELP）。更低码率（如 2.4 kbit/s）的压缩编码逐步开始研究性应用。

在此之后，ITU-T 还公布了 G.726、G.727、G.728-5、G.729 等系列音频和编码压缩标准。

本 章 小 结

在数字通信系统中传输模拟信息的关键，就是 A/D 转换装置和 D/A 转换装置。由于本书着重分析模拟语音信号的数字传输，所以，其 A/D 转换装置和 D/A 转换装置就有特殊性。在通信系统中广泛使用的 A/D 和 D/A 转换的方法有脉冲编码调制和增量调制等。

抽样定理是实现各种 A/D 和 D/A 转换理论基础。对频带有限信号进行抽样时，采样频率必须大于或者至少等于被抽样信号最高频率的 2 倍，这时接收端有可能无失真地恢复原来的信号。

在实际应用中，抽样的方式有自然抽样和平顶抽样。采用自然抽样时，利用适当的低通滤波器就可以恢复出原来的信号；采用平顶抽样时，需要在接收端加入修正网络。

脉冲编码调制是目前最常用的模拟信号数字传输方法之一，其变换过程经过抽样、量化、编码。由于量化过程中不可避免地引入误差，所以会带来量化噪声。为了减小量化噪声，可以增加量化级数，但此时码位数要增加，要求系统带宽相应增大，设备也会复杂。通常采用压扩技术，以改善小信号的量化信噪比，扩大输入信号的动态范围。如果用数字方法实现就是 13 折线法。

增量调制技术实际上是利用一位码反映信号的增量是正还是负，也就是说，增量调制是利用斜率（台阶）跟踪模拟信号的。增量调制同样存在量化噪声，而且当发生过载现象时会出现较大的过载量化噪声。为了防止过载现象，增量调制必须采用比较高的采样频率，或者较大的量化阶。

简单增量调制存在着动态范围小和平均信噪比小的问题。为克服这些缺点，出现了总和增量调制、数字音节压扩增量调制和脉码增量调制等改进方式。

时分复用是一种实现多路通信的方式，它提供了实现经济传输的可能性。其中PCM30/32复用系统是我国数字电话所采用的体制。

思考与练习

6-1　什么是模拟信号的数字传输？它与模拟通信和数字通信有什么区别？

6-2　一个信号 $x(t)=2\cos 400\pi t+6\cos 40\pi t$，用 $f_s=500$ Hz 的抽样频率对它理想抽样，若已抽样后的信号经过一个截止频率为 400 Hz 的理想低通滤波器，则输出端有哪些频率成分？

6-3　对于基带信号 $x(t)=\cos 2\pi t+2\cos 4\pi t$ 进行理想抽样。
（1）为了在接收端不失真地从已抽样信号 $x_q(t)$ 中恢复出 $x(t)$，抽样间隔应如何选取？
（2）若抽样间隔取为 0.2 s，试画出已抽样信号的频谱图。

6-4　已知信号 $x(t)=10\cos(20\pi t)\cos(200\pi t)$，以 250 次/s 速率抽样。
（1）试画出抽样信号频谱；
（2）由理想低通滤波器从抽样信号中恢复 $x(t)$，试确定低通滤波器的截止频率；
（3）对 $x(t)$ 进行抽样的奈奎斯特速率是多少？

6-5　设信号 $x(t)=9+A\cos\omega t$，其中 $A\leqslant 10$ V。$x(t)$ 被均匀量化为 40 个电平，试确定所需的二进制码组的位数 k 和量化间隔 Δv。

6-6　什么叫做量化和量化噪声？为什么要进行量化？

6-7　已知信号 $x(t)$ 的振幅均匀分布在 $-2\sim 2$ V 范围内，频带限制在 4 kHz 内，以奈奎斯特速率进行抽样。这些抽样值量化后编为二进制代码，若量化电平间隔为 1/32 V，求：（1）传输带宽；（2）量化信噪比。

6-8　已知信号 $x(t)$ 的最高频率 $f_x=2.5$ kHz，振幅均匀分布在 $-4\sim 4$ V 范围以内，量化电平间隔为 1/32 V。进行均匀量化，采用二进制编码后在信道中传输。假设系统的平均误码率为 $P_e=10^{-3}$，求传输 10 s 以后错码的数目。

6-9　什么叫做13折线法？它是怎样实现非均匀量化的？

6-10　设信号频率范围为 $0\sim 4$ kHz，幅值在 $-4.096\sim+4.096$ V 之间均匀分布。若采用均匀量化编码，以 PCM 方式传送，量化间隔为 2 mV，用最小抽样速率进行抽样，求传送该 PCM 信号实际需要最小带宽和量化信噪比。

6-11　采用13折线A律编码，设最小的量化级为1个单位，已知抽样脉冲值为 +635 单位，信号频率范围 $0\sim 4$ kHz。
（1）试求此时编码器输出码组，并计算量化误差；
（2）用最小抽样速率进行抽样，求传送该 PCM 信号所需要的最小带宽。

6-12　设信号频率范围为 $0\sim 4$ kHz，幅值在 $-4.096\sim+4.096$ V 间均匀分布。若采用13折线A律对该信号非均匀量化编码。
（1）试求这时最小量化间隔等于多少；
（2）假设某时刻信号幅值为 1 V，求这时编码器输出码组，并计算量化误差。

6-13　ΔM 的一般量化噪声和过载量化噪声是怎样产生的？如何防止过载量化噪声的出现？

6-14 设简单增量调制系统的量化台阶 $\sigma = 50$ mV，抽样频率为 32 kHz。当输入信号为 800 Hz 正弦波时，求：

（1）信号振幅动态范围；　　　（2）系统传输的最小带宽。

6-15 设对信号 $x(t) = M \sin \omega_0 t$ 进行简单增量调制，若量化台阶 σ 和抽样频率 f_s 选择得既能保证不过载，又能保证不致因信号振幅太小而使增量调制器不能正常编码，试确定 M 的动态变化范围，同时证明 $f_s > \pi f_0$。

6-16 对输入的正弦信号 $x(t) = A_m \sin \omega_m t$ 分别进行 PCM 和 ΔM 编码，要求在 PCM 中进行均匀量化，量化级为 Q，在 ΔM 中量化台阶 σ 和抽样频率 f_s 的选择要保证不过载。

（1）分别求出 PCM 和 ΔM 的最小实际码元速率；

（2）若两者的码元速率相同，确定量化台阶 σ 的取值。

6-17 若要分别设计一个 PCM 系统和 ΔM 系统，使两个系统的输出量化信噪比都满足 30 dB 的要求，已知 $f_x = 4$ kHz。请比较这两个系统所要求的带宽。

6-18 有 24 路 PCM 信号，每路信号的最高频率为 4 kHz，量化级为 128，每帧增加 1 bit 作为帧同步信号，试求传码率和通频带。

6-19 如果 32 路 PCM 信号，每路信号的最高频率为 4 kHz，按 8 bit 进行编码，同步信号已包括在内，试求传码率和通频带。

6-20 什么是时分复用？它在数字电话中是如何应用的？

6-21 画出 PCM 30/32 路基群终端的帧结构，着重说明 TS_0 时隙和 TS_{16} 时隙的数码结构。

6-22 画出 PCM 30/32 路基群终端定时系统的复帧、帧、路、位等时钟信号的时序关系图。

6-23 音频信号的主要压缩方法有哪些？各有什么特点？

第7章 同步原理

同步(Synchronous)是通信系统中,特别是在数字通信系统中一个非常重要的技术问题,也是通信系统中必不可少的重要组成部分之一。数字通信系统没有同步,它就无法工作,同步系统的好坏直接影响着通信质量,甚至会影响通信系统能否正常进行有效而可靠的工作。本章主要介绍载波同步、位同步、帧同步的基本概念、实现方法及性能指标。

【本章核心知识点与关键词】

外同步法　自同步法　直接法　载波同步　costas 环法　同步建立/保护时间　码元同步　滤波法　帧同步　逐码移位法　漏同步概率　假同步概率　帧同步保护

7.1 同步的分类

同步是指通信系统中在接收端必须具有或达到与发送端一致(统一)的参数标准,例如收、发两端时钟的一致;收、发两端载波频率和相位的一致;收、发两端帧和复帧的一致等。通信系统中同步的种类很多,在详细介绍各种具体同步方式以前,首先对同步的分类作一介绍。

7.1.1 按同步的功能分类

同步按照其功能和作用可以分为载波同步、位同步(码元同步)、帧同步(群同步)以及网同步四种。

1. 载波同步

第3章和第5章已经介绍了相干接收(同步解调)法,无论在模拟通信还是数字通信中,只要采用同步解调,在接收端都需要提供一个与发送端完全同频同相的载波信号。图 7.1.1 是以 DSB 调制解调为例的方框图。发送端产生 DSB 信号时用到的载波为 $c_t(t) = \cos(\omega_{c1}t + \theta_1)$,接收端解调时需要一个本地载波为 $c_r(t) = \cos(\omega_{c2}t + \theta_2)$。

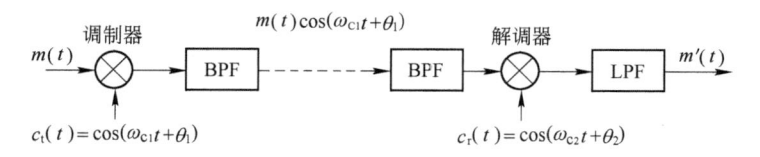

图 7.1.1　DSB 传输系统

图中基带信号 $x(t)$ 经过调制以后,得到的 DSB 信号为 $m(t)\cos(\omega_{c1}t + \theta_1)$。在接收端解调采用相干解调法,相乘器输出端的数学表达式为

$$m(t)\cos(\omega_{c1}t + \theta_1)\cos(\omega_{c2}t + \theta_2)$$
$$= \frac{1}{2}m(t)\{\cos[(\omega_{c1} - \omega_{c2})t + (\theta_1 - \theta_2)] + \cos[(\omega_{c1} + \omega_{c2})t + (\theta_1 + \theta_2)]\}$$

通过低通滤波器(LPF)的数学表达式为

$$m'(t) = \frac{1}{2}m(t)\cos[(\omega_{c1}-\omega_{c2})t+(\theta_1-\theta_2)] \qquad (7.1.1)$$

显然可以得到，当 $\omega_{c1}=\omega_{c2}$、$\theta_1=\theta_2$ 时，$x'(t)=x(t)/2$，才可以不失真地恢复出信号 $m(t)$；如果 $\omega_{c1}\neq\omega_{c2}$、$\theta_1\neq\theta_2$ 时，就会在信号 $m(t)$ 上相乘一个随时间变化的余弦因子，这可以引起信号失真或者降低输出幅度。因此同步解调时，在接收端必须要求载波 $C_r(t)$ 与发送端调制用的载波同频、同相，即 $\omega_{c1}=\omega_{c2}$，$\theta_1=\theta_2$。一般把接收端载波信号 $C_r(t)$ 与发送端载波信号 $C_t(t)$ 保持同频、同相称为载波同步(Carrier Synchronous)。通常接收端载波信号 $C_r(t)$ 是从接收到的信号中提取出来的，这个过程称为载波提取。

2. 位同步

位同步(Bit Synchronous)也叫做码元同步或比特同步，在数字通信系统中，接收端无论采用什么解调方式，都要用到码元同步，在模拟通信中不存在码元同步。消息是通过一连串的码元表示且传递的，这些码元一般均具有相同的持续时间。接收端接收这些码元序列时，都必须知道每个码元的起止时刻，以便判别。例如在抽样、判别、译码、解密等环节上，都要用到码元同步。因此接收端应该产生一个码元定时脉冲序列，这个序列的重复频率和相位(位置)必须与接收到的码元重复频率和相位一致，以保证在接收端的定时脉冲重复频率和发送端的码元速率相同。这样在译码、解密、取样判决等环节上，才能对准最佳位置，正确接收信号。这个码元定时脉冲序列称为位同步脉冲或码元同步脉冲。

位同步就是指在接收端产生一个与接收码元(或发送端)的重复频率和相位相同的码元(位)脉冲序列。位同步脉冲的产生通常是通过位同步提取电路获得的。

3. 帧同步

帧同步(Frame Synchronous)也称为群同步，它是建立在码元同步基础上的一种同步。所谓"帧"是指若干个码元的集合，也可以是指对每路信号都采样一次后，各路样值编码后的码元集合。对数字通信系统来说，有了载波同步和位同步，发送端的代码可以在接收端解调出来，但代码是一连串的"1"、"0"码，例如电传机发出的 5 单位码，英文字母 A、B、C 分别为11000、10011、01110；解调以后一定要把每个字母区别开，中间要加特殊的起止码，以便区分各个字母。有时要把若干字组成的句加以区分而插入起止码。在接收端产生一个与"字"或"句"的起止时刻相一致的定时脉冲序列，称为"字"同步或"句"同步，统称为帧同步或群同步。

通常把在接收端产生一个与发送端帧信号的起止时刻相同的脉冲序列叫做帧同步。帧同步是在码元同步的基础上，对位同步脉冲进行计数(分频)获得的。在 PCM 30/32 路数字终端设备中通常又把 16 帧组成一个复帧。

4. 网同步

一般有了载波同步、位同步和帧同步就可以保证点与点的数字通信系统的正常工作，但对于通信容量更大的通信网络就不够了，还必须有网同步(Net Synchronous)，使整个数字通信网内有一个统一的时间节拍标准，这就是网同步需要讨论的问题，限于篇幅这里不再介绍。

7.1.2 按同步的实现方式分类

通信系统中同步的实现方式是根据发送端是否直接传送同步信息来分类的，通常分为外同步法和自同步法。

1. 外同步法

所谓外同步法，是指在发送端一定要发送一个专门的同步信息，接收端根据这个专门的同步信息来提取同步信号而实现其同步的一种方法，有时也称为插入同步法，或插入导频法。

2. 自同步法

所谓自同步法，是指发送端不发送专门的同步信息，接收端则是设法从收到的信号中提取同步信息的一种方法，通常也称为直接法。

通信系统只有在收、发两端之间建立了同步才能实现正确的信息传输，因此同步信息传输的可靠性应该高于信号传输的可靠性。另外，可以看出外同步法的有效性（效率）要低于自同步法，因为同步信息占用了时间。

下面分别介绍载波同步、位同步和帧同步的基本工作原理和性能。

7.2 载 波 同 步

在模拟通信中，采用相干解调时要用到载波同步；在数字通信中，采用频带传输系统方式时，也一定要用到载波同步。载波同步是同步系统的一个重要方面。实现载波同步的方法有自同步法（直接法）和外同步法（插入导频法）两种。直接法在发送端不需要专门加传输导频信号，接收端则是在接收到的信号中设法提取同步载波；插入导频法是在发送有用信号的同时，在适当频率位置上插入一个（或多个）同步载波信息，称之为导频信息，接收端则根据这个导频信息提取需要的同步载波。

7.2.1 直接法

虽然发送端不直接加传载波，但有些信号本身隐含载波信息（分量），通过对该信号进行某些非线性变换后，就可以从中取出载波分量，这就是直接法提取同步载波的基本原理。用直接法实现载波同步的具体方法有多种，下面通过实例分别加以介绍。

1. 平方变换法

平方变换法是一种最简单的直接法。以双边带（DSB）调制系统为例，图 7.2.1 示出了平方变换法提取同步载波（信号）成分的方框图。图中虚线以下是平方变换法的方框图，虚线以上是相干法接收 DSB 信号的方框图。

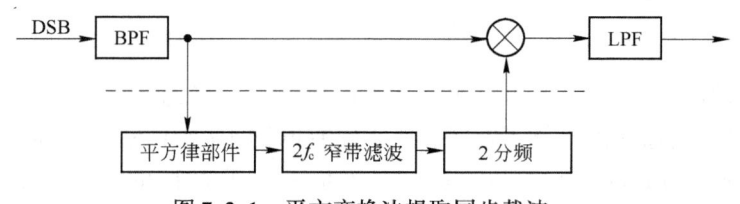

图 7.2.1 平方变换法提取同步载波

图中接收端输入信号为 $m(t)\cos\omega_c t$，经过带通滤波器(BPF)以后，滤除了带外噪声。信号分成上下两路，上面进入解调器，下面进入载波提取电路，DSB 信号 $m(t)\cos\omega_c t$ 通过平方律部件后输出数学表达式 $e(t)$ 为

$$e(t) = [m(t)\cos\omega_c t]^2 = \frac{m^2(t)}{2} + \frac{m^2(t)}{2}\cos 2\omega_c t \tag{7.2.1}$$

式中 $e(t)$ 的第二项 $m^2(t)/2 \cdot \cos 2\omega_c t$ 中的 $m^2(t)/2$ 中一定有直流成分[注意 $m(t)$ 中可能没有直流成分]，因此 $m^2(t)/2 \cdot \cos 2\omega_c t$ 中一定有 $2f_c$ 的频率成分。经过中心频率为 $2f_c$ 的窄带滤波器，就可以取出 $2f_c$ 的频率成分。这里可能有两种情况：一种是在模拟通信系统中，$m(t)$ 为话音信号，话音信号一般是没有直流成分的，但 $m^2(t)/2$ 在时间 t 变化时总是正的，因此其中必有一个很大的直流成分，除此以外都是在 0 频率附近有连续谱，所以可以用中心频率为 $2f_c$ 的窄带滤波器从 $e(t)$ 中滤出 $2f_c$ 的频率成分；另一种 $m(t)$ 是数字信号（如 2PSK 信号为幅度是 A 的双极性矩形脉冲），经过平方律部件后得

$$e(t) = \frac{A^2}{2} + \frac{A^2}{2}\cos 2\omega_c t \tag{7.2.2}$$

可以看出式(7.2.2)中含有 $2f_c$ 成分，则通过 $2f_c$ 窄带滤波器自然可以取出 $2f_c$ 频率成分，最后经过一个 2 分频器就可以得到 f_c 的频率成分，这就是需要的同步载波信号。

2. 平方环法

平方环法与平方变换法的原理基本一样，不同的是只需把窄带滤波器改用锁相环路(由鉴相器(PD)、环路滤波器(LF)和压控振荡器(VCO)组成)即可。由于锁相环路具有良好的跟踪、窄带滤波和记忆性能，所以平方环法比一般的平方变换法具有更好的性能，从而得到广泛的应用。图 7.2.2 是平方环法提取同步载波信号的原理方框图。

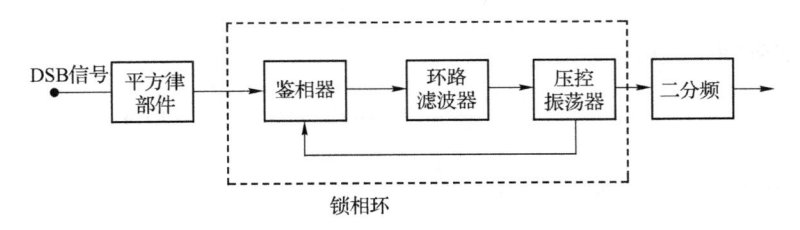

图 7.2.2 平方环法提取同步载波

需要说明的是以上两种方法都存在相位模糊(也称为相位含糊)问题。从两个方框图可以看出，由窄带滤波器或锁相环路得到的是 $\cos 2\omega_c t$，经过 2 分频以后的信号可能是 $\cos\omega_c t$，也可能是 $\cos(\omega_c t + \pi)$。这种相位不确定性的现象称为相位模糊现象。相位模糊现象一般对模拟通信系统影响不大，因为耳朵听不出相位的变化。但是对于数字通信系统来说，相位模糊可以使解调后码元信号出现反相，即高电平变成了低电平，低电平变成了高电平。对于 2PSK 通信系统，信号就可能出现"反向工作"，因此实际中一般不采用 2PSK 系统，而是用 2DPSK 系统。相位模糊问题是通信系统中应该注意的一个实际问题。

3. 科斯塔斯环法

科斯塔斯(Costas)环法也称为同相正交环法，原理方框如图 7.2.3 所示。仍然以 DSB 信

号为例,设输入信号为 $m(t)\cos\omega_c t$,在振荡器锁定后输出为 $v_1(t) = \cos(\omega_c t + \theta)$。$\theta$ 为锁相环的剩余相位误差,通常是非常小的。$v_1(t)$ 经过 $-90°$ 的相移电路后得

$$v_2(t) = \cos(\omega_c t + \theta - 90°) = \sin(\omega_c t + \theta)$$

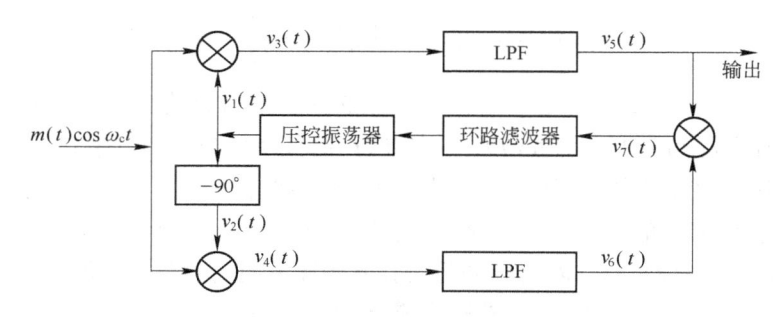

图 7.2.3 同相正交环法

图中信号 $m(t)\cos\omega_c t$ 分成两路,分别与压控振荡器的输出 $v_1(t)$ 和 $v_2(t)$ [$v_1(t)$ 经过 $-90°$ 相移] 相乘,结果分别为 $v_3(t)$ 和 $v_4(t)$,表达式为

$$\begin{cases} v_3(t) = m(t)\cos\omega_c t\cos(\omega_c t + \theta) = \frac{1}{2}m(t)[\cos\theta + \cos(2\omega_c t + \theta)] & (7.2.3) \\ v_4(t) = m(t)\cos\omega_c t\sin(\omega_c t + \theta) = \frac{1}{2}m(t)[\sin\theta + \sin(2\omega_c t + \theta)] & (7.2.4) \end{cases}$$

经过低通滤波器 LPF 后的输出 $v_5(t)$ 和 $v_6(t)$ 分别为

$$\begin{cases} v_5(t) = \frac{1}{2}m(t)\cos\theta & (7.2.5) \\ v_6(t) = \frac{1}{2}m(t)\sin\theta & (7.2.6) \end{cases}$$

$v_5(t)$ 和 $v_6(t)$ 加到相乘器后,输出为

$$v_7(t) = v_5(t)v_6(t) = \frac{1}{4}m^2(t)\sin\theta\cos\theta = \frac{1}{8}m^2(t)\sin 2\theta$$

$$\approx \frac{1}{8}m^2(t)(2\theta) = \frac{1}{4}m^2(t)\theta \tag{7.2.7}$$

此电压经过环路滤波器以后,控制压控振荡器使其与 f_c 同频,相位只差一个很小的 θ。此时压控振荡器的输出为 $v_1(t) = \cos(\omega_c t + \theta)$,这正好就是需要提取的同步载波信号。在上面一路 LPF 的输出正好可以作为 DSB 信号解调器的输出。

用科斯塔斯环法提取载波的优点是精度高、性能好,并可直接解调出信号 $m(t)$。但这种方法的电路比较复杂,特别是有 $-90°$ 相移电路,当输入信号在波段工作时,即载波变化时实现比较复杂。

同样,科斯塔斯环法也存在相位含糊问题,因为当 $v_1(t) = \cos(\omega_c t + \theta + 180°)$ 时,经过计算得到的 $v_7(t)$ 也是 $[m^2(t)/4]\sin 2\theta$,所以 $v_1(t)$ 的相位也是不确定的。

4. 在多相移相信号中提取同步载波的方法

既然用平方变换法和锁相环法可以从两相信号中提取载波,对多相信号类似地也可用多次方变换法和多相锁相环法从多相移相信号中提取同步载波。以四相移相信号为例,图 7.2.4 是

用 4 次方变换法实现从四相移相信号中提取同步载波信号的方框图。下面对其工作原理加以简单说明。

```
4PSK信号 → [4次方部件] → [4f_c 窄带滤波器] → [4分频] → 载波输出
```

图 7.2.4 4 次方变换法

(1) 4 次方变换法

设四相移相信号可以表示为

$$\begin{cases} a\cos\left(\omega_c t + \dfrac{\pi}{4}\right) & \text{以概率 } P_1 \text{ 出现} \\ a\cos\left(\omega_c t + \dfrac{3\pi}{4}\right) & \text{以概率 } P_2 \text{ 出现} \\ a\cos\left(\omega_c t + \dfrac{5\pi}{4}\right) & \text{以概率 } P_3 \text{ 出现} \\ a\cos\left(\omega_c t + \dfrac{7\pi}{4}\right) & \text{以概率 } P_4 \text{ 出现} \end{cases}$$

在四相信号等概出现时,用二次方部件时得不到 f_c 和 $2f_c$ 频率成分,因此用四次方部件以后,四个不同相位信号的输出分别为

$$a^4\cos^4\left(\omega_c t + \dfrac{\pi}{4}\right) = \dfrac{a^4}{4}\left[1 + 2\cos\left(2\omega_c t + \dfrac{\pi}{2}\right) + \cos^2\left(2\omega_c t + \dfrac{\pi}{2}\right)\right] \quad (7.2.8)$$

$$a^4\cos^4\left(\omega_c t + \dfrac{3\pi}{4}\right) = \dfrac{a^4}{4}\left[1 + 2\cos\left(2\omega_c t + \dfrac{3\pi}{2}\right) + \cos^2\left(2\omega_c t + \dfrac{3\pi}{2}\right)\right] \quad (7.2.9)$$

$$a^4\cos^4\left(\omega_c t + \dfrac{5\pi}{4}\right) = \dfrac{a^4}{4}\left[1 + 2\cos\left(2\omega_c t + \dfrac{5\pi}{2}\right) + \cos^2\left(2\omega_c t + \dfrac{5\pi}{2}\right)\right] \quad (7.2.10)$$

$$a^4\cos^4\left(\omega_c t + \dfrac{7\pi}{4}\right) = \dfrac{a^4}{4}\left[1 + 2\cos\left(2\omega_c t + \dfrac{7\pi}{2}\right) + \cos^2\left(2\omega_c t + \dfrac{7\pi}{2}\right)\right] \quad (7.2.11)$$

式(7.2.8)和式(7.2.10)是相同的,式(7.2.9)和式(7.2.11)也是相同的,当 $P_1 = P_2 = P_3 = P_4 = 0.25$ 时,四次方部件输出中 $2\omega_c$ 成分也是没有的,而各式中最后一项展开后分别为

$$(a^4/8)[1 + \cos(4\omega_c t + \pi)]、(a^4/8)[1 + \cos(4\omega_c t + 3\pi)]、$$
$$(a^4/8)[1 + \cos(4\omega_c t + 5\pi)] 和 (a^4/8)[1 + \cos(4\omega_c t + 7\pi)]$$

可以看出,这四个公式的结果是一样的,均为 $(a^4/8)[1 + \cos(4\omega_c t + \pi)]$。因此四相移相信号经过四次方部件以后,$4\omega_c$ 的成分总是存在的,只要通过一个中心频率为 $4f_c$ 的窄带滤波器,就可以取出 $4f_c$ 的成分。然后再经过一个四分频器就可以得到 f_c 的频率成分。当然这种方法也有相位含糊的问题,采用四相相对移相的办法可以解决。

(2) 多相科斯塔斯环法

对多相相移信号除了用多次方变换法以外,还可以用多相科斯塔斯环法提取同步载波。图 7.2.5 是一个四相科斯塔斯环法提取同步载波的方框图。

假设四相移相信号为 $\cos(\omega_c t + \varphi)$,其中 φ 分别为 $\pi/4$、$3\pi/4$、$5\pi/4$、$7\pi/4$。压控振荡输出表达式为 $v_7(t) = \cos(\omega_c t + \theta)$,经相移电路后分别为 $\cos\left(\omega_c t + \theta + \dfrac{\pi}{4}\right)$、$\cos\left(\omega_c t + \theta + \dfrac{2\pi}{4}\right)$、

$\cos\left(\omega_c t + \theta + \dfrac{3\pi}{4}\right)$。这四个电压分别加到四个相乘器，四个相乘器输出后，经过低通滤波输出表达式分别为

$$\begin{cases} v_1(t) = \dfrac{1}{2}\cos(\varphi - \theta) \\ v_2(t) = \dfrac{1}{2}\cos\left(\varphi - \theta - \dfrac{\pi}{4}\right) \\ v_3(t) = \dfrac{1}{2}\cos\left(\varphi - \theta - \dfrac{\pi}{2}\right) = \dfrac{1}{2}\sin(\varphi - \theta) \\ v_4(t) = \dfrac{1}{2}\cos\left(\varphi - \theta - \dfrac{3\pi}{4}\right) = \dfrac{1}{2}\sin\left(\varphi - \theta - \dfrac{\pi}{4}\right) \end{cases} \quad (7.2.12)$$

这四个低通滤波器的输出信号都进入相乘器，输出为

$$\begin{aligned} v_5(t) &= \dfrac{1}{16}\cos(\varphi - \theta)\cos\left(\varphi - \theta - \dfrac{\pi}{4}\right)\sin(\varphi - \theta)\sin\left(\varphi - \theta - \dfrac{\pi}{4}\right) \\ &= \dfrac{1}{64}\sin(2\varphi - 2\theta)\sin\left(2\varphi - 2\theta - \dfrac{\pi}{2}\right) = -\dfrac{1}{64}\sin(2\varphi - 2\theta)\cos(2\varphi - 2\theta) \\ &= -\dfrac{1}{128}\sin(4\varphi - 4\theta) = -\dfrac{1}{128}\sin(\pi - 4\theta) \approx \dfrac{\theta}{32} \end{aligned} \quad (7.2.13)$$

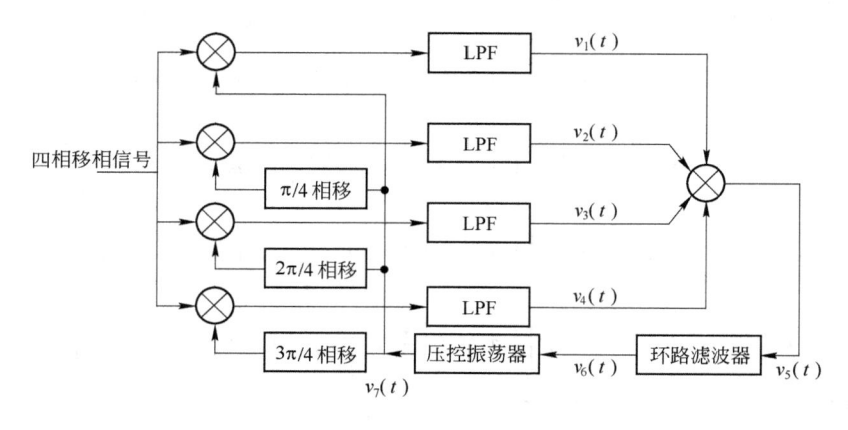

图 7.2.5 四相科斯塔斯环法提取载波

相乘器输出 $v_5(t)$ 经环路滤波器滤波后，作为压控振荡器的输入信号，由于相位 θ 比较小，故压控振荡器只有很小的相位误差。科斯塔斯环法提取同步载波也有相位含糊问题。

7.2.2 插入导频法

在一些信号中不包含载波成分（如 DSB 信号、2PSK 信号），它们可以用直接法（自同步法）提取同步载波，也可以用插入导频法（外同步法）提取同步载波。有的信号（如 SSB 信号），既没有载波又不能用直接法提取载波；也有一些信号（如 VSB 信号），虽然含有载波成分，但不易取出，对于这种信号只能采用插入导频法。插入导频的方法有两种：一种是频域插入导频，另一种是时域插入导频。本节我们将先简单介绍时域插入导频，对于频域插入导频，重点分别以 DSB 信号和 VSB 信号为例，介绍如何在发送端插入导频和在接收端提取同步载波。

一、在时域插入导频

载波导频可以在频域插入，也可以在时域插入，这要根据具体的传输设备来确定，如卫星通信的 TDMA 体制采用的就是时域导频插入。

图 7.2.6 为卫星通信 TDMA 系统帧结构示意图。如图 7.2.6 所示，在帧结构中，除了传送的数据信息之外，还在规定的时隙插入了载波导频信号、位定时信号等，接收端则用相应的控制信号将每帧插入的载波导频取出，得到解调用的相干载波。

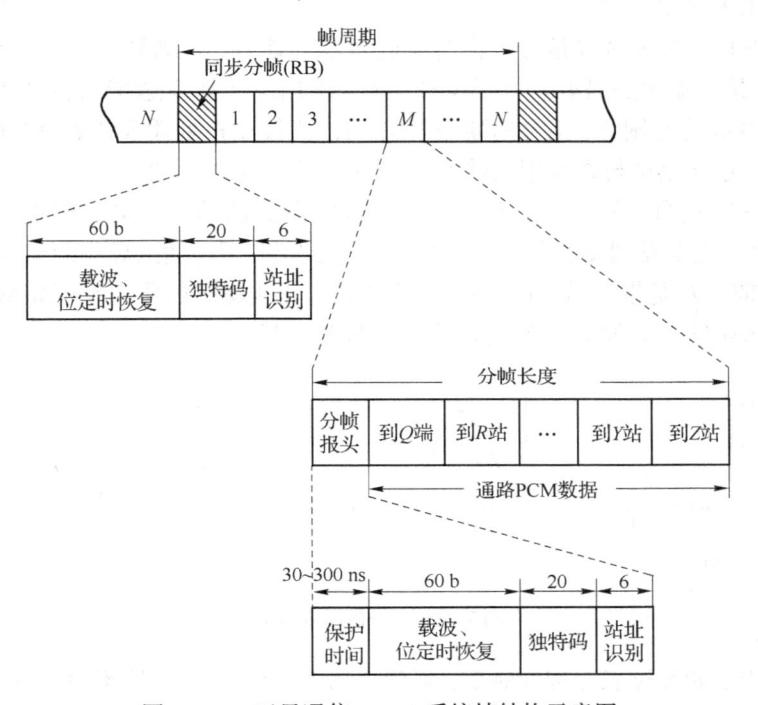

图 7.2.6　卫星通信 TDMA 系统帧结构示意图

时域插入的导频信号是不连续的，只在每一帧中占很短的时间，所以不能用窄带滤波器提取，在这种情况下，通常采用锁相环来提取相干载波，其原理框图如图 7.2.7 所示。

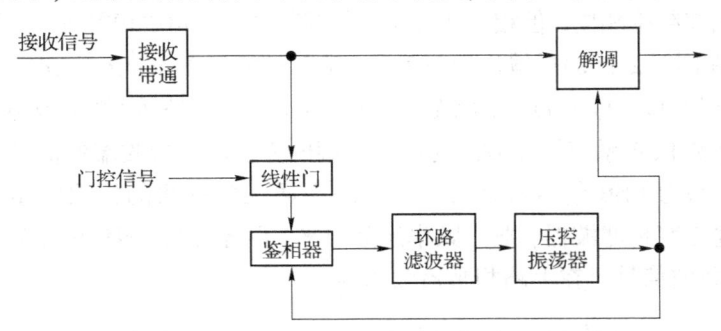

图 7.2.7　用锁相环提取时域插入的导频的原理框图

如图 7.2.7 所示，锁相环压控振荡器的自由振荡频率应尽量和载波导频标准频率相等，而且要有足够的频率稳定度；由于时域插入的导频是一帧一帧插入的，所以锁相环需要每隔一帧时间进行一次相位比较和调节；当载波恢复信号消失后，压控振荡器具有足够的同步保持时间，直到下一帧载波恢复信号出现再进行相位比较和调整，只要适当设计锁相环，就能恢复出符合要求的相干载波。

二、在频域插入导频

1. DSB 信号的插入导频法

(1) 如何插入导频

插入导频的位置应该选在信号频谱的幅度为零的地方，否则导频信号就会与信号频谱成分重叠在一起，接收端无法提取。对于模拟调制后的信号（如双边带话音和单边带话音等信号），该类信号在载波 f_c 附近，信号的频谱为 0，可以直接在 f_c 处插入频率为 f_c 的导频信号。通常插入的导频信号其相位与调制用的载波相差 90°，称为正交载波。

对于另外一些信号，如 2PSK 和 2DPSK 等数字调制的信号，在 f_c 附近频谱的幅度不但有，而且比较大。这类信号如何插入导频呢？对于此类信号，插入导频的步骤是：

① 在调制前先对基带信号 $m(t)$ 进行相关编码，相关编码的作用是把如图 7.2.8(a) 所示的基带信号频谱函数变为如图 7.2.8(b) 所示的频谱函数。

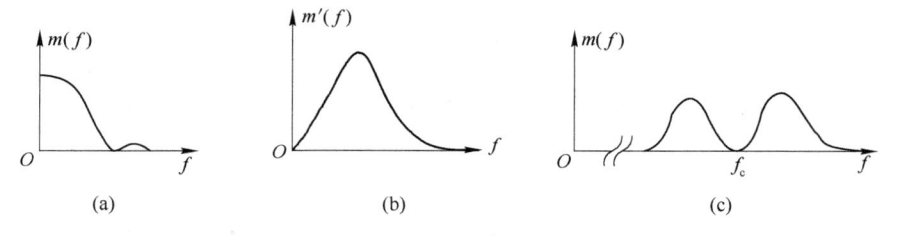

图 7.2.8 DSB 插入导频

② 进行调制，如经过双边带调制后，得到如图 7.2.8(c) 所示的频谱函数，在 f_c 附近频谱函数幅度已经很小，且没有离散谱，这样可以在 f_c 处插入频率为 f_c 的导频信号。

(2) 收发两端方框图

图 7.2.9(a) 示出了在 DSB 系统发送端插入导频信号的方框图，图中插入的导频频率为 f_c，与调制用的载波频率相同，但相位通常应该与调制的载波相位相差 90°，因此这个插入导频称为正交载波。在图 7.2.9(a) 的输出调制信号 $u_0(t) = Am'(t)\sin\omega_c t - A\cos\omega_c t$ 中，由于 $m'(t)$ 中无直流成分，所以 $Am'(t)\sin\omega_c t$ 中也无 f_c 成分，$A\cos\omega_c t$ 正是插入的正交载波（导频）。

图 7.2.9(b) 是 DSB 系统提取载波与信号解调的方框图。接收端的信号为 $u_0(t)$（只考虑有幅度衰减），上路为 DSB 信号解调方框，下路为插入导频法的提取同步载波方框。信号 $u_0(t)$ 在下路经过 f_c 窄带滤波器，把 f_c 频率滤除出来，再经过 90°相移电路后变为 $a\sin\omega_c t$，作为解调器的同步载波信号。在上路相乘器输出为

$$am'(t)\sin\omega_c t(a\sin\omega_c t) - a\cos\omega_c t(a\sin\omega_c t)$$
$$= a^2 m'(t)\sin^2\omega_c t - a^2\sin\omega_c t\cos\omega_c t$$
$$= \frac{a^2 m'(t)}{2} - \frac{a^2 m'(t)}{2}\cos 2\omega_c t - \frac{a^2}{2}\sin 2\omega_c t$$

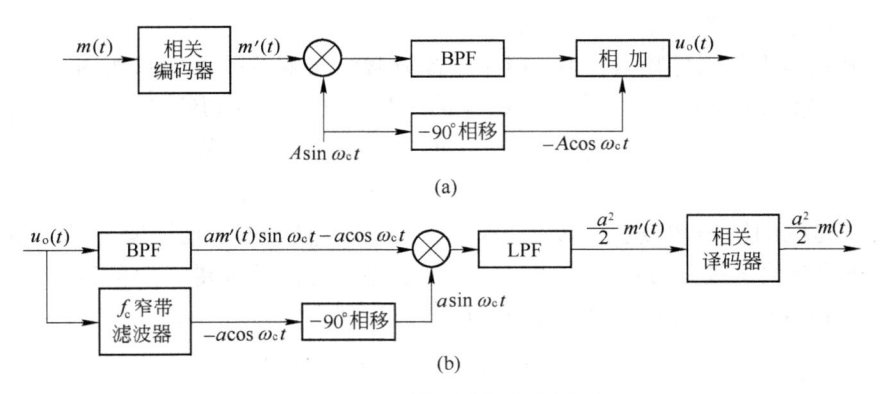

图 7.2.9 DSB 插入导频法方框图

相乘器的输出信号经过低通滤波器以后，就得到所需要的信号 $a^2m'(t)/2$。此信号再经过相关译码就还原为原来的基带信号。

如果发送端导频信号不采用正交载波形式插入，即不加 $-90°$ 相移电路，而是调制载波，此时 $u_0(t) = Am'(t)\sin\omega_c t + A\sin\omega_c t$。接收端用窄带滤波器取出 $a\sin\omega_c t$ 后可以不用相移电路，直接把它作为同步载波，但此时经过相乘器和低通滤波器解调后输出为

$$u(t) = a^2 m'(t)/2 + a^2/2 \tag{7.2.14}$$

明显多了一个不需要的直流成分 $a^2/2$，这就是发送端采用正交载波作为导频的原因。

2. VSB 信号的插入导频法

首先分析 VSB 信号频谱的特点，以取下边带为例，残留边带滤波器应具有如图 7.2.10 所示的传输特性。这样下边带信号的频谱从 $f_c - f_m \sim f_c$ 绝大部分通过，而上边带信号的频谱 $f_c \sim f_c + f_m$ 只有小部分通过。这样当基带信号为数字信号时，残留边带信号的频谱中包含载频分量 f_c，而且 f_c 附近都有频谱。因此插入导频不能位于 f_c 处，它受到 f_c 处信号的干扰。

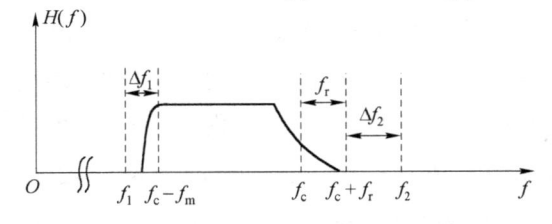

图 7.2.10 $H_{VSB}(\omega)$ 传输特性

（1）如何插入导频

既然不能直接在 f_c 处插入导频信号，可以在 $H(f) \sim f$ 传输特性的两侧分别插入两个导频 f_1 和 f_2。f_1 和 f_2 不能与 $(f_c - f_m)$ 和 $(f_c + f_r)$ 靠得太近，这样在接收端不容易滤出，也不能离得太远，以防占用过多频带。f_1 和 f_2 可以按下式选择：

$$\begin{cases} f_1 = (f_c - f_m) - \Delta f_1 & (7.2.15) \\ f_2 = (f_c + f_r) + \Delta f_2 & (7.2.16) \end{cases}$$

式中，f_r 是残留边带信号形成滤波器滚降部分占用带宽的一半的频率，而 f_m 为基带信号的最高频率。

(2) 如何提取同步载波及解调方框图

在 VSB 信号中插入导频信号后，接收端提取载波与解调的原理图如图 7.2.11 所示。假定发送端的载波为 $\cos(\omega_c t + \theta_c)$，在 VSB 信号中插入了两个导频信号的数学表达式为

$$\begin{cases} \cos(\omega_1 t + \theta_1) & \theta_1 \text{ 为第一个导频的初相} \\ \cos(\omega_2 t + \theta_2) & \theta_2 \text{ 为第二个导频的初相} \end{cases}$$

则在接收端提取的同步载波也应该是 $\cos(\omega_c t + \theta_c)$。假设由于信道噪声的影响，提取的两导频和载波均产生了频偏 $\Delta\omega(t)$ 和相偏 $\theta(t)$，接收端实际需要提取的同步载波信号应为 $\cos[\omega_c t + \theta_c + \Delta\omega(t) + \theta(t)]$，而实际收到的导频分别为

$$\begin{cases} \cos[\omega_1 t + \theta_1 + \Delta\omega(t) + \theta(t)] \\ \cos[\omega_2 t + \theta_2 + \Delta\omega(t) + \theta(t)] \end{cases}$$

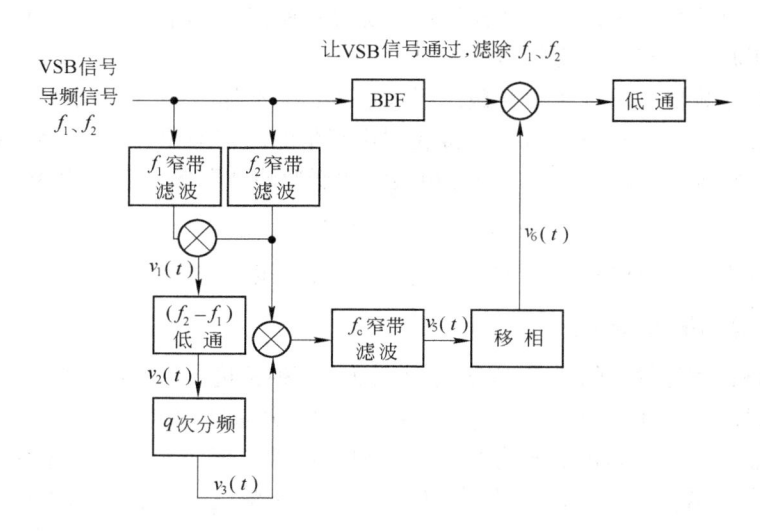

图 7.2.11 VSB 信号提取载波与解调方框图

在接收端两个导频信号分别由两个窄带滤波器滤出，再进入相乘器后的数学表达式为

$$v_1(t) = \cos[\omega_1 t + \theta_1 + \Delta\omega(t) + \theta(t)]\cos[\omega_2 t + \theta_2 + \Delta\omega(t) + \theta(t)]$$

$$= \frac{1}{2}\cos[(\omega_2 - \omega_1)t + (\theta_2 - \theta_1)] + \frac{1}{2}\cos[(\omega_1 + \omega_2)t + 2\Delta\omega(t) + 2\theta(t) + (\theta_1 + \theta_2)]$$

此信号 $v_1(t)$ 经过 $(f_2 - f_1)$ 低通滤波器滤掉了 $f_2 + f_1$ 频率成分，再把式(7.2.16)和式(7.2.15)代入后得

$$v_2(t) = \frac{1}{2}\cos[(\omega_2 - \omega_1)t + (\theta_2 - \theta_1)]$$

$$= \frac{1}{2}\cos[2\pi(f_c + f_r + \Delta f_2 - f_c + f_m + \Delta f_1)t + \theta_2 - \theta_1]$$

$$= \frac{1}{2}\cos[2\pi(f_r + \Delta f_2 + f_m + \Delta f_1)t + \theta_2 - \theta_1]$$

$$= \frac{1}{2}\cos\left[2\pi(f_r + \Delta f_2)\left(1 + \frac{f_m + \Delta f_1}{f_r + \Delta f_2}\right)t + \theta_2 - \theta_1\right] \tag{7.2.17}$$

令

$$\left(1 + \frac{f_m + \Delta f_1}{f_r + \Delta f_2}\right) = q \tag{7.2.18}$$

则式(7.2.17)变为

$$v_2(t) = \frac{1}{2}\cos[2\pi(f_r + \Delta f_2)qt + \theta_2 - \theta_1] \tag{7.2.19}$$

$v_2(t)$ 经过 q 次分频后得

$$v_3(t) = \frac{1}{2}\cos[2\pi(f_r + \Delta f_2)t + \theta_q] \tag{7.2.20}$$

式中,θ_q 为分频初相,值为 $\theta_q = \dfrac{\theta_2 - \theta_1}{q}$。

q 次分频器的输出 $v_3(t)$ 与滤出的第二导频信号相乘得

$$\begin{aligned}v_4(t) &= a\cos[2\pi(f_r + \Delta f_2)t + \theta_q]\cos[\omega_2 t + \Delta\omega(t)t + \theta(t) + \theta_2]\\ &= \frac{a}{2}\{\cos[(\omega_2 + \omega_r + \Delta\omega_2)t + \Delta\omega(t)t + \theta(t) + \theta_q + \theta_2] + \\ &\quad \cos[\omega_c t + \Delta\omega(t) + \theta(t) + \theta_2 - \theta_q]\}\end{aligned}$$

$v_4(t)$ 经过 f_c 窄带滤波器取出了差频成分

$$v_5(t) = \frac{a}{2}\cos[\omega_c t + \Delta\omega(t)t + \theta(t) + \theta_2 - \theta_q] \tag{7.2.21}$$

该信号 $v_5(t)$ 是需要的同步载波,与发送端载波相比,只是相位不同,可以通过一个相移为 $\varphi = \theta_c - (\theta_2 - \theta_q)$ 的移相器,即可矫正为

$$v_6(t) = \frac{a}{2}[\omega_c t + \Delta\omega(t)t + \theta(t) + \theta_c] \tag{7.2.22}$$

这个 $v_6(t)$ 就是提取出来的同步载波。

3. 直接法与插入导频法比较

下面简单把直接法和插入导频法提取同步载波信号的优缺点加以比较。

用直接法提取同步载波信号的优缺点是:
(1) 发送端不专门发射导频信号,可以节省功率。
(2) 不会出现插入导频法中导频信号与所传输的信号之间可能存在的互相干扰。
(3) 可以防止信道不理想引起导频相位的误差。
(4) 一些系统不能用直接法提取载波(如 SSB 系统)。

用插入导频法提取同步载波信号的优缺点是:
(1) 在发送端要发射专门的导频信号,浪费功率。
(2) 利用插入导频信号可以作为自动增益控制信号。
(3) 有些不能用直接法提取同步载波的调制系统可以采用插入导频法。

7.2.3 载波同步的性能指标

前面介绍了实现载波同步的主要方法,下面简要介绍载波同步系统的性能指标。载波同步系统的主要性能指标有 3 个方面。

1. 载波同步的精度

载波同步的精度是指提取出来的同步载波与需要的标准载波之间的差别,希望应该有尽量小的差别(相位误差)。例如需要的同步载波为 $\cos\omega_c t$,而提取的同步载波为 $\cos(\omega_c t + \Delta\varphi)$,

则 $\Delta\varphi$ 就是相位误差,很明显 $\Delta\varphi$ 应尽量小。$\Delta\varphi$ 通常可分为稳态相位误差 $\Delta\varphi_0$ 和随机相位误差。

稳态相位误差是指在稳定情况下,通过载波提取电路提取的载波信号与标准载波之间形成的相位误差,它一般变化不大。稳态相位误差与提取载波的方法有关。

用窄带滤波器提取载波时稳态相位误差为

$$\Delta\varphi_0 \approx \frac{2Q\Delta\omega}{\omega_0} \quad \text{rad} \tag{7.2.23}$$

式中,Q 和 ω_0 分别是单谐振电路品质因数与谐振频率;$\Delta\omega = \omega_0 - \omega_c$ 是谐振电路谐振频率与载波频率 ω_c 之间的误差。

用锁相环提取同步载波时稳态相位误差为

$$\Delta\varphi_0 \approx \frac{\Delta\omega}{F(0)K_d K_{ov}} \quad \text{rad} \tag{7.2.24}$$

式中,$\Delta\omega$ 是锁相环中压控振荡器角频率与输入载波信号角频率之差;$F(0)$ 是压控振荡器中环路滤波器对 $\omega=0$ 的传递函数;K_d 为鉴相器的增益系数,单位为 V/rad;K_{ov} 为压控振荡器的增益系数,单位为 $\frac{\text{rad}}{\text{s}}$V。

稳态相差 $\Delta\varphi_0$ 没有考虑噪声的影响,当考虑噪声的影响以后,会使同步载波信号产生随机相位误差。随机相位误差通常用相位抖动 σ_φ 来表征。通过第 2 章已经知道,正弦波加随机噪声,它的相位变化是随机的,相位变化与噪声的性质和信噪功率比有关。经过分析当噪声为窄带高斯噪声时,随机相位 φ_n 与信噪功率比 r 间的关系式为

$$\overline{\varphi_n^2} = \frac{1}{2r} \tag{7.2.25}$$

式中,$r = A^2/2\sigma^2$ 为信噪功率比,σ^2 为噪声的方差,A 为正弦载波的振幅。

令

$$\sigma_\varphi = \sqrt{\overline{\varphi_n^2}} \tag{7.2.26}$$

称为相位抖动,将式(7.2.25)代入得

$$\sigma_\varphi = \sqrt{1/2r} \tag{7.2.27}$$

在用窄带滤波器提取同步载波时的相位抖动为

$$\sigma_\varphi = \sqrt{1/2r} = \sqrt{n_0 \pi f_0 / 2A^2 Q} \propto \sqrt{1/Q} \tag{7.2.28}$$

式中,n_0 为噪声功率谱密度;f_0 为谐振电路的谐振频率 $f_0 \approx f_c$;A 为正弦载波的振幅。可以看出要减小相位抖动,需要加大 Q,但这样会增大稳态相位差,因此要合理选择 Q 值。

用平方环法提取同步载波时的相位抖动为

$$\sigma_\varphi = \sqrt{\frac{2[\overline{m^2(t)}n_0 + n_0^2 B_i]}{[\overline{m^2(t)}]^2} B_L} \tag{7.2.29}$$

式中,B_i 为带通滤波器带宽;B_L 为环路带宽;$\overline{m^2(t)}$ 是调制信号的平均功率。

2. 载波同步的效率

实现载波同步时,自然希望载波信号应尽量少消耗发送功率,这方面直接法不需要专门

发送导频,因此效率高;而插入导频法由于额外插入了导频信号,必然要消耗一部分发送功率,因此效率就差。

3. 同步建立时间 t_s

同步建立时间是指系统从开始到实现同步为止所用的时间。用窄带滤波器提取载波时,当信号频率 f_c 与回路自然谐振频率相同时,回路两端输出电压为

$$u(t) = U(1 - e^{-\frac{\omega_0}{2Q}t})\cos\omega_0 t \tag{7.2.30}$$

通常把同步建立的时间 t_s 确定为 $u(t)$ 的幅度达到 U 的一定百分比 k 即可。同步建立时间为

$$t_s = \frac{2Q}{\omega_0}\ln\frac{1}{1-k} \tag{7.2.31}$$

对同步建立时间 t_s 的要求是越短越好,这样同步建立得快。

4. 同步保持时间 t_c

同步保持时间是指当同步建立以后,如果信号突然消失(例如时域插入导频法,或者信号短时间的衰落),同步载波应能保持一定时间,而不会马上失步。对于窄带滤波器提取载波时,同步保持时间可以按振幅下降到 kU 来计算。信号消失,回路两端电压为

$$u(t) = Ue^{-\frac{\omega_0}{2Q}t}\cos\omega_0 t \tag{7.2.32}$$

由 $Ue^{-\frac{\omega_0}{2Q}t} = kU$ 可以求得

$$t_c = \frac{2Q}{\omega_0}\ln\frac{1}{k} \tag{7.2.33}$$

通常令 $k = 1/e$,此时可求得

$$\begin{cases} t_s = 0.46\left(\dfrac{2Q}{\omega_0}\right) & (7.2.34) \\ t_c = \dfrac{2Q}{\omega_0} & (7.2.35) \end{cases}$$

对 t_c 的要求是越长越好,这样一旦建立同步以后可以保持较长的时间。

在实际系统中,同步建立时间与同步保持时间是一对矛盾。

7.2.4 载波频率误差和相位误差对解调性能的影响

在采用相干解调的接收机中,假设收到的信号为 $m(t)\cos\omega_c t$,本地载波为 $\cos[\omega_c t + \Delta\omega(t) + \Delta\varphi(t)]$,$\Delta\omega(t)$ 表示接收与发射机的频率误差,$\Delta\varphi(t)$ 表示相位误差,通常本地载波如果由直接法或插入导频法提取时,$\Delta\omega(t) \approx 0$ 可以不考虑频率的误差。但对于有的模拟通信系统中,本地载波由接收端自己产生的,此时 $\Delta\omega(t) \neq 0$ 通常是一个很小的偏差 $\Delta\omega$。相位误差一般总是存在的,前面已分析它由稳态误差 $\Delta\varphi_0$ 和相位抖动 σ_φ 两部分组成。下面分两种情况讨论。

1. 既有 $\Delta\omega$,又有 $\Delta\varphi$ 时

对 DSB 信号,当同步载波为 $\cos[\omega_c t + \Delta\omega(t) + \Delta\varphi]$ 时,相乘后

$$m(t)\cos\omega_c t\cos(\omega_c t + \Delta\omega t + \Delta\varphi)$$
$$= \frac{1}{2}m(t)\{\cos[(2\beta\omega_c + \Delta\omega)t + \Delta\varphi] + \cos(\Delta\omega t + \Delta\varphi)\}$$

经过低通滤波以后得解调信号为

$$\frac{1}{2}m(t)\cos(\Delta\omega t + \Delta\varphi) \qquad (7.2.36)$$

可以看出,对信号 $m(t)$ 而言,相当于进行了缓慢的幅度调制,使收听到的信号时强时弱,有时甚至为零。

对 SSB 信号,解调以后所有角频率都偏了 $\Delta\omega$,将使话音信号频谱偏移 $\Delta\omega$,实践证明只要频率误差$|\Delta f| < 20$ Hz,对话音质量影响不大。至于相位偏移本来对话音通信的影响不大的。但对数字通信来说,$\Delta\omega(t) \neq 0$ 是不行的。

2. $\Delta\omega(t) = 0$,只有 $\Delta\varphi$

对 DSB 信号,解调后输出为 $m(t)\cos\Delta\varphi/2$,此时不会引起波形失真($\Delta\varphi$ 近似为常数时),但影响输出的大小。电压下降为原来的 $\cos\Delta\varphi$ 倍,功率和信噪功率比均下降为原来的 $\cos^2\Delta\varphi$ 倍。

如对 2PSK 信号,由于信噪功率比下降将使误码率增大,当 $\Delta\varphi = 0$ 时

$$P_e = \frac{1}{2}\text{erfc}\sqrt{r}$$

由于 $\Delta\varphi \neq 0$,则

$$P_e = \frac{1}{2}\text{erfc}\sqrt{r\cos^2\Delta\varphi} = \frac{1}{2}\text{erfc}[|\cos\Delta\varphi|\sqrt{r}] \qquad (7.2.37)$$

对于 SSB 信号,将引起波形失真,推广到多频信号时也将引起波形的失真。

7.3 位同步

位同步是数字通信系统中一个非常重要的问题,它是数字通信系统的"中枢神经",没有位同步,系统就会出现"紊乱",无法正常工作。位同步只存在于数字通信中。应该说明的是在数字通信中,不论频带传输系统还是基带传输系统,都要涉及到位同步问题。

在数字通信系统的接收端,位同步脉冲一般是通过位同步提取电路获得。在传输数字信号时,信号通过信道会受到噪声的影响,而引起信号波形的变形(失真),因此数字通信系统中接收端都要对接收到的基带信号进行抽样判决,以判别出是"1"码还是"0"码。抽样判决器判决的时刻都是由位同步脉冲来控制的。在频带传输系统中,位同步信号一般可以从解调后的基带信号中提取,只有特殊情况下才直接从频带信号中提取;在基带传输系统中,位同步信号是直接从接收到的基带信号中提取。而上节讨论的载波同步信号一定要从频带信号中提取。

7.3.1 位同步基本要求与分类

1. 对位同步信号的基本要求

对位同步信号的基本要求是:

(1) 位同步脉冲的频率必须和发送端(接收到的数字信号)的码元速率相同。

(2) 位同步脉冲的相位(起始时刻)必须和发送端(接收到的数字信号)的码元相位(起始时刻)对准。

2. 位同步方法分类

位同步的方法与载波同步方法相似，也可以分为直接法(自同步法)和插入导频法(外同步法)两种。直接法中又细分为滤波法(谐振槽路法)和锁相法。下面首先介绍位同步的实现方法，随后介绍其性能指标。

7.3.2 插入导频法

同载波同步类似，插入导频法提取位同步信号既可以从频域插入导频，也可以从时域插入导频。

一、频域插入导频

1. 插入位定时导频法

上文已经提到位同步信号一般是从解调后的基带信号中提取。在数字通信中，数字基带信号一般都采用不归零的矩形脉冲，并以此对高频载波做各种调制。解调后得到的也是不归零的矩形脉冲(单极性的或双极性的)，码元速率为 f_b，码元宽度为 T_b。对于这种全占空的矩形脉冲，通过谱分析，当 $P(0) = P(1) = 0.5$ 时，不论是单极性还是双极性码，其功率谱密度中都没有 f_b 成分，也没有 $2f_b$ 等成分，例如双极性不归零码的功率谱密度如图 7.3.1(a) 所示。

(1) 位定时导频信息插入的位置

由图 7.3.1 可以看出，从原理上讲，插入位定时导频信息方法比较多，第一种是直接在 f_b 处插入位定时导频信息(由于 f_b 处频谱幅度为零)，接收端则可以采用窄带滤波的方法，提取出频率为 f_b 的码元同步信号；第二种方法是在 $2f_b$ 处插入位定时导频信息($2f_b$ 处频谱幅度也为零)，接收端可以通过窄带滤波器，取出 $2f_b$ 成分，再经过分频电路来获得码元同步信号；第三种是在发送端对数字基带信号先经过相关编码，经相关编码后的功率谱密度如图 7.3.1(b) 所示，此时可在 $f_b/2$ 处插入位定时导频，接收端取出 $f_b/2$ 以后，经过二倍频得到 f_b 频率成分。

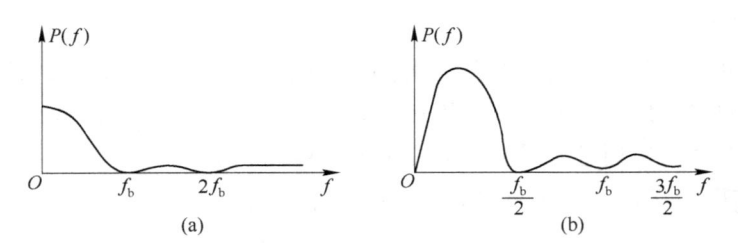

图 7.3.1 双极性不归零码的功率谱密度

(2) 收发端方框图

以第三种插入位置(先经过相关编码)为例，图 7.3.2(a)、图 7.3.2(b) 分别示出了发送端和接收端插入位定时的导频和提取位定时导频的方框图。首先在发送端要注意插入导频的相位，使导频相位对于数字信号在时间上具有这样的关系，在数字信号为正、负最大值(即取样判决时刻)时，导频正好是零点，这样避免了导频对信号取样判决的影响。即使在发送端做了这样的安排，但接收端仍要考虑抑制导频的问题，对信道均衡不一定十分理想，因此在不同频率处的时延可能不一定相等，这样数字信号和导频在发送端具有的时间关系会受到破坏。

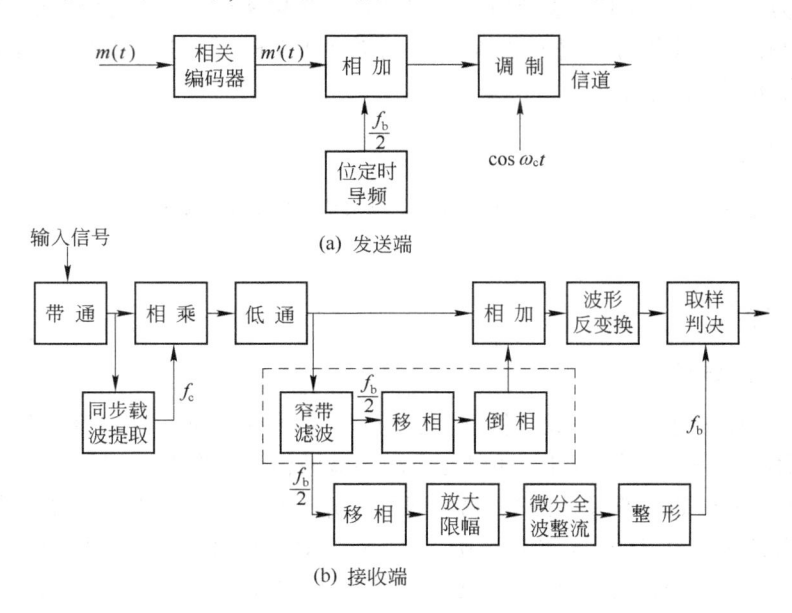

(a) 发送端

(b) 接收端

图 7.3.2 插入导频法收、发方框图

在接收端抑制导频对信号的影响，是通过窄带滤波—移相—倒相—相加的方法完成的，如图 7.3.2(b) 虚线方框所示，图中可以看到，由窄带滤波器取出的导频 $f_b/2$ 经过移相和倒相后，再经过相加器把插入在基带数字信号流中的导频成分抵消掉。在虚线方框下面是提取码元同步信号的原理方框，窄带滤波器取出导频 $f_b/2$ 频率成分经过移相、放大限幅、微分全波整流、整形等电路，产生位定时脉冲。移相器是用来消除由窄带滤波器等引起的相移，微分全波整流电路起到倍频器的作用，因此虽然导频是 $f_b/2$，但定时脉冲的重复频率变为与码元速率相同的 f_b。

2. 波形变换法

插入导频法的另一种形式是对数字信号进行变化，使其按位同步信号的某种波形变化。例如对 2PSK 或 2FSK 信号，在发送端对其进行附加的幅度调制，如果附加调制频率 $\Omega = 2\pi f_b$，则在接收端位同步信号可以通过采用包络解调就可以取出 f_b 的成分。

假定没有附加调幅时，2PSK 信号为 $\cos[\omega_c t + \varphi(t)]$，其中

$$\varphi(t) = \begin{cases} 0 & \text{``1'' 码} \\ \pi & \text{``0'' 码} \end{cases}$$

若用 $\cos \Omega t$ 对它进行附加调幅后得已调信号为 $(1 + \cos \Omega t)\cos[\omega_c t + \varphi(t)]$，接收端对它进行包络检波，可以检出包络为 $1 + \cos \Omega t$，滤除直流成分，即可得 $\Omega = 2\pi f_b$ 成分。

二、时域插入导频法

在数据传输中，也可以采用时域插入位同步，即在传送数字信息之前先传送位同步信息。

如图 7.2.6 所示的卫星通信 TDMA 系统帧结构，包含了位同步恢复信息，此时的位同步信息是时间离散的，在传送数字信息时不会同时传送位同步信息，而是在每帧开头，先传送位同步信号，再传送正常的数字信息，其原理与时域载波插入法相同。

7.3.3 直接法

直接法是在发送端不专门发送位定时的导频信息，接收端则直接从数字信号流中提取位同步信号的一种方法。这种方法在数字通信系统中经常采用，而且简单易行。

1. 滤波法

滤波法也叫做谐振槽路法，全占空的基带随机脉冲序列，不论是单极性还是双极性的，当 $P(0)=P(1)=0.5$ 时，都没有 f_b、$2f_b$ 频率成分，因而不能直接从信息流中滤波取出 f_b 成分。但归零的单极性随机脉冲序列中包含 f_b 的成分，因此只要把基带信号做一些变换，变成单极性归零码，就可用窄带滤波器取出 f_b 频率成分。图 7.3.3 就是滤波法的原理方框图。

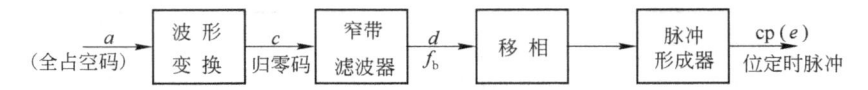

图 7.3.3 滤波法原理方框图

滤波法提取位同步信号原理图由波形变换、窄带滤波器、相移器、脉冲形成器组成。当输入信号包含 f_b 的成分时，如归零的单极性随机脉冲序列，波形变换可以不要，波形变换电路可以用微分、全波整流电路来实现。图 7.3.4 示出了滤波法各点的波形示意图。

图中认为输入信号是单极性不归零信号〔如图 7.3.4(a)所示〕，图 7.3.4(b)为微分后波形，图 7.3.4(c)为全波整流后的波形，它是归零码的波形，含有 f_b 离散频率成分，经窄带滤波器可以提取出频率为 f_b 的信号波形〔见图 7.3.4(d)〕，再通过移相电路（完成对波形的位置调整）及脉冲形成电路（放大、限幅、整形等）就可得到有确定起始位置的位同步信号。

2. 锁相法

虽然滤波法提取位同步信息简单，但精度有限。在滤波法中，只要把用简单谐振电路组成的窄带滤波器，用锁相环路替代就可构成锁相法提取位同步信息原理图。锁相法的基本原理与载波同步的类似，它是在接收端利用鉴相器比较接收码元和本地产生的位同步信号的相位，若两者

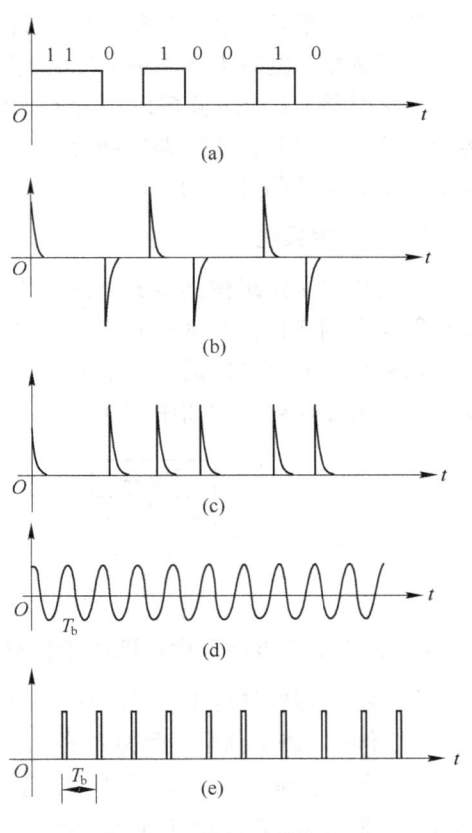

图 7.3.4 滤波法各点波形

相位不一致(超前或滞后)，鉴相器就产生误差信号去调整位同步信号的相位，直至获得精确的同步为止。在数字通信中常用数字锁相法，具体的有：微分整流型数字锁相、正交积分型数字锁相等。下面对数字锁相法的基本原理和方框图作扼要的介绍。

数字锁相法的基本原理方框图如图 7.3.5 所示。基本原理是，鉴相器把经过零检测(限幅、微分)和单稳电路产生的窄脉冲(接收码元)与由高稳定振荡器产生的经过整形的 n 次分频后的相位脉冲进行比较，根据两者相位的超前或滞后，确定扣除或附加一个脉冲(在 T_b 时间内)，以调整位同步脉冲的相位，从而得出精确的位同步脉冲。接收码元在没有连"0"或连"1"码时，窄脉冲的间隔正好是 T_b，但在收码元中有连码时，窄脉冲的间隔为 T_b 的整数倍。窄脉冲的间隔有时为 T_b，有时为 T_b 的整数倍，因此它不能直接作为位同步信号。

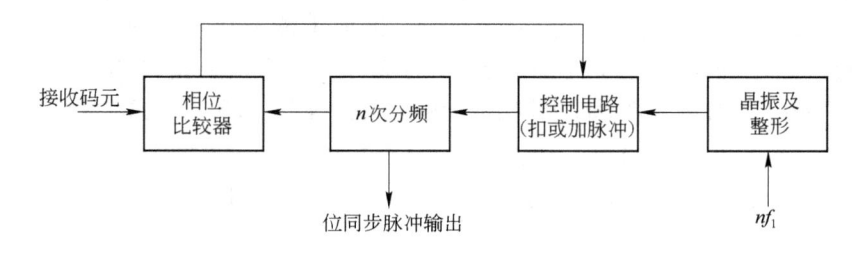

图 7.3.5　数字锁相法原理方框图

图中振荡器经过整形后得到的是周期性的窄脉冲序列，频率为 nf_1，但相位不一定正确，需要进行调整，位同步脉冲是由控制电路输出的脉冲经过 n 次分频得到，它的重复频率没有经过调整时是 f_1；经过调整以后为 f_b，但在相位上与输入码元的相位可能有一个很小误差。图中相位比较器和控制电路之间有一条控制连线，相位比较器的超前、滞后脉冲分别对应着控制电路的常开门和常闭门。

3. 延迟相乘法

延迟相乘法实现位同步的方框图如图 7.3.6 所示。该方法主要是利用延迟相乘的方法使接收码元得到变换而实现位同步的，图 7.3.7 画出了各主要点的波形。由波形图可以看出，延迟相乘后码元序列的后一半始终是正值，而前一半则与当前码元的状态改变有关。这样，变换后的码元序列的频谱中就含有了码元速率 f_b 的分量。

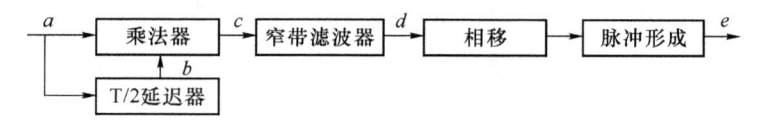

图 7.3.6　延迟相乘法原理方框图

4. 直接从频带信号中提取同步信号

在一些特殊的情况下，可以直接从已调信号(频带信号)中提取位同步信号，这是利用一些信号，例如 2PSK 信号，因输入端带通滤波器的带宽不够，在 2PSK 信号相邻码有相位突变点附近，会产生幅度的平滑"陷落"，这个幅度"陷落"通过包络检波器可以检出。波形示意图如图 7.3.8 所示，其中图 7.3.8(d)波形的重复频率为 f_b，因此可以从中提取频率成分为 f_b 的码元同步信号。

(a)
(b)
(c)
(d)
(e)

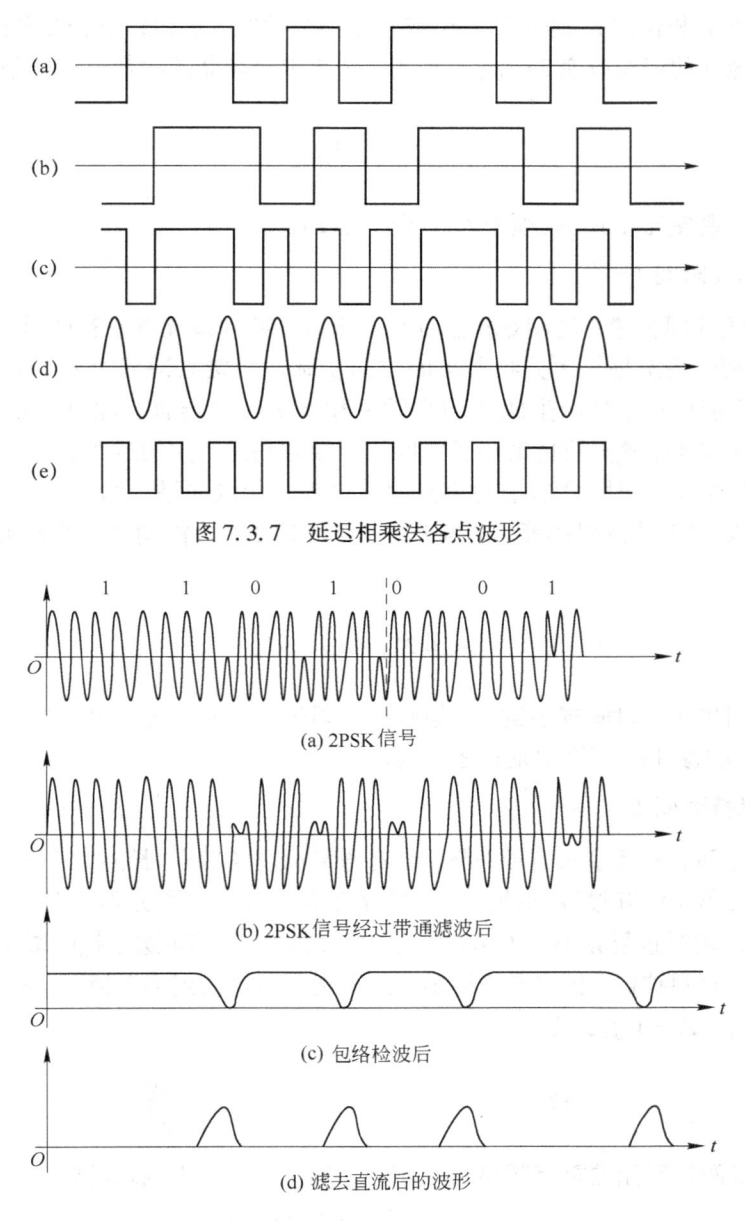

图 7.3.7　延迟相乘法各点波形

(a) 2PSK 信号

(b) 2PSK 信号经过带通滤波后

(c) 包络检波后

(d) 滤去直流后的波形

图 7.3.8　直接从频带信号提取位同步

7.3.4　位同步系统性能指标

与载波同步系统的性能指标相似，位同步系统的性能指标通常也有相位误差（精度）、同步建立时间、同步保持时间等。下面主要以数字锁相法为例来分析位同步系统的性能。

1. 相位误差 θ_e

相位误差 θ_e 是指在码元建立后，接收端提取的位同步脉冲与接收到的码元（脉冲）之间出现的相位差别。这是由于位同步脉冲的相位总是在不断地调整。即总是在一个码元周期

T_b 内(相当于 360°相位内),通过加一个或扣除一个脉冲,来达到位脉冲向后或向前的变化。每调整一下,脉冲的相位改变 $2\pi/n$,n 是图 7.3.5 中分频器的次数。这样最大相位误差可表示为

$$|\theta_e| = \frac{360°}{n} \tag{7.3.1}$$

明显可以看出,要使 $|\theta_e|$ 小,必须增大分频器次数 n。

2. 同步建立时间 t_s

位同步系统的同步建立时间是指系统从失步后开始到系统重新实现同步为止所需要的最长时间。最不利的情况是 n 次分频器来的位同步脉冲与接收码元过零点脉冲时间位置上相差 $T_b/2$,相当于接收码元与产生的位同步脉冲相差 $n/2$ 个脉冲,此时调整到同步需要扣除(或附加)$n/2$ 个脉冲,这是可能的最长时间。但接收码元产生的过零脉冲不是每码元出现一个,当有连"0"连"1"码时,因没有过零点而不出现。所以如果认为连"0"连"1"码的概率与"0"、"1"交替码出现的概率相等,相当于在两个周期 $2T_b$ 才能调整一个脉冲,则最大的同步建立时间为

$$t_s = 2T_b \frac{n}{2} = nT_b \tag{7.3.2}$$

很显然,希望同步建立时间越小越好,但是要让同步建立时间 t_s 减小,要求分频器次数 n 减小,这与要求 $|\theta_e|$ 减小时 n 增加是相矛盾的。

3. 同步保持时间 t_c

在同步建立后,一旦输入信号中断,或者遇到长连"0"码、长连"1"码,或者其他强噪声影响,导致接收码元没有过零脉冲,锁相系统因为没有接收码元而不起作用,这时由于收、发双方的固有位定时重复频率 f_b 和 f_1(由晶体振荡器决定)有频差,接收端位同步信号的相位逐渐发生漂移,时间越长,相位漂移量越大。直到漂移量达到某个极限,系统就失步。

设 $T_b = 1/f_b$,$T_1 = 1/f_1$,则

$$|T_b - T_1| = \left|\frac{1}{f_b} - \frac{1}{f_1}\right| = \left|\frac{f_1 - f_b}{f_b f_1}\right| = \frac{\Delta f}{f_0^2} \tag{7.3.3}$$

其中,f_0 为收发两端码元的重复频率的几何平均值;Δf 为收发两端的频率差。而且有

$$f_0 = \sqrt{f_b f_1}, \quad \Delta f = |f_1 - f_b| \tag{7.3.4}$$

令

$$T_0 = \frac{1}{f_0} \tag{7.3.5}$$

$$f_0 |T_b - T_1| = \frac{\Delta f}{f_0} \tag{7.3.6}$$

$$\frac{|T_b - T_1|}{T_0} = \frac{\Delta f}{f_0} \tag{7.3.7}$$

在 $f_1 \neq f_b$ 时,每经过一个周期 T_0,产生时间上的位移(误差)为 $|T_b - T_1|$,单位时间内产生的误差为 $|T_b - T_1|/T_0$。

如果允许总的时间误差为 T_0/K（K 为常数），则达到此误差的时间，即"同步保持时间"为

$$t_c = \frac{T_0/K}{|T_b - T_1|/T_0} = \frac{T_0^2}{K|T_b - T_1|} = \frac{T_0 f_0}{K\Delta f} = \frac{1}{K\Delta f} \text{ s} \quad (7.3.8)$$

或

$$\Delta f = \frac{1}{Kt_c} \quad (7.3.9)$$

由 $\Delta f = |f_b - f_1|$，设收发两端的频率稳定度相同，每个振荡器的频率误差均为 $\Delta f/2$，则每个振荡器频率稳定度为

$$\frac{\Delta f/2}{f_0} = \frac{\Delta f}{2f_0} = \frac{1}{2Kf_0 t_c} \quad (7.3.10)$$

或

$$t_c = \frac{1}{2f_0 K \dfrac{\Delta f/2}{f_0}} \quad (7.3.11)$$

显然要使 t_c 增加，应该让振荡器频率稳定度 $(\Delta f/2)/(f_0)$ 减小。

4. 同步带宽 Δf

由式(7.3.7)，当 $T_b \neq T_1$ 时，每经过 T_0 时间（$T_0 \approx T_b$），该误差会引起 $\Delta T = \Delta f/f_0^2$ 的时间漂移。而根据数字锁相环的工作原理，锁相环每次所能调整的时间为 T_b/n（$T_B n \approx T_0/n$），对于随机的数字信号来说，由于连"0"连"1"码时没有过零点脉冲不能调整，平均每两个码元周期调整一次。这样平均每一个码元时间内，锁相环能调整的时间只有 $T_0/2n$。显然，如果输入信号码元的周期与接收端固有定位脉冲的周期之差为

$$\Delta T = |T_b - T_1| > \frac{T_0}{2n}$$

则锁相环将无法使接收端位同步脉冲的相位与输入信号的相位同步，这时由误差所造成的相位差就会逐渐积累。因此，可以根据

$$\Delta T = \frac{T_0}{2n} = \frac{1}{2nf_0}$$

求得

$$\frac{\Delta f}{f_0^2} = \frac{1}{2nf_0}$$

则位同步系统的同步误差为

$$\Delta f = \frac{f_0^2}{2nf_0} = \frac{f_0}{2n} \quad (7.3.12)$$

从 Δf 增加考虑，要求 n 减小。

下面通过一个例子来说明位同步系统性能指标的计算。

例 7.3.1 已知某低速数字传输系统的码元速率为 100 B，收发端位同步振荡器的频率稳定度 $(\Delta f/2)/f = 10^{-4}$，采用数字锁相环法实现位同步，分频器次数 $n = 360$，求此同步系统的性能指标。

解 已知 $f_b = 100$ B，$T_b = 10$ ms，$n = 360$

(1) 相位误差　　　　　$\theta_e = \dfrac{360°}{360} = 1°$

(2) 同步建立时间　　$t_s = nT_b = 360 \times 0.01 = 3.60 \text{ s}$

(3) 同步保持时间　　$t_c = \dfrac{T_b}{2K\dfrac{\Delta f/2}{f}} = \dfrac{10 \times 10^{-3}}{2 \times 10 \times 10^{-4}} = 5 \text{ s}$　　这里 $K=10$

(4) 同步带宽　　　　$\Delta f = \dfrac{f_0}{2n} = \dfrac{100}{2 \times 360} \approx 0.139 \text{ Hz}$

5. 相位误差对性能的影响

前面已经分析了位同步系统的相位误差 $\theta = 360°/n$，如果用时间差可以表示为 $T_e = T_b/n$。相位误差的大小直接影响到抽样点的位置，误差越大，越偏离最佳抽样位置。在数字基带传输与频带传输系统中，推导的误码率公式都是假定在最佳抽样判决时刻得到的。当同步系统存在相位误差时，由于 θ_e（或 T_e）的存在，必然使误码率 P_e 增加。以 2PSK 信号最佳接收为例，有相位误差时的误码率为

$$P_e = \frac{1}{4}\text{erfc}\sqrt{\frac{E}{n_0}} + \frac{1}{4}\text{erfc}\sqrt{\frac{E\left(1-\dfrac{2T_e}{T_b}\right)}{n_0}} \qquad (7.3.13)$$

7.4　帧　同　步

帧(Frame)同步是建立在位同步基础上的一种同步。位同步保证了数字通信系统中收、发两端码元(脉冲)序列的同频同相(同步)，这可以为接收端提供各个码元的准确抽样判决时刻。在数字通信中，一定数目的码元序列代表着一定的信息，通常由若干个码元代表一个字母(或符号、数字)，而由若干个字母组成一个字，若干个字组成一个句子，通常把这些"字"、"句"称为群(帧)。帧同步的任务是把那些由若干码元组成的字、句的起始时刻识别出来。其实帧同步脉冲的频率是很容易从位同步脉冲通过分频而得到，但每个群的"开头"时刻，即帧同步脉冲的相位不能直接从位同步脉冲中得到，这就是帧同步要解决的问题。

7.4.1　帧同步的方法

帧同步的实现常用以下两种方法：一种是插入特殊码组法，这种方法是在每群信息码元中(通常在开头处)插入一个特殊的码组，这个特殊的码组应该与信息码元序列有较大的区别。接收端通过识别这个特殊码组，就可以根据这些特殊码组的位置确定出群的"头"与"尾"，从而实现帧同步；另一种方法不需要外加的特殊码组，它类似于载波同步和位同步的直接法，是利用信息码组本身彼此不同的特性实现帧同步的。本节主要介绍插入特殊码组法实现帧同步的方法。

插入特殊码组法分为连贯式插入法和间歇式插入法。在介绍这两种方法之前，先介绍一种在电传机中广泛应用的起止式同步法。

1. 起止式同步法

在电传机中，一个字由 7.5 个码元组成，其中 5 个码元是信息码元，1 个码元是字开始码元，1.5 个码元是字结束码元。字开始码元通常用 1 个码元宽度的低电平表示，字结束码元通常用 1.5 个码元宽度的高电平表示。起止式同步法的字结构如图 7.4.1 所示。

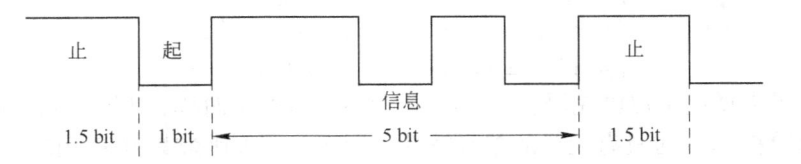

图 7.4.1 起止式同步法的字结构

起止式同步法的效率较低，仅为 2/3，而且止脉冲的宽度与码元宽度不一致，这给数字信号的传输和识别带来困难。因此，在一般的数字通信系统中不采用起止式同步法。

2. 连贯式插入法

连贯式插入法就是在每帧的开头集中插入一个帧同步码组，接收端通过识别该特殊码组来确定帧的起始时刻的方法。该方法的关键是要找出一个特殊的帧同步码组，对这个帧同步特殊码组的要求是：要与信息码元有较大的区别，即信息码元序列中出现帧同步码组的概率尽量小；帧同步码组要容易产生和容易识别；码组的长度要合适，不能太长，也不能太短，如果太短，会导致假同步概率的增大；如果太长，则会导致系统的效率变低。帧同步码组的长度要综合考虑。

帧同步码组最常用的形式是巴克码。

（1）巴克码

巴克码是一种具有特殊规律的二进制码组。它的特殊规律是：如果一个长度为 n 的巴克码 $\{x_1, x_2, x_3, \cdots, x_n\}$，每个码元 x_i 只可能取值 $+1$ 或 -1，则它的自相关函数为

$$R(j) = \sum_{i=1}^{n-j} x_i x_{i+j} = \begin{cases} n & \text{当 } j=0 \\ 0, +1, -1 & \text{当 } 0 < j < n \end{cases} \quad (7.4.1)$$

通常把这种非周期序列的自相关函数 $R(j) = \sum_{i=1}^{n-j} x_i x_{i+j}$ 称为局部自相关函数。常见位数较低的巴克码组如表 7.4.1 所示。表中"＋"表示 $+1$，"－"表示 -1。

表 7.4.1 常见的巴克码组

位数 n	巴 克 码 组	位数 n	巴 克 码 组
2	＋＋；－＋	7	＋＋＋－－＋－
3	＋＋－	11	＋＋＋－－－＋－－＋－
4	＋＋＋－；＋＋－＋	13	＋＋＋＋＋－－＋＋－＋－＋
5	＋＋＋－＋		

下面以 $n=7$ 的巴克码为例，求出它的局部自相关函数如下：

当 $j=0$ 时，$R(j) = \sum_{i=1}^{7} x_i^2 = 1+1+1+1+1+1+1 = 7$。

当 $j=1$ 时，$R(j) = \sum_{i=1}^{6} x_i x_{i+1} = 1 + 1 - 1 + 1 - 1 - 1 = 0$。

当 $j=2$ 时，$R(j) = \sum_{i=1}^{5} x_i x_{i+2} = 1 - 1 - 1 - 1 + 1 = -1$。

同样可以求出 $j=3,4,5,6,7$ 以及 $j=-1,-2,-3,-4,-5,-6,-7$ 时 $R(j)$ 的值为

$$j = 0, \qquad R(j) = 7,$$
$$j = \pm 1, \pm 3, \pm 5, \pm 7, \quad R(j) = 0,$$
$$j = \pm 2, \pm 4, \pm 6, \qquad R(j) = -1。$$

根据这些值，可以做出 7 位巴克码（+ + + — — + —）的关系曲线，如图 7.4.2 所示。可以看出，自相关函数在 $j=0$ 时具有尖锐的单峰特性。局部自相关函数具有尖锐的单峰特性正是连贯式插入帧同步码组的主要要求之一。

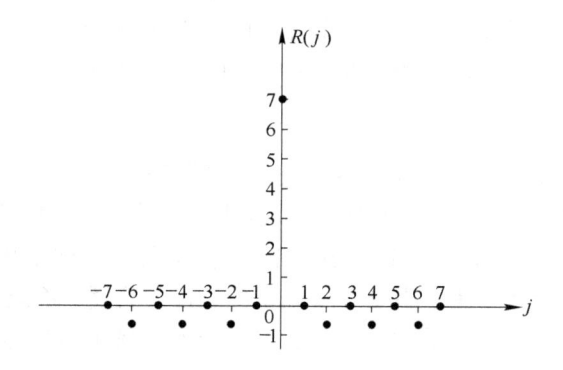

图 7.4.2 7 位巴克码的自相关函数

（2）巴克码识别器

巴克码识别器是指在接收端从信息码流（信息码 + 巴克码）中识别出巴克码的电路。巴克码识别器一般由移位寄存器、相加器和判决器组成。以 7 位巴克码为例，识别器如图 7.4.3 所示。7 级移位寄存器的 1、0 按照 1110010 的顺序接到相加器，注意各级移位寄存器接到相加器处的位置，寄存器的输出有 1 端和 0 端，接法与巴克码的规律一致。当输入码元加到移位寄存器时，如果图中某移位寄存器中进入的是"1"码，该移位寄存器的 1 端输出为 +1，0 端输出为 -1。反之当某移位寄存器中是"0"码，该移位寄存器的 1 端输出为 -1，0 端输出为 +1。

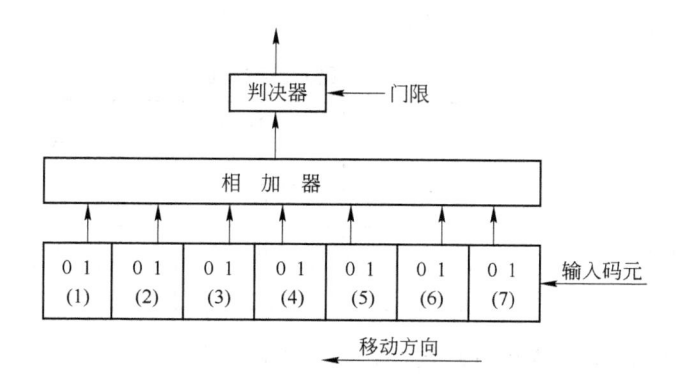

图 7.4.3 7 位巴克码识别器

在实际数字通信系统中，帧同步码的前后都是有信息码，而信息码又是随机的，当巴克码只有部分码在移位寄存器时，信息码占有的其他移位寄存器的输出全部是 +1，在这样一种最不利的情况下，相加器的输出波形如图 7.4.4 所示。

通过图 7.4.4 可以看出，如果判决电平选择在 6，相加器输出为 7 时，大于判决电平 6 而确定巴克码全部进入移位寄存器的位置。此时识别器输出一个帧同步脉冲，表示帧的开始时刻。一般情况下，信息码不会正好都使移位寄存器的输出为 +1，因此实际上更容易判定巴克码全部进入移位寄存器的位置。如果 7 位巴克码中有一位误码时，则相加器的输出将由 7 变为 5，这个电平低于判决器的判决电平。因此为了提高帧同步的抗干扰性能，防止漏同步，判决电平可以改为 4。但改为 4 以后假同步概率明显增大。

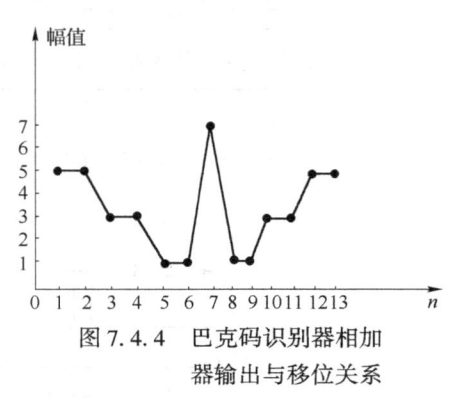

图 7.4.4　巴克码识别器相加器输出与移位关系

当信息码流进入巴克码识别器时，识别器的输入与输出如图 7.4.5 所示。

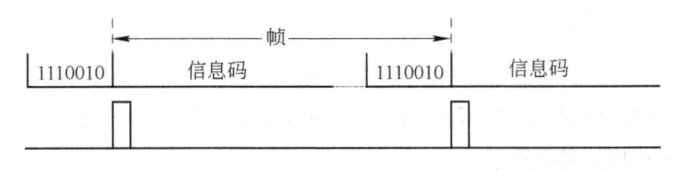

图 7.4.5　巴克码识别器的输出波形

3. 间歇式插入法

（1）应用场合

连贯式插入法是在每帧的前面集中插入一组特殊的码组作为帧同步码组，它主要用在数据传输中，连贯式插入法每帧插入一次。而间歇式插入法是将帧同步码组分散地插入在帧中，即每隔一定数量的信息码元，插入一个帧同步码元。间歇式插入法较多地用在多路数字电话系统中。数字电话主要有 PCM 和 ΔM 两种。单路数字电话如果用增量调制时，可以不需要帧同步。这是因为 ΔM 系统中解调器只要用一个积分器译码即可。在 PCM 系统中编、译码器都有定时脉冲，收、发送端的定时脉冲必须同步，因此一定要用位同步。另外在多路数字电话系统中，要完成多路信号的复用，都需要帧同步，而且往往用间歇式插入法。例如在一些数字微波设备中，帧同步就是用"1"、"0"相间的码作为帧同步码，等间隔地插入在信息流中。在 PCM 多路数字电话中帧同步码可以连贯式插入也可以间歇式插入。如 30/32 路 PCM 系统中，实际上只有 30 路电话，另外两路中的一路专门作为插入帧同步码组用，另一路作其他插入各路信令信号及复帧同步码用。

为了清楚区分集中式插入帧同步码和分散式插入帧同步码的方法，图 7.4.6 和图 7.4.7 分别画出了一个在 n 路 PCM 系统中集中插入帧同步码的示意图和分散插入帧同步码的示意图。

在图 7.4.6 中，每帧用一路专门集中插入帧同步码或其他标志信号，帧同步码和其他标志信号两者交替插入。$n-1$ 路为话音信号，如果采用 8 位码代表一个抽样值，则帧同步码也可以用 8 位码,但也可用 7 位码,例如,PCM 30/32 路系统帧结构中,偶帧时帧同步码为 0011011(第 1 位空着,留给国际用)。

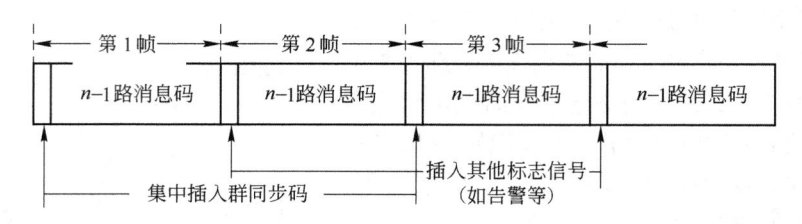

图 7.4.6　集中插入帧同步码

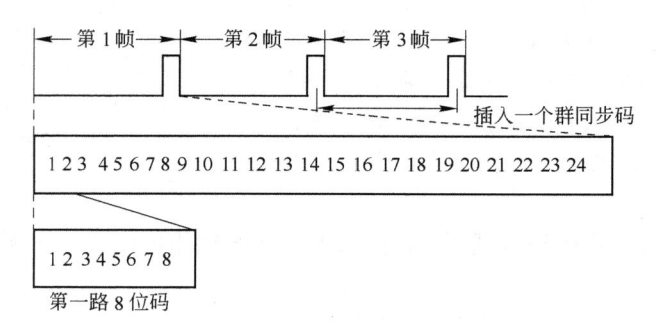

图 7.4.7　分散插入帧同步码

图 7.4.7 为一个在 24 路 PCM 系统中分散插入帧同步码的示意图,每帧共 193 个码元(192 个信息码和一个帧同步码)。

显然,位同步频率是帧同步频率的 193 倍,因此帧同步频率可以通过对位同步频率进行 193 次分频得到。分频后的帧同步脉冲的相位不稳定,通常靠逐码移位法加以调整。下面介绍逐码移位法实现帧同步的原理。

(2) 逐码移位法实现帧同步的原理

① 组成

逐码移位法实现帧同步的原理方框图如图 7.4.8 所示。它由 N 分频器、本地帧码、1 bit 迟延器、异或门和禁门组成。

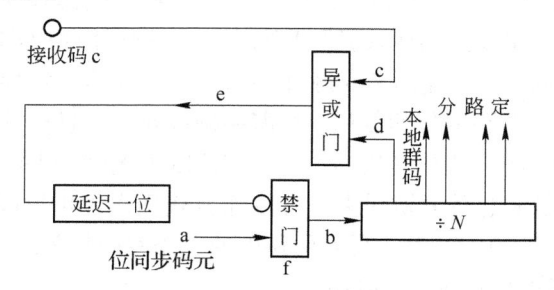

图 7.4.8　逐码移位法实现帧同步的组成

② 基本原理

逐码移位法的基本原理是,由位同步脉冲(位同步码)经过 n 次分频以后的本地帧码(频率是正确的,但相位不确定)与接收到码元中间歇式插入的帧同步码进行逐码移位比较,使本地帧码与发送来的帧同步码同步。

③ 本地帧码的产生

为了方便各点波形的画法,假定 $n=4$,即每个帧有 4 个码元,其中第一个码元为帧同步码,其他三个是信息码,本地帧码由位同步码二分频波形[如图 7.4.9(b)所示]和位同步码四分频波形[如图 7.4.9(c)所示]相乘得到,本地帧码的波形如图 7.4.9(d)所示,是全"1"码。在实现电路上可以用一个与门完成,把二、四分频的输出加到与门电路即可。经过分频器得到的本地帧码,正常情况下宽度为一个码元的宽度 T_b,重复频率为位同步脉冲重复频率 f_b 的 n 分之一,即 f_b/n(图中假定是 $f_b/4$)。

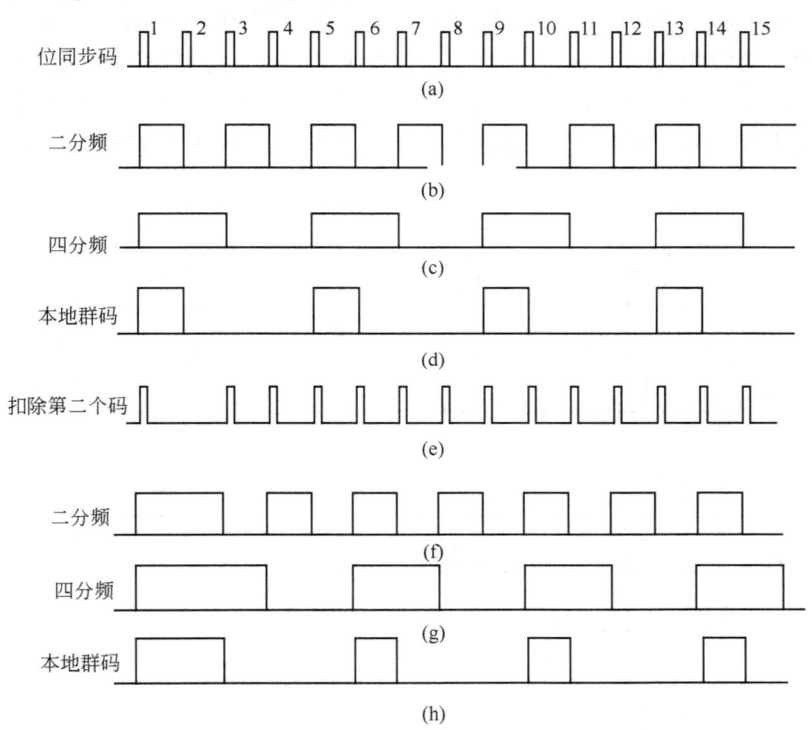

图 7.4.9 逐码移位法实现帧同步各点波形

如果把图 7.4.9(a)中位同步码的第 2 个码扣除,如图 7.4.9(e)所示,此时二次和四次分频波形分别变为图 7.4.9(f)和图 7.4.9(g)所示的波形,而本地帧码的波形如图 7.4.9(h)所示。可以看出,在位同步码中扣除一个码,将使本地帧码的位置延迟一个码元的宽度。

④ 实现帧同步过程

介绍了本地帧码产生的原理后,再来看逐码移位法实现帧同步的方框图,如图 7.4.8 所示。方框图中异或门、延迟一位电路和禁门是专门用来扣除位同步码,以调整本地帧码的相位,具体过程可以通过图 7.4.10 加以说明。

设接收码中的帧同步码如图 7.4.10(c)中斜线部分所示,后面的 1、2、3 表示各路的信息码,为做图方便起见只画了三个码元的位置,也没有画出它是"0"码还是"1"码。如果已经实现了帧同步,那么本地帧码的位置应该和信码中帧码的位置相同(即相位一致)。现在假设本地帧码如图 7.4.10(d)所示,它与接收信码中的帧码相位不一致,差两个码元的位置。即本地帧码(波形 d)超前信码中的帧码(波形 c)两个码元,假设信码均为"0"。此时接收码的波形和本地帧码的波形通过异或门得 c⊕d = e(见图 7.4.8),e 的波形与 d 的一样,图 7.4.8 中异或门输出波形 e 经过 1 bit 延迟电路后得波形 f,波形如图 7.4.10(f)所示。波形 f 加到图 7.4.8 中的禁门,扣除一个位同步码,即位同步码中的第 2 个码元被扣除。由于位同步码中第 2 个码元被扣除,二分频器状态在原来第二个位同步位置处不变,在第三个位同步脉冲处发生变化,这样波形展宽了一个码元宽度,如图 7.4.10(f)所示,因而本地帧码也滞后了一个码元宽度,如图 7.4.10 中的波形 d′所示。

在位同步码元的第 2 个码元被扣除的时刻,图 7.4.8 中 c 与 d′经过异或门,c⊕d′ = e′,e′的波形如图 7.4.10(e′)所示,e′再经过 1 bit 延迟电路得 f′,f′的波形如图 7.4.10(f′)所示,它使图 7.4.8 中的禁门扣除同步码元中的第 3 个码元。同理,由于同步码第 3 个码元的扣除,使本地帧码再展宽一个码元,如图 7.4.10 中的波形 d″,d″再与信码 c 一起通过图 7.4.8 中的异或门使输出为 0,不再扣除同步码元,此时本地帧码与信码中的帧码位置对准,从而实现了帧同步。

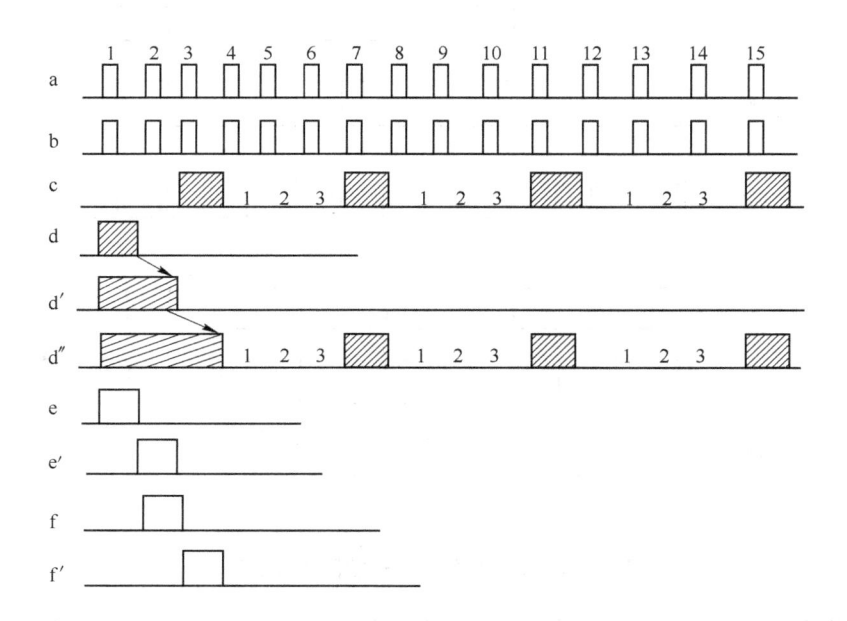

图 7.4.10 逐码移位法的过程

在实现了帧同步后,系统会依据一定的规律产生出各分路定时脉冲,它们与信码相与就会把各路信号从信息码流中区分出来。

7.4.2 帧同步的性能

帧同步系统的性能指标有漏同步概率 P_1、假同步概率 P_2、帧同步平均建立时间 t_s 等。一般要求系统的同步建立时间要短;漏同步概率 P_1 和假同步概率 P_2 要小,但是,要达到三个指标都要小是不可能的,通过下面分析,可以看出它们之间是互相矛盾的。下面主要以连贯式插入法为例,说明帧同步性能指标的计算。

1. 漏同步概率 P_1

在通信系统中,由于噪声和干扰的影响,会引起帧同步码组中一些码元发生错误,从而识别器会漏识已发出的帧同步码组,出现这种情况的概率称为漏同步概率,用符号 P_1 表示。仍然以 7 位巴克码识别器为例,设判决门限为 6,此时 7 位巴克码中只要有一位码发生错码,7 位巴克码全部进入识别器时相加器的输出电平会由 7 变为 5,此时就会出现漏同步,只有一位码也不发生错误时,才不会出现漏同步概率。

假设数字通信系统的误码率为 P,7 位码中一个码元也不错的概率为 $(1-P)^7$,因此判决门限电平为 6 时漏同步概率为 $P_1 = 1-(1-P)^7$。如果为了减少漏同步,判决门限改为 4,此时容许在帧同步码组中有一个错码,则出现一个错码的概率为 $C_7^1 P^1 (1-P)^{7-1}$。漏同步概率为 $P_1 = 1-[(1-P)^7 + C_7^1 P^1 (1-P)^{7-1}]$。

如果设帧同步码组的码元数目为 n,判决器允许帧同步码组中最大错码数为 m,则漏同步概率 P_1 的一般表达式为

$$P_1 = 1 - \sum_{r=0}^{m} C_n^r P^r (1-P)^{n-r} \tag{7.4.2}$$

例如 7 位巴克码识别器,其系统误码率为 1/1 000,在 $m=0$ 和 1 时,漏同步概率 P_1 分别为

$$P_1 = 1-(1-10^{-3})^7 \approx 7 \times 10^{-3} \qquad m=0$$

$$P_1 = 1-(1-10^{-3})^7 - 7 \times 10^{-3}(1-10^{-3})^6 \approx 2.1 \times 10^{-5} \quad m=1$$

2. 假同步概率 P_2

在信息码元中,自然也可能会出现与所要识别的帧同步码组相同的码组,这时识别器会把它误认为是帧同步码组而出现假同步。发生这种情况的概率就称为假同步概率,用符号 P_2 表示。

假同步概率 P_2 的计算,可以通过计算信息码元中能被判为同步码组的组合数与所有可能的码组数之比来获得。设二进制信息码中"1"、"0"码等概出现,$P(0) = P(1) = 0.5$,则由该二进制码元组成 n 位码组的所有可能的码组数为 2^n 个,而其中能被判为同步码组的组合数也与判决器允许帧同步码组中最大错码数 m 有关,若 $m=0$,只有 C_n^0 个码组能识别,若 $m=1$,则有 $C_n^0 + C_n^1$ 个码组能识别。依次类推,这样信息码中可被判为同步码组的组合数为 $\sum_{r=0}^{m} C_n^r$,由此得到假同步概率的一般表达式为

$$P_2 = \frac{1}{2^n} \sum_{r=0}^{m} C_n^r \tag{7.4.3}$$

例如 7 位巴克码识别器 $n=7$,在判决器允许帧同步码组中最大错码数 $m=0$ 和 1 时,假同步误码率为

$$P_2 = \frac{1}{2^7} = 7.8 \times 10^{-3} \quad m=0$$

$$P_2 = \frac{1}{2^7}(1+7) = 6.3 \times 10^{-2} \quad m=1$$

通过式(7.4.2)和式(7.4.3)以及例题可以看出,当判决器允许帧同步码组中最大错码数 m 增大时,P_1 下降,而 P_2 增大,显然两者是矛盾的;另外还可以看出,当巴克码组数 n 变大时,P_1 增大,而 P_2 下降,两者也是矛盾的。因此对 m 和 n 的选择要兼顾对 P_1、P_2 的要求。

3. 平均同步建立时间 t_s

在连贯式插入法实现帧同步情况下，设一帧的码元数为 N，帧同步码组长为 n，码元时间间隔为 T_b。假设漏同步和假同步都不发生，即 $P_1=0, P_2=0$。在最不利的情况下，实现帧同步最多需要一帧的时间，则最长的帧同步时间为 NT_b。当考虑到出现一次漏同步或一次假同步时大致要花费出现漏同步和假同步时要多花费 NT_b 的时间才能建立起帧同步，因此，帧同步的平均建立时间近似为

$$t_s = (1 + P_1 + P_2)NT_b \tag{7.4.4}$$

在采用逐码移位法实现帧同步的情况下，从帧同步建立的原理来看，如果信息码中所有的码都与帧码不同，那么最多只要连续经过 N 次调整，经过 NT_b 的时间就可以建立同步了。但实际上信息码中"1"、"0"码均会出现，当出现"1"码时，例如上面帧同步过程的举例中，第 1 个位同步码对应的时间内信息码为"1"，图 7.4.8 中异或门输出 c⊕d = 0, e = 0, f = 0 禁门不起作用，不扣除第 2 位同步码，因此本地帧码不会向右移展宽，这一帧调整不起作用，一直要到下一帧才有可能调整，假如下一帧本地帧码 d 还是与信码中"1"码相对应，则调整又不起作用。当信息码中"1"、"0"码等概出现时，即 $P(1) = P(0) = 0.5$ 时，经过计算，帧同步平均建立的时间近似为

$$t_s = N^2 T_b \tag{7.4.5}$$

7.4.3 帧同步的保护

在数字通信系统中，由于噪声和干扰的影响，在帧同步码组中会出现误码情况，这样会发生漏同步问题；另外，由于信息码中也可能会出现与帧同步码组一样的码元组合，这样也就会产生假同步的问题。假同步和漏同步的存在，都会使帧同步系统出现不稳定和不可靠。

如果在实际通信系统中，假如系统发现一个帧同步码码组就认为系统已经同步，或当出现一次漏同步就认为系统失步，则这样的系统可能会一直在同步态和失步态之间来回转换，无法正常工作，因此，必须对帧同步系统采取一些措施进行保护，以提高帧同步的性能。对帧同步系统常采用的保护措施是将帧同步的工作状态划分为两种状态，即捕捉态和维持态。即在系统开始时或处于捕捉态(搜索态，也叫失步态)时，通过一定规律多次检测到帧同步信号时，系统才由捕捉态转换到维持态(同步态)；在维持态时，系统不会因一次偶然的无帧同步信号而转换工作状态，而是经过多次按规律的检测，的确发现系统已经失步才转换到捕捉态，重新进行捕捉。下面针对两种不同的帧同步方法分别加以介绍。

1. 在连贯式插入法中的帧同步保护

在上文介绍连贯式插入法实现帧同步的原理时，从要求漏同步概率 P_1 低和假同步概率 P_2 低来看，对巴克码识别器的判决门限电平的选择是相互矛盾的。当然，从系统可靠性考虑，希望：

① 在捕捉态时，提高识别器判决门限电平(m 减少)，使假同步概率 P_2 减少。

② 在维持态时，减少识别器判决门限电平(m 增大)，使漏同步概率 P_1 减少。

在连贯式插入法中进行帧同步保护的原理方框图如图 7.4.11 所示。它主要由 RS 触发器、计数器，以及与门、或门电路组成。下面从两个工作状态来介绍其工作原理。

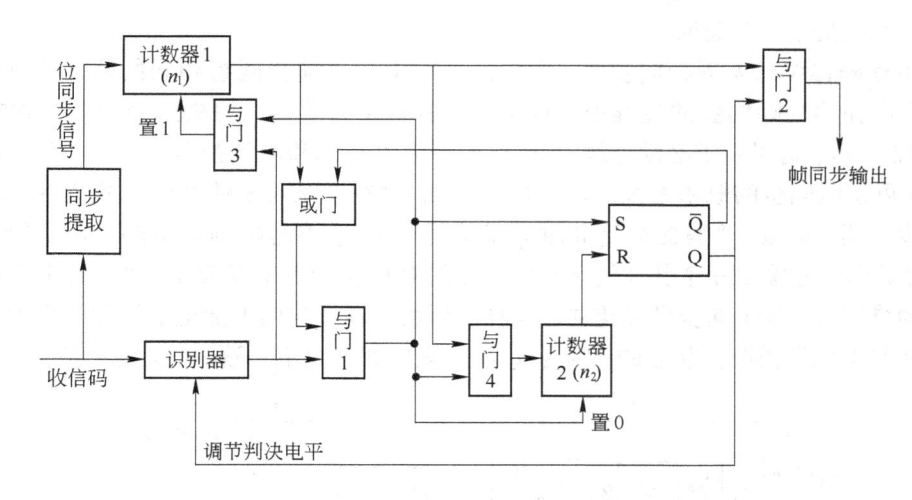

图 7.4.11　连贯式插入法中的帧同步保护

(1) 系统处于失步态时

当系统处于失步态(捕捉态)时,即系统同步未建立时,RS 触发器(作工作状态转换用)的 Q 端此时为低电平,该电平通过一个控制电路(图中未画出),来调节巴克码识别器的门限电平,低电平时,调节能力弱,这时同步码组识别器的判决电平较高,因而减小了假同步的概率的发生。一旦巴克码识别器有输出脉冲,由于触发器的 $\bar{Q}$ 端此时为高电平,于是经或门使与门 1 有输出。与门 1 的一路输出共有 3 路,一路至计数器 1 使之置"1",这时计数器就输出脉冲加至与门 2,该脉冲还分出一路经过或门和与门 1,其输出加至 RS 状态触发器,使系统由捕捉态转为维持态,这时 Q 端变为高电平,打开与门 2,计数器 1 输出的脉冲就通过与门 2 形成帧同步脉冲输出,从而实现了同步。

(2) 系统处于同步态时

同步建立以后,系统处于同步态(维持态)。为了提高系统的抗噪声和抗干扰的性能以减小漏同步概率,原理图中让触发器在维持态时 Q 端输出高电平去降低识别器的判决门限电平,这样就可以减小漏同步概率。另外同步建立以后,若在计数器输出帧同步脉冲的时刻,识别器无输出,这可能是系统真的失去同步,也可能是由于偶然的干扰引起的,只有连续出现 n_2 次这种情况才能认为真的系统已经失步。这时与门 1 连续无输出,经"非"后加至与门 4 的便是高电平,计数器 1 每输出一个脉冲,与门 4 就输出一个脉冲,这样连续 n_2 个脉冲使计数器 2 计满,随即输出一个脉冲至 RS 触发器,使状态由维持态转为捕捉态,当与门 1 不是连续无输出时,计数器 2 未计满就会被置"0",状态就不会转换,因此增加了系统在维持态时的抗干扰能力,从而达到了帧同步系统的保护。

同步建立以后,信息码中的假同步码组也可能使识别器有输出而造成干扰,然而在维持态下,这种假识别的输出与计数器的输出是不同时出现的,因而这时与门 1 没有输出,在这种情况下,不会影响 RS 触发器的工作状态变化。

2. 在间歇式插入法中的帧同步保护

在间歇式插入法中用逐码移位法实现帧同步时,实现帧同步系统的保护,关键是增加了两个计数器。下面仍从两个工作状态来介绍其工作原理。

(1) 系统处于失步态时

在用逐码移位法实现帧同步时,由于信息码中与帧同步码组相同的码元非常多,约占一半,所以在建立帧同步的过程中,假同步的概率会非常大。解决这个问题的保护电路如图 7.4.12 所示,这里要求必须连续 n_1 次检测到接收码元和本地帧码一致,才认为帧同步建立,这样可使假同步的概率大大减小。图 7.4.12 是在图 7.4.8 的基础上构成的。状态触发器在同步未建立时处于"捕捉态"(此时 Q 端为低电平)。本地帧码 d 和收码只有连续 n_1 次一致时,计数器 1 才输出一个脉冲使状态触发器的 Q 端由低电平变为高电平,此时系统就由捕捉态转为维持态,表示同步已经建立。这样收码就可通过与门 1 加至解调器。偶然的不一致是不会使状态触发器改变状态的,因为 n_1 次中只要有一次不一致,就会使计数器 1 置"0"。

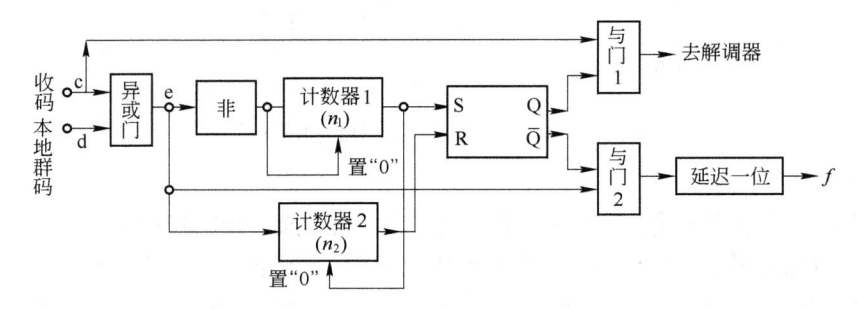

图 7.4.12 逐码移位法帧同步保护原理图

(2) 系统处于同步态时

在同步建立以后,即系统处于同步态时,要防止漏同步以提高同步系统的抗干扰能力,这个作用是由状态触发器(RS 触发器)和计数器 2 完成的。一旦转为维持状态以后,触发器的 $\bar{Q}$ 端为低电平,将与门 2 封闭。这时即使由于某些干扰使 e 有输出,也不会调整本地帧码的相位。如果是真正的失步,e 就会连续不断地有输出加到计数器 2,同时 e 也不断地将计数器 1 置"0",这时计数器 1 不会再有输出加到计数器 2 的置"0"端,而当计数器 2 输入脉冲的累计数达到 n_2 时,就输出一个脉冲使状态触发器由维持态转为捕捉态,C 触发器的 $\bar{Q}$ 端转为高电平。这样,一方面与门 2 打开,帧同步系统又重新进行逐码移位;另一方面封闭与门 1,使解调器暂停工作。由此可以看出,逐码移位法帧同步系统划分为捕捉态和维持态后,既提高了同步系统的可靠性,又增加了系统的抗干扰能力。

在间歇式插入法中用逐码移位法实现帧同步时,两个计数器的次数 n_1 和 n_2 可以根据漏同步概率 P_1 和假同步概率 P_2 的具体要求来计算和设计。如果要求假同步概率 P_2 要小,则计数器 n_1 的值应该增大;如果要求帧同步系统的漏同步概率 P_1 要小,则计数器 n_2 的值应该增大。两个计数器的次数 n_1 和 n_2 的选择是在进行逐码移位法实现帧同步系统设计时的关键。

本 章 小 结

在数字通信中同步是一个很重要的问题。同步按功能分为载波同步、位同步、帧同步和网同步;按实现方式分为外同步和自同步。

实现载波同步的方法有直接法与插入导频法,直接法具体又分为平方变换法、平方环法、科斯塔斯环法等。载波同步的性能指标主要有精度方面的稳态相位误差、随机相位误差；同步建立时间；同步保持时间以及同步的效率。位同步是数字通信系统中帧同步、复帧同步、网同步等的基础。位同步的方法有插入导频法和直接法两种，在直接法中常用的有滤波法、数字锁相法等。位同步与载波同步的性能指标相似，通常也有相位误差（精度）、同步建立时间、同步保持时间及同步带宽等。

帧同步的实现方法主要是通过在信息码组中插入特殊码组来完成。具体有起止式同步法、连贯式插入法和间歇式插入法。特殊码组通常采用巴克码，巴克码具有尖锐的自相关特性，巴克码识别器由移位寄存器、相加器及判决器组成。帧同步性能指标有假同步概率、漏同步概率、平均建立时间等，帧同步一般应该进行帧同步保护。

思考与练习

7-1 什么是载波同步？实现载波同步有哪些具体方法？载波同步的性能指标有哪些？

7-2 在 DSB 系统中，发送端方框图采用题图 7.1 所示的插入导频法，即载波 $A\sin\omega_c t$ 不经过 $-90°$ 相移，直接与已调信号相加后输出，试证明接收端用相干接收法解调 DSB 信号时，解调器输出中含有直流成分。

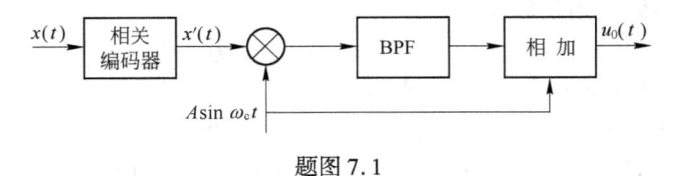

题图 7.1

7-3 已知单边带信号为 $x_{SSB}(t) = x(t)\cos\omega_c t + \hat{x}(t)\sin\omega_c t$，试证明不能用平方变换法提取载波同步信号。

7-4 已知 DSB 信号为 $x_{DSB}(t) = x(t)\cos\omega_c t$，接收端采用相干解调法，载波为 $\cos(\omega_c t + \Delta\varphi)$，试分析推导解调器的输出表达式。

7-5 已知 SSB 信号为 $x_{SSB}(t) = x(t)\cos\omega_c t + \hat{x}(t)\sin\omega_c t$，接收端采用相干解调法接收 SSB 信号，假定载波为 $\cos[(\omega_c + \Delta\omega)t + \Delta\varphi]$，试分析推导解调器的输出表达式。

7-6 画出用科斯塔斯环法（同相正交环法）实现载波同步的方框图，并简单说明其工作原理与优缺点。

7-7 单谐振电路作为滤波器提取同步载波，已知同步载波频率为 $1\,000\,\text{kHz}$，回路 $Q = 100$，把达到稳定值 40% 的时间作为同步建立时间（同步保持时间），求载波同步的建立时间 t_s 和保持时间 t_c。

7-8 用 $Q = 100$ 的单谐振电路作为窄带滤波器提取同步载波，设同步载波频率为 $1\,000\,\text{kHz}$，求单谐振电路自然谐振频率分别为 $999\,\text{kHz}$、$995\,\text{kHz}$ 和 $990\,\text{kHz}$ 时的稳态相位差 $\Delta\varphi$。

7-9 什么是码元同步？实现码元同步有哪些具体方法？码元同步的性能指标有哪些？

7-10 位同步的作用有哪些？

7-11 码元同步系统中相位误差对数字通信的性能有什么影响？

7-12 在数字通信系统中，接收端实现码元同步时，能否用一个高稳定度的晶体振荡器（与发送端的频率一样）直接产生码元同步信号，为什么？

7-13 在用滤波法提取位同步信号的方框图中,为什么要有一个波形变换,其作用是什么?

7-14 已知某低速数字传输系统的码元速率为 50 波特,收发端位同步振荡器的频率稳定度 $(\Delta f/2)/f = 10^{-4}$,采用数字锁相环法实现位同步,分频器次数 $n = 360$,试计算:

(1) 系统的相位误差 θ_e;

(2) 系统的同步建立时间 t_s;

(3) 系统的同步保持时间 t_c(假定 $K = 10$);

(4) 系统的同步带宽 Δf。

7-15 什么是帧同步?实现帧同步有哪些具体方法?帧同步的性能指标有哪些?

7-16 连贯式插入法实现帧同步时,关键是要找出一个特殊的帧同步码组,对这个帧同步特殊码组的要求是什么?

7-17 画出 7 位巴克码(1110010)的识别器,并简述巴克码识别器的工作原理。

7-18 假定信息流中 7 位巴克码(1110010)前后的码元都为000…,试计算识别器中相加器的输出值,并画出其波形。

7-19 简述连贯式插入法中帧同步保护的原理。

7-20 传输速率为 1 kbit/s 的一个数字通信系统,设误码率 $P_e = 10^{-4}$,帧同步采用连贯式插入的方法,同步码组的位数 $n = 7$,

(1) 计算 $m = 0$ 时漏同步概率 P_1 和假同步概率 P_2 为多少?

(2) 计算 $m = 1$ 时漏同步概率 P_1 和假同步概率 P_2 为多少?

(3) 若每帧中的信息位数为 153, $m = 0$ 时估算帧同步的平均建立时间;

(4) 若每帧中的信息位数为 153, $m = 1$ 时估算帧同步的平均建立时间。

7-21 同步是通信系统的重要部分之一,分析回答下列问题:

(1) 从同步的功用考虑,同步可以具体分成哪几种?

(2) 在题图 7.2 中,指出接收端提供了哪几种同步,为什么?

(3) 试画出平方环法提取同步载波的方框图。

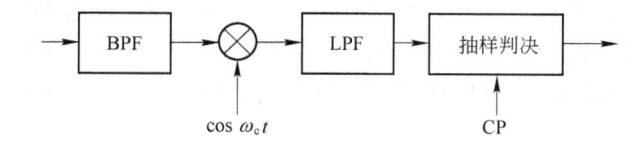

题图 7.2

7-22 巴克码识别器中的判决门限电平的增大、减少,会引起帧同步系统的假同步概率和漏同步概率如何变化?

第8章 差错控制编码

差错控制编码又称信道编码、可靠性编码、抗干扰编码，其目的是为了降低通信系统的差错率，提高数字通信系统的可靠性而采取的一种编码技术，它是实现数字信号可靠性传输的最有效方法之一。

差错控制编码技术的发展起源于信息论的诞生。1948年，信息论的开创者C. E. Shannon在他的奠基性论文《通信的数学理论》(A mathematical theory of communication)中首次提出了著名的信道编码定理。定理从理论上证明，存在一种编码方法，使得当信息传输速率R任意接近信道容量C时，其传输的差错率可以任意小。因此，差错控制编码的任务就是寻找这种编码方案。在此之后，经过半个多世纪的发展，人们经历了从早期线性分组码、BCH码，到后来的卷积码、Turbo码；从注重数学模型、理论研究，到注重实用，最后发展到利用计算机技术进行号码搜索的发展历程。研究成果表明，无论是对于编码方法还是译码方法，都已取得了长足的进步。

在数字信号传输过程中，信道特性的不理想和加性噪声的影响，都会使信号波形失真，产生误码。为了提高系统的抗干扰性能，可以加大发射功率，降低接收设备本身的噪声，合理选择调制和解调方法，采用均衡技术等。此外，采用信道编码也是一种有效的手段。本章将主要分析差错控制编码的基本方法及纠错编码的基本原理，常用的差错控制编码、线性分组码和卷积码的构造原理及其应用。

【本章核心知识点与关键词】

前向纠错 检错重发 最小码距 编码效率 监督矩阵 生成矩阵 校正子 汉明码 循环码 生成多项式 监督多项式 卷积码

8.1 差错控制编码基础

差错控制编码的基本思想是通过对信息序列进行某种变换，使原来彼此独立、互不相关的信息码元产生某种规律性(关联性)，从而有可能在接收端根据这种规律来检查、发现或纠正传输信号序列中的差错。

8.1.1 差错控制编码的分类

在差错控制系统中，差错控制编码存在着多种方式，相应地有多种分类方法。

(1) 按照信息码元和附加的监督码元之间的函数关系，差错控制编码可分为线性码(信息码元和监督码元满足一组线性方程式)和非线性码。

(2) 按照信息码元和监督码元之间的约束关系不同，可以分为分组码和卷积码。分组码中，长度为n的码字包含k个信息码元，$r=n-k$个监督码元，监督码元仅与本码字的信息码元有关。卷积码则不同，编码后是长度为n的码字，但监督码元不仅与本码字的信息码元有关，还与前面若干码字的信息码元有关。

(3) 按照差错控制编码的不同功能,可分为检错码(仅能检测错码)和纠错码(不仅能发现错误而且能自动纠正错码)。

(4) 按照纠正错误的类型不同,可以分为纠正随机错误的码和纠正突发错误的码。

(5) 按照构成差错控制编码的数学方法来分类,可以分为代数码、几何码和算术码。其中代数码建立在近代数学基础上,是目前发展最为完善的编码,其中线性码是代数码的一个最重要的分支。

(6) 若信息码元以不变的形式在码字的任意 k 位(通常在码字的最前面: $c_{n-1},c_{n-2},\cdots,c_{n-k}$)出现,则称其为系统码,否则称为非系统码。

除上述分类之外,还可以根据码元取值的进制分为二进制信道编码和多进制信道编码。随着数字通信系统的发展,可将信道编码器和调制器综合起来设计,即网格编码调制(TCM,Trellis Coded Modulation)。如果将卷积码和随机交织器结合在一起,就能实现随机编码的思想,如果译码方式和参数选择合理,其性能可以接近 Shannon 极限,这就是著名的 Turbo 码的编译码原理。

8.1.2 差错控制方式

常用的差错控制方式有 3 种:前向纠错(FEC)、检错重发(ARQ)和混合纠错(HEC),它们的构成如图 8.1.1 所示,图中有斜线的方框图表示在该端检出错误。

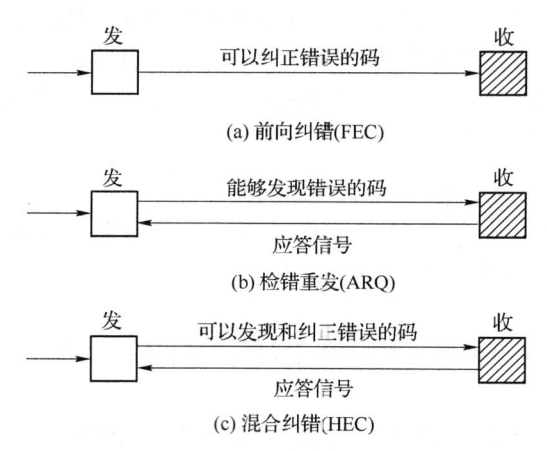

图 8.1.1 差错控制方式

1. 前向纠错方式(FEC, Forward Error-Correction)

前向纠错即发送端发送能够纠正错误的码,接收端收到码后自动地纠正传输中的错误。其特点是不需要反馈信道,实时性好。但是前向纠错编码需要附加较多的冗余码,影响数据传输效率,同时其编译码设备较复杂。这种技术在单工信道中普遍采用,例如无线电寻呼系统中的 POGSAG 编码等。

2. 检错重发方式(ARQ, Automatic Repeat reQuest)

在检错重发方式中,由发送端送出能够发现错误的码,由接收端根据码的编码规则,判决收到的码序列中有无错误产生,并通过反向信道把判决结果反馈给发送端,发送端根据反馈信号将错误的信息再次重发，直到接收端确认正确接收为止。典型的检错重发方式的原理方框图如图 8.1.2 所示。

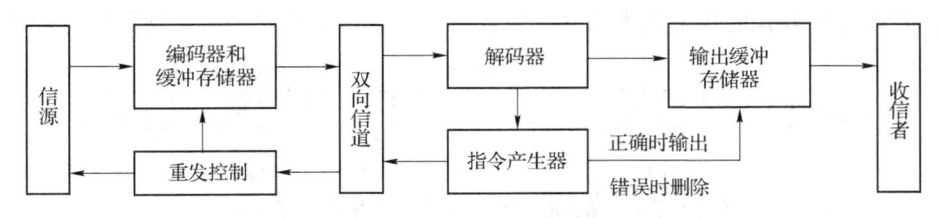

图 8.1.2　ARQ 系统原理方框图

ARQ 的编译码设备简单，在码元冗余度相同的条件下，检错码的检错能力比纠错码的纠错能力要高，因此整个系统的纠错能力强，能获得低的误码率；但 ARQ 需要反馈信道，不能用于单向信道系统和网络中的广播系统；当信道干扰较频繁时，系统将长时间处于重发状态，使通信效率降低。由于重发时会产生延迟，ARQ 方式的连贯性和实时性较差，不适合严格的实时系统。

常用的 ARQ 有 3 种方式：停止等待 ARQ，连续 ARQ，选择重发 ARQ。

如图 8.1.3 所示，在停止等待 ARQ 系统中，数据分组发送。发送端在一段时间内送出一组数据，等待接收端的应答信号，如果收到确认（ACK）答复，则继续发送下一组。如果收到否认（NCK）答复，则重发前一组数据。停止等待 ARQ 工作原理简单，所需缓冲器容量小，应用于计算机数据通信中。这种方式在发送两组数据之间有停顿，即系统工作在半双工状态，因此传输效率较低，不适合高速传输系统。

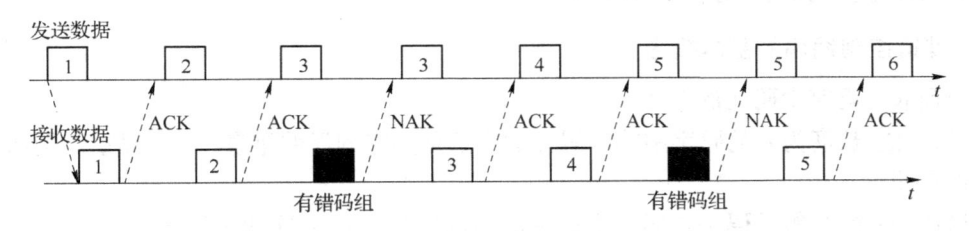

图 8.1.3　停止等待 ARQ

如图 8.1.4 所示，在连续 ARQ 系统中，发送端连续发送数据，直到接收端发现错误并反馈给发送端否认（NCK）答复，此时发送端从下一组数据开始重发前一段 N 组数据。这种方式需要双工信道，比停止等待 ARQ 有很大的改进，但需要对发送的数据组和答复进行编号，以便识别。当信道条件好，误码率较低时，连续 ARQ 的传输效率很高。当信道条件较差时，较多的重发数据组和较大的延时，都会影响传输效率。

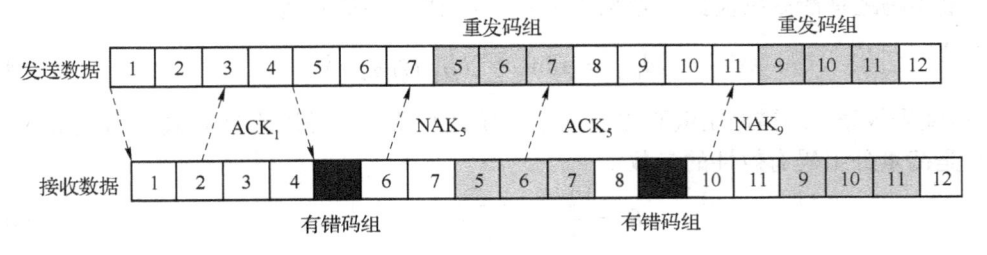

图 8.1.4　连续 ARQ

如图 8.1.5 所示，在选择重发 ARQ 系统中，发送端连续发送数据，当收到接收端的否认（NCK）答复时，发送端不再将错误数据及以后的多组数据全部重新发送，而是只重发出错的数据组。因此这种方式的传输效率最高，并且当信道条件较差时仍可以保持较好的性能。

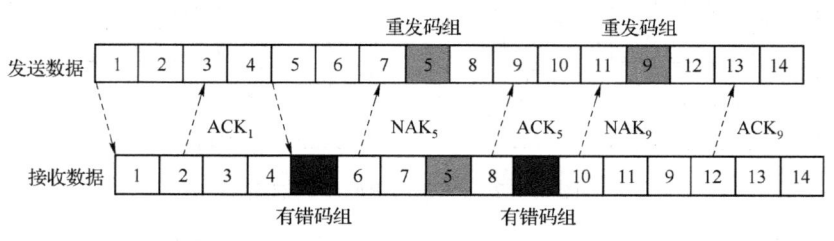

图 8.1.5 选择重发 ARQ

ARQ 在计算机数据通信中得到广泛应用。

3. 混合纠错方式（HEC，Hybrid Error-Correction）

混合纠错方式是 FEC 和 ARQ 方式的结合。发送端发送的码，经过信道传输后，到达接收端，接收端根据码元错误情况，如果在纠错能力范围内，则自动纠错；如果错误码较多，超过了码的纠错能力，则接收端通过反馈信道请求发送端重发。这种方式在一定程度上避免了 FEC 方式译码设备复杂以及 ARQ 方式信息连贯性差的缺点，并能达到较低的误码率。因此，近年来得到广泛应用，如海上卫星通信 Inmarsat-C 等。

在实际应用中，上述几种差错控制方式可根据具体情况合理选用。

8.1.3 码重、码距及检错、纠错能力

1. 差错控制编码的基本概念

（1）码长：码字中码元的个数。

（2）码重：长度为 n 的码字中非零码元的个数称为它的汉明重量，简称码重。例如，码字 10110 的码重 $w=3$。

（3）码距：两个等长码字之间相应位取值不同的数目称为这两个码字的汉明（Hamming）距离，简称码距。可以写做

$$d = \sum_{j=1}^{n} (a_{kj} \oplus a_{mj}) \tag{8.1.1}$$

式中，$\oplus$ 表示模 2 加（异或），n 表示码字长度，a_{kj} 和 a_{mj} 表示第 k 个码字和第 m 个码字的第 j 位码元。例如 11000 与 10011 之间的距离 $d=3$。

（4）最小码距：码组中任意两个码字之间距离的最小值称为该分组码的最小距离，用 d_{min} 表示。最小码距是衡量码检错、纠错能力的重要依据，可表示为

$$d_{min} = \min\{\sum_{j=1}^{n}(a_{kj} \oplus a_{mj})\} \tag{8.1.2}$$

（5）编码效率：差错控制编码提高通信系统的可靠性，是以降低有效性为代价的。编码效率 R 是衡量分组码有效性的参数

$$R = \frac{k}{n} = \frac{n-r}{n} = 1 - \frac{r}{n} \tag{8.1.3}$$

表示 (n,k) 分组码中，信息位在码字中所占的比重。可见，监督码元越多，编码效率越低。

2. 差错控制编码的基本原理

分组码一般可用 (n,k) 表示,是对每段 k 位长的信息以一定的规则增加 r 个监督位,组成长为 n 的码字。在二进制情况下,可得到 2^k 个不同的码字,称这个码字集合为分组码。分组码的编码过程如图 8.1.6 所示。

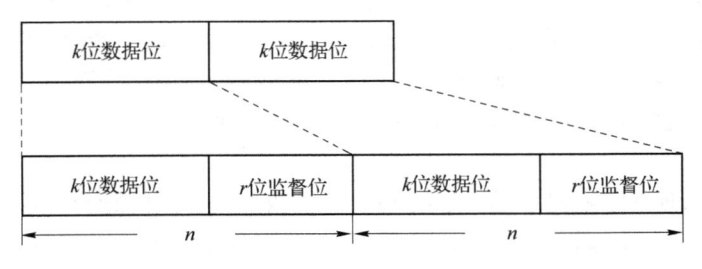

图 8.1.6 分组码的编码过程

在 (n,k) 分组码中,包含 k 位二进制信息码元和 $r=n-k$ 位的监督码元,n 是编码码字中的总的码元个数,又称为码字长度,简称码长。码长为 n 的序列共有 2^n 种,分组码的码字集合有 2^k 种,称为许用码组。其余 2^n-2^k 个码字未被选用,称为禁用码组。因此,纠错编码的基本思想就是在信息码元中附加监督码元,使两者之间建立某种校验关系,当编码后的码字在传输过程中受信道条件的影响导致出错时,信息码元与监督码元之间的校验关系也同时被破坏,接收端可以判断出错并进一步纠正。因此,在引入差错控制编码后,系统的可靠性大大提高了。

以二进制码字为例,要表示某地的天气情况"晴"和"雨"两种消息,分别用 1 位二进制码表示,即"1"表示"晴","0"表示"雨"。如果在传输过程中出现误码,接收端不能发现错误,更谈不上纠错;如果用 2 位二进制码表示消息,即"11"表示"晴","00"表示"雨"。当收到"10"、"01"时,接收端判断是禁用码字,因此可以检测出错误,但无法纠正。此时的编码已具备了检错能力;如果用 3 位二进制码表示消息,即"111"表示"晴","000"表示"雨"。当收到"100"、"010"、"001"、"110"、"011"、"101"时,接收端判断是禁用码字,因此可以检测出错误。当收到码字"100"、"010"、"001"时,接收端在许用码字"111","000"中,寻找与接收码组的汉明距离最小的码字"000",判断它为最有可能发送的码字并接收,同理,当收到码字"110"、"011"、"101"时,接收端判断"111"为最有可能发送的码字并接收,这个过程被称为最小汉明距离译码,实际上也是一种纠错的过程。如上所述,合理增加监督码元的个数,也就是增加许用码字之间的距离,可以使检错和纠错能力加强。

3. 最小码距与纠、检错能力的关系

从上面的例子可以看出,纠错码的抗干扰能力完全取决于许用码字之间的距离,码字间的最小距离越大,说明码字间的差别越大,纠错码的抗干扰能力越强;因此,码字间的最小距离是衡量纠错码检错和纠错能力的主要依据,也是信道编码的重要参数。

通常,分组码的最小汉明距离 d_0 与检错和纠错能力之间满足如下关系。

(1) 当码字用于检测错误时,如果要检测 e 个随机错误,则要求:

$$d_0 \geq e+1 \tag{8.1.4}$$

如图 8.1.7(a) 所示,当 A 发生了 e 个错误,则 A 变成了以 A 为球心,e 为半径的球面上

的码，当它和距离其最近的码 B 有至少 1 位的差别时，译码器不会将它错判为 B。即 A 和 B 之间最小的距离为 $d_0 \geq e+1$。

（2）当码字用于纠正错误时，如果要纠正 t 个随机错误，则要求：
$$d_0 \geq 2t+1 \tag{8.1.5}$$

如图 8.1.7(b) 所示，设 A 和 B 是 (n,k) 分组码中任意两个码字之间距离最小的码字，且 $d_0 = 2t+1$，当 A 发生了 t 个错误后变成以 A 为球心，t 为半径的球面上的码，它和 A 码的距离为 t，它和 B 码的距离为 $t+1$，因此，译码器根据它们之间的距离大小正确译码，可以纠正 t 个错误。

（3）纠正 t 个随机错误，同时检测 $e(\geq t)$ 个错误，则要求：
$$d_0 \geq t+e+1 \tag{8.1.6}$$

如图 8.1.7(c) 所示，A 和 B 是 (n,k) 码中任意两个码字之间距离最小的码字，设码距为 d_0，这里，"同时"是指当错误个数小于等于 t 时，错误能被纠正，此时系统按照纠错方式工作；当错误个数大于 t 而小于 e 时，则最多能发现 e 个错误，系统按照检错方式工作。

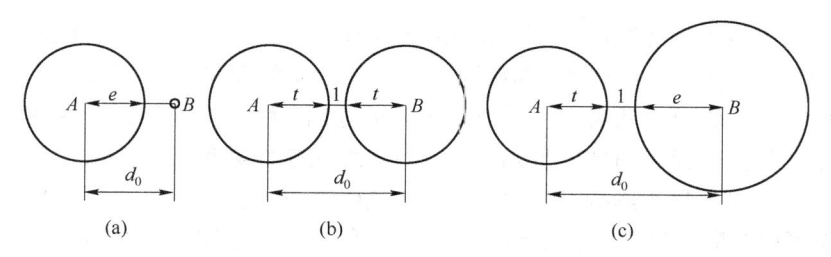

图 8.1.7 检、纠错能力的几何解释

最小码距越大，系统的纠、检错能力越强，但数据冗余也越大，即编码效率降低了。差错控制编码的目标是在编码效率一定的条件下，能够设计出使 d_0 最大的码，或者在 d_0 一定的条件下，设计出使编码效率最大的码。

4. 信道编码定理

信道编码定理指出：每个信道都有一定的信道容量 C，对于码长为 n，码率为 $R_b (R_b < C)$ 的分组码，总存在一种编译码方法，使得随着码长的增加，可实现译码错误的概率任意小，即
$$P_e \leq A_b \mathrm{e}^{-nE(R_b)} \tag{8.1.7}$$

式中，A_b 为大于 0 的系数，$E(R_b)$ 为可靠性函数，也称为误差指数，它与 R、C 的关系如图 8.1.8 所示。信道编码定理表明了错误概率与码长 n、信道容量 C、信息传输速率 R_b 之间的转换关系。这就是差错控制编码方法的理论基础。

由信道编码定理的公式可知，降低差错概率应增大码长 n 或增大可靠性函数 $E(R_b)$，而要增大 $E(R_b)$ 就要加大信道容量 C 或减小码率 R_b。为满足一定误码率的要求，可采取如下措施：在码率 R_b 相同的条件下，信道容量 C 大者其可靠性函数 $E(R_b)$ 大；在信道容量 C 相同的条件下，码率 R_b 减小时可靠性函数 $E(R_b)$ 增大。

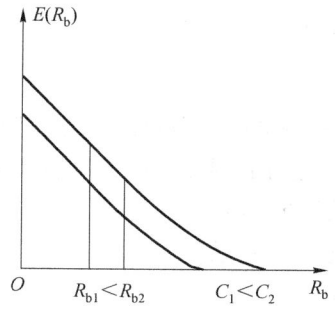

图 8.1.8 误差指数曲线

增大信道容量 C 是提高通信可靠性的基本原理之一。根据信道容量公式

$$C = B\log_b\left(1+\frac{S}{N_0 B}\right) = B\log_b\left(1+\frac{E/T}{N_0 B}\right) \tag{8.1.8}$$

信道容量 C 与带宽 B、信号平均功率 S 和噪声平均功率 N 有关,S/N 为信号噪声功率比(简称信噪比)。E 是信号能量,T 是分组码信号的持续时间即信号宽度。可以在有线通信中依次采用明线(150 kHz)、双绞线(100 MHz)、同轴电缆(1 GHz)、光纤(25 THz)以及在无线通信中依次采用中波、短波、超短波、微波到毫米波的方法扩展频带,进而增大信道容量 C。也可通过提高发射功率、增大天线增益等方法增加信号功率,进而增大信道容量 C。

8.2 常用的几种简单分组码

本节介绍几种简单有效的差错控制编码,这些编码虽然简单,但有一定的检错能力,且易于实现,因此得到了广泛的应用。

8.2.1 奇偶监督码

奇偶监督码又称奇偶校验码,是奇监督码和偶监督码的统称,是线性分组码中最基本的差错控制编码。奇偶监督码将要发送的二进制信息码元进行分组,在 $n-1$ 位信息码元的后面选择一位正确的监督码元,构成 $(n, n-1)$ 的分组码,使得对所有信息码元和监督码元(n 位)进行模 2 和相加的结果为 0(偶监督码)或 1(奇监督码)。

设码字 $A = [a_{n-1}, a_{n-2}, \cdots, a_1, a_0]$,其中 $a_{n-1}, a_{n-2}, \cdots, a_1$ 为信息元,a_0 为监督元。对偶监督码有

$$a_{n-1} \oplus a_{n-2} \oplus \cdots\cdots \oplus a_1 \oplus a_0 = 0 \tag{8.2.1}$$

奇监督码需满足条件:

$$a_{n-1} \oplus a_{n-2} \oplus \cdots\cdots \oplus a_1 \oplus a_0 = 1 \tag{8.2.2}$$

式(8.2.1)、式(8.2.2)通常又被称作监督方程,通过式(8.2.1),可求得偶监督码的监督元。同理,通过式(8.2.2),可求得奇监督码的监督元。表 8.2.1 列出了码长为 5 的偶监督码。

表 8.2.1 码长为 5 的偶监督码

序号	码字					序号	码字				
	信息码元				监督码元		信息码元				监督码元
	a_4	a_3	a_2	a_1	a_0		a_4	a_3	a_2	a_1	a_0
0	0	0	0	0	0	8	1	0	0	0	1
1	0	0	0	1	1	9	1	0	0	1	0
2	0	0	1	0	1	10	1	0	1	0	0
3	0	0	1	1	0	11	1	0	1	1	1
4	0	1	0	0	1	12	1	1	0	0	0
5	0	1	0	1	0	13	1	1	0	1	1
6	0	1	1	0	0	14	1	1	1	0	1
7	0	1	1	1	1	15	1	1	1	1	0

接收端将收到的码字 $B = [b_{n-1}, b_{n-2}, \cdots, b_1, b_0]$ 中的码元进行模 2 相加，对偶监督码来说，如果结果为"0"，就认为无错；如果结果为"1"，就可断定该码字经传输后有单个（或奇数个）错误。由于码字在传输过程中，发生单个错误的概率要比发生 2 个或多个错误的概率大得多，奇偶监督码可以简单、快速地检测单个错误，因此，在实际中得到了广泛的应用。如在计算机数据通信中，ASCII 码通常采用 7 位二进制码元表示 128 种字符，传输时再加上一个奇偶监督位构成码长为 8 的码字，接收端可有效地判定传输过程中是否发生错误。同时，奇偶监督码的编码效率很高，为 $R = (n-1)/n$，并且随 n 的增大而趋近于 1。

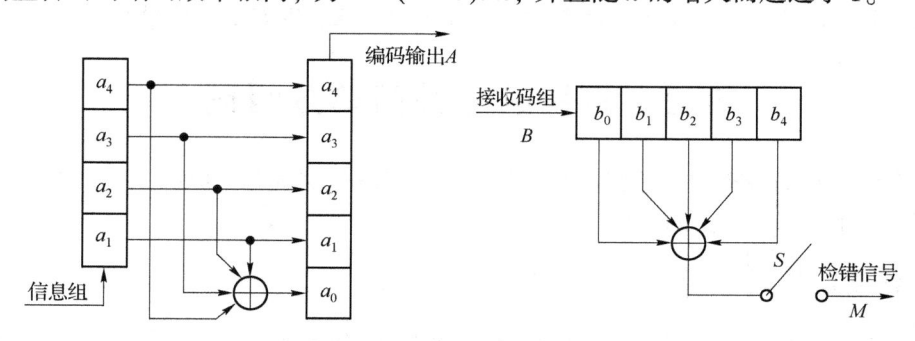

图 8.2.1 偶监督码的硬件实现

8.2.2 行列监督码

为了改进奇偶监督码不能发现偶数个错误的情况，提出了行列监督码。它是二维奇偶监督码，又称为矩阵码。行列监督码不仅对水平（行）方向的码元实施奇偶监督，而且对垂直（列）方向的码元实施奇偶监督。

表 8.2.2 是一个 (66,50) 行列监督码。首先，将要发送的信息码元排列成一个 $L=5$ 行 $M=10$ 列的方阵，方阵中的每一行为一个码字，在行的最后一位加上一个监督码元 $a_i (i=1, 2, \cdots, L)$，进行奇偶监督；同理，在每列的最后一位也加上一个监督码元 $c_i (i=1, 2, \cdots, M+1)$，形成行列监督码。$L \times M$ 个信息元附加 $L+M+1$ 个监督元，组成 $(LM+L+M+1, LM)$ 行列监督码（$L+1$ 行，$M+1$ 列）。

表 8.2.2 (66,50) 行列监督码的一个码字

1	1	0	0	1	0	1	0	0	0	0
0	1	0	0	0	0	1	1	0	1	0
0	1	1	1	1	0	0	0	0	1	1
1	0	0	1	1	1	0	0	0	0	0
1	0	1	0	1	0	0	1	1	0	0
1	1	0	0	0	1	0	1	1	0	0

行列监督码适合检测突发错误。突发错误常常集中在一段时间成串出现，造成在一行中连续出现多个奇数或偶数错码，当码字在一行中出现奇数个错误时，可以确定错码的位置并加以纠正。当码字在一行中出现偶数个错误时，尽管每行的偶数个错误不能由本行的监督码元检出，但按列的方向可以由本列的监督码元检测出来。行列监督码只对构成矩形四角的错码无法检测。因此，行列监督码不仅具有较强的检错能力，还可用来纠正一些错码。

8.2.3 恒比码

恒比码又称等重码。这种码的每个码字中"1"的数目与"0"的数目保持恒定比例。由于每个码字的长度相同，因此码字等重。

例如，目前我国电报通信中普遍采用3:2恒比码，该码共有 $C_5^3 = 10$ 个许用码字，表示10个阿拉伯数字(0~9)，如表8.2.3所示。这种码又称为"5中取3"数字保护码，由于每个汉字是以4位十进制数来表示的，因此，提高十进制数字传输的可靠性，即提高了汉字传输的可靠性。实践证明，采用这种码后，我国汉字电报的差错率大为降低。

表8.2.3 3:2恒比码

数字	码字	数字	码字
0	0 1 1 0 1	5	0 0 1 1 1
1	0 1 0 1 1	6	1 0 1 0 1
2	1 1 0 0 1	7	1 1 1 0 0
3	1 0 1 1 0	8	0 1 1 1 0
4	1 1 0 1 0	9	1 0 0 1 1

目前国际上通用的ARQ电报通信系统采用3:4码。即7中取3的恒比码，每个码字长度为7，其中有三个"1"，准用码字数为 $C_7^3 = 35$，35个码字分别表示26个字母和其他符号。实践证明，采用这种码后，国际电报通信的误码率保持在 10^{-6} 以下。

8.3 线性分组码

线性分组码是讨论各类码的基础，概念简单，有关码的生成矩阵、校验矩阵和它们之间的关系，校验矩阵与纠错能力之间的关系等对于初学者都极为重要。

8.3.1 基本概念

从奇偶监督码的编码原理可知，信息位和监督位是通过代数方程联系的，我们把这类建立在代数学基础上的编码称为代数码。分组码(n,k)是固定长度的码字。在编码时，首先将信息每k个码元进行分组，经编码器生成长为n的码字。当分组码的信息码元和监督码元之间为线性关系时，分组码称为线性分组码。

线性分组码是建立在代数群论基础上的，各许用码的集合构成了代数学中的群，它们的主要性质如下：

(1) 任意2个许用码字之和(模2加)仍为许用码字，即线性分组码具有封闭性；
(2) 码字间的最小码距等于非零码的最小码重。

在8.2.1节中介绍的奇偶监督码，只有1位监督位，如码长为n的奇偶监督码$(n, n-1)$，接收端收到码字 $B = [b_{n-1}, b_{n-2}, \cdots, b_1, b_0]$ 译码时，实际上就是在计算：

$$S = b_{n-1} \oplus b_{n-2} \oplus \cdots \oplus b_1 \oplus b_0 \qquad (8.3.1)$$

上式被称为监督关系式，式中，S是校验子。若$S=0$，表示正确接收；若$S=1$，则认为有错。由于校验子S的取值有"0"和"1"两种状态，因此，它只能表示有错和无错这两种信息，而不能指出错码的位置。可以设想，如果监督位增加1位，即变成2位，则需要增加一个监督关系式，也就能够计算出2个校正子S_1和S_2。则共有4种组合：00, 01, 10, 11，可以表示4种不同的状态信息。除了用00表示无错以外，其余3种状态就可用于指示3种不同的误码图样。

同理，由 r 个监督关系式计算得到的校正子有 r 位，可以用来指示 2^r-1 种误码图样。对于码字长度为 n，信息码元为 k 位，监督码元为 r 的分组码 (n,k)，当传输过程中出现 1 位误码，并且满足：

$$2^r - 1 \geq n \tag{8.3.2}$$

则可由这 r 个监督位来表示 n 长码字出现 1 位误码的具体位置。

下面通过一个例子来说明线性分组码的构造过程。

设分组码 (n,k) 中 $k=4$，传输时仅有 1 位码元出现误码，接收端需要纠正此位错误。因此，由上式可知，要求 $r \geq 3$，若取 $r=3$，则 $n=k+r=7$。如果用 a_6、a_5、a_4、a_3、a_2、a_1、a_0 表示这 7 个码元，用 S_3、S_2、S_1 表示 3 个校验子，并且假设 S_3、S_2、S_1 3 位校验子与误码位置的关系如表 8.3.1。

表 8.3.1 (7, 4) 校验字与误码位置

S_1	S_2	S_3	误码位置	S_1	S_2	S_3	误码位置
0	0	1	a_0	1	0	1	a_4
0	1	0	a_1	1	1	0	a_5
1	0	0	a_2	1	1	1	a_6
0	1	1	a_3	0	0	0	无错

利用表 8.3.1 得到的 S_3、S_2、S_1，就能够指示 (7,4) 中哪一位出现了错误，进而进行纠正。例如当传输过程中，a_3 出现了错误，则 $S_3S_2S_1=011$。需要注意，表 8.3.1 仅给出了一种校验子与误码的对应关系，当然，也可以规定成另一种对应关系，但对表 8.3.1 的讨论并不影响其一般性。

类似"脉冲与数字电路"课程当中的"真值表"分析，由表 8.3.1 中的规定可以看出，仅当误码位置在 a_2、a_4、a_5 或 a_6 时，校正子 S_1 为 1；否则 S_1 为 0。这就意味着 a_2、a_4、a_5 和 a_6 这 4 个码元构成偶监督关系：

$$S_1 = a_6 \oplus a_5 \oplus a_4 \oplus a_2 \tag{8.3.3a}$$

同理 a_2、a_4、a_5 和 a_6 构成偶监督关系：

$$S_2 = a_6 \oplus a_5 \oplus a_3 \oplus a_1 \tag{8.3.3b}$$

a_0、a_3、a_4 和 a_6 构成偶监督关系：

$$S_3 = a_6 \oplus a_4 \oplus a_3 \oplus a_0 \tag{8.3.3c}$$

在发送端编码时，a_6、a_5、a_4 或 a_3 是信息码元，它们的值取决于输入信号，因此，是随机的。a_2、a_1 和 a_0 是监督码元，它们的取值由监督关系来确定，即式 (8.3.3)，设对应偶监督关系成立，则 S_3、S_2、S_1 的值为零，这样式 (8.3.3) 的 3 个表达式可以表示成下面的方程组形式：

$$\begin{cases} a_6 + a_5 + a_4 + a_2 = 0 \\ a_6 + a_5 + a_3 + a_1 = 0 \\ a_6 + a_4 + a_3 + a_0 = 0 \end{cases} \tag{8.3.4}$$

由上式经移项运算，能够计算出监督位 a_2、a_1 和 a_0：

$$\begin{cases} a_2 = a_6 + a_5 + a_4 \\ a_1 = a_6 + a_5 + a_3 \\ a_0 = a_6 + a_4 + a_3 \end{cases} \tag{8.3.5}$$

利用式(8.3.5)，可以得到16个许用码字，如表8.3.2所示。

表 8.3.2 许用码字集合

信息位				监督位			信息位				监督位			信息位				监督位			信息位				监督位		
a_6	a_5	a_4	a_3	a_2	a_1	a_0	a_6	a_5	a_4	a_3	a_2	a_1	a_0	a_6	a_5	a_4	a_3	a_2	a_1	a_0	a_6	a_5	a_4	a_3	a_2	a_1	a_0
0	0	0	0	0	0	0	0	1	0	0	1	1	0	1	0	0	0	1	1	1	1	1	0	0	0	0	1
0	0	0	1	0	1	1	0	1	0	1	1	0	1	1	0	0	1	1	0	0	1	1	0	1	0	1	0
0	0	1	0	1	0	1	0	1	1	0	0	1	1	1	0	1	0	0	1	0	1	1	1	0	1	0	0
0	0	1	1	1	1	0	0	1	1	1	0	0	0	1	0	1	1	0	0	1	1	1	1	1	1	1	1

接收端收到每个码字后，利用式(8.3.3)计算 S_3、S_2 和 S_1，如全为0，表示正确接收；如不全为0，则可按表8.3.1确定误码的位置并予以纠正。例如，接收码字为0000011，计算 $S_3S_2S_1 = 011$，可知在 a_3 位置上有误码，经纠正得正确码字为0001011。

不难看出，上述(7,4)码的最小码距 $d_{\min} = 3$，因此，它能纠正1个误码或检测2个误码。如超出纠错能力，则会因"乱纠"而增加新的误码。

通过上述分析可以看出，利用线性方程组能够实现线性分组码的编码和译码过程，当然上述过程也可以矩阵形式来表述。

8.3.2 监督矩阵 H 和生成矩阵 G

式(8.3.4)所示(7,4)码的3个监督方程式可以改写为

$$\begin{cases} 1 \cdot a_6 + 1 \cdot a_5 + 1 \cdot a_4 + 0 \cdot a_3 + 1 \cdot a_2 + 0 \cdot a_1 + 0 \cdot a_0 = 0 \\ 1 \cdot a_6 + 1 \cdot a_5 + 0 \cdot a_4 + 1 \cdot a_3 + 0 \cdot a_2 + 1 \cdot a_1 + 0 \cdot a_0 = 0 \\ 1 \cdot a_6 + 0 \cdot a_5 + 1 \cdot a_4 + 1 \cdot a_3 + 0 \cdot a_2 + 0 \cdot a_1 + 1 \cdot a_0 = 0 \end{cases} \quad (8.3.6)$$

这组线性方程可用矩阵形式表示为

$$\begin{bmatrix} 1 & 1 & 1 & 0 & 1 & 0 & 0 \\ 1 & 1 & 0 & 1 & 0 & 1 & 0 \\ 1 & 0 & 1 & 1 & 0 & 0 & 1 \end{bmatrix} \cdot \begin{bmatrix} a_6 \\ a_5 \\ a_4 \\ a_3 \\ a_2 \\ a_1 \\ a_0 \end{bmatrix} = \begin{bmatrix} 0 \\ 0 \\ 0 \end{bmatrix} \quad (8.3.7)$$

或

$$\begin{bmatrix} a_6 & a_5 & a_4 & a_3 & a_2 & a_1 & a_0 \end{bmatrix} \cdot \begin{bmatrix} 1 & 1 & 1 \\ 1 & 1 & 0 \\ 1 & 0 & 1 \\ 0 & 1 & 1 \\ 1 & 0 & 0 \\ 0 & 1 & 0 \\ 0 & 0 & 1 \end{bmatrix} = \begin{bmatrix} 0 & 0 & 0 \end{bmatrix} \quad (8.3.8)$$

并简记为

$$H \cdot A^T = 0^T \quad \text{或} \quad A \cdot H^T = 0 \quad (8.3.9)$$

H 称为监督矩阵,A 称为信道编码的码字;其中 A^T 是 A 的转置,$A = [a_6 \quad a_5 \quad a_4 \quad a_3 \quad a_2 \quad a_1 \quad a_0]$;$\mathbf{0}^T$ 是 $\mathbf{0} = [0 \quad 0 \quad 0]$ 的转置,H^T 是 H 的转置。上式说明 H 矩阵与码字的转置乘积必为 $\mathbf{0}$,也可用来作为判断接收码字 B 是否出错的依据。

$$H = \begin{bmatrix} 1 & 1 & 1 & 0 & 1 & 0 & 0 \\ 1 & 1 & 0 & 1 & 0 & 1 & 0 \\ 1 & 0 & 1 & 1 & 0 & 0 & 1 \end{bmatrix} \tag{8.3.10}$$

H 矩阵的每一行代表一个线性方程组的系数,表示通过信息码元求解监督码元的线性方程。因此,对于 (7,4) 码的 H 矩阵有 $n-k$ 即 3 行,且各行是线性独立的。

如表 8.3.2 所示,从 16 个许用码字中任意挑选出 $k=4$ 个线性无关的码字 $[1 \ 0 \ 0 \ 0 \ 1 \ 1 \ 1]$,$[0 \ 1 \ 0 \ 0 \ 1 \ 1 \ 0]$,$[0 \ 0 \ 1 \ 0 \ 1 \ 0 \ 1]$,$[0 \ 0 \ 0 \ 1 \ 0 \ 1 \ 1]$ 作为码的生成矩阵的行,则

$$G = \begin{bmatrix} 1 & 0 & 0 & 0 & 1 & 1 & 1 \\ 0 & 1 & 0 & 0 & 1 & 1 & 0 \\ 0 & 0 & 1 & 0 & 1 & 0 & 1 \\ 0 & 0 & 0 & 1 & 0 & 1 & 1 \end{bmatrix} \tag{8.3.11}$$

若已知信息码 $M = [a_6 \quad a_5 \quad a_4 \quad a_3] = [1 \ 0 \ 0 \ 1]$,则相应的 (7,4) 码为

$$[1 \ 0 \ 0 \ 1] \cdot \begin{bmatrix} 1 & 0 & 0 & 0 & 1 & 1 & 1 \\ 0 & 1 & 0 & 0 & 1 & 1 & 0 \\ 0 & 0 & 1 & 0 & 1 & 0 & 1 \\ 0 & 0 & 0 & 1 & 0 & 1 & 1 \end{bmatrix} = [1 \ 0 \ 0 \ 1 \ 1 \ 0 \ 0] \tag{8.3.12}$$

即 $A = M \cdot G$。这里 G 为生成矩阵,通过它可以产生整个线性分组码的码字。可以证明,码的生成矩阵 G 可以不止一种形式,但不论哪种形式,都将生成同一个 (7,4) 码。当信息码元在编码过程中保持在码字的任意 k 位不变(通常在码字的高位,如 (7,4) 码的码字 $A = [a_6 \quad a_5 \quad a_4 \quad a_3 \quad a_2 \quad a_1 \quad a_0]$,其中信息码 $M = [a_6 \quad a_5 \quad a_4 \quad a_3]$,这样的码称为系统码,否则为非系统码。

由于系统码的码字前 k 位是原来的信息码,由式 (8.3.12) 可知,G 矩阵左边 k 列组成了一个单位矩阵 I_k,因此系统码的生成矩阵为

$$G = [I_k \quad Q] \tag{8.3.13}$$

式中,Q 为 $k \times r$ 阶矩阵。可以写成式 (8.3.12) 形式的 G 矩阵,称为典型生成矩阵。非典型形式的矩阵经过运算也可以化为典型矩阵形式。

$$H = \begin{bmatrix} 1 & 1 & 1 & 0 & 1 & 0 & 0 \\ 1 & 1 & 0 & 1 & 0 & 1 & 0 \\ 1 & 0 & 1 & 1 & 0 & 0 & 1 \end{bmatrix} = [P \quad I_r] \tag{8.3.14}$$

H 为 $r \times n$ 阶矩阵,P 为 $r \times k$ 阶矩阵,I_r 为 $r \times r$ 阶单位矩阵,可以写成式 (8.3.14) 形式的监督矩阵称为典型监督矩阵,不满足此条件的监督矩阵称为非典型监督矩阵。且有:

$$Q = \begin{bmatrix} 1 & 1 & 1 \\ 1 & 1 & 0 \\ 1 & 0 & 1 \\ 0 & 1 & 1 \end{bmatrix} = P^T \tag{8.3.15}$$

系统码的编码相对简单,可以由 H 方便地得到 G,反之亦然。

8.3.3 伴随式(校正子) S

发送端通过对信息码元 M 进行信道编码,产生线性分组码 $A = [a_{n-1}, a_{n-2}, \cdots, a_1, a_0]$,在信道传输过程中,可能产生误码,设接收端收到的码字为 $B = [b_{n-1}, b_{n-2}, \cdots, b_1, b_0]$,由于线性分组码的每一码字都满足式 $H \cdot A^T = 0^T$ 或 $A \cdot H^T = 0$,因此,收到码字 B 后,检验如下:

$$B \cdot H^T = (A + E) \cdot H^T = A \cdot H^T + E \cdot H^T = E \cdot H^T \quad (8.3.16)$$

E 为传输过程中产生的错误图样 $E = [e_{n-1}, e_{n-2}, \cdots, e_1, e_0] = [b_{n-1}, b_{n-2}, \cdots, b_1, b_0] - [a_{n-1}, a_{n-2}, \cdots, a_1, a_0]$,这里

$$e_i = \begin{cases} 1 & b_i \neq a_i \\ 0 & b_i = a_i \end{cases} \quad (8.3.17)$$

若 $E = 0$, $B \cdot H^T = 0$,则接收码字正确;若 $E \neq 0$, $B \cdot H^T \neq 0$,则接收的码字有误码发生;令

$$S = BH^T = E \cdot H^T \quad (8.3.18)$$

称为接收码字 B 的伴随式或校正子。由此可见,校正子 S 仅与错误图样有关,它反映了信道的干扰情况,与传送的具体码字无关。对于上述(7,4)码,校正子 S 与错误图样的对应关系如表 8.3.3 所示。

表 8.3.3 (7,4)码校正子与错误图样的对应关系

序号	错误码位	E							S		
		e_6	e_5	e_4	e_3	e_2	e_1	e_0	S_2	S_1	S_0
0	/	0	0	0	0	0	0	0	0	0	0
1	b_0	0	0	0	0	0	0	1	0	0	1
2	b_1	0	0	0	0	0	1	0	0	1	0
3	b_2	0	0	0	0	1	0	0	1	0	0
4	b_3	0	0	0	1	0	0	0	0	1	1
5	b_4	0	0	1	0	0	0	0	1	0	1
6	b_5	0	1	0	0	0	0	0	1	1	0
7	b_6	1	0	0	0	0	0	0	1	1	1

表 8.3.3 中可以看出, $e_i = 1$,表示码字中第 i 位码元出错; $e_i = 0$,表示码字中第 i 位码元传输正确;校正子 S 的 2^r 种形式分别代表码字无错和 $2^r - 1$ 种有错的图样。收端的译码器从接收码字 B 中计算校正子 S,从而实现检错和纠错。

8.3.4 汉明码

汉明码是 1950 年由 Hamming 首先提出的,它是一种能够纠正单个错码且编码效率较高的线性分组码,有以下特点:

(1) 最小码距 $d_0 = 3$,可以纠正 1 个错码;

(2) 码长 n 与监督码元 r 之间满足关系式 $n = 2^r - 1$。

由典型监督矩阵,得到相应的生成矩阵 G,进而可以产生系统汉明码,前述的(7,4)线

性分组码就是一个汉明码。图 8.3.1 给出了(7,4)系统汉明码的编码和译码电路。由于汉明码的编译码简单,容易实现,因此应用广泛,特别是在计算机的存储和运算系统中。

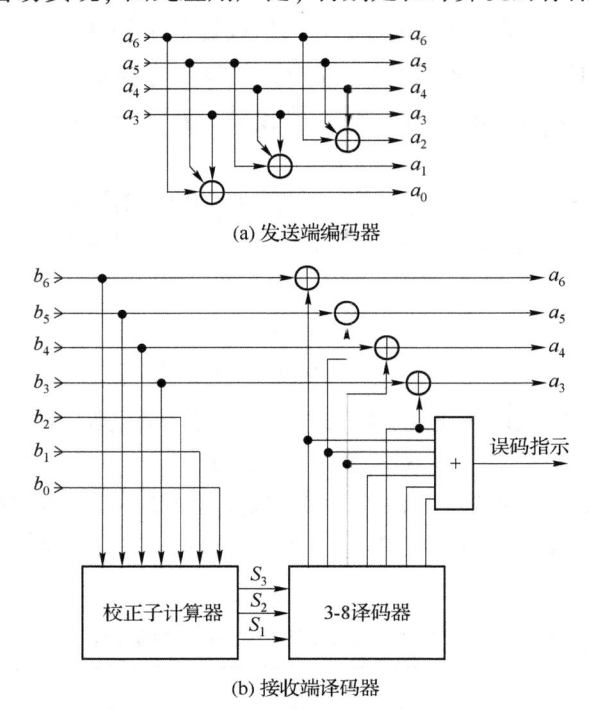

(a) 发送端编码器

(b) 接收端译码器

图 8.3.1 (7,4)汉明码的编译码器

8.4 循 环 码

循环冗余校验(CRC,Cyclic Redundancy Checking)码是线性分组码的一个重要子集,它有严谨的代数结构,检错和纠错能力较强;循环码的性能易于分析,且编译码电路易于实现,因此应用范围较广。

8.4.1 基本概念

1. 循环码的特点

循环码最大的特点就是码字的循环特性。所谓循环特性,是指循环码中任一许用码字经过循环移位后,所得到的码字仍然在码字集合(许用码组)中。例如,假设$[a_{n-1}, a_{n-2}, \cdots, a_1, a_0]$为循环码字,则$[a_{n-2}, \cdots, a_1, a_0, a_{n-1}]$、$[a_{n-3}, a_{n-4}, \cdots, a_0, a_{n-2}]$仍然是许用的循环码字。也就是说,不论是循环左移还是循环右移,也不论移多少位,仍然是许用的循环码字。表 8.4.1 给出了一种(7,3)循环码的全部码字。

表 8.4.1 一种(7,3)循环码的全部码字

序号	码字						
0	0	0	0	0	0	0	0
1	0	0	1	0	1	1	1
2	0	1	0	1	1	1	0
3	0	1	1	1	0	0	1
4	1	0	0	1	0	1	1
5	1	0	1	1	1	0	0
6	1	1	0	0	1	0	1
7	1	1	1	0	0	1	0

表 8.4.1 中的第 2 个码字向左移 1 位,得到第 5 个码字;第 6 个码字向左移 1 位,得到第 4 个码字;对应表中码字的循环关系,可用图 8.4.1 表示。

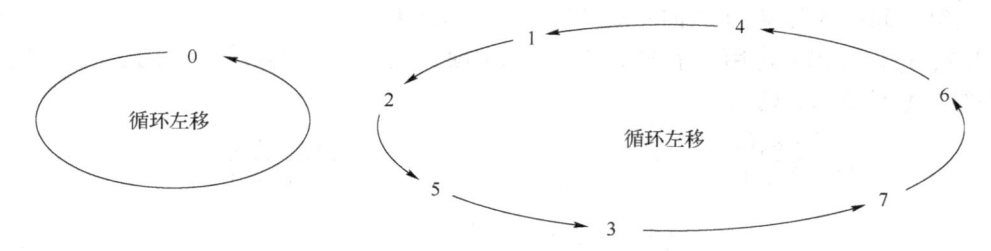

图 8.4.1 (7,3)循环码循环右移状态转移图

2. 码的多项式

用代数理论研究循环码,可以将码字用代数多项式来表示,这个多项式被称为码多项式,对于许用循环码 $A = [a_{n-1}, a_{n-2}, \cdots, a_1, a_0]$ 的码多项式(以降幂顺序排列)为

$$A(x) = a_{n-1}x^{n-1} + a_{n-2}x^{n-2} + \cdots + a_1 x + a_0 \tag{8.4.1}$$

对于二进制码字,多项式的系数取值为 1 或 0,x 是码元位置的标志。如表 8.4.1 中第 6 个码字(1100101)可表示为

$$\begin{aligned} A_6(x) &= 1 \cdot x^6 + 1 \cdot x^5 + 0 \cdot x^4 + 0 \cdot x^3 + 1 \cdot x^2 + 0 \cdot x^1 + 1 \\ &= x^6 + x^5 + x^2 + 1 \end{aligned} \tag{8.4.2}$$

3. 模运算

对于整数运算,如模 2 运算,有 $1+1=2\equiv 0$(模 2),$2+1=3\equiv 1$(模 2),因此,若一个整数 m 可以表示为

$$\frac{m}{n} = Q + \frac{p}{n}, \text{其中} p < n, Q \text{是整数} \tag{8.4.3}$$

则上式表示,在模 n 的运算条件下,有 $m \equiv p$(模 n),即 m 在模 n 的运算条件下等于其被 n 除所得的余数 p。

对于码多项式,同样可以进行类似的取模运算。如

$$\frac{A(x)}{g(x)} = Q(x) + \frac{R(x)}{g(x)} \tag{8.4.4}$$

其中,$A(x)$ 是一个 n 次多项式,$Q(x)$ 为商,$R(x)$ 为次数小于 n 的余式。上式还可写为

$$A(x) = Q(x) \cdot g(x) + R(x) \tag{8.4.5}$$

因此,$A(x) \equiv R(x)$(模 $g(x)$),即 $A(x)$ 与 $R(x)$ 是同余的。

对于二进制的码多项式,多项式的系数仍按照模 2 运算,其值只取 0 或 1。如计算 $x^4 + x^2 + 1$ 除以 $x^3 + 1$,有

$$\frac{x^4 + x^2 + 1}{x^3 + 1} = x + \frac{x^2 + x + 1}{x^3 + 1}$$

即

$$x^4 + x^2 + 1 \equiv x^2 + x + 1 \quad (\text{模 } x^3 + 1)$$

对于循环码,可以证明:若 $A(x)$ 是码长为 n 的循环码许用码组中某个码字对应的多项

式,则 $x^i \cdot A(x)$ 在按模 x^n+1 运算条件下,也是该循环码许用码组中一个码字的多项式,即
$$x^i \cdot A(x) \equiv A'(x) \quad (模\ x^n+1) \tag{8.4.6}$$
$A'(x)$ 是循环码中的码字 $A(x)$ 向左循环移位 i 次的结果。

如 (7,3) 循环码的许用码字 1100101 的码多项式 $A_6(x) = x^6 + x^5 + x^2 + 1$,当 $i = 3$,也就是向左循环移位 3 次,则

$$\frac{x^3 \cdot A_6(x)}{x^7+1} = \frac{x^3 \cdot (x^6 + x^5 + x^2 + 1)}{x^7+1} = \frac{x^9 + x^8 + x^5 + x^3}{x^7+1}$$
$$= (x^2 + x) + \frac{x^5 + x^3 + x^2 + x}{x^7+1}$$
$$x^3 \cdot A_6(x) \equiv x^5 + x^3 + x^2 + x \quad (模\ x^7+1)$$

即 $x^3 \cdot A_6(x) \equiv A_2(x) (模\ x^n+1)$,对应的码字为 0101110,正是 (7,3) 循环码表中的第 2 个码字,它是由第 6 个码字向左循环移位 3 次的运算结果,若 i 取不同的值重复上述运算,则可得到该循环码许用码组中的其他码字。因此,码长为 n 的循环码的每一个码字都是按模 x^n+1 运算的余式。如果已知码多项式 $A(x)$,则相应的循环码可以由 $x^i \cdot A(x)$ 按模 x^n+1 运算的余式求得。

注意,在上述运算中,由于是模 2 运算,因此,加法和减法是等价的,在式子中通常用加法运算符,具体模 2 运算的规则定义如下:

模 2 加	$0+0=0$	$0+1=1$	$1+0=1$	$1+1=0$
模 2 乘	$0\times 0=0$	$0\times 1=0$	$1\times 0=0$	$1\times 1=1$

8.4.2 生成矩阵 G 和监督矩阵 H

在循环码中,次数最低的码多项式(全 0 码字除外)称为生成多项式,用 $g(x)$ 表示。可以证明,生成多项式 $g(x)$ 具有以下特性:

(1) $g(x)$ 是常数项为 1 的 $r = n-k$ 次多项式;
(2) $g(x)$ 是 $x^n + 1$ 的一个因式;
(3) 该循环码中其他码多项式都是生成多项式 $g(x)$ 的倍式。

1. 生成矩阵 G

为了保证构成的生成矩阵 G 各行线性不相关,通常用 $g(x)$ 构造生成矩阵。$g(x)$ 是循环码中幂次最低的码多项式,由它左移就可产生其他码生成多项式,如 $x \cdot g(x)$, $x^2 \cdot g(x)$, $x^3 \cdot g(x)$ 等。用 k 个互相独立的码多项式构造循环码的生成矩阵

$$\mathbf{G}(x) = \begin{bmatrix} x^{k-1}g(x) \\ x^{k-2}g(x) \\ \vdots \\ xg(x) \\ g(x) \end{bmatrix} \tag{8.4.7}$$

其中
$$g(x) = x^r + a_{r-1}x^{r-1} + \cdots + a_1 x + 1$$

以 (7,3) 循环码为例，$n=7$，$k=3$，$r=4$，其生成多项式及生成矩阵分别为
$$g(x) = A_1(x) = x^4 + x^2 + x + 1$$
$$\boldsymbol{G}(x) = \begin{bmatrix} x^2 g(x) \\ x g(x) \\ g(x) \end{bmatrix} = \begin{bmatrix} x^6 + x^4 + x^3 + x^2 \\ x^5 + x^3 + x^2 + x \\ x^4 + x^2 + x + 1 \end{bmatrix}$$
$$\boldsymbol{G} = \begin{bmatrix} 1 & 0 & 1 & 1 & 1 & 0 & 0 \\ 0 & 1 & 0 & 1 & 1 & 1 & 0 \\ 0 & 0 & 1 & 0 & 1 & 1 & 1 \end{bmatrix}$$

显然，上式不符合 $\boldsymbol{G} = \begin{bmatrix} \boldsymbol{I}_k & \boldsymbol{Q} \end{bmatrix}$ 形式，因此，该生成矩阵不是典型生成矩阵，通过对矩阵进行变换可以转换为典型生成矩阵的形式。

在 (7,3) 循环码中，若信息码 $\boldsymbol{M} = \begin{bmatrix} a_6 & a_5 & a_4 \end{bmatrix}$，由 $\boldsymbol{A} = \boldsymbol{M} \cdot \boldsymbol{G}$，得
$$A(x) = \begin{bmatrix} a_6 & a_5 & a_4 \end{bmatrix} \cdot \boldsymbol{G}(x) = \begin{bmatrix} a_6 & a_5 & a_4 \end{bmatrix} \cdot \begin{bmatrix} x^2 g(x) \\ x g(x) \\ g(x) \end{bmatrix}$$
$$= a_6 x^2 g(x) + a_5 x g(x) + a_4 g(x)$$
$$= (a_6 x^2 + a_5 x + a_4) \cdot g(x)$$

上式证明了，所有码多项式 $A(x)$ 都能被 $g(x)$ 整除，且任意一个次数不大于 $(k-1)$ 的多项式乘以 $g(x)$ 都是码多项式。

可以通过对 $x^n + 1$ 的因式分解得到 $g(x)$。下面以 (7,3) 循环码为例，已知生成多项式 $g(x)$ 的最高次幂 $r=4$，首先进行因式分解
$$x^7 + 1 = (x+1) \cdot (x^3 + x^2 + 1) \cdot (x^3 + x + 1)$$
$$g_1(x) = (x+1) \cdot (x^3 + x + 1)$$
$$g_2(x) = (x+1) \cdot (x^3 + x^2 + 1)$$

生成多项式 $g_1(x)$、$g_2(x)$ 可以产生两种 (7,3) 循环码，生成多项式 $g_2(x)$ 产生的循环码即为表 8.4.1 所列。

2. 监督多项式及监督矩阵

循环码的生成多项式 $g(x)$ 是 $x^n + 1$ 的一个因式，有
$$\frac{x^k g(x)}{x^n + 1} = Q(x) + \frac{R(x)}{x^n + 1} \tag{8.4.8}$$

已知 $g(x)$ 是常数项为 1 的 r 次多项式，$x^k g(x)$ 是最高次幂为 n 的码多项式，因此除以一个 n 次多项式 $x^n + 1$ 的商 $Q(x) = 1$，有
$$x^k g(x) = x^n + 1 + R(x)$$

$R(x)$ 是循环码的码多项式，是生成多项式 $g(x)$ 的倍式，即 $R(x) = T(x) \cdot g(x)$，而
$$x^n + 1 = x^k g(x) + R(x) = (x^k + T(x)) g(x) = h(x) \cdot g(x)$$

定义循环码的监督多项式 $h(x)$，是常数项为 1 的 k 次多项式，因此可令
$$h(x) = (x^n + 1)/g(x) = x^k + h_{k-1} x^{k-1} + \cdots + h_1 x + 1$$

同理，监督矩阵能够表示为

$$H(x) = \begin{bmatrix} x^{n-k-1}h^*(x) \\ \vdots \\ xh^*(x) \\ h^*(x) \end{bmatrix} \tag{8.4.9}$$

其中，$h^*(x)$是$h(x)$的逆多项式，表示为

$$h^*(x) = x^k + h_1 x^{k-1} + h_2 x^{k-2} + \cdots + h_{k-1} x + 1 \tag{8.4.10}$$

对于表 8.4.1 的 (7,3) 循环码，其生成多项式为

$$g(x) = x^4 + x^2 + x + 1$$

则

$$h(x) = (x^7 + 1)/g(x) = x^3 + x + 1$$
$$h^*(x) = x^3 + x^2 + 1$$

$$H(x) = \begin{bmatrix} x^6 + x^5 + x^3 \\ x^5 + x^4 + x^2 \\ x^4 + x^3 + x \\ x^3 + x^2 + 1 \end{bmatrix} \Rightarrow H = \begin{bmatrix} 1 & 1 & 0 & 1 & 0 & 0 & 0 \\ 0 & 1 & 1 & 0 & 1 & 0 & 0 \\ 0 & 0 & 1 & 1 & 0 & 1 & 0 \\ 0 & 0 & 0 & 1 & 1 & 0 & 1 \end{bmatrix}$$

8.4.3 循环码的编、译码方法

1. 编码过程

在进行二进制循环码编码时，需要根据给定循环码的参数设计生成多项式，即从 $x^n + 1$ 的因子中选择 r 次多项式作为 $g(x)$，再利用循环码所有码多项式均可被 $g(x)$ 整除的特点，确定循环码的码字。根据此原则，可以对给定的信息位进行编码。假设需要产生 (n,k) 循环码，信息多项式 $m(x)$ 的最高次幂小于 k，而 $x^{n-k}m(x)$ 的次数小于 n。用 $g(x)$ 除 $x^{n-k}m(x)$，得到余式 $r(x)$ 的次数必小于 $g(x)$ 的次数 $r = n - k$。将此余式 $r(x)$ 附加在信息位 $m(x)$ 之后作为监督位（也称校验位），得到的多项式必是循环码多项式。

可见，在循环冗余校验（CRC，Cyclic Redundancy Checking）中，通过在信息位末尾加一串冗余比特，称作循环冗余校验码，可以使得整个码多项式被生成多项式整除。如 n 位 CRC 码由两部分组成，k bit 信息位和 n bit 校验位，称为 (n,k) 码。它的编码规则如下：

(1) 用 x^{n-k} 乘 $m(x)$

即在 k 位信息码后附加 $n-k$ 个 0。如 (7,3) 循环码中，信息码为 110，信息多项式 $m(x) = x^2 + x$。此时 $n - k = 4$，$x^{n-k}m(x) = x^6 + x^5$，相当于 1100000。

(2) 求余式 $r(x)$

由于任意循环码多项式 $A(x)$ 都可以被 $g(x)$ 整除，即

$$\frac{A(x)}{g(x)} = Q(x) \tag{8.4.11a}$$

用生成多项式 $g(x)$ 模 2 除 $x^{n-k}m(x)$，得到的余式就是监督多项式：

$$\frac{x^{n-k} \cdot m(x)}{g(x)} = Q(x) + \frac{r(x)}{g(x)} \tag{8.4.11b}$$

(3) 编码输出系统循环码多项式

$$A(x) = x^{n-k} \cdot m(x) + r(x) \tag{8.4.11c}$$

第8章 差错控制编码

例8.4.1 对于(7, 3)循环码,设其生成多项式为 $g(x) = x^4 + x^2 + x + 1$,试求出信息序列 110 的 CRC 循环冗余校验码,并说明在接收端如何判断传输的正确性。

解:(1)信息序列 110 对应的码多项式 $m(x) = x^2 + x$, $x^{n-k}m(x) = x^6 + x^5$,计算监督多项式 $r(x)$:

$$\frac{x^{n-k} \cdot m(x)}{g(x)} = (x^2 + x + 1) + \frac{x^2 + 1}{x^4 + x^2 + x + 1}$$

$$A(x) = x^{n-k} \cdot m(x) + r(x) = x^6 + x^5 + x^2 + 1$$

因此,对应的循环码输出为 1100101。

(2)为了判断传输的正确性,在接收端要有一个 CRC 校验器。它的功能和发生器一样,当收到冗余校验码后,做同样的模 2 加除法。如果余数是 0,则传输正确;否则传输错误,应重传。

上述编码过程,可利用除法电路实现,即采用移位寄存器和模 2 加法器构成。下面以 (7, 3) 循环码为例,说明具体实现过程。

设(7, 3)循环码的生成多项式 $g(x) = x^4 + x^2 + x + 1$ 时,$g(x)$ 的次数等于移位寄存器的级数;$g(x)$ 的 x^0、x^1、x^2、$\cdots$、x^r 的非零系数对应移位寄存器的反馈抽头。编码器如图 8.4.2 所示,图中有 4 个移位寄存器,一个双刀双掷开关。首先,移位寄存器清零,当信息位输入时,开关 2 接通,输入的信息码元一路送入除法器进行运算,一路直接输出;信息位全部输出后,开关 1 接通,此时将移位寄存器的计算结果依次输出,即输出监督码元。当信息码元为 1 1 0 时,编码器的工作过程如表 8.4.2 所示。

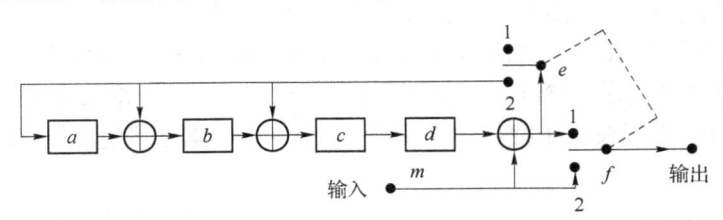

图 8.4.2 (7, 3)循环码编码器

顺便指出,由于数字信号处理器(DSP)和大规模可编程逻辑器件(CPLD 和 FPGA)的广泛应用,目前多采用这些先进器件和相应的软件来实现上述编码。

CRC 码是很有效的差错校验方法,常用的生成多项式通常有 13、17,或是 33 个比特,使得不可检测的错误可能降低到几乎近于零。CRC 接收电路再配上适当的硬件电路不仅可以检错,而且可以纠错,纠错能力很强,特别适合检测突发性错误,在数据通信中得到较广泛的应用。在串行通信中,通常使用下列三种国际标准生成多项式 $G(x)$ 来产生 CRC 校验码。

(1) CRC-16:$G(x) = x^{16} + x^{15} + x^{12} + 1$,最小码距为 4,美国二进制同步系统中采用。

表 8.4.2 编码器工作过程

输入 (m)	移位寄存器 a	b	c	d	反馈 (e)	输出 (f)
0	0	0	0	0	0	0
1	1	1	1	0	1	1
1	1	0	0	1	1	1
0	1	0	1	0	1	0
0	0	1	0	1	0	0
0	0	0	1	0	1	1
0	0	0	0	1	0	0
0	0	0	0	0	1	1

(2) CRC-CCITT：$G(x) = x^{16} + x^{12} + x^6 + 1$

(3) CRC-32：$G(x) = x^{32} + x^{26} + x^{23} + x^{22} + x^{16} + x^{12} + x^{11} + x^{10} + x^8 + x^7 + x^5 + x^4 + x^2 + x + 1$

其中，CRC-32 的最大码长为 $2^{31} - 1$，最小码距为 15，它还可用于以太网、ATM 等通信手段中。

2. 译码过程

接收端译码的目的是检错和纠错。由于任一码多项式 $A(x)$ 都应能被生成多项式 $g(x)$ 整除，所以在接收端可以通过判断接收码字 $B(x)$ 是否能被生成多项式 $g(x)$ 整除作为依据。当传输中未发生错误时，接收码字和发送码字相同，即 $A(x) = B(x)$，则接收码字 $B(x)$ 必定能被 $g(x)$ 整除。若传输中发生错误，则 $A(x) \neq B(x)$，$B(x)$ 不能被 $g(x)$ 整除。所以，可以用余项是否为 0 来判别码字中有无误码。

需要指出，有误码的接收码字也有可能被生成多项式 $g(x)$ 整除，此时误码不能被检出。这种错误被称为不可检错误，其误码数已超过编码的检错能力。

在接收端为纠错采用的译码方法自然比检错更复杂，对纠错码的研究大都集中在译码算法上。如前所述，每个可纠正的错误图样必须与校正子之间有某种对应关系。循环码的译码步骤如下：

(1) 由接收码字 $B(x)$ 计算校正子(伴随式)多项式 $S(x)$；

(2) 由校正子多项式 $S(x)$ 确定错误图样 $E(x)$；

(3) 将错误图样 $E(x)$ 与接收码字 $B(x)$ 相加，纠正错误。

纠错码译码器的复杂性主要取决于第 2 步。基于错误图样识别的译码器称为梅吉特译码器，其原理如图 8.4.3 所示。错误图样识别器是一个具有 $n-k$ 个输入端的逻辑电路，原则上可采用查表的方法，根据校正子找到错误图样，梅吉特译码器特别适用于纠正 2 个以下的随机独立错误。

图 8.4.3 中 k 级缓存器用于存储系统循环码的信息码元，模 2 加电路用于纠正错误。当校正子为 0 时，模 2 加来自错误图样识别电路的输入端为 0，输出缓存器的内容；当校正子不为 0 时，模 2 加来自错误图样识别电路的输入端在第 i 位输出为 1，它可以使缓存器输出取补，即纠正错误。

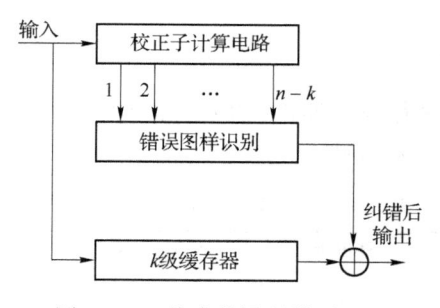

图 8.4.3 梅吉特译码器原理图

除了梅吉特译码以外，循环码的译码方法有捕错译码、大数逻辑译码等方法。捕错译码是梅吉特译码的一种变形，特别适用于纠正突发错误、2 个以下的随机错误。大数逻辑译码也称为门限译码，其方法简单，但只适用于有一定结构的为数不多的大数逻辑译码。在一般情形下，虽然大数逻辑可译码的纠错能力和编码效率比有相同参数的其他循环码(如 BCH 码)稍差，但它的译码算法和硬件比较简单，因此，在实际中有较广泛的应用。

在讨论了循环码的基本特征和编解码方法之后，介绍几种具体常用的循环码，它们在无线通信，特别是卫星通信、微波通信、移动通信中有广泛的应用。

8.4.4 CRC 码

循环冗余校验码(CRC 码)是非常适合检错的差错控制码。它有两个突出的优点:第一可以检测出多种可能的组合性差错;第二比较容易实现编、译码电路。因此,几乎所有检错码都利用循环码,这种专门用于检错的循环码称为循环冗余校验码,即 CRC 码。

由于信道有时受到外部较强的干扰,可能在传输码字中发生长度为 B 个比特的连续差错——突发性差错,CRC 码可以检测出以下几种错误格式的错误:

(1) 突发长度不超过 $n-k$ 位符号的全部错误格式;
(2) 突发错误达到 $n-k+1$ 位时,可部分检错,可检错部分占差错总数的 $1-2^{-(n-k-1)}$;
(3) 错误码元数不超过最小汉明距离减 1 位,即 d_0-1 个差错;
(4) 当生成多项式含有偶数个非零元素时,CRC 可检出码字的全部奇数个误差格式的错误。

表 8.4.3 给出了三种生成多项式的 CRC 码,并作为国际标准得到广泛应用。这三种 CRC 的生成多项式均含有基因式 $(x+1)$,其中 CRC_{-12} 码用于 6 比特字符,另两种则常用于 8 比特码字。

表 8.4.3 CRC 码

CRC 码	生成多项式 $g(x)$	$n-k$
CRC_{-12} 码	$x^{12}+x^{11}+x^3+x^2+x+1$	12
CRC_{-16} 码	$x^{16}+x^{15}+x^2+1$	16
CRC_{-ITU} 码	$x^{16}+x^{12}+x^5+1$	16

8.4.5 BCH 码

BCH 码是循环码的一个重要子类,它是以 3 个发明人的名字(Bose-Chaudhuri-Hocguenghem)命名的。BCH 码不仅具有纠多个随机错误的能力,而且具有严密的代数结构,是目前研究较为透彻的一种码。该码的生成多项式 $g(x)$ 与码的最小距离之间有直接的关系,可以根据要求的纠错能力,确定 $g(x)$,构造出相应的 BCH 码。BCH 码的译码也比较容易实现,是线性分组码中应用最为广泛的一类码,尤其是在卫星通信中,如在 IS-V 的 TDMA 系统中,就采用(127,112) BCH 码。

首先引入本原多项式的概念。若一个 n 次多项式 $f(x)$ 是本原多项式,则应满足下列条件:

(1) $f(x)$ 为既约多项式(即不能因式分解的多项式);
(2) $f(x)$ 可整除 (x^p+1), $p=2^n-1$;
(3) $f(x)$ 除不尽 (x^q+1), $q<p$。

BCH 码可分为两种,本原 BCH 码和非本原 BCH 码。其中,本原 BCH 码具有如下特点:

(1) 码长 $n=2^m-1$,其中 m 为大于等于 3 的整数;
(2) 生成多项式 $g(x)$ 中,含有最高次数为 m 的本原多项式。

非本原 BCH 码有如下特点:

(1) 码长 n 是 2^m-1 的因子,其中 m 为大于等于 3 的整数;
(2) 其生成多项式 $g(x)$ 中不含最高次数为 m 的本原多项式。

工程设计中,可直接查表寻找所需要的生成多项式。表8.4.4 和表 8.4.5 分别列出了二进制本原 BCH 码和非本原 BCH 码的部分生成多项式 $g(x)$。其中多项式中各项系数用八进制数字表示,例如 $g(x) = (13)_8 = (001011)_2$, $g(x) = x^3 + x + 1$。

表 8.4.4　$n \leqslant 127$ 的本原 BCH 码生成多项式

n	k	t	生成多项式 $g(x)$（八进制）
7	4	1	13
15	11	1	23
	7	2	721
	5	3	2467
31	26	1	45
	21	2	3551
	16	3	107657
	11	5	5423325
	6	7	313365047
63	57	1	103
	51	2	12471
	45	3	1701317
	39	4	166623567
	36	5	1033500423
	30	6	157464165547
	24	7	17323260404441
	18	10	1363026512351725
	16	11	6331141367235453
	10	13	472622305527250155
	7	15	5231045543503271737
127	120	1	211
	113	2	41567
	106	3	11554743
	99	4	3447023271
	92	5	624730022327
	85	6	130704476322273
	78	7	26230002166130115
	71	9	6255010713253127753
	64	10	1206534025570773100045
	57	11	335265252505705053517721
	50	13	54446512523314012421501421
	43	14	17721772213651227521220574343
	36	15	3146074666522075044764574721735
	29	21	403114461367670603667530141176155
	22	23	123376070404722522435445626637647043
	15	27	22057042445604554770523013762176043 53
	8	31	704726405275103065147622427156773313 0217

第 8 章 差错控制编码

表 8.4.4 和表 8.4.5 中，n 表示码长，k 表示信息位数，t 表示纠错能力。例如，利用表 8.4.4 可以构造一个能纠正 3 个错误（即 $t=3$）、码长为 15 的 BCH 码，查表可知该 BCH 码为 (15,5) 码，生成多项式 $g(x)=(2467)_8=(010100110111)_2$，$g(x)=x^{10}+x^8+x^5+x^4+x^2+x+1$。

另外，(23,12) 码也是一个特殊的非本原 BCH 码，被称为戈雷（Golay）码。由表 8.4.5 可知，该码可纠正 3 个随机错误，其生成多项式 $g(x)=(5343)_8=(101011100011)_2$，相应的生成多项式 $g(x)=x^{11}+x^9+x^7+x^6+x^5+x+1$。其对应反多项式 $g^*(x)=x^{11}+x^{10}+x^6+x^5+x^4+x^2+1$ 也是生成多项式。很容易验证，这也是一个完备码，它的监督位得到了最充分的利用，因此，戈雷码在实际工程中被大量应用。

表 8.4.5 部分非本原 BCH 码的生成多项式

n	k	t	生成多项式 $g(x)$（八进制）
17	9	2	727
21	12	2	1663
23	12	3	5343
33	22	2	5145
41	21	4	6 647 133
47	24	5	43 973 357
65	53	2	10 761
65	40	4	354 300 067
73	46	4	1 717 773 537

8.4.6 R-S 码

R-S 码是里德-索洛蒙（Reed-Solomon）码的简称，它是多元 BCH 码的一种子类码。它首先由 Reed 和 Solomon 应用 MS 多项式于 1960 年构造出来。由于编码简单，在编码理论中起着非常重要的作用。由于 R-S 码是以每符号 m 个比特进行的多元符号编码，在编码方法上与二元 (n,k) 循环码不同。分组块长为 $n=2^m-1$ 的码字，比特数为 $m(2^m-1)$ 比特，当 $m=1$ 时就是二元编码，一般 R-S 码常用 $m=8$。可以纠正 t 个符号错误的 R-S 码参量如下：

分组长度： $n=2^m-1$ （符号） (8.4.12)

信息组长度： k 个符号 (8.4.13)

监督元： $n-k=2t$ （符号） (8.4.14)

最小汉明距离： $d_0=2t+1$ （符号） (8.4.15)

可以看出 R-S 码的特点如下：

(1) 分组长度为 n 个符号的 R-S 码的长度比 2^m 小 1 个符号；

(2) 最小汉明距离比监督符号数多 1；

(3) R-S 码的冗余度（监督符号个数）可以得到高效利用，即根据需要，大范围内调整它的各个参量，特别是便于码率的选择与适配；

(4) 译码方便，效率高。

作为 R-S(n,k) 码适于纠正组合错误（随机与突发）的应用，如 R-S(64,40) 码，每符号 6 比特信息，构成 240 比特分组（即 6×40），编码后，增加了 144 比特（24 波特）冗余，码长为 $n=64$ 波特，具有 12 波特纠错能力。又如 R-S(64,62) 码，用于 64QAM 数字微波系统，其中 2 波特冗余，只占 3%，可以纠 1 波特错误。

8.5　卷　积　码

卷积码是 P. Elias 于 1955 年提出来的一种纠错码，它和分组码的工作原理存在明显的区别，是卫星通信系统、移动通信系统中重要的差错控制编码形式，是新型信道编码，卷积码是 TCM 码、Turbo 码的重要组成部分。

8.5.1 基本概念

在一个二进制分组码 (n, k) 中，码长为 n，每个码字包含 k 个信息位，r 个监督位，且 $r = n-k$。每个长度为 n 的码字所包含的监督位仅与本码字的 k 个信息位有关，而与其他码字无关。译时各个接收码字是各自独立进行的，为了达到一定的纠错能力，同时又有较高的编码效率，码字长度通常较大。编译码时须把整个信息码存储起来，产生的时延随 n 的增加而线性增加。

为了减少延迟，人们提出了各种解决方案，卷积码就是一种较好的信道编码方式。同样是利用 k 比特信息构建 n 比特码字，卷积码的 k 和 n 通常都很小，适合串行传输，编译码处理时其时延较小。

卷积码在编码时同样是把 k 个比特信息段编成 n 个比特的码字，监督码元不仅与当前段内的 k 比特信息有关，而且与前面 $m = N-1$ 段的信息比特有关。因此，编码过程中一个码字中的监督码元监督 N 个信息段，这里将 N 段时间内的码元数目 nN 称为卷积码的约束长度，而卷积码的纠错能力随着 N 的增加而增大。可以证明，在编码器复杂程度相同的情况下，卷积码的性能优于分组码。除此之外，分组码有严格的代数结构，但卷积码至今尚未找到严密的数学描述，目前大都利用计算机来搜索号码。

下面通过一个例子来说明卷积码的编码工作原理。正如前面已经指出的那样，卷积码编码器在一段时间内输出的 n 位码，不仅与本段内的 k 位信息位有关，而且还与前面 m 段的信息位有关。习惯上用 (n, k, m) 表示卷积码。为简明起见，以卷积码 $(2, 1, 2)$ 为例来介绍卷积码编码器的工作原理。图 8.5.1 就是一个卷积码的编码器，由移位寄存器、模 2 加法器及开关电路组成。其中，$n = 2$，$k = 1$，$m = 2$，因此，它的约束长度为 $nN = n(m+1) = 2 \times 3 = 6$。

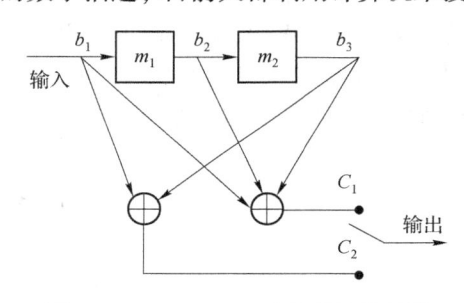

图 8.5.1 $(2, 1, 2)$ 卷积码的编码器

在图 8.5.1 中，m_1 与 m_2 为移位寄存器，它们的初始状态均为零。输出码元 C_1，C_2 与当前输入码元 b_1，移位寄存器的输出状态 b_2、b_3 之间的关系如下：

$$\begin{cases} C_1 = b_1 \oplus b_2 \oplus b_3 \\ C_2 = b_1 \oplus b_3 \end{cases} \tag{8.5.1}$$

对于图 8.5.1，假设输入的信息为 $D = (11010)$，为了使信息 D 全部通过移位寄存器，还必须在信息位后面加 3 个零。表 8.5.1 列出了对信息 D 进行卷积编码时的状态和输出。

表 8.5.1 $(2, 1, 2)$ 编码器的工作过程

输入信息 D	1	1	0	1	0	0	0	0
$b_3 b_2$	00	01	11	10	01	10	00	00
输出 $C_1 C_2$	11	01	01	00	10	11	00	00

若卷积码子码中前 k 位码元是信息元的重现，则该卷积码称为系统卷积码，否则称为非系统卷积码。图 8.6.1 编码器产生的 $(2, 1, 2)$ 码是非系统码。

8.5.2 卷积码的图解表示

描述卷积码的方法有多种，比较有代表性的有两类，即图解表示和解析表示。由于解析表示较为抽象难懂，通常采用图解表示法来描述卷积码，而常用的图解表示法包括树状图、网格图和状态图。

1. 树状图

以如图 8.5.1 所示的 (2,1,2) 非系统卷积码为例，编码器有两个移位寄存器。用寄存器的内容表示该时刻编码器的状态，共有 4 个状态：$a = (m_2 m_1) = (00)$，$b = (m_2 m_1) = (01)$，$c = (m_2 m_1) = (10)$，$d = (m_2 m_1) = (11)$。在某一时刻，编码器的输出由该时刻编码器的状态和该时刻输入的信息码元决定，同时当前时刻的状态和输入也决定了下一时刻的编码器的状态。假设编码器的初始状态为 a，在树状图的某一节点处，若输入 0，则从当前节点向上走一个分支；若输入 1，则从当前节点向下走一个分支，在节点处的字母表示当前时刻编码器的状态，而每个分支上的 2 位数字表示当前时刻编码器的输出码字。假设输入的信息序列为 $D = (11010)$，则编码过程可用图 8.5.2 的树状图表示。

从图 8.5.2 可以看出，编码时，树状图从根节点状态 a 出发，当输入第一个信息 1 时，树状图从根节点向下走一个分支，输出码字 11，进入状态 b。当输入第二个信息 1 时，树状图从当前节点向下走一个分支，输出码字 01，进入状态 d。当输入第三个信息 0 时，树状图从当前节点向上走一个分支，输出码字 01，进入状态 c。如此继续下去，树状图从根节点出发，不断向下一个节点演绎出一条路径，由组成路径的各分支所标记的两位输出数据组成的序列就是编码器的输出序列。每一个输入信息序列对应唯一的一条路径，即输出的码字序列唯一。例如当输入数据为 (11010) 时，其路径如图 8.5.2 中虚线所示，并得到输出码序列为 (1 1 0 1 0 1 0 0 …)，与表 8.5.1 的结果一致。

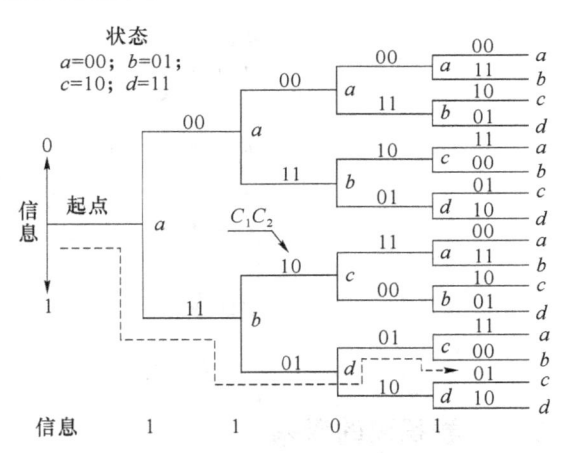

图 8.5.2 (2,1,2) 卷积码的树状图

对于一般的 (n, k, m) 卷积码来说，从每个节点出发有 2^k 条分支，每条分支有 n 位编码输出，最多可能有 2^{km} 种不同状态。

2. 状态图

卷积码编码器还可以用状态图来描述，如图 8.5.3 所示，编码器的起始状态为 $a = (00)$，每输入一个码元，编码器将产生当前时刻的状态及当前时刻的输出码字，编码器在不同的时刻根据输入的信息码元进入不同的状态，产生新的编码输出。当输入信息码元为 1 时，用虚线表示其路径，当输入信息码元为 0 时，用实线表示其路径，并且在路径上标识出相应的输出码元。假设输入信息序列为 (1 1010)，起始状态为 a，当输入信息码元 1 时，编码器从状态 a 转移到状态 b，输出码字 11；输入下一个信息码元 1 时，编码器从状态 b 转移到状

态 d，输出码字 01；如此，随着信息码元的不断输入，编码器的状态在不断转移，状态转移过程为 a→b→d→c→b，并输出相应的码字，码元序列为(1 1 0 1 0 1 0 0 …)，其结果与表 8.5.1 的结果完全一致。

3. 网格图

为了表示卷积码编码器在不同输入信息码元时，编码器状态转移与时间的关系，可以采用网格图表示。即将树状图中具有相同状态的节点合并在一起，树中的上分支(对应输入码元 0)用实线表示，下分支(对应输入码元 1)用虚线表示。分支上标注的码元为对应当前输入码元的输出，自上而下 4 行节点分别表示 a，b，c，d 4 种状态。若编码器从状态 a 开始并结束于状态 a，在编码过程中只能处于某些特定状态之一，如前所述，当输入数据为(11010)时，得到相应的编码输出码序列为(11,01,01,00,…)，分别对应 4 个状态：$a=(00)$，$b=(01)$，$c=(10)$，$d=(11)$，与表 8.5.1 的结果一致。可见，网格图上每一条路径都对应不同的信息序列，同时也给出不同的输出码序列。

图 8.5.3 (2,1,2)卷积码的状态图

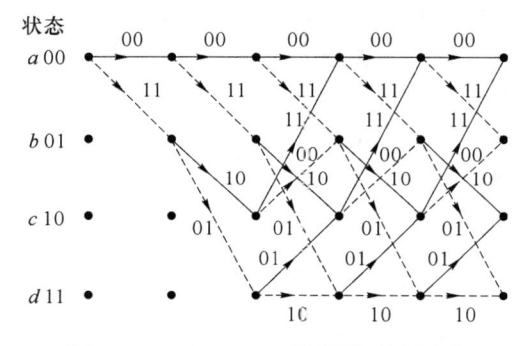

图 8.5.4 (2,1,2)卷积码的网格图

8.5.3 卷积码的译码

1. 概述

已知信息序列和编码序列之间存在一一对应的关系，通过译码，从编码码字中可还原出原始信息。卷积码的译码就是在其网格图中找到唯一的那条表示码序列的路径。卷积码的译码算法分为代数译码和概率译码两大类。概率译码中比较实用的有维特比(Viterbi)译码和序列译码两种。共有 3 种主要译码算法。

门限译码由 J. L. Massey 在 1963 年提出，是一种利用码的代数结构的代数译码，类似于分组码中的大数逻辑译码。其特点是算法简单，易于实现，但其译码性能(误码)要比概率译码方法差许多。因此，目前在数字通信的前向纠错中广泛使用的是概率译码方法。

序列译码由 J. M. Mozencraft 在 1957 年提出，并于 1960 年和 B. Reiffen 对其加以完善。1963 年 R. M. Fano 对序列译码进行了重要的改进，这种改进的序列译码称为 Fano 算法。Fano 算法是基于码树图结构上的一种准最佳的概率译码，和 Viterbi 算法的误译性能是可比的，但 Fano 算法顺序译码的时延要大得多。然而 Fano 算法需要的存储单元很小，因此适用于对约束长度更大的卷积码进行译码。

Viterbi 译码算法由 A. J. Viterbi 在 1967 年提出,1973 年 G. D. Forney 认识到它事实上是卷积码的最大似然译码算法。它基于码的网格图,运算时间固定,译码的复杂性与 m 呈指数增长。当码的约束度较小时,它比序列译码算法效率更高,速度更快,译码器也较简单。Viterbi 译码算法在理论和实践中都得到了极迅速的发展,并广泛应用于各种通信系统,尤其是卫星和深空通信系统中。并在卫星通信中被作为标准技术广泛地使用。

目前,应用的卷积码译码器主要是 Viterbi 译码器。

2. Viterbi 译码

Viterbi(维特比)译码是一种最大似然译码算法。它的基本思想是:把接收序列与所有可能的发送序列进行比较,选择一种码距最小的序列作为发送序列。如果发送一个 k 位序列,则有 2^k 种可能序列,计算机应存储这些序列,以便用作比较。当然,当 k 较大时,存储量剧增引起运算量的快速增大,使得这种译码方法的使用受到限制。卷积码在译码时既可以用软判决也可以用硬判决实现。Viterbi 译码算法对最大似然译码算法做了简化,使之更加实用。下面利用图 8.5.5 所示的 (2,1,2) 编码器编出的卷积码为例,来说明 Viterbi 译码算法的思路。

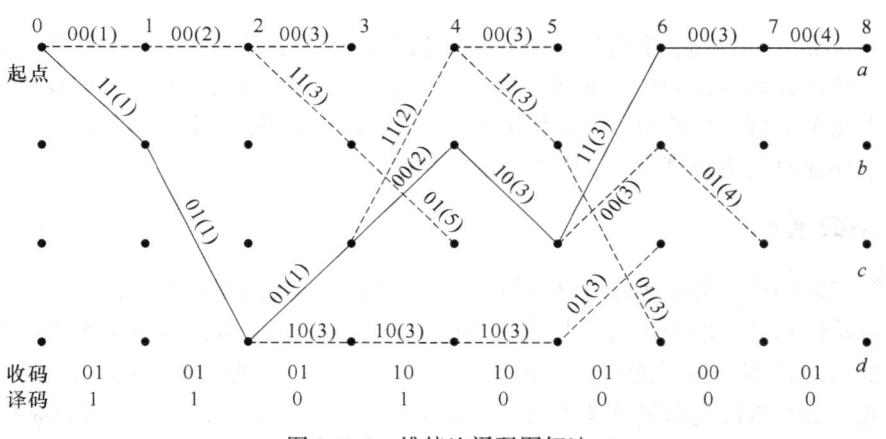

图 8.5.5 维特比译码图解法

当发送信息序列为 (11010) 时,为了使全部信息位能通过编码器,在发送信息序列后面加上 3 个零,从而使输入编码器的信息序列变为 (11010000),如前所述,编码器的输出序列为 (1101010010110000),假设接收端的序列中有四位码元出现错误,即 (0101011010010001)。下面对照图 8.5.5 说明 Viterbi 译码算法的步骤和方法。

如图 8.5.5 所示,先选前 3 个码作为标准,对到达第 3 级的 4 个节点的 8 条路径进行比较,逐步算出每条路径与接收码字之间的累计码距,如图 8.5.5 中实线所示。

由于该卷积码的编码约束度为 6,故先选前 3 段接收序列 010101 作为标准,与到达第 3 级 4 个节点的 8 条路径对照,逐步算出每条路径与接收序列 010101 之间的累计码距。累计码距分别用括号内的数字标出,对照后保留一条到达该节点的码距较小的路径作为幸存路径。再将当前节点移到第 4 级,计算、比较、保留幸存路径,直至最后得到到达终点的一条幸存路径,即为译码路径,根据该路径得到译码结果。联系卷积码的网格图可以得到:

(1) 到达第 3 级时,各节点与 010101 比较的码距

到达节点 a 的 2 条路径 000000(3) 与 111011(4);

到达节点 b 的 2 条路径 000011(3) 与 111000(4)；
到达节点 c 的 2 条路径 001110(4) 和 110101(1)；
到达节点 d 的 2 条路径 001101(2) 和 110110(3)；
每个节点保留 1 条幸存路径，分别是 000000、000011、110101 和 0011010。

(2) 到达第 4 级时，各节点与 01010110 比较的码距

节点 a 的 2 条路径 00000000(4) 和 11010111(2)；
节点 b 的 2 条路径 00000011(4) 和 11010100 (2)；
节点 c 的 2 条路径 00001110(3) 和 00110101(4)；
节点 d 的 2 条路径 00110110(2) 和 11011010(3)。

根据累计码距，产生的幸存路径分别是：11010111、11010100、00001110 和 00110110。

逐级筛选幸存路径，到第 7 级时，只要选出到达节点 a 和 c 的 2 条路径即可，因为到达终点第 8 级 a，只可能从第 7 级的节点 a 或 c 出发。最后得到的幸存路径，即为译码路径，如图 8.5.5 中实线所示。根据这条路径，对照图 8.5.5 可知译码结果为 11010000，与发送信息序列一致。

从译码过程可以看出，维特比算法的存储量仅为 2^{m+1}，对于 $m<10$，其存储量较小，易于实现。维特比译码在编码约束长度不太长或误比特率不太高的条件下，计算速度很快，目前可达几十兆至上百兆比特每秒，而且设备比较简单，故特别适用于卫星通信系统中纠正随机错误。如果编码约束长度较大，则应考虑采用序列译码。

8.5.4 编码增益

差错控制编码中，无论是分组码还是卷积码，都可以为通信链路提供编码增益。编码增益指传输原始信息序列的误比特率与采用信道编码的信息在信道传输的误比特率相比得到的改进量。如采用信道编码后能在误比特率为 10^{-2} 的情况下实现译码后的误比特率为 10^{-5} 或更低。因此，编码增益是衡量信道编码性能的重要指标，其量值也表明了在同样的信道条件下，传输未编码信号时如果要获得传输编码信号所达到的误比特率，此时需要提供附加的 $[E_b/n_0]$。

8.6 新型信道编码技术简介

8.6.1 网格编码调制(TCM)

在数字通信系统中，调制解调和纠错编码是两个主要技术，它们也是提高通信系统传输速率，降低误码率的两个关键技术。过去，这两个问题是分别独立考虑的，如前面讨论的差错编码，在发送端编码和调制是分开设计的，同样在接收端译码和解调也是分开完成的。在码流中增加监督元以达到检错或纠错的目的，但这样会使码流的比特速率增加，从而使传输带宽增加，也就是说用频带利用率的降低来换取可靠性的改善。

在带限信道中，总是既希望能提高频带利用率，同时也希望在不增加信道传输带宽的前提下降低误码率。为了解决这个问题，引入了编码和调制统一进行设计的方法，即网格编码调制(TCM，Trellis Coded Modulation)技术。它利用编码效率为 $n/(n+1)$ 的卷

积码，并将每一码段映射为调制信号集中的一个信号点，该调制信号集有 2^{n+1} 个信号点，在收端，信号解调后经反映射变换为卷积码，再送入维特比译码器进行译码。它有两个基本特点：

(1) 信号星座图中信号点的数目比无编码的调制情况下对应的信号点数目要多，这些增加的信号点使编码有了冗余，而不牺牲带宽。

(2) 采用卷积码的编码规则，使信号点之间引入了相互依赖关系。仅有某些信号点图样或序列是允许用的信号序列，并可模型化成为网格状结构，因此又称为"格状"编码。

下面以卷积码 $(3,2,m)$ 和 8PSK 调制相结合为例，来说明 TCM 的原理方法。

对于 $(3,2,m)$ 卷积码，后接一个 8PSK 调制器，那么该编码器输出是由 3 个码元组成的码段，共有 8 种可能的组合 $(000,001,010,011,100,101,110,111)$。根据某种映射规则，同 8PSK 信号空间中的 8 个信号点相对应，星座中 8 个信号点对应于 8PSK 信号的 8 个不同相位。假设信号点与星座中心的距离都为 1，则所有信号点之间的最小距离为 $\sqrt{2-\sqrt{2}}$。

8PSK 星座中的 8 个信号点组成一个集，集分割的方法是把此 8 个点的集合分割成 2 个 4 个点的子集"B_0"和"B_1"，再把该 4 个点的子集都分割成 2 个 2 个点的子集"C_0"和"C_2"及"C_1"和"C_3"，最后把这 4 个 2 个点的子集都分割成单个点的子集，单点子集总共有 8 个，每次分割后子集的最小欧氏距离都大于分割前集合的最小欧氏距离。8PSK 具体的分割情况如图 8.6.1 所示。

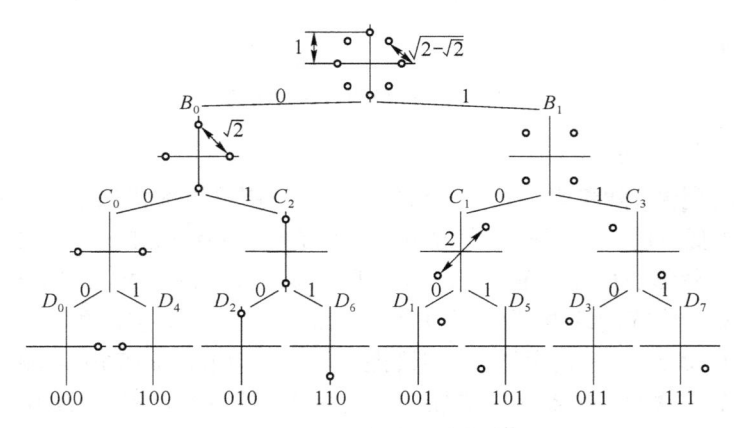

图 8.6.1 8PSK 星座的集分割

根据上述思路，对于编码 8PSK 调制，可以采用 4 状态网格，各状态和输出之间的关系如图 8.6.2(b) 所示，而产生该网格的 $(3,2,2)$ 编码器如图 8.6.2(a) 所示。可以证明，对于 4 状态网格而言，图 8.6.2 给出的网格编码 8PSK 调制是最佳的。这个"最佳"是指在提供最大自由欧氏距离意义下的最佳，也就是说在输入任意 2 位二进制数(4 状态)，经过图 8.6.2(a) 编码，产生的 3 位二进制数(8 状态)，所对应的 8PSK 调制星座图，信号点之间的最小欧氏距离最大，因此，系统抗干扰能力最强。

与传统的二进制扩频编码系统相比较，TCM 技术会使扩频系统所需的带宽与处理增益之间的矛盾有所缓解。因此广泛应用在如移动通信的多径衰落信道中。

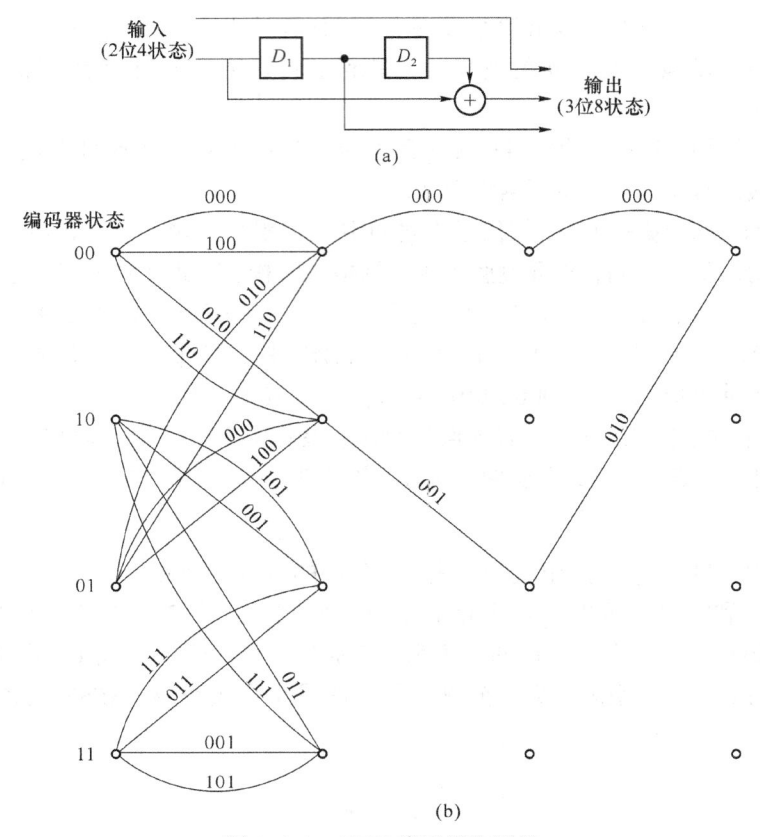

图 8.6.2 8PSK 编码器和网格

8.6.2 Turbo 码

根据信道编码理论,随着码字长度的增加,译码的错误概率将趋于零;但随着码字长度的增加,编译码的复杂度和计算量也大大增加。为了解决系统性能和设备复杂性的矛盾,人们不再单纯增大一种码的长度,而是通过两级编码器串行级联完成,即串行级联码。由于各级编译码相互独立,传统的级联码可以获得较低的误码率,但它的编码增益效果不明显。1993 年,法国人 C. Berrou 等在国际通信会议提出了"并行级联"码 Turbo-code,使编码增益大大提高。它在两个并联的编码器之间增加一个交织器,使得其具有很长的码字长度,且在低信噪比条件下具有几乎接近 Shannon 极限的优越的纠错性能。

Turbo 码最初以并行级联卷积码(PCCC, Parellel Concatenated Convolutional Codes)形式出现,后来为了克服误码率的错误平层,S. Benedetto 和 D. Divsalar 等人提出了串行级联卷积码(SCCC, Serial Concatenatcd Convolutional Codes),又称为串行级联 Turbo 码,将 PCCC 与 SCCC 相结合,S. Benedetto 设计了混合级联卷积码(HCCC, Hybrid Concatenated Convolutional Codes)。鉴于理论分析不尽完善,实现过程过于复杂,下面仅将 PCCC 的编码和译码原理进行简单的分析和介绍。

1. Turbo 编码器

Turbo 码编码器是由 2 个相同的递归系统卷积编码器(RSC, Recursive Systematic Convolutional)和一个随机交织器并行级联而成,其典型的编码器结构如图 8.6.3 所示。

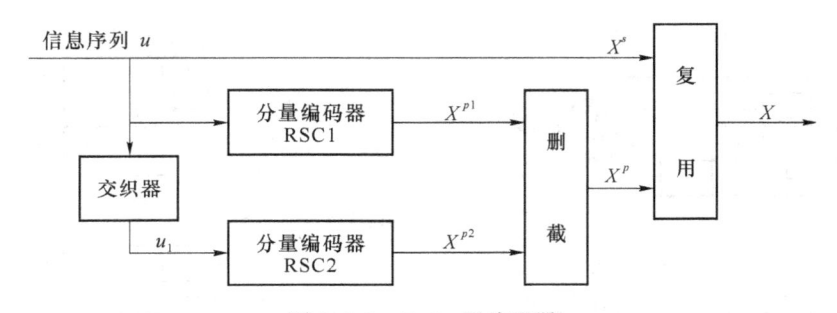

图 8.6.3 Turbo 码编码器

在某时刻，信息序列 $u = \{u_1, u_2, \cdots, u_N\}$ 直接送入信道和编码器 RSC1，分别得到信息序列 X^s 和第一个校验序列 X^{p1}，同时将 u 经过交织器后的序列 u_1 送入编码器 RSC2，得到第二个校验序列 X^{p2}，为了提高码率，序列 X^{p1} 和 X^{p2} 需要经过删截器，从 2 个校验序列中周期地删除一些校验位，形成校验位序列 X^p。X^p 与未编码序列 X^s 经过复用后，生成 Turbo 码序列 X 送入信道。

通过删截矩阵可周期性地删除一些校验比特来提高编码效率。根据不同的删截矩阵可以产生不同码率的 Turbo 码。假设两个分量编码器的码率都是 1/2，采用删截矩阵 $\boldsymbol{P}$ 删除来自 RSC1 的校验序列 X^{p1} 的偶数位置比特和来自 RSC2 的校验序列 X^{p2} 的奇数位置比特。这样就可以得到码率为 1/2 的 Turbo 码序列。删截矩阵可以表示为

$$\boldsymbol{P} = \begin{bmatrix} 1 & 0 \\ 0 & 1 \end{bmatrix}$$

在信道上传输产生的错码通常有两大类：随机错码和突发错码，随机错码是分散并相互独立的单个错码，大部分都可以用前面所介绍的信道编码进行纠正；当信道遭遇脉冲干扰时会造成连续的错码，即突发错码。通常采用分组交织的方法将集中出现的突发错码分散，变成随机错码来纠错。例如，可以采用 $k \times n$ 的矩阵，通过"行读入，列写出"的方式实现交织。如图 8.6.4 所示，发送端按行输入 k 个码长为 n 的分组码，分组码具有纠正 t 个随机错码的能力，形成一个 $k \times n$ 的矩阵。交织后矩阵按列输出，形成一个 $n \times k$ 的矩阵。

a_{11}	a_{12}	$\cdots$	a_{1n}
a_{21}	a_{22}	$\cdots$	a_{2n}
$\cdots$	$\cdots$	$\cdots$	$\cdots$
a_{k1}	a_{k2}	$\cdots$	a_{kn}

(a)

a_{11}	a_{21}	$\cdots$	a_{k1}
a_{12}	a_{22}	$\cdots$	a_{k2}
$\cdots$	$\cdots$	$\cdots$	$\cdots$
a_{1n}	a_{2n}	$\cdots$	a_{kn}

(b)

图 8.6.4 交织图

接收端每收到一个 $n \times k$ 的矩阵就按列输出，当分组交织编码矩阵中的码元通过信道时在行的方向产生连续错码，对应列的方向就是分散在不同码字的随机错码。对解交织后的码字进行译码，可实现正确接收。

与分组交织不同，还有一种连续工作的卷积交织器，由各个支路上的具有不同存储空间的移位寄存器组成。图 8.6.5 是卷积交织器/解交织器的工作过程示意，x 表示移存器初始的工作状态。

(a) 第1~4比特输入时的状态

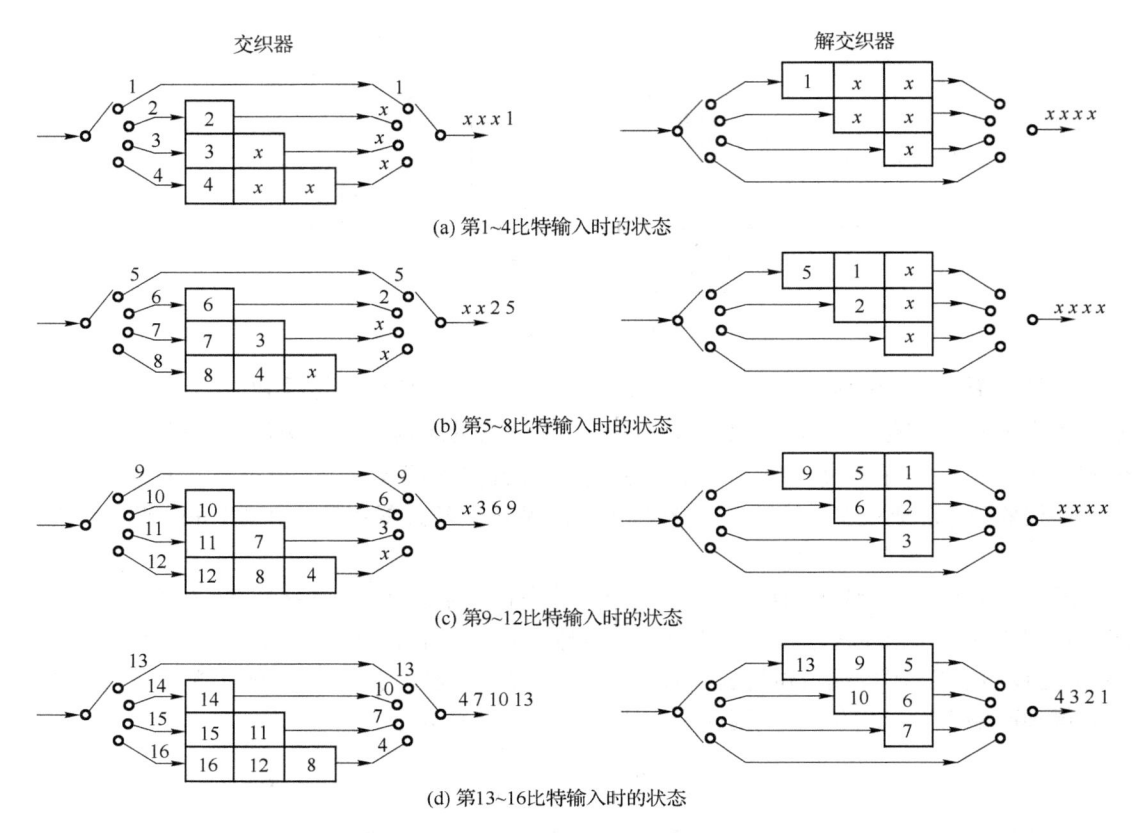

(b) 第5~8比特输入时的状态

(c) 第9~12比特输入时的状态

(d) 第13~16比特输入时的状态

图 8.6.5 卷积交织器/解交织器的工作过程

图 8.6.5(a)显示了 1~4 比特输入的状态,交织器中,第一个输入码元没有经过存储而直接输出;图 8.6.5(b)显示了 5~8 比特输入的工作状态,此时有部分比特进入解交织器。图 8.6.5(c)显示了 9~12 比特输入的工作状态,此时解交织器装满了信息比特,但是还没有译码器所需要的任何信息。图 8.6.5(d)显示了 13~16 比特到达交织器的输入端,同时在解交织器的输出端输出 1~4 比特送入译码器。过程继续,直到恢复所有的比特序列。如图,解交织器输出序列为:$xxxxxxxxxxxx1234$,其中前面接收的 12 个比特信息没有意义,从第 13 个比特开始才是有效比特。卷积交织和分组交织相比,其延迟时间短,需要的存储容量小。

Turbo 码的性能之所以能够超出其他编码方式的性能,伪随机性是一个重要的原因。交织器是提供随机性的部件。在编码器和译码器中,它都是必不可少的部件。其主要作用是对输入信息序列的比特顺序进行重组,使交织前后序列的相关性减小。随着交织器容量的增大,译码后将大大降低系统的误码率。

2. PCCC 译码器的结构和原理

PCCC 译码器的基本结构如图 8.6.6 所示,它由 2 个软输入软输出(SISO, Soft In Soft Out)译码器 DEC1 和 DEC2 串行级联组成,交织器与编码器中所使用的交织器相同。译码器 DEC1 对分量码 RSC1 进行最佳译码,产生关于信息序列 u 中每一比特的似然信息,并将其中的"新信息"经过交织器送给 DEC2,译码器 DEC2 将此信息作为先验信息,对分量码 RSC2 进行最佳译码,产生关于交织后的信息序列中每一比特的似然比信息,然后将其中的"外信息"

经过解交织器送给 DEC1，进行下一次译码。这样，经过多次迭代，DEC1 和 DEC2 的外部信息对于降低误比特率的作用逐渐减小，外部信息的值趋于稳定，似然比渐近一个稳定值，译码过程逼近于对整个码的最大似然译码，然后对此似然比进行硬判决，即可得到信息序列 u_k 每一比特的最佳估计值序列 $\hat{u}_k$。

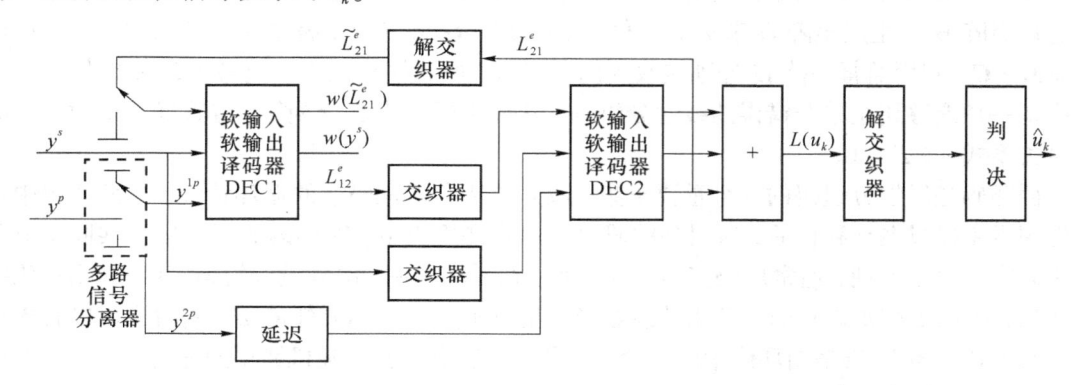

图 8.6.6 Turbo 译码器

假定 Turbo 码译码器的接收序列为 $y = (y^s, y^p)$，冗余信息 y^p 经复用后，分别送给 DEC1 和 DEC2。于是 2 个 SISO 译码器的输入序列分别为

$$\text{DEC1}: y_1 = (y^s, y^{1p}) \qquad \text{DEC2}: y_2 = (y^s, y^{2p})$$

为了使译码后的比特错误概率最小，根据最大后验概率译码准则，Turbo 码译码器的最佳译码策略是：根据接收序列 y 计算后验概率 $P(u_k) = P(u_k/y_1, y_2)$。但由于计算复杂度随码长的增加而增加，这种最佳策略会变得不可实现。因此，在 Turbo 码的译码方案中，巧妙地采用了一种次优译码规则，将 y_1 和 y_2 分开考虑，由 2 个分量码译码器分别计算后验概率 $P(u_k) = P(u_k/y_1, L_1^e)$ 和 $P(u_k) = P(u_k/y_2, L_2^e)$，然后通过 DEC1 和 DEC2 之间的多次迭代，使它们收敛于 $P(u_k/y_1, y_2)$，从而达到接近 Shannon 极限的性能。这里 L_1^e 和 L_2^e 为附加信息，其中，L_1^e 由 DEC2 提供，在 DEC1 中用作先验信息；L_2^e 由 DEC1 提供，在 DEC2 中用作先验信息。

因篇幅所限，更多的有关 Turbo 码方面的问题，不再进行介绍，感兴趣读者可以参考相关文献。

本 章 小 结

在数字信号的传输过程中，噪声和码间串扰会使传输过程产生误码，而发现或者消除误码的有效手段就是差错控制编码。本章在介绍差错控制编码相关知识的基础上，介绍了几种常用简单分组码，着重讨论了线性分组码的编码和译码原理，分析了循环码的特点，给出了具体的编码方法，最后，简要介绍了卷积码、TCM 码和 Turbo 码。

差错控制编码就是在信息序列上附加一些监督码元，利用这些冗余的码元，使原来没有规律或者规律性不强的原始数字信号变为有规律的数字信号，差错控制译码则利用这些规律性来鉴别传输过程是否发生错误，有可能的话进行纠正错误。常用的差错控制方式主要有 3 种：前向纠错、检错重发和混合纠错。纠错码的抗干扰能力完全取决于许用码之间的距离，码字的最小距离越大，其抗干扰能力就越强。

常用简单分组码包括奇偶监督码、行列监督码和恒比码等。奇偶监督码是一种有效地检测单个错误的方法,其编译码方法简单,编码效率高。行列监督码有时还称为矩阵码,它不仅对水平方向的码元,而且还对垂直方向的码元实施奇偶监督。恒比码又称等重码,是目前国际电报通信系统常用的差错控制编码方式。

线性分组码是一组固定长度的码字,可表示为 (n,k)。信息位和监督位之间的关系可以用监督矩阵 H 和生成矩阵 G 来次示。利用生成矩阵 G 可以产生整个线性分组码的码字,即 $A = M \cdot G$;利用监督矩阵 H 处理接收到的码字 B,得到的校正子 S 能够实现差错控制。汉明码是一种能够纠正单个错误的线性分组码,其最小码距为3,码长 n 与监督元个数 r 之间满足关系式 $n = 2^r - 1$。

循环码是线性分组码的一个重要子集,最大的特点就是码字的循环特性,即循环码中任一许用码字经过循环移位后,所得到的码字仍然是许用码字,循环码的所有码字共同组成了许用码字。为了方便,通常用码多项式来表示,在循环码中,次数最低的码多项式(全0码字除外)称为生成多项式 $g(x)$,利用其能够确定生成矩阵 G 和监督矩阵 H,同时也可以直接进行编码操作。BCH码是循环码中的一个重要子类,它有纠多个随机错误的能力,而且有严密的代数结构,是目前研究得较为透彻的一类码。

卷积码与分组码的工作原理存在明显的区别,编码过程通常利用图解表示和解析表示,主要描述法包括树状图、网格图和状态图。卷积码的译码方法可分为代数译码和概率译码两大类,本章介绍了概率译码的代表性方法——维特比译码。

网格编码调制(TCM)和Turbo码是两类较为新型的信道编码技术,鉴于篇幅有限,本章仅进行了简单的介绍。

思考与习题

8-1 信道编码与信源编码有什么不同?纠错码能够检错或纠错的根本原因是什么?

8-2 差错控制的基本工作方式有哪几种?各有什么特点?

8-3 汉明码有哪些特点?

8-4 分组码的检(纠)错能力与最小码距有什么关系?检、纠错能力之间有什么关系?

8-5 什么叫做奇偶监督码?其检错能力如何?

8-6 二维偶监督码其检测随机及突发错误的性能如何?能否纠错?

8-7 什么是线性码?它具有哪些重要性质?

8-8 什么是系统分组码?试举例说明。

8-9 系统分组码的监督矩阵、生成矩阵各有什么特点?相互之间有什么关系?

8-10 伴随式检错及纠错的原理是什么?

8-11 什么是循环码?循环码的生成多项式如何确定?

8-12 循环码的生成多项式、监督多项式各有什么特点?

8-13 什么是本原多项式?

8-14 本原BCH码和非本原BCH码各有什么特点?

8-15 什么是卷积码?什么是卷积码的码树图和网格图?

8-16 简述分组码和卷积码的区别。

8-17 简述网格编码调制的原理。

8-18 简述 Turbo 码的编译码原理。

8-19 (5,1)重复码若用于检错,能检测出几位误码?若用于纠错,能纠正几位错码?若同时用于检错与纠错,各能检测、纠正几位错码?

8-20 已知3个码组为(001010)、(101101)、(010001)。若用于检错,能检出几位误码?若用于纠错,能纠正几位误码?若同时用于检错与纠错,各能检测、纠正几位误码?

8-21 已知8个线性分组为000000、001110、010101、011011、100011、101101、110110、111000,试求其最小码距 $d_{\min}$。若用于检错,能检测出几位错码?若用于纠错,能纠正几位误码?若同时用于检错、纠错,各能检测、纠正几位误码?

8-22 一线性码的一致监督矩阵为

$$H = \begin{bmatrix} 1 & 0 & 0 & 1 & 0 & 0 & 1 & 1 & 0 \\ 1 & 0 & 1 & 0 & 1 & 0 & 0 & 1 & 0 \\ 0 & 1 & 1 & 1 & 0 & 0 & 0 & 0 & 1 \\ 1 & 0 & 1 & 0 & 1 & 1 & 1 & 0 & 1 \end{bmatrix}$$

求其典型监督矩阵。

8-23 一码长 $n=15$ 的汉明码,监督位 r 应为多少?编码速率为多少?试写出监督码元与信息码元之间的关系。

8-24 已知某线性码的监督矩阵为

$$H = \begin{bmatrix} 1 & 1 & 1 & 0 & 1 & 0 & 0 \\ 1 & 1 & 0 & 1 & 0 & 1 & 0 \\ 1 & 0 & 1 & 1 & 0 & 0 & 1 \end{bmatrix}$$

列出所有许用码组。

8-25 已知(7,3)分组码的监督关系式为

$$\begin{cases} x_6 + x_3 + x_2 + x_1 = 0 \\ x_5 + x_2 + x_1 + x_0 = 0 \\ x_6 + x_5 + x_1 = 0 \\ x_5 + x_4 + x_0 = 0 \end{cases}$$

求其监督矩阵、生成矩阵、全部码字及纠错能力。

8-26 系统分组码的监督矩阵、生成矩阵各有什么特点?相互之间有什么关系?

8-27 已知(7,4)循环码的全部码组为

0000000	0100111	1000101	1100010
0001011	0101100	1001110	1101001
0010110	0110001	1010011	1110100
0011101	0111010	1011000	1111111

试写出该循环码的生成多项式 $g(x)$ 和生成矩阵 $G(x)$,并将 $G(x)$ 化成典型矩阵。

8-28 根据上题写出 H 矩阵和其典型矩阵。

8-29 已知(7,3)循环码的生成多项式 $g(x) = x^4 + x^2 + x + 1$,若信息分别为(100)、(001),求其系统码的码字。

8-30 已知(7,4)循环码的生成多项式 $g(x) = x^3 + x + 1$

(1) 求其生成矩阵及监督矩阵；
(2) 写出系统循环码的全部码字；
(3) 画出编码电路，并列表说明编码过程；
(4) 画出译码电路，并列表说明译码过程。

8-31 构造一个能纠正 2 个错误，码长为 $n=15$ 的 BCH 码，并写出生成多项式。

8-32 一个卷积码编码器包括一个 2 级移位寄存器（即约束度为 3）、3 个模 2 加法器和一个输出复用器，编码器的生成多项式如下：

$$g_1(x) = 1 + x^2$$
$$g_2(x) = 1 + x$$
$$g_3(x) = 1 + x + x^2$$

画出编码器框图。

8-33 一个编码效率 $R=1/2$ 的卷积码编码器如题图 8.1 所示，求由信息序列 10111… 产生的编码器输出。

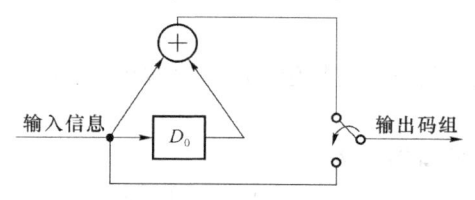

题图 8.1

8-34 题图 8.2 所示为编码效率 $R=1/2$、约束长度为 4 的卷积码编码器，若输入的信息序列为 10111…，求产生的编码器输出。

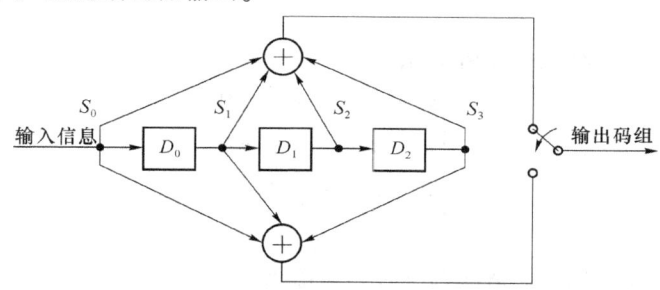

题图 8.2

8-35 效率为 1/2、约束长度为 3 的卷积码的网格图如题图 8.3 所示，如果传输的是全 0 序列，接收到的序列是 100010000…，利用维特比译码算法，计算译码序列。

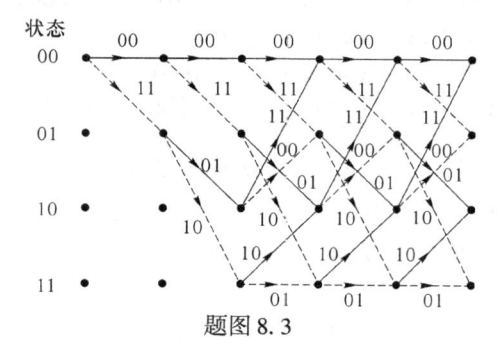

题图 8.3

第 9 章 数字信号最佳接收

第 5 章研究了调制系统在加性高斯白噪声信道下的抗干扰性能,得到了在不同调制解调方式下的误码率。然而它们是从解调方式的角度来研究抗干扰性能的方法,提高系统的可靠性。本章将要讨论的最佳接收,是着眼于接收机本身的结构,即在高斯白噪声信道影响下,信号的最佳接收机的设计和性能特征。

从有噪声干扰的信号中判决有用信号是否出现是假设检验的问题,又称数字信号最佳接收问题;从噪声中来测量有用信号的参数是参数估值及滤波问题。这里主要讨论假设检验的问题,也即数字信号最佳接收原理。

最佳的概念是相对的,按某种准则建立起的最佳接收机是这种准则下最佳的,用其他准则衡量它,性能不一定是最佳的。因此,建立最佳接收机的准则是重要的问题。

下面首先介绍最佳判决准则,随后再推导一定准则下的最佳接收机结构及性能。

【本章核心知识点与关键词】

最大后验概率准则 贝叶斯准则 错误概率最小准则 匹配滤波器 最佳接收机结构 二进制确知信号最佳形式 输出信噪比最大

9.1 二元假设检验的判决准则

假设检验可分为二元假设检验和多元假设检验。二元假设检验是在接收端收到信号与噪声的混合波形后,判断究竟发送端发出的是哪一种信号的检验。其系统的任务是在给定的观测时间 T 内,对混合波形得到多次观测的样本(抽样值序列)进行分析,并且在这种分析基础上作出判断,选择发送端两种信号之一。多元假设检验与二元假设检验类似,不同的是其系统要对得到的抽样值序列作出发送端多种信号之一的判断。这里仅给出二元假设检验的一些最佳接收准则。

9.1.1 二元假设检验的模型

为了便于讨论最佳接收准则,并由准则得到最佳接收机,首先需建立二元假设检验的模型。

二元假设检验模型如图 9.1.1 所示。通常把检验系统中的判断过程叫做检验,而把所要检验的对象的可能情况或状态叫做假设,并用 H 表示。若信源发出的两种信号为 $s_1(t)$ 和 $s_0(t)$ ($s_1(t)$、$s_0(t)$ 是持续时间为 T 的基带信号或频带信号),则 H_1 表示信号 $s_1(t)$ 存在,H_0 表示信号 $s_0(t)$ 存在。称 H_1 为备择假设,H_0 为零假设,它们的出现是随机的,出现概率(又称先验概率)用 $P(H_1)$ 和 $P(H_0)$ 表示。

若模型中加性噪声用 $n(t)$ 表示,信号与噪声的混合波形用 $x(t)$ 表示,则 $x(t)$ 可表示为

假设为 H_1 时,

$$x(t) = s_1(t) + n(t) \tag{9.1.1}$$

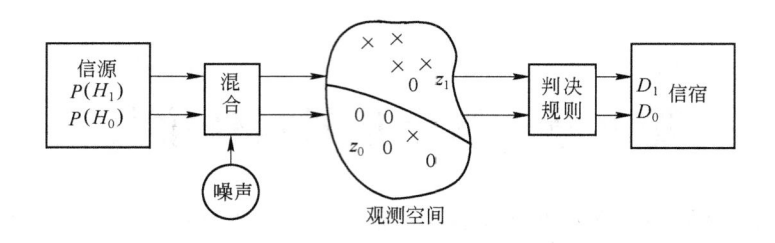

图 9.1.1 二元假设检验模型

假设为 H_0 时，
$$x(t) = s_0(t) + n(t) \tag{9.1.2}$$

观测空间是 $x(t)$ N 次观测的抽样值 $X = \{x_1 x_2 \cdots x_N\}$ 空间，根据判决准则得出的某一判决规则将判决空间划分为两个判决域 z_0 和 z_1。当 X 落在 z_0 内，假设 H_0 成立，即认为发送端发出 $s_0(t)$ 信号；当 X 落在 z_1 内，假设 H_1 成立，即认为发送端发送 $s_1(t)$ 信号。由于加性噪声 $n(t)$ 的随机性，在有限时间 T 内所做的判断会出现错误，这种错误有两种。

第一种错误是假设为 H_0 时，而 X 落在 z_1 判决域内，它的概率为
$$P(D_1/H_0) = \int_{z_1} f(X/H_0) dX = \int \cdots \int f(x_1 x_2 \cdots x_N/H_0) dx_1 dx_2 \cdots dx_N \tag{9.1.3}$$

第二种错误是假设为 H_1 时，而 X 落在 z_0 判决域内，它的概率为
$$P(D_0/H_1) = \int_{z_0} f(X/H_1) dX = \int \cdots \int f(x_1 x_2 \cdots x_N/H_1) dx_1 dx_2 \cdots dx_N \tag{9.1.4}$$

称 $P(D_1/H_0)$ 为虚报概率，$P(D_0/H_1)$ 为漏报概率。$f(X/H_1)$ 和 $f(X/H_0)$ 分别为发 $s_1(t)$ 和发 $s_0(t)$ 时 $X = \{x_1 x_2 \cdots x_N\}$ 的概率密度函数。知道虚报概率 $P(D_1/H_0)$ 和漏报概率 $P(D_0/H_1)$ 及先验概率 $P(H_0)$ 和 $P(H_1)$ 后，就可计算出平均错误概率为
$$P_e = P(H_0)P(D_1/H_0) + P(H_1)P(D_0/H_1) \tag{9.1.5}$$

从以上讨论可知，所谓的信号最佳检测问题，也就是按某种最佳准则，实现对观察空间的划分，这种划分即代表了从属于所用"最佳"准则的最佳判断规则。换言之，相应的最佳准则决定了门限电平的选取，而不同门限的选取对应着观测空间的不同划分。

9.1.2 最大后验概率准则

所谓后验概率是指收到混合波形 $x(t)$ 后判断发送信号 $s(t)$ 可能出现的概率，在数字通信系统中后验概率可以用条件概率 $P(s/x)$ 来表示。由于波形 $x(t)$ 携带有关 $s(t)$ 信息全部体现在后验概率上，因此，接收机如果提供最大的后验概率，就可以获得最多的有用信息。

对于二元检测的情况，设两个可能的取值为 s_1 和 s_0，相应的先验概率为 $P(s_1)$ 和 $P(s_0)$。在发送 s_1 条件下，由于噪声的影响，收到此信号为 x，它的概率密度为 $f(x/s_1)$；当发送 s_0 时，同样它的概率密度为 $f(x/s_0)$。当噪声是高斯噪声时，$f(x/s_1)$ 和 $f(x/s_0)$ 可用图 9.1.2 表示，图中 a_1 和

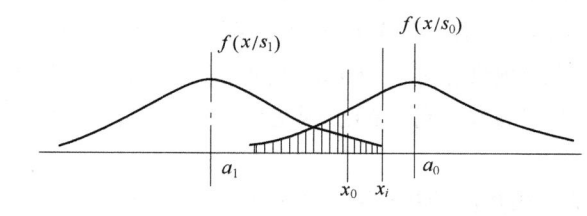

图 9.1.2 $f(x/s_1)$ 和 $f(x/s_0)$ 示意图

a_0 分别为 s_1 和 s_0 的取值。当发送 s_1 或 s_0 时，x 的取值总在 $(-\infty, \infty)$ 范围内，因此对某一值 x_i 进行观测，同时有对应的 $f(x/s_1)$ 和 $f(x/s_0)$，这就可以清楚地看出，作出判决 s_1 和 s_0 的事件与 $f(x/s_1)$ 和 $f(x/s_0)$ 有关，例如图 9.1.2 中，x_1 落在 a_0 附近而远离 a_1，由此可知 $f(x/s_0) > f(x/s_1)$。此时在 x_i 附近的小区间 Δ 对 $f(x/s_1)$ 和 $f(x/s_0)$ 积分得到 $\int_\Delta f(x/s_0)dx > \int_\Delta f(x/s_1)dx$，故判为 s_0 值是合理的。同样情况，如果 x_i 落在 a_1 附近，则判为 s_1 是合理的。

为了确定最佳判决的划分点，选择一个判决点 x_0，当 $x_i \geq x_0$ 时，判为 s_0；当 $x_i < x_0$ 时判为 s_1。此时错误判决的概率是发送 s_0 而 x_i 落在 $(-\infty, x_0)$ 被判成 s_1 的概率 β 和发送 s_1 而 x_i 落在 (x_0, ∞) 被判成 s_0 的概率 α，概率 α 和 β 可表示在图 9.1.2 中的两块阴影面积，它们的表示式是

$$\alpha = \int_{x_0}^{\infty} f(x/s_1)dx \tag{9.1.6}$$

$$\beta = \int_{-\infty}^{x_0} f(x/s_0)dx \tag{9.1.7}$$

因此每次判决的平均错误概率即误码率为

$$P_e = P(s_1)\alpha + P(s_0)\beta \tag{9.1.8}$$

显然 P_e 是 x_0 的函数。使 P_e 最小的 x_0 可通过微分求得，即

$$\frac{\partial P_e}{\partial x_0} = 0 = -P(s_1)f(x_0/s_1) + P(s_0)f(x_0/s_0)$$

则

$$\frac{f(x_0/s_1)}{f(x_0/s_0)} = \frac{P(s_0)}{P(s_1)} \tag{9.1.9}$$

式中，x_0 为最佳划分点。由此可得判决规则为

$$\left.\begin{array}{l}\dfrac{f(x/s_1)}{f(x/s_0)} > \dfrac{P(s_0)}{P(s_1)}, \quad 判为 s_1 \\[2mm] \dfrac{f(x/s_1)}{f(x/s_0)} < \dfrac{P(s_0)}{P(s_1)}, \quad 判为 s_0\end{array}\right\} \tag{9.1.10}$$

这种最佳判决规则称为似然比判决规则。由式(9.1.10)可以得到

$$f(x/s_1)P(s_1) \underset{s_0}{\overset{s_1}{\gtrless}} f(x/s_0)P(s_0) \tag{9.1.11}$$

两边同除 $P(x)$，则得

$$\frac{f(x/s_1)P(s_1)}{P(x)} \underset{s_0}{\overset{s_1}{\gtrless}} \frac{f(x/s_0)P(s_0)}{P(x)} \tag{9.1.12}$$

根据概率理论，式(9.1.12)可改写为

$$f(s_1/x) \underset{s_0}{\overset{s_1}{\gtrless}} f(s_0/x) \tag{9.1.13}$$

式(9.1.13)就是最大后验判决准则。

9.1.3 最小平均风险准则

最小平均风险准则又称贝叶斯(Bayes)准则，可表示为

$$\overline{R} = C_{00}P(D_0H_0) + C_{10}P(D_1H_0) + C_{01}P(D_0H_1) + C_{11}P(D_1H_1) \tag{9.1.14}$$

其中，$P(D_iH_j)$ $(i,j=0,1)$ 表示假设为 H_j，判决为 D_i 的联合概率；$C_{ij}(i,j=0,1)$ 表示假设为 H_j，判决为 D_i 所付出的代价；$\bar{R}$ 是平均风险。应用贝叶斯公式

$$P(D_iH_j) = P(H_j)P(D_i/H_j)$$

代入式(9.1.14)中得到

$$\begin{aligned}\bar{R} = &C_{00}P(H_0)P(D_0/H_0) + C_{10}P(H_0)P(D_1/H_0) + \\ &C_{01}P(H_1)P(D_0/H_1) + C_{11}P(H_1)P(D_1/H_1)\end{aligned} \quad (9.1.15)$$

根据式(9.1.3)和式(9.1.4)有

$$\left.\begin{aligned}P(D_0/H_0) &= \int_{z_0} f(X/H_0)\mathrm{d}x \\ P(D_1/H_0) &= \int_{z_1} f(X/H_0)\mathrm{d}x = 1 - \int_{z_0} f(X/H_0)\mathrm{d}x \\ P(D_0/H_1) &= \int_{z_0} f(X/H_1)\mathrm{d}x \\ P(D_1/H_1) &= \int_{z_1} f(X/H_1)\mathrm{d}x = 1 - \int_{z_0} f(X/H_1)\mathrm{d}x\end{aligned}\right\} \quad (9.1.16)$$

将式(9.1.16)代入式(9.1.15)得

$$\bar{R} = C_{10}P(H_0) + C_{11}P(H_1) +$$
$$\int_{z_0} \left[P(H_1)(C_{01} - C_{11})f(X/H_1) - P(H_0)(C_{10} - C_{00})f(X/H_0) \right] \mathrm{d}x \quad (9.1.17)$$

当先验概率 $P(H_0)$、$P(H_1)$ 及代价 C_{ij} 给定时，式(9.1.17)中前两项是正数，要使 $\bar{R}$ 较小，希望积分项提供负值。我们把被积函数为负的所有那些 X 划分在 z_0 域，而把使被积函数为正值的所有那些 X 划在 z_1 域，即可得到选择假设 H_0 的区域为

$$P(H_1)(C_{01} - C_{11})f(X/H_1) < P(H_0)(C_{10} - C_{00})f(X/H_0) \quad (9.1.18)$$

同理，将式(9.1.15)变换成只对 z_1 区域积分的表示式，可以得到选择假设 H_1 的区域为

$$P(H_1)(C_{01} - C_{11})f(X/H_1) > P(H_0)(C_{10} - C_{00})f(X/H_0) \quad (9.1.19)$$

整理式(9.1.18)与式(9.1.19)得贝叶斯准则为

$$\lambda(X) = \frac{f(X/H_1)}{f(X/H_0)} \overset{D_1}{\underset{D_0}{\gtrless}} \frac{P(H_0)(C_{10} - C_{00})}{P(H_1)(C_{01} - C_{11})} = \lambda_B \quad (9.1.20)$$

式(9.1.20)中，$\lambda(X)$ 是似然函数比；λ_B 是似然比门限。式(9.1.20)的贝叶斯准则也可用对数形式表示为

$$\ln \lambda(X) \overset{D_1}{\underset{D_0}{\gtrless}} \ln \lambda_B \quad (9.1.21)$$

贝叶斯准则是应用最为广泛的判决准则。

9.1.4 错误概率最小准则

错误概率即误码率是数字通信系统的可靠性指标，用"错误概率最小"作为数字通信的准则是最直观和合理的。

错误概率最小准则是贝叶斯准则的一个特例，它假定正确判决不付出代价，错误判决应付出相同的代价。也就是假定

$$\left.\begin{array}{l}C_{00}=C_{11}=0\\ C_{01}=C_{10}=1\end{array}\right\} \quad (9.1.22)$$

将式(9.1.22)代入式(9.1.15)得

$$\overline{R}=P(H_0)P(D_1/H_0)+P(H_1)P(D_0/H_1) \quad (9.1.23)$$

比较式(9.1.4)和式(9.1.23)可知,在式(9.1.22)条件下,贝叶斯准则中的平均风险 $\overline{R}$ 即是数字通信系统的平均错误概率。使错误概率最小也就相当于使平均风险最小。

将式(9.1.22)代入式(9.1.20)的贝叶斯准则中,得错误概率最小准则为

$$\lambda(x)=\frac{f(X/H_1)}{f(X/H_0)}\underset{D_0}{\overset{D_1}{\gtrless}}\frac{P(H_0)}{P(H_1)}=\lambda_0 \quad (9.1.24)$$

或

$$\ln\lambda(X)\underset{D_0}{\overset{D_1}{\gtrless}}\ln\lambda_0 \quad (9.1.25)$$

式中似然比门限 λ_0 仅决定于先验概率 $P(H_1)$ 和 $P(H_0)$。

9.2 二元确知信号的最佳接收

确知信号是指信号的参数(幅度、频率、相位、到达时间等)或波形是已知的信号。本节将讨论在设定条件下,满足错误概率最小准则的最佳接收机结构及其误码率。

9.2.1 最佳接收机结构

在二元确知信号的假设检验中,设

$$\begin{cases} 假设 H_0 \text{ 时}, & x(t)=s_0(t)+n(t),\\ 假设 H_1 \text{ 时}, & x(t)=s_1(t)+n(t),\end{cases} \quad 0\leqslant t\leqslant T$$

这里 $s_0(t)$ 和 $s_1(t)$ 是二元确知信号的两种波形,它们既可以是基带信号,也可以是频带信号; $n(t)$ 是信道中的加性噪声,设它为零均值高斯白噪声,其单边功率谱密度为 n_0 W/Hz。

根据式(9.1.24)的错误概率最小准则,应先求出似然函数 $f(X/H_0)$ 与 $f(X/H_1)$。似然函数中的 X 是对 $x(t)$ 在 $0\sim T$ 时间内进行 N 次抽样的抽样值序列 $x_1 x_2\cdots x_N$。设各抽样点间相互独立,每次抽样值不同,均值可表示为 S_{0k} 和 $S_{1k}(k=1,\cdots,N)$,则似然函数 $f(X/H_0)$、$f(X/H_1)$ 为

$$\begin{aligned}f(X/H_1)&=f(x_1 x_2\cdots x_N/H_1)\\ &=f(x_1/H_1)f(x_2/H_1)\cdots f(x_N/H_1)=\prod_{k=1}^{N}f(x_k/H_1)\\ f(X/H_0)&=f(x_1 x_2\cdots x_N/H_0)\\ &=f(x_1/H_0)f(x_2/H_0)\cdots f(x_N/H_0)=\prod_{k=1}^{N}f(x_k/H_0)\end{aligned}$$

其中

$$f(x_k/H_1)=\frac{1}{\sqrt{2\pi}\sigma_n}\exp\left[-\frac{(x_k-S_{1k})^2}{2\sigma_n^2}\right]$$

$$f(x_k/H_0)=\frac{1}{\sqrt{2\pi}\sigma_n}\exp\left[-\frac{(x_k-S_{0k})^2}{2\sigma_n^2}\right]$$

由以上各式可得似然函数比 $\lambda(x)$ 为

$$\lambda(x) = \frac{f(X/H_1)}{f(X/H_0)} = \exp\left[\sum_{k=1}^{N}\left(\frac{S_{1k}x_k}{\sigma_n^2} - \frac{S_{0k}x_k}{\sigma_n^2} - \frac{S_{1k}^2}{2\sigma_n^2} + \frac{S_{0k}^2}{2\sigma_n^2}\right)\right] \quad (9.2.1)$$

为了对连续波形进行检测,可以假定在 $T = N(\Delta t)$ 保持不变条件下使 $\Delta t \to 0$ 和 $N \to \infty$,其中,Δt 是抽样的间隔,T 是码元宽度,同时因为信道带宽 $B = \frac{1}{2\Delta t}$,故在 $\Delta t \to 0$ 时相当于 $B \to \infty$,这是理想的情况。此时噪声功率 $\sigma_n^2 = n_0 B = n_0/(2\Delta t)$。在这些条件下可得极限

$$\lim_{\substack{N\to\infty\\ \Delta t\to 0}}\sum_{k=1}^{N}\frac{S_{1k}x_k}{\sigma_n^2} = \sum_{k=1}^{N}\frac{2}{n_0}\lim_{\substack{N\to\infty\\ \Delta t\to 0}}S_{1k}x_k\Delta t = \frac{2}{n_0}\int_0^T s_1(t)x(t)\mathrm{d}t \quad (9.2.2)$$

同理得

$$\lim_{\substack{N\to\infty\\ \Delta t\to 0}}\sum_{k=1}^{N}\frac{S_{0k}x_k}{\sigma_n^2} = \frac{2}{n_0}\int_0^T s_0(t)x(t)\mathrm{d}t \quad (9.2.3)$$

$$\lim_{\substack{N\to\infty\\ \Delta t\to 0}}\sum_{k=1}^{N}\frac{S_{1k}^2}{2\sigma_n^2} = \frac{1}{n_0}\int_0^T s_1^2(t)\mathrm{d}t \quad (9.2.4)$$

$$\lim_{\substack{N\to\infty\\ \Delta t\to 0}}\sum_{k=1}^{N}\frac{S_{0k}^2}{2\sigma_n^2} = \frac{1}{n_0}\int_0^T s_0^2(t)\mathrm{d}t \quad (9.2.5)$$

将式(9.2.2)~式(9.2.5)代入式(9.2.1)中,并取对数后可化简为

$$\ln\lambda(x) = \frac{2}{n_0}\left[\int_0^T s_1(t)x(t)\mathrm{d}t - \int_0^T s_0(t)x(t)\mathrm{d}t\right] - \frac{1}{n_0}\left[\int_0^T s_1^2(t)\mathrm{d}t - \int_0^T s_0^2(t)\mathrm{d}t\right] \quad (9.2.6)$$

根据错误概率最小准则式(9.1.24)得

$$\frac{2}{n_0}\left[\int_0^T s_1(t)x(t)\mathrm{d}t - \int_0^T s_0(t)x(t)\mathrm{d}t\right] - \frac{1}{n_0}\left[\int_0^T s_1^2(t)\mathrm{d}t - \int_0^T s_0^2(t)\mathrm{d}t\right] \underset{D_0}{\overset{D_1}{\gtrless}} \ln\lambda_0$$

进一步整理得判决规则为

$$\frac{2}{n_0}\left[\int_0^T s_1(t)x(t)\mathrm{d}t - \int_0^T s_0(t)x(t)\mathrm{d}t\right] \underset{D_0}{\overset{D_1}{\gtrless}} \ln\lambda_0 + \frac{1}{n_0}\int_0^T [s_1^2(t) - s_0^2(t)]\mathrm{d}t \quad (9.2.7)$$

或者

$$\int_0^T s_1(t)x(t)\mathrm{d}t - \int_0^T s_0(t)x(t)\mathrm{d}t \underset{D_0}{\overset{D_1}{\gtrless}} V_\mathrm{T} \quad (9.2.8)$$

式中

$$V_\mathrm{T} = \frac{n_0}{2}\ln\lambda_0 + \frac{1}{2}\int_0^T [s_1^2(t) - s_0^2(t)]\mathrm{d}t \quad (9.2.9)$$

是判决门限,它与信号的先验概率 $P(H_0)$、$P(H_1)$、二元确知信号的能量 $\int_0^T s_1^2(t)\mathrm{d}t$、$\int_0^T s_0^2(t)\mathrm{d}t$ 及噪声功率谱密度有关,当 $P(H_0) = P(H_1)$ 且二元信号 $s_1(t)$、$s_0(t)$ 能量相等时,$V_\mathrm{T} = 0$。

由式(9.2.8)可画出二元确知信号最佳接收机模型如图 9.2.1 所示。图 9.2.1(a)为最佳接收机的一般形式，图 9.2.1(b)为确知信号等概等能量时的形式。在图 9.2.1(a)和图 9.2.1(b)中各支路上的相乘器和积分器合起来称为相关器，因此通常称这种接收机为相关接收机。如果用匹配滤波器来代替相关器，就可得到用匹配滤波器实现的最佳接收机，这部分内容将在 9.4 节论述。

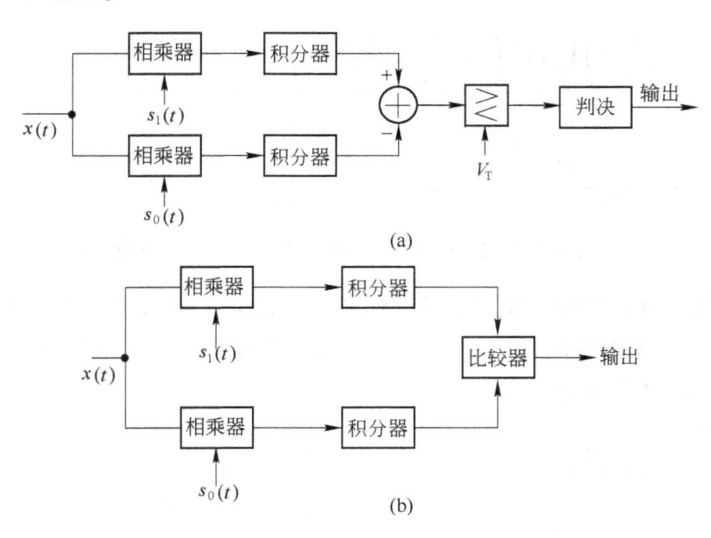

图 9.2.1 二元通信系统的最佳接收机

例 9.2.1 在 2ASK 系统中，发送信号 $s_1(t)$ 和 $s_0(t)$ 分别为

$$\begin{cases} s_1(t) = A\cos 2\pi f_c t & 0 \leq t \leq T_b \\ s_0(t) = 0 & 0 \leq t \leq T_b \end{cases}$$

且发送 $s_1(t)$ 和 $s_0(t)$ 概率相等，信道加性高斯白噪声双边功率谱密度为 $\dfrac{n_0}{2}$。试构成相关器形式的最佳接收机结构，并画出各点时间波形（每个码元包含 3 个载波周期）。

解 根据题意，在式(9.2.8)和式(9.2.9)中

$$\ln \lambda_0 = 0$$

$$\int_0^{T_b} s_0^2(t)\,\mathrm{d}t = 0 \qquad \int_0^{T_b} s_1^2(t)\,\mathrm{d}t = \frac{A^2 T_b}{2}$$

$$V_T = \frac{1}{4} A^2 T_b$$

故 2ASK 信号最佳接收机为

$$\int_0^{T_b} s_1(t) x(t)\,\mathrm{d}t \underset{D_0}{\overset{D_1}{\gtrless}} \frac{1}{4} A^2 T_b$$

最佳接收机结构及各点波形如图 9.2.2 所示，最佳接收机的抽样时刻应选在码元结束时刻。

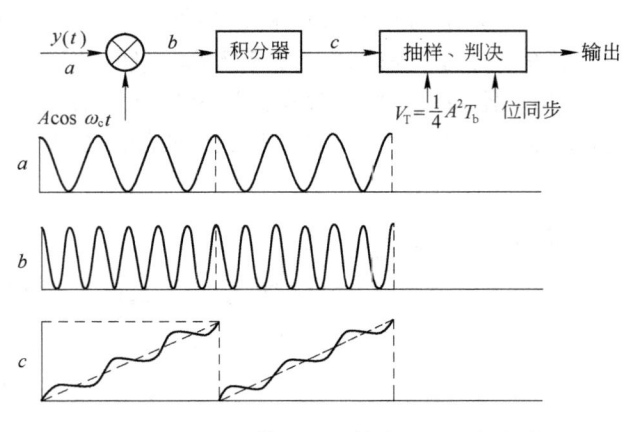

图 9.2.2　2ASK 信号的最佳接收机及各点波形

例 9.2.2　在二进制基带系统中，发送信号 $s_1(t)$ 和 $s_2(t)$ 如图 9.2.3 所示，若发送 $s_1(t)$ 和 $s_2(t)$ 概率相等，信道加性高斯白噪声双边功率谱密度为 $n_0/2$。试构成相关器形式的最佳接收机，并画出各点时间波形。

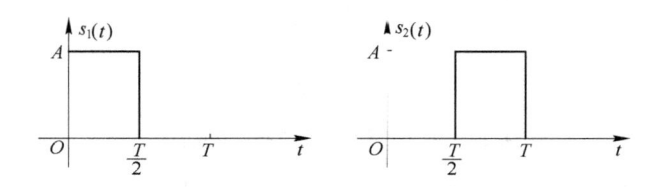

图 9.2.3　二进制信号波形

解　根据题意，可求出

$$\ln \lambda_0 = 0$$

$$E_s = \int_0^T s_1^2(t)\,dt = \int_0^T s_0^2(t)\,dt = \frac{A^2 T}{2}$$

$$V_T = 0$$

故二进制基带信号最佳接收机为

$$\int_0^T s_1(t)x(t)\,dt \underset{D_0}{\overset{D_1}{\gtrless}} \int_0^T s_0(t)x(t)\,dt$$

最佳接收机结构及波形如图 9.2.4 所示。

9.2.2　最佳接收机的性能分析

最佳接收机的检测性能可用平均错误概率 P_e 来表示。计算 P_e 的思路是根据判决规则式(9.2.8)，求出在假设 H_0 和假设 H_1 条件下的 $\int_0^T s_1(t)x(t)\,dt - \int_0^T s_0(t)x(t)\,dt$ 表示式及其概率密度函数，再按照判决规则求出漏报概率和虚报概率，从而求出平均错误概率 P_e。这里不需要考虑代价问题，因此可以确定似然门限比为

$$\lambda_0 = \frac{P(H_0)}{P(H_1)} = \frac{P(s_0)}{P(s_1)}$$

第 9 章 数字信号最佳接收

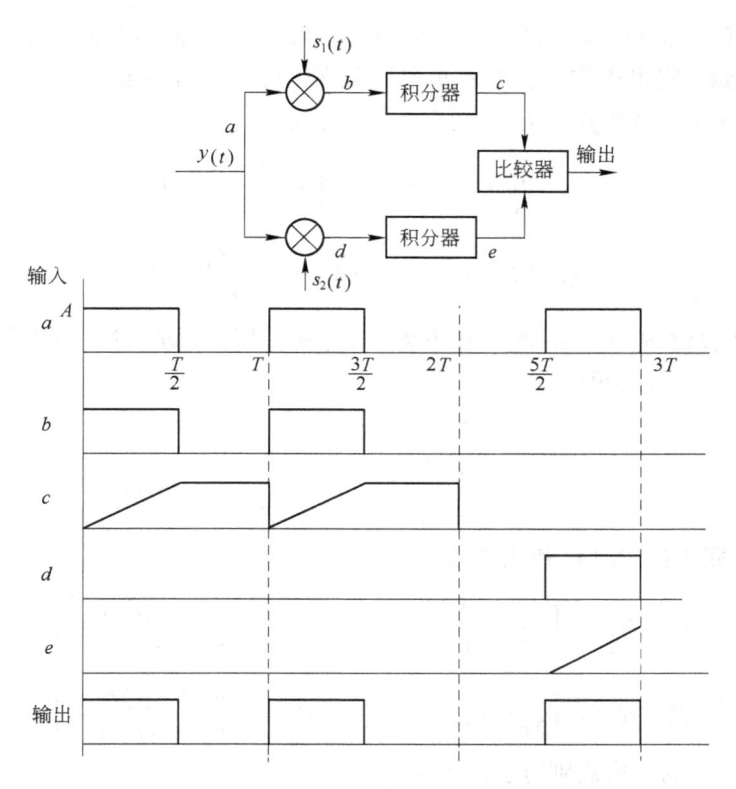

图 9.2.4 例 9.2.2 基带信号最佳接收机及各点波形

为分析计算方便，假定 $v_0 = \int_0^T [s_1(t) - s_0(t)] x(t) \mathrm{d}t$ 为统计检验量，则有以下假设下的 v_0：

假设 H_0 时，$x(t) = s_0(t) + n(t)$，故 v_0 为

$$v_0 = \int_0^T [s_1(t) - s_0(t)][s_0(t) + n(t)] \mathrm{d}t$$

$$= \int_0^T [s_1(t) - s_0(t)] n(t) \mathrm{d}t - (1 - \rho) E_s \qquad (9.2.10)$$

假设 H_1 时，$x(t) = s_1(t) + n(t)$，故 v_0 为

$$v_0 = \int_0^T [s_1(t) - s_0(t)][s_1(t) + n(t)] \mathrm{d}t$$

$$= \int_0^T [s_1(t) - s_0(t)] n(t) \mathrm{d}t + (1 - \rho) E_s \qquad (9.2.11)$$

式中 E_s 是 $s_1(t)$ 和 $s_0(t)$ 在 $0 \leqslant t \leqslant T$ 期间的平均能量。当 $s_1(t)$ 与 $s_0(t)$ 具有相等的能量时，有

$$E_s = \int_0^T s_1^2(t) \mathrm{d}t = \int_0^T s_0^2(t) \mathrm{d}t \qquad (9.2.12)$$

ρ 是相关系数，它被定义为

$$\rho = \frac{1}{E_s} \int_0^T s_1(t) s_0(t) \mathrm{d}t \qquad (9.2.13)$$

在式(9.2.10)和式(9.2.11)中,除 $n(t)$ 是高斯过程,其他均为确知量,因此 v_0 的抽样值 v 也是高斯变量,它可用均值和方差来描述概率密度。设假设 H_0 和假设 H_1 条件下,v 的概率密度函数为 $f(v/H_0)$ 和 $f(v/H_1)$,则它们可表示为

$$f(v/H_0) = \frac{1}{\sqrt{2\pi}\sigma_0}\exp\left[-\frac{(v-a_0)^2}{2\sigma_0^2}\right] \tag{9.2.14}$$

$$f(v/H_1) = \frac{1}{\sqrt{2\pi}\sigma_1}\exp\left[-\frac{(v-a_1)^2}{2\sigma_1^2}\right] \tag{9.2.15}$$

其中,a_0、σ_0^2 是假设 H_0 时 v 的均值和方差;a_1、σ_1^2 是假设 H_1 时 v 的均值和方差。根据式(9.2.10)和式(9.2.11)可得

$$\left.\begin{array}{l} a_0 = -(1-\rho)E_s \\ a_1 = (1-\rho)E_s \\ \sigma_0^2 = \sigma_1^2 = n_0(1-\rho)E_s \end{array}\right\} \tag{9.2.16}$$

将式(9.2.16)代回式(9.2.14)和式(9.2.15)得

$$f(v/H_0) = \left[\frac{1}{2\pi n_0(1-\rho)E_s}\right]^{\frac{1}{2}}\exp\left\{-\frac{[v+(1-\rho)E_s]^2}{2n_0(1-\rho)E_s}\right\} \tag{9.2.17}$$

$$f(v/H_1) = \left[\frac{1}{2\pi n_0(1-\rho)E_s}\right]^{\frac{1}{2}}\exp\left\{-\frac{[v-(1-\rho)E_s]^2}{2n_0(1-\rho)E_s}\right\} \tag{9.2.18}$$

根据式(9.2.8)的判决规则可求出虚报概率

$$\begin{aligned} P(D_1/H_0) &= \int_{V_T}^{\infty} f(v/H_0)\mathrm{d}v = \int_{z_{T_0}}^{\infty}\frac{1}{\sqrt{2\pi}}\exp\left(-\frac{z^2}{2}\right)\mathrm{d}z = 1-\Phi(z_{T_0}) \\ &= 1-\Phi(z_{T_0}) \end{aligned} \tag{9.2.19}$$

式中新的变量为

$$z = \frac{v+(1-\rho)E_s}{\sqrt{n_0(1-\rho)E_s}} \tag{9.2.20}$$

相应的积分下限为

$$z_{T_0} = \frac{V_T+(1-\rho)E_s}{\sqrt{n_0(1-\rho)E_s}} = \frac{\frac{n_0}{2}\ln\lambda_0+(1-\rho)E_s}{\sqrt{n_0(1-\rho)E_s}} \tag{9.2.21}$$

同理,可得漏报概率

$$P(D_0/H_1) = \int_{-\infty}^{V_T} f(v/H_1)\mathrm{d}v = \Phi(z_{T_1}) \tag{9.2.22}$$

式中 z_{T_1} 为

$$z_{T_1} = \frac{\frac{n_0}{2}\ln\lambda_0-(1-\rho)E_s}{\sqrt{n_0(1-\rho)E_s}} \tag{9.2.23}$$

由虚报概率、漏报概率及先验概率可求得平均错误概率

$$\begin{aligned} P_e &= P(H_0)P(D_1/H_0)+P(H_1)P(D_0/H_1) \\ &= P(H_0)[1-\Phi(z_{T_0})]+P(H_1)\Phi(z_{T_1}) \end{aligned} \tag{9.2.24}$$

在 $P(s_0) = P(s_1)$ 的等概情况下，$\lambda_0 = 1$，故

$$z_{T_0} = \sqrt{\frac{(1-\rho)E_s}{n_0}} = -z_{T_1}$$

此时平均错误概率将为

$$P_e = \frac{1}{2}\text{erfc}\sqrt{\frac{(1-\rho)E_s}{2n_0}} \quad (9.2.25)$$

图 9.2.5 不但画出式（9.2.25）的曲线，另外还画出 $P(s_0)/P(s_1)$ 等于 10 或 0.1 的曲线。从式（9.2.25）和图 9.2.5 可得到以下结论：

（1）$P(s_1) = P(s_0)$ 的先验等概情况 P_e 最大。通常在不知道先验概率的情况下，可以用等概条件来假定。因为对于接收机的接收质量来说，最不利的情况即能够满足要求，那么比较好的情况就更没问题了。

图 9.2.5 P_e 与 $\sqrt{\frac{(1-\rho)E_s}{2n_0}}$ 关系曲线

（2）随信号能量 E_s 的增大或噪声功率谱密度 n_0 的降低，可使错误概率减小，也就是接收质量得以提高。

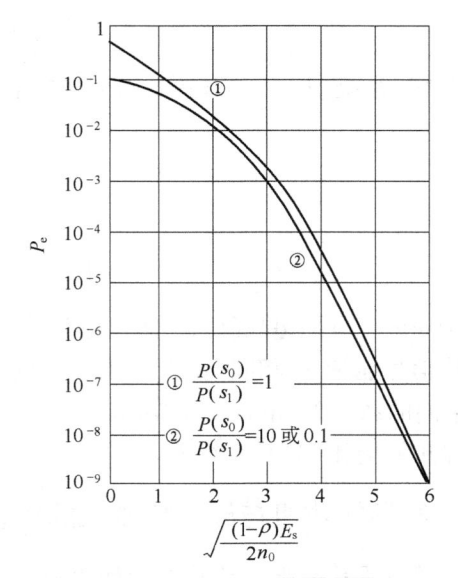

（3）当互相关系数 $\rho = -1$ 时，平均错误概率 P_e 最小。互相关系数 ρ 是表示信号 $s_1(t)$ 和 $s_0(t)$ 之间相关程度的量。根据第 5 章阐述的 2ASK、2FSK 和 2PSK 的概念，可求出 2ASK 信号和 2FSK 信号的 $\rho = 0$，2PSK 信号的 $\rho = -1$。

例 9.2.3 分析例 9.2.1 系统的抗噪声性能。若在 2FSK 系统中发送信号分别为

$$\begin{cases} s_1(t) = A\cos 2\pi f_1 t & 0 \leqslant t \leqslant T_s \\ s_0(t) = A\cos 2\pi f_0 t & 0 \leqslant t \leqslant T_s \end{cases} \quad \left(f_0 = \frac{3}{T_s}, f_1 = \frac{5}{T_s}\right)$$

在 2PSK 系统中发送信号分别为

$$\begin{cases} s_1(t) = A\cos 2\pi f_c t & 0 \leqslant t \leqslant T_s \\ s_0(t) = -s_1(t) & 0 \leqslant t \leqslant T_s \end{cases}$$

且假设发送 $s_1(t)$ 和 $s_0(t)$ 的概率相等，信道有双边功率谱密度为 $n_0/2$ 的高斯白噪声。试求 2FSK 系统和 2PSK 系统的抗噪声性能，并与 2ASK 系统抗噪声性能作一比较。

解 在 2ASK 系统中，$s_1(t)$ 与 $s_0(t)$ 的相关系数 $\rho = 0$，在 $0 \leqslant t \leqslant T_s$ 内信号能量为 $E_{s0} = 0$，$E_{s1} = A^2 T_s/2$，故 $E_s = \frac{1}{2}E_1 + \frac{1}{2}E_0 = \frac{1}{4}A^2 T_s$。把 E_s 和 ρ 代入式（9.2.25）中得

$$P_e = \frac{1}{2}\text{erfc}\sqrt{\frac{A^2 T_s}{8n_0}} \quad (9.2.26)$$

在 2FSK 系统中，相关系数 ρ 和平均能量 E_s 为

$$\rho = \frac{1}{E_s}\int_0^T s_1(t)s_0(t)\,\text{d}t = \frac{1}{E_s}\int_0^T \cos 2\pi \frac{3}{T_s}t \cdot \cos 2\pi \frac{5}{T_s}t\,\text{d}t = 0$$

$$E_s = \int_0^T s_1^2(t)\,\text{d}t = \int_0^T s_0^2(t)\,\text{d}t = \frac{1}{2}A^2 T_s$$

故
$$P_e = \frac{1}{2}\text{erfc}\sqrt{\frac{A^2 T_s}{4n_0}} \qquad (9.2.27)$$

在 2PSK 系统中，相关系数 ρ 和平均能量 E_s 为
$$\rho = -1$$
$$E_s = \frac{1}{2}A^2 T_s$$

故
$$P_e = \frac{1}{2}\text{erfc}\sqrt{\frac{A^2 T}{2n_0}} \qquad (9.2.28)$$

由于 erfc(·) 是递减函数，故以上计算中 2PSK 信号是最佳形式，2PSK 系统在与 2FSK 系统平均信号能量 E_s 相同情况下，有更小的 P_e。当 2ASK 系统与 2FSK 系统平均信号能量相等时，它们的系统 P_e 相等；当 2ASK 信号不为 0 的信号振幅与 2FSK 信号振幅相同时，2ASK 系统抗噪声性能比 2FSK 系统差。

9.2.3 实际接收机与最佳接收机的比较

实际接收机是指第 5 章的相干接收机。把实际接收机与最佳接收机误码率公式作一比较，如表 9.2.1 所示。

表 9.2.1 实际接收机与最佳接收机性能比较

名 称	实际接收机相干解调	最佳接收机	备 注
2PSK	$P_e = \frac{1}{2}\text{erfc}\sqrt{r}$	$P_e = \frac{1}{2}\text{erfc}\sqrt{\frac{E_s}{n_0}}$	r 既是 1 码的信噪功率比，也是 1、0 码的平均信噪功率比
2FSK	$P_e = \frac{1}{2}\text{erfc}\sqrt{\frac{r}{2}}$	$P_e = \frac{1}{2}\text{erfc}\sqrt{\frac{E_s}{2n_0}}$	E_s 既是 1 码一个周期内的能量，也是 1、0 码一个周期内的平均能量
2ASK	$P_e = \frac{1}{2}\text{erfc}\sqrt{\frac{r}{4}}$	$P_e = \frac{1}{2}\text{erfc}\sqrt{\frac{E_1}{4n_0}}$	E_1 是 1 码一个周期内的能量

从表 9.2.1 中可发现实际接收机与最佳接收机误码率公式的形式是一样的，其中 r 对应于 E_s/n_0，因此两种接收机性能的比较主要看相同条件下 r 与 E_s/n_0 的相互关系。

在实际接收机中信号和噪声总是先通过带通滤波器，然后进行相干解调。因此实际接收机的信噪比 r 直接与带通滤波器的特性有关，假设带通滤波器为理想滤波器，信号能顺利通过，并限制带外噪声通过。于是信噪比 r 为信号平均功率 S 和通带内噪声功率 N 之比。设滤波器的带宽为理想矩形，用 B 表示，则

$$r = \frac{S}{N} = \frac{S}{n_0 B} \qquad (9.2.29)$$

对于最佳接收机来说，由于 $E_s = ST$，故 E_s/n_0 可表示为

$$\frac{E_s}{n_0} = \frac{ST}{n_0} = \frac{S}{n_0\left(\frac{1}{T}\right)} \qquad (9.2.30)$$

如果式(9.2.29)和式(9.2.30)相等，说明实际接收系统和最佳接收系统性能相同，此时

$$B = \frac{1}{T} \tag{9.2.31}$$

但 $1/T$ 是基带数字信号的重复频率，对于矩形基带信号而言，$1/T$ 是其频谱的第一个零点，因此实际接收机带通滤波器的带宽 B 取 $1/T$，则必然会使信号造成严重失真。所以，实际系统所需 B 应满足 $B > 1/T$，例如对于 ASK、PSK 信号，由于它们的带宽至少是基带信号带宽的两倍，为了使已调信号顺利通过带通滤波器，所需 B 约为 $4/T$。为了获得相同的系统性能，实际接收机的信噪比要比最佳接收机的信噪比增加 6 dB。由此可见，实际接收系统的性能总是比最佳系统性能差。

9.3 二元随相信号的最佳接收

随机相位信号简称随相信号，它的特点是接收信号的相位具有随机的性质。随相信号是具有随机性参数信号中最常见的一种。通常产生随相信号的原因是传输媒介的畸变，例如在多径传输中，不同路径有不同的传输长度；在发射机至接收机的传输媒介中存在着快速变化的时延。

随相信号最佳接收问题的分析，与确知信号最佳接收的分析思路一致，即根据信号和噪声求出似然函数，代入错误概率最小准则，化简后的最简式就是随相信号的最佳接收机。随相信号的最佳接收机比确知信号的最佳接收机复杂。本节主要介绍二元随相信号的最佳接收机及其抗噪声性能。

9.3.1 最佳接收机模型

在二元随相信号的多种形式中，选用具有随机相位的 2FSK 信号为例，对最佳接收机的模型和性能进行分析讨论。

设在所接收到的信号 $x(t)$ 中的有用信号为

$$s_1(t, \varphi_1) = \begin{cases} A\cos(\omega_1 t + \varphi_1) & 0 \leq t \leq T \\ 0 & \text{其他} \end{cases} \tag{9.3.1}$$

$$s_0(t, \varphi_0) = \begin{cases} A\cos(\omega_0 t + \varphi_0) & 0 \leq t \leq T \\ 0 & \text{其他} \end{cases} \tag{9.3.2}$$

式中，ω_1 与 ω_0 是满足正交条件的两个载波频率；φ_1 与 φ_0 是每个信号的随机相位参数，它们是在 $[0, 2\pi]$ 区间内服从均匀分布的随机变量，即

$$f(\varphi_1) = \begin{cases} \dfrac{1}{2\pi} & 0 \leq \varphi_1 \leq 2\pi \\ 0 & \text{其他} \end{cases} \tag{9.3.3}$$

$$f(\varphi_0) = \begin{cases} \dfrac{1}{2\pi} & 0 \leq \varphi_0 \leq 2\pi \\ 0 & \text{其他} \end{cases} \tag{9.3.4}$$

设信道是加性高斯白噪声信道，即 $x(t)$ 中噪声为高斯白噪声，其均值为零，方差为 σ_n^2，单边功率谱密度为 n_0，则

假设 H_1 时, $\quad x(t) = s_1(t,\varphi_1) + n(t),\quad 0 \leqslant t \leqslant T$

假设 H_0 时, $\quad x(t) = s_0(t,\varphi_0) + n(t),$

似然函数比

$$\lambda(X) = \frac{f(X/s_1)}{f(X/s_0)}$$

因为 $x(t)$ 中所含有用信号是随相信号，根据概率论知识，$f(X/s_1)$、$f(X/s_0)$ 与 $f(\varphi_1)$、$f(\varphi_0)$ 及 $f(X/s_1,\varphi_1)$、$f(X/s_0,\varphi_0)$ 的关系为

$$\left. \begin{aligned} f(X/s_1) &= \int_0^{2\pi} f(\varphi_1) f(X/s_1,\varphi_1)\,\mathrm{d}\varphi_1 \\ f(X/s_0) &= \int_0^{2\pi} f(\varphi_0) f(X/s_0,\varphi_0)\,\mathrm{d}\varphi_0 \end{aligned} \right\} \tag{9.3.5}$$

式中，$f(X/s_1,\varphi_1)$ 和 $f(X/s_0,\varphi_0)$ 分别为出现 $s_1(t,\varphi_1)$ 和 $s_0(t,\varphi_0)$ 条件下观察到 X 的概率密度函数，如果认为 φ_1、φ_0 给定，$f(X/s_1,\varphi_1)$ 与 $f(X/s_0,\varphi_0)$ 可仿照确知信号似然函数的求法得到。此时随相信号的似然函数

$$\begin{aligned}
\lambda(X) &= \frac{\int_0^{2\pi} \frac{1}{2\pi} \exp\left\{-\frac{1}{n_0}\int_0^T [x^2(t) - 2s_1(t,\varphi_1)x(t) + s_1^2(t,\varphi_1)]\,\mathrm{d}t\right\}\mathrm{d}\varphi_1}{\int_0^{2\pi} \frac{1}{2\pi} \exp\left\{-\frac{1}{n_0}\int_0^T [x^2(t) - 2s_0(t,\varphi_0)x(t) + s_0^2(t,\varphi_0)]\,\mathrm{d}t\right\}\mathrm{d}\varphi_0} \\
&= \frac{\int_0^{2\pi} \exp\left[\frac{2}{n_0}\int_0^T s_1(t,\varphi_1)x(t)\,\mathrm{d}t - \frac{1}{n_0}\int_0^T s_1^2(t,\varphi_1)\,\mathrm{d}t\right]\mathrm{d}\varphi_1}{\int_0^{2\pi} \exp\left[\frac{2}{n_0}\int_0^T s_0(t,\varphi_0)x(t)\,\mathrm{d}t - \frac{1}{n_0}\int_0^T s_0^2(t,\varphi_0)\,\mathrm{d}t\right]\mathrm{d}\varphi_0} \\
&= \frac{\int_0^{2\pi} \exp\left[\frac{2}{n_0}\int_0^T A\cos(\omega_1 t + \varphi_1)x(t)\,\mathrm{d}t\right]\mathrm{d}\varphi_1}{\int_0^{2\pi} \exp\left[\frac{2}{n_0}\int_0^T A\cos(\omega_0 t + \varphi_1)x(t)\,\mathrm{d}t\right]\mathrm{d}\varphi_0}
\end{aligned} \tag{9.3.6}$$

式中，$\int_0^T s_1^2(t,\varphi_1)\,\mathrm{d}t = \int_0^T s_0^2(t,\varphi_1)\,\mathrm{d}t$ 是信号能量。令随机变量

$$\begin{aligned}
\xi(\varphi_1) &= \frac{2}{n_0}\int_0^T Ax(t)\cos(\omega_1 t + \varphi_1)\,\mathrm{d}t \\
&= \frac{2A}{n_0}\int_0^T x(t)\cos\omega_1 t\,\mathrm{d}t \cdot \cos\varphi_1 - \frac{2A}{n_0}\int_0^T x(t)\sin\omega_1 t\,\mathrm{d}t \cdot \sin\varphi_1 \\
&= \frac{2A}{n_0}(X_1\cos\varphi_1 - Y_1\sin\varphi_1) \\
&= \frac{2A}{n_0}\sqrt{X_1^2 + Y_1^2}\cos\left(\varphi_1 + \arctan\frac{Y_1}{X_1}\right) \\
&= \frac{2A}{n_0}M_1\cos(\varphi_1 + \varphi_1')
\end{aligned} \tag{9.3.7}$$

式中

$$\left.\begin{aligned} X_1 &= \int_0^T x(t)\cos\omega_1 t\,\mathrm{d}t \\ Y_1 &= \int_0^T x(t)\sin\omega_1 t\,\mathrm{d}t \\ M_1 &= \sqrt{X_1^2 + Y_1^2} \end{aligned}\right\} \tag{9.3.8}$$

同理，令随机变量

$$\xi(\varphi_0) = \frac{2}{n_0}\int_0^T Ax(t)\cos(\omega_0 t - \varphi_0)\mathrm{d}t = \frac{2A}{n_0}M_0\cos(\varphi_0 + \varphi_0') \tag{9.3.9}$$

式中

$$\left.\begin{aligned} X_0 &= \int_0^T x(t)\cos\omega_0 t\,\mathrm{d}t \\ Y_0 &= \int_0^T x(t)\sin\omega_0 t\,\mathrm{d}t \\ M_0 &= \sqrt{X_0^2 + Y_0^2} \end{aligned}\right\} \tag{9.3.10}$$

将式(9.3.7)和式(9.3.9)代入式(9.3.6)中得

$$\lambda(X) = \frac{\int_0^{2\pi}\exp\left\{\frac{2A}{n_0}M_1\cos(\varphi_1 + \varphi_1')\right\}\mathrm{d}\varphi_1}{\int_0^{2\pi}\exp\left\{\frac{2A}{n_0}M_0\cos(\varphi_0 + \varphi_0')\right\}\mathrm{d}\varphi_0} = \frac{I_0\left(\frac{2A}{n_0}M_1\right)}{I_0\left(\frac{2A}{n_0}M_0\right)} \tag{9.3.11}$$

式中，$I_0(x)$是零阶贝塞尔函数。若发送信号$s_1(t,\varphi)$和$s_0(t,\varphi_0)$的先验概率相等，采用错误概率最小准则对观测空间样值作出判决，即

$$\lambda(X) \underset{H_0}{\overset{H_1}{\gtrless}} 1$$

则

$$I_0\left(\frac{2A}{n_0}M_1\right) \underset{H_0}{\overset{H_1}{\gtrless}} I_0\left(\frac{2A}{n_0}M_0\right) \tag{9.3.12}$$

因为零阶修正贝塞尔函数$I_0(x)$是严格单调增加函数，所以若$I_0(x_1) > I_0(x_0)$，则有$x_1 > x_0$。从而式(9.3.12)有

$$M_1 \underset{H_0}{\overset{H_1}{\gtrless}} M_0 \tag{9.3.13}$$

即

$$\left\{\left[\int_0^T x(t)\cos\omega_1 t\,\mathrm{d}t\right]^2 + \left[\int_0^T x(t)\sin\omega_1 t\,\mathrm{d}t\right]^2\right\}^{\frac{1}{2}}$$

$$\underset{H_0}{\overset{H_1}{\gtrless}} \left\{\left[\int_0^T x(t)\cos\omega_0 t\,\mathrm{d}t\right]^2 + \left[\int_0^T x(t)\sin\omega_0 t\,\mathrm{d}t\right]^2\right\}^{\frac{1}{2}} \tag{9.3.14}$$

式(9.3.14)即二元随相信号最佳接收机的数学表示式，根据此式可构成最佳接收机模型如图9.3.1所示。从图中可以看出，在加性高斯白噪声信道中，输入相位随机变化的2FSK信号时，错误概率最小的最佳接收机是先使用相关器，分别用$A\cos\omega_1 t$、$A\sin\omega_1 t$、$A\cos\omega_0 t$和$A\sin\omega_0 t$对接收到的信号$x(t)$进行相关，相关时间为$0 \leqslant t \leqslant T$。为消除$\varphi_1$和$\varphi_0$的影响，将角频率相同相关器输出平方相加，开方后即可比较判决输出信号。这种最佳接收机是相关器结构形式的，其中相关器可用匹配滤波器代替。

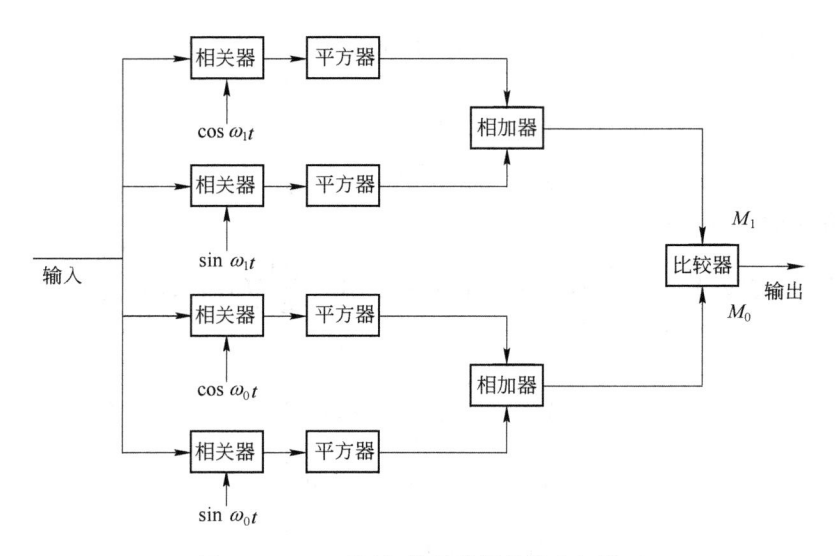

图 9.3.1 二元随相信号的最佳接收机模型

9.3.2 最佳接收机检测性能

二元随相信号最佳接收机的检测性能与二元确知信号的分析思路相同。首先求出在假设 H_1 和 H_0 条件下的 M_1 和 M_0 表示式及其概率密度函数,再根据判决规则求出漏报概率和虚报概率,从而求出平均错误概率 P_e。

考虑图 9.3.1 的等概、等能量最佳接收机模型,它的虚报概率 $P(s_1/H_0)$ 等于漏报概率 $P(s_0/H_1)$,故只需求出其中之一即可求得 P_e。下面分析漏报概率 $P(s_0/H_1)$。

$P(s_0/H_1)$ 是假设 H_1 时判为 $s_0(t,\varphi_0)$ 的概率,此时
$$x(t) = s_1(t,\varphi_1) + n(t) \quad (\varphi_1 \text{ 是确定值})$$

$$P(s_0/H_1) = P_{s_1}(M_1 < M_0) \tag{9.3.15}$$

在 M_1 中,X_1 和 Y_1 分别为

$$X_1 = \int_0^T x(t)\cos\omega_1 t\,dt = \int_0^T n(t)\cos\omega_1 t\,dt + \frac{AT}{2}\cos\varphi_1 \tag{9.3.16}$$

$$Y_1 = \int_0^T x(t)\sin\omega_1 t\,dt = \int_0^T n(t)\sin\omega_1 t + \frac{AT}{2}\sin\varphi_1 \tag{9.3.17}$$

X_1 和 Y_1 的数学期望分别为

$$EX_1 = E\left[\int_0^T n(t)\cos\omega_1 t\,dt + \frac{AT}{2}\cos\varphi_1\right] = \frac{AT}{2}\cos\varphi_1 \tag{9.3.18}$$

$$EY_1 = E\left[\int_0^T n(t)\sin\omega_1 t\,dt + \frac{AT}{2}\sin\varphi_1\right] = \frac{AT}{2}\sin\varphi_1 \tag{9.3.19}$$

X_1 和 Y_1 的方差为

$$\sigma_M^2 = \sigma_{X_1}^2 = \sigma_{Y_1}^2 = \frac{n_0 T}{4}$$

根据式(9.3.16)~式(9.3.19)的表示可知，X_1 和 Y_1 是均值为 $\frac{AT}{2}\cos\varphi_1$ 和 $\frac{AT}{2}\sin\varphi_1$、方差为 $\frac{n_0 T}{4}$ 的高斯随机变量，再根据正弦波加窄带高斯过程的分析知，$M_1 = \sqrt{X_1^2 + Y_1^2}$ 服从广义瑞利分布，其一维概率密度函数为

$$f(M_1) = \frac{M_1}{\sigma_M^2} I_0\left(\frac{ATM_1}{2\sigma_M^2}\right) \exp\left\{-\frac{1}{2\sigma_M^2}\left[M_1^2 + \left(\frac{AT}{2}\right)^2\right]\right\} \quad (M_1 \geq 0) \tag{9.3.20}$$

在 M_0 中，X_0 和 Y_0 分别为

$$X_0 = \int_0^T x(t)\cos\omega_0 t \mathrm{d}t = \int_0^T n(t)\cos\omega_0 t \mathrm{d}t \tag{9.3.21}$$

$$Y_0 = \int_0^T x(t)\sin\omega_0 t \mathrm{d}t = \int_0^T n(t)\sin\omega_0 t \mathrm{d}t \tag{9.3.22}$$

X_0 和 Y_0 的数学期望为

$$EX_0 = EY_0 = 0 \tag{9.3.23}$$

X_0 和 Y_0 的方差为

$$\sigma_M^2 = \frac{n_0 T}{4} \tag{9.3.24}$$

根据式(9.3.21)~式(9.3.24)可知，X_0 和 Y_0 是均值为零、方差为 $\frac{n_0 T}{4}$ 的高斯变量，由窄带高斯过程的分析，可以得到 $M_0 = \sqrt{X_0^2 + Y_0^2}$ 服从瑞利分布，其一维概率密度函数为

$$f(M_0) = \frac{M_0}{\sigma_M^2} \exp\left(-\frac{M_0^2}{2\sigma_M^2}\right) \quad (M_0 \geq 0) \tag{9.3.25}$$

漏报概率

$$P(s_0/H_1) = P_{s_1}(M_1 < M_0) = \int_0^\infty f(M_1)\left[\int_{M_1}^\infty f(M_0)\mathrm{d}M_0\right]\mathrm{d}M_1$$

$$= \mathrm{e}^{-h^2}\int_0^\infty Z\mathrm{e}^{-Z} I_0(\sqrt{2}hZ)\mathrm{d}Z$$

其中

$$Z = \frac{M_1}{\sigma_M}$$

$$h^2 = \frac{A^2 T^2}{8\sigma_M^2} = \frac{A^2 T/2}{n_0} = \frac{E_s}{n_0}$$

$$E_s = \frac{1}{2}A^2 T \quad [s_1(t,\varphi_1)\text{的信号能量}]$$

最后得到

$$P(s_0/H_1) = \frac{1}{2}\mathrm{e}^{-\frac{E_s}{2n_0}} \tag{9.3.26}$$

$$P_e = \frac{1}{2}\mathrm{e}^{-\frac{E_s}{2n_0}} \tag{9.3.27}$$

由此可知，等概、等能量、正交的二元随相信号的最佳接收机性能仅与 E_s/n_0 有关。

9.4 匹配滤波器及其应用

符合最大信噪比准则的最佳线性滤波器称为匹配滤波器。最大信噪比准则是指输出信号在某一时刻 t_0 瞬时功率对噪声平均功率之比达到最大。按照最大信噪比准则设计的滤波器,只要求能从滤波器输出端的某一瞬间检测有无信号,而不关心信号波形是否失真。这对数字通信是适用的。本节讨论匹配滤波器的原理及性质,并介绍其在 9.2 节和 9.3 节最佳接收机中的应用。

9.4.1 匹配滤波器的原理

假设有一个线性滤波器 $H(\omega)$,如图 9.4.1 所示。其输入端加入信号和噪声的混合波 $x(t)$ 为

$$x(t) = s_i(t) + n_i(t) \qquad (9.4.1)$$

假定噪声 $n_i(t)$ 为高斯白噪声,其双边功率谱密度为 $n_0/2$,信号 $s_i(t)$ 的频谱为 $S_i(\omega)$,线性滤波器的传递函数为 $H(\omega)$。根据线性滤波器的叠加原理,其输出

图 9.4.1 线性滤波器方框图

$$y(t) = s_o(t) + n_o(t) \qquad (9.4.2)$$

式中
$$s_o(t) = \frac{1}{2\pi}\int_{-\infty}^{\infty} H(\omega) S_i(\omega) e^{j\omega t} d\omega$$

输出端噪声功率

$$N_o = \overline{n_o^2(t)} = \frac{1}{2\pi}\int_{-\infty}^{\infty} |H(\omega)|^2 \cdot \frac{n_0}{2} d\omega$$

设 t_0 为某一个判决时刻,则在 t_0 时刻线性滤波器输出信号瞬时功率与噪声功率之比

$$r_o = \frac{|s_o(t_0)|^2}{N_o} = \frac{\left|\dfrac{1}{2\pi}\int_{-\infty}^{\infty} H(\omega) S_i(\omega) e^{j\omega t_0} d\omega\right|^2}{\dfrac{1}{2\pi}\int_{-\infty}^{\infty} |H(\omega)|^2 \cdot \dfrac{n_0}{2} d\omega} \qquad (9.4.3)$$

由式(9.4.3)可见,r_o 与 $H(\omega)$ 密切相关,如能找到一个最佳的 $H(\omega)$,就能求得最大的 r_o 值。这个问题可通过变分法或施瓦兹(Schwartz)不等式加以解决。下面按施瓦兹不等式来求解。

施瓦兹不等式为

$$\left|\frac{1}{2\pi}\int_{-\infty}^{\infty} X(\omega) Y(\omega) d\omega\right|^2 \leqslant \frac{1}{2\pi}\int_{-\infty}^{\infty} |X(\omega)|^2 d\omega \cdot \frac{1}{2\pi}\int_{-\infty}^{\infty} |Y(\omega)|^2 d\omega$$

式中 $X(\omega)$ 和 $Y(\omega)$ 都是实变量 ω 的变函数,只有满足 $X(\omega) = KY^*(\omega)$(K 为任意常数),上式不等式变为等式,把施瓦兹不等式应用到式(9.4.3)中,并假设

$$X(\omega) = H(\omega)$$
$$Y(\omega) = S_i(\omega) e^{j\omega t_0}$$

则
$$r_o = \frac{\left|\dfrac{1}{2\pi}\int_{-\infty}^{\infty} H(\omega) S_i(\omega) e^{j\omega t_0}\right|^2}{\dfrac{n_0}{4\pi}\int_{-\infty}^{\infty} |H(\omega)|^2 d\omega}$$

$$\leqslant \frac{\frac{1}{4\pi^2}\int_{-\infty}^{\infty}|H(\omega)|^2\mathrm{d}\omega \cdot \int_{-\infty}^{\infty}|S_\mathrm{i}(\omega)\mathrm{e}^{\mathrm{j}\omega t_0}|^2\mathrm{d}\omega}{\frac{n_0}{4\pi}\int_{-\infty}^{\infty}|H(\omega)|^2\mathrm{d}\omega}$$

$$= \frac{\frac{1}{2\pi}\int_{-\infty}^{\infty}|S_\mathrm{i}(\omega)|^2\mathrm{d}\omega}{\frac{n_0}{2}} \tag{9.4.4}$$

根据帕塞瓦尔定理有

$$\frac{1}{2\pi}\int_{-\infty}^{\infty}|S_\mathrm{i}(\omega)|^2\mathrm{d}\omega = \int_{-\infty}^{\infty}s^2(t)\mathrm{d}t = E$$

式中 E 为输入信号 $s_\mathrm{i}(t)$ 的能量,代入式(9.4.4)得

$$r_\mathrm{o} \leqslant \frac{2E}{n_0} \tag{9.4.5}$$

式(9.4.5)说明,线性滤波器所能给出的最大输出信噪比为

$$r_\mathrm{omax} = \frac{2E}{n_0} \tag{9.4.6}$$

根据施瓦兹不等式中等号成立的条件 $X(\omega) = KY^*(\omega)$,则可得不等式(9.4.4)中等号成立的条件为

$$H(\omega) = KS_\mathrm{i}^*(\omega)\mathrm{e}^{-\mathrm{j}\omega t_0} \tag{9.4.7}$$

式(9.4.7)中, K 为常数;$S_\mathrm{i}^*(\omega)$ 表示输入信号谱的复数共轭值。式(9.4.7)就是保证线性滤波器输出信噪比达到最大值的最佳传输函数 $H(\omega)$ 表达式,此式说明,当线性滤波器传输函数 $H(\omega)$ 为输入信号频谱 $S_\mathrm{i}(\omega)$ 复共轭时,该滤波器可给出最大的输出信噪比。这样的滤波器也称为匹配滤波器。

9.4.2 匹配滤波器的性质

深入了解匹配滤波器的性质,对理解和应用匹配滤波器是很重要的。下面对匹配滤波器的性质进行介绍和说明。

1. 匹配滤波器在 t_0 时刻可获得最大输出信噪比,其数值为 $2E/n_0$。这个数值仅取决于输入信号能量和白噪声谱密度,而与输入信号的形状和噪声的分布无关。这一方面说明在一个给定的信道,要想增大输出瞬时功率信噪比,只有增大输入信号的能量;另一方面说明无论什么信号,只要它们的能量相同,白噪声谱密度相同,它们各自匹配滤波器输出瞬时信噪比数值是一样的。

2. 由式(9.4.7)得

$$|H(\omega)| = K|S_\mathrm{i}(\omega)| \tag{9.4.8}$$

$$\varphi(\omega) = -\varphi_{S_\mathrm{i}}(\omega) - \omega t_0 \tag{9.4.9}$$

式(9.4.8)和式(9.4.9)中, $|H(\omega)|$ 是 $H(\omega)$ 的幅频特性,$|S_\mathrm{i}(\omega)|$ 是 $S_\mathrm{i}(\omega)$ 的幅频特性;$\varphi_{S_\mathrm{i}}(\omega)$ 是 $S_\mathrm{i}(\omega)$ 相频特性,$\varphi(\omega)$ 是 $H(\omega)$ 的相频特性。式(9.4.8)和式(9.4.9)表明,匹配滤波器的幅频特性与输入信号的幅频特性一致;相频特性与输入信号的相频特性反相,并有一个附加的相位项。

式(9.4.8)的物理意义是信号强的频率成分滤波器衰减小,信号弱的频率成分滤波器衰减大,这样可相对地加强信号和减弱噪声,使滤波器尽可能地滤除噪声影响。式(9.4.9)的物理意义是对相频特性为 $\varphi_{S_i}(\omega)$ 的输入信号,通过滤波器时仅保留一线性相位项。这就意味着这些不同频率成分在某一特定时刻 t_0 全部同相,因此能在此时刻同相相加,从而形成输出信号峰值。由于噪声的随机性,因此匹配滤波器的相频特性对噪声无影响。

3. 若输入信号 $s_i(t)$,其傅里叶变换为 $S_i(\omega)$,则其通过式(9.4.7)匹配滤波器后,输出信号

$$s_o(t) = KR_{s_i}(t - t_0) \tag{9.4.10}$$

式(9.4.10)中 $R_{s_i}(\cdot)$ 是 $s_i(t)$ 的自相关函数。$s_o(t)$ 的表示式可由 $S_o(\omega) = S_i(\omega)H(\omega)$ 求傅里叶反变换得到

$$s_o(t) \leftrightarrow S_o(\omega) = K|S_i(\omega)|^2 e^{-j\omega t_0}$$

由于信号能量谱 $|S_i(\omega)|^2$ 与其自相关函数是一对傅里叶变换对,故

$$s_o(t) = KR_{s_i}(t - t_0)$$

可见,匹配滤波器的输出信号是输入信号的自相关函数,当 $t = t_0$ 时刻,其值为输入信号的总能量 E。

4. 匹配滤波器的冲激响应 $h(t)$ 及物理可实现性。

匹配滤波器的冲激响应 $h(t)$ 可由式(9.4.7)做傅里叶反变换得到

$$\begin{aligned}
h(t) &= \frac{1}{2\pi}\int_{-\infty}^{\infty} H(\omega)e^{j\omega t_0}d\omega = \frac{1}{2\pi}\int_{-\infty}^{\infty} KS_i^*(\omega)e^{-j\omega t_0}e^{j\omega t}d\omega \\
&= \frac{K}{2\pi}\int_{-\infty}^{\infty}\left[\int_{-\infty}^{\infty} s_i(\tau)e^{-j\omega\tau}d\tau\right]^* e^{-j\omega(t_0-t)}d\omega \\
&= K\int_{-\infty}^{\infty}\left[\frac{1}{2\pi}\int_{-\infty}^{\infty} e^{j\omega(\tau-t_0+t)}d\omega\right]s_i(\tau)d\tau \\
&= K\int_{-\infty}^{\infty} s_i(\tau)\delta(\tau - t_0 + t)d\tau
\end{aligned}$$

因此匹配滤波器的冲激响应为

$$h(t) = Ks_i(t_0 - t) \tag{9.4.11}$$

式(9.4.11)说明匹配滤波器的冲激响应是输入信号 $s_i(t)$ 的镜像信号 $s_i(-t)$,在时间上再平移 t_0。这使得冲激响应与输入信号相匹配,故称匹配滤波器。

为了获得物理可实现的匹配滤波器,要求 $t < 0$ 时,$h(t) = 0$,故式(9.4.11)可写成为

$$h(t) = \begin{cases} Ks_i(t_0 - t) & t \geq 0 \\ 0 & t < 0 \end{cases} \tag{9.4.12}$$

为满足式(9.4.12)条件,必须

$$\begin{aligned} s_i(t_0 - t) &= 0 \quad \text{当 } t < 0 \text{ 时} \\ s_i(t) &= 0 \quad \text{当 } t > t_0 \text{ 时} \end{aligned} \tag{9.4.13}$$

式(9.4.13)说明输入信号必须在最大信噪比时刻 t_0 之前结束。也就是说,滤波器得到其最大的输出信噪比 $2E/n_0$ 的时刻 t_0 必须是在输入信号 $s_i(t)$ 全部结束之后。这样才能得到全部信号的 E。实际中,一般都将 t_0 时刻选择在输入信号持续时间的末尾。

5. 信号 $s_i(t)$ 的匹配滤波器式(9.4.7)，对于所有其他与 $s_i(t)$ 波形相同，振幅 a、时延 τ 不同的信号 $s_1(t) = as_i(t-\tau)$ 而言，也仍是最佳的匹配滤波器，即匹配滤波器对于波形相同、振幅时延不同的信号具有适应性。换言之，信号幅度大小以及信号的时间位置都不影响匹配滤波器的形式。

对于信号 $s_1(t)$ 的匹配滤波器

$$H_1(\omega) = KS_1^*(\omega)e^{-j\omega t_0'} = KaS_i^*(\omega)e^{j\omega\tau} \cdot e^{-j\omega t_0'}$$
$$= KaS_i^*(\omega)e^{-j\omega(t_0'-\tau)}$$

式中 t_0' 取 $s_1(t)$ 结束时刻，t_0 若选在 $s_i(t)$ 结束时刻，则 $t_0' = t_0 + \tau$，即 t_0' 相对于 t_0 延时了时间 τ。此时

$$H_1(\omega) = KaS_i^*(\omega)e^{-j\omega t_0} = aH(\omega) \tag{9.4.14}$$

由此可见，两个匹配滤波器之间除了一个表示相对放大量 a 以外，它的传输函数是完全一致的。所以匹配滤波器 $H(\omega)$ 对于信号 $s_1(t) = as_i(t-\tau)$ 来说也是匹配的，只不过最大信噪比出现的时刻平移了 τ。

例 9.4.1 假设信号为单个矩形脉冲，其持续时间为 T，并在 $t = T$ 时消失。即如图 9.4.2(a) 所示，且可表示为

$$s_i(t) = \begin{cases} 1 & 0 \leq t \leq T \\ 0 & \text{其他} \end{cases}$$

求其匹配滤波器的传输函数和输出信号波形。

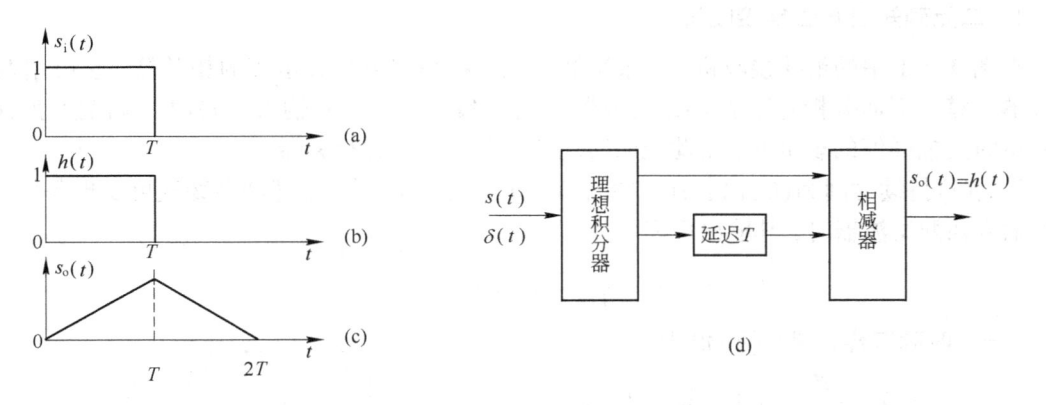

图 9.4.2 单个矩形脉冲 $h(t)$ 和 $s_o(t)$

解 根据输入信号 $s_i(t)$ 得其频谱函数

$$S_i(\omega) = \int_{-\infty}^{\infty} s_i(t)e^{-j\omega t}dt = \int_0^T e^{-j\omega t}dt$$
$$= \frac{1}{j\omega}(1 - e^{-j\omega T})$$

匹配滤波器的传输函数为

$$H(\omega) = KS^*(\omega)e^{-j\omega t_0} = \frac{K}{j\omega}(1 - e^{-j\omega T})e^{-j\omega t_0}$$

匹配滤波器的冲激响应为

$$h(t) = Ks_i(t_0 - t)$$

在 $H(\omega)$ 和 $h(t)$ 的表示式中，若设 $K = 1$、$t_0 = T$，则

$$H(\omega) = \frac{1}{j\omega}(1 - e^{-j\omega T})e^{-j\omega T}$$

$$h(t) = s(T - t)$$

上两式中 $h(t)$ 波形图如图 9.4.2(b) 所示，$H(\omega)$ 的实现方框图如图 9.4.2(d) 所示。

匹配滤波器的输出

$$s_o(t) = s_i(t) * h(t) = \int_{-\infty}^{\infty} s_i(t - \tau)h(\tau)d\tau$$

$$= \int_{-\infty}^{\infty} s_i(t - \tau)s(T - \tau)d\tau$$

$$= \begin{cases} t & 0 \leq t \leq T, \\ 2T - t & T \leq t \leq 2T, \\ 0 & \text{其他} \end{cases}$$

$s_o(t)$ 波形如图 9.4.2(c) 所示。由图可见，当 $t = T$ 时，匹配滤波器输出幅度达到最大值，因此，在此时刻进行抽样判决，可得最大输出信噪比。

9.4.3 匹配滤波器组成的最佳接收机

1. 二元确知信号最佳接收机

在图 9.2.1 中的最佳接收机中，乘法器和积分器是完成相关运算的相关器，它可用匹配滤波器代替。下面分析 $s_i(t)$ 的匹配滤波器 $h(t) = Ks_i(t_0 - t)$，在输入 $y(t)$ 时，输出信号 $s_o(t)$ 在结束时刻抽样值的表示式，由此说明匹配滤波器可以代替相关器。

设 $s_i(t)$ 持续时间为 $(0, T)$；$h(t)$ 中 $t_0 = T$、$K = 1$，考虑到匹配滤波器物理可实现条件，当 $y(t)$ 输入匹配滤波器时，其输出可表示为

$$s_o(t) = \int_{t-T}^{t} y(z)s(T - t + z)dz$$

若在 $t = T$ 时刻取样，则 $s_o(T)$ 值为

$$s_o(T) = \int_{0}^{T} y(z)s(z)dz \quad (9.4.15)$$

上式与相关器输出完全相同，因此匹配滤波器可以作为相关器。

由匹配滤波器组成先验等概二元确知信号最佳接收机如图 9.4.3 所示。

2. 二元随相信号最佳接收机

为了得到二元随相信号匹配滤波器形式的最佳接收机，下面讨论 $s_i(t) = \cos \omega_m t$ 的匹配滤波器，在输入为 $y(t)$ 时，输出信号 $s_o(t)$ 在信号结束时刻的抽样值。

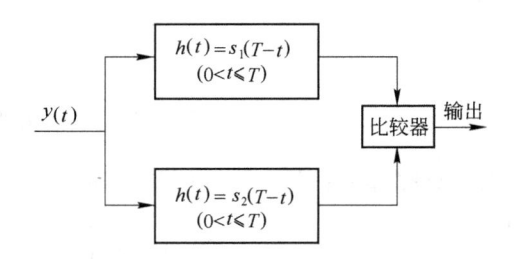

图 9.4.3 先验等概二元确知信号匹配滤波器形式的最佳接收机

设持续时间 $(0, T)$ 的信号 $s_i(t) = \cos \omega_m t$ 冲激响应 $h(t)$ 中 $K = 1$、$t_0 = T$，则 $h(t)$ 可表示为

$$h(t) = \cos\omega_m(T-t)$$

当 $y(t)$ 输入时，该滤波器输出

$$\begin{aligned}s_o(t) &= \int_0^T y(z)\cos\omega_m(T-t+z)\mathrm{d}z \\ &= \cos\omega_m(T-t)\int_0^T y(z)\cos\omega_m z\mathrm{d}z - \sin\omega_m(T-t)\int_0^T y(z)\sin\omega_m z\mathrm{d}z \\ &= \sqrt{\left[\int_0^T y(z)\cos\omega_m z\mathrm{d}z\right]^2 + \left[\int_0^t y(z)\sin\omega_m z\mathrm{d}z\right]^2}\cos[\omega_m(T-t)+\theta]\end{aligned}$$

其中

$$\theta = \arctan\frac{\int_0^T y(z)\sin\omega_m z\mathrm{d}z}{\int_0^T y(z)\cos\omega_m z\mathrm{d}z}$$

当抽样时刻选在 $t = T$ 信号结束时刻，

$$s_o(T) = \sqrt{\left[\int_0^T y(z)\cos\omega_m z\mathrm{d}z\right]^2 + \left[\int_0^T y(z)\sin\omega_m z\mathrm{d}z\right]^2}\cos\theta$$

当上式中 $m = 0, 1$ 时，$s_o(T)$ 的包络正好等于图 9.3.1 中 M_1 与 M_0，因此图 9.3.1 的匹配滤波器形式如图 9.4.4 所示。

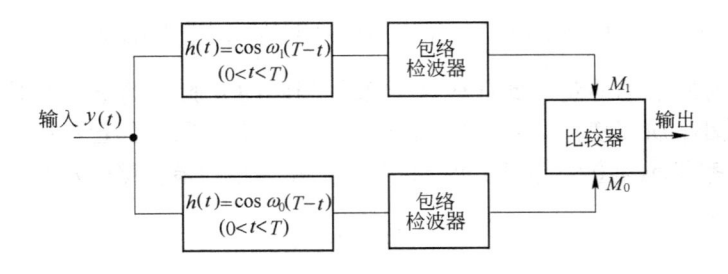

图 9.4.4 二元随相信号匹配滤波器形式的最佳接收机

应强调指出，无论是相关器形式还是匹配滤波器形式的最佳接收机，无论输入的是确知信号还是随相信号，它们的比较器都是在 $t = T$ 时刻（信号结束时刻）作出最后判决。因此，判决时刻偏离 $t = T$ 时刻，会直接影响接收机的最佳性能。

本 章 小 结

1. 数字信号的最佳接收是在接收端对含有噪声的观测值，按某种准则进行运算，是一个统计接收的问题。

2. "最佳"是相对的，是某种准则下的最佳。本章介绍的最佳准则有最大后验概率准则、最小平均风险准则和错误概率最小准则，它们分别如下：

最大后验概率准则

$$f(s_1/x) \underset{s_0}{\overset{s_1}{\gtrless}} f(s_0/x)$$

最小平均风险准则

$$\frac{f(X/H_1)}{f(X/H_0)} \underset{D_0}{\overset{D_1}{\gtrless}} \frac{P(H_0)(C_{10}-C_{00})}{P(H_1)(C_{01}-C_{11})}$$

错误概率最小准则

$$\frac{f(X/H_1)}{f(X/H_0)} \underset{D_0}{\overset{D_1}{\gtrless}} \frac{P(H_0)}{P(H_1)}$$

通过分析讨论知，最大后验概率准则下的最佳接收机，可获得错误概率最小值，错误概率最小准则是最小平均风险准则的特例。

3. 按错误概率最小准则建立的二元确知信号最佳接收机为

$$\int_0^T s_1(t)x(t)\,dt - \int_0^T s_0(t)x(t)\,dt \underset{D_0}{\overset{D_1}{\gtrless}} V_T$$

其中 $V_T = \frac{n_0}{2}\ln\lambda_0 + \frac{1}{2}\int_0^T [s_1^2(t) - s_0^2(t)]\,dt$ 是判决门限，它与信号的先验概率、能量差及白噪声的谱密度有关，对于先验等概、等能量的二元确知信号，$V_T = 0$。

先验等概的二元确知信号的最佳接收机误码率为

$$P_e = \frac{1}{2}\text{erfc}\sqrt{\frac{(1-\rho)E_s}{2n_0}}$$

式中，$\rho = \frac{1}{E_s}\int_0^T s_1(t)s_0(t)\,dt$ 是 $s_1(t)$ 和 $s_0(t)$ 的相关系数，取值范围是 $[-1,1]$；E_s 是 $s_1(t)$ 和 $s_0(t)$ 在 $0 \leq t \leq T$ 内的平均能量。此误码率比条件相同的先验不等概信号接收机误码率大。当 $\rho = -1$ 时 P_e 最小，所以使 $\rho = -1$ 的二元确知信号是接收机的最佳形式。

4. 按错误概率最小建立的等概、等能量二元随相信号的最佳接收机为

$$M_1 \underset{D_0}{\overset{D_1}{\gtrless}} M_0$$

其中

$$M_i = \left[\left(\int_0^T x(t)\cos\omega_i t\,dt\right)^2 + \left(\int_0^T x(t)\sin\omega_i t\,dt\right)^2\right]^{\frac{1}{2}} \quad i = 0,1$$

其误码率为

$$P_e = \frac{1}{2}e^{-\frac{E_s}{2n_0}}$$

5. 匹配滤波器是最大信噪比准则下建立的最佳线性滤波器，其传输函数

$$H(\omega) = KS_i^*(\omega)e^{-j\omega t_0}$$

单位冲激响应

$$h(t) = Ks_i(t_0 - t)$$

式中，K 是常数；$s_i(t) \leftrightarrow S_i(\omega)$ 是输入信号；t_0 是最大信噪比时刻。物理可实现的匹配滤波器，t_0 应选在信号结束时刻之后。t_0 时刻的最大输出信噪比为

$$r_{o\max} = \frac{2E}{n_0}$$

式中 $E = \frac{1}{2\pi}\int_{-\infty}^{\infty}|S_i(\omega)|^2\,d\omega = \int_{-\infty}^{\infty}s_i^2(t)\,dt$ 是信号能量。

匹配滤波器可代替最佳接收机中的相关器。

6. 二元信号的最佳接收机可推广到多元的最佳接收机,其抽样判决时刻应选在信号结束时刻,抽样时刻的偏离会影响接收性能。实际接收机的性能比最佳接收机差。

思考与练习

9-1 设 2ASK 信号为

$$\begin{cases} s_1(t) = A\sin\omega_1 t & 0 \leq t \leq T \\ s_2(t) = 0 & 0 \leq t \leq T \end{cases}$$

接收机输入端高斯白噪声单边功率谱密度为 n_0 W/Hz。试求匹配滤波器形式的最佳接收机结构及先验等概的误码率表示式(用 A、n_0、T 表示)。

9-2 设 2FSK 信号为

$$\begin{cases} s_1(t) = A\sin\omega_1 t & 0 \leq t \leq T \\ s_2(t) = A\sin\omega_2 t & 0 \leq t \leq T \end{cases}$$

且 ω_1 与 ω_2 相互正交,$s_1(t)$ 和 $s_2(t)$ 等概出现。

(1) 构成匹配滤波器形式的最佳接收机;

(2) 若接收机输入端高斯白噪声单边功率谱密度为 n_0 W/Hz,求用 A、n_0、T 表示的误码率公式。

9-3 设 2PSK 信号为

$$\begin{cases} s_1(t) = A\sin\omega_c t & 0 \leq t \leq T \\ s_2(t) = -s_1(t) & 0 \leq t \leq T \end{cases}$$

式中,$f_c = \dfrac{3}{T_s}$。假设发送 $s_1(t)$ 和 $s_2(t)$ 的概率相等,信道加性高斯白噪声单边功率谱密度为 n_0 W/Hz。

(1) 试构成相关器形式的最佳接收机结构,并画出各点时间波形;

(2) 试构成匹配滤波器形式的最佳接收机结构,并画出各点时间波形;

(3) 求出误码率表示式。

9-4 设 PSK 信号的最佳接收机与实际接收机有相同的 E/n_0,如果 $E/n_0 = 10$ dB,实际接收机的带通滤波器带宽为 $(6/T)$ Hz。问两接收机误码性能相差多少?

9-5 设到达接收机输入端的二元确知信号为 $s_1(t)$ 和 $s_2(t)$,如题图 9.1 所示,信道中高斯白噪声单边功率谱密度为 n_0 W/Hz。

(1) 画出匹配滤波器形式的最佳接收机结构;

(2) 确定匹配滤波器的单位冲激响应及可能输出波形;

(3) 用 A_0、T、n_0 表示系统误码率 P_e。

9-6 在高斯白噪声下,最佳接收先验等概的二元信号:

$$\begin{cases} s_1(t) = A\sin(\omega_1 t + \varphi_1) & 0 \leq t \leq T \\ s_2(t) = A\sin(\omega_2 t + \varphi_2) & 0 \leq t \leq T \end{cases}$$

式中,ω_1 与 ω_2 满足正交要求;φ_1 和 φ_2 分别是在 $0 \sim 2\pi$ 内服从均匀分布的随机变量。

(1) 画出构成匹配滤波器形式的最佳接收机结构;

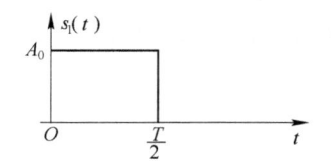

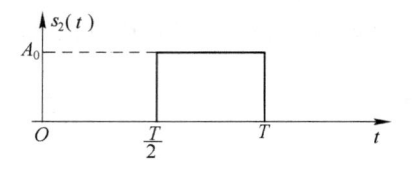

题图 9.1

(2) 求系统误码率。

9-7 在题图 9.2(a)中,设输入 $s(t)$ 及 $h_1(t)$、$h_2(t)$ 分别如题图 9.2(b)所示。试绘图解出 $h_1(t)$ 及 $h_2(t)$ 的输出波形,并说明 $h_1(t)$ 及 $h_2(t)$ 是否是 $s(t)$ 的匹配滤波器。

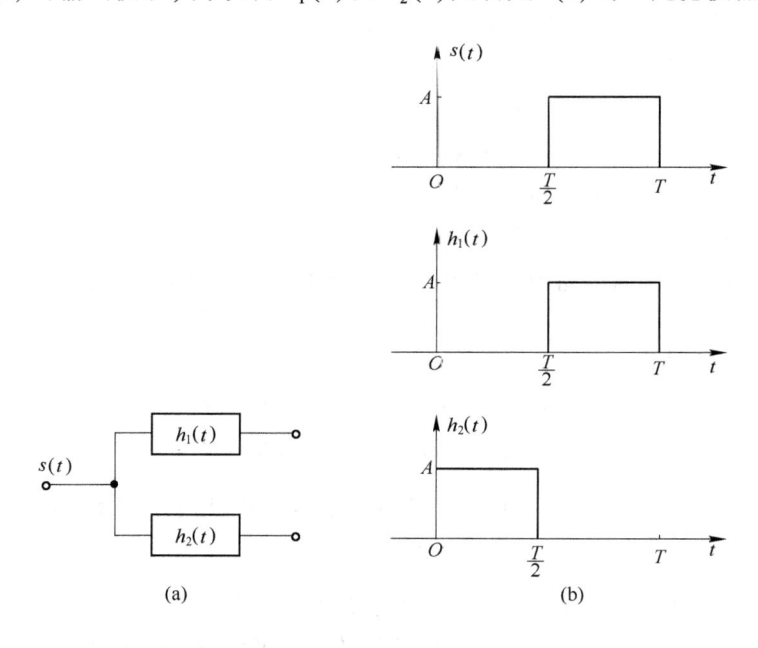

题图 9.2

9-8 将题图 9.3 所示的幅度为 V 伏、宽度为 t_0 秒的矩形脉冲 $s(t)$ 加到与之匹配的匹配滤波器 $H(\omega)$ 上。

(1) 求 $H(\omega)$ 的冲激响应及匹配滤波器的输出 $s_o(t)$;

(2) 如果把功率谱密度为 $n_0/2$ V^2/Hz 的白噪声 $n(t)$ 加到此匹配滤波器的输入端,计算输出端上的噪声平均功率;

(3) 若把信号 $s(t)$ 和噪声 $n(t)$ 同时加在匹配滤波器输入端,计算在输入信号峰值时的输出信噪比。

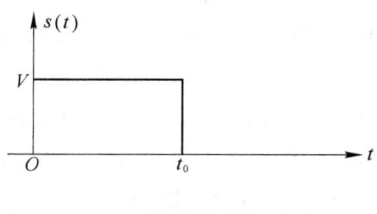

题图 9.3

第10章 信息论基础

人类社会的生存和发展，每时每刻都离不开接收信息、传递信息、处理信息和利用信息，当跨入21世纪，信息不仅在通信和电子行业显得异常重要，而且，在其他各个行业也得到了广泛的关注。信息不是静止的，它会产生也会消亡，人们需要获取它，并完成它的传输、交换、处理、检测、识别、存储、显示等。研究这方面的科学就是信息科学，信息论是信息科学的主要理论基础之一，是研究信息的基本理论；与之对应的是信息技术，它主要研究如何实现、怎样实现的问题。

本章以信息量的描述为基础，简要介绍信源编码和信道模型，最后讨论香农公式，并对它的应用进行分析。

【本章核心知识点与关键词】

熵　互信息量　香农公式　信道容量　信源编码

10.1 引　言

信息论是应用近代概率统计方法研究信息传输、交换、存储和处理的一门学科，也是由通信实践发展起来的一门新兴应用科学。

信息最初的定义是由奈奎斯特(H. Nyquist)等人在20世纪20年代提出来的。1924年奈奎斯特解释了信号带宽和信息速率之间的关系；1928年哈特莱(L. V. R. Hartley)最早研究了通信系统传输信息的能力，给出了信息度量方法；1936年阿姆斯特朗(Armstrong)提出了增大带宽可以加强抗干扰能力。

上述成果给香农(C. E. Shannon)的研究工作带来很大的影响，他在1941～1944年对通信和密码进行深入研究，利用概率论的方法研究通信系统，揭示了通信系统传递的对象就是信息，并对信息给予科学的定量描述，提出了信息熵的概念；指出通信系统的中心问题是在噪声环境下如何有效而可靠地传送信息，以及实现这一目标的主要方法。这一成果于1948年以《通信的数学理论》为题公开发表。这是一篇关于现代信息论的开创性的权威论文，为信息论的创立作出了重大的贡献，香农因此成为信息论的奠基人。

20世纪50年代信息论在学术界引起了巨大的反响。1951年美国成立了信息论组，并于1955年出版了信息论汇刊。60年代信道编码技术有了很大进展，将代数方法引入到纠错码的研究，找到了大量可纠正多个错误的编码，而且提出了可实现的译码方法；同时卷积码和概率译码的研究也有了重大突破，提出了序列译码和Viterbi译码方法。70年代，有关信息论的研究，已从点与点间的单用户通信推广到多用户系统的研究，有关多接入信道和广播信道模型的研究得到了进一步关注。

在信源编码方面，香农于1959年在其发表的学术论文中，系统地提出了信息失真理论，该理论是数据压缩的数学基础，为各种信源编码的研究奠定了基础。

有效性和可靠性是通信系统中研究的中心问题，信息论是在信息可度量基础上，研究有效地和可靠地传递信息的科学,它涉及信息度量、信息特性、信息传输速率、信道容量、干扰对信息传输的影响等方面的知识。除此之外,信息论还研究信号设计、噪声理论、信号的检测与估计等问题。因此概率论、随机过程和数理统计学是信息论研究的基础和工具。

10.2 信源及信源的熵

10.2.1 信源的描述及分类

信源是指信息的来源,是产生消息的源泉。消息是以符号形式出现的,如果符号是确定的,那么该消息就无信息可言,只有当符号的出现是随机的,而且是无法预先确定时,符号才给观察者提供了信息。

按照信源发出的消息在时间上和幅度上的分布情况不同,可以将信源分成离散信源和连续信源两大类。离散信源是指所发出的消息在时间和幅度上都是离散分布的信源,如文字、数字、数据等符号都是离散消息;连续信源是指所发出的消息在时间和幅度上都是连续分布的信源,如语音、图像、图形等都是连续消息。

本书重点研究离散信源,因此,这里将离散信源进行进一步分类如下:

$$
\text{离散信源}\begin{cases}\text{离散无记忆信源}\begin{cases}\text{发出单个符号的无记忆信源}\\\text{发出符号序列的无记忆信源}\end{cases}\\\text{离散有记忆信源}\begin{cases}\text{发出符号序列的有记忆信源}\\\text{发出符号序列的马尔可夫信源}\end{cases}\end{cases}
$$

● 离散无记忆信源:信源发出的各个符号是相互独立的,发出的符号序列中的各个符号之间没有统计关联性,各个符号的出现概率是它自身的先验概率。

——发出单个符号的信源:信源每次只发出一个符号代表一个消息。

——发出符号序列的信源:信源每次发出一组含两个以上符号的符号序列,用以表示一个消息。

● 离散有记忆信源:信源发出的各个符号的概率是有关联的。

——发出符号序列的有记忆信源:利用信源发出的一个符号序列的联合概率反映有记忆信源的特征。

——发出符号序列的马尔可夫信源:信源发出的各个符号出现的概率只与前面一个或有限个符号有关,而不依赖更前面的那些符号,这样的信源可以用信源发出符号序列内各个符号之间的条件概率来反映记忆特征。

从离散信源的统计特性来考虑,它具有3个特点。

1. 组成离散消息的信息源的符号个数是有限的

例如一篇文章,尽管词汇丰富,但一般所用的词都是从常用 10 000 个汉字里选出来的;一本英文书,不管它有多厚,总是从 26 个英文字母选出来,按一定词汇结构、文法关系排列起来的。

2. 符号表中各个符号出现的概率不同

对大量的由不同符号组成的消息进行统计结果，发现符号集中的每一个符号都是按一定的概率在消息中出现的。例如在英文中，每一个英文字母都是按照一定概率出现的，字母 e 出现最多，z 出现最少。

3. 相邻符号的出现有统计相关的特性

通常每一个基本符号，在消息中总是和前后符号有一定的关联性，例如，在汉文中"中"后面出现"国"的概率很大，这也正是计算机汉字"联想输入"的理论基础。

10.2.2 自信息量

假设一个离散信源发出的各个符号消息的集合为 $X = \{x_1, x_2, \cdots, x_n\}$，它们的概率分别为 $P = \{P(x_1), P(x_2), \cdots, P(x_n)\}$，$P(x_i)$ 称为符号 x_i 的先验概率。记为

$$\begin{pmatrix} x_1 & x_2 & \cdots & x_n \\ P(x_1) & P(x_2) & \cdots & P(x_n) \end{pmatrix}$$

显然有 $P(x_i) \geq 0, \sum_{i=1}^{n} P(x_i) = 1$。这时事件 x_i 的自信息量可以定义为事件出现概率对数的负值。即

$$I(x_i) = -\log_a P(x_i) \tag{10.2.1}$$

从这个定义，可以注意到：

(1) 信息量的多少和事件发生的概率有关。
(2) 信息量用对数表示是合理的，它适合信息的可加性。
(3) 信息量是非负的。
(4) 事件出现的概率越小，它的出现所带来的信息量越大；必然事件[$P(x_i) = 1$]的出现不会带来任何信息。

信息量的单位与式(10.2.1)中对数的底 a 有关。在信息论中常用的对数底 a 是 2，信息量的单位为比特(bit)；若 a 取自然对数，则信息量的单位为奈特(nat)；若 a 为 10 时，信息量的单位为笛特(det)。

如果一个以等概率出现的二进制码元，它所包含的自信息量为

$$I(1) = I(0) = -\text{lb} \, 0.5 = \text{lb} \, 2 = 1 \text{ bit}$$

若是一个 m 位的二进制数，因为该数的每一位可从 $(0,1)$ 两个数字中任取一个，因此有 2^m 个等概率的可能组合，所以就需要 m bit 的信息来指明这样的二进制数。

在信息论中还存在不确定度这个概念，它表示随机事件发生的不确定程度，在数量上不确定度等于它的自信息量，两者的单位相同，但含义却不相同。具有某种概率分布的随机事件不管发生与否，都存在不确定度。不确定度表征了该事件的特性，而自信息量是在该事件发生后给予观察者的信息量。

若有两个消息 x_i、y_j 同时出现，可用联合概率 $P(x_i, y_j)$ 表示，而联合自信息量定义为

$$I(x_i, y_i) = -\lg P(x_i, y_i) \tag{10.2.2}$$

当 x_i 和 y_j 相互独立时，$P(x_i,y_j) = P(x_i)P(y_j)$，那么就有 $I(x_i,y_i) = I(x_i) + I(y_i)$。$x_i$ 和 y_j 所包含的不确定度在数值上也等于它们的自信息量。

若两个消息的出现不是独立的，而是有相互联系的，这时可用条件概率 $P(x_i/y_j)$ 来表示。也就是在事件 y_j 出现的条件下，随机事件 x_i 发生的条件概率，这时它的条件自信息量可以定义为

$$I(x_i/y_j) = -\lg P(x_i/y_j) \tag{10.2.3}$$

在给定 y_j 条件下，随机事件 x_i 所包含的不确定度在数值上与条件自信息量相同，但两者含义不同。

10.2.3 离散信源的熵

前面定义的自信息量是指某一信源发出某一消息所含有的信息量。所发出的消息不同，它们所含有的信息量也就不同，所以自信息量 I 是一个随机变量，不能用它来作为整个信源的信息度量。

为此，定义自信息量的数学期望为信源的平均自信息量，也就是信息熵 $H(X)$，利用平均意义来表征信源的总体特征，可以表征信源的平均不确定性，这样就有

$$H(X) = E[-\lg P(x_i)] = \sum_i P(x_i)I(x_i) = -\sum_i P(x_i)\lg P(x_i) \tag{10.2.4}$$

其单位是 bit/符号或比特/符号序列。

熵 $H(X)$ 是在平均意义上来表征信源的总体特性，正如不确定度与自信息量的关系那样，信源熵是表征信源的平均不确定度，平均自信息量是消除信源不确定度时所需要的信息的量度。当收到一个信源符号，也就全部解除了这个符号的不确定度，也可以说获得这样大的信息量后，信源不确定度就被消除了。两者在数值上相等，但含义不同。

对于信源，不管它是否输出符号，只要这些符号具有某些概率特性，必存在信源的熵，可以表示成为 $H(X)$，X 是指随机变量的整体。而从另一方面来理解，信息量只有当信源输出符号被接收者收到后，才给予接收者的信息度量。

总结前面的描述可以得到信息熵的 3 种物理含义。

(1) 信息熵 $H(X)$ 表示信源输出后，每个消息(或符号)所提供的平均信息量。

(2) 表示信源输出前，信源的平均不确定性。

(3) 熵的出现表明变量 X 的随机特性。

应该注意的是，信息熵是信源的平均不确定度的描述。一般情况下，它并不等于平均获得的信息量。只有在无噪声情况下，接收者才能正确无误地接收到信源所发出的消息，全部消除 $H(X)$ 大小的平均不确定性，这时获得的平均信息量就等于 $H(X)$。

例 10.2.1 设信源符号集 $X = \{x_1, x_2, x_3\}$，每个符号发生的概率分别为 $P(x_1) = 1/2$、$P(x_2) = 1/4$、$P(x_3) = 1/4$，则信源熵为

$$H(X) = \frac{1}{2}\text{lb}\,2 + \frac{1}{4}\text{lb}\,4 + \frac{1}{4}\text{lb}\,4 = 1.5 \text{ bit/符号}$$

例 10.2.2 对于二元信源，信源 X 输出符号只有两个，设为 0 和 1 时输出符号发生的概率分别为 p 和 q，$p + q = 1$，这时信源的概率空间为

$$\begin{pmatrix} X \\ P \end{pmatrix} = \begin{pmatrix} 0 & 1 \\ p & q \end{pmatrix}$$

可得二元信源熵为

$$H(X) = -p\operatorname{lb}p - q\operatorname{lb}q = -p\operatorname{lb}p - (1-p)\operatorname{lb}(1-p) = H(p)$$

从上式可以看到，信源信息熵 $H(X)$ 是概率 p 的函数，这样就可以用 $H(p)$ 表示。p 的取值范围在 $[0,1]$ 区间，从而可以得到如图 10.2.1 所示的 $H(p)\sim p$ 曲线。从图中看出，如果二元信源的输出符号是确定的，即 $p=1$ 或 $p=0$，则该信源不提供任何信息。反之，当二元信源符号 0 和 1 以等概率发生时，信源熵达到极大值，等于 1 bit。

在给定 y_j 条件下，x_i 的条件自信息量为 $I(x_i/y_j)$，X 集合的条件熵

$$H(X/y_j) = \sum_i P(x_i/y_j)I(x_i/y_j) \quad (10.2.5)$$

进一步在给定 Y 条件下，X 集合的条件熵定义为

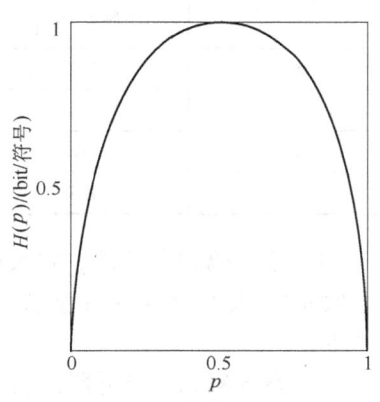

图 10.2.1 二元信源的熵函数

$$H(X/Y) = \sum_j P(y_j)H(X/y_j)$$

$$= \sum_{i,j} P(y_j)P(x_i/y_j)I(x_i/y_j) = \sum_{i,j} P(x_iy_j)I(x_i/y_j) \quad (10.2.6)$$

条件熵 $H(X/Y)$ 表示已知 Y 后 X 的不确定度。相应地，在给定 X 条件下，Y 集合的条件熵 $H(Y/X)$ 也可以利用类似的计算公式得到。

10.3 无失真信源编码

编码可以分为信源编码和信道编码。信道编码在信息序列上附加上一些监督码元，利用这些冗余的码元，使原来无规律的或规律性不强的原始数字信号变为有规律的数字信号。而信源编码的主要任务是消除信源符号之间存在的分布不均匀和相关性，减少冗余，提高编码效率。具体地说，就是针对信源输出符号序列的统计特性，寻找适当的方法把信源输出符号序列变换为最短的码字序列。

信源编码的基本途径有两个，一是使序列中的各个符号尽可能的互相独立，即解除相关性；二是使编码中各个符号出现的概率尽可能的相等，即概率均匀化。在信息中两种基本的信源编码方法是无失真编码和限失真编码。本节仅讨论离散信源无失真编码。

10.3.1 编码的定义

信源编码就是利用编码器把信源的符号（或符号序列）变换成代码的过程，如图 10.3.1 所示。

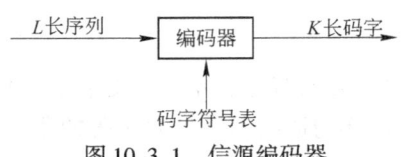

图 10.3.1 信源编码器

在多数情况下，信道为二元信道，它的信道基本符号集为 $\{1,0\}$。若将信源 X 通过一个二元信道传输，就必须把信源符号 x_i 变换成 1 和 0 符号组成的码符号序列，这也就是编码。如表 10.3.1 所示。

根据表 10.3.1 给出的信源编码形式，可以将信源编码按其特性分成 4 种形式。

表 10.3.1 不同的信源编码码字

信源符号 x_i	信源符号出现的概率 $P(x_i)$	码表				
		码1	码2	码3	码4	码5
x_1	1/2	00	0	0	1	1
x_2	1/4	01	11	10	10	01
x_3	1/8	10	00	00	100	001
x_4	1/8	11	11	01	1000	0001

(1) 定长码和变长码。定长码是指固定长度的编码,在这类码中所有码字的长度都相同,如表 10.3.1 中的码 1;变长码是指可变长度的编码,这类码的码字长短不一,如表中码 2 ~ 码 5。

(2) 奇异码和非奇异码。若信源符号和码字是一一对应的,则该码为非奇异码;反之,为奇异码。如表 10.3.1 中的码 2 是奇异码,码 1 是非奇异码。

(3) 惟一可译码。任意有限长的码元序列,只能被惟一地分割成一个个的码字,便称为惟一可译码,例如 {0,10,11} 是一种惟一可译码。因为任意一串有限长码序列,如 100111000,只能被分割成 10,0,11,10,0,0。任何其他分割法都会产生一些非定义的码字。显然,奇异码一定不是惟一可译码,而非奇异码中有非惟一可译码和惟一可译码。如表 10.3.1 中码 4 是惟一可译码,但码 3 不是惟一可译码。

(4) 即时码和非即时码。它们都属于惟一可译码。如果接收端收到一个完整的码字后,不能立即译码,还需要等下一个码字开始接收后才能判断是否可以译码,这样的码叫做非即时码。表 10.3.1 中码 4 是非即时码,而码 5 是即时码。码 5 中只要收到符号 1 就表示该码字已完整,可以立即译码。

通常可以利用码树来表示各码字的构成。所谓 r 进制的码树,就是从每次可以分出 r 个分枝的树,图 10.3.2 分别给出了二进制码树和三进制码树,其中点 A 是树根,树枝的尽头是节点,中间节点生出树枝,终端节点安排码字。码树中自根部经过一个分枝到达 r 个节点称为一级节点。二级节点的可能个数为 r^2 个,n 级节点有 r^n 个。

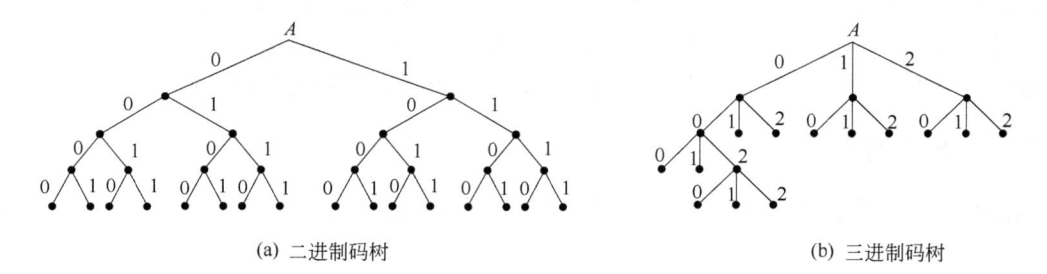

(a) 二进制码树

(b) 三进制码树

图 10.3.2 码树图

如果指定 n 级节点为终端节点,用来表示一个信源符号,则该节点就不能再延伸,相应的码字即为从树根到此端点的分枝标号序列,其长度为 n,这样构造的码满足即时码的条件。如果有 q 个信源符号,那么在码树上就要选择 q 个终端节点,用相应的 r 元基本符号表示这些码字。若树码的各个分支都延伸到最后一级端点,此时将共有 r^n 个码字,这样的码树称为满树,如图 10.3.2(a)所示;否则就称为非满树,如图 10.3.2(b)所示,这时的码字就不是定长的。

用码树的概念可导出惟一可译码存在的充分和必要条件,即各码字的长度 K_i 应符合克劳夫特(Kraft)不等式

$$\sum_{i=1}^{n} m^{-K_i} \leqslant 1 \tag{10.3.1}$$

式(10.3.1)中,m 表示进制数;n 是信源符号数。

例 10.3.1 设二进制码树中 $X = \{x_1, x_2, x_3, x_4\}$,$K_1 = 1, K_2 = 2, K_3 = 2, K_4 = 3$,应用上述判断定理,可得

$$\sum_{i=1}^{4} 2^{-K_i} = 2^{-1} + 2^{-2} + 2^{-2} + 2^{-3} = \frac{9}{8} > 1$$

因此,不存在满足这种编码的惟一可译码,例如$\{0, 10, 11, 110\}$。当然,如果将各码字长度改成 $K_1 = 1, K_2 = 2, K_3 = 3, K_4 = 3$,则此时

$$\sum_{i=1}^{4} 2^{-K_i} = 2^{-1} + 2^{-2} + 2^{-3} + 2^{-3} = 1$$

这样的码就存在惟一可译码,如$\{0, 10, 110, 111\}$。但是必须注意,克劳夫特不等式只是用来说明惟一可译码是否存在,并不能作为惟一可译码的判据。如码字$\{0, 10, 010, 111\}$,虽然满足克劳夫特不等式,但它不是惟一可译码。

10.3.2 定长编码定理

在定长编码过程当中,码字的长度 K 是定值。编码的目的是寻找最小 K 值。要实现无失真的信源编码,不但要求信源符号 $X_i(i = 1, 2, \cdots, m)$ 与码字 $Y_i(i = 1, 2, \cdots, g)$ 一一对应,而且还要求由码字组成的码符号序列的逆变换也是惟一的。也就是说,由一个码表编出的任意一串有限长的码符号序列,只能被惟一地译成所对应的信源符号序列。

定长编码定理 由 L 个符号组成的无记忆平稳信源符号序列 $X_1, X_2, \cdots, X_L$,每个符号的熵为 $H_L(X)$,该序列可用 K_L 个符号 $Y_1, Y_2, \cdots, Y_{K_L}$ 进行定长编码的条件是

$$\frac{K_L}{L} \lg m \geqslant H_L(X) \tag{10.3.2}$$

这里 $\lg m$ 表示 Y_i 符号的平均信息量。

上述编码定理可以进一步改写成

$$K_L \lg m \geqslant L H_L(X) = H(X) \tag{10.3.3}$$

式(10.3.3)中,等号左边为码字所能携带的信息量,右边为 L 长信源序列携带的信息量。定长编码定理的物理含义表明,只要码字所能携带的信息量大于信源序列输出的信息量,则可以构成无失真的编码。

例如,某信源有 8 种等概率符号,$L = 1$,信源序列熵的最大值 $H_1(X) = \text{lb } 8 = 3$ bit,当 $Y_k \in \{0, 1\}$ 时,$K_L = 3$,这表明可以利用码长为 3 的二进制序列无失真地描述这个信源。再例如,要描述有 26 个英文字母,还有回车、换行、字母键等符号共 31 个信源符号,假如每个信源的符号序列是长度 $L = 1$,采用二进制进行描述时,则每个代码的码字长度 $K_L \geqslant L \cdot \left(\frac{\text{lb } 31}{\text{lb } 2} \right) \approx 5$,即每个码字长度为 5。

10.3.3 变长编码定理

在变长编码过程中，码字的长度 K 是变化的，具体取长还是取短，可以根据信源各个符号的统计特性来确定，对于出现概率大的符号用短码，对于出现概率小的符号用长码。这样在大量信源符号编成码后，平均每个信源符号所需要的输出符号数就可以降低，从而提高编码效率。可以证明，在各信源符号出现的概率不等的情况下，利用变长编码技术，平均每个信源符号所需的码长比定长码时所需要的要小。下面分别给出单个符号($L=1$)变长编码定理和符号序列的变长编码定理。

单个符号变长编码定理 若一个离散无记忆信源的符号熵为 $H(X)$，每个信源符号用 m 进制码元进行变长编码，一定存在一种无失真编码方法，其码字平均长度 $\overline{K}$ 满足下列不等式

$$\frac{H(X)}{\lg m} \leq \overline{K} \leq \frac{H(X)}{\lg m} + 1 \tag{10.3.4}$$

离散无记忆序列变长编码定理 对于平均符号熵为 $H_L(X)$ 的离散无记忆信源，必存在一种无失真编码方法，使信源每送出一个信源符号，所需要的码字平均长度 $\overline{K}$ 满足不等式

$$H_L(X) \leq \overline{K} \leq H_L(X) + \varepsilon \tag{10.3.5}$$

其中 ε 为任意小正数。

当然也可利用式(10.3.4)推导出式(10.3.5)。设利用 m 进制码元作变长编码，序列长度为 L 个信源符号，这时对应 L 个信源符号需要的码字长度满足下列不等式：

$$\frac{LH_L(X)}{\lg m} \leq \overline{K}_L \leq \frac{LH_L(X)}{\lg m} + 1 \tag{10.3.6}$$

而信源每送出一个信源符号，所需要的码字平均长度 $\overline{K}$ 可以表示为

$$\overline{K} = \frac{K_L}{L} \lg m \tag{10.3.7}$$

$$H_L(X) \leq \overline{K} \leq H_L(X) + \frac{\lg m}{L} \tag{10.3.8}$$

从式(10.3.8)可以看到，当 L 足够大时就可以使 $\varepsilon \geq \frac{\lg m}{L}$。

通常可以利用编码效率来表示格中编码的效果，其数学描述为

$$\eta = \frac{H_L(X)}{\overline{K}} \geq \frac{H_L(X)}{H_L(X) + \frac{\lg m}{L}} \tag{10.3.9}$$

从式(10.3.9)可以看出，随着 L 的增大，编码效率会逐渐接近于1，这实际是要求增大需要统一编码的信源符号长度 L，这样做实际上比较困难。

例 10.3.2 设离散无记忆信源的概率空间为

$$\begin{pmatrix} X \\ P \end{pmatrix} = \begin{pmatrix} x_1 & x_2 \\ 3/4 & 1/4 \end{pmatrix}$$

其信源熵为

$$H(X) = \frac{1}{4} \text{lb} 4 + \frac{3}{4} \text{lb} \frac{4}{3} = 0.811 \text{ bit/符号}$$

若用二元定长编码(0,1)来构造码,这时每个符号平均码长为

$$\overline{K}=1 \text{ 二元码符号/信源符号}$$

编码效率为

$$\eta=\frac{H(X)}{\overline{K}}=0.811$$

对长度为2的信源序列进行变长编码,具体编码关系如表10.3.2所示。

表 10.3.2 序列和序列概率的关系

序列	序列概率	编码	序列	序列概率	编码
x_1x_1	9/16	0	x_2x_1	3/16	110
x_1x_2	3/16	10	x_2x_2	1/16	111

这个码字平均长度

$$\overline{K_2}=\frac{9}{16}\times 1+\frac{3}{16}\times 2+\frac{3}{16}\times 3+\frac{1}{16}\times 3=\frac{27}{16} \text{ 二元码符号/信源序列}$$

每一单个符号的平均码长

$$\overline{K}=\frac{\overline{K_2}}{2}=\frac{27}{32} \text{ 二元码符号/信源符号}$$

编码效率为

$$\eta_2=\frac{H(X)}{\overline{K}}=\frac{0.811\times 32}{27}\approx 0.961$$

用同样的方法可进一步将信源序列的长度增加,$L=3$或$L=4$,对这些信源序列 X 进行编码,并求出其编码效率分别为 $\eta_3=0.985$, $\eta_4=0.991$。从上面的实例可以看到,随着信源序列长度的增加,编码的效率越来越接近于1。

10.3.4 哈夫曼编码方法

哈夫曼(Huffman)编码属于概率匹配编码,也就是对于出现概率大的符号用短码,对于出现概率小的符号用长码。其编码过程如下:

(1) 将 n 个信源消息符号按其出现的概率大小依次排列,$P(x_1)\geqslant P(x_2)\geqslant \cdots \geqslant P(x_n)$。

(2) 取两个概率最小的符号分别配以 0 和 1 两码元,并将这两个概率相加作为一个新的符号概率,与其他符号重新排队。

(3) 对重排后的两个概率最小符号重复步骤(2)的过程。

(4) 不断继续上述过程,直到最后两个符号配以 0 和 1 为止。

(5) 从最后一级开始,向前返回得到各个信源符号所对应的码元序列,即为相应码字。
下面举例说明。

例 10.3.3 设有离散无记忆信源

$$\begin{pmatrix} X \\ P \end{pmatrix}=\begin{pmatrix} x_1 & x_2 & x_3 & x_4 & x_5 \\ 0.4 & 0.2 & 0.2 & 0.1 & 0.1 \end{pmatrix}$$

利用上述规则进行编码可以得到表 10.3.3。

表 10.3.3 哈夫曼编码过程(一)

信源符号	出现概率	编码过程	码字	码长
x_1	0.4		1	1
x_2	0.2		01	2
x_3	0.2		000	3
x_4	0.1		0010	4
x_5	0.1		0011	4

通过观察哈夫曼编码方法可以注意到,哈夫曼编码方法并非是惟一的。例如,上面的例题还有表 10.3.4 所示的编码方式。

表 10.3.4 哈夫曼编码过程(二)

信源符号	出现概率	编码过程	码字	码长
x_1	0.4		00	2
x_2	0.2		10	2
x_3	0.2		11	2
x_4	0.1		010	3
x_5	0.1		011	3

比较表 10.3.3 和表 10.3.4 的编码过程,可以看到,造成非惟一编码的原因如下:

(1) 每次对信源缩减时,赋予信源最后两个概率最小的符号,用 0 和 1 是可以任意的,所以可以得到不同的哈夫曼码,但不会影响码字的长度。

(2) 当排序时,信源符号对应概率会出现相同的现象,这时它们的位置放置次序是可以任意的,故会得到不同的哈夫曼码,此时将影响码字的长度,一般将合并的概率放在上面,这样编码效果较好。

利用表 10.3.3 和表 10.3.4 给出的哈夫曼码,分别计算它们的平均码长发现它们相等,即

$$\overline{K} = \sum_{i=1}^{5} P(x_i) K_i = 2.2 \text{ 码元/符号}$$

编码效率也相等,即

$$\eta = \frac{H(X)}{\overline{K}} = 0.965$$

其中

$$H(X) = -\sum_{i=1}^{5} P(x_i) \lg P(x_i) = 2.123 \text{ bit/符号}$$

哈夫曼编码小结 哈夫曼码是用概率匹配方法进行信源编码。它有两个明显特点。

(1) 哈夫曼码的编码方法保证了概率大的符号对应于短码,概率小的符号对应于长码,充分利用了短码。

(2) 缩减信源的最后两个码字总是最后一位不同,从而保证了哈夫曼码是即时码。

10.4 信道模型及信道容量

10.4.1 信道模型

所谓信道就是信息传输的通道,但是如果从信道编码的角度来观察,对于信号在信道中具体如何传输的物理过程的研究并不重要,而对传输的结果分析则得以关注。在这方面主要的研究问题是:送入编码信道的是什么信号,得到的又是什么信号,如何从得到的信号中恢复出送入的信号,差错概率是多少等。为了集中研究以上问题,通常把信道编、译码器之间的所有部件看成是一个"黑箱(Blackbox)",像研究多端口网络那样把问题归结为输入、输出和转移概率矩阵三个要素。如图 10.4.1 所示。

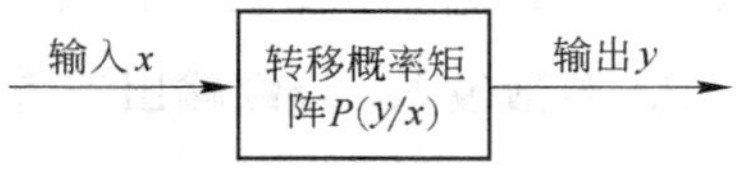

根据图 10.4.1 中输入输出信号的特性不同,通常可以将编码信道分为离散无记忆信道和离散输入、连续输出信道,以及波形信道。

图 10.4.1 编码信道模型

1. 离散无记忆信道

设信道编码器的输入是 q 元符号,即输入符号集由 q 个元素 $X = \{x_0, x_1, \cdots, x_{q-1}\}$ 构成,而检测器的输出是 Q 元符号。也就是说,信道输出符号集由 Q 个元素构成,即 $Y = \{y_0, y_1, \cdots, y_{Q-1}\}$,且信道和调制过程是无记忆的,那么图 10.4.1 所示信道模型的输入-输出特性可以用一组共 qQ 个条件概率来描述

$$P(Y = y_j / X = x_i) = P(y_j / x_i) \tag{10.4.1}$$

式中,$i = 0, 1, \cdots, q-1; j = 0, 1, \cdots, Q-1$。这样的信道称为离散无记忆信道(DMC, Discrete Memoryless Channel)。

通常,决定 DMC 特性的条件概率 $\{P(y_j / x_i)\}$ 可以写成矩阵的形式,这个矩阵就是信道的转移概率矩阵。

$$\begin{aligned}
\boldsymbol{P} &= \begin{pmatrix}
P(y_0/x_0) & P(y_1/x_0) & \cdots & P(y_{Q-1}/x_0) \\
P(y_0/x_1) & P(y_1/x_1) & \cdots & P(y_{Q-1}/x_1) \\
\vdots & \vdots & & \vdots \\
P(y_0/x_{q-1}) & P(y_1/x_{q-1}) & \cdots & P(y_{Q-1}/x_{q-1})
\end{pmatrix} \\
&= \begin{pmatrix}
P_{00} & P_{01} & \cdots & P_{0,Q-1} \\
P_{10} & P_{11} & \cdots & P_{1,Q-1} \\
\vdots & \vdots & & \vdots \\
P_{q-1,0} & P_{q-1,1} & \cdots & P_{q-1,Q-1}
\end{pmatrix}
\end{aligned} \tag{10.4.2}$$

在信道输入为 x_i 的条件下,由于干扰的存在,信道输出不是一个固定值,而是概率各异的一组值,这种信道就叫做有扰离散信道。显然,输入 x_i 时各种可能输出值 y_j 的概率之和必定等于 1,即

$$\sum_{j=0}^{Q-1} P(y_j/x_i) = 1, i = 0,1\cdots,q-1 \qquad (10.4.3)$$

如果信道转移概率矩阵的每一行中只包含一个"1",其余元素均为"0",说明信道为无扰离散信道。

当离散信道模型允许输入值的集合 $X = \{0,1\}$,可能输出值的集合 $Y = \{0,1\}$,且信道转移概率可以表示为

$$\left.\begin{array}{l} P(1/0) = P(0/1) = p \\ P(1/1) = P(0/0) = 1 - p \end{array}\right\} \qquad (10.4.4)$$

则这种对称的二进制输入、二进制输出信道叫做二进制对称信道,简称为 BSC(Binary Symmetric Channel)信道,这也是研究信道编译码最简单、最常用的信道模型。

2. 离散输入、连续输出信道

设信道输入符号是一个有限的、离散的输入字符集 $X = \{x_0, x_1, \cdots, x_{q-1}\}$,而信道(检测数据)输出是任意值,即 $Y = \{-\infty, \infty\}$,这样的信道模型为离散时间无记忆信道,它的输入和输出条件概率密度函数为 $P(Y/X = x_i)$,式中,$i = 0, 1, \cdots, q-1$。

3. 波形信道

信道输入和输出都是模拟波形的信道称为波形信道。

对于以上信道模型,根据研究问题的侧重点不同,可以选择不同的形式。当需要设计和分析离散信道编、译码器的性能时,从工程角度出发,最常用的是 DMC 信道模型或其简化形式 BSC 信道模型;若要分析性能的理论极限,则多选用离散输入、连续输出信道模型;如果想要设计和分析数字调制器和解调器的性能,则可采用波形信道模型。这里研究的信道模型是 DMC 信道模型。

10.4.2 互信息量

对于 DMC 信道模型,X 是信源发出的离散符号集合;Y 是信宿收到的符号集合。由于信宿事先不知道信源在某一时刻发出的是哪一个符号,所以每个符号消息是一个随机事件。信源发出符号通过有干扰的信道传递给信宿,其系统通信模型如图 10.4.2 所示。

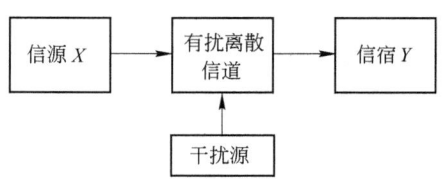

图 10.4.2 简单通信系统模型

通常信宿可以预先知道信息 X 发出的各个符号消息的集合,以及它们的概率分布,即预知信源 X 的先验概率 $P(x_i)$。当信宿收到一个符号消息 y_j 后,信宿可以计算出信源各消息的条件概率 $P(x_i/y_j)$,$i = 1, 2, \cdots, q$,这个条件概率称为后验概率。而互信息量定义为后验概率与先验概率比值的对数,即

$$I(x_i; y_j) = \lg \frac{P(x_i/y_j)}{P(x_i)} \qquad (10.4.5)$$

互信息量在 X 集合上的统计平均值

$$I(X; y_j) = \sum_i P(x_i/y_j) I(x_i; y_j) = \sum_i P(x_i/y_j) \lg \frac{P(x_i/y_j)}{P(x_i)} \qquad (10.4.6)$$

平均互信息量 $I(X;Y)$ 为上述 $I(X;y_j)$ 在 Y 集合上的概率加权统计平均值，即

$$I(X;Y) = \sum_j P(y_j)I(X;y_j) = \sum_{i,j} P(y_j)P(x_i/y_j)\lg \frac{P(x_i/y_j)}{P(x_i)}$$

$$= \sum_{i,j} P(x_i y_j)\lg \frac{P(x_i/y_j)}{P(x_i)} \tag{10.4.7}$$

通过上述推导，可以得到关于平均互信息量 $I(X;Y)$ 数学描述。而在在通信系统中，若发送端的符号是 X，而接收端的符号是 Y，则 $I(X;Y)$ 表示在接收端收到 Y 后所能获得的关于 X 的信息。结合 10.2 节关于信源熵的定义，可以得到关于 $I(X;Y)$ 的下列性质：

$$I(X;Y) = H(X) - H(X/Y) \tag{10.4.8}$$
$$I(X;Y) = H(Y) - H(Y/X) \tag{10.4.9}$$

分析式(10.4.8)可以得到这样的物理概念：因为 $H(X)$ 是符号集合 X 的熵或不确定度，而 $H(X/Y)$ 表示在 Y 已知情况下 X 的不确定度，那么可见"Y 已知"这件事使 X 的不确定度减少了 $I(X;Y)$，这意味着"Y 已知后"所获得的关于 X 的信息是 $I(X;Y)$。

具体地说，式(10.4.8)表明，在有扰离散信道上，条件熵 $H(X/Y)$ 可以看作由于信道上存在干扰和噪声而损失掉的平均信息量，有时也称为疑义度；$H(X)$ 是信源发出的信息量，因此，$I(X;Y)$ 也就是在有扰离散信道上传输的平均信息量。

式(10.4.9)表明，平均互信息量 $I(X;Y)$ 可看作在有扰离散信道上传递消息时，惟一地确定接收符号 y 所需要的平均信息量 $H(Y)$，减去当信源发出符号为已知时需要确定接收符号 y 所需要的平均信息量 $H(Y/X)$。因此，条件熵 $H(Y/X)$ 可以看作惟一地确定信道噪声所需要的平均信息量，故又称为噪声熵或散布度。它们之间的关系可以用图 10.4.3 形象地表达。

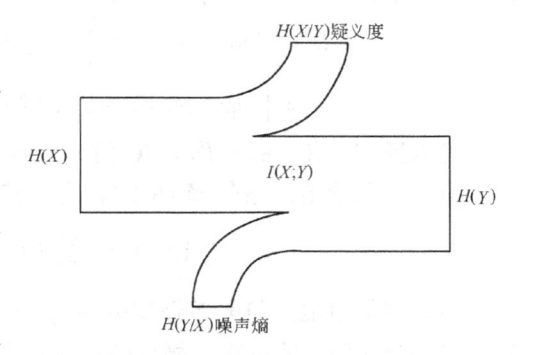

图 10.4.3 收、发两端的熵关系

如果 X 与 Y 相互独立，那么 Y 已知时 X 的条件概率等于 X 的无条件概率，因此，X 的条件熵就等于 X 的无条件熵，此时 $I(X;Y)=0$。也就是说，既然 X 与 Y 相互独立，就无法从 Y 中提取关于 X 的信息。从信息传输角度来看，当信道噪声很大时，以致 $H(X/Y) = H(X)$ 时，能传输的平均信息量为零。这说明信宿收到符号 Y 不能提供有关信源发出符号 X 的任何信息量。对于这种信道，信源发出的信息量在信道上全部损失掉了，故称为全损离散信道。

如果 X 与 Y 的关系是确定的一一对应关系，此时已知 Y 就完全解除了关于 X 的不确定度，在信宿所获得的信息就是 X 的不确定度或熵，也就是 $I(X;Y) = H(X)$。这种信道可看成无扰离散信道，由于没有噪声，所以信道不损失信息，且疑义度 $H(X/Y)$ 为零，噪声熵也为零。

在一般情况下，X 与 Y 既非相互独立，也不是一一对应关系，那么从 Y 获得 X 的信息必在零与 $H(X)$ 之间，即小于 X 的熵。

10.4.3 DMC 信道的容量

对于 DMC 信道，其输入符号集由 q 个元素构成，即 $X = \{x_0, x_1, \cdots, x_{q-1}\}$，输出字符集由 Q 个元素构成，即 $Y = \{y_0, y_1, \cdots, y_{Q-1}\}$，由图 10.4.1 可知，信道特征完全由转移概率 $P(y_j/x_i)$ 决定。若给定信道，也就是给定信道的转移概率 $P(y_j/x_i)$，则对应于输入符号的概率分布 $P(x_i)$，可以求出相应的信道传输信息

$$I(X;Y) = \sum_{i=0}^{q-1} \sum_{j=0}^{Q-1} P(x_i) P(y_j/x_i) \lg \frac{P(y_j/x_i)}{P(y_j)} \quad (10.4.10)$$

式(10.4.10)中 $P(y_j)$ 可以利用下式计算得到：

$$P(y_j) = \sum_{i=0}^{q-1} P(x_i) P(y_j/x_i) \quad (10.4.11)$$

结合式(10.4.11)观察式(10.4.10)可知，信道传输的信息 $I(X;Y)$ 的大小，完全由输入符号的概率分布 $P(x_i)$ 决定，当通信系统发送端每秒固定发送 R_B 个符号时，$I(X;Y) R_B$ 的最大值就定义为信道容量，用符号 C 表示，即

$$C = \max_{P(x_i)} [I(X;Y) \cdot R_B] = \left[\max_{P(x_i)} \sum_{i=0}^{q-1} \sum_{j=0}^{Q-1} P(x_i) P(y_j/x_i) \lg \frac{P(y_j/x_i)}{P(y_j)} \right] \cdot R_B \quad (10.4.12)$$

这样信道容量 C 的单位即是单位时间内信道所能传送的信息量，即 bit/s。当然，结合式(10.4.8)和式(10.4.9)，信道容量 C 还可以表示成为

$$C = \left[\max_{P_x} I(X;Y) \right] \cdot R_B = \left\{ \max_{P_x} [H(X) - H(X/Y)] \right\} \cdot R_B$$
$$= \left\{ \max_{P_x} [H(Y) - H(Y/X)] \right\} \cdot R_B \quad (10.4.13)$$

可以证明，有扰的对称 DMC 信道具有如下性质：

（1）对称信道的条件熵 $H(Y/X)$ 与信道输入符号的概率分布 $P(x_i)$ 无关，因此有

$$H(Y/X) = \sum_i P(x_i) \cdot H(Y/x_i) = H(Y/x_i) \quad (10.4.14)$$

（2）当信道输入符号等概率分布时，信道输出符号也是等概分布；反之，若信道输出符号等概率分布时，信道输入符号必定也是等概分布。

（3）当信道输入符号等概分布时，对称 DMC 信道传输速率能够达到信道容量。

$$C = \left\{ \max_{P_x} [H(Y) - H(Y/X)] \right\} \cdot R_B = [\lg Q - H(Y/x_i)] \cdot R_B$$
$$= \left[\lg Q - \sum_j P(y_j/x_i) \lg P(y_j/x_i) \right] \cdot R_B \quad (10.4.15)$$

例 10.4.1 求图 10.4.4 所示的二进制对称信道容量。

解 在二进制对称信道中，发送符号集和接收符号集都只有 2 个元素(0 和 1)，$P(1) = P(0) = 0.5$，且 $P(1/0) = P(0/1) = 0.01$，$P(1/1) = P(0/0) = 0.99$。这样就可以将有关参数带入式(10.4.15)，得

$$C = \left[\lg 2 - \sum_j P(y_j/x_i) \lg P(y_j/x_i) \right] \cdot R_B$$
$$= (\text{lb}\, 2 + 0.01\, \text{lb}\, 0.01 + 0.99\, \text{lb}\, 0.99) \cdot R_B$$
$$= (1 - 0.081) \cdot R_B$$

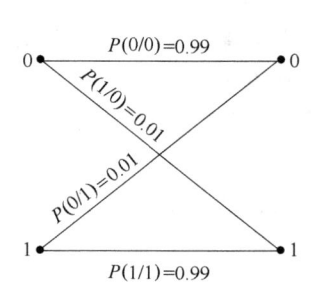

图 10.4.4 二进制对称信道

若每秒传输 1 000 个符号,也就是 R_B = 1 000 符号/s,这时信道容量为 919 bit/s,因传输不可靠而丢失的信息速率为81 bit/s。

10.5 香农公式及其应用

10.4 节讨论了编码信道中传输离散信息的情况,研究了 DMC 信道的信道容量。本节主要讨论在波形信道(调制信道)中传输连续消息的情况,进而对著名的香农公式进行分析说明。

10.5.1 香农公式

本节我们利用互信息的概念来阐明带宽受限、功率受限的高斯信道的信息容量定理。设一个带限为 B 赫兹的零均值平稳过程 $X(t)$,用 X_k 表示以每秒 $2B$ 个抽样点的奈奎斯特速率对随机过程 $X(t)$ 进行均匀抽样得到的连续随机变量,其中,$k=1,2,\cdots,K$。这些抽样点在 T 秒内通过一个同样带限为 B 赫兹的噪声信道。因此,样本点的个数 K 可由下式给出:

$$K = 2BT \tag{10.5.1}$$

X_k 称为发射信号的样本。信道输出受到均值为零、PSD 为 $n_0/2$ 的加性高斯白噪声的干扰,噪声的带限为 B 赫兹,用连续随机变量 Y_k, $k=1,2,\cdots,K$ 表示接受信号的抽样点:

$$Y_k = X_k + N_k, \quad k = 1,2,\cdots,K \tag{10.5.2}$$

噪声样本 N_k 为零均值且具有如下方差的高斯噪声:

$$\sigma^2 = n_0 B \tag{10.5.3}$$

假设抽样点 $Y_k(k=1,2,\cdots,K)$ 是统计独立的。

噪声和接收信号分别如式(10.5.2)和式(10.5.3)所述的信道称为离散时间无记忆高斯信道,其模型如图 10.5.1 所示。

首先为每个信道输入分配一个代价值,发射机通常是功率受限的,因此此价值的合理定义为

$$E[X_k^2] = P, \quad k = 1,2,\cdots,K \tag{10.5.4}$$

其中 P 为平均发射功率。此处描述的功率受限的高斯信道在理论和实际应用中都是非常重要的,因为它是许多通信信道的模型。

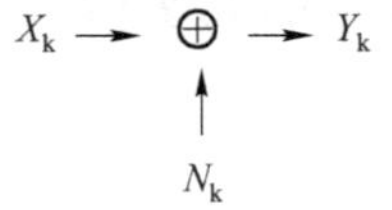

图 10.5.1 离散时间无记忆高斯信道模型

信道容量的定义为:在输出 X_k 的所有分布都满足式(10.5.4)的功率限制的情况下,信道输入 X_k 和信道输出 Y_k 间的互信息的最大值。用 $I(X_k;Y_k)$ 表示互信息,可将信道的容量定义为

$$C = \max_{f_{X_k(x)}} \{I(X_k;Y_k) : E[X_k^2] = P\} \tag{10.5.5}$$

其中,最大化是关于 X_k 的概率密度函数 $f_{X_k(x)}$ 进行的。

互信息 $I(X_k;Y_k)$ 可表示为式(10.4.8)和式(10.4.9)所示的两种等价形式中的一种。此处采用式(10.4.9)的表示方法,即

$$I(X_k;Y_k) = H(Y_k) - H(Y_k | X_k) \tag{10.5.6}$$

由于 X_k 和 N_k 是独立随机变量,两者之和为 Y_k。当给定 X_k 时,Y_k 的条件相对熵等于 N_k 的相对熵,即

$$H(Y_k \mid X_k) = H(N_k) \tag{10.5.7}$$

因此

$$I(X_k; Y_k) = H(Y_k) - H(N_k) \tag{10.5.8}$$

由于 $H(N_k)$ 独立于 X_k，要使 $I(X_k; Y_k)$ 最大化，就必须使接收信号样本 Y_k 的相对熵 $H(Y_k)$ 最大化。因此 Y_k 必须是高斯随机变量。接收信号的样本表示为一个噪声型的过程。由于 N_k 为高斯过程，发射信号的样本 X_k 也必须是高斯过程，因此式(10.5.5)所描述的最大化，可以通过从平均功率为 P 的噪声型过程中选取发射信号的样点而得到。相应地，可将式(10.5.5)表示为

$$C = I(X_k; Y_k) : X_k \quad \text{高斯}, E[X_k^2] = P \tag{10.5.9}$$

其中 $I(X_k; Y_k)$ 按照式(10.5.8)定义。

信道容量 C 的计算可按照下面三个步骤进行：

(1) 接收信号 Y_k 的样本方差等于 $P + \sigma^2$，可得 Y_k 的相对熵为

$$H(Y_k) = \frac{1}{2}\log_2[2\pi e(P + \sigma^2)] \tag{10.5.10}$$

(2) 噪声样本 N_k 的方差等于 σ^2，可得 N_k 的相对熵为

$$H(N_k) = \frac{1}{2}\log_2(2\pi e\sigma^2) \tag{10.5.11}$$

(3) 将式(10.5.10)和式(10.5.11)带入式(10.5.8)，用式(10.5.9)给出的信道容量定义，可得结果

$$C = \frac{1}{2}\log_2(1 + P/\sigma^2) \tag{10.5.12}$$

在 T 秒内 K 次使用信道以传输 $X(t)$ 的 K 个样点，可发现单位时间的信息容量为式(10.5.12)所示结果的 K/T 倍，有 $K = 2BT$。因此可将信息容量表示为如下等价形式：

$$C = \frac{1}{2}\log_2\left(1 + \frac{P}{n_0 B}\right) \text{bps} \tag{10.5.13}$$

基于式(10.5.13)可将最著名的香农第三定理，即信息容量定理表述如下：

受噪声 PSD 为 $n_0/2$ 且带限为 B 的加性高斯白噪声干扰的、带宽为 B 赫兹的连续信道的信息容量由下式给出

$$C = \frac{1}{2}\log_2\left(1 + \frac{P}{n_0 B}\right) \text{bps} \tag{10.5.14}$$

其中 P 为平均发射功率。按照本文前面常用 S 表示信号平均功率的习惯，将 P 用 S 代替，得到公式(10.5.15)：

$$C = B\mathrm{lb}\left(1 + \frac{S}{N}\right) \text{bit/s} \tag{10.5.15}$$

它表明了当信号与作用在信道上的起伏噪声的平均功率给定后，在具有一定频带宽度 B 的信道上，理论上单位时间内可能传输的信息量的极限数值。同时，该式还是扩展频谱技术的理论基础。

由于噪声功率 N 与信道带宽 B 有关，则噪声功率 N 将等于 $n_0 B$，这里 n_0 为噪声单边功率谱密度，因此，香农公式的另一形式为

$$C = B\mathrm{lb}\left(1 + \frac{S}{n_0 B}\right) \text{bit/s} \tag{10.5.16}$$

由香农公式可得如下结论：
(1) 提高信号与噪声功率之比能增加信道容量。
(2) 当噪声功率 $N \to 0$ 时，信道容量 $C \to \infty$，这意味着无干扰信道容量为无穷大。
(3) 当信号功率 $S \to \infty$ 时，信道容量 $C \to \infty$。
(4) 增加信道频带宽度 B 并不能无限制地使信道容量增大。下面给出简要的说明：

$$C = B\mathrm{lb}\left(1 + \frac{S}{n_0 B}\right) = \frac{S}{n_0} \cdot \frac{n_0 B}{S} \mathrm{lb}\left(1 + \frac{S}{n_0 B}\right)$$

$$\lim_{B \to \infty} C = \frac{S}{n_0} \cdot \lim_{B \to \infty} \frac{n_0 B}{S} \mathrm{lb}\left(1 + \frac{S}{n_0 B}\right) = 1.44 \frac{S}{n_0}$$

由此可见，即使信道带宽无限增大，信道容量仍然是有限的。

通常，把实现了上述极限信息速率的通信系统称为理想通信系统。但是，香农定理只证明了理想系统的"存在性"，却没有指出这种通信系统的实现方法。因此，理想系统通常只能作为实际系统的理论界限。另外，上述讨论都是在信道噪声为高斯白噪声的前提下进行的，对于其他类型的噪声，香农公式需要加以修正。

10.5.2 香农公式的应用

从香农公式(10.5.16)可以看出，对于一定的信道容量 C 来说，带宽 B 和信号噪声功率比 S/N 二者之间可以互相转换。若信道带宽增加，可以换来信号噪声功率比的降低；反之亦然。如果信号噪声功率比不变，那么信道通带的增加则可以换取传输时间的节省，等等。如果信道容量 C 给定，互换前的带宽和信号噪声功率比分别为 B_1 和 S_1/N，互换后的带宽和信号噪声功率比分别为 B_2 和 S_2/N，那么应有

$$B_1 \mathrm{lb}\left(1 + \frac{S_1}{n_0 B_1}\right) = B_2 \mathrm{lb}\left(1 + \frac{S_2}{n_0 B_2}\right) \tag{10.5.17}$$

式(10.5.17)就是扩频通信基本思想(有关扩频通信的内容请参阅相关文献)。不仅如此，如果从传送信息量的角度来考虑，带宽或信噪比与传输时间 T 也存在着互换关系，这将引出信号体积和信道容积的概念，将更加直观地理解香农公式。

根据香农公式可知，在 T_C s 内，信道能够传输的最大平均信息量记为

$$I_C = T_C \cdot C = B_C \cdot T_C \cdot \lg\left(1 + \frac{S_C}{N_C}\right) = B_C \cdot T_C \cdot H_C \tag{10.5.18}$$

如果把 T_C、B_C、H_C 作为空间的三个坐标来表示，则 I_C 就代表三个信道参量相乘后的信道容积。当然，也可以利用相应的参数计算出信号的体积

$$I_S = B_S \cdot T_S \cdot \lg\left(1 + \frac{S_S}{N_S}\right) = B_S \cdot T_S \cdot H_S \tag{10.5.19}$$

可以证明，要使信号能够通过信道，必须满足 $I_C > I_S$，因为在满足这个条件下，可以使信号体积的形状改变，实现信息的传输。

例如，信道带宽 $B_1 = 3$ kHz，信道传输时间 $T_1 = 4$ min，信噪比 $S_1/N_1 = 10^4$，要传输带宽 $B_2 = 9$ kHz、持续时间 $T_2 = 1$ min、$S_2/N_2 = 10^4$ 的信号，显然，如果直接将这个信号在信道上传输是不行的。但是，可以将信号经过改造后再通过信道传输。

即可以先把信号录下来,然后以原速的 1/3 来传送,此时信号带宽压缩到 3 kHz,而持续时间是原来的 3 倍,到收信端进行相反的变换就行了。带宽和时间互换的示意图如图 10.5.1 所示。这种互换方法适用于在窄带电缆信道中传输电视信号。

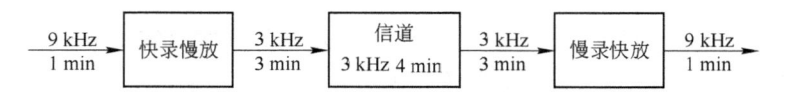

```
9 kHz          3 kHz              3 kHz          9 kHz
1 min  →[快录慢放]→ 3 min →[信道 3 kHz 4 min]→ 3 min →[慢录快放]→ 1 min
```

图 10.5.2 带宽和时间相互转换示意图

本 章 小 结

本章阐述了信息论基础知识,介绍了信源编码、信道模型和香农公式。从内容上讲,在介绍了信息论产生和发展之后,对信源进行了分类,确定了本章以研究离散信源为主要内容,同时对各种离散信源的熵进行了分析研究,得到了下面的信息量所包含的实际意义。

(1) 把信息量的多少和事件发生的概率联系起来。
(2) 信息量用对数表示是合理的,它适合信息的可加性。
(3) 信息量是非负的。
(4) 事件出现的概率越小,它的出现所带来的信息量越大;必然事件($P(x_i)=1$)的出现不会带来任何信息。

同时得到了下面的离散信源熵的物理含义:
(1) 信息熵 $H(X)$ 表示信源输出后,每个消息(或符号)所提供的平均信息量。
(2) 表示信源输出前,信源的平均不确定性。
(3) 熵的出现表明变量 X 的随机特性。

在 10.4 节介绍了信道模型及信道容量,指出决定 DMC 传输特性可用条件概率 $\{P(y_j/x_i)\}$ 形式表示,决定 DMC 信道容量大小的是信源 X 的先验概率 $P(x_i)$,研究 DMC 的所有问题大都是围绕着转移概率矩阵和先验概率展开的。

思 考 与 练 习

10-1 设消息由符号 0、1、2 和 3 组成,已知 $P(0)=3/8$,$P(1)=1/4$,$P(2)=1/4$,$P(3)=1/8$,试求由 60 个符号构成的消息所含的信息量和平均信息量。

10-2 如果已知发送独立的符号中,符号 e 和 z 的概率分别为 0.107 3 和 0.000 63;又知中文电报中,数字 0 和 1 的概率分别为 0.155 和 0.06,试求它们的信息量大小。

10-3 每帧电视图像可以认为是由 3×10^5 个像素组成,所有像素均是独立变化,且每一像素又取 128 个不同的亮度电平,并设亮度电平等概率出现。问每帧图像占有多少信息量?若有一广播员在约 10 000 个汉字的字汇中选 1 000 个汉字口述此电视图像,试问广播员描述此图像所广播的信息量是多少(假设汉字字汇是等概率分布,并彼此无依赖);若要恰当地描述此图像,广播员在口述中至少需用多少个汉字?

10-4 在一个 DMC 信道中,信源消息集 $X=\{0,1\}$,且 $P(0)=P(1)$,信宿的消息集 $Y=\{0,1\}$,信道传输概率 $P(1/0)=1/4$,$P(0/1)=1/8$,求平均信息量 $I(X;Y)$。

10-5 已知信源的各个符号分别为字母 A(00)、B(01)、C(10)、D(11)，每个二进制码元的长度为 5 ms。

(1) 若各个字母以等概率出现，计算在无扰离散信道上的平均信息传输速率；

(2) 若各个字母的出现概率分别为 $P(A) = 1/5$，$P(B) = 1/4$，$P(C) = 1/4$，$P(D) = 3/10$，计算在无扰离散信道上的平均信息传输速率。

10-6 信源符号 X 有 6 种字母，概率为 0.37、0.25、0.18、0.10、0.07、0.03。

求该信源符号熵 $H(X)$。

10-7 有 6.5 MHz 带宽的高斯信道，若信道中信号功率与噪声功率谱密度之比为 45.5 MHz，试求其信道容量。

10-8 每幅黑白电视图像由 3×10^5 个像素组成，每个像素有 16 个等概率出现的亮度等级，要求每秒传输 30 帧图像。若信道输出 $S/N = 30$ dB，计算传输该黑白电视图像所要求信道的最小带宽。

附录 A 常用三角公式

1. $\sin(x \pm y) = \sin x \cos y \pm \cos x \sin y$
   $\cos(x \pm y) = \cos x \cos y \mp \sin x \sin y$

2. $\sin x \sin y = \dfrac{1}{2}[\cos(x-y) - \cos(x+y)]$

   $\cos x \cos y = \dfrac{1}{2}[\cos(x+y) + \cos(x-y)]$

   $\sin x \cos y = \dfrac{1}{2}[\sin(x+y) + \sin(x-y)]$

   $\sin x + \sin y = 2\sin\dfrac{x+y}{2}\cos\dfrac{x-y}{2}$

3. $\sin x - \sin y = 2\sin\dfrac{x-y}{2}\cos\dfrac{x+y}{2}$

   $\cos x + \cos y = 2\cos\dfrac{x+y}{2}\cos\dfrac{x-y}{2}$

   $\cos x - \cos y = -2\sin\dfrac{x+y}{2}\sin\dfrac{x-y}{2}$

4. $\sin 2x = 2\sin x \cos x$
   $\cos 2x = 1 - 2\sin^2 x = 2\cos^2 x - 1 = \cos^2 x - \sin^2 x$
   $\sin^2 x = \dfrac{1 - \cos 2x}{2}$
   $\cos^2 x = \dfrac{1 + \cos 2x}{2}$

5. $\sin^2 x + \cos^2 x = 1$

6. $\sin x = \dfrac{1}{2j}(e^{jx} - e^{-jx})$
   $\cos x = \dfrac{1}{2}(e^{jx} + e^{-jx})$
   $e^{jx} = \cos x + j\sin x$

7. $A\cos(\omega t + \varphi_1) + B\cos(\omega t + \varphi_2) = C\cos(\omega t + \varphi_3)$
   式中：$C = \sqrt{A^2 + B^2 - 2AB\cos(\varphi_2 - \varphi_1)}$
   $\varphi_3 = \arctan\dfrac{A\sin\varphi_1 + B\sin\varphi_2}{A\cos\varphi_1 + B\cos\varphi_2}$

附录 B　希尔伯特变换

1. 希尔伯特变换的定义

希尔伯特(Hilbert)交换简称希氏变换。对于一个实函数$f(t)$，称$\frac{1}{\pi}\int_{-\infty}^{+\infty}\frac{f(\tau)}{t-\tau}\mathrm{d}\tau$为$f(t)$的希尔伯特变换，记作

$$\hat{f}(t) = H[f(t)] = \frac{1}{\pi}\int_{-\infty}^{+\infty}\frac{f(\tau)}{t-\tau}\mathrm{d}\tau \tag{B.1}$$

称$\frac{-1}{\pi}\int_{-\infty}^{+\infty}\frac{g(\tau)}{t-\tau}\mathrm{d}\tau$为$g(t)$的希尔伯特反变换，记作

$$H^{-1}[g(t)] = \frac{-1}{\pi}\int_{-\infty}^{+\infty}\frac{g(\tau)}{t-\tau}\mathrm{d}\tau \tag{B.2}$$

可以证明

$$H^{-1}[\hat{f}(t)] = f(t) \tag{B.3}$$

显然，希尔伯特变换可记为卷积形式

$$\hat{f}(t) = f(t) * \frac{1}{\pi t} \tag{B.4}$$

2. 频域的变换

由式(B.4)可以看出，函数$f(t)$的希尔伯特变换可以看成是函数$f(t)$通过一个单位冲激响应为$h(t)=\frac{1}{\pi t}$的线性系统的输出，如图 B.1 所示。

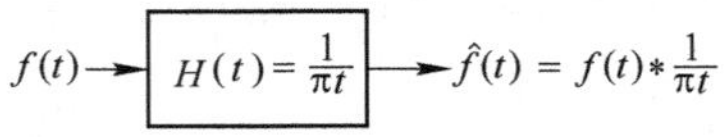

图 B.1　希尔伯特变换的等效

下面求函数$f(t)$的频谱$H(\omega)$。为此，可以先求频率符号函数的傅里叶反变换。频率符号函数定义为

$$\operatorname{sgn}\omega = \begin{cases} 1, & \omega > 0 \\ -1, & \omega < 0 \end{cases}$$

也可以表示为

$$\operatorname{sgn}\omega = \lim_{\alpha\to 0}[\mathrm{e}^{-\alpha\omega}U(\omega) - \mathrm{e}^{\alpha\omega}U(-\omega)]$$

其中$U(\omega)=\begin{cases}1, & \omega>0\\0, & \omega<0\end{cases}$为单位阶跃函数。频率符号函数的傅里叶反变换可表示为

$$\begin{aligned} F^{-1}[\operatorname{sgn}\omega] &= \lim_{\alpha\to 0}\left[\frac{1}{2\pi}\int_{-\infty}^{+\infty}\mathrm{e}^{-\alpha\omega}\mu(\omega)\mathrm{e}^{\mathrm{j}\omega t}\mathrm{d}\omega - \frac{1}{2\pi}\int_{-\infty}^{+\infty}\mathrm{e}^{\alpha\omega}\mu(-\omega)\mathrm{e}^{\mathrm{j}\omega t}\mathrm{d}\omega\right] \\ &= \lim_{\alpha\to 0}\frac{1}{2\pi}\left(\frac{-1}{-\alpha+\mathrm{j}t} - \frac{1}{\alpha+\mathrm{j}t}\right) = \lim_{\alpha\to 0}\frac{1}{2\pi}\frac{2\mathrm{j}t}{\alpha^2+t^2} = \frac{\mathrm{j}}{\pi t} \end{aligned}$$

即
$$\frac{j}{\pi t} \Leftrightarrow \operatorname{sgn} \omega$$

由此得到
$$\frac{1}{\pi t} \Leftrightarrow -j\operatorname{sgn} \omega$$

因此，函数 $f(t)$ 的频谱

$$H(\omega) = -j\operatorname{sgn} \omega = \begin{cases} -j, & \omega > 0 \\ j, & \omega < 0 \end{cases} \tag{B.5}$$

由于 $e^{-j\frac{\pi}{2}} = -j$ 和 $e^{j\frac{\pi}{2}} = j$，所以希尔伯特变换实际上可以等效为一个理想相移器，即在 $\omega > 0$ 域相移 $\frac{-\pi}{2}$，在 $\omega < 0$ 域相移 $\frac{\pi}{2}$。

同样可以得到
$$F\left(\frac{-1}{\pi t}\right) = j\operatorname{sgn} \omega \tag{B.6}$$

由式(B.6)可以看出希尔伯特反变换也可以等效成一个相移器，在 $\omega > 0$ 域相移 $\frac{\pi}{2}$，在 $\omega < 0$ 域相移 $\frac{-\pi}{2}$。

3. 希尔伯特变换的性质

(1)
$$H^{-1}[\hat{f}(t)] = f(t) \tag{B.7}$$

证 $f(t) \rightarrow \boxed{H_1(\omega)} \xrightarrow{\hat{f}(t)} \boxed{H_2(\omega)} \rightarrow f(t)$

因为 $H_1(\omega)H_2(\omega) = [-j\operatorname{sgn} \omega][j\operatorname{sgn} \omega] = 1$。

(2)
$$H[\hat{f}(t)] = \hat{\hat{f}}(t) = -f(t) \tag{B.8}$$

因为 $H_1(\omega)H_1(\omega) = [-j\operatorname{sgn} \omega]^2 = -1$。

(3)
$$\int_{-\infty}^{+\infty} f^2(t) dt = \int_{-\infty}^{+\infty} \hat{f}^2(t) dt \tag{B.9}$$

证 令 $f(t) \Leftrightarrow F(\omega), \hat{f}(t) \Leftrightarrow \hat{F}(\omega)$，则有

$$\int_{-\infty}^{+\infty} f^2(t) dt = \frac{1}{2\pi} \int_{-\infty}^{+\infty} |F(\omega)|^2 d\omega$$

$$\int_{-\infty}^{+\infty} \hat{f}^2(t) dt = \frac{1}{2\pi} \int_{-\infty}^{+\infty} |\hat{F}(\omega)|^2 d\omega$$

又知 $\hat{F}(\omega) = -j\operatorname{sgn} \omega F(\omega)$，由此有 $|\hat{F}(\omega)|^2 = |F(\omega)|^2$，这表明函数 $f(t)$ 的希尔伯特变换前与变换后的能量保持不变。

(4) 若 $f(t)$ 为偶函数，则 $\hat{f}(t)$ 为奇函数；若 $f(t)$ 为奇函数，则 $\hat{f}(t)$ 为偶函数。

证 令 $f(t)$ 为偶函数，则有 $f(-t) = f(t)$。根据定义：

$$\hat{f}(-t) = \frac{1}{\pi} \int_{-\infty}^{+\infty} \frac{f(\tau)}{(-t) - \tau} d\tau = \frac{1}{\pi} \int_{-\infty}^{+\infty} \frac{f(-\tau)}{(t) - \tau} d\tau$$

令 $\tau' = -\tau$，则

$$\hat{f}(-t) = \frac{-1}{\pi}\int_{-\infty}^{+\infty}\frac{f(\tau')}{t-\tau'}\mathrm{d}\tau' = -\hat{f}(t)$$

由此得证。

同理可证明第二个结论。

(5) $$\int_{-\infty}^{+\infty} f(t)\hat{f}(t)\mathrm{d}t = 0 \tag{B.10}$$

即 $f(t)$ 与 $\hat{f}(t)$ 相互正交。利用性质 4 即可证明。

4. 常用希尔伯特变换对

常用希尔伯特变换对见表 B.1。

表 B.1　常用希尔伯特变换对

时 间 函 数	希尔伯特变换	时 间 函 数	希尔伯特变换
$m(t)\cos(2\pi f_c t)$	$m(t)\sin(2\pi f_c t)$	rect t	$-\frac{1}{\pi}\ln\left\lvert\left(t-\frac{1}{2}\right)\Big/\left(t+\frac{1}{2}\right)\right\rvert$
$m(t)\sin(2\pi f_c t)$	$-m(t)\cos(2\pi f_c t)$	$\delta(t)$	$\frac{1}{\pi t}$
$\cos(2\pi f_c t)$	$\sin(2\pi f_c t)$	$\frac{1}{1+t^2}$	$\frac{t}{1+t^2}$
$\sin(2\pi f_c t)$	$-\cos(2\pi f_c t)$	$\frac{1}{t}$	$-\pi\delta(t)$
$\frac{\sin t}{t}$	$\frac{1-\cos t}{t}$		

附录 C Q 函数和误差函数

1. Q 函数

(1) 定义

$$Q(x) = \int_x^\infty \frac{1}{\sqrt{2\pi}} \exp\left(-\frac{y^2}{2}\right) dy \tag{C.1}$$

(2) 性质

① 当 $x > 0$ 时,它是单调减函数;

② $Q(0) = 1/2$; (C.2)

③ $Q(-x) = 1 - Q(x)$, $x > 0$; (C.3)

④ $Q(x) \approx \dfrac{1}{x\sqrt{2\pi}} \exp\left(-\dfrac{x^2}{2}\right)$, $x \geq 3$。 (C.4)

(3) Q 函数的部分数值

Q 函数的部分数值见表 C.1。

表 C.1 Q 函数的部分数值

x	$Q(x)$	x	$Q(x)$	x	$Q(x)$
0.0	0.500 00	1.4	0.080 76	2.8	0.002 56
0.1	0.460 17	1.5	0.066 81	2.9	0.001 687
0.2	0.420 74	1.6	0.054 80	3.0	0.001 35
0.3	0.382 09	1.7	0.044 57	3.1	0.000 97
0.4	0.344 58	1.8	0.035 93	3.2	0.000 69
0.5	0.308 54	1.9	0.028 72	3.3	0.000 48
0.6	0.274 25	2.0	0.227 5	3.4	0.000 34
0.7	0.241 96	2.1	0.017 86	3.5	0.000 23
0.8	0.211 86	2.2	0.013 90	3.6	0.000 16
0.9	0.184 06	2.3	0.010 72	3.7	0.000 11
1.0	0.158 66	2.4	0.008 20	3.8	0.000 07
1.1	0.135 67	2.5	0.006 21	3.9	0.000 05
1.2	0.115 07	2.6	0.004 66	4.0	0.000 03
1.3	0.096 80	2.7	0.003 47		

2. 误差函数和误差互补函数

(1) 定义

① 误差函数:

$$\operatorname{erf} x = \frac{2}{\sqrt{\pi}} \int_0^x \exp(-y^2) dy \tag{C.5}$$

② 误差互补函数:

$$\operatorname{erfc} x = \frac{2}{\sqrt{\pi}} \int_x^\infty \exp(-y^2) dy \tag{C.6}$$

(2) 性质

① $\text{erf}(-x) = -\text{erf}\, x$（是奇函数）； (C.7)

② $\text{erf}(-\infty) = -1, \text{erf}(+\infty) = +1$； (C.8)

③ $\text{erfc}(-x) = 2 - \text{erfc}\, x$； (C.9)

④ $\text{erfc}\, \infty = 0$； (C.10)

⑤ $\text{erfc}\, x \approx \dfrac{1}{x\sqrt{\pi}} e^{-x^2}, \quad x \gg 1$； (C.11)

⑥ $\text{erfc}\, x = 1 - \text{erf}\, x$。 (C.12)

(3) 误差函数的部分数值

误差函数的部分数值见表 C.2。

表 C.2 误差函数的部分数值

x	$\text{erf}(x)$	x	$\text{erf}(x)$	x	$\text{erf}(x)$	x	$\text{erf}(x)$
0.00	0.000 00	0.55	0.563 32	1.10	0.880 21	1.65	0.980 38
0.05	0.056 37	0.60	0.603 86	1.15	0.896 12	1.70	0.983 79
0.10	0.112 46	0.65	0.642 03	1.20	0.910 31	1.75	0.986 67
0.15	0.168 00	0.70	0.677 80	1.25	0.922 90	1.80	0.989 09
0.20	0.222 70	0.75	0.711 16	1.30	0.934 01	1.85	0.991 11
0.25	0.276 33	0.80	0.742 10	1.35	0.943 76	1.90	0.992 79
0.30	0.328 63	0.85	0.770 67	1.40	0.952 29	1.95	0.994 18
0.35	0.379 38	0.90	0.796 91	1.45	0.959 70	2.00	0.995 32
0.40	0.428 39	0.95	0.820 89	1.50	0.966 11	2.50	0.999 59
0.45	0.475 48	1.00	0.842 70	1.55	0.971 62	3.00	0.999 98
0.50	0.520 50	1.05	0.862 44	1.60	0.976 35	3.30	0.999 998

3. Q 函数与误差函数的关系

(1) $Q(x) = \dfrac{1}{2} \text{erfc}\, \dfrac{x}{\sqrt{2}}$ (C.13)

(2) $\text{erfc}\, x = 2Q(\sqrt{2} x)$ 或 $Q(x) = \dfrac{1}{2} \text{erfc}\, \dfrac{x}{\sqrt{2}}$ (C.14)

(3) $\text{erf}\, x = 1 - 2Q(\sqrt{2} x)$ (C.15)

附录 D 信号空间方法

三维矢量(x_1, x_2, x_3)是用有一定顺序的三个数x_1, x_2, x_3来确定的,这一个数组称为有序数组。推广这个概念,可以这样说:任何以适当次序的n个数的总体就是一个n维矢量。因此,若一个集合是一个有序的n数组$(x_1, x_2, \cdots, x_n)$,它就是一个n维矢量X。定义n维单位矢量$\boldsymbol{\Phi}_1, \boldsymbol{\Phi}_2, \cdots, \boldsymbol{\Phi}_n$为

$$\boldsymbol{\Phi}_1 = (1, 0, 0, \cdots, 0)$$
$$\boldsymbol{\Phi}_2 = (0, 1, 0, \cdots, 0)$$
$$\vdots$$
$$\boldsymbol{\Phi}_n = (0, 0, 0, \cdots, 1) \tag{D.1}$$

在一矢量$X = (x_1, x_2, x_3, \cdots, x_n)$可表示为$n$维单位矢量的线性组合:

$$X = x_1 \boldsymbol{\Phi}_1 + x_2 \boldsymbol{\Phi}_2 + \cdots + x_n \boldsymbol{\Phi}_n = \sum_{k=1}^{n} x_k \boldsymbol{\Phi}_k \tag{D.2}$$

因此,n个单位矢量,$\boldsymbol{\Phi}_1, \boldsymbol{\Phi}_2, \cdots, \boldsymbol{\Phi}_n$组成了一个$n$维的矢量空间,它能用式(D.2)表示该空间的任何矢量。

1. 矢量的概念

定义两个矢量X和Y的标量积为

$$X \cdot Y = \sum_{k=1}^{n} x_k y_k \tag{D.3}$$

其中$Y = (y_1, y_2, \cdots, y_n)$是与$X$在同一空间中的另一矢量。若$X$和$Y$有下列关系:

$$X \cdot Y = 0 \tag{D.4}$$

则称矢量X和Y是正交的。

矢量X的长度是$|X|$,定义为

$$|X| = X \cdot X = \sum_{k=1}^{n} x_k^2 \tag{D.5}$$

一个n维矢量集合称为是线性独立的,若在该集合中没有一个矢量可表示为该集合中其余矢量的线性组合。因此,若$X_1, X_2, \cdots, X_m$是一个独立集合,则不能找到常数$a_1, a_2, \cdots, a_m$(不全为零),使得下式成立:

$$a_1 X_1 + a_2 X_2 + \cdots + a_m X_m = 0 \tag{D.6}$$

一个n维空间至多有n个独立矢量。若空间最多有n个独立矢量时,则在该空间中任一矢量X可表示为这n个独立矢量的线性组合。如果不是这样,X也是一个独立矢量,这就违反了最多有n个独立矢量的假设。因此,空间的维数和空间中独立矢量的总数是一致的。

在n维空间中的矢量子集合维数不超过n。例如在三维空间中,所有位于某一平面上的矢量可用二维矢量描述,所有位于某条直线上的矢量,可用一维矢量描述。

在n维空间中的n个独立矢量,称为基本矢量,因为该空间中的每个矢量可用这些矢量的线性组合来表示。基本矢量形成了坐标轴,但不是惟一的一种。例如式(D.1)的n个单位

矢量是独立矢量,可以作为独立矢量。这些矢量还有一个附加性质,它们全部相互正交,亦即

$$\boldsymbol{\Phi}_j \cdot \boldsymbol{\Phi}_k = \begin{cases} 0 & j \neq k \\ 1 & j = k \end{cases} \tag{D.7}$$

这种集合又称为规范化的正交矢量集,因为除正交外,它们的长度都是1。

任一矢量 $X(x_1, x_2, \cdots, x_n)$ 可以表示为这些矢量的线性组合:

$$X = x_1 \boldsymbol{\Phi}_1 + x_2 \boldsymbol{\Phi}_2 + \cdots + x_n \boldsymbol{\Phi}_n$$

这就是式(D.2)。若已知 X,其分量 x_k 可用下面方法计算,两边用 $\boldsymbol{\Phi}_k$ 进行标量乘法,再根据式(D.7)性质有

$$X \cdot \boldsymbol{\Phi}_k = x_k, \quad k = 1, 2, \cdots, n \tag{D.8}$$

总之,为了完整地表达 n 维矢量,需要 n 个基本矢量。

2. 信号当作一个矢量

前面提到,任一以 n 数组表示的总体是一个 n 维矢量。若信号 $x(t)$ 用 n 个数组来确定时,也可以看作一个矢量。

定义 n 个信号 $\varphi_1(t), \varphi_2(t), \cdots, \varphi_n(t)$ 是独立的,这就是说 n 个信号中没有一个可表示为其余 $n-1$ 个信号的线性组合。或者说,找不到不全为零的常数 $a_1, a_2, \cdots, a_n$,使得下式成立:

$$a_1 \varphi_1(t) + a_2 \varphi_2(t) + \cdots + a_n \varphi_n(t) = 0 \tag{D.9}$$

假定信号 $x(t)$ 可用这 n 个独立信号 $\{\varphi_k(t)\}$ 的线性组合表示为

$$\begin{aligned} x(t) &= x_1 \varphi_1(t) + x_2 \varphi_2(t) + \cdots + x_n \varphi_n(t) \\ &= \sum_{k=1}^{n} x_k \varphi_k(t) \end{aligned} \tag{D.10}$$

如果在某一信号空间都可用 n 个线性独立信号 $\{\varphi_k(t)\}$ 的线性组合来表示时,则就有了 n 维信号空间。

一旦基本信号 $\{\varphi_k(t)\}$ 确定以后,就能用 n 数组 $(x_1, x_2, \cdots, x_n)$ 表示信号 $x(t)$。换句话说,就可以在 n 维空间上,在几何上用其空间中的一点 $(x_1, x_2, \cdots, x_n)$ 表示该信号。这样就把矢量 $X(x_1, x_2, \cdots, x_n)$ 与信号 $x(t)$ 联系在一起。注意,基本信号 $\varphi_1(t)$ 用对应的基本矢量 $\boldsymbol{\Phi}_1(1, 0, 0, \cdots, 0)$ 表示,$\varphi_2(t)$ 用 $\boldsymbol{\Phi}_2(0, 1, 0, \cdots, 0)$ 表示,依次类推。

当然,信号集合 $\{\varphi_k(t)\}$,可以是正交的,也可以不是正交的,这里只针对正交集合作分析。设这些基本信号是实信号时,若有

$$\int_{-\infty}^{\infty} \varphi_j(t) \varphi_k(t) \mathrm{d}t = \begin{cases} 0 & j \neq k \\ k & j = k \end{cases} \tag{D.11}$$

则该集合就是正交信号集合。如果又有所有的 $k_j = 1$,则集合称为标准正交的集合。对于标准正交集合而言,式(D.10)中的系数 x_k,可用下面方法计算,在式(D.10)两边乘以 $\varphi_k(t)$ 后积分,并根据式(D.11),则有

$$x_k = \int_{-\infty}^{+\infty} x(t) \varphi_k(t) \mathrm{d}t \tag{D.12}$$

其实,常见的傅里叶级数就是式(D.10)的一个特例。

3. 数积(或点积)

在某一信号空间中有两个信号 $x(t)$ 和 $y(t)$，分别用矢量 $\boldsymbol{X}(x_1, x_2, \cdots, x_n)$ 和 $\boldsymbol{Y}(y_1, y_2, \cdots, y_n)$ 表示，且设基本信号集 $\{\varphi_k(t)\}$ 是标准正交集，则有

$$\int_{-\infty}^{\infty} \varphi_i(t)\varphi_j(t)\mathrm{d}t = \begin{cases} 1 & i = j \\ 0 & i \neq j \end{cases}$$

$$x(t) = \sum_i x_i \varphi_i(t)$$

$$y(t) = \sum_j y_j \varphi_j(t)$$

$$\int_{-\infty}^{\infty} x(t)y(t)\mathrm{d}t = \int_{-\infty}^{\infty} \left[\sum_i x_i \varphi_i(t)\right]\left[\sum_j y_j \varphi_j(t)\right]\mathrm{d}t$$

$$= \sum_k x_k y_k$$

注意到矢量的数积(或点积)定义为

$$\boldsymbol{X} \cdot \boldsymbol{Y} = \sum_k x_k y_k$$

因此，得到

$$\int_{-\infty}^{\infty} x(t)y(t)\mathrm{d}t = \boldsymbol{X} \cdot \boldsymbol{Y} \tag{D.13}$$

从上式看出，两个信号乘积的积分等于信号空间中对应信号矢量的数积。已知，利用式(D.4)当 $\boldsymbol{X} \cdot \boldsymbol{Y} = 0$，称为 $\boldsymbol{X}$ 和 $\boldsymbol{Y}$ 是正交的，这时相应的 $x(t)$ 和 $y(t)$ 也称为是正交的，正交条件变成

$$\int_{-\infty}^{\infty} x(t)y(t)\mathrm{d}t = 0$$

4. 信号能量

对于实信号 $x(t)$，能量 E_x 可表示为

$$E_x = \int_{-\infty}^{\infty} x^2(t)\mathrm{d}t$$

从式(D.13)可得

$$E_x = \boldsymbol{X} \cdot \boldsymbol{X} = |\boldsymbol{X}|^2 \tag{D.14}$$

式中 $|\boldsymbol{X}|^2$ 是矢量 $\boldsymbol{X}$ 长度的平方。因此，信号能量可用对应的矢量长度平方表示。

例 D.1 一个信号空间中包含四个信号 $s_1(t)$、$s_2(t)$、$s_3(t)$ 和 $s_4(t)$，如图 D.1 所示。试求信号空间的维数，找出适当的基本信号集，并在该空间中用几何方法表示这四个信号。

解 观察这四个信号的特点，它们可用两个时段的脉冲值来表示，因此信号空间可定为二维，其基本信号 $\phi_1(t)$ 和 $\phi_2(t)$ 如图 D.1(b)所示。同时定义 $\varphi_1(t)$ 和 $\varphi_2(t)$ 分别对应的矢量 $\boldsymbol{\Phi}_1$、$\boldsymbol{\Phi}_2$ 为

$$\boldsymbol{\Phi}_1 = (1, 0)$$
$$\boldsymbol{\Phi}_2 = (0, 1)$$

则 $s_1(t)$、$s_2(t)$、$s_3(t)$ 和 $s_4(t)$ 对应的矢量分别记为 $\boldsymbol{S}_1$、$\boldsymbol{S}_2$、$\boldsymbol{S}_3$ 和 $\boldsymbol{S}_4$，它们分别为

$$\boldsymbol{S}_1 = (1, -0.5)$$
$$\boldsymbol{S}_2 = (-0.5, 1)$$
$$\boldsymbol{S}_3 = (0, -1)$$

$$S_4 = (0.5, 1)$$
$$S_1 \cdot S_4 = 0.5 - 0.5 = 0$$

从图 D.1(c)看出 S_1 与 S_4 是正交的。当然也可用下式证实：

$$\int_{-\infty}^{\infty} s_1(t) \cdot s_4(t) \mathrm{d}t = 0$$

注意，图 D.1(c)中的信号空间中每一点对应于相应的波形。

(a) 信号集合

(b) 基本信号

(c) 信号集合的信号空间表示

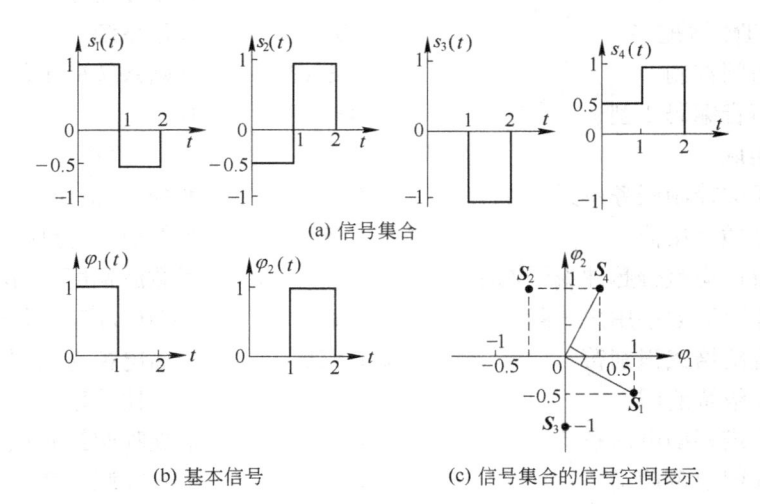

图 D.1　信号集合与信号空间表示

附录 E 通信常用缩略语英汉对照表

A

AAL	ATM 适配层	BSC	基站控制器
AC	访问控制	BSS	基站系统
AC-3	声音编码 3 型	BSSAP	基站系统应用部分
ACK	确认	BTS	基站

C

ACSE	相关控制服务单元	C/R	命令/响应位
ADM	分插复用器	C/S	会聚业务/分段与重装业务
ADPCM	自适应差分脉冲编码调制	CAP	无载波幅度/相位调制
ADSL	非对称数字用户线路	CAP	CAMEL 应用部分
AFI	规范格式识别符	CATV	广播电视与共用天线系统
AIN	高级智能网	CBR	恒定比特率
AMPS	先进移动电话系统	CCAF	增强呼叫控制代理功能
AMVSB	残留边带调幅	CCF	呼叫控制功能
ANM	应答消息	CCH	控制信道
APDU	应用层协议数据单元	CCITT	国际电报电话咨询委员会
APS	自动保护倒换	CCS	公共信令信道
ARQ	自动重发请求	CDMA	码分多址复用
ASE	应用服务单元	CDPD	蜂窝数字数据分组系统规范
ASK	幅移键控	CELP	码激励线性预测编译码器
ATM	异步传输模式	CEPID	连接端点标识符

B

		CES	电路仿真业务
BCH	博斯-乔赫里-霍克文黑姆码，BCH 码	CF	控制字段
		CIB	循环冗余校验码32 个指示位
BCM	基本呼叫模型	CIF	通用中介格式
BECN	后向显示拥塞告知位	CIR	承载信息速率
BER	位出错率	CLLM	综合链路层管理
BIP	位交叉奇偶校验	CLNP	无连接网络层协议
BIP	宽带智能外设	CLNS	无连接网络业务
BISDN	宽带综合业务数字网	CLP	信元丢失优先级
BISUP	宽带综合业务数字网用户部分	CMIP	公共管理信息协议
BLER	块出错率	CMISE	公共管理信息服务单元
BOM	报文开始	CNM	客户网络管理
BRI	基本速率接口	CO	中心局
BS	基站	COCF	面向连接的会聚功能

COM	报文持续	DMPDU	衍生的媒体访问控制协议数据单元
COTS	面向连接的传输业务		
CP	公共部分	DMT	离散多音频调制
CPCS	公共部分会聚子层	DNS	域名系统
CPCS-UU	公共部分会聚子层-用户到用户的指示	DNSL	域名服务系统
		DP	检测点
CPE	用户驻地设备	DPCM	差分脉冲编码调制
CPI	公共部分指示符	DPDU	数据链路层协议数据单元
CPL	呼叫处理逻辑	DPSK	差分相移键控
CPU	中央处理器	DQDB	分布队列双总线
CRC	循环冗余校验	DS	数字信号
CRS	信元中继业务	DSF	色散位移光纤
CS	会聚子层	DSI	数字话音插空
CSMA/CD	载波侦听多路访问/冲突检测	DSP	域特定部分
CSS	蜂窝位置交换	DSS	数字用户信令系统
CSU	信道服务单元	DSU	数据业务单元
CT	无绳电话	DTE	数据终端设备
CT2	无绳电话技术版本 2	DTMF	双音多频
	D	DTV	直播电视
DA	目的地址	DVMRP	距离矢量多目标广播协议
DAS	双连接站	DWDM	密集波分复用技术
DC	终端控制	DXC	交叉连接技术
DCA	终端控制代理		E
DCC	数据国家代码	E/O	电/光
DCE	数据电路端接设备	EA	扩展地址
DCF	色散位移光纤	EAB	扩展地址位
DCN	数据通信网络	EC	边控制
DCS	数字交叉连接系统	ED	结束定界符
DCS1800	数字蜂窝系统 1800	EDFA	参铒光纤放大器
DCT	离散余弦变换	EFT	电子资金转账
DDD	长途直拨	EIR	设备标识寄存器
DDN	数字数据网	EIR	超出信息速率
DE	丢弃适合位	EOM	报文结束
DECT	欧洲数字无绳通信	ES	端系统
DFB	分布反馈激光器	ESI	端系统标识符
DFI	域特定部分标识符	Etag	结束标志
DFP	分布功能平面		F
DHCPV6	动态主机配置协议	FBA	受激喇曼散射光纤放大器
DLCI	数据链路连接标识符	FC	帧控制

FC	外部采用金属材料制作的一种螺纹连接器	HDTV	高清晰度电视
		HDWDM	高密集波分复用技术
		HDX	半双工
FCS	帧检验顺序	HEC	报头差错控制
FDCT	正向离散余弦变换	HEL	报头扩展长度
FDDI	分布式光纤接口	HFC	混合光纤/同轴电缆
FDM	频分复用	HFCoax	混合光纤同轴电缆
FDW	频分复用技术	HFCop	混合光纤铜线
FDX	全双工协议	HLPI	高层协议识别号
FEC	前向纠错	HLR	归属位置寄存器
FECN	前向显式拥塞告知位	HTML	超文本标记语言
F-ES	固定端系统	HTTP	超文本传输协议
FFP	光纤法布里-珀罗无源滤波器	**I**	
FIFO	先进先出	IA	实施协定
FISU	填充信号单元	IAM	起始地址消息
FNS	FDDI 网络服务	IC	交换运营商
FPLMTS	未来公众陆地移动通信系统	ICD	国际代码指示符
FRF	帧中继论坛	ICF	同步会聚功能
FRS	帧中继业务	ICI	交换运营商接口
FS	帧状态	ICIP	ICI 协议
FS	全状态	ICMP	网际控制消息协议
FSK	频移键控	IDI	初始域标识符
FTP	文件传输协议	IDN	综合数字网
FTTC	光纤到路边	IDP	初始域部分
FTTH	光纤到家庭	IEEE	电器与电子工程师学会
G		ILMI	临时局部管理接口
GCRA	通用信元速率算法	IMDD	强度直接调制直接检波
GFC	一般流量控制	IMPDU	初始媒体访问控制协议数据单元
GFP	全局功能平面	IN	智能网络
GIF	渐变型多模光纤	INAP	智能网应用协议
GIO	一般操作接口	INSI	内部网络交换接口
GSM	全球移动通信系统	IP	智能外部设备
GSMC	入口移动变换机	IP	网际协议
H		IPI	初始协议标识符
HCS	报头检验序列	IPS	每秒钟执行的指令数
HDLC	高级数据链路控制协议	IPSC	IP 交换控制器
HDLC		IPv4	互联网版本协议 4
HDR EXT	头部扩展	IPv6	互联网版本协议 6
HDSL	高比特率数字用户线路	IS	中间系统

ISDN	综合业务数字网	MAN	城域网
ISO	国际标准化组织	MAP	移动应用部分
ISP	因特网服务供应商	MBS	最大突发长度
ISSI	交换系统间接口	MC	机器拥塞
ISUP	ISDN 用户部分	MC	多点控制器
ITU	国际电信联盟	MCF	媒体访问控制会聚功能
ITU-T	国际电信联盟	MCF	移动控制功能
IVDS	交互式视频和数据业务	MCU	多点控制单元
IWF	互联功能	MDIS	移动数据中间系统
IXC	交换运营商	MELP	混合激励线性预测等编译码器
		MHF	移动归属功能

J

JPEG	联合专家组	MIB	管理信息库
		MID	报文标识符
		MMDS	多点多信道分配业务
		MOSPF	多目标广播开放最短路径优先协议

L

LAN	局域网	MP	多点处理器
LAPB	平衡型链路访问规程	MPEG	活动图像专家组
LAPD	D 信道链路访问规程	MPEG2	活动图像专家组 2
LAPM	调制解调器链路访问规程	Mplane	管理平面
LATA	本地访问与传输区域	MRRC	移动无线资源控制
LC	连接控制	MRTR	移动无线频率发射和接收
LCA	连接控制代理	MS	移动台
LCN	逻辑信道号	MSB	最高有效位
LCT	最后一致时间	MSC	移动交换中心
LD	半导体激光器	MSCP	移动业务控制部分
LEC	本地交换运营商	MSDP	移动业务数字部分
LED	半导体发光二极管	MSF	移动服务功能
LEX	本地交换机	MSS	城域网交换系统
LI	长度指示符	MSU	消息信号单元
LLC	逻辑链路控制	MT	移动终端
LMDS	本地多点分配业务	MTA	主要贸易区
LME	层管理实体	MTBSO	平均服务中断间隔时间
LMI	局部管理接口	MTP	消息传输部分
LRF	位置登记功能	MTTR	平均恢复时间
LSB	最低有效位	MTTSR	平均业务恢复时间
LSSU	链路状态信号单元	MTU	最大传输单元
LT	线路终端		

M

N

MAC	媒体访问控制	NAK	否定应答
MAI	多址干扰	NAP	网络接入点

NEI	网络实体标识符	PIC	呼叫中的点
NISDN	窄带综合业务数字网	PID	协议标识符
NIU	网络接口单元	PIN	光电二极管
NLPID	网络级协议标识符	PL	填充长度
NMT	北欧移动电话系统	PL	有效负载长度
NNI	网络-节点接口	PLCP	物理层会聚规程
NNI	网络-网络接口	PLP	分组层步骤
NNI	同步数字体系网络节点接口	PMD	物理媒体相关子层
NSAP	网络业务访问点	POH	路径开销
NVT	网络虚拟终端	POP	出现点
NW	网络层	POTS	简单的老式电话业务

O

		PP	物理平面
OAM	运行、管理和维护	PPS	路径保护倒换
OC	光载波	PRI	基群速率接口
OCDMA	光码分多址复用	PSK	相移键控
OCM	始发呼叫模型	PSR	前时隙读
ODR	光激励机和接收机	PSTN	公共电话交换网
OMAP	操作、维护和管理部分	PSU	峰值同时使用率
OS	操作系统	PT	有效负载类型
OS/NE	操作系统/网络元素	PTI	有效负载类型标识符
OSI/RM	开放系统互连参考模型	PVC	永久虚电路
OSPF	开放式最短路径优先	PVN	专用虚拟网
OSS	话务员服务系统		

Q

OT	开始门限	QA	排队仲裁
OUI	机构的惟一标识符	QAM	正交调幅

P

		QCIF	1/4 CIF 屏格式
PA	预先判优	QD	排队延迟
PAD	填充	QMF	正交镜像滤波器
PC	有效负载循环冗余校验	QOS	服务质量
PC	个人计算机	QPSK	正交相移键控
PCI	协议控制信息	QPSX	排队分组同步交换
PCM	脉冲编码调制		

R

PCS	个人计算机系统	R&D	研发
PD	传播延迟	RACF	无线接入控制功能
PDH	准同步数字体系	RAS	注册/准入/状态
PDN	公共数据网	RCF	无线控制功能
PDU	协议数据单元	RD	路由选择域
PHY	物理层	REQ	请求
PI	协议标识	RER	漏检出错率

RF	射频	SMF	单模光纤
RFC	请求注解	SMF	业务管理功能
RFTR	无线频率发射和接收	SMS	业务管理系统
RLE	可选长度编码	SMT	站管理
RNR	接受未就绪	SMTP	简单邮件传输协议
ROSE	远端操作服务单元	SN	顺序号
RPC	远端过程调用	SN	业务节点
RPE	等间隔脉冲激励编译码器	SNAP	子网访问协议
RRC	无线资源控制	SNI	用户网络接口
RSVP	资源保留协议	SNMP	简单网络管理协议
RTCP	实时控制协议	SNP	顺序号保护
RTF	无线终端功能	SNP	子网访问协议
RTP	实时传输协议	SNR	特殊网络资源
	S	SOA	半导体光放大器
SA	源地址	SONET	同步光纤网
SAAL	信令 ATM 适配层	SP	业务平面
SACF	业务访问控制功能	SPE	同步有效负载包络
SAP	服务访问点	SPI	后续协议标识符
SAPI	服务访问点标识符	SPVC	半永久虚电路
SAR	分段和重装	SRF	特殊资源功能
SAS	单连接站	SS	信令系统
SBC	子带编码	SS	交换系统
SD	开始定界符	SSCF	业务特定协调功能
SD	交换延迟	SSCOP	业务特定面向连接的协议
SDDI	屏蔽双绞线规范	SSCP	信令连接控制部分
SDF	业务数据功能	SSCS	业务特定会聚子层
SDH	同步数字层次结构	SSF	业务交换功能
SDT	结构化数据传输	SSM	单段报文
SDU	业务数据单元	SSP	业务特定部分
SDV	交换数字视频	SSP	业务交换点
SE	状态查询	ST	段类型
SEFS	严重出错组帧秒	ST	时隙类型
SEL	选择器	ST	采用带键的卡口式锁紧机构的连接器
SH	段头	STDM	统计时分复用器
SHR	自愈环	STM	同步传输模块
SIP	交换多兆位数据业务接口协议	STP	屏蔽双绞线
SIR	持续信息速率	STP	信令传输点
SMAF	业务管理接入功能	STS	同步传输信号
SMDS	交换多兆位数据业务	SU	信号单元

SVC	交换虚呼叫	UDT	无结构数据传输
SVC	交换虚电路	UI	未编号信息
T		UIMF	用户身份管理功能
TA	终端适配器	ULP	高层协议
TACAF	终端接入控制代理功能	UMTS	通用移动通信系统
TACF	终端访问控制功能	UNI	用户-网络接口
TACS	全接入通信系统	UP	用户部分
TAG	技术特别小组	USHR	单向自愈环
TAT	理论到达时间	UTP	无屏蔽双绞线
TCAP	事务能力应用部分	**V**	
TCH	业务信道	VADSL	甚高 ADSL
TCM	端接呼叫模型	VBR	可变比特率
TCP	传输控制协议	VC	虚信道
TDM	时分多路复用	VC	虚容器
TDMA	时分多址	VCC	虚信道连接
TE1	终端类型 1	VCI	虚信道标识符
TEI	终端端点标识符	VCI	虚电路标识符
TEX	传输交换机	VLR	拜访位置寄存器
TIMF	终端身份管理功能	VOD	视频点播
TMMI	传输监视机	VP	虚拟通路
TOS	业务类型	VPC	虚路径连接
TPDU	运输层协议数据单元	VPI	虚路径标识符
TS	时隙交换机	VPN	虚拟专用网
TTL	生存时间	VT	虚支路
TU	支路单元	**W**	
TUG	TU 组	WAN	广域网
TUP	电话用户部分	WARC	世界无线电行政会议
U		WDM	波分复用技术
UDP	用户数据报协议		

参 考 文 献

[1] 达新宇,等.通信原理教程(第2版).北京:北京邮电大学出版社,2009.
[2] 樊昌信,等. 通信原理. 第5版.北京:国防工业出版社,2001.
[3] 曹志刚. 现代通信原理. 北京:清华大学出版社,1992.
[4] 樊昌信,等. 通信原理教程. 北京:电子工业出版社,2004.
[5] 马海武,等. 通信原理. 北京:北京邮电大学出版社,2004.
[6] 王兴亮,达新宇,等. 数字通信原理与技术. 西安:西安电子科技大学出版社,2000.
[7] 达新宇,等. 现代通信新技术. 西安:西安电子科技大学出版社,2001.
[8] 沈振元,等. 通信系统原理. 西安:西安电子科技大学出版社,1993.
[9] Haykin S. Communication Systems Engineering. Prentice Hall Inc,1994.
[10] Proakis J G. Digital Commuications. 3rd ed. McGraw-Hill-Inc,1995.
[11] Wilson S G. Digital Modulation and Coding. Prentice Hall Inc,1996.
[12] Modulation B A. Coding for Wireless Communications. Beijing:Publishing House of Electronics Industry,2003.
[13] Sklar B. Digital Communications Fundamentals and Applications. 2nd ed. Beijing:Publishing House of Electronics Industry,2003.
[14] Leon W. Couch II. Digital and Analog Communication Systems. 5th ed. Prentice Hall Inc. 1998.
[15] 张辉,等. 现代通信原理与技术. 西安:西安电子科技大学出版社,2003.
[16] 达新宇,林家薇,等. 数据通信原理与技术. 北京:电子工业出版社,2010.

反侵权盗版声明

电子工业出版社依法对本作品享有专有出版权。任何未经权利人书面许可，复制、销售或通过信息网络传播本作品的行为；歪曲、篡改、剽窃本作品的行为，均违反《中华人民共和国著作权法》，其行为人应承担相应的民事责任和行政责任，构成犯罪的，将被依法追究刑事责任。

为了维护市场秩序，保护权利人的合法权益，我社将依法查处和打击侵权盗版的单位和个人。欢迎社会各界人士积极举报侵权盗版行为，本社将奖励举报有功人员，并保证举报人的信息不被泄露。

举报电话：（010）88254396；（010）88258888

传　　真：（010）88254397

E-mail：　dbqq@phei.com.cn

通信地址：北京市万寿路 173 信箱
　　　　　电子工业出版社总编办公室

邮　　编：100036